# 重型机械标准

## 液压、润滑、密封及管路附件

### （下）

全国机器轴与附件标准化技术委员会 编
中　国　标　准　出　版　社

中国标准出版社
北京

**图书在版编目(CIP)数据**

重型机械标准. 液压、润滑、密封及管路附件. 下/全国机器轴与附件标准化技术委员会,中国标准出版社编. —北京:中国标准出版社,2018.1
ISBN 978-7-5066-8749-2

Ⅰ.①重… Ⅱ.①全…②中… Ⅲ.①机械—重型—标准—汇编—中国 Ⅳ.①TH-65

中国版本图书馆 CIP 数据核字(2017)第 249118 号

中国标准出版社出版发行
北京市朝阳区和平里西街甲 2 号(100029)
北京市西城区三里河北街 16 号(100045)
网址 www.spc.net.cn
总编室:(010)68533533 发行中心:(010)51780238
读者服务部:(010)68523946
中国标准出版社秦皇岛印刷厂印刷
各地新华书店经销
*
开本 880×1230 1/16 印张 35 字数 1 059 千字
2018 年 1 月第一版 2018 年 1 月第一次印刷
*
定价 180.00 元

# 出 版 说 明

随着装备制造业的快速发展，国家将重型装备提到相当重要的位置。重型机械标准作为生产的依据，不仅在重型机械、矿山机械、冶金和起重运输行业得到贯彻和应用，而且在石油、化工、电力、轻工等行业的设备制造中也得到了广泛的应用，这对推动行业的技术进步、提高产品质量、降低成本起到了重要的作用。此外，重型机械标准在大型成套设备及技术引进与合作生产中，作为统一设计、制造与检验的依据，得到了国内外同行的一致认可，因此其用量非常大。

近几年，随着标准的大量制修订，新标准不断出现，读者迫切需要及时了解和掌握标准内容。为满足广大使用者对标准文本的需求，全国机器轴与附件标准化技术委员会和中国标准出版社共同合作，拟出版《重型机械标准》系列汇编。

本套汇编收集了截至2017年7月底以前批准发布的重型机械标准660多项，分6部分出版，内容主要包括：

——基础；

——材料；

——螺纹与紧固件；

——传动；

——液压、润滑、密封及管路附件；

——弹簧、轴承及其他零件和附件。

本汇编为液压、润滑、密封及管路附件部分，共收录132项标准，分上、下两册出版，上册内容包括：液压与气动装置、润滑元件及装置、密封；下册内容包括：管路附件。

鉴于本汇编收集的标准发布年代不尽相同，汇编时对标准中所用计量单位、符号未做改动。本汇编收集的国家标准的属性已在目录上标明(GB或GB/T)，年号用四位数字表示。鉴于部分国家标准是在标准清理整顿前出版的，故正文部分仍保留原样；读者在使用这些标准时，其属性以目录上标明的为准(标准正文“引用标准”中标准的属性请读者注意查对)。行业标准类同。

我们相信，本汇编的出版，对促进我国重型机械产品质量的提高和行业的发展将起到重要的作用。

编　者

2017年8月

# 目　录

## 管路附件



注：本汇编收集的国家标准的属性已在本目录上标明(GB或GB/T)，年号用四位数字表示。鉴于部分国家标准是在标准清理整顿前出版的，现尚未修订，故正文部分仍保留原样；读者在使用这些国家标准时，其属性以本目录上标明的为准(标准正义"引用标准"中标准的属性请读者注意查对)。行业标准的属性和年号类同。

# 管路附件

ICS 23.040.60
J 15

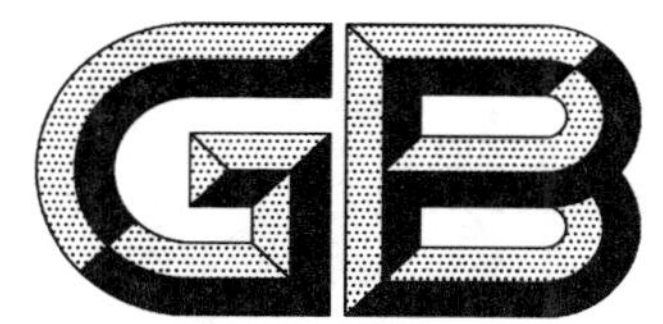

# 中华人民共和国国家标准

GB/T 1047—2005
代替 GB/T 1047—1995

# 管道元件　DN(公称尺寸)的定义和选用

## Pipework components—Definition and selection of DN(nominal size)

(ISO 6708:1995,MOD)

2005-01-13 发布　　2005-08-01 实施

中华人民共和国国家质量监督检验检疫总局
中国国家标准化管理委员会　发布

# 前　言

本标准修改采用 ISO 6708:1995《管道元件　DN(公称尺寸)的定义和选用》。

本标准与 ISO 6708:1995 的局部差异为:

——第 3 章中 DN 系列的数值增加了 DN6 和 DN8,去掉了 DN60。

本标准是 GB/T 1047—1995《管道元件的公称通径》的修订版。主要修改内容如下:

——对标准名称进行了修改;

——对范围、定义的文字内容进行了修改;

——对 DN 系列的数值进行了简化,即删去了原标准中 ISO 6708:1995 未列入的公称尺寸,例如:DN3、DN90、DN950 等;

——删去了原标准中的标记方法。

本标准代替 GB/T 1047—1995。

本标准由中国机械工业联合会提出。

本标准由全国管路附件标准化技术委员会归口。

本标准起草单位:机械科学研究院、华东理工大学、绍兴县高强度紧固件厂、中冶京诚工程技术有限公司、中南电力设计院、全国化工设备技术中心站、中国石化工程建设公司、中国船舶工业综合技术研究院、东北电力设计院、西南电力设计院、中国寰球化学工程公司。

本标准主要起草人:李俊英、王德成、蔡仁良、信保定、文启鼎、赵勇、葛海泉、应道宴、罗发元、黎明红、王斌、马学娅。

本标准所代替标准的历次版本发布情况为:

——GB 1047—1970;

——GB/T 1047—1995。

# 管道元件　DN(公称尺寸)的定义和选用

## 1　范围

本标准规定了 DN(公称尺寸)的定义和系列。

本标准适用于使用 DN 标识的相关标准中规定的管道元件。

注：也可以使用与本标准不同的其他标识尺寸方法，例如螺纹、压配、承插焊或对接焊端的管道元件，或用 NPS(公称管子尺寸)、OD(外径)、ID(内径)或 G(管螺纹尺寸标记)等标识的管道元件。

## 2　定义

DN：用于管道系统元件的字母和数字组合的尺寸标识。它由字母 DN 和后跟无因次的整数数字组成。这个数字与端部连接件的孔径或外径(用 mm 表示)等特征尺寸直接相关。

注 1：除在相关标准中另有规定，字母 DN 后面的数字不代表测量值，也不能用于计算目的。

注 2：采用 DN 标识系统的那些标准，应给出 DN 与管道元件的尺寸的关系，例如 DN/OD 或 DN/ID。

## 3　DN 系列

优先选用的 DN 数值如下：

| | | | |
|---|---|---|---|
| DN6 | DN100 | DN700 | DN2200 |
| DN8 | DN125 | DN800 | DN2400 |
| DN10 | DN150 | DN900 | DN2600 |
| DN15 | DN200 | DN1000 | DN2800 |
| DN20 | DN250 | DN1100 | DN3000 |
| DN25 | DN300 | DN1200 | DN3200 |
| DN32 | DN350 | DN1400 | DN3400 |
| DN40 | DN400 | DN1500 | DN3600 |
| DN50 | DN450 | DN1600 | DN3800 |
| DN65 | DN500 | DN1800 | DN4000 |
| DN80 | DN600 | DN2000 | |

ICS 23.040.60
J 15

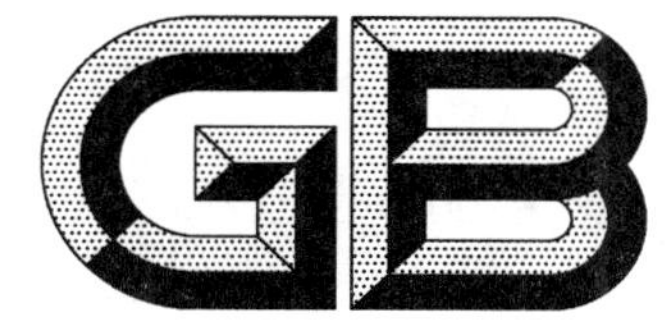

# 中华人民共和国国家标准

GB/T 1048—2005
代替 GB/T 1048—1990

# 管道元件 PN(公称压力)的定义和选用

## Pipework components—Definition and selection of PN

(ISO/CD 7268:1996,MOD)

2005-01-13 发布 2005-08-01 实施

中华人民共和国国家质量监督检验检疫总局
中国国家标准化管理委员会 发布

# 前　言

本标准修改采用 ISO/CD 7268:1996《管道元件　PN 的定义和选用》。

本标准与 ISO/CD 7268:1996 的局部差异为：

——第 3 章最后增加了“注:必要时允许选用其他 PN 数值”。

本标准是 GB/T 1048—1990《管道元件公称压力》的修订版。主要修改内容如下：

——对标准名称进行了修改；

——对 PN(公称压力)的定义按 ISO/CD 7268:1996 和 BS EN 1333:1997《管道元件　PN 的定义和选用》进行了修改；

——删去了原标准中的公称压力的标记方法，删去了 PN 数值的单位(MPa)，明确了 PN(公称压力)只是“与管道系统元件的力学性能相关、用于参考的字母和数字组合的标识”的基本概念，并在注 1 中进一步说明了字母 PN 后跟的数字不代表测量值，不应用于计算目的。

——修改了公称压力系列的表示方式，例如原标准中的 PN 4.0 MPa，现标记为:PN40；并对 PN 系列的数值进行了简化，即删去了原标准中 ISO/CD 7268:1996 未列入的非常用的公称压力数值，例如:PN0.05、PN0.1、PN0.4、PN28.0、PN335.0(MPa)等。

本标准代替 GB/T 1048—1990。

本标准由中国机械工业联合会提出。

本标准由全国管路附件标准化技术委员会归口。

本标准起草单位:机械科学研究院、华东理工大学、绍兴县高强度紧固件厂、中冶京诚工程技术有限公司、中南电力设计院、中国石化工程建设公司、全国化工设备技术中心站、中国船舶工业综合技术研究院、上海协电电力技术有限公司、东北电力设计院。

本标准主要起草人:李俊英、王德成、蔡仁良、信保定、文启鼎、赵勇、葛海泉、应道宴、罗发元、陈琳、林其略、黎明红。

本标准所代替标准的历次版本发布情况为：

——GB 1048—1970；

——GB/T 1048—1990。

# 管道元件　PN(公称压力)的定义和选用

## 1　范围

本标准规定了 PN(公称压力)的定义和系列。

本标准适用于使用 PN 标识的相关标准中规定的管道元件。

## 2　定义

PN：与管道系统元件的力学性能和尺寸特性相关、用于参考的字母和数字组合的标识。它由字母 PN 和后跟无因次的数字组成。

注 1：字母 PN 后跟的数字不代表测量值，不应用于计算目的，除非在有关标准中另有规定。

注 2：除与相关的管道元件标准有关联外，术语 PN 不具有意义。

注 3：管道元件许用压力取决于元件的 PN 数值、材料和设计以及允许工作温度等，许用压力在相应标准的压力-温度等级表中给出。

注 4：具有同样 PN 和 DN 数值的所有管道元件同与其相配的法兰应具有相同的配合尺寸。

## 3　PN 系列

PN 数值应从以下系列中选择：

| DIN 系列 | ANSI 系列 |
| --- | --- |
| PN 2.5 | PN 20 |
| PN 6 | PN 50 |
| PN 10 | PN 110 |
| PN 16 | PN 150 |
| PN 25 | PN 260 |
| PN 40 | PN 420 |
| PN 63 | |
| PN 100 | |

注：必要时允许选用其他 PN 数值。

ICS 21.040.10
J 04

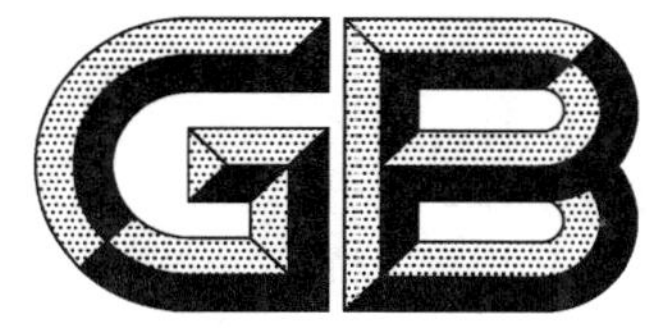

# 中华人民共和国国家标准

GB/T 1414—2013
代替 GB/T 1414—2003

# 普通螺纹　管路系列

## General purpose metric screw threads—The plan for pipe systems

2013-06-09 发布　　　　2014-03-01 实施

中华人民共和国国家质量监督检验检疫总局
中国国家标准化管理委员会　发布

# 前　言

普通螺纹系列标准包括：

——GB/T 192—2003 《普通螺纹　基本牙型》；

——GB/T 193—2003 《普通螺纹　直径与螺距系列》；

——GB/T 9144—2003 《普通螺纹　优选系列》；

——GB/T 1414—2013 《普通螺纹　管路系列》；

——GB/T 196—2003 《普通螺纹　基本尺寸》；

——GB/T 197—2003 《普通螺纹　公差》；

——GB/T 2516—2003 《普通螺纹　极限偏差》；

——GB/T 15756—2008 《普通螺纹　极限尺寸》；

——GB/T 9145—2003 《普通螺纹　中等精度、优选系列的极限尺寸》；

——GB/T 9146—2003 《普通螺纹　粗糙精度、优选系列的极限尺寸》。

本标准是普通螺纹标准中的管路系列标准。

本标准依据 GB/T 1.1—2009 给出的规则起草。

本标准代替 GB/T 1414—2003《普通螺纹　管路系列》。本标准与 GB/T 1414—2003 相比，主要技术内容变化如下：

——删除了 M8×1.25、M10×1.25、M12×1、M14×2、M16×1、M18×2、M30×1.5、M36×1.5、M39×3、M42×3、M48×3、M52×1.5、M60×3、M64×1.5、M76×3、M80×1.5、M90×4、M115×4 和 M170×4 共 19 个螺纹规格(见表 1)。

——增加了 M22×2、M39×2、M56×2、M64×2、M68×2、M76×2、M80×2、M90×2、M90×3、M100×2、M115×2、M115×3、M140×2 和 M170×3 共 14 个螺纹规格(见表 1)。

本标准由全国螺纹标准化技术委员会(SAC/TC 108)提出并归口。

本标准负责起草单位：宁波九龙紧固件制造有限公司、中机生产力促进中心。

本标准参加起草单位：上海市计量测试技术研究院。

本标准主要起草人：徐勇、李晓滨、王健。

本标准所代替标准历次版本发布情况为：

——GB/T 1414—1978；GB/T 1414—2003。

# 普通螺纹　管路系列

## 1　范围

本标准规定了普通螺纹的管路系列。螺纹的公称直径范围为 8 mm～170 mm。

本标准适用于一般用途的管路系统，其螺纹本身不具有密封功能。

## 2　规范性引用文件

下列文件对于本文件的应用是必不可少的。凡是注日期的引用文件，仅注日期的版本适用于本文件。凡是不注日期的引用文件，其最新版本(包括所有的修改单)适用于本文件。

GB/T 193—2003　普通螺纹　直径与螺距系列

GB/T 197—2003　普通螺纹　公差

GB/T 14791　螺纹术语

## 3　术语和定义

GB/T 14791 界定的术语和定义适用于本文件。

## 4　普通螺纹的管路系列

普通螺纹的管路系列应符合表 1 的规定。

## 5　螺纹标记

螺纹标记方法应符合 GB/T 197—2003 中第 8 章的规定。

**表 1　普通螺纹的管路系列**

单位为毫米

| 公称直径 $D$、$d$ | | 螺距 $P$ | | | |
|---|---|---|---|---|---|
| 第 1 系列 | 第 2 系列 | 3 | 2 | 1.5 | 1 |
| 8 | | | | | 1 |
| 10 | | | | | 1 |
| | 14 | | | 1.5 | |
| 16 | | | | 1.5 | |
| | 18 | | | 1.5 | |
| 20 | | | | 1.5 | |
| | 22 | | 2 | 1.5 | |
| 24 | | | 2 | | |

表 1（续）

单位为毫米

| 公称直径 $D$、$d$ | | 螺距 $P$ | | | |
|---|---|---|---|---|---|
| 第 1 系列 | 第 2 系列 | 3 | 2 | 1.5 | 1 |
| | 27 | | 2 | | |
| 30 | | | 2 | | |
| | 33 | | 2 | | |
| | 39 | | 2 | | |
| 42 | | | 2 | | |
| 48 | | | 2 | | |
| | 56 | | 2 | | |
| | 60 | | 2 | | |
| 64 | | | 2 | | |
| | 68 | | 2 | | |
| 72 | | 3 | | | |
| | 76 | | 2 | | |
| 80 | | | 2 | | |
| | 85 | | 2 | | |
| 90 | | 3 | 2 | | |
| 100 | | 3 | 2 | | |
| | 115 | 3 | 2 | | |
| 125 | | | 2 | | |
| 140 | | 3 | 2 | | |
| | 150 | | 2 | | |
| 160 | | | 2 | | |
| | 170 | 3 | | | |

ICS 23.040.60
Y 71

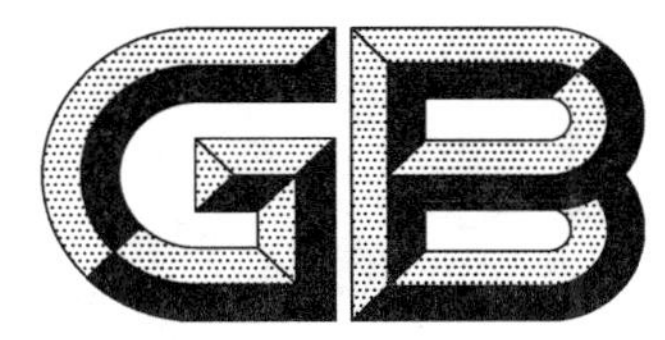


# 中华人民共和国国家标准

GB/T 3287—2011
代替 GB/T 3287—2000

# 可锻铸铁管路连接件

## Malleable cast iron pipe fittings

2011-12-30 发布　　　　2012-07-01 实施

中华人民共和国国家质量监督检验检疫总局
中国国家标准化管理委员会　发布

# 前　言

本标准按照 GB/T 1.1—2009 给出的规则起草。

本标准使用重新起草法修改采用欧共体标准 EN 10242:1994/A2:2003《螺纹式可锻铸铁管件》。

本标准代替 GB/T 3287—2000《可锻铸铁管路连接件》，与 GB/T 3287—2000 相比主要变化如下：

——增加了管螺纹轴线垂直度的极限偏差值和检测方法；

——增加了管件端部倒角轴向长度的上限值；

——对气密性试验效果的保证和确认做出了更具体的规定。

本标准由中国轻工业联合会提出。

本标准由全国五金制品标准化技术委员会(SAC/TC 174)和全国管路附件标准化技术委员会(SAC/TC 237)归口。

本标准起草单位：济南玫德铸造有限公司、天津通宝集团通宝管件公司、江西赣玛实业有限公司、河北建支铸造集团有限公司、中国五金制品协会、重庆市大足县龙岗管件有限公司、中国五金制品协会玛钢专业委员会、云南云海玛钢有限公司、上海浦东玛铁厂、廊坊恒宇工具制造有限公司、佛山市质量计量监督检测中心、浙江省阀门水暖产品质量检测中心、上海建筑五金工业研究所有限公司。

本标准主要起草人：孔祥存、刘学义、赖德毅、任久红、柳润峰、姜仁杰、王长发、陈昆、陶树善、王瑞昌、杨桂明、李国林、李志强、谷国海、黄永忠、许心远、忻成梁。

本标准所代替标准的历次版本发布情况为：

——GB/T 3287—1982、GB/T 3288—1982、GB/T 3289.1～3289.39—1982、GB/T 3287—2000。

# 可锻铸铁管路连接件

## 1 范围

本标准规定了可锻铸铁管路连接件(以下简称“管件”)的产品分类、要求、试验方法、检验规则、标志、包装、运输和贮存。

本标准适用于公称尺寸(DN)6～150 输送水、油、空气、煤气、蒸汽用的一般管路上连接的管件。指定与符合 GB/T 7306.1 或 GB/T 7306.2 规定的螺纹相连接。

## 2 规范性引用文件

下列文件对于本文件的应用是必不可少的。凡是注日期的引用文件,仅注日期的版本适用于本文件,凡是不注日期的引用文件,其最新版本(包括所有修改单)适用于本文件。

GB/T 192 普通螺纹 基本牙型

GB/T 193 普通螺纹 直径与螺距系列(直径 1～600 mm)

GB/T 196 普通螺纹 基本尺寸(1～600 mm)

GB/T 197 普通螺纹 公差与配合(直径 1～355 mm)

GB/T 2828.1 计数抽样检验程序 第 1 部分:按接收质量限(AQL)检索的逐批检验抽样计划

GB/T 2829 周期检查计数抽样程序及表(适用于对过程稳定性的检验)

GB/T 4956 磁性金属基体上非磁性覆盖层厚度测量 磁性法

GB/T 7306.1 55°密封管螺纹 第 1 部分:圆柱内螺纹与圆锥外螺纹(eqv ISO 7-1:1994)

GB/T 7306.2 55°密封管螺纹 第 2 部分:圆锥内螺纹与圆锥外螺纹(eqv ISO 7-1:1994)

GB/T 7307 非螺纹密封的管螺纹

GB/T 9440 可锻铸铁件

GB/T 13825 金属覆盖层 黑色金属材料热镀锌层 单位面积质量称量法

## 3 术语和定义

下列术语和定义适用于本文件。

3.1

**管件 fitting**

用于连接一个或几个零(部)件的产品。

3.2

**管件规格 fitting size**

**螺纹尺寸代号 designation of thread size**

符合 GB/T 7306.1 或 GB/T 7306.2 管螺纹的标记的出口端螺纹代号。

注:管件规格(即螺纹尺寸代号)与公称尺寸($D_N$)之间的关系,见表 1。

表 1

| 管件规格 | 1/8 | 1/4 | 3/8 | 1/2 | 3/4 | 1 | 1¼ | 1½ | 2 | 2½ | 3 | 4 | 5 | 6 |
|---|---|---|---|---|---|---|---|---|---|---|---|---|---|---|
| 公称尺寸 $D_N$ | 6 | 8 | 10 | 15 | 20 | 25 | 32 | 40 | 50 | 65 | 80 | 100 | 125 | 150 |

3.3

**加强 reinforcement**

在内螺纹管件外径的端部，以方边或圆边附加的形式(见图 1)。

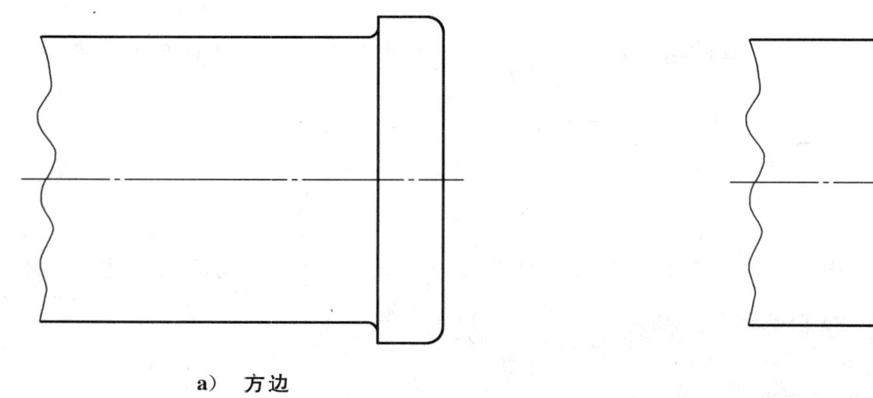

a) 方边　　b) 圆边

图 1 加强的形式

3.4

**肋 rib**

为了有利于安装在管件外面局部沿轴向附加的材料。

3.5

**出口 outlet**

管件的内螺纹或外螺纹端部。用于连接管子、管件或其他元件，密封管螺纹符合 GB/T 7306.1 或 GB/T 7306.2。

3.6

**主管 run**

三通或四通的主轴线上的两个出口。

3.7

**支管 branch**

三通或四通的侧向出口。

3.8

**倒角 chamfer**

螺纹入口端切出的锥形部分，便于装配和防止损坏螺纹始端。

3.9

**端面到端面的尺寸 face-to-face dimension**

管件出口处同轴两个平行面之间的距离。

3.10

**端面到中心的尺寸 face-to-centre dimension**

管件出口处的端面到与其成角度的出口中心轴线之间的距离。

3.11

**安装长度　laying length**

安装后管子端面到管件轴线的平均距离，或两个管子端面之间的平均距离（见 5.5.2）。

## 4　产品分类

### 4.1　按表面状态分

黑品管件符号：Fe；

热镀锌管件符号：Zn。

### 4.2　按结构型式分

管件型式和符号在表 2 中给出，这些符号与管路识别有关，可以用于标记（见 4.3.1）。

表 2

| 型式 | 符号 | | | |
|---|---|---|---|---|
| A<br>弯头 | A1 <br>(90) | A1/45° <br>(120) | A4 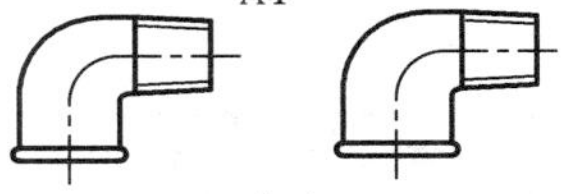<br>(92) | A4/45° 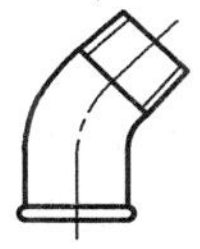<br>(121) |
| B<br>三通 | B1 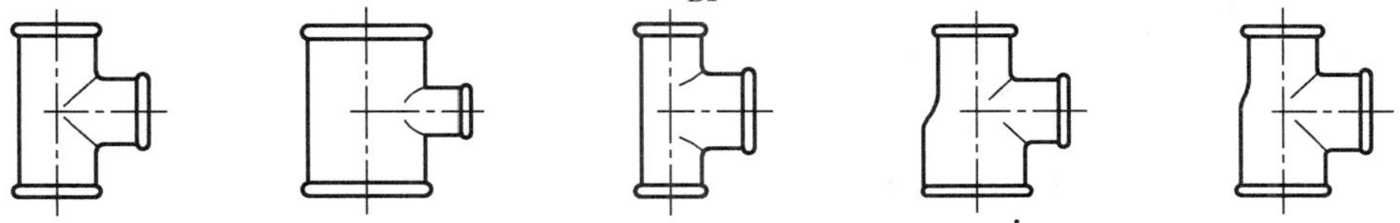<br>(130) | | | |
| C<br>四通 | C1 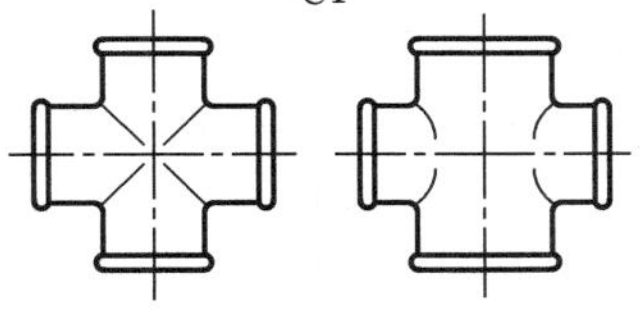<br>(180) | | | |
| D<br>短月弯 | D1 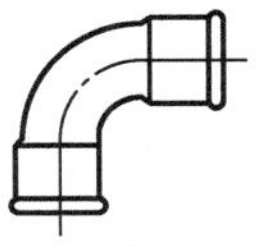<br>(2a) | D4 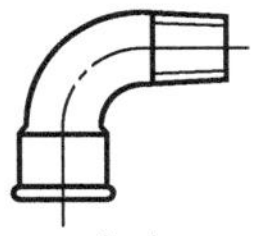<br>(1a) | | |
| E<br>单弯三通<br>及<br>双弯弯头 | E1 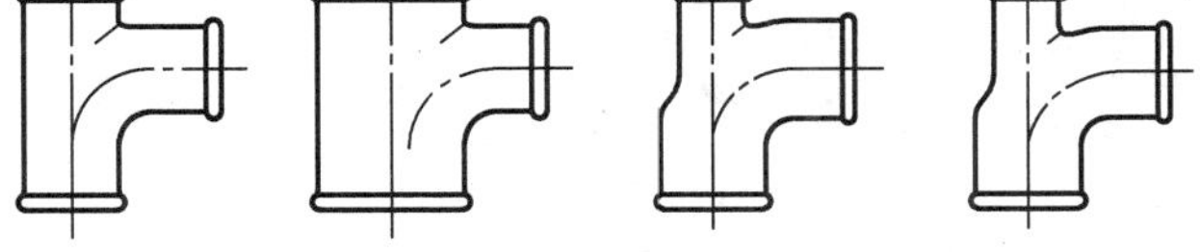<br>(131) | E2 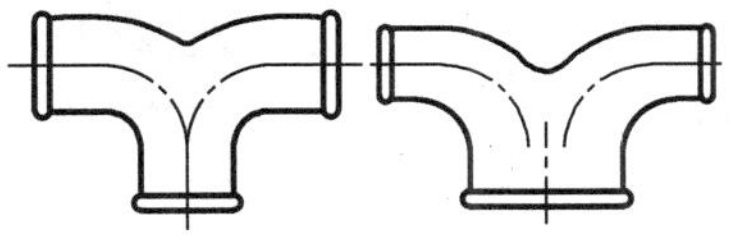<br>(132) | | |

表 2（续）

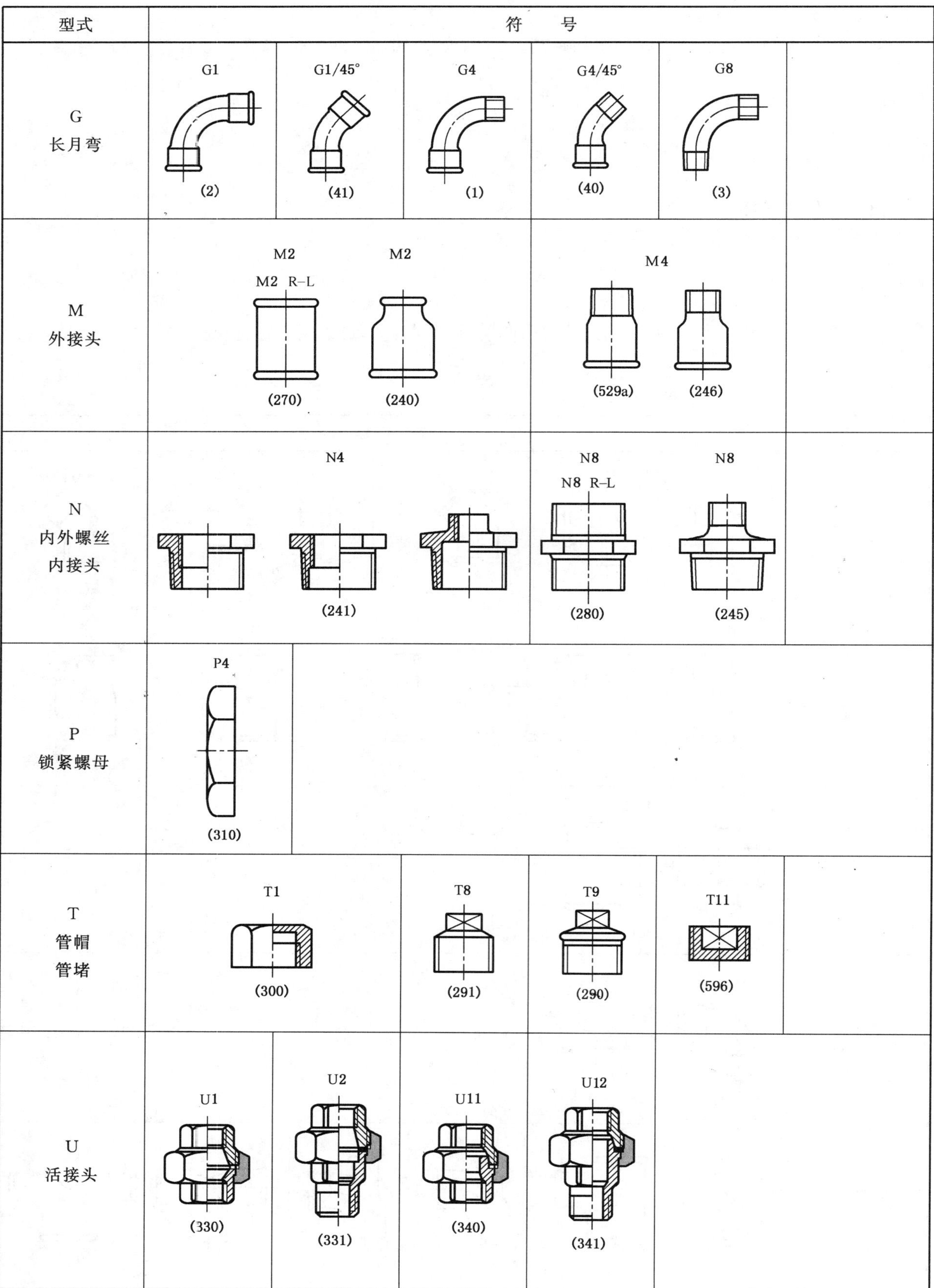

| 型式 | 符号 | | | | |
|---|---|---|---|---|---|
| G<br>长月弯 | G1<br>(2) | G1/45°<br>(41) | G4<br>(1) | G4/45°<br>(40) | G8<br>(3) |
| M<br>外接头 | M2<br>M2 R-L<br>(270) | M2<br>(240) | M4<br>(529a) | (246) | |
| N<br>内外螺丝<br>内接头 | N4<br>(241) | N8<br>N8 R-L<br>(280) | N8<br>(245) | | |
| P<br>锁紧螺母 | P4<br>(310) | | | | |
| T<br>管帽<br>管堵 | T1<br>(300) | T8<br>(291) | T9<br>(290) | T11<br>(596) | |
| U<br>活接头 | U1<br>(330) | U2<br>(331) | U11<br>(340) | U12<br>(341) | |

表 2（续）

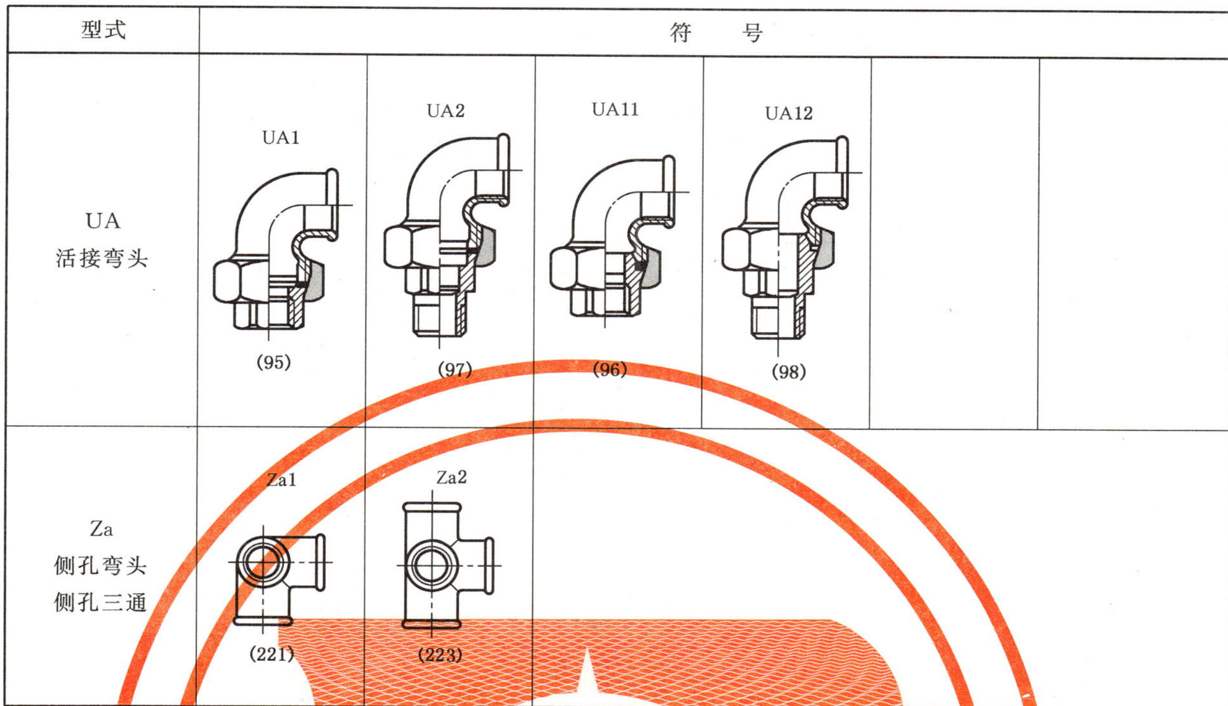

| 型式 | 符　　号 | | | | | |
|---|---|---|---|---|---|---|
| UA<br>活接弯头 | UA1<br>(95) | UA2<br>(97) | UA11<br>(96) | UA12<br>(98) | | |
| Za<br>侧孔弯头<br>侧孔三通 | Za1<br>(221) | Za2<br>(223) | | | | |

## 4.3　产品标记

### 4.3.1　标记内容

4.3.1.1　符合本标准的管件应按下列内容标注：

a)　管件的型式(见表 2)；

b)　执行标准编号；

c)　符号(见表 2)；

d)　管件规格(见附录 A)；

e)　表面状态(见 4.1)；

f)　设计符号(见 5.4.1)。

4.3.1.2　按照 4.3.1.1 中标注的内容允许使用代号(见表 2)和公称尺寸代替相对应的符号和管件规格。

### 4.3.2　标记的补充说明

4.3.2.1　同径管件，即所有出口处规格相同，归类于一个规格表示。

4.3.2.2　有两个出口端的异径管件，按出口规格渐减的顺序来规定(大出口～小出口)。

4.3.2.3　有两个以上出口端并且出口规格不一样的异径管件按图 2 规定标记。

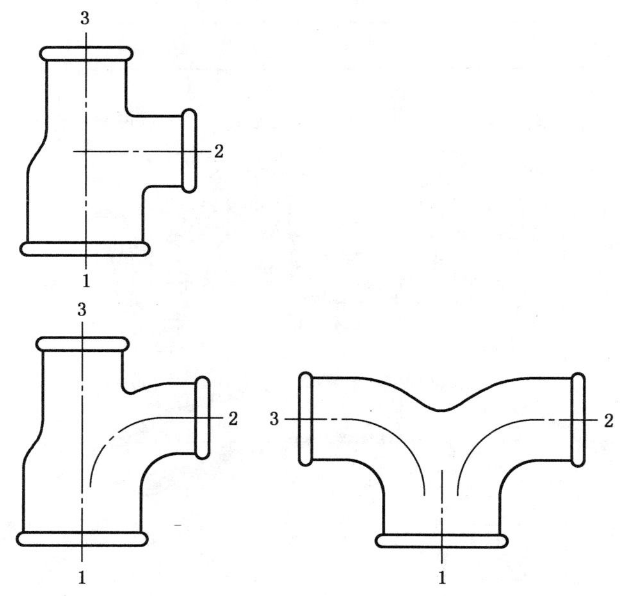


图 2

4.3.2.4 有两个以上出口而主管规格不变的异径管件,按下面简易方法规定:

a) 三通 B1 和 E1,主管出口规格相同,而支管规格增大或减少,规定先标注主管规格后标注支管规格,例如 1× 3/4(见附录 A 中 A.4、A.5 和 A.10、A.11、A.12);

b) 异径双弯 E2,规定先标注大出口的规格,后标注两个相等的较小出口规格,例如 1½×1¼ (见附录 A 中 A.13);

c) 异径四通 C1,规定先标注最大主管的规格,后标注两个相等的较小支管规格,例如 1½×1(见附录 A 中 A.8);

### 4.3.3 标记示例

a) 等径弯头,管件规格 2,黑色表面,设计符号 A:
弯头 GB/T 3287 A1-2-Fe-A

b) 异径三通,主管管件规格 2,支管管件规格 1,热镀锌表面,设计符号 C:
三通 GB/T 3287 B1-2×1-Zn-C

c) 异径三通,主管管件规格 1 和规格 3/4,支管管件规格 1/2,黑色表面,设计符号分别为 B 和 D:
设计符号 B):三通 GB/T 3287 BI-1×1/2×3/4-Fe-B
设计符号 D):三通 GB/T 3287 BI-1×1/2×3/4-Fe-D

## 5 要求

### 5.1 管件材料

5.1.1 管件应使用符合 GB/T 9440 的可锻铸铁材料(其他见 5.1.2),所用材料根据设计者的要求按下列牌号选取(见 5.4.1):

KTB 400-05 或 KTB 350-04 用于白心可锻铸铁

KTH 350-10 或 KTH 300-06 用于黑心可锻铸铁;

5.1.2 使用机械性能不低于5.1.1规定的其他黑色金属时，允许用于规格不大于3/8的直型管件，但不包括活接头在内。

### 5.2 热镀锌层

管件要求镀锌保护层时，应采用热镀工艺，并符合下列要求：

注：黑色金属材料的管件(见5.1.2)选择的镀锌层可与订货方协定。

5.2.1 在形成的锌层中，微量元素的质量百分比含量不允许超出下列规定的最大值：

铝(Al)　0.1%

锑(Sb)　0.01%

砷(As)　0.02%

铋(Bi)　0.01%

镉(Cd)　0.01%

铜(Cu)　0.1%

铅(Pb)　1.6%，在特定情况下允许为1.8%

锡(Sn)　0.1%

5.2.2 镀锌层相关表面锌的质量不小于500 g/m²，以五件管件锌的质量作平均值，相当于平均覆盖厚度为70 μm，个别样件不小于450 g/m²(63 μm)。

锌层平均覆盖厚度可用近似公式(1)进行计算：

$$\overline{S}=\frac{m_A}{7.2} \qquad (1)$$

式中：

$\overline{S}$ ——锌层平均覆盖厚度，单位为微米(μm)；

$m_A$——单位面积的锌层质量，单位为克每平方米(g/m²)。

5.2.3 镀锌管件表面镀层应均匀连续，内表面锌层应无锌疤、毛刺和非金属附着物。

### 5.3 管件表面的防锈处理

管件的表面应作防锈处理，防锈材料不应带有多环芳香族的碳氢化合物。

### 5.4 设计

5.4.1 按选择的材料(见5.1.1)和螺纹(见5.6.1)所对应的设计符号(见表3)来识别管件。

**表3**

| 设计符号 | 螺纹型式 | | 材料牌号 |
|---|---|---|---|
| | 外 | 内 | |
| A | R | Rp | KTB 400-05 或 KTH 350-10 |
| B | R | Rp | KTB 350-04 或 KTH 300-06 |
| C | R | Rc | KTB 400-05 或 KTH 350-10 |
| D | R | Rc | KTB 350-04 或 KTH 300-06 |
| 注：对仅有外螺纹的管件，其设计符号应与带有内螺纹，并用具有相同材料等级的管件规定的设计符号相同。 | | | |

5.4.2 管件的型式和尺寸应符合附录A的规定。

5.4.3 内螺纹管件外径的端部应以方边或圆边形式加强(见图 1)。端部是多角形的除外,在形状上考虑扳手平面或管件有侧向出口的地方(代号 Za1 和 Za2)。

5.4.4 制造方可自行决定加肋,肋的高度不能超出加强方边或圆边的高度。

5.4.5 锁紧螺母可以是普通平面形的或凹入式的,允许加工一个表面。

5.4.6 附录 A 中 A.22 和附录 A 中 A.23 给出两种典型的活接头座及其标记,其他型式座的设计和座的材料也应该符合本标准在附录 A 中 A.22 和附录 A 中 A.23 提供的尺寸及其他要求,这种活接头没有正式标记。

## 5.5 尺寸与公差

5.5.1 管件的主要尺寸见附录 A。未规定尺寸,由制造方自行决定。在没有规定最大或最小尺寸时,管件从端面到端面,端面到中心的尺寸偏差见表 4。

注:活接头端面和端面到中心的尺寸,由于管件公差和设计的综合影响,最后的装配结果可能不符合所给公差。

表 4

单位为毫米

| 基本尺寸 | ≤30 | >30~≤50 | >50~≤75 | >75~≤100 | >100~≤150 | >150~≤200 | >200 |
|---|---|---|---|---|---|---|---|
| 公差 | ±1.5 | ±2.0 | ±2.5 | ±3.0 | ±3.5 | ±4.0 | ±5.0 |

5.5.2 安装长度($z$)用作安装期间的帮助和指导,其准确性决定于 5.5.1 中所给公差及 GB/T 7306.1 或 GB/T 7306.2 中规定的螺纹公差,在附录 A 给出的尺寸($z_1$、$z_2$ 与 $z_3$)是管子端部到管件轴线(见图 3)或管子端部之间(见图 4)的平均距离。

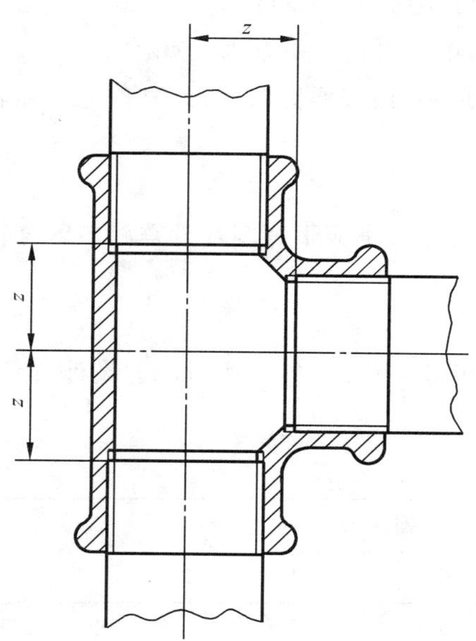


图 3 管路有角度情况下管子相连接时的安装长度 $z$

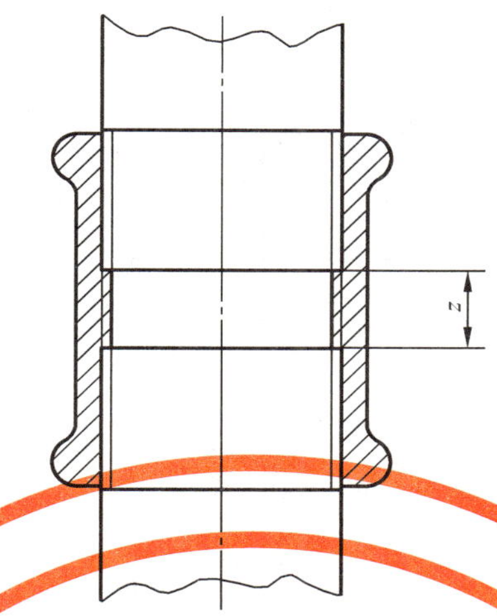


图 4 同轴管子相连接时的安装长度 $z$

这些安装尺寸给出的是端面到端面或端面到中心的尺寸减去平均配合长度计算得到的,平均配合长度是按 GB/T 7306.1 或 GB/T 7306.2 给出的尺寸加以圆整(见表 5)。

表 5

| 管件规格 | 1/8 | 1/4 | 3/8 | 1/2 | 3/4 | 1 | 1¼ | 1½ | 2 | 2½ | 3 | 4 | 5 | 6 |
|---|---|---|---|---|---|---|---|---|---|---|---|---|---|---|
| 配合长度<br>mm | 7 | 10 | 10 | 13 | 15 | 17 | 19 | 19 | 24 | 27 | 30 | 36 | 40 | 40 |

5.5.3 扳手平面对边宽度尺寸 $S$ 取决于管件的设计,由制造方确定。

5.5.3.1 管堵的扳手平面应是方形的,其他小于或等于 3/4 管件的平面应是六边形的,大于 3/4 的管件的平面可以是六边形或八边形。活接头零件的平面(除活接头螺母外)可以是六边、八边或十边形的。

5.5.3.2 扳手平面的最小厚度(见表 6)在其转角处测量,对锁紧螺母任何形式的倒角均不应使扳手平面的厚度小于表 6 给出的尺寸。

表 6

| 管件规格 | 1/8 | 1/4 | 3/8 | 1/2 | 3/4 | 1 | 1¼ | 1½ | 2 | 2½ | 3 | 4 |
|---|---|---|---|---|---|---|---|---|---|---|---|---|
| 扳手平面最小厚度<br>mm | 4 | 4 | 5 | 5 | 5.5 | 6 | 6.5 | 6.5 | 7 | 7 | 7.5 | 8 |

## 5.6 螺纹的选择

5.6.1 管件密封管螺纹应该符合 GB/T 7036.1 或 GB/T 7036.2 的规定,外螺纹为圆锥形(R),内螺纹可以是圆柱形(Rp)或圆锥形(Rc)。

5.6.2 活接头螺母的螺纹与螺母配合的螺纹应符合 GB/T 7307 的规定,允许采用公制螺纹,应符合 GB/T 192、GB/T 193、GB/T 196 和 GB/T 197 中外螺纹 6 级、内螺纹 7 级的规定。锁紧螺母应符合 GB/T 7307 的规定。

## 5.7 螺纹轴线夹角的极限偏差

管件螺纹的轴线应是精确的,测定角度的偏差不超过±0.5°。

### 5.8 管螺纹轴线垂直度的极限偏差

螺纹轴线应与管件端面垂直，垂直度偏差不得大于表7的规定。

表7

| 管件规格 | 1/16～1/8 | 1/4～3/8 | 1/2～3/4 | 1～6 |
|---|---|---|---|---|
| 偏差<br>mm | 0.5 | 0.7 | 0.9 | 1.2 |

### 5.9 倒角

管件螺纹端面必须倒角，内螺纹最小夹角为90°端面倒角直径应大于螺纹的大径。外螺纹最小夹角为60°，端面倒角的直径应小于端面螺纹的小径。端面倒角的轴向长度不得大于1 P。

### 5.10 制造

管件不允许含有对使用有害的材料。管件应光滑，无粘砂、气孔、裂纹与其他有害的缺陷。不允许含有上述缺陷，加以浸渍以覆盖故障。

### 5.11 性能要求

5.11.1 所有管件应符合表8中给出的最大允许的工作压力和温度范围。温度为120 ℃～300 ℃之间的压力值用线性插入法确定(见图5)，管件正常使用的温度不低于−20 ℃，当在超出规定的压力和温度范围使用时，应同制造方协商。

表8

| 使用温度<br>℃ | 最大允许工作压力<br>MPa |
|---|---|
| −20～120 | 2.5 |
| 120～300 | 内插值 |
| 300 | 2 |

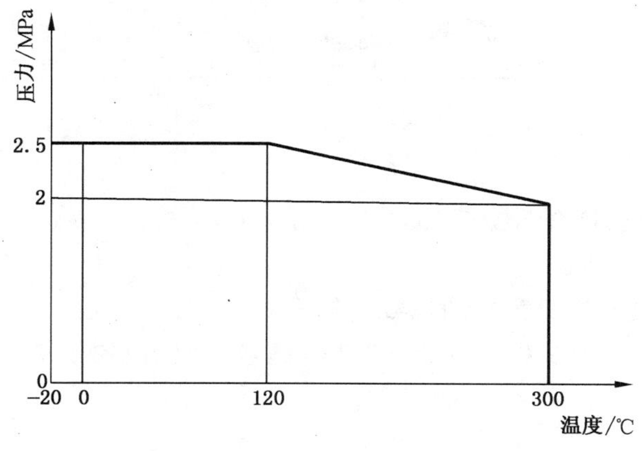


图5 压力-温度比值

5.11.2 承受压力的管件包括活接头的组成部件应能承受表9[水压设计试验压力(检验)]所给定的试验压力,各种规格的管件应按表9进行试验。

表9

| 管件规格 1/8～4 | 管件规格 5 和 6 |
| --- | --- |
| 10 MPa | 6.4 MPa |

在某温度下,如果压力大于1.5倍最大允许工作压力(见5.11.1),即使压力低于表9给定值时,发生泄漏也是允许的。

5.11.3 管件与符合5.6的螺纹件正确安装时,应能承受正常的各种力的作用。

## 6 试验方法

### 6.1 可锻铸铁

制造方应以充分的试验来保证可锻铸铁满足5.1.1规定的材料牌号要求,除GB/T 9440的试验要求外,管件在退火之后机加工之前要进行适当的检验,以保证管件具有良好的韧性。

### 6.2 热镀锌层

制造方应保证热镀锌层满足5.2的要求。用分辨试验法(recognised test method)例如原子吸收分光仪来确定5.2.1规定的元素。镀层单位面积质量按GB/T 13825的方法确定。镀层厚度用电子或磁力测厚仪(见GB/T 4956)来检测,或者用显微法。在管件的整个表面和长度上至少取散布的10个点来测量,用算术平均值作为计量结果,抽样方案按GB/T 2828.1要求。目视检查管件热镀锌层的致密性和连续性。

### 6.3 螺纹

#### 6.3.1 密封管螺纹

制造方应该以足够的控制措施确保密封管螺纹符合GB/T 7306.1或GB/T 7306.2的要求。

注:GB/T 22091.1和JB/T 10031推荐了量规体系,如果其他的量规体系也能保证获得与前者相同的结果,并符合GB/T 7306.1、GB/T 7306.2螺纹的要求,则此检验体系也可使用。

#### 6.3.2 非密封管螺纹

非密封螺纹应符合GB/T 7307的要求。

注:GB/T 10922推荐了一个量规体系,如果其他的量规体系也能保证与前者相同的结果并符合GB/T 7307螺纹的要求,则此检验体系也可使用。

#### 6.3.3 螺纹轴线夹角

对5.7管螺纹轴线夹角的检测方法如下:

a) 管件螺纹轴线夹角90°时,使用图6中检测丝杠1,先用校表角尺4的90°面贴在测量定位块2上,将角度表调至零位时,再将两端配有相应规格螺纹测头7(或测环)的管件靠近测量定位块2,使测头的外端面与测量定位块的外侧面贴平,即可在角度表上直接读出管件两螺纹轴线间夹角的误差值;

b) 管件螺纹轴线夹角为45°时,使用图6中检测丝杠6,先用校表角尺45°面将角度表调至零位,下面的步骤同 a)；

c) 管件螺纹轴线夹角为 180°时，使用图 6 中检测丝杠 5，在被测管件两测量端旋入相应规格的螺纹测头或测环，下端测头或测环平面与平板平面接触，旋动丝杠升降螺母使测量定位板平面与上端测头或测环平面密合靠紧无间隙，将管件测头(环)组合体，在 90°范围内转动，角度表的最大示值就是管件螺纹轴线的角度误差值；

d) 或等效采用其他方法测量(采用测量平台测定的检测方法)。

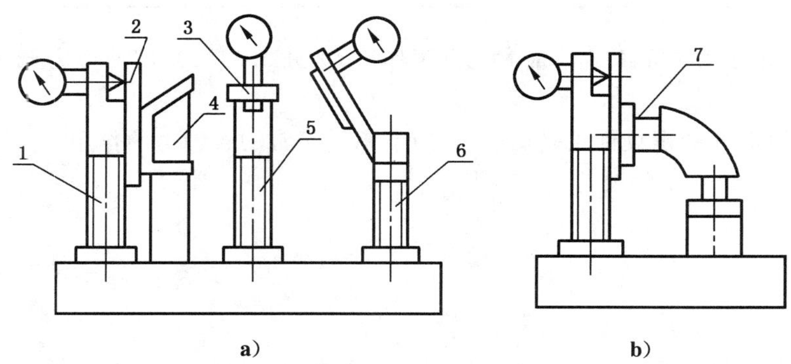


**图 6 管件螺纹轴线夹角检测**

### 6.4 管螺纹垂直度偏差的测量

a) 将相应管螺纹测头旋入被测管件拧紧后，用游标卡尺测量测头平面至管件端面的最大距离($A$)和最小距离($B$)，计算其偏差值($C$)计算方法：$C=A-B$。

b) 或用其他等效的办法测量。

### 6.5 密封性要求试验

所有承受压力的管件应在机加工之后，涂保护层之前(热镀锌除外)，用下列方法之一进行试验，每个管件都应无泄漏迹象。试压操作台必须装有经确认有效的监测压力表并与被测管件串通连接，以获得测试的真实效果。

a) 管件内部应能承受不低于 2 MPa 常温水压，试验时除输入水的通径口外，封闭其他各端后，按表 10 要求进行，目测结果；

**表 10**

| 管件规格 | 保压时间<br>s | 要求 |
|---|---|---|
| 1/8～2 | ≥15 | 无渗漏和损伤 |
| 2½～6 | ≥60 | |

b) 管件内部应能承受不低于 0.5 MPa 的空气压力，试验时除输入空气的通径口外，其他各通径口封闭，待充入的空气压力满足要求后，管件完全浸置于水槽中，目测结果；

c) 能保证有等同试验效果的其他方法。

不能满足上述所选用的试验要求的管件，应予以拒收。

### 6.6 最终外观检验

制造厂采用适当的目测方法检查，管件应无明显的铸造缺陷和螺纹加工缺陷，以保证管件符合

5.2.3、5.8、5.9、5.10 要求。

### 6.7 多环芳香族碳氢化合物的分析

本条款的要求(见 5.3)应利用气相层析法或薄层层析法(thin-layer chramatography)或其他等效方法来检验。

## 7 检验规则

正常批量生产的产品质量检验分为出厂检验和型式检验。

### 7.1 出厂检验的抽样方案和检查判定规则

**7.1.1** 每批产品出厂前,都应按标准规定的出厂检验项目进行检验,出厂检验的抽样检查应符合 GB/T 2828.1 的规定。

**7.1.2** 出厂检验采用二次抽样方案,其出厂检验项目、不合格类别、接收质量限(AQL)按表 11 的规定。

表 11

<table>
<tr><th>不合格类别</th><th colspan="2">检 查 项 目</th><th>检查条款</th><th>检 查 水 平</th><th>AQL</th></tr>
<tr><td rowspan="2">B</td><td colspan="2">材料机械性能</td><td>5.1</td><td rowspan="2">特殊检查水平 S-3</td><td>1</td></tr>
<tr><td colspan="2">密封性能</td><td>6.5</td><td>1</td></tr>
<tr><td rowspan="11">C</td><td colspan="2">型式尺寸</td><td>5.4.2</td><td rowspan="10">一般检查水平 Ⅱ</td><td>6.5</td></tr>
<tr><td rowspan="2">精度</td><td>尺寸</td><td>5.5.1</td><td>6.5</td></tr>
<tr><td>螺纹</td><td>5.6.1　5.6.2</td><td rowspan="2">4</td></tr>
<tr><td colspan="2">螺纹轴线夹角</td><td>5.7</td></tr>
<tr><td colspan="2">歪扣</td><td>5.8</td><td></td></tr>
<tr><td colspan="2">表面质量</td><td>5.10</td><td rowspan="4">6.5</td></tr>
<tr><td colspan="2">镀锌均匀</td><td>5.2.3</td></tr>
<tr><td colspan="2">螺纹端面倒角</td><td>5.9</td></tr>
<tr><td colspan="2">防锈</td><td>5.3</td></tr>
<tr><td colspan="2">产品标志</td><td>9.1.1</td><td>10</td></tr>
<tr><td colspan="2">包装</td><td>9.1.2　9.2</td><td colspan="2">抽三件应符合规定</td></tr>
<tr><td colspan="6">注:生产厂需对每炉试样检查抗拉强度和延伸率,并有机械性能试验合格报告。</td></tr>
</table>

### 7.2 型式检验的抽样方案和检查、判别

**7.2.1** 正常批量生产的产品应按标准规定的型式检验项目定期进行周期性检查,型式检验的抽样检查应符合 GB/T 2829—2002 的规定。

**7.2.2** 在产品生产过程稳定的条件下每年应抽样进行一次型式检验。

**7.2.3** 样本的抽取与样本的检查应符合 GB/T 2829—2002 中 5.9、5.10 的规定。

**7.2.4** 型式检验采用判别水平Ⅱ的一次抽样方案,检验项目、判别数组和不合格质量水平 RQL(见表 12)的规定。

表 12

| 不合格类别 | 检验项目 | 检验条款 | 样本数 | 判定数组 | RQL |
|---|---|---|---|---|---|
| A | 耐压试验 | 6.5 a) | 6 | 0.1 | 25 |

7.2.5 有下列情况之一时，应进行型式检验：

a) 新产品定型鉴定或老产品转厂生产的定型鉴定；

b) 正常批量生产中，在结构、材料、工艺有较大改变，可能影响产品性能时；

c) 产品停产半年后恢复生产时；

d) 国家质量监督机构提出型式检验要求时。

## 8 管件尺寸和安装长度 通则

管件应该具有附录 A 中 A.1～A.23 给出的正确尺寸和安装长度、公差的数值(见 5.5.1)、安装长度(见 5.5.2)。

圆括弧中的管件尺寸为可选择尺寸，由制造方自行规定，没有特殊规定，管螺纹应符合 GB/T 7306.1 或 GB/T 7306.2 的规定。

## 9 标志、包装、运输、贮存

### 9.1 标志

#### 9.1.1 产品标志

管件应标有清晰明显的商标和管件规格，允许用相对应的公称尺寸代替管件规格。

当铸件空间限制无法实现标注时，允许省去上述标记内容。这些省略部分应在包装材料上标出。

#### 9.1.2 包装标记

包装标记包含以下内容：

a) 产品名称；

b) 产品标记；

c) 数量；

d) 制造厂名、产地；

e) 出厂日期；

f) 净重、毛重(每件质量不得超过 50 kg)；

g) 外形尺寸(长×宽×高)，(只对有固定包装形状)。

### 9.2 包装

不允许用腐蚀性材料包装，包装不得破损，并附有合格证，证上应有厂名、检验员签章或代号、检验日期。

### 9.3 运输

产品在运输中避免雨淋、受潮及化学腐蚀。

### 9.4 贮存

产品贮存应置于离地 200 mm 以上，通风良好，干燥的室内，并不得与有腐蚀性的物品共贮一室。

### 9.5 防锈期限

产品自出厂日期起，防锈期为半年。

# 附 录 A
（规范性附录）
# 管路连接件型式尺寸

**A.1** 弯头、三通、四通型式尺寸应符合图 A.1、表 A.1 的规定。

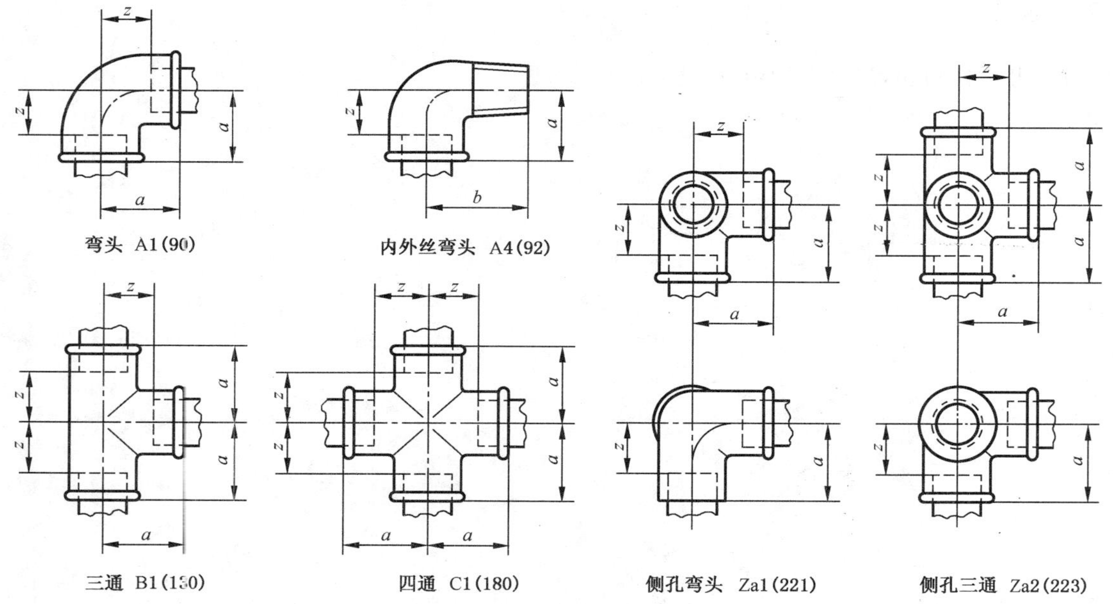


图 A.1

表 A.1

| 公称尺寸 $D_N$ | | | | | | 管件规格 | | | | | | 尺寸 mm | | 安装长度 $z$ mm |
|---|---|---|---|---|---|---|---|---|---|---|---|---|---|---|
| A1 | A4 | B1 | C1 | Za1 | Za2 | A1 | A4 | B1 | C1 | Za1 | Za2 | $a$ | $b$ | |
| 6 | 6 | 6 | — | — | — | 1/8 | 1/8 | 1/8 | | — | — | 19 | 25 | 12 |
| 8 | 8 | 8 | (8) | — | — | 1/4 | 1/4 | 1/4 | (1/4) | — | — | 21 | 28 | 11 |
| 10 | 10 | 10 | 10 | (10) | (10) | 3/8 | 3/8 | 3/8 | 3/8 | (3/8) | (3/8) | 25 | 32 | 15 |
| 15 | 15 | 15 | 15 | 15 | (15) | 1/2 | 1/2 | 1/2 | 1/2 | 1/2 | (1/2) | 28 | 37 | 15 |
| 20 | 20 | 20 | 20 | 20 | (20) | 3/4 | 3/4 | 3/4 | 3/4 | 3/4 | (3/4) | 33 | 43 | 18 |
| 25 | 25 | 25 | 25 | (25) | (25) | 1 | 1 | 1 | 1 | (1) | (1) | 38 | 52 | 21 |
| 32 | 32 | 32 | 32 | — | — | 1¼ | 1¼ | 1¼ | 1¼ | — | — | 45 | 60 | 26 |
| 40 | 40 | 40 | 40 | — | — | 1½ | 1½ | 1½ | 1½ | — | — | 50 | 65 | 31 |
| 50 | 50 | 50 | 50 | — | — | 2 | 2 | 2 | 2 | — | — | 58 | 74 | 34 |
| 65 | 65 | 65 | (65) | — | — | 2½ | 2½ | 2½ | (2½) | — | — | 69 | 88 | 42 |
| 80 | 80 | 80 | (80) | — | — | 3 | 3 | 3 | (3) | — | — | 78 | 98 | 48 |
| 100 | 100 | 100 | (100) | — | — | 4 | 4 | 4 | (4) | — | — | 96 | 118 | 60 |
| (125) | — | (125) | — | — | — | (5) | — | (5) | — | — | — | 115 | — | 75 |
| (150) | — | (150) | — | — | — | (6) | — | (6) | — | — | — | 131 | — | 91 |

**A.2** 异径弯头型式尺寸应符合图 A.2、表 A.2 的规定。

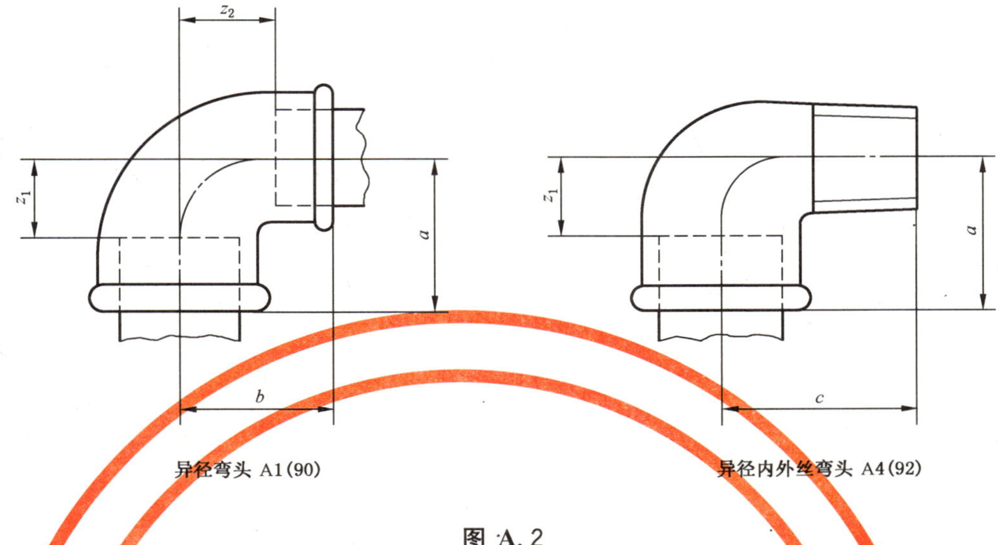


异径弯头 A1(90)　　　　异径内外丝弯头 A4(92)

图 A.2

表 A.2

| 公称尺寸 $D_N$ | | 管件规格 | | 尺寸 mm | | | 安装长度 mm | |
|---|---|---|---|---|---|---|---|---|
| A1 | A4 | A1 | A4 | $a$ | $b$ | $c$ | $z_1$ | $z_2$ |
| (10×8) | — | (3/8×1/4) | — | 23 | 23 | — | 13 | 13 |
| 15×10 | 15×10 | 1/2×3/8 | 1/2×3/8 | 26 | 26 | 33 | 13 | 16 |
| (20×10) | — | (3/4×3/8) | — | 28 | 28 | — | 13 | 18 |
| 20×15 | 20×15 | 3/4×1/2 | 3/4×1/2 | 30 | 31 | 40 | 15 | 18 |
| 25×15 | — | 1×1/2 | — | 32 | 34 | — | 15 | 21 |
| 25×20 | 25×20 | 1×3/4 | 1×3/4 | 35 | 36 | 46 | 18 | 21 |
| 32×20 | — | 1¼×3/4 | — | 36 | 41 | — | 17 | 26 |
| 32×25 | 32×25 | 1¼×1 | 1¼×1 | 40 | 42 | 56 | 21 | 25 |
| (40×25) | — | (1½×1) | — | 42 | 46 | — | 23 | 29 |
| 40×32 | — | 1½×1¼ | — | 46 | 48 | — | 27 | 29 |
| 50×40 | — | 2×1½ | — | 52 | 56 | — | 28 | 36 |
| (65×50) | — | (2½×2) | — | 61 | 66 | — | 34 | 42 |

**A.3** 45°弯头型式尺寸应符合图 A.3、表 A.3 的规定。

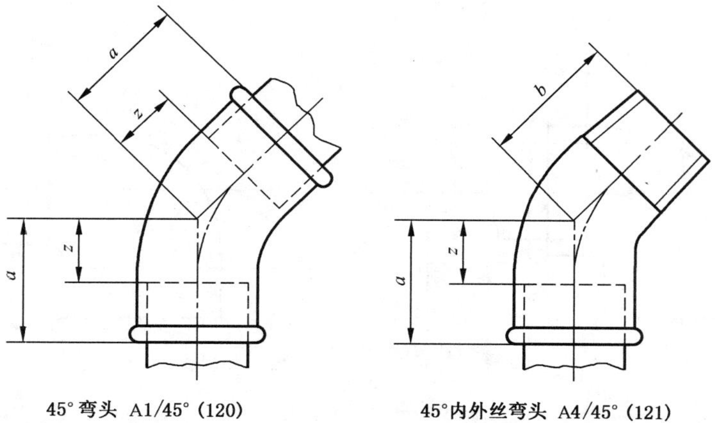


45°弯头 A1/45°(120)　　45°内外丝弯头 A4/45°(121)

**图 A.3**

**表 A.3**

| 公称尺寸 $D_N$ | | 管件规格 | | 尺寸 mm | | 安装长度 $z$ mm |
|---|---|---|---|---|---|---|
| A1/45° | A4/45° | A1/45° | A4/45° | $a$ | $b$ | |
| 10 | 10 | 3/8 | 3/8 | 20 | 25 | 10 |
| 15 | 15 | 1/2 | 1/2 | 22 | 28 | 9 |
| 20 | 20 | 3/4 | 3/4 | 25 | 32 | 10 |
| 25 | 25 | 1 | 1 | 28 | 37 | 11 |
| 32 | 32 | 1¼ | 1¼ | 33 | 43 | 14 |
| 40 | 40 | 1½ | 1½ | 36 | 46 | 17 |
| 50 | 50 | 2 | 2 | 43 | 55 | 19 |

**A.4** 中大异径三通型式尺寸应符合图 A.4、表 A.4 的规定。

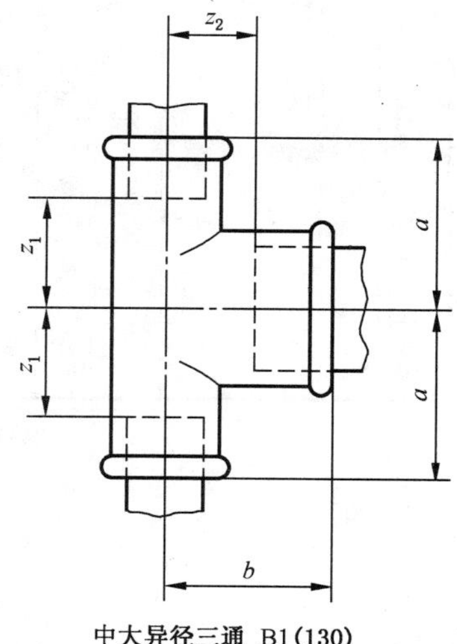


中大异径三通 B1(130)

**图 A.4**

表 A.4

| 公称尺寸 $D_N$ | 管件规格 | 尺寸 mm | | 安装长度 mm | |
|---|---|---|---|---|---|
| | | $a$ | $b$ | $z_1$ | $z_2$ |
| 10×15 | 3/8×1/2 | 26 | 26 | 16 | 13 |
| 15×20 | 1/2×3/4 | 31 | 30 | 18 | 15 |
| (15×25) | (1/2×1) | 34 | 32 | 21 | 15 |
| 20×25 | 3/4×1 | 36 | 35 | 21 | 18 |
| (20×32) | (3/4×1¼) | 41 | 36 | 26 | 17 |
| 25×32 | 1×1¼ | 42 | 40 | 25 | 21 |
| (25×40) | (1×1½) | 46 | 42 | 29 | 23 |
| 32×40 | 1¼×1½ | 48 | 46 | 29 | 27 |
| (32×50) | (1¼×2) | 54 | 48 | 35 | 24 |
| 40×50 | 1½×2 | 55 | 52 | 36 | 28 |
| 注：管件规格的表示方法见 4.3.2.4a)。 | | | | | |

**A.5** 中小异径三通型式尺寸应符合图 A.5、表 A.5 的规定。

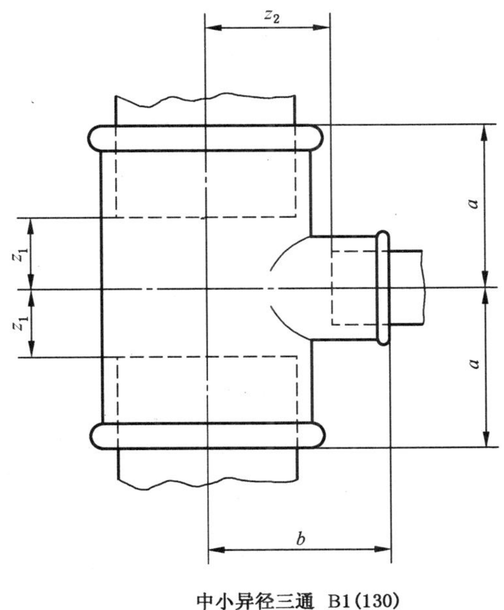


中小异径三通 B1(130)

图 A.5

**表 A.5**

| 公称尺寸 $D_N$ | 管件规格 | 尺寸 mm | | 安装长度 mm | |
|---|---|---|---|---|---|
| | | $a$ | $b$ | $z_1$ | $z_2$ |
| 10×8 | 3/8×1/4 | 23 | 23 | 13 | 13 |
| 15×8 | 1/2×1/4 | 24 | 24 | 11 | 14 |
| 15×10 | 1/2×3/8 | 26 | 26 | 13 | 16 |
| (20×8) | (3/4×1/4) | 26 | 27 | 11 | 17 |
| 20×10 | 3/4×3/8 | 28 | 28 | 13 | 18 |
| 20×15 | 3/4×1/2 | 30 | 31 | 15 | 18 |
| (25×8) | (1×1/4) | 28 | 31 | 11 | 21 |
| 25×10 | 1×3/8 | 30 | 32 | 13 | 22 |
| 25×15 | 1×1/2 | 32 | 34 | 15 | 21 |
| 25×20 | 1×3/4 | 35 | 36 | 18 | 21 |
| (32×10) | (1¼×3/8) | 32 | 36 | 13 | 26 |
| 32×15 | 1¼×1/2 | 34 | 38 | 15 | 25 |
| 32×20 | 1¼×3/4 | 36 | 41 | 17 | 26 |
| 32×25 | 1¼×1 | 40 | 42 | 21 | 25 |
| 40×15 | 1½×1/2 | 36 | 42 | 17 | 29 |
| 40×20 | 1½×3/4 | 38 | 44 | 19 | 29 |
| 40×25 | 1½×1 | 42 | 46 | 23 | 29 |
| 40×32 | 1½×1¼ | 46 | 48 | 27 | 29 |
| 50×15 | 2×1/2 | 38 | 48 | 14 | 35 |
| 50×20 | 2×3/4 | 40 | 50 | 16 | 35 |
| 50×25 | 2×1 | 44 | 52 | 20 | 35 |
| 50×32 | 2×1¼ | 48 | 54 | 24 | 35 |
| 50×40 | 2×1½ | 52 | 55 | 28 | 36 |
| 65×25 | 2½×1 | 47 | 60 | 20 | 43 |
| 65×32 | 2½×1¼ | 52 | 62 | 25 | 43 |
| 65×40 | 2½×1½ | 55 | 63 | 28 | 44 |
| 65×50 | 2½×2 | 61 | 66 | 34 | 42 |
| 80×25 | 3×1 | 51 | 67 | 21 | 50 |
| (80×32) | (3×1¼) | 55 | 70 | 25 | 51 |
| 80×40 | 3×1½ | 58 | 71 | 28 | 52 |
| 80×50 | 3×2 | 64 | 73 | 34 | 49 |
| 80×65 | 3×1½ | 72 | 76 | 42 | 49 |
| 100×50 | 4×2 | 70 | 86 | 34 | 62 |
| 100×80 | 4×3 | 84 | 92 | 48 | 62 |

**注**：管件规格的表示方法见 4.3.2.4a)。

**A.6** 异径三通型式尺寸应符合图 A.6、表 A.6 的规定。

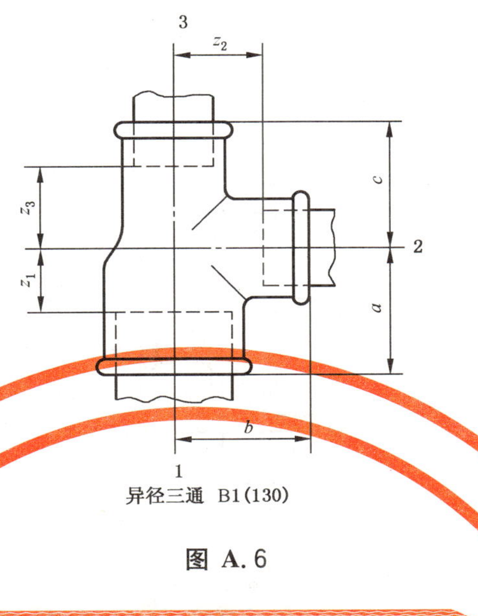


异径三通 B1(130)

**图 A.6**

**表 A.6**

| 公称尺寸 $D_N$ | 管件规格 | 尺寸<br>mm | | | 安装长度<br>mm | | |
|---|---|---|---|---|---|---|---|
| 标记方法<br>1 2 3 | 标记方法<br>1 2 3 | $a$ | $b$ | $c$ | $z_1$ | $z_2$ | $z_3$ |
| 15×10×10 | 1/2×3/8×3/8 | 26 | 26 | 25 | 13 | 16 | 15 |
| 20×10×15 | 3/4×3/8×1/2 | 28 | 28 | 26 | 13 | 18 | 13 |
| 20×15×10 | 3×4×1/2×3/8 | 30 | 31 | 26 | 15 | 18 | 16 |
| 20×15×15 | 3/4×1/2×1/2 | 30 | 31 | 28 | 15 | 18 | 15 |
| 25×15×15 | 1×1/2×1/2 | 32 | 34 | 28 | 15 | 21 | 15 |
| 25×15×20 | 1×1/2×3/4 | 32 | 34 | 30 | 15 | 21 | 15 |
| 25×20×15 | 1×3/4×1/2 | 35 | 36 | 31 | 18 | 21 | 18 |
| 25×20×20 | 1×3/4×3/4 | 35 | 36 | 33 | 18 | 21 | 18 |
| 32×15×25 | 1¼×1/2×1 | 34 | 38 | 32 | 15 | 25 | 15 |
| 32×20×20 | 1¼×3/4×3/4 | 36 | 41 | 33 | 17 | 26 | 18 |
| 32×20×25 | 1¼×3/4×1 | 36 | 41 | 35 | 17 | 26 | 18 |
| 32×25×20 | 1¼×1×3/4 | 40 | 42 | 36 | 21 | 25 | 21 |
| 32×25×25 | 1¼×1×1 | 40 | 42 | 38 | 21 | 25 | 21 |
| 40×15×32 | 1½×1/2×1¼ | 36 | 42 | 34 | 17 | 29 | 15 |
| 40×20×32 | 1½×3/4×1¼ | 38 | 44 | 36 | 19 | 29 | 17 |
| 40×25×25 | 1½×1×1 | 42 | 46 | 38 | 23 | 29 | 21 |
| 40×25×32 | 1½×1×1¼ | 42 | 46 | 40 | 23 | 29 | 21 |
| (40×32×25) | (1½×1¼×1) | 46 | 48 | 42 | 27 | 29 | 25 |
| 40×32×32 | 1½×1¼×1¼ | 46 | 48 | 45 | 27 | 29 | 26 |
| 50×20×40 | 2×3/4×1½ | 40 | 50 | 39 | 16 | 35 | 19 |
| 50×25×40 | 2×1×1½ | 44 | 52 | 42 | 20 | 35 | 23 |
| 50×32×32 | 2×1¼×1¼ | 48 | 54 | 45 | 24 | 35 | 26 |
| 50×32×40 | 2×1¼×1½ | 48 | 54 | 46 | 24 | 35 | 27 |
| (50×40×32) | (2×1½×1¼) | 52 | 55 | 48 | 28 | 36 | 29 |
| 50×40×40 | 2×1½×1½ | 52 | 55 | 50 | 28 | 36 | 31 |

注：管件规格的表示方法见 4.3.2.3。

**A.7** 侧小异径三通型式尺寸应符合图 A.7、表 A.7 的规定。

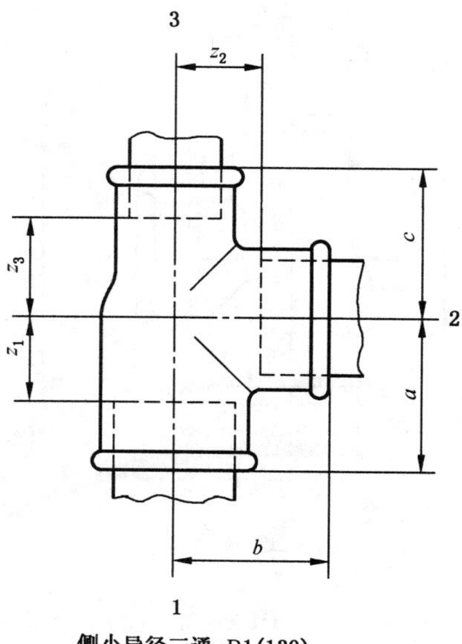


侧小异径三通 B1(130)

图 A.7

表 A.7

| 公称尺寸 $D_N$ | 管件规格 | 尺寸 mm | | | 安装长度 mm | | |
|---|---|---|---|---|---|---|---|
| 标记方法 1 2 3 | 标记方法 1 2 3 | $a$ | $b$ | $c$ | $z_1$ | $z_2$ | $z_3$ |
| 15×15×10 | 1/2×1/2×3/8 | 28 | 28 | 26 | 15 | 15 | 16 |
| 20×20×10 | 3/4×3/4×3/8 | 33 | 33 | 28 | 18 | 18 | 18 |
| 20×20×15 | 3/4×3/4×1/2 | 33 | 33 | 31 | 18 | 18 | 18 |
| (25×25×10) | (1×1×3/8) | 38 | 38 | 32 | 21 | 21 | 22 |
| 25×25×15 | 1×1×1/2 | 38 | 38 | 34 | 21 | 21 | 21 |
| 25×25×20 | 1×1×3/4 | 38 | 38 | 36 | 21 | 21 | 21 |
| 32×32×15 | 1¼×1¼×1/2 | 45 | 45 | 38 | 26 | 26 | 25 |
| 32×32×20 | 1¼×1¼×3/4 | 45 | 45 | 41 | 26 | 26 | 26 |
| 32×32×25 | 1¼×1¼×1 | 45 | 45 | 42 | 26 | 26 | 25 |
| 40×40×15 | 1½×1½×1/2 | 50 | 50 | 42 | 31 | 31 | 29 |
| 40×40×20 | 1½×1½×3/4 | 50 | 50 | 44 | 31 | 31 | 29 |
| 40×40×25 | 1½×1½×1 | 50 | 50 | 46 | 31 | 31 | 29 |
| 40×40×32 | 1½×1½×1¼ | 50 | 50 | 48 | 31 | 31 | 29 |
| 50×50×20 | 2×2×3/4 | 58 | 58 | 50 | 34 | 34 | 35 |
| 50×50×25 | 2×2×1 | 58 | 58 | 52 | 34 | 34 | 35 |
| 50×50×32 | 2×2×1¼ | 58 | 58 | 54 | 34 | 34 | 35 |
| 50×50×40 | 2×2×1½ | 58 | 58 | 55 | 34 | 34 | 36 |

注：管件规格的表示方法见 4.3.2.3。

**A.8** 异径四通型式尺寸应符合图 A.8、表 A.8 的规定。

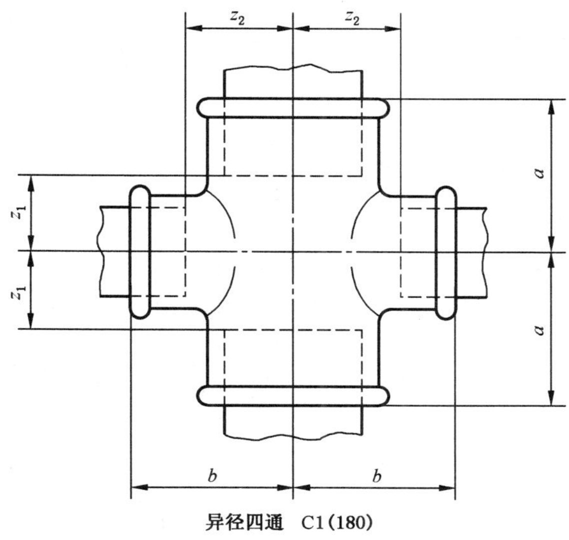

异径四通 C1(180)

**图 A.8**

**表 A.8**

| 公称尺寸 $D_N$ | 管件规格 | 尺寸 mm | | 安装长度 mm | |
|---|---|---|---|---|---|
| | | $a$ | $b$ | $z_1$ | $z_2$ |
| (15×10) | (1/2×3/8) | 26 | 26 | 13 | 16 |
| 20×15 | 3/4×1/2 | 30 | 31 | 15 | 18 |
| 25×15 | 1×1/2 | 32 | 34 | 15 | 21 |
| 25×20 | 1×3/4 | 35 | 36 | 18 | 21 |
| (32×20) | (1¼×3/4) | 36 | 41 | 17 | 26 |
| 32×25 | 1¼×1 | 40 | 42 | 21 | 25 |
| (40×25) | (1½×1) | 42 | 46 | 23 | 29 |
| **注**：管件规格表示方法见 4.3.2.4c)。 | | | | | |

**A.9** 短月弯、单弯三通、双弯弯头型式尺寸应符合图 A.9、表 A.9 的规定

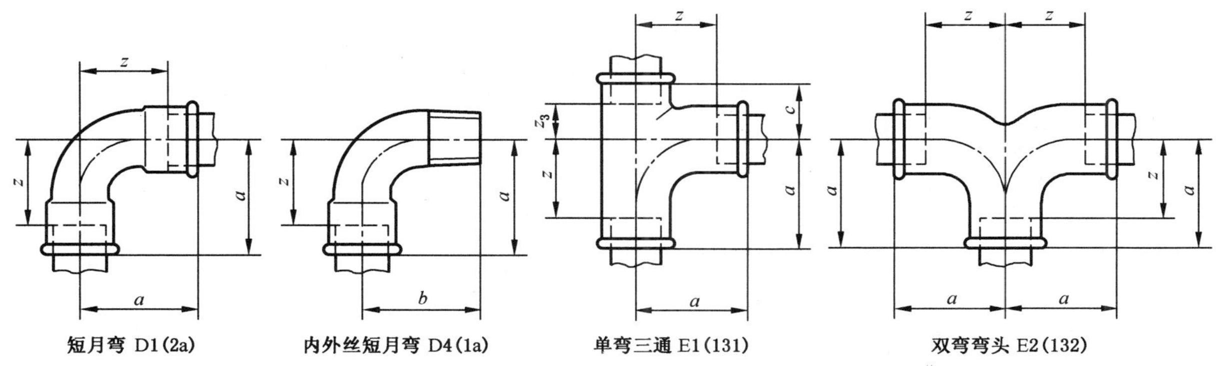

短月弯 D1(2a)　内外丝短月弯 D4(1a)　单弯三通 E1(131)　双弯弯头 E2(132)

**图 A.9**

表 A.9

| 公称尺寸 $D_N$ | | | | 管件规格 | | | | 尺寸 mm | | 安装长度 mm | |
|---|---|---|---|---|---|---|---|---|---|---|---|
| D1 | D4 | E1 | E2 | D1 | D4 | E1 | E2 | $a=b$ | $c$ | $z$ | $z_3$ |
| 8 | 8 | | | 1/4 | 1/4 | — | — | 30 | — | 20 | — |
| 10 | 10 | 10 | 10 | 3/8 | 3/8 | 3/8 | 3/8 | 36 | 19 | 26 | 9 |
| 15 | 15 | 15 | 15 | 1/2 | 1/2 | 1/2 | 1/2 | 45 | 24 | 32 | 11 |
| 20 | 20 | 20 | 20 | 3/4 | 3/4 | 3/4 | 3/4 | 50 | 28 | 35 | 13 |
| 25 | 25 | 25 | 25 | 1 | 1 | 1 | 1 | 63 | 33 | 46 | 16 |
| 32 | 32 | 32 | 32 | 1¼ | 1¼ | 1¼ | 1¼ | 76 | 40 | 57 | 21 |
| 40 | 40 | 40 | 40 | 1½ | 1½ | 1½ | 1½ | 85 | 43 | 66 | 24 |
| 50 | 50 | 50 | 50 | 2 | 2 | 2 | 2 | 102 | 53 | 78 | 29 |

**A.10** 中小异径单弯三通型式尺寸应符合图 A.10、表 A.10 的规定。

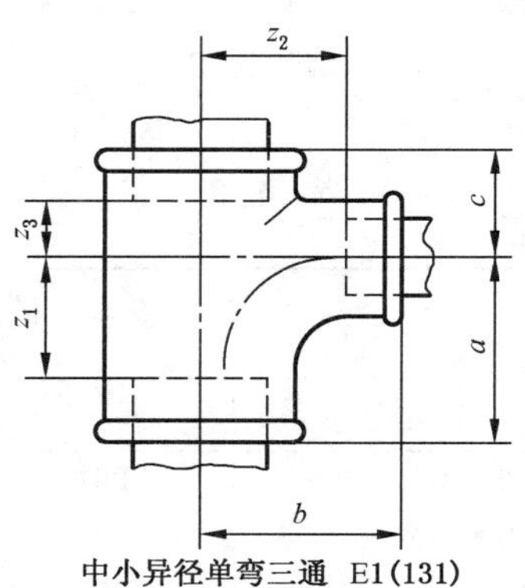


中小异径单弯三通 E1(131)

图 A.10

表 A.10

| 公称尺寸 $D_N$ | 管件规格 | 尺寸 mm | | | 安装长度 mm | | |
|---|---|---|---|---|---|---|---|
| | | $a$ | $b$ | $c$ | $z_1$ | $z_2$ | $z_3$ |
| 20×15 | 3/4×1/2 | 47 | 48 | 25 | 32 | 35 | 10 |
| 25×15 | 1×1/2 | 49 | 51 | 28 | 32 | 38 | 11 |
| 25×20 | 1×3/4 | 53 | 54 | 30 | 36 | 39 | 13 |
| 32×15 | 1¼×1/2 | 51 | 56 | 30 | 32 | 43 | 11 |
| 32×20 | 1¼×3/4 | 55 | 58 | 33 | 36 | 43 | 14 |
| 32×25 | 1¼×1 | 66 | 68 | 36 | 47 | 51 | 17 |
| (40×20) | (1½×3/4) | 55 | 61 | 33 | 36 | 46 | 14 |
| (40×25) | 1½×1 | 66 | 71 | 36 | 47 | 54 | 17 |
| (40×32) | (1½×1¼) | 77 | 79 | 41 | 58 | 60 | 22 |
| (50×25) | (2×1) | 70 | 77 | 40 | 46 | 60 | 16 |
| (50×32) | (2×1¼) | 80 | 85 | 45 | 56 | 66 | 21 |
| (50×40) | (2×1½) | 91 | 94 | 48 | 57 | 75 | 24 |

注：管件规格的表示方法见 4.3.2.4a)。

A. 11　侧小异径单弯三通型式尺寸应符合图 A. 11、表 A. 11 的规定。

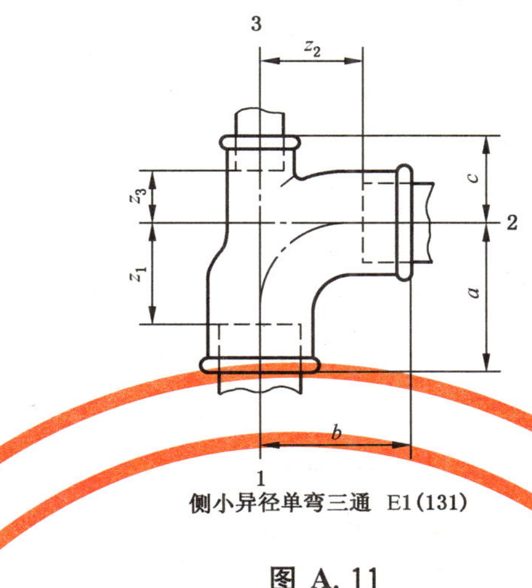


侧小异径单弯三通　E1(131)

图 A. 11

表 A. 11

| 公称尺寸 $D_N$ | 管件规格 | 尺寸 mm | | | 安装长度 mm | | |
|---|---|---|---|---|---|---|---|
| 标记方法 1　2　3 | 标记方法 1　2　3 | $a$ | $b$ | $c$ | $z_1$ | $z_2$ | $z_3$ |
| 20×20×15 | 3/4×3/4×1/2 | 50 | 50 | 27 | 35 | 35 | 14 |
| 注：管件规格的表示方法见 4.3.2.3。 | | | | | | | |

A. 12　异径单弯三通型式尺寸应符合图 A. 12、表 A. 12 的规定。

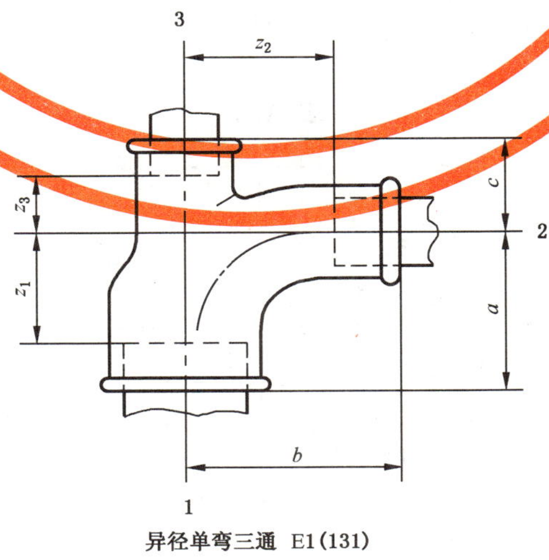


异径单弯三通　E1(131)

图 A. 12

表 A.12

| 公称尺寸 $D_N$ | 管件规格 | 尺寸 mm | | | 安装长度 mm | | |
|---|---|---|---|---|---|---|---|
| 标记方法 1 2 3 | 标记方法 1 2 3 | $a$ | $b$ | $c$ | $z_1$ | $z_2$ | $z_3$ |
| 20×15×15 | 3/4×1/2×1/2 | 47 | 48 | 24 | 32 | 35 | 11 |
| 25×15×20 | 1×1/2×3/4 | 49 | 51 | 25 | 32 | 38 | 10 |
| 25×20×20 | 1×3/4×3/4 | 53 | 54 | 28 | 36 | 39 | 13 |
| 注：管件规格的表示方法见 4.3.2.3。 | | | | | | | |

**A.13** 异径双弯弯头型式尺寸应符合图 A.13、表 A.13 的规定。

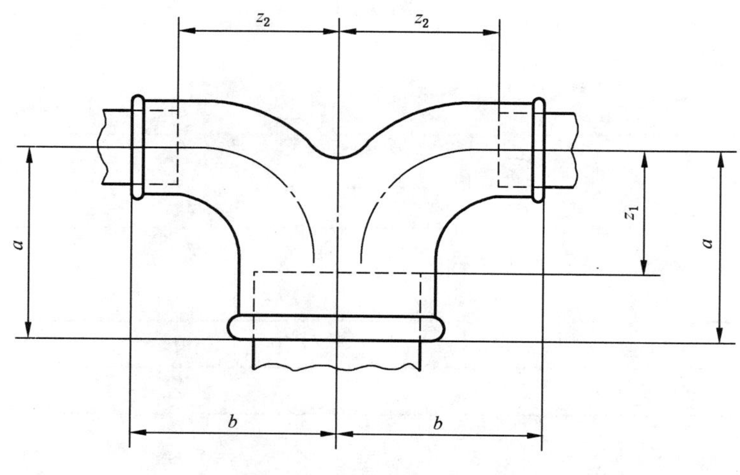


异径双弯弯头 E2(132)

图 A.13

表 A.13

| 公称尺寸 $D_N$ | 管件规格 | 尺寸 mm | | 安装长度 mm | |
|---|---|---|---|---|---|
| | | $a$ | $b$ | $z_1$ | $z_2$ |
| (20×15) | (3/4×1/2) | 47 | 48 | 32 | 35 |
| (25×20) | (1×3/4) | 53 | 54 | 36 | 39 |
| (32×25) | (1¼×1) | 66 | 68 | 47 | 51 |
| (40×32) | (1½×1¼) | 77 | 79 | 58 | 60 |
| (50×40) | (2×1½) | 91 | 94 | 67 | 75 |
| 注：管件规格的表示方法见 4.3.2.4b)。 | | | | | |

**A.14** 长月弯型式尺寸应符合图 A.14、表 A.14 的规定。

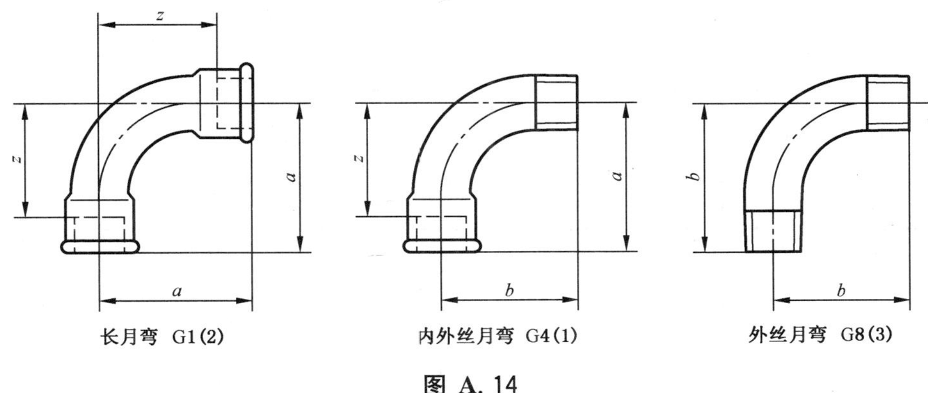


图 A.14

表 A.14

| 公称尺寸 $D_N$ | | | 管件规格 | | | 尺寸 mm | | 安装长度 $z$ mm |
|---|---|---|---|---|---|---|---|---|
| G1 | G4 | G8 | G1 | G4 | G8 | $a$ | $b$ | |
| — | (6) | — | — | (1/8) | — | 35 | 32 | 28 |
| 8 | 8 | — | 1/4 | 1/4 | — | 40 | 36 | 30 |
| 10 | 10 | (10) | 3/8 | 3/8 | (3/8) | 48 | 42 | 38 |
| 15 | 15 | 15 | 1/2 | 1/2 | 1/2 | 55 | 48 | 42 |
| 20 | 20 | 20 | 3/4 | 3/4 | 3/4 | 69 | 60 | 54 |
| 25 | 25 | 25 | 1 | 1 | 1 | 85 | 75 | 68 |
| 32 | 32 | (32) | 1¼ | 1¼ | (1¼) | 105 | 95 | 86 |
| 40 | 40 | (40) | 1½ | 1½ | (1½) | 116 | 105 | 97 |
| 50 | 50 | (50) | 2 | 2 | (2) | 140 | 130 | 116 |
| 65 | (65) | — | 2½ | (2½) | — | 176 | 165 | 149 |
| 80 | (80) | — | 3 | (3) | — | 205 | 190 | 175 |
| 100 | (100) | — | 4 | (4) | — | 260 | 245 | 224 |

**A.15** 45°月弯型式尺寸应符合图 A.15、表 A.15 的规定。

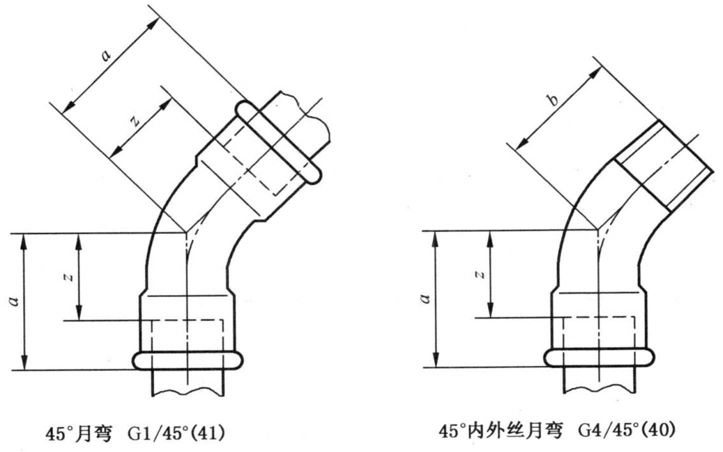


图 A.15

**表 A.15**

| 公称尺寸 $D_N$ | | 管件规格 | | 尺寸<br>mm | | 安装长度 $z$<br>mm |
|---|---|---|---|---|---|---|
| G1/45° | G4/45° | G1/45° | G4/45° | $a$ | $b$ | |
| — | (8) | — | (1/4) | 26 | 21 | 16 |
| (10) | 10 | (3/8) | 3/8 | 30 | 24 | 20 |
| 15 | 15 | 1/2 | 1/2 | 36 | 30 | 23 |
| 20 | 20 | 3/4 | 3/4 | 43 | 36 | 28 |
| 25 | 25 | 1 | 1 | 51 | 42 | 34 |
| 32 | 32 | 1¼ | 1¼ | 64 | 54 | 45 |
| 40 | 40 | 1½ | 1½ | 68 | 58 | 49 |
| 50 | 50 | 2 | 2 | 81 | 70 | 57 |
| (65) | (65) | (2½) | (2½) | 99 | 86 | 72 |
| (80) | (80) | (3) | (3) | 113 | 100 | 83 |

A.16 外接头型式尺寸应符合图 A.16、表 A.16 的规定。

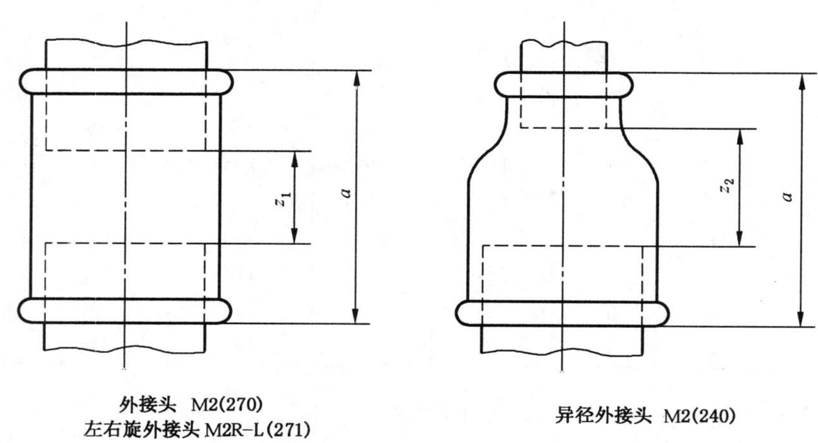


外接头 M2(270)
左右旋外接头 M2R-L(271)

异径外接头 M2(240)

**图 A.16**

**表 A.16**

| 公称尺寸 $D_N$ | | | 管件规格 | | | 尺寸 $a$<br>mm | 安装长度<br>mm | |
|---|---|---|---|---|---|---|---|---|
| M2 | M2R-L | 异径 M2 | M2 | M2R-L | 异径 M2 | | $z_1$ | $z_2$ |
| 6 | — | — | 1/8 | — | — | 25 | 11 | — |
| 8 | — | 8×6<br>(10×6) | 1/4 | — | 1/4×1/8<br>(3/8×1/8) | 27 | 7 | 10<br>13 |
| 10 | 10 | 10×8 | 3/8 | 3/8 | 3/8×1/4 | 30 | 10 | 10 |

**表 A.16（续）**

| 公称尺寸 $D_N$ | | | 管件规格 | | | 尺寸 $a$ mm | 安装长度 mm | |
|---|---|---|---|---|---|---|---|---|
| M2 | M2R-L | 异径 M2 | M2 | M2R-L | 异径 M2 | | $z_1$ | $z_2$ |
| 15 | 15 | 15×8 | 1/2 | 1/2 | 1/2×1/4 | 36 | 10 | 13 |
| | | 15×10 | | | 1/2×3/8 | | | 13 |
| 20 | 20 | (20×8) | 3/4 | 3/4 | (3/4×1/4) | 39 | 9 | 14 |
| | | 20×10 | | | 3/4×3/8 | | | 14 |
| | | 20×15 | | | 3/4×1/2 | | | 11 |
| 25 | 25 | 25×10 | 1 | 1 | 1×3/8 | 45 | 11 | 18 |
| | | 25×15 | | | 1×1/2 | | | 15 |
| | | 25×20 | | | 1×3/4 | | | 13 |
| 32 | 32 | 32×15 | 1¼ | 1¼ | 1¼×1/2 | 50 | 12 | 18 |
| | | 32×20 | | | 1¼×3/4 | | | 16 |
| | | 32×25 | | | 1¼×1 | | | 14 |
| 40 | 40 | (40×15) | 1½ | 1½ | (1½×1/2) | 55 | 17 | 23 |
| | | 40×20 | | | 1½×3/4 | | | 21 |
| | | 40×25 | | | 1½×1 | | | 19 |
| | | 40×32 | | | 1½×1¼ | | | 17 |
| (50) | (50) | (50×15) | (2) | (2) | (2×1/2) | 65 | 17 | 28 |
| | | (50×20) | | | (2×3/4) | | | 26 |
| | | 50×25 | | | 2×1 | | | 24 |
| | | 50×32 | | | 2×1¼ | | | 22 |
| | | 50×40 | | | 2×1½ | | | 22 |
| (65) | — | (65×32) | (2½) | — | (2½×1¼) | 74 | 20 | 28 |
| | | (65×40) | | | (2½×1½) | | | 28 |
| | | (65×50) | | | (2½×2) | | | 23 |
| (80) | — | (80×40) | (3) | — | (3×1½) | 80 | 20 | 31 |
| | | (80×50) | | | (3×2) | | | 26 |
| | | (80×65) | | | (3×2½) | | | 23 |
| (100) | — | (100×50) | (4) | — | (4×2) | 94 | 22 | 34 |
| | | (100×65) | | | (4×2½) | | | 31 |
| | | (100×80) | | | (4×3) | | | 28 |
| (125) | — | — | (5) | — | — | 109 | 29 | — |
| (150) | — | — | (6) | — | — | 120 | 40 | — |

**A.17** 内外丝接头型式尺寸应符合图 A.17、表 A.17 的规定。

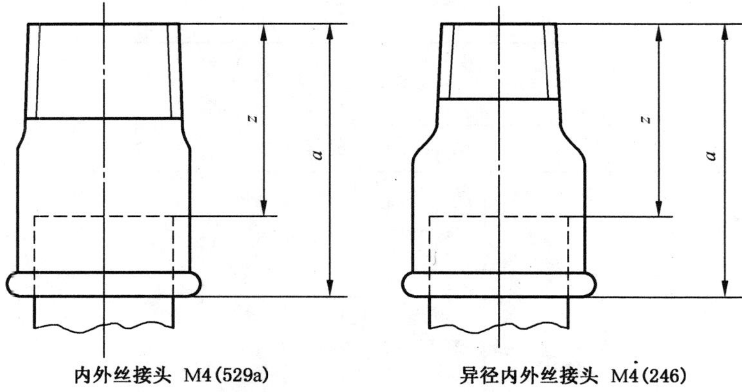


**图 A.17**

**表 A.17**

| 公称尺寸 $D_N$ | | 管件规格 | | 尺寸 $a$ mm | 安装长度 $z$ mm |
|---|---|---|---|---|---|
| M4 | 异径 M4 | M4 | 异径 M4 | | |
| 10 | 10×8 | 3/8 | 3/8×1/4 | 35 | 25 |
| 15 | 15×8<br>15×10 | 1/2 | 1/2×1/4<br>1/2×3/8 | 43 | 30 |
| 20 | (20×10)<br>20×15 | 3/4 | (3/4×3/8)<br>3/4×1/2 | 48 | 33 |
| 25 | 25×15<br>25×20 | 1 | 1×1/2<br>1×3/4 | 55 | 38 |
| 32 | 32×20<br>32×25 | 1¼ | 1¼×3/4<br>1¼×1 | 60 | 41 |
| — | 40×25<br>40×32 | — | 1½×1<br>1½×1¼ | 63 | 44 |
| — | (50×32)<br>(50×40) | — | (2×1¼)<br>(2×1½) | 70 | 46 |

**A.18** 内外螺丝型式尺寸应符合图 A.18、表 A.18 的规定。

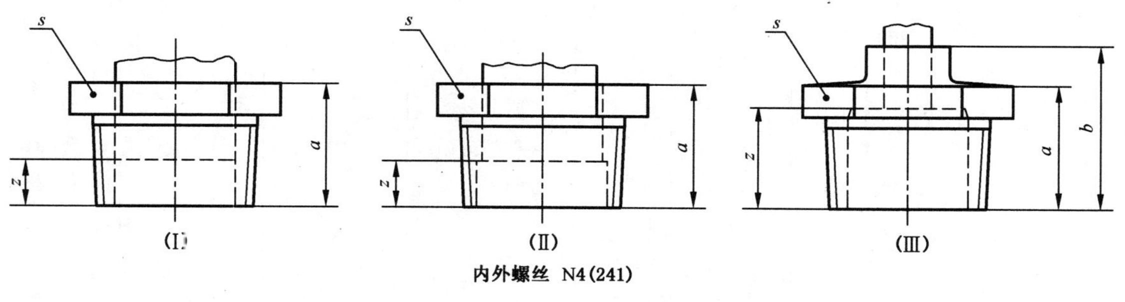


**图 A.18**

**表 A.18**

| 公称尺寸 $D_N$ | 管件规格 | 型式 | 尺寸 mm | | 安装长度 $z$ mm |
|---|---|---|---|---|---|
| | | | $a$ | $b$ | |
| 8×6 | 1/4×1/8 | Ⅰ | 20 | — | 13 |
| 10×6 | 3/8×1/8 | Ⅱ | 20 | — | 13 |
| 10×8 | 3/8×1/4 | Ⅰ | 20 | — | 10 |
| 15×6 | 1/2×1/8 | Ⅱ | 24 | — | 17 |
| 15×8 | 1/2×1/4 | Ⅱ | 24 | — | 14 |
| 15×10 | 1/2×3/8 | Ⅰ | 24 | — | 14 |
| 20×8 | 3/4×1/4 | Ⅱ | 26 | — | 16 |
| 20×10 | 3/4×3/8 | Ⅱ | 26 | — | 16 |
| 20×15 | 3/4×1/2 | Ⅰ | 26 | — | 13 |
| 25×8 | 1×1/4 | Ⅱ | 29 | — | 19 |
| 25×10 | 1×3/8 | Ⅱ | 29 | — | 19 |
| 25×15 | 1×1/2 | Ⅱ | 29 | — | 16 |
| 25×20 | 1×3/4 | Ⅰ | 29 | — | 14 |
| 32×10 | 1¼×3/8 | Ⅱ | 31 | — | 21 |
| 32×15 | 1¼×1/2 | Ⅱ | 31 | — | 18 |
| 32×20 | 1¼×3/4 | Ⅱ | 31 | — | 16 |
| 32×25 | 1¼×1 | Ⅰ | 31 | — | 14 |
| (40×10) | (1½×3/8) | Ⅱ | 31 | — | 21 |
| 40×15 | 1½×1/2 | Ⅱ | 31 | — | 18 |
| 40×20 | 1½×3/4 | Ⅱ | 31 | — | 16 |
| 40×25 | 1½×1 | Ⅱ | 31 | — | 14 |
| 40×32 | 1½×1¼ | Ⅰ | 31 | — | 12 |
| 50×15 | 2×1/2 | Ⅲ | 35 | 48 | 35 |
| 50×20 | 2×3/4 | Ⅲ | 35 | 48 | 33 |
| 50×25 | 2×1 | Ⅱ | 35 | — | 18 |
| 50×32 | 2×1¼ | Ⅱ | 35 | — | 16 |
| 50×40 | 2×1½ | Ⅱ | 35 | — | 16 |
| 65×25 | 2½×1 | Ⅲ | 40 | 54 | 37 |
| 65×32 | 2½×1¼ | Ⅲ | 40 | 54 | 35 |
| 65×40 | 2½×1½ | Ⅱ | 40 | — | 21 |
| 65×50 | 2½×2 | Ⅱ | 40 | — | 16 |
| 80×25 | 3×1 | Ⅲ | 44 | 59 | 42 |
| 80×32 | 3×1¼ | Ⅲ | 44 | 59 | 40 |
| 80×40 | 3×1½ | Ⅲ | 44 | 59 | 40 |
| 80×50 | 3×2 | Ⅱ | 44 | — | 20 |
| 80×65 | 3×2½ | Ⅱ | 44 | — | 17 |
| 100×50 | 4×2 | Ⅲ | 51 | 69 | 45 |
| 100×65 | 4×2½ | Ⅲ | 51 | 69 | 42 |
| 100×80 | 4×3 | Ⅲ | 51 | — | 21 |

A.19 内接头型式尺寸应符合图 A.19、表 A.19 的规定。

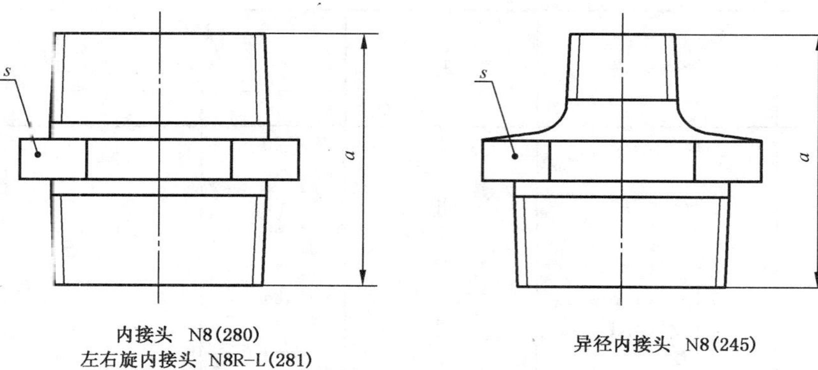


内接头 N8(280)
左右旋内接头 N8R-L(281)

异径内接头 N8(245)

图 A.19

表 A.19

| 公式尺寸 $D_N$ | | | 管件规格 | | | 尺寸 *a* |
|---|---|---|---|---|---|---|
| N8 | N8R-L | 异径 N8 | N8 | N8R-L | 异径 N8 | mm |
| 6 | — | — | 1/8 | — | — | 29 |
| 8 | — | — | 1/4 | — | — | 36 |
| 10 | — | 10×8 | 3×8 | — | 3/8×1/4 | 38 |
| 15 | 15 | 15×8<br>15×10 | 1/2 | 1/2 | 1/2×1/4<br>1/2×3/8 | 44 |
| 20 | 20 | 20×10<br>20×15 | 3/4 | 3/4 | 3/4×3/8<br>3/4×1/2 | 47 |
| 25 | (25) | 25×15<br>25×20 | 1 | (1) | 1×1/2<br>1×3/4 | 53 |
| | — | (32×15)<br>32×20<br>32×25 | 1¼ | — | (1¼×1/2)<br>1¼×3/4<br>1¼×1 | 57 |
| 40 | — | (40×20)<br>40×25<br>40×32 | 1½ | —<br>— | (1½×3/4)<br>1½×1<br>1½×1¼ | 59 |
| 50 | —<br>— | (50×25)<br>50×32<br>50×40 | 2 | —<br>— | (2×1)<br>2×1¼<br>2×1½ | 68 |
| 65 | — | (65×50) | 2½ | — | (2½×2) | 75 |
| 80 | | (80×50)<br>(80×65) | 3 | — | (3×2)<br>(3×2½) | 83 |
| 100 | — | — | 4 | — | — | 95 |

**A.20** 锁紧螺母型式尺寸应符合图 A.20、表 A.20 的规定。

锁紧螺母可以是平的，或凹入式的，允许加工一个表面。

*s* 尺寸（扳手对边宽度）由制造商自己决定。

螺纹应符合 GB/T 7307 的规定。

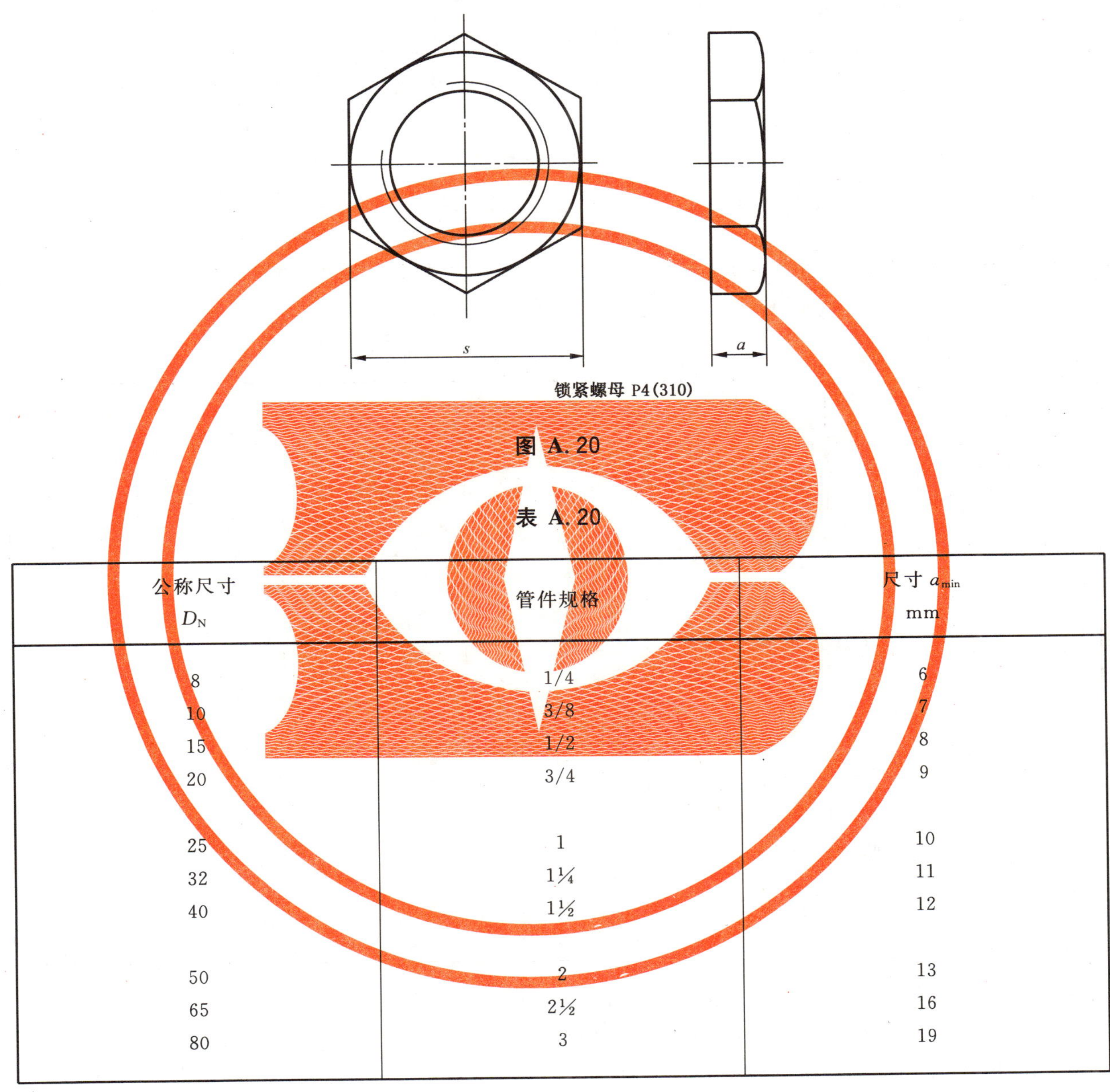


图 A.20

表 A.20

| 公称尺寸 $D_N$ | 管件规格 | 尺寸 $a_{min}$ mm |
|---|---|---|
| 8 | 1/4 | 6 |
| 10 | 3/8 | 7 |
| 15 | 1/2 | 8 |
| 20 | 3/4 | 9 |
| 25 | 1 | 10 |
| 32 | 1¼ | 11 |
| 40 | 1½ | 12 |
| 50 | 2 | 13 |
| 65 | 2½ | 16 |
| 80 | 3 | 19 |

**A.21** 管帽和管堵型式尺寸应符合图 A.21、表 A.21 的规定。

管帽可以是六边形、圆形或其他形状，由制造方决定。

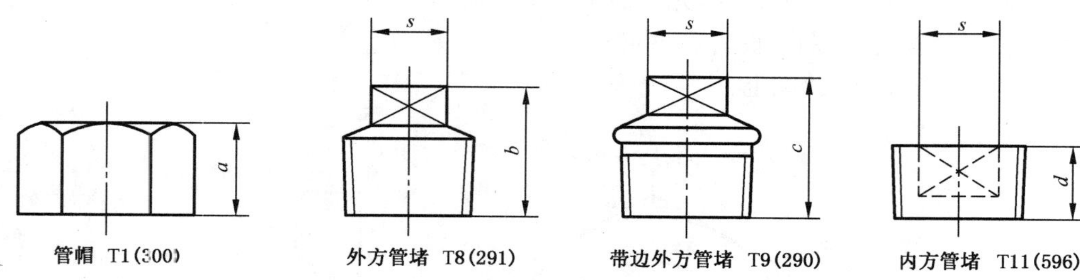


图 A.21

表 A.21

| 公称尺寸 $D_N$ | | | | 管件规格 | | | | 尺寸 mm | | | |
|---|---|---|---|---|---|---|---|---|---|---|---|
| T1 | T8 | T9 | T11 | T1 | T8 | T9 | T11 | $a_{min}$ | $b_{min}$ | $c_{min}$ | $d_{min}$ |
| (6) | 6 | 6 | — | (1/8) | 1/8 | 1/8 | — | 13 | 11 | 20 | — |
| 8 | 8 | 8 | — | 1/4 | 1/4 | 1/4 | — | 15 | 14 | 22 | — |
| 10 | 10 | 10 | (10) | 3/8 | 3/8 | 3/8 | (3/8) | 17 | 15 | 24 | 11 |
| 15 | 15 | 15 | (15) | 1/2 | 1/2 | 1/2 | (1/2) | 19 | 18 | 26 | 15 |
| 20 | 20 | 20 | (20) | 3/4 | 3/4 | 3/4 | (3/4) | 22 | 20 | 32 | 16 |
| 25 | 25 | 25 | (25) | 1 | 1 | 1 | (1) | 24 | 23 | 36 | 19 |
| 32 | 32 | 32 | — | 1¼ | 1¼ | 1¼ | — | 27 | 29 | 39 | — |
| 40 | 40 | 40 | — | 1½ | 1½ | 1½ | — | 27 | 30 | 41 | — |
| 50 | 50 | 50 | — | 2 | 2 | 2 | — | 32 | 36 | 48 | — |
| 65 | 65 | 65 | — | 2½ | 2½ | 2½ | — | 35 | 39 | 54 | — |
| 80 | 80 | 80 | — | 3 | 3 | 3 | — | 38 | 44 | 60 | — |
| 100 | 100 | 100 | — | 4 | 4 | 4 | — | 45 | 58 | 70 | — |

**A.22** 活接头的型式尺寸应符合图 A.22、表 A.22 的规定。

其他类型座的设计和材料应符合本标准给出的尺寸 a、b。

垫圈见 A.24。

活接头 U1 和 U2 可否同套管一起供应由制造方决定。

**注**：活接头(无论是否有适合于阀座设计的垫圈)应作为一个完整组件来使用，因为活接头的部件可以由不同的制造商来加工，也可以不同类型活接头的部件由同一个制造商来做，这些部件没有必要(要求)具有互换性。

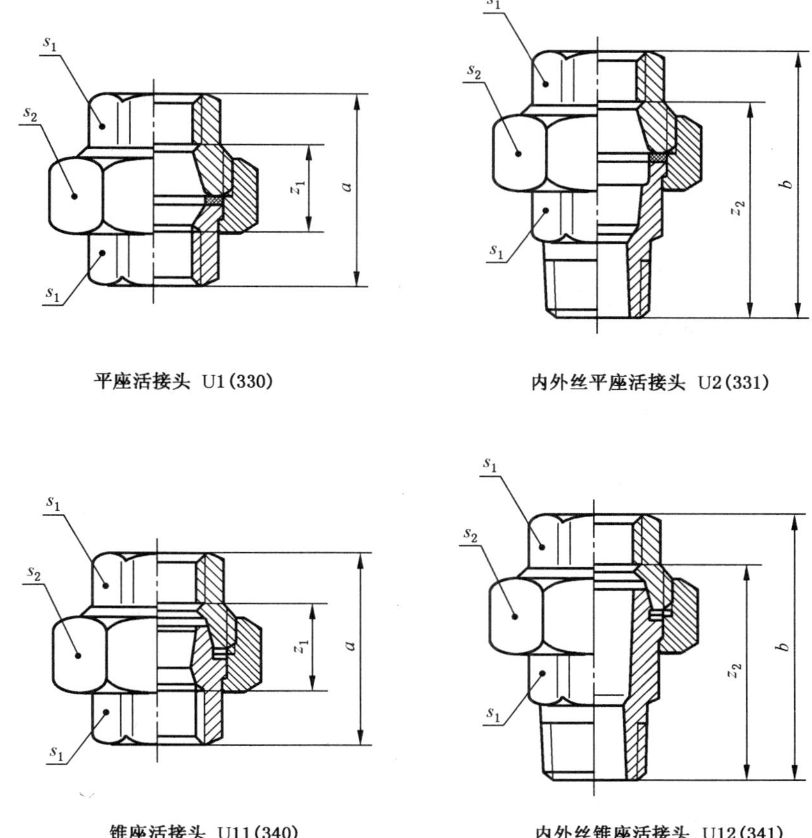


平座活接头 U1(330)　　内外丝平座活接头 U2(331)

锥座活接头 U11(340)　　内外丝锥座活接头 U12(341)

**图 A.22**

**表 A.22**

| 公称尺寸 $D_N$ | | | | 管件规格 | | | | 尺寸 mm | | 安装长度 mm | |
|---|---|---|---|---|---|---|---|---|---|---|---|
| U1 | U2 | U11 | U12 | U1 | U2 | U11 | U12 | $a$ | $b$ | $z_1$ | $z_2$ |
| — | — | (6) | — | — | — | (1/8) | — | 38 | — | 24 | — |
| 8 | 8 | 8 | 8 | 1/4 | 1/4 | 1/4 | 1/4 | 42 | 55 | 22 | 45 |
| 10 | 10 | 10 | 10 | 3/8 | 3/8 | 3/8 | 3/8 | 45 | 58 | 25 | 48 |
| 15 | 15 | 15 | 15 | 1/2 | 1/2 | 1/2 | 1/2 | 48 | 66 | 22 | 53 |
| 20 | 20 | 20 | 20 | 3/4 | 3/4 | 3/4 | 3/4 | 52 | 72 | 22 | 57 |
| 25 | 25 | 25 | 25 | 1 | 1 | 1 | 1 | 58 | 80 | 24 | 63 |
| 32 | 32 | 32 | 32 | 1¼ | 1¼ | 1¼ | 1¼ | 65 | 90 | 27 | 71 |
| 40 | 40 | 40 | 40 | 1½ | 1½ | 1½ | 1½ | 70 | 95 | 32 | 76 |
| 50 | 50 | 50 | 50 | 2 | 2 | 2 | 2 | 78 | 106 | 30 | 82 |
| 65 | — | 65 | 65 | 2½ | — | 2½ | 2½ | 85 | 118 | 31 | 91 |
| 80 | — | 80 | 80 | 3 | — | 3 | 3 | 95 | 130 | 35 | 100 |
| — | — | 100 | — | — | — | 4 | — | 100 | — | 38 | — |

**A.23** 活接弯头的型式尺寸应符合图 A.23、表 A.23 的规定。

其他类型座的设计和材料应符合本标准给出的尺寸 a、b 和 c。

垫圈见 A.24。

注：活接头(无论是否有适合于阀座设计的垫圈)应作为一个完整组件使用，因为活接头的部件可以由不同的制造商来加工，也可以不同类型活接头的部件由同一个制造商来做，这些部件没有必要(要求)具有互换性。

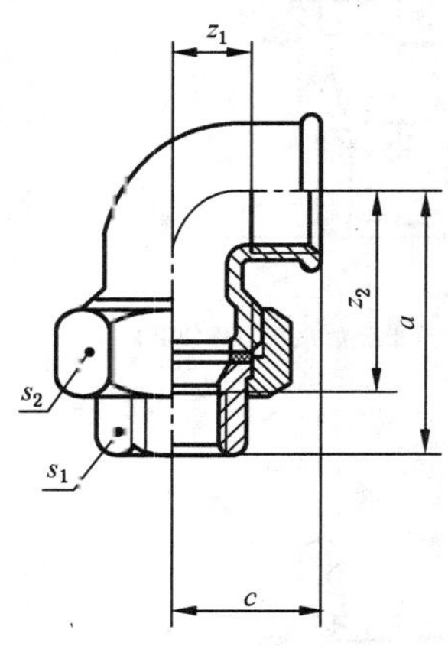

平座活接弯头 UA1(95)

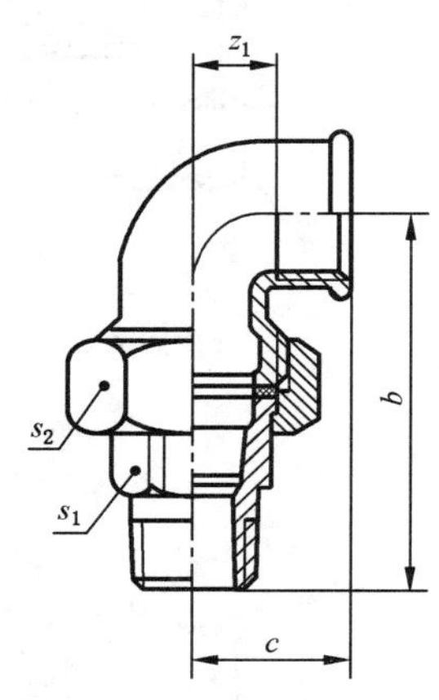

内外丝平座活接弯头 UA2(97)

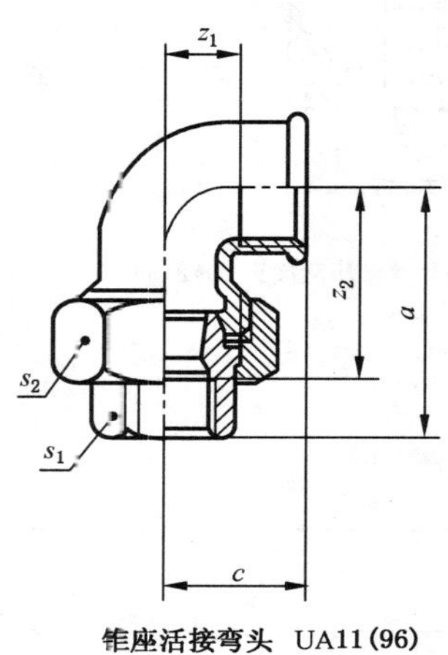

锥座活接弯头 UA11(96)

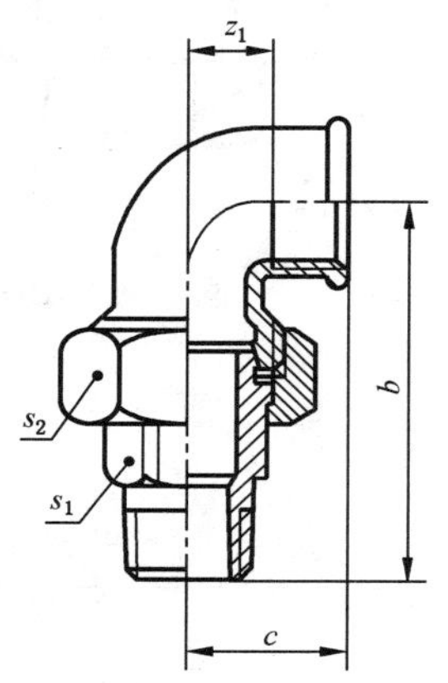

内外丝锥座活接弯头 UA12(98)

**图 A.23**

**表 A.23**

| 公称尺寸 $D_N$ | | | | 管件规格 | | | | 尺寸 mm | | | 安装长度 mm | |
|---|---|---|---|---|---|---|---|---|---|---|---|---|
| UA1 | UA2 | UA11 | UA12 | UA1 | UA2 | UA11 | UA12 | $a$ | $b$ | $c$ | $z_1$ | $z_2$ |
| — | — | 8 | 8 | — | — | 1/4 | 1/4 | 48 | 61 | 21 | 11 | 38 |
| 10 | 10 | 10 | 10 | 3/8 | 3/8 | 3/8 | 3/8 | 52 | 65 | 25 | 15 | 42 |
| 15 | 15 | 15 | 15 | 1/2 | 1/2 | 1/2 | 1/2 | 58 | 76 | 28 | 15 | 45 |
| 20 | 20 | 20 | 20 | 3/4 | 3/4 | 3/4 | 3/4 | 62 | 82 | 33 | 18 | 47 |
| 25 | 25 | 25 | 25 | 1 | 1 | 1 | 1 | 72 | 94 | 38 | 21 | 55 |
| 32 | 32 | 32 | 32 | 1¼ | 1¼ | 1¼ | 1¼ | 82 | 107 | 45 | 26 | 63 |
| 40 | 40 | 40 | 40 | 1½ | 1½ | 1½ | 1½ | 90 | 115 | 50 | 31 | 71 |
| 50 | 50 | 50 | 50 | 2 | 2 | 2 | 2 | 100 | 128 | 58 | 34 | 76 |

**A.24** 垫圈的型式尺寸应符合图 A.24、表 A.24 的规定。

垫片材料和厚度依照用途订货时双方协定。

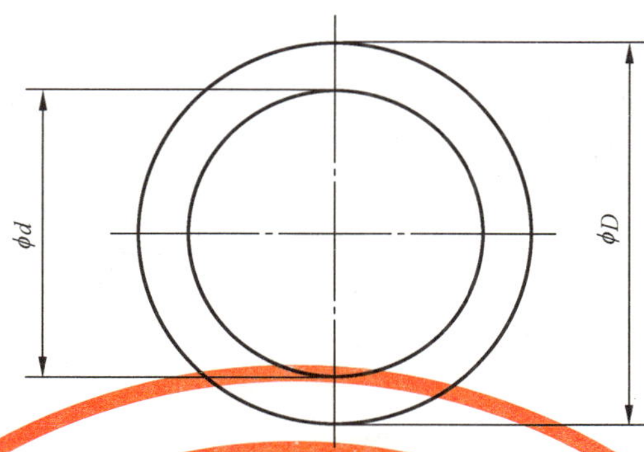


平座活接头和活接弯头垫圈
U1(330)、U2(331)、UA1(95)和UA2(97)

**图 A.24**

**表 A.24**

| 活接头和活接弯头 | | 垫圈尺寸<br>mm | | 活接头螺母的螺纹尺寸代号<br>(仅作参考) |
|---|---|---|---|---|
| 公称尺寸 $D_N$ | 管件规格 | $d$ | $D$ | |
| 6 | 1/8 | — | — | G1/2 |
| 8 | 1/4 | 13 | 20 | G5/8 |
| | | 17 | 24 | G3/4 |
| 10 | 3/8 | 17 | 24 | G3/4 |
| | | 19 | 27 | G7/8 |
| 15 | 1/2 | 21 | 30 | G1 |
| | | 24 | 34 | G1⅛ |
| 20 | 3/4 | 27 | 38 | G1¼ |
| 25 | 1 | 32 | 44 | G1½ |
| 32 | 1¼ | 42 | 55 | G2 |
| 40 | 1½ | 46 | 62 | G23/4 |
| 50 | 2 | 60 | 78 | G23/4 |
| 65 | 2½ | 75 | 97 | G31/2 |
| 80 | 3 | 88 | 110 | G4 |
| 100 | 4 | — | — | G5 |
| | | | | G5½ |

# 参 考 文 献

[1] GB/T 10922 非螺纹密封管螺纹量规
[2] GB/T 22091.1 55°密封管螺纹量规 第1部分:用于检验圆柱内螺纹与圆锥外螺纹
[3] JB/T 10031 用螺纹密封的管螺纹量规

ICS 21.060.60
J 15

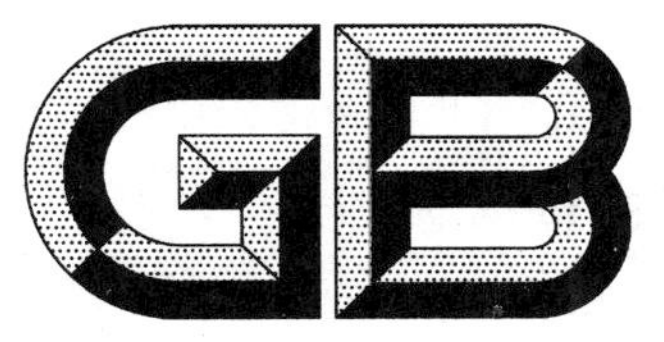

# 中华人民共和国国家标准

GB/T 3733—2008
代替 GB/T 3733.1—1983,GB/T 3733.2—1983

# 卡套式端直通管接头

24° cone connectors—Straight thread

2008-05-07 发布　　2008-11-01 实施

中华人民共和国国家质量监督检验检疫总局
中国国家标准化管理委员会　发布

# 前　言

本标准是卡套式管接头系列标准之一。

本标准中管接头结构型式和尺寸与ISO 8434-1:2007《用于流体传动和一般用途的金属管接头　第1部分:24°压缩式管接头》(英文版)的相关部分基本一致。

本标准是对GB/T 3733.1—1983《卡套式端直通管接头》和GB/T 3733.2—1983《卡套式端直通接头体》的修订。主要修订内容如下:

——将两个标准的内容进行了整合;
——修改了英文名称;
——增加了F型、E型、B型螺纹柱端,A型螺纹柱端增加了55°非密封管螺纹(G);
——将公称压力G(250)和J(400)修改为最大工作压力10 MPa~63 MPa,并分为LL、L和S三个系列,系列的产品尺寸范围作了调整;
——调整了管子外径尺寸系列,并修改了相关尺寸;
——减少了部分应由制造商控制的参数;
——取消了重量数据;
——取消了表面粗糙度标注,表面粗糙度要求在GB/T 3765《卡套式管接头技术条件》中给出。

本标准自实施之日起代替GB/T 3733.1—1983和GB/T 3733.2—1983。

本标准由中国机械工业联合会提出。

本标准由全国管路附件标准化技术委员会归口。

本标准负责起草单位:中机生产力促进中心、海盐管件制造有限公司、伊顿(宁波)流体连接件有限公司。

本标准参加起草单位:嘉兴迈思特管件制造有限公司、建湖县特佳液压管件有限公司、浙江华夏阀门有限公司、海盐高博管件有限公司、海盐县海管管件制造有限公司、焦作市路通液压附件有限公司。

本标准主要起草人:李维荣、耿志学、周舜华、李俊英、陶忠明、左学俊、徐长祥、阮浩丰、周剑飞、王利民、冯峰。

本标准所代替标准的历次版本发布情况为:

——GB/T 3733.1—1983;
——GB/T 3733.2—1983。

# 卡套式端直通管接头

## 1 范围

本标准规定了卡套式端直通管接头和接头体的尺寸、标记及技术要求。

本标准适用于管子外径为 4 mm～42 mm，最大工作压力 10 MPa～63 MPa 的液压流体传动和一般用途的管路系统。

## 2 规范性引用文件

下列文件中的条款通过本标准的引用而成为本标准的条款。凡是注日期的引用文件，其随后所有的修改单(不包括勘误的内容)或修订版均不适用于本标准，然而，鼓励根据本标准达成协议的各方研究是否可使用这些文件的最新版本。凡是不注日期的引用文件，其最新版本适用于本标准。

GB/T 3759—2008　卡套式管接头用连接螺母

GB/T 3764—2008　卡套

GB/T 3765—2008　卡套式管接头技术条件

GB/T 19674.2—2005　液压管接头用螺纹油口和柱端　填料密封柱端(A 型和 E 型)

GB/T 19674.3—2005　液压管接头用螺纹油口和柱端　金属对金属密封柱端(B 型)(ISO 9974-3：1996，IDT)

## 3 尺寸

带 F 型柱端的卡套式端直通管接头和接头体的尺寸应符合图 1 和表 1 的规定，F 型柱端型式尺寸应符合 GB/T 3765 附录 A 的规定。

带 E 型柱端的卡套式端直通管接头和接头体的尺寸应符合图 2 和表 2 的规定，E 型柱端型式尺寸应符合 GB/T 19674.2 的规定。

带 B 型柱端的卡套式端直通管接头和接头体的尺寸应符合图 3 和表 3 的规定，B 型柱端型式尺寸应符合 GB/T 19674.3 的规定。

带 A 型柱端的卡套式端直通管接头和接头体的尺寸应符合图 4 和表 4 的规定，A 型柱端型式尺寸应符合 GB/T 19674.2 的规定。

卡套端尺寸应符合 GB/T 3764 的规定。

## 4 标记

### 4.1 标记方法

卡套式端直通管接头和接头体的标记方法应符合 GB/T 3765 的规定。

### 4.2 标记示例

接头系列为 L，管子外径为 10 mm，普通螺纹(M)F 型柱端，表面镀锌处理的钢制卡套式端直通管接头标记为：

管接头　GB/T 3733　L10

接头系列为 L，管子外径为 10 mm，普通螺纹(M)F 型柱端，表面镀锌处理的钢制卡套式端直通接头体标记为：

接头体　GB/T 3733　L10

## 5 技术要求

技术要求按 GB/T 3765 的规定。

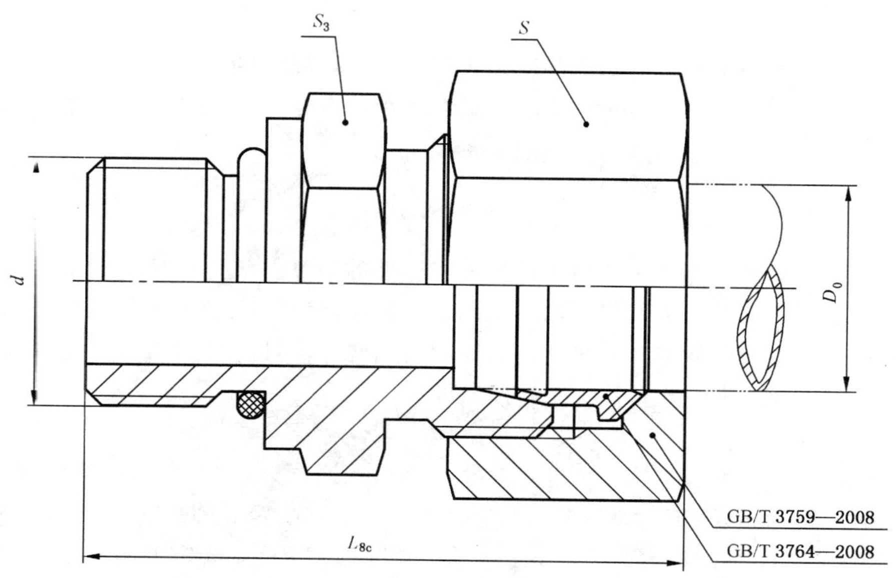


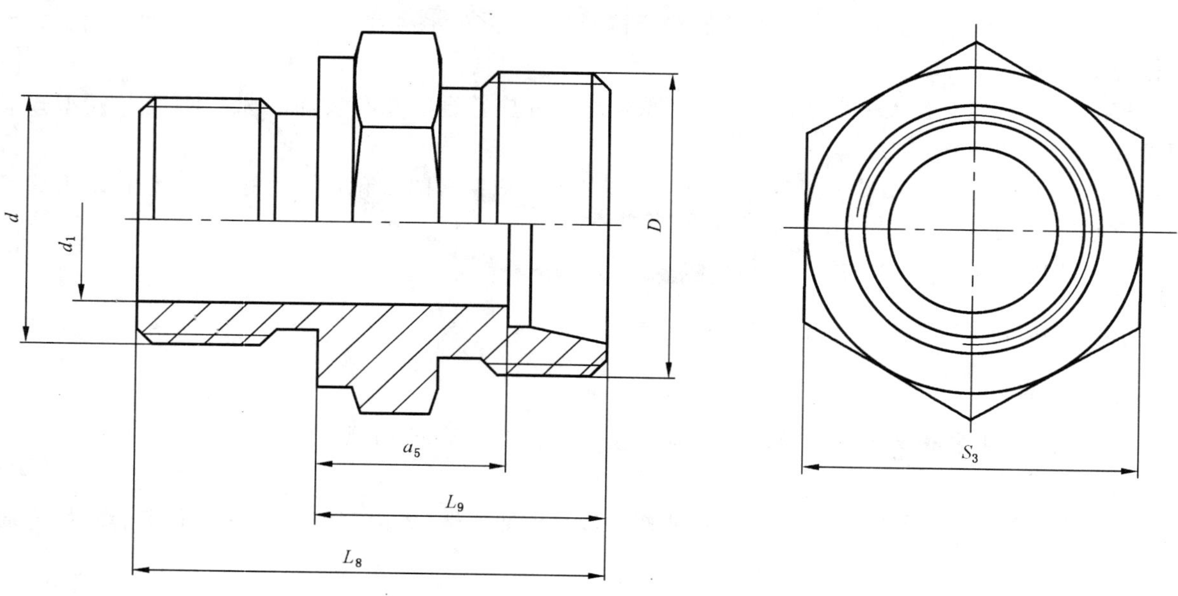


图 1　带 F 型柱端的卡套式端直通管接头和接头体

表 1　带 F 型柱端的卡套式端直通管接头和接头体尺寸　　单位为毫米

| 系列 | 最大工作压力/MPa | 管子外径 $D_0$ | $D$ | $d$ | $d_1$ 参考 | $L_9$ 参考 | $L_8$ ±0.3 | $L_{8c}$ ≈ | $S$ | $S_3$ | $a_5$ 参考 |
|---|---|---|---|---|---|---|---|---|---|---|---|
| L | 25 | 6 | M12×1.5 | M10×1 | 4 | 16.5 | 25 | 33 | 14 | 14 | 9.5 |
| | | 8 | M14×1.5 | M12×1.5 | 6 | 17 | 28 | 36 | 17 | 17 | 10 |
| | | 10 | M16×1.5 | M14×1.5 | 7 | 18 | 29 | 37 | 19 | 19 | 11 |
| | | 12 | M18×1.5 | M16×1.5 | 9 | 19.5 | 31 | 39 | 22 | 22 | 12.5 |
| | | (14) | M20×1.5 | M18×1.5 | 10 | 19.5 | 32 | 40 | 24 | 24 | 12.5 |
| | | 15 | M22×1.5 | M18×1.5 | 11 | 20.5 | 33 | 41 | 27 | 24 | 13.5 |
| | | (16) | M24×1.5 | M20×1.5 | 12 | 21 | 33.5 | 42.5 | 30 | 27 | 13.5 |
| | 16 | 18 | M26×1.5 | M22×1.5 | 14 | 22 | 35 | 44 | 32 | 27 | 14.5 |
| | | 22 | M30×2 | M27×2 | 18 | 24 | 40 | 49 | 36 | 32 | 16.5 |
| | 10 | 28 | M36×2 | M33×2 | 23 | 25 | 41 | 50 | 41 | 41 | 17.5 |
| | | 35 | M45×2 | M42×2 | 30 | 28 | 44 | 55 | 50 | 50 | 17.5 |
| | | 42 | M52×2 | M48×2 | 36 | 30 | 47.5 | 59.5 | 60 | 55 | 19 |
| S | 63 | 6 | M14×1.5 | M12×1.5 | 4 | 20 | 31 | 39 | 17 | 17 | 13 |
| | | 8 | M16×1.5 | M14×1.5 | 5 | 22 | 33 | 41 | 19 | 19 | 15 |
| | | 10 | M18×1.5 | M16×1.5 | 7 | 22.5 | 35 | 44 | 22 | 22 | 15 |
| | | 12 | M20×1.5 | M18×1.5 | 8 | 24.5 | 38.5 | 47.5 | 24 | 24 | 17 |
| | | (14) | M22×1.5 | M20×1.5 | 9 | 25.5 | 39.5 | 48.5 | 27 | 27 | 18 |
| | 40 | 16 | M24×1.5 | M22×1.5 | 12 | 27 | 42 | 52 | 30 | 27 | 18.5 |
| | | 20 | M30×2 | M27×2 | 15 | 31 | 49.5 | 60.5 | 36 | 32 | 20.5 |
| | | 25 | M36×2 | M33×2 | 20 | 35 | 53.5 | 65.5 | 46 | 41 | 23 |
| | 25 | 30 | M42×2 | M42×2 | 25 | 37 | 56 | 69 | 50 | 50 | 23.5 |
| | | 38 | M52×2 | M48×2 | 32 | 41.5 | 63 | 78 | 60 | 55 | 25.5 |

注：尽可能不采用括号内的规格。

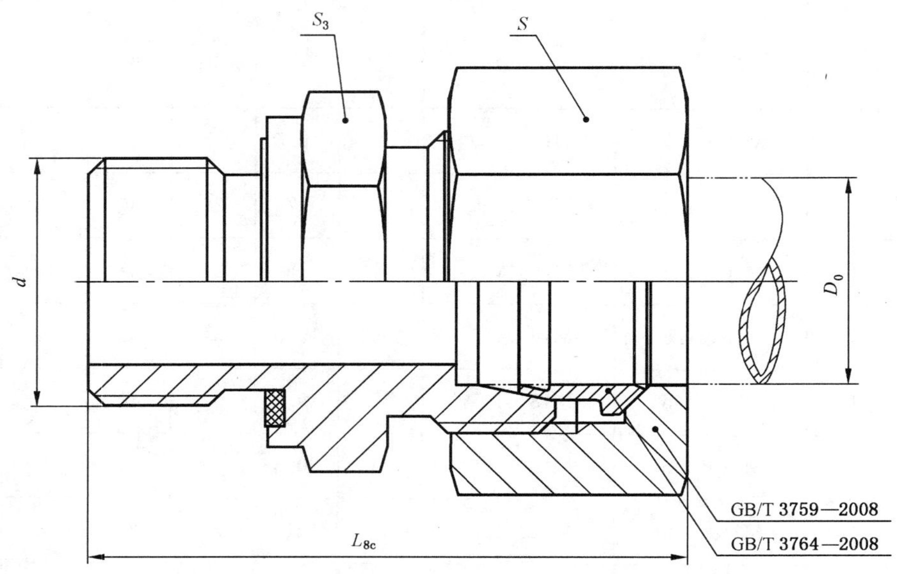


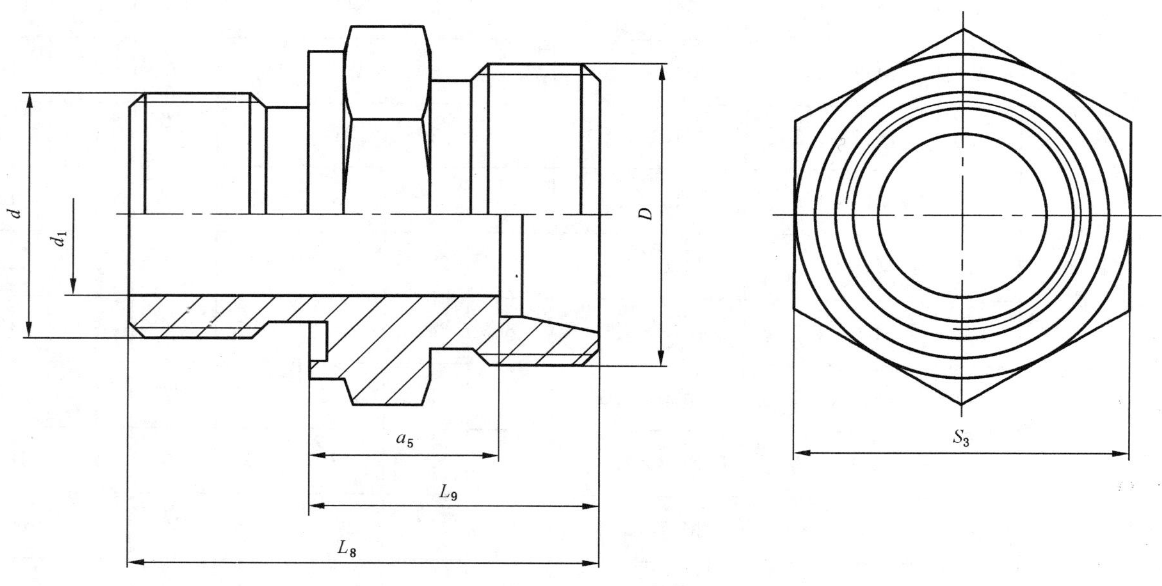


图 2 带 E 型柱端的卡套式端直通管接头和接头体

**表 2　带 E 型柱端的卡套式端直通管接头和接头体尺寸**

单位为毫米

| 系列 | 最大工作压力/MPa | 管子外径 $D_0$ | $D$ | $d$ | $d_1$ 参考 | $L_9$ 参考 | $L_8$ ±0.3 | $L_{8c}$ ≈ | $S$ | $S_3$ | $a_5$ 参考 |
|---|---|---|---|---|---|---|---|---|---|---|---|
| L | 25 | 6 | M12×1.5 | M10×1 | 4 | 15.5 | 23.5 | 31.5 | 14 | 14 | 8.5 |
| | | 8 | M14×1.5 | M12×1.5 | 6 | 17 | 29 | 37 | 17 | 17 | 10 |
| | | 10 | M16×1.5 | M14×1.5 | 7 | 18 | 30 | 38 | 19 | 19 | 11 |
| | | 12 | M18×1.5 | M16×1.5 | 9 | 19.5 | 31.5 | 39.5 | 22 | 22 | 12.5 |
| | | (14) | M20×1.5 | M18×1.5 | 10 | 19.5 | 31.5 | 39.5 | 24 | 24 | 12.5 |
| | | 15 | M22×1.5 | M18×1.5 | 11 | 20.5 | 32.5 | 40.5 | 27 | 24 | 13.5 |
| | | (16) | M24×1.5 | M20×1.5 | 12 | 21 | 35 | 44 | 30 | 27 | 13.5 |
| | 16 | 18 | M26×1.5 | M22×1.5 | 14 | 22 | 36 | 45 | 32 | 27 | 14.5 |
| | | 22 | M30×2 | M26×1.5 | 18 | 24 | 40 | 49 | 36 | 32 | 16.5 |
| | 10 | 28 | M36×2 | M33×2 | 23 | 25 | 43 | 52 | 41 | 41 | 17.5 |
| | | 35 | M45×2 | M42×2 | 30 | 28 | 48 | 59 | 50 | 50 | 17.5 |
| | | 42 | M52×2 | M48×2 | 36 | 30 | 52 | 64 | 60 | 55 | 19 |
| S | 63 | 6 | M14×1.5 | M12×1.5 | 4 | 20 | 32 | 40 | 17 | 17 | 13 |
| | | 8 | M16×1.5 | M14×1.5 | 5 | 22 | 34 | 42 | 19 | 19 | 15 |
| | | 10 | M18×1.5 | M16×1.5 | 7 | 22.5 | 34.5 | 43.5 | 22 | 22 | 15 |
| | | 12 | M20×1.5 | M18×1.5 | 8 | 24.5 | 36.5 | 45.5 | 24 | 24 | 17 |
| | | (14) | M22×1.5 | M20×1.5 | 9 | 25.5 | 39.5 | 48.5 | 27 | 27 | 18 |
| | 40 | 16 | M24×1.5 | M22×1.5 | 12 | 27 | 41 | 51 | 30 | 27 | 18.5 |
| | | 20 | M30×2 | M27×2 | 15 | 31 | 47 | 58 | 36 | 32 | 20.5 |
| | | 25 | M36×2 | M33×2 | 20 | 35 | 53 | 65 | 46 | 41 | 23 |
| | 25 | 30 | M42×2 | M42×2 | 25 | 37 | 57 | 70 | 50 | 50 | 23.5 |
| | | 38 | M52×2 | M48×2 | 32 | 42 | 64 | 79 | 60 | 55 | 26 |

注：尽可能不采用括号内的规格。

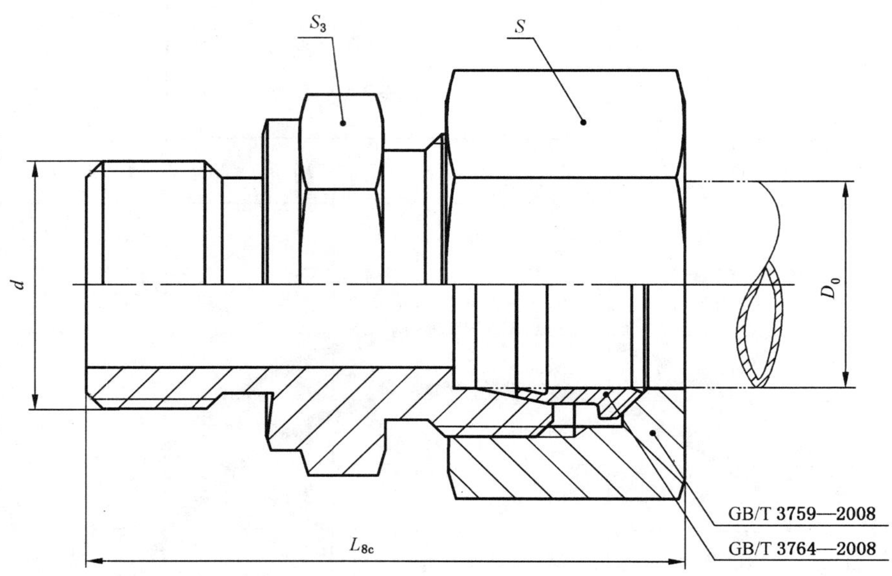


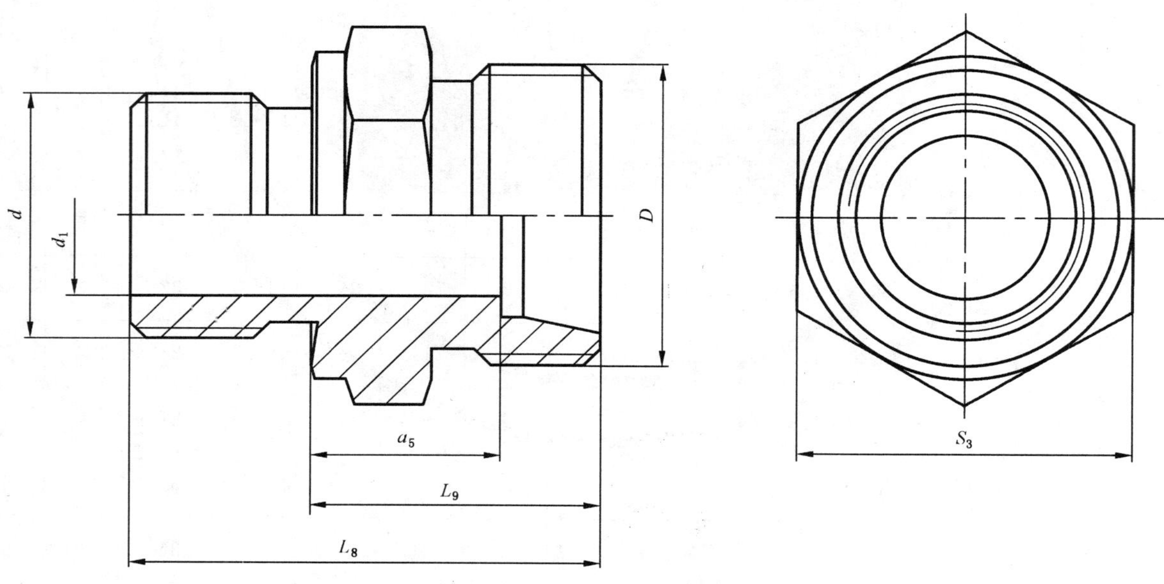


图 3 带 B 型柱端的卡套式端直通管接头和接头体

**表 3 带 B 型柱端的卡套式端直通管接头和接头体尺寸**

单位为毫米

| 系列 | 最大工作压力/MPa | 管子外径 $D_0$ | $D$ | $d$ | $d_1$ 参考 | $L_9$ 参考 | $L_8$ ±0.3 | $L_{8c}$ ≈ | S | $S_3$ | $a_5$ 参考 |
|---|---|---|---|---|---|---|---|---|---|---|---|
| LL | 10 | 4 | M8×1 | M8×1 | 3 | 13.5 | 21.5 | 27.5 | 10 | 12 | 9.5 |
| | | 5 | M10×1 | M8×1 | 3 | 13.5 | 21.5 | 27.5 | 12 | 12 | 8 |
| | | 6 | M10×1 | M10×1 | 4 | 13.5 | 21.5 | 27.5 | 12 | 14 | 8 |
| | | 8 | M12×1 | M10×1 | 4.5 | 14.5 | 22.5 | 28.5 | 14 | 14 | 9 |
| L | 25 | 6 | M12×1.5 | M10×1 | 4 | 15.5 | 23.5 | 31.5 | 14 | 14 | 8.5 |
| | | 8 | M14×1.5 | M12×1.5 | 6 | 17 | 29 | 37 | 17 | 17 | 10 |
| | | 10 | M16×1.5 | M14×1.5 | 7 | 18 | 30 | 38 | 19 | 19 | 11 |
| | | 12 | M18×1.5 | M16×1.5 | 9 | 19.5 | 31.5 | 39.5 | 22 | 22 | 12.5 |
| | | (14) | M20×1.5 | M18×1.5 | 10 | 19.5 | 31.5 | 39.5 | 24 | 24 | 12.5 |
| | | 15 | M22×1.5 | M18×1.5 | 11 | 20.5 | 32.5 | 40.5 | 27 | 24 | 13.5 |
| | | (16) | M24×1.5 | M20×1.5 | 12 | 21 | 35 | 44 | 30 | 27 | 13.5 |
| | 16 | 18 | M26×1.5 | M22×1.5 | 14 | 22 | 36 | 45 | 32 | 27 | 14.5 |
| | | 22 | M30×2 | M26×1.5 | 18 | 24 | 40 | 49 | 36 | 32 | 16.5 |
| | 10 | 28 | M36×2 | M33×2 | 23 | 25 | 43 | 52 | 41 | 41 | 17.5 |
| | | 35 | M45×2 | M42×2 | 30 | 28 | 48 | 59 | 50 | 50 | 17.5 |
| | | 42 | M52×2 | M48×2 | 36 | 30 | 52 | 64 | 60 | 55 | 19 |
| S | 40 | 6 | M14×1.5 | M12×1.5 | 4 | 20 | 32 | 40 | 17 | 17 | 13 |
| | | 8 | M16×1.5 | M14×1.5 | 5 | 22 | 34 | 42 | 19 | 19 | 15 |
| | | 10 | M18×1.5 | M16×1.5 | 7 | 22.5 | 34.5 | 43.5 | 22 | 22 | 15 |
| | | 12 | M20×1.5 | M18×1.5 | 8 | 24.5 | 36.5 | 45.5 | 24 | 24 | 17 |
| | | (14) | M22×1.5 | M20×1.5 | 9 | 25.5 | 39.5 | 48.5 | 27 | 27 | 18 |
| | | 16 | M24×1.5 | M22×1.5 | 12 | 27 | 41 | 51 | 30 | 27 | 18.5 |
| | | 20 | M30×2 | M27×2 | 15 | 31 | 47 | 58 | 36 | 32 | 20.5 |
| | 25 | 25 | M36×2 | M33×2 | 20 | 35 | 53 | 65 | 46 | 41 | 23 |
| | 16 | 30 | M42×2 | M42×2 | 25 | 37 | 57 | 70 | 50 | 50 | 23.5 |
| | | 38 | M52×2 | M48×2 | 32 | 42 | 64 | 79 | 60 | 55 | 26 |

注：尽可能不采用括号内的规格。

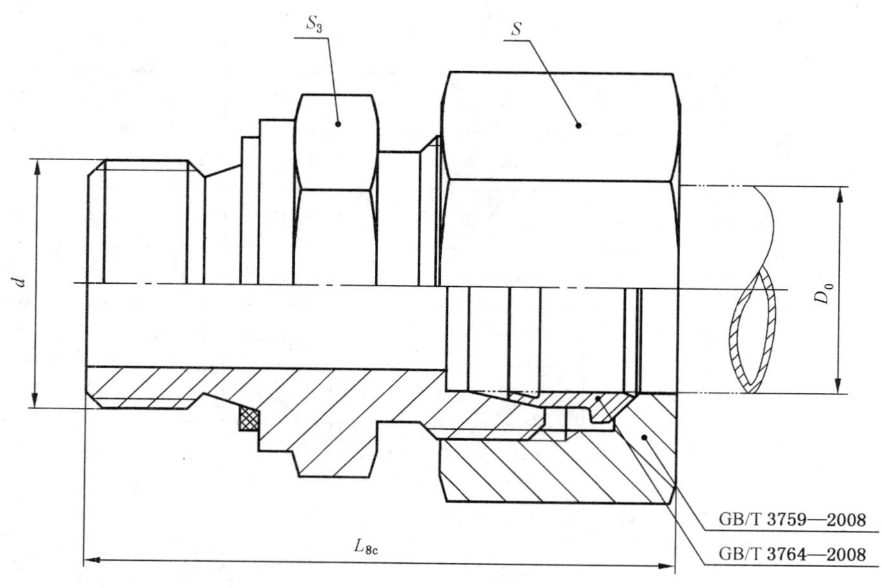


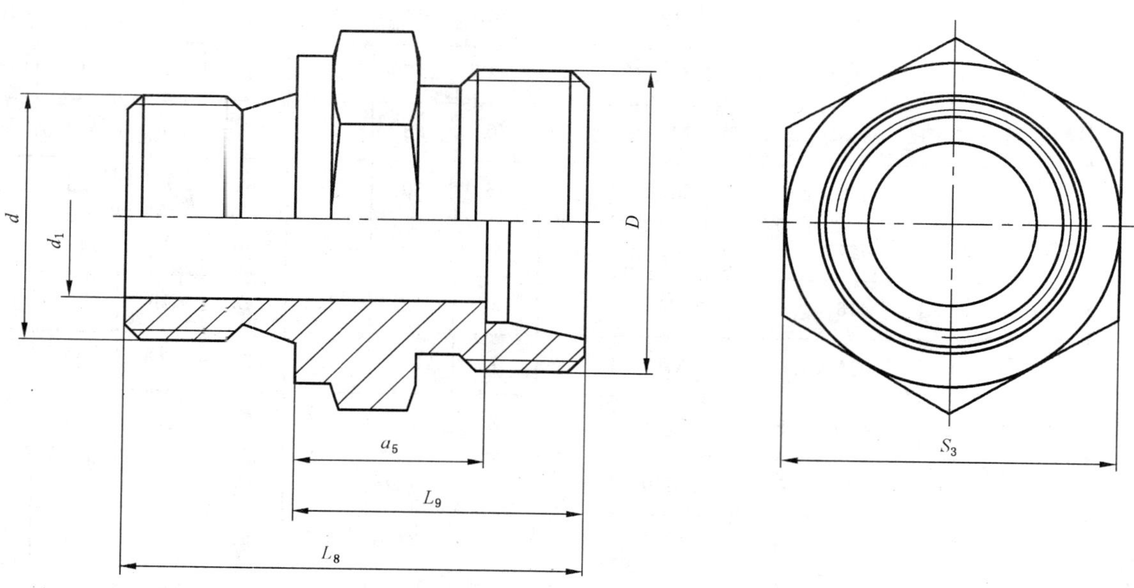


图 4　带 A 型柱端的卡套式端直通管接头和接头体

**表 4　带 A 型柱端的卡套式端直通管接头和接头体尺寸**

单位为毫米

| 系列 | 最大工作压力/MPa | 管子外径 $D_0$ | $D$ | $S$ | 普通螺纹柱端(M) | | | | | | | 55°非密封管螺纹柱端(G) | | | | | | |
|---|---|---|---|---|---|---|---|---|---|---|---|---|---|---|---|---|---|---|
| | | | | | $d$ | $d_1$ 参考 | $L_9$ 参考 | $L_8$ ±0.3 | $L_{8c}$ ≈ | $S_3$ | $a_5$ 参考 | $d$ | $d_1$ 参考 | $L_9$ 参考 | $L_8$ ±0.3 | $L_{8c}$ ≈ | $S_3$ | $a_5$ 参考 |
| LL | 10 | 4 | M8×1 | 10 | M8×1 | 3 | 13.5 | 21.5 | 27.5 | 12 | 9.5 | G1/8 | 3 | 13.5 | 21.5 | 27.5 | 14 | 9.5 |
| | | 5 | M10×1 | 12 | M8×1 | 3 | 13.5 | 21.5 | 27.5 | 12 | 8 | G1/8 | 3 | 13.5 | 21.5 | 27.5 | 14 | 8 |
| | | 6 | M10×1 | 12 | M10×1 | 4 | 13.5 | 21.5 | 27.5 | 14 | 8 | G1/8 | 4 | 13.5 | 21.5 | 27.5 | 14 | 8 |
| | | 8 | M12×1 | 14 | M10×1 | 4.5 | 14.5 | 22.5 | 28.5 | 14 | 9 | G1/8 | 4.5 | 14.5 | 22.5 | 28.5 | 14 | 9 |
| L | 25 | 6 | M12×1.5 | 14 | M10×1 | 4 | 15.5 | 23.5 | 31.5 | 14 | 8.5 | G1/8 | 4 | 15.5 | 23.5 | 31.5 | 14 | 8.5 |
| | | 8 | M14×1.5 | 17 | M12×1.5 | 6 | 17 | 29 | 37 | 17 | 10 | G1/4 | 6 | 17 | 29 | 37 | 19 | 10 |
| | | 10 | M16×1.5 | 19 | M14×1.5 | 7 | 18 | 30 | 38 | 19 | 11 | G1/4 | 6 | 18 | 30 | 38 | 19 | 11 |
| | | 12 | M18×1.5 | 22 | M16×1.5 | 9 | 19.5 | 31.5 | 39.5 | 22 | 12.5 | G3/8 | 9 | 19.5 | 31.5 | 39.5 | 22 | 12.5 |
| | | (14) | M20×1.5 | 24 | M18×1.5 | 10 | 19.5 | 31.5 | 39.5 | 24 | 12.5 | G1/2 | 11 | 19.5 | 34 | 42 | 27 | 12.5 |
| | | 15 | M22×1.5 | 27 | M18×1.5 | 11 | 20.5 | 32.5 | 40.5 | 24 | 13.5 | G1/2 | 11 | 20.5 | 35 | 43 | 27 | 13.5 |
| | | (16) | M24×1.5 | 30 | M20×1.5 | 12 | 21 | 35 | 44 | 27 | 13.5 | G1/2 | 12 | 21 | 35 | 44 | 27 | 13.5 |
| | 16 | 18 | M26×1.5 | 32 | M22×1.5 | 14 | 22 | 36 | 45 | 27 | 14.5 | G1/2 | 14 | 22 | 36 | 45 | 27 | 14.5 |
| | | 22 | M30×2 | 36 | M26×1.5 | 18 | 24 | 40 | 49 | 32 | 16.5 | G3/4 | 18 | 24 | 40 | 49 | 32 | 16.5 |
| | 10 | 28 | M36×2 | 41 | M33×2 | 23 | 25 | 43 | 52 | 41 | 17.5 | G1 | 23 | 25 | 43 | 52 | 41 | 17.5 |
| | | 35 | M45×2 | 50 | M42×2 | 30 | 28 | 48 | 59 | 50 | 17.5 | G1¼ | 30 | 28 | 48 | 59 | 50 | 17.5 |
| | | 42 | M52×2 | 60 | M48×2 | 36 | 30 | 52 | 64 | 55 | 19 | G1½ | 36 | 30 | 52 | 64 | 55 | 19 |
| S | 63 | 6 | M14×1.5 | 17 | M12×1.5 | 4 | 20 | 32 | 40 | 17 | 13 | G1/4 | 4 | 20 | 32 | 40 | 19 | 13 |
| | | 8 | M16×1.5 | 19 | M14×1.5 | 5 | 22 | 34 | 42 | 19 | 15 | G1/4 | 5 | 22 | 34 | 42 | 19 | 15 |
| | | 10 | M18×1.5 | 22 | M16×1.5 | 7 | 22.5 | 34.5 | 43.5 | 22 | 15 | G3/8 | 7 | 22.5 | 34.5 | 43.5 | 22 | 15 |
| | | 12 | M20×1.5 | 24 | M18×1.5 | 8 | 24.5 | 36.5 | 45.5 | 24 | 17 | G3/8 | 8 | 24.5 | 36.5 | 45.5 | 22 | 17 |
| | | | | | | | | | | | | G1/2 | 8 | 25 | 39 | 48 | 27 | 17.5 |
| | | (14) | M22×1.5 | 27 | M20×1.5 | 9 | 25.5 | 39.5 | 48.5 | 27 | 18 | G1/2 | 10 | 25.5 | 39.5 | 48.5 | 27 | 18 |
| | 40 | 16 | M24×1.5 | 30 | M22×1.5 | 12 | 27 | 41 | 51 | 27 | 18.5 | G1/2 | 12 | 27 | 41 | 51 | 27 | 18.5 |
| | | | | | | | | | | | | G3/4 | 12 | 29 | 45 | 55 | 32 | 20.5 |
| | | 20 | M30×2 | 36 | M27×2 | 15 | 31 | 47 | 58 | 32 | 20.5 | G3/4 | 15 | 31 | 47 | 58 | 32 | 20.5 |
| | | 25 | M36×2 | 46 | M33×2 | 20 | 35 | 53 | 65 | 41 | 23 | G1 | 20 | 35 | 53 | 65 | 41 | 23 |
| | 25 | 30 | M42×2 | 50 | M42×2 | 25 | 37 | 57 | 70 | 50 | 23.5 | G1¼ | 25 | 37 | 57 | 70 | 50 | 23.5 |
| | | 38 | M52×2 | 60 | M48×2 | 32 | 42 | 64 | 79 | 55 | 26 | G1½ | 32 | 42 | 64 | 79 | 55 | 26 |

注：尽可能不采用括号内的规格。

ICS 21.060.60
J 15

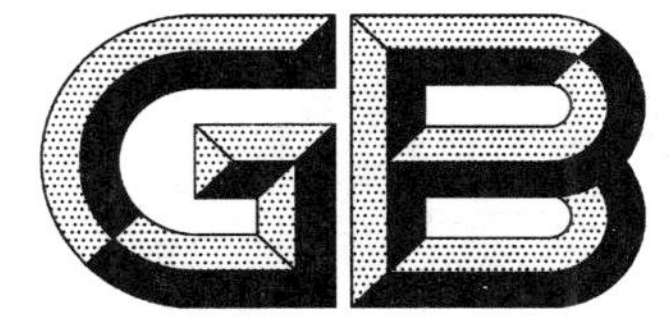

# 中华人民共和国国家标准

GB/T 3735—2008
代替 GB/T 3735.1—1983,GB/T 3735.2—1983

# 卡套式端直通长管接头

## 24° cone connectors—Straight thread long

2008-05-07 发布　　2008-11-01 实施

中华人民共和国国家质量监督检验检疫总局
中国国家标准化管理委员会　发布

# 前　言

本标准是卡套式管接头系列标准之一。

本标准是对GB/T 3735.1—1983《卡套式端直通长管接头》和GB/T 3735.2—1983《卡套式端直通长接头体》的修订。三要修订内容如下：

——将两个标准的内容进行了整合；

——修改了英文名称；

——增加了F型、E型和B型螺纹柱端，A型螺纹柱端增加了55°非密封管螺纹(G)；

——将公称压力G(250)和J(400)修改为最大工作压力10 MPa～63 MPa，并分为LL、L和S三个系列；系列的产品尺寸范围作了调整；

——调整了管子外径尺寸系列，并修改了相关尺寸；

——减少了部分应由制造商控制的参数；

——取消了重量数据；

——取消了表面粗糙度标注，表面粗糙度要求在GB/T 3765《卡套式管接头技术条件》中给出。

本标准自实施之日起代替GB/T 3735.1—1983和GB/T 3735.2—1983。

本标准由中国机械工业联合会提出。

本标准由全国管路附件标准化技术委员会归口。

本标准负责起草单位：海盐管件制造有限公司、中机生产力促进中心、嘉兴迈思特管件制造有限公司。

本标准参加起草单位：伊顿(宁波)流体连接件有限公司、建湖县特佳液压管件有限公司、浙江华夏阀门有限公司、海盐高博管件有限公司、海盐县海管管件制造有限公司、焦作市路通液压附件有限公司。

本标准主要起草人：李维荣、耿志学、周舜华、冯峰、陶忠明、左学俊、徐长祥、阮浩丰、周剑飞、王利民。

本标准所代替标准的历次版本发布情况为：

——GB/T 3735.1—1983；

——GB/T 3735.2—1983。

# 卡套式端直通长管接头

## 1 范围

本标准规定了卡套式端直通长管接头和接头体的尺寸、标记及技术要求。

本标准适用于管子外径为 4 mm～42 mm，最大工作压力 10 MPa～63 MPa 的液压流体传动和一般用途的管路系统。

## 2 规范性引用文件

下列文件中的条款通过本标准的引用而成为本标准的条款。凡是注日期的引用文件，其随后所有的修改单(不包括勘误的内容)或修订版均不适用于本标准，然而，鼓励根据本标准达成协议的各方研究是否可使用这些文件的最新版本。凡是不注日期的引用文件，其最新版本适用于本标准。

GB/T 3759—2008 卡套式管接头用连接螺母

GB/T 3764—2008 卡套

GB/T 3765—2008 卡套式管接头技术条件

GB/T 19674.2—2005 液压管接头用螺纹油口和柱端 填料密封柱端(A 型和 E 型)

GB/T 19674.3—2005 液压管接头用螺纹油口和柱端 金属对金属密封柱端(B 型)(ISO 9974-3：1996，IDT)

## 3 尺寸

带 F 型柱端的卡套式端直通长管接头和接头体的尺寸应符合图 1 和表 1 的规定，F 型柱端型式尺寸应符合 GB/T 3765 附录 A 的规定。

带 E 型柱端的卡套式端直通长管接头和接头体的尺寸应符合图 2 和表 2 的规定，E 型柱端型式尺寸应符合 GB/T 19674.2 的规定。

带 B 型柱端的卡套式端直通长管接头和接头体的尺寸应符合图 3 和表 3 的规定，B 型柱端型式尺寸应符合 GB/T 19674.3 的规定。

带 A 型柱端的卡套式端直通长管接头和接头体的尺寸应符合图 4 和表 4 的规定，A 型柱端型式尺寸应符合 GB/T 19674.2 的规定。

卡套端尺寸应符合 GB/T 3764 的规定。

## 4 标记

### 4.1 标记方法

卡套式端直通长管接头和接头体的标记方法应符合 GB/T 3765 的规定。

### 4.2 标记示例

接头系列为 L，管子外径为 10 mm，普通螺纹(M)F 型柱端，表面镀锌处理的钢制卡套式端直通长管接头标记为：

管接头 GB/T 3735 L10

接头系列为 L，管子外径为 10 mm，普通螺纹(M)F 型柱端，表面镀锌处理的钢制卡套式端直通长管接头体标记为：

接头体 GB/T 3735 L10

## 5 技术要求

技术要求按 GB/T 3765 的规定。

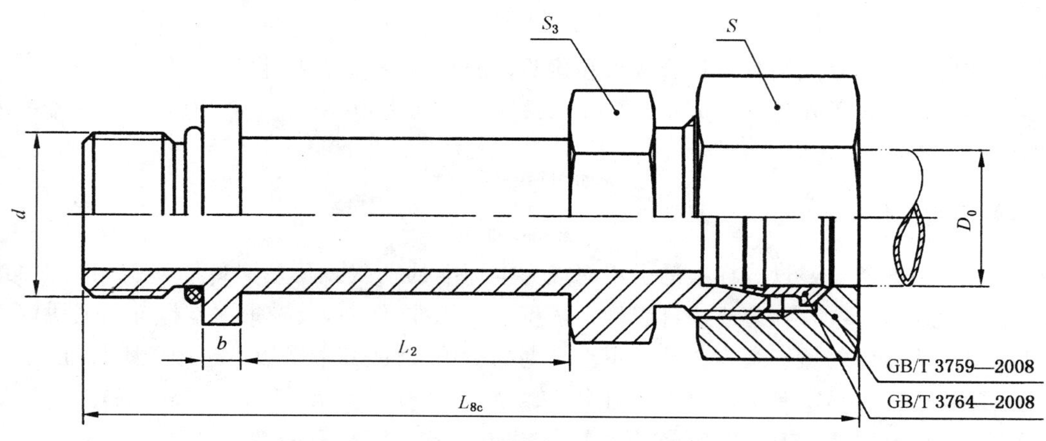


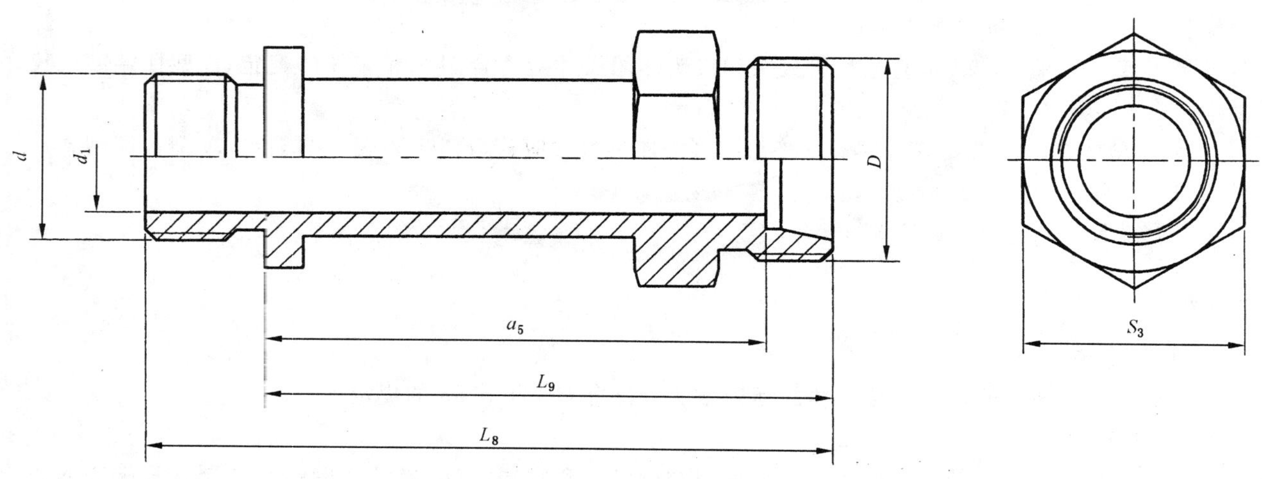


图 1 带 F 型柱端的卡套式端直通长管接头和接头体

**表 1　带 F 型柱端的卡套式端直通长管接头和接头体尺寸**

单位为毫米

| 系列 | 最大工作压力/MPa | 管子外径 $D_0$ | $D$ | $d$ | $d_1$ 参考 | $L_2$ | $L_8$ ±0.3 | $L_{8c}$ ≈ | $L_9$ 参考 | $b$ | $S$ | $S_3$ | $a_5$ 参考 |
|---|---|---|---|---|---|---|---|---|---|---|---|---|---|
| L | 25 | 6 | M12×1.5 | M10×1 | 4 | 25 | 51.4 | 59.4 | 42.9 | 3 | 14 | 14 | 35.9 |
| | | 8 | M14×1.5 | M12×1.5 | 6 | 27 | 56.5 | 64.5 | 45.5 | 4 | 17 | 17 | 38.5 |
| | | 10 | M16×1.5 | M14×1.5 | 7 | 29 | 59.5 | 67.5 | 48.5 | | 19 | 19 | 41.5 |
| | | 12 | M18×1.5 | M16×1.5 | 9 | 30 | 62.5 | 70.5 | 51 | | 22 | 22 | 44 |
| | | (14) | M20×1.5 | M18×1.5 | 10 | 31 | 64.5 | 72.5 | 52 | | 24 | 24 | 45 |
| | | 15 | M22×1.5 | M18×1.5 | 11 | 32 | 66.5 | 74.5 | 54 | | 27 | 24 | 47 |
| | | (16) | M24×1.5 | M20×1.5 | 12 | 32 | 67 | 76 | 54.5 | | 30 | 27 | 47 |
| | 16 | 18 | M26×1.5 | M22×1.5 | 14 | 33 | 69.5 | 78.5 | 56.5 | | 32 | 27 | 49 |
| | | 22 | M30×2 | M27×2 | 18 | 38 | 80.5 | 89.5 | 64.5 | 5 | 36 | 32 | 57 |
| | 10 | 28 | M36×2 | M33×2 | 23 | 41 | 84 | 93 | 68 | | 41 | 41 | 60.5 |
| | | 35 | M45×2 | M42×2 | 30 | 45 | 91 | 102 | 75 | | 50 | 50 | 64.5 |
| | | 42 | M52×2 | M48×2 | 36 | 46 | 95.5 | 107.5 | 78 | | 60 | 55 | 67 |
| S | 63 | 6 | M14×1.5 | M12×1.5 | 4 | 29 | 61.5 | 69.5 | 50.5 | 4 | 17 | 17 | 43.5 |
| | | 8 | M16×1.5 | M14×1.5 | 5 | 31 | 65.5 | 73.5 | 54.5 | | 19 | 19 | 47.5 |
| | | 10 | M18×1.5 | M16×1.5 | 7 | 32 | 68.5 | 77.5 | 56 | | 22 | 22 | 48.5 |
| | | 12 | M20×1.5 | M18×1.5 | 8 | 33 | 73 | 82 | 59 | | 24 | 24 | 51.5 |
| | | (14) | M22×1.5 | M20×1.5 | 9 | 33 | 74 | 83 | 60 | | 27 | 27 | 52.5 |
| | 40 | 16 | M24×1.5 | M22×1.5 | 12 | 36 | 79.5 | 89.5 | 64.5 | | 30 | 27 | 56 |
| | | 20 | M30×2 | M27×2 | 15 | 37 | 89 | 100 | 70.5 | 5 | 36 | 32 | 60 |
| | | 25 | M36×2 | M33×2 | 20 | 44 | 99.5 | 111.5 | 81 | | 46 | 41 | 69 |
| | 25 | 30 | M42×2 | M42×2 | 25 | 45 | 103 | 116 | 84 | | 50 | 50 | 70.5 |
| | | 38 | M52×2 | M48×2 | 32 | 46 | 111 | 126 | 89.5 | | 60 | 55 | 73.5 |

注：尽可能不采用括号内的规格。

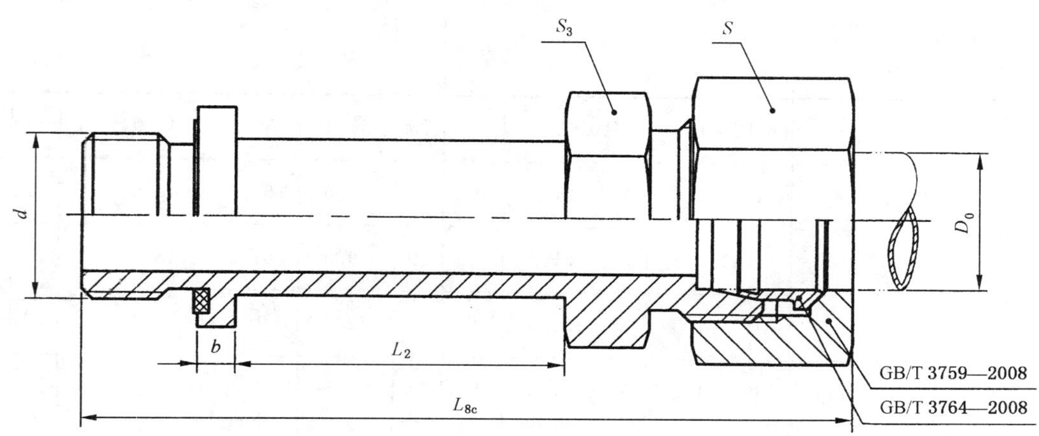


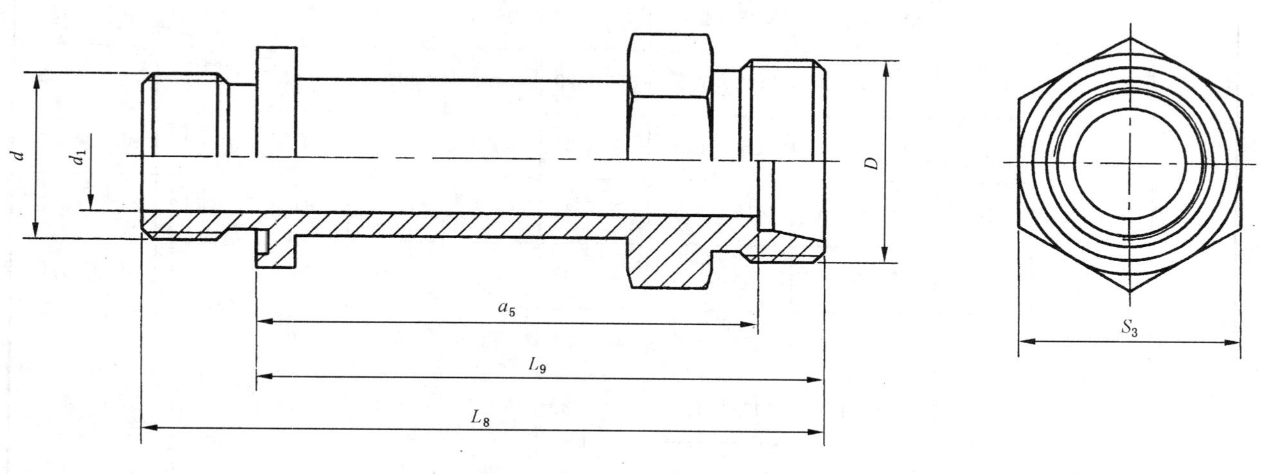


图 2　带 E 型柱端的卡套式端直通长管接头和接头体

**表 2　带 E 型柱端的卡套式端直通长管接头和接头体尺寸**　　单位为毫米

| 系列 | 最大工作压力/MPa | 管子外径 $D_0$ | $D$ | $d$ | $d_1$ 参考 | $L_2$ | $L_9$ 参考 | $L_8$ ±0.3 | $L_{8c}$ ≈ | $b$ | $S$ | $S_3$ | $a_5$ 参考 |
|---|---|---|---|---|---|---|---|---|---|---|---|---|---|
| L | 25 | 6 | M12×1.5 | M10×1 | 4 | 25 | 42 | 50 | 58 | 3 | 14 | 14 | 35 |
| | | 8 | M14×1.5 | M12×1.5 | 6 | 27 | 46 | 58 | 66 | 4 | 17 | 17 | 39 |
| | | 10 | M16×1.5 | M14×1.5 | 7 | 29 | 49 | 61 | 69 | | 19 | 19 | 42 |
| | | 12 | M18×1.5 | M16×1.5 | 9 | 30 | 51.5 | 63.5 | 71.5 | | 22 | 22 | 44.5 |
| | | (14) | M20×1.5 | M18×1.5 | 10 | 31 | 52 | 64 | 72 | | 24 | 24 | 45 |
| | | 15 | M22×1.5 | M18×1.5 | 11 | 32 | 54 | 66 | 74 | | 27 | 24 | 47 |
| | | (16) | M24×1.5 | M20×1.5 | 12 | 32 | 54.5 | 68.5 | 77.5 | | 30 | 27 | 47 |
| | 16 | 18 | M26×1.5 | M22×1.5 | 14 | 33 | 56 | 70 | 79 | | 32 | 27 | 48.5 |
| | | 22 | M30×2 | M26×1.5 | 18 | 38 | 64 | 80 | 89 | 5 | 36 | 32 | 56.5 |
| | 10 | 28 | M36×2 | M33×2 | 23 | 41 | 68 | 86 | 95 | | 41 | 41 | 60.5 |
| | | 35 | M45×2 | M42×2 | 30 | 45 | 75 | 95 | 106 | | 50 | 50 | 64.5 |
| | | 42 | M52×2 | M48×2 | 36 | 46 | 78 | 100 | 112 | | 60 | 55 | 67 |
| S | 63 | 6 | M14×1.5 | M12×1.5 | 4 | 29 | 51 | 63 | 71 | 4 | 17 | 17 | 44 |
| | | 8 | M16×1.5 | M14×1.5 | 5 | 31 | 55 | 67 | 75 | | 19 | 19 | 48 |
| | | 10 | M18×1.5 | M16×1.5 | 7 | 32 | 56.5 | 68.5 | 77.5 | | 22 | 22 | 49 |
| | | 12 | M20×1.5 | M18×1.5 | 8 | 33 | 59 | 71 | 80 | | 24 | 24 | 51.5 |
| | | (14) | M22×1.5 | M20×1.5 | 9 | 33 | 60 | 74 | 83 | | 27 | 27 | 52.5 |
| | 40 | 16 | M24×1.5 | M22×1.5 | 12 | 36 | 64 | 78 | 88 | | 30 | 27 | 55.5 |
| | | 20 | M30×2 | M27×2 | 15 | 37 | 70 | 86 | 97 | 5 | 36 | 32 | 59.5 |
| | | 25 | M36×2 | M33×2 | 20 | 44 | 81 | 99 | 111 | | 46 | 41 | 69 |
| | 25 | 30 | M42×2 | M42×2 | 25 | 45 | 84 | 104 | 117 | | 50 | 50 | 70.5 |
| | | 38 | M52×2 | M48×2 | 32 | 46 | 90 | 112 | 127 | | 60 | 55 | 74 |

注：尽可能不采用括号内的规格。

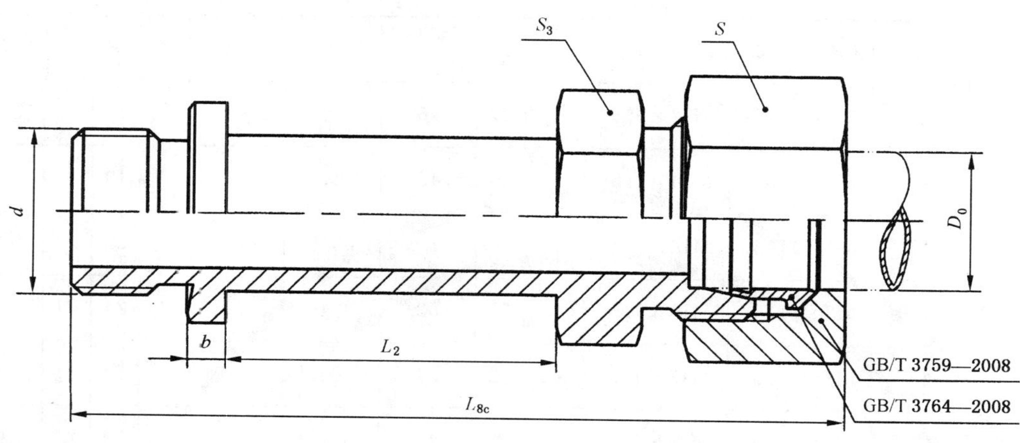


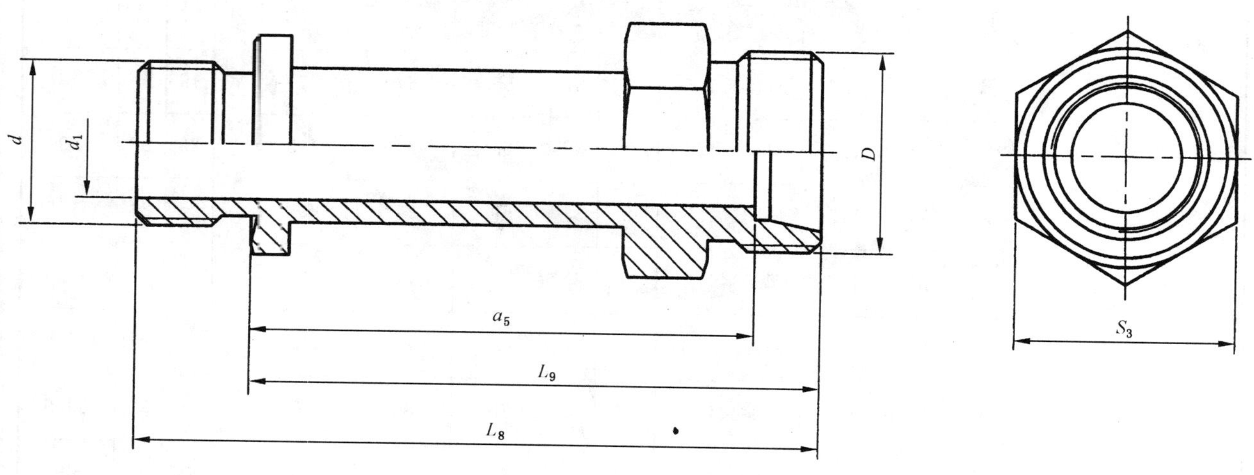


图 3　带 B 型柱端的卡套式端直通长管接头和接头体

表 3　带 B 型柱端的卡套式端直通长管接头和接头体尺寸　　单位为毫米

| 系列 | 最大工作压力/MPa | 管子外径 $D_0$ | $D$ | $d$ | $d_1$ 参考 | $L_2$ | $L_9$ 参考 | $L_8$ ±0.3 | $L_{8c}$ ≈ | $b$ | $S$ | $S_3$ | $a_5$ 参考 |
|---|---|---|---|---|---|---|---|---|---|---|---|---|---|
| LL | 10 | 4 | M8×1 | M8×1 | 3 | 22 | 37 | 45 | 51 | 3 | 10 | 12 | 33 |
| | | 5 | M10×1 | M8×1 | 3 | 23 | 38 | 46 | 52 | | 12 | 12 | 32.5 |
| | | 6 | M10×1 | M10×1 | 4 | 25 | 40 | 48 | 54 | | 12 | 14 | 34.5 |
| | | 8 | M12×1 | M10×1 | 4.5 | 27 | 43 | 51 | 57 | | 14 | 14 | 37.5 |
| L | 25 | 6 | M12×1.5 | M10×1 | 4 | 25 | 42 | 50 | 58 | | 14 | 14 | 35 |
| | | 8 | M14×1.5 | M12×1.5 | 6 | 27 | 46 | 58 | 66 | 4 | 17 | 17 | 39 |
| | | 10 | M16×1.5 | M14×1.5 | 7 | 29 | 49 | 61 | 69 | | 19 | 19 | 42 |
| | | 12 | M18×1.5 | M16×1.5 | 9 | 30 | 51.5 | 63.5 | 71.5 | | 22 | 22 | 44.5 |
| | | (14) | M20×1.5 | M18×1.5 | 10 | 31 | 52 | 64 | 72 | | 24 | 24 | 45 |
| | | 15 | M22×1.5 | M18×1.5 | 11 | 32 | 54 | 66 | 74 | | 27 | 24 | 47 |
| | | (16) | M24×1.5 | M20×1.5 | 12 | 32 | 54.5 | 68.5 | 77.5 | | 30 | 27 | 47 |
| | 16 | 18 | M26×1.5 | M22×1.5 | 14 | 33 | 56 | 70 | 79 | | 32 | 27 | 48.5 |
| | | 22 | M30×2 | M26×1.5 | 18 | 38 | 64 | 80 | 89 | 5 | 36 | 32 | 56.5 |
| | 10 | 28 | M36×2 | M33×2 | 23 | 41 | 68 | 86 | 95 | | 41 | 41 | 60.5 |
| | | 35 | M45×2 | M42×2 | 30 | 45 | 75 | 95 | 106 | | 50 | 50 | 64.5 |
| | | 42 | M52×2 | M48×2 | 36 | 46 | 78 | 100 | 112 | | 60 | 55 | 67 |
| S | 40 | 6 | M14×1.5 | M12×1.5 | 4 | 29 | 51 | 63 | 71 | 4 | 17 | 17 | 44 |
| | | 8 | M16×1.5 | M14×1.5 | 5 | 31 | 55 | 67 | 75 | | 19 | 19 | 48 |
| | | 10 | M18×1.5 | M16×1.5 | 7 | 32 | 56.5 | 68.5 | 77.5 | | 22 | 22 | 49 |
| | | 12 | M20×1.5 | M18×1.5 | 8 | 33 | 59 | 71 | 80 | | 24 | 24 | 51.5 |
| | | (14) | M22×1.5 | M20×1.5 | 9 | 33 | 60 | 74 | 83 | | 27 | 27 | 52.5 |
| | | 16 | M24×1.5 | M22×1.5 | 12 | 36 | 64 | 78 | 88 | | 30 | 27 | 55.5 |
| | | 20 | M30×2 | M27×2 | 15 | 37 | 70 | 86 | 97 | 5 | 36 | 32 | 59.5 |
| | 25 | 25 | M36×2 | M33×2 | 20 | 44 | 81 | 99 | 111 | | 46 | 41 | 69 |
| | 16 | 30 | M42×2 | M42×2 | 25 | 45 | 84 | 104 | 117 | | 50 | 50 | 70.5 |
| | | 38 | M52×2 | M48×2 | 32 | 46 | 90 | 112 | 127 | | 60 | 55 | 74 |

注：尽可能不采用括号内的规格。

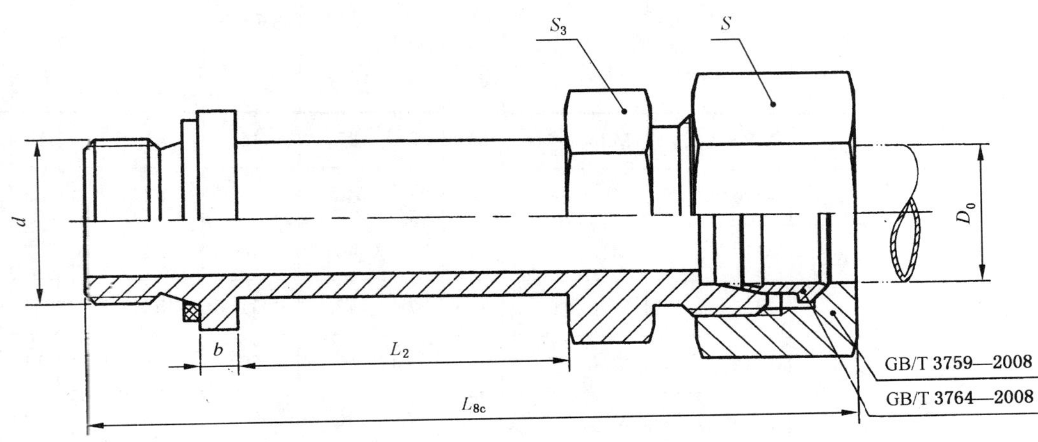


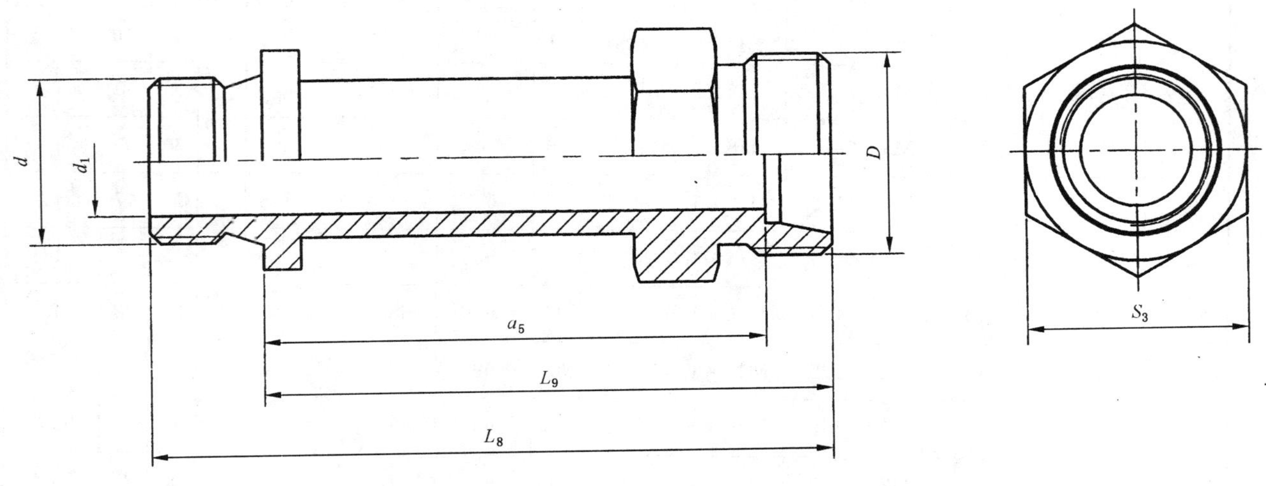


图 4　带 A 型柱端的卡套式端直通长管接头和接头体

**表 4　带 A 型柱端的卡套式端直通长管接头和接头体尺寸**　　　单位为毫米

| 系列 | 最大工作压力/MPa | 管子外径 $D_0$ | $D$ | $S$ | $L_2$ | $b$ | 普通螺纹柱端(M) $d$ | $d_1$ 参考 | $L_9$ 参考 | $L_8$ ±0.3 | $L_{8c}$ ≈ | $S_3$ | $a_5$ 参考 | 55°非密封管螺纹柱端(G) $d$ | $d_1$ 参考 | $L_9$ 参考 | $L_8$ ±0.3 | $L_{8c}$ ≈ | $S_3$ | $a_5$ 参考 |
|---|---|---|---|---|---|---|---|---|---|---|---|---|---|---|---|---|---|---|---|---|
| LL | 10 | 4 | M8×1 | 10 | 22 | 3 | M8×1 | 3 | 37 | 45 | 51 | 12 | 33 | G1/8 | 3 | 37 | 45 | 51 | 14 | 33 |
| | | 5 | M10×1 | 12 | 23 | | M8×1 | 3 | 38 | 46 | 52 | 12 | 32.5 | G1/8 | 3 | 38 | 46 | 52 | 14 | 32.5 |
| | | 6 | M10×1 | 12 | 25 | | M10×1 | 4 | 40 | 48 | 54 | 14 | 34.5 | G1/8 | 4 | 40 | 48 | 54 | 14 | 34.5 |
| | | 8 | M12×1 | 14 | 27 | | M10×1 | 4.5 | 43 | 51 | 57 | 14 | 37.5 | G1/8 | 4.5 | 43 | 51 | 57 | 14 | 37.5 |
| L | 25 | 6 | M12×1.5 | 14 | 25 | 4 | M10×1 | 4 | 42 | 50 | 58 | 14 | 35 | G1/8 | 4 | 42 | 50 | 58 | 14 | 35 |
| | | 8 | M14×1.5 | 17 | 27 | | M12×1.5 | 6 | 46 | 58 | 66 | 17 | 39 | G1/4 | 6 | 46 | 58 | 66 | 19 | 39 |
| | | 10 | M16×1.5 | 19 | 29 | | M14×1.5 | 7 | 49 | 61 | 69 | 19 | 42 | G1/4 | 6 | 49 | 61 | 69 | 19 | 42 |
| | | 12 | M18×1.5 | 22 | 30 | | M16×1.5 | 9 | 51.5 | 63.5 | 71.5 | 22 | 44.5 | G3/8 | 9 | 51 | 63 | 71 | 22 | 44 |
| | | (14) | M20×1.5 | 24 | 31 | | M18×1.5 | 10 | 52 | 64 | 72 | 24 | 45 | G1/2 | 11 | 52 | 66.5 | 74.5 | 27 | 45 |
| | | 15 | M22×1.5 | 27 | 32 | | M18×1.5 | 11 | 54 | 66 | 74 | 24 | 47 | G1/2 | 11 | 54 | 68 | 76 | 27 | 47 |
| | | (16) | M24×1.5 | 30 | 32 | | M20×1.5 | 12 | 54.5 | 68.5 | 77.5 | 27 | 47 | G1/2 | 12 | 54.5 | 68.5 | 77.5 | 27 | 47 |
| | 16 | 18 | M26×1.5 | 32 | 33 | 5 | M22×1.5 | 14 | 56 | 70 | 79 | 27 | 48.5 | G1/2 | 14 | 56 | 70 | 79 | 27 | 48.5 |
| | | 22 | M30×2 | 36 | 38 | | M26×1.5 | 18 | 64 | 80 | 89 | 32 | 56.5 | G3/4 | 18 | 64 | 80 | 89 | 32 | 56.5 |
| | 10 | 28 | M36×2 | 41 | 41 | | M33×2 | 23 | 69 | 87 | 96 | 41 | 60.5 | G1 | 23 | 69 | 87 | 96 | 41 | 60.5 |
| | | 35 | M45×2 | 50 | 45 | | M42×2 | 30 | 75 | 95 | 106 | 50 | 64.5 | G1¼ | 30 | 75 | 95 | 106 | 50 | 64.5 |
| | | 42 | M52×2 | 60 | 46 | | M48×2 | 36 | 78 | 100 | 112 | 55 | 67 | G1½ | 36 | 78 | 100 | 112 | 55 | 67 |
| S | 63 | 6 | M14×1.5 | 17 | 29 | 4 | M12×1.5 | 4 | 51 | 63 | 71 | 17 | 44 | G1/4 | 4 | 51 | 63 | 71 | 19 | 44 |
| | | 8 | M16×1.5 | 19 | 31 | | M14×1.5 | 5 | 55 | 67 | 75 | 19 | 48 | G1/4 | 5 | 55 | 67 | 75 | 19 | 48 |
| | | 10 | M18×1.5 | 22 | 32 | | M16×1.5 | 7 | 56.5 | 68.5 | 77.5 | 22 | 49 | G3/8 | 7 | 56 | 68 | 77 | 22 | 48.5 |
| | | 12 | M20×1.5 | 24 | 33 | | M18×1.5 | 8 | 59 | 71 | 80 | 24 | 51.5 | G3/8 | 8 | 59 | 71 | 80 | 22 | 51.5 |
| | | | | | | | | | | | | | | G1/2 | 8 | 59 | 73 | 82 | 27 | 51.5 |
| | | (14) | M22×1.5 | 27 | 33 | | M20×1.5 | 9 | 60 | 74 | 83 | 27 | 52.5 | G1/2 | 10 | 60 | 74 | 83 | 27 | 52.5 |
| | 40 | 16 | M24×1.5 | 30 | 36 | | M22×1.5 | 12 | 64 | 78 | 88 | 27 | 55.5 | G1/2 | 12 | 64 | 78 | 88 | 27 | 55.5 |
| | | | | | | | | | | | | | | G3/4 | 12 | 66 | 82 | 92 | 32 | 57.5 |
| | | 20 | M30×2 | 36 | 37 | 5 | M27×2 | 15 | 70 | 86 | 97 | 32 | 59.5 | G3/4 | 15 | 70 | 86 | 97 | 32 | 59.5 |
| | | 25 | M36×2 | 46 | 44 | | M33×2 | 20 | 81 | 99 | 111 | 41 | 69 | G1 | 20 | 81 | 99 | 111 | 41 | 69 |
| | 25 | 30 | M42×2 | 50 | 45 | | M42×2 | 25 | 84 | 104 | 117 | 50 | 70.5 | G1¼ | 25 | 84 | 104 | 117 | 50 | 70.5 |
| | | 38 | M52×2 | 60 | 46 | | M48×2 | 32 | 90 | 112 | 127 | 55 | 74 | G1½ | 32 | 90 | 112 | 127 | 55 | 74 |

注：尽可能不采用括号内的规格。

ICS 21.060.60
J 15

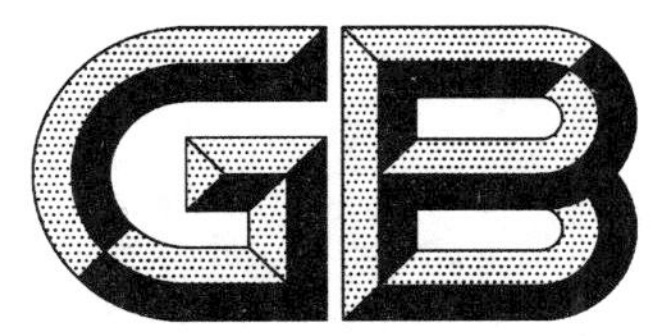

# 中华人民共和国国家标准

GB/T 3737—2008
代替 GB/T 3737.1—1983,GB/T 3737.2—1983

# 卡套式直通管接头

## 24° cone connectors—Union

2008-05-07 发布　　　　2008-11-01 实施

中华人民共和国国家质量监督检验检疫总局
中国国家标准化管理委员会　发布

# 前　言

本标准是卡套式管接头系列标准之一。

本标准中管接头结构型式和尺寸与 ISO 8434-1:2007《用于流体传动和一般用途的金属管接头 第 1 部分：24°压缩式管接头》(英文版)的相关部分基本一致。

本标准是对 GB/T 3737.1—1983《卡套式直通管接头》和 GB/T 3737.2—1983《卡套式直通接头体》的修订。主要修订内容如下：

——将两个标准的内容进行了整合；

——修改了英文名称；

——将公称压力 G(250)和 J(400)修改为最大工作压力 10 MPa～63 MPa，并分为 LL、L 和 S 三个系列；系列的产品尺寸范围作了调整；

——调整了管子外径尺寸系列，并修改了相关尺寸；

——减少了部分应由制造商控制的参数；

——取消了重量数据；

——取消了表面粗糙度标注，表面粗糙度要求在 GB/T 3765《卡套式管接头技术条件》中给出。

本标准自实施之日起代替 GB/T 3737.1—1983 和 GB/T 3737.2—1983。

本标准由中国机械工业联合会提出。

本标准由全国管路附件标准化技术委员会归口。

本标准负责起草单位：中机生产力促进中心、海盐管件制造有限公司、建湖县特佳液压管件有限公司。

本标准参加起草单位：伊顿(宁波)流体连接件有限公司、嘉兴迈思特管件制造有限公司、浙江华夏阀门有限公司、海盐高博管件有限公司、海盐县海管管件制造有限公司、焦作市路通液压附件有限公司。

本标准主要起草人：耿志学、李维荣、周舜华、冯峰、左学俊、陶忠明、徐长祥、阮浩丰、周剑飞、王利民。

本标准所代替标准的历次版本发布情况为：

——GB/T 3737.1—1983；

——GB/T 3737.2—1983。

# 卡套式直通管接头

## 1 范围

本标准规定了卡套式直通管接头和接头体的尺寸、标记及技术要求。

本标准适用于管子外径为 4 mm～42 mm，最大工作压力 10 MPa～63 MPa 的液压流体传动和一般用途的管路系统。

## 2 规范性引用文件

下列文件中的条款通过本标准的引用而成为本标准的条款。凡是注日期的引用文件，其随后所有的修改单(不包括勘误的内容)或修订版均不适用于本标准，然而，鼓励根据本标准达成协议的各方研究是否可使用这些文件的最新版本。凡是不注日期的引用文件，其最新版本适用于本标准。

GB/T 3759—2008 卡套式管接头用连接螺母

GB/T 3764—2008 卡套

GB/T 3765—2008 卡套式管接头技术条件

## 3 尺寸

卡套式直通管接头和接头体的尺寸应符合图 1、图 2 和表 1 的规定，接头体卡套端尺寸应符合 GB/T 3764 的规定。

## 4 标记

### 4.1 标记方法

卡套式直通管接头和接头体的标记方法应符合 GB/T 3765 的规定。

### 4.2 标记示例

接头系列为 L，管子外径为 10 mm，表面镀锌处理的钢制卡套式直通管接头标记为：

管接头 GB/T 3737 L10

接头系列为 L，管子外径为 10 mm，表面镀锌处理的钢制卡套式直通接头体标记为：

接头体 GB/T 3737 L10

## 5 技术要求

技术要求按 GB/T 3765 的规定。

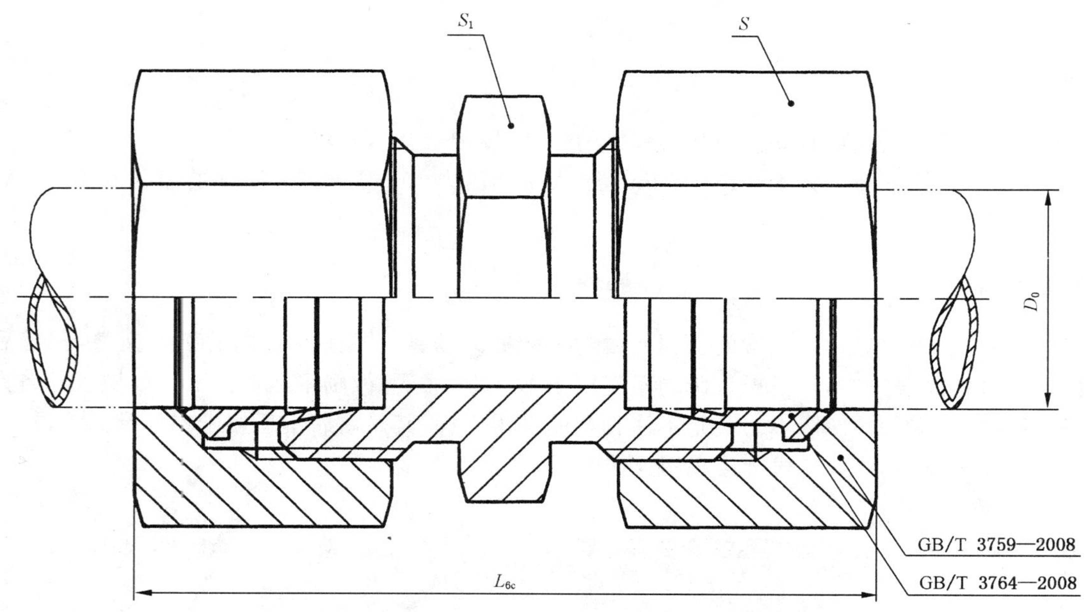


图 1　卡套式直通管接头

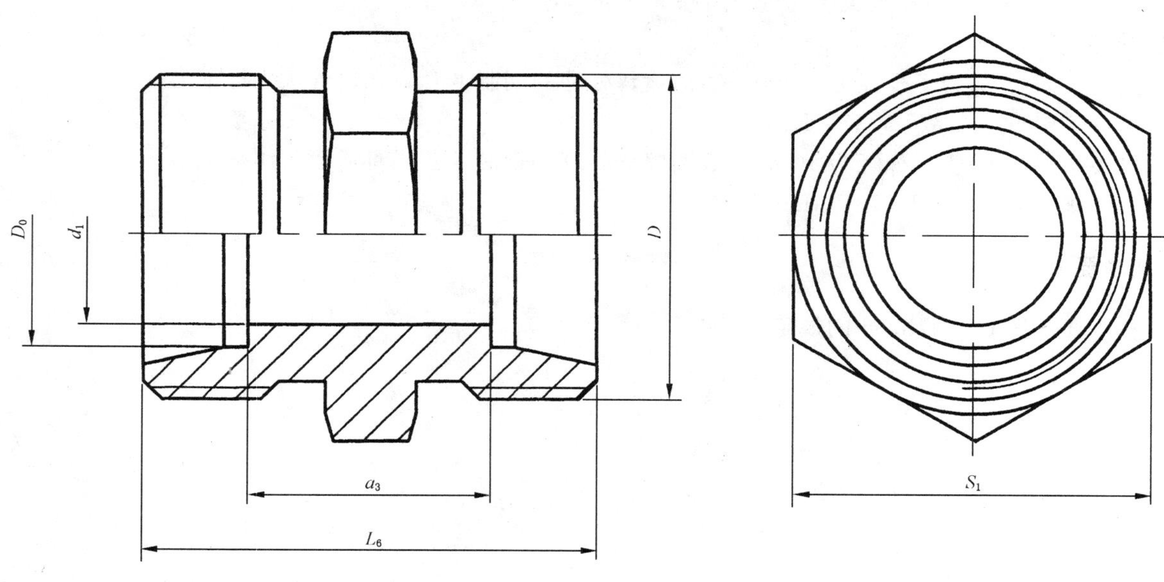


图 2　卡套式直通接头体

表 1 卡套式直通管接头和接头体尺寸

单位为毫米

| 系列 | 最大工作压力/MPa | 管子外径 $D_0$ | $D$ | $d_1$ 参考 | $L_6$ ±0.3 | $L_{6c}$ ≈ | $S$ | $S_1$ | $a_3$ 参考 |
|---|---|---|---|---|---|---|---|---|---|
| LL | 10 | 4 | M8×1 | 3 | 20 | 32 | 10 | 9 | 12 |
| | | 5 | M10×1 | 3.5 | 20 | 32 | 12 | 11 | 9 |
| | | 6 | M10×1 | 4.5 | 20 | 32 | 12 | 11 | 9 |
| | | 8 | M12×1 | 6 | 23 | 35 | 14 | 12 | 12 |
| L | 25 | 6 | M12×1.5 | 4 | 24 | 40 | 14 | 12 | 10 |
| | | 8 | M14×1.5 | 6 | 25 | 41 | 17 | 14 | 11 |
| | | 10 | M16×1.5 | 8 | 27 | 43 | 19 | 17 | 13 |
| | | 12 | M18×1.5 | 10 | 28 | 44 | 22 | 19 | 14 |
| | | (14) | M20×1.5 | 11 | 28 | 44 | 24 | 22 | 14 |
| | | 15 | M22×1.5 | 12 | 30 | 46 | 27 | 24 | 16 |
| | | (16) | M24×1.5 | 14 | 31 | 49 | 30 | 27 | 16 |
| | 16 | 18 | M26×1.5 | 15 | 31 | 49 | 32 | 27 | 16 |
| | | 22 | M30×2 | 19 | 35 | 53 | 36 | 32 | 20 |
| | 10 | 28 | M36×2 | 24 | 36 | 54 | 41 | 41 | 21 |
| | | 35 | M45×2 | 30 | 41 | 63 | 50 | 46 | 20 |
| | | 42 | M52×2 | 36 | 43 | 67 | 60 | 55 | 21 |
| S | 63 | 6 | M14×1.5 | 4 | 30 | 46 | 17 | 14 | 16 |
| | | 8 | M16×1.5 | 5 | 32 | 48 | 19 | 17 | 18 |
| | | 10 | M18×1.5 | 7 | 32 | 50 | 22 | 19 | 17 |
| | | 12 | M20×1.5 | 8 | 34 | 52 | 24 | 22 | 19 |
| | | (14) | M22×1.5 | 9 | 36 | 54 | 27 | 24 | 21 |
| | 40 | 16 | M24×1.5 | 12 | 38 | 58 | 30 | 27 | 21 |
| | | 20 | M30×2 | 16 | 44 | 66 | 36 | 32 | 23 |
| | | 25 | M36×2 | 20 | 50 | 74 | 46 | 41 | 26 |
| | 25 | 30 | M42×2 | 25 | 54 | 80 | 50 | 46 | 27 |
| | | 38 | M52×2 | 32 | 61 | 91 | 60 | 55 | 29 |
| 注：尽可能不采用括号内的规格。 | | | | | | | | | |

ICS 21.060.60
J 15

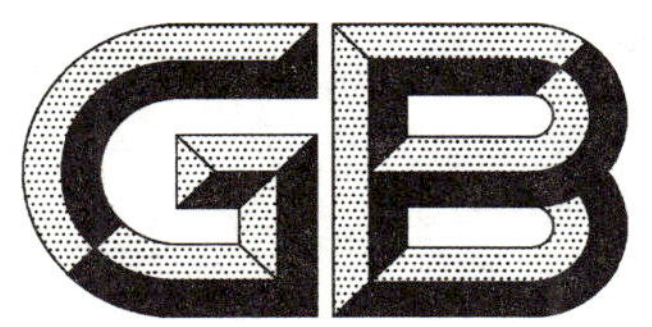

# 中华人民共和国国家标准

GB/T 3738—2008
代替 GB/T 3738.1—1983,GB/T 3738.2—1983

# 卡套式可调向端弯通管接头

## 24° cone connectors—Straight thread elbow

2008-05-07 发布　　2008-11-01 实施

中华人民共和国国家质量监督检验检疫总局
中国国家标准化管理委员会　发布

# 前　言

本标准是卡套式管接头系列标准之一。

本标准是对GB/T 3738.1—1983《卡套式端直角管接头》和GB/T 3738.2—1983《卡套式端直角接头体》的修订。主要修订内容如下：

——将两个标准的内容进行了整合；

——修改了中文和英文名称；

——增加了可调向螺纹柱端，取消了原标准中的A型螺纹柱端；

——将公称压力G(250)和J(400)修改为最大工作压力10 MPa～63 MPa，并分为L和S两个系列，系列的产品尺寸范围作了调整；

——调整了管子外径尺寸系列，并修改了相关尺寸；

——减少了部分应由制造商控制的参数；

——取消了重量数据；

——取消了表面粗糙度标注，表面粗糙度要求在GB/T 3765《卡套式管接头技术条件》中给出。

本标准自实施之日起代替GB/T 3738.1—1983和GB/T 3738.2—1983。

本标准由中国机械工业联合会提出。

本标准由全国管路附件标准化技术委员会归口。

本标准负责起草单位：海盐管件制造有限公司、中机生产力促进中心、建湖县特佳液压管件有限公司。

本标准参加起草单位：伊顿(宁波)流体连接件有限公司、嘉兴迈思特管件制造有限公司、浙江华夏阀门有限公司、海盐高博管件有限公司、海盐县海管管件制造有限公司、焦作市路通液压附件有限公司。

本标准主要起草人：耿志学、李维荣、周舜华、左学俊、冯峰、陶忠明、徐长祥、阮浩丰、周剑飞、王利民。

本标准所代替标准的历次版本发布情况为：

——GB/T 3738.1—1983；

——GB/T 3738.2—1983。

# 卡套式可调向端弯通管接头

## 1 范围

本标准规定了卡套式可调向端弯通管接头和接头体的尺寸、标记及技术要求。

本标准适用于管子外径为 6 mm～42 mm，最大工作压力 10 MPa～63 MPa 的液压流体传动和一般用途的管路系统。

## 2 规范性引用文件

下列文件中的条款通过本标准的引用而成为本标准的条款。凡是注日期的引用文件，其随后所有的修改单(不包括勘误的内容)或修订版均不适用于本标准，然而，鼓励根据本标准达成协议的各方研究是否可使用这些文件的最新版本。凡是不注日期的引用文件，其最新版本适用于本标准。

GB/T 3759—2008　卡套式管接头用连接螺母

GB/T 3764—2008　卡套

GB/T 3765—2008　卡套式管接头技术条件

GB/T 5649—2008　管接头用锁紧螺母和垫圈

## 3 尺寸

卡套式可调向端弯通管接头和接头体的尺寸应符合图 1、图 2 和表 1 的规定，可调向端的尺寸应符合 GB/T 3765 附录 A 的规定，接头体卡套端尺寸应符合 GB/T 3764 的规定。

## 4 标记

### 4.1 标记方法

卡套式可调向端弯通管接头和接头体的标记方法应符合 GB/T 3765 的规定。

### 4.2 标记示例

接头系列为 L，管子外径为 10 mm，普通螺纹(M)可调向螺纹柱端，表面镀锌处理的钢制卡套式可调向端弯通管接头标记为：

管接头　GB/T 3738　L10

接头系列为 L，管子外径为 10 mm，普通螺纹(M)可调向螺纹柱端，表面镀锌处理的钢制卡套式可调向端弯通接头体标记为：

接头体　GB/T 3738　L10

## 5 技术要求

技术要求按 GB/T 3765 的规定。

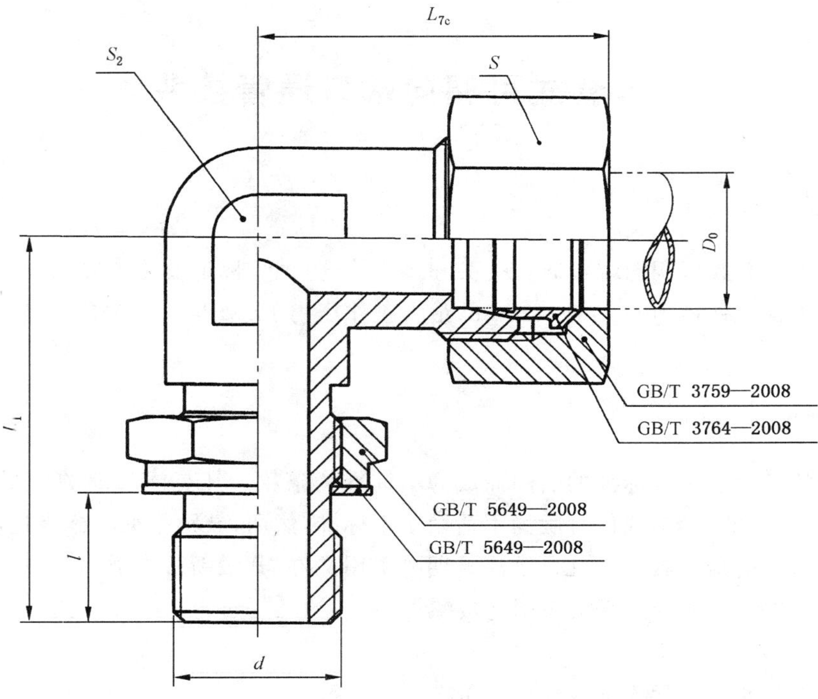


图 1 卡套式可调向端弯通管接头

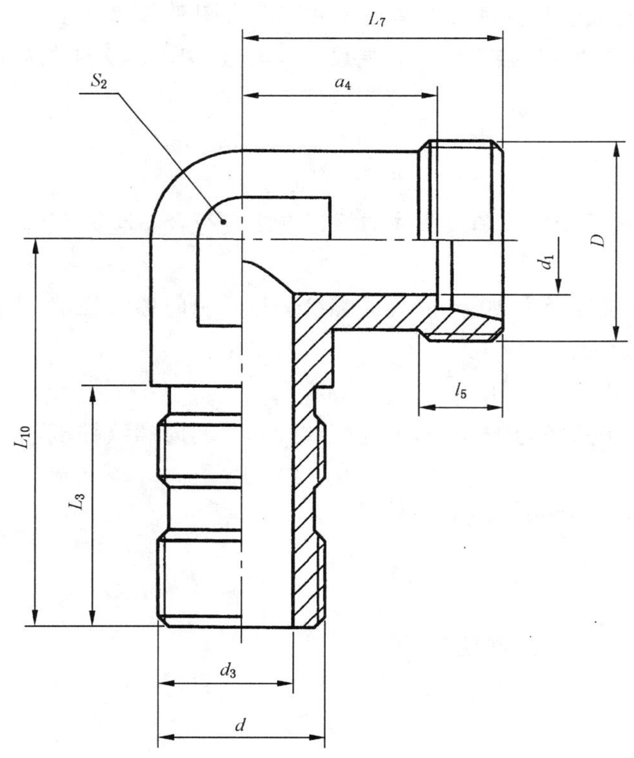


图 2 卡套式可调向端弯通接头体

**表 1　卡套式可调向端弯通管接头和接头体尺寸**

单位为毫米

| 系列 | 最大工作压力/MPa | 管子外径 $D_0$ | $D$ | $d$ | $d_1$ 参考 | $d_3$ 参考 | $L_3$ min | $L_7$ ±0.3 | $L_{7c}$ ≈ | $L_{10}$ ±1 | $L_{11}$ 参考 | $l_5$ min | $a_4$ 参考 | $S$ | $S_2$ | |
|---|---|---|---|---|---|---|---|---|---|---|---|---|---|---|---|---|
| | | | | | | | | | | | | | | | 锻制 min | 机械加工 max |
| L | 25 | 6 | M12×1.5 | M10×1 | 4 | 4 | 16 | 19 | 27 | 25 | 16.4 | 7 | 12 | 14 | 12 | 12 |
| | | 8 | M14×1.5 | M12×1.5 | 6 | 6 | 20 | 21 | 29 | 31 | 19.9 | 7 | 14 | 17 | 12 | 14 |
| | | 10 | M16×1.5 | M14×1.5 | 8 | 7 | 20 | 22 | 30 | 31 | 19.9 | 8 | 15 | 19 | 14 | 17 |
| | | 12 | M18×1.5 | M16×1.5 | 10 | 9 | 20.5 | 24 | 32 | 33.5 | 21.9 | 8 | 17 | 22 | 17 | 19 |
| | | (14) | M20×1.5 | M18×1.5 | 11 | 10 | 21.5 | 25 | 33 | 35.5 | 22.9 | 8 | 18 | 24 | 19 | — |
| | | 15 | M22×1.5 | M18×1.5 | 12 | 11 | 21.5 | 28 | 36 | 37.5 | 24.9 | 9 | 21 | 27 | 19 | — |
| | | (16) | M24×1.5 | M20×1.5 | 14 | 12 | 21.5 | 30 | 39 | 40.5 | 27.8 | 9 | 22.5 | 30 | 22 | — |
| | 16 | 18 | M26×1.5 | M22×1.5 | 15 | 14 | 22.5 | 31 | 40 | 41.5 | 28.8 | 9 | 23.5 | 32 | 24 | — |
| | | 22 | M30×2 | M27×2 | 19 | 18 | 27.5 | 35 | 44 | 48.5 | 32.8 | 10 | 27.5 | 36 | 27 | — |
| | 10 | 28 | M36×2 | M33×2 | 24 | 23 | 27.5 | 38 | 47 | 51.5 | 35.8 | 10 | 30.5 | 41 | 36 | — |
| | | 35 | M45×2 | M42×2 | 30 | 30 | 27.5 | 45 | 56 | 56.5 | 40.8 | 12 | 34.5 | 50 | 41 | — |
| | | 42 | M52×2 | M48×2 | 36 | 36 | 29 | 51 | 63 | 64 | 46.8 | 12 | 40 | 60 | 50 | — |
| S | 63 | 6 | M14×1.5 | M12×1.5 | 4 | 4 | 21 | 23 | 31 | 32 | 20.9 | 9 | 16 | 17 | 12 | 14 |
| | | 8 | M16×1.5 | M14×1.5 | 5 | 5 | 21 | 24 | 32 | 33 | 21.9 | 9 | 17 | 19 | 14 | 17 |
| | | 10 | M18×1.5 | M16×1.5 | 7 | 7 | 23 | 25 | 34 | 36 | 23.4 | 9 | 17.5 | 22 | 17 | 19 |
| | | 12 | M20×1.5 | M18×1.5 | 8 | 8 | 26 | 26 | 35 | 40 | 25.9 | 9 | 18.5 | 24 | 17 | 22 |
| | | (14) | M22×1.5 | M20×1.5 | 9 | 9 | 26 | 29 | 38 | 43.5 | 28.8 | 10 | 21.5 | 27 | 22 | — |
| | 40 | 16 | M24×1.5 | M22×1.5 | 12 | 12 | 27.5 | 33 | 43 | 46.5 | 31.8 | 11 | 24.5 | 30 | 24 | — |
| | | 20 | M30×2 | M27×2 | 16 | 15 | 33.5 | 37 | 48 | 54.5 | 36.3 | 12 | 26.5 | 36 | 27 | — |
| | | 25 | M36×2 | M33×2 | 20 | 20 | 33.5 | 45 | 57 | 60.5 | 42.3 | 14 | 33 | 46 | 36 | — |
| | 25 | 30 | M42×2 | M42×2 | 25 | 25 | 34.5 | 49 | 62 | 63.5 | 44.8 | 16 | 35.5 | 50 | 41 | — |
| | | 38 | M52×2 | M48×2 | 32 | 32 | 38 | 57 | 72 | 73 | 51.8 | 18 | 41 | 60 | 50 | — |

注：尽可能不采用括号内的规格。

ICS 21.060.60
J 15

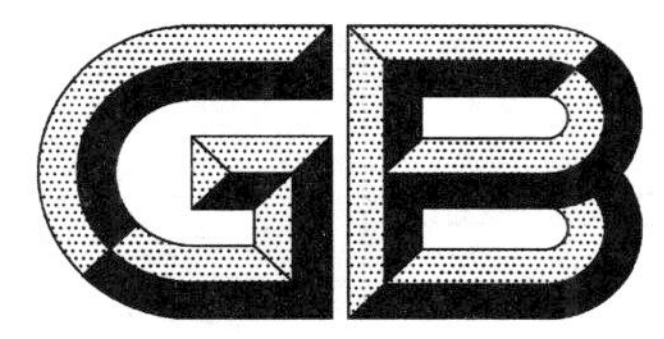

# 中华人民共和国国家标准

GB/T 3740—2008
代替 GB/T 3740.1—1983,GB/T 3740.2—1983

# 卡套式弯通管接头

## 24° cone connectors—Union elbow

2008-05-07 发布　　2008-11-01 实施

中华人民共和国国家质量监督检验检疫总局
中国国家标准化管理委员会　发布

# 前　言

本标准是卡套式管接头系列标准之一。

本标准中管接头结构型式和尺寸与ISO 8434-1:2007《用于流体传动和一般用途的金属管接头　第1部分:24°压缩式管接头》(英文版)的相关部分基本一致。

本标准是对GB/T 3740.1—1983《卡套式直角管接头》和GB/T 3740.2—1983《卡套式直角接头体》的修订。主要修订内容如下:

——将两个标准的内容进行了整合;

——修改了中文和英文名称;

——将公称压力G(250)和J(400)修改为最大工作压力10 MPa～63 MPa,并分为LL、L和S三个系列,系列的产品尺寸范围作了调整;

——将接头体扳手尺寸改为锻制和机械加工两类;

——调整了管子外径尺寸系列,并修改了相关尺寸;

——减少了部分应由制造商控制的参数;

——取消了重量数据;

——取消了表面粗糙度标注,表面粗糙度要求在GB/T 3765《卡套式管接头技术条件》中给出。

本标准自实施之日起代替GB/T 3740.1—1983和GB/T 3740.2—1983。

本标准由中国机械工业联合会提出。

本标准由全国管路附件标准化技术委员会归口。

本标准负责起草单位:中机生产力促进中心、海盐管件制造有限公司、浙江华夏阀门有限公司。

本标准参加起草单位:伊顿(宁波)流体连接件有限公司、嘉兴迈思特管件制造有限公司、建湖县特佳液压管件有限公司、海盐高博管件有限公司、海盐县海管管件制造有限公司、焦作市路通液压附件有限公司。

本标准主要起草人:耿志学、李维荣、周舜华、冯峰、陈占基、陶忠明、左学俊、阮浩丰、周剑飞、王利民。

本标准所代替标准的历次版本发布情况为:

——GB/T 3740.1—1983,GB/T 3740.2—1983。

# 卡套式弯通管接头

## 1 范围

本标准规定了卡套式弯通管接头和接头体的尺寸、标记及技术要求。

本标准适用于管子外径为 4 mm～42 mm，最大工作压力 10 MPa～63 MPa 的液压流体传动和一般用途的管路系统。

## 2 规范性引用文件

下列文件中的条款通过本标准的引用而成为本标准的条款。凡是注日期的引用文件，其随后所有的修改单(不包括勘误的内容)或修订版均不适用于本标准，然而，鼓励根据本标准达成协议的各方研究是否可使用这些文件的最新版本。凡是不注日期的引用文件，其最新版本适用于本标准。

GB/T 3759—2008　卡套式管接头用连接螺母

GB/T 3764—2008　卡套

GB/T 3765—2008　卡套式管接头技术条件

## 3 尺寸

卡套式弯通管接头和接头体的尺寸应符合图 1、图 2 和表 1 的规定，接头体卡套端尺寸应符合 GB/T 3764 的规定。

## 4 标记

### 4.1 标记方法

卡套式弯通管接头和接头体的标记方法应符合 GB/T 3765 的规定。

### 4.2 标记示例

接头系列为 L，管子外径为 10 mm，表面镀锌处理的钢制卡套式弯通管接头标记为：

管接头　GB/T 3740　L10

接头系列为 L，管子外径为 10 mm，表面镀锌处理的钢制卡套式弯通接头体标记为：

接头体　GB/T 3740　L10

## 5 技术要求

技术要求按 GB/T 3765 的规定。

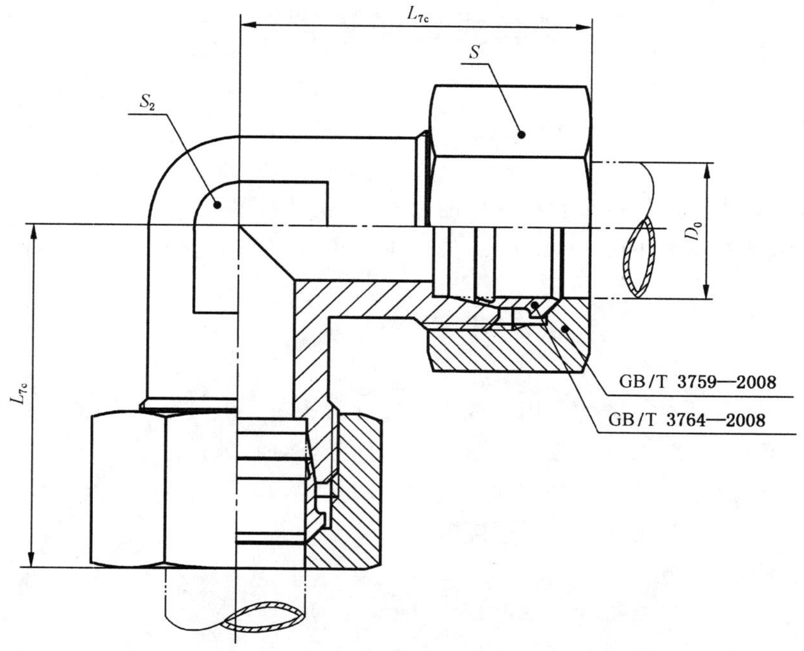


图 1 卡套式弯通管接头

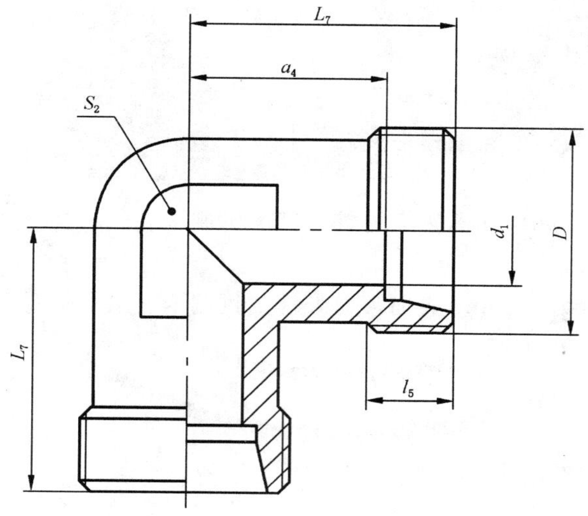


图 2 卡套式弯通接头体

**表 1　卡套式弯通管接头和接头体尺寸**

单位为毫米

| 系列 | 最大工作压力/MPa | 管子外径 $D_0$ | $D$ | $d_1$ 参考 | $L_7$ ±0.3 | $L_{7c}$ ≈ | $l_5$ min | $a_4$ 参考 | $S$ | $S_2$ 锻制 min | $S_2$ 机械加工 max |
|---|---|---|---|---|---|---|---|---|---|---|---|
| LL | 10 | 4 | M8×1 | 3 | 15 | 21 | 6 | 11 | 10 | 9 | 9 |
| | | 5 | M10×1 | 3.5 | 15 | 21 | 6 | 9.5 | 12 | 9 | 11 |
| | | 6 | M10×1 | 4.5 | 15 | 21 | 6 | 9.5 | 12 | 9 | 11 |
| | | 8 | M12×1 | 6 | 17 | 23 | 7 | 11.5 | 14 | 12 | 12 |
| L | 25 | 6 | M12×1.5 | 4 | 19 | 27 | 7 | 12 | 14 | 12 | 12 |
| | | 8 | M14×1.5 | 6 | 21 | 29 | 7 | 14 | 17 | 12 | 14 |
| | | 10 | M16×1.5 | 8 | 22 | 30 | 8 | 15 | 19 | 14 | 17 |
| | | 12 | M18×1.5 | 10 | 24 | 32 | 8 | 17 | 22 | 17 | 19 |
| | | (14) | M20×1.5 | 11 | 25 | 33 | 8 | 18 | 24 | 19 | — |
| | | 15 | M22×1.5 | 12 | 28 | 36 | 9 | 21 | 27 | 19 | — |
| | | (16) | M24×1.5 | 14 | 30 | 39 | 9 | 22.5 | 30 | 22 | — |
| | 16 | 18 | M26×1.5 | 15 | 31 | 40 | 9 | 23.5 | 32 | 24 | — |
| | | 22 | M30×2 | 19 | 35 | 44 | 10 | 27.5 | 36 | 27 | — |
| | 10 | 28 | M36×2 | 24 | 38 | 47 | 10 | 30.5 | 41 | 36 | — |
| | | 35 | M45×2 | 30 | 45 | 56 | 12 | 34.5 | 50 | 41 | — |
| | | 42 | M52×2 | 36 | 51 | 63 | 12 | 40 | 60 | 50 | — |
| S | 63 | 6 | M14×1.5 | 4 | 23 | 31 | 9 | 16 | 17 | 12 | 14 |
| | | 8 | M16×1.5 | 5 | 24 | 32 | 9 | 17 | 19 | 14 | 17 |
| | | 10 | M18×1.5 | 7 | 25 | 34 | 9 | 17.5 | 22 | 17 | 19 |
| | | 12 | M20×1.5 | 8 | 26 | 35 | 9 | 18.5 | 24 | 17 | 22 |
| | | (14) | M22×1.5 | 9 | 29 | 38 | 10 | 21.5 | 27 | 22 | — |
| | 40 | 16 | M24×1.5 | 12 | 33 | 43 | 11 | 24.5 | 30 | 24 | — |
| | | 20 | M30×2 | 16 | 37 | 48 | 12 | 26.5 | 36 | 27 | — |
| | | 25 | M36×2 | 20 | 45 | 57 | 14 | 33 | 46 | 36 | — |
| | 25 | 30 | M42×2 | 25 | 49 | 62 | 16 | 35.5 | 50 | 41 | — |
| | | 38 | M52×2 | 32 | 57 | 72 | 18 | 41 | 60 | 50 | — |

注：尽可能不采用括号内的规格。

ICS 21.060.60
J 15

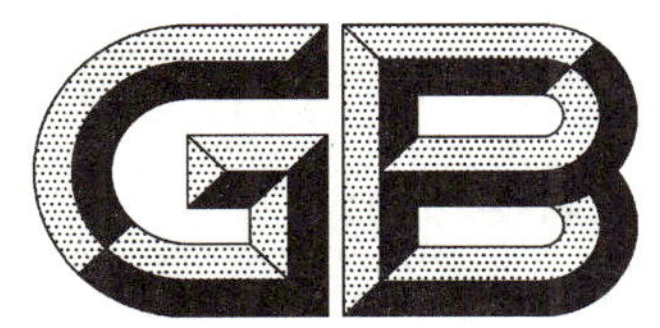

# 中华人民共和国国家标准

GB/T 3741—2008
代替 GB/T 3741.1—1983,GB/T 3741.2—1983

# 卡套式可调向端三通管接头

24° cone connectors—Straight thread tee

2008-05-07 发布　　　　2008-11-01 实施

中华人民共和国国家质量监督检验检疫总局
中国国家标准化管理委员会　发布

# 前 言

本标准是卡套式管接头系列标准之一。

本标准是对 GB/T 3741.1—1983《卡套式端三通管接头》和 GB/T 3741.2—1983《卡套式端三通接头体》的修订。主要修订内容如下：

——将两个标准的内容进行了整合；

——修改了中文和英文名称；

——增加了可调向螺纹柱端，取消了原标准中的 A 型螺纹柱端；

——将公称压力 G(250)和 J(400)修改为最大工作压力 10 MPa～63 MPa，并分为 L 和 S 两个系列，系列的产品尺寸范围作了调整；

——调整了管子外径尺寸系列，并修改了相关尺寸；

——减少了部分应由制造商控制的参数；

——取消了重量数据；

——取消了表面粗糙度标注，表面粗糙度要求在 GB/T 3765《卡套式管接头技术条件》中给出。

本标准自实施之日起代替 GB/T 3741.1—1983 和 GB/T 3741.2—1983。

本标准由中国机械工业联合会提出。

本标准由全国管路附件标准化技术委员会归口。

本标准负责起草单位：中机生产力促进中心、海盐管件制造有限公司、海盐高博管件有限公司。

本标准参加起草单位：伊顿(宁波)流体连接件有限公司、嘉兴迈思特管件制造有限公司、建湖县特佳液压管件有限公司、浙江华夏阀门有限公司、海盐县海管管件制造有限公司、焦作市路通液压附件有限公司。

本标准主要起草人：耿志学、李维荣、周舜华、冯峰、阮浩丰、陶忠明、左学俊、陈占基、周剑飞、王利民。

本标准所代替标准的历次版本发布情况为：

——GB/T 3741.1—1983；

——GB/T 3741.2—1983。

# 卡套式可调向端三通管接头

## 1 范围

本标准规定了卡套式可调向端三通管接头和接头体的尺寸、标记及技术要求。

本标准适用于管子外径为 6 mm～42 mm，最大工作压力 10 MPa～63 MPa 的液压流体传动和一般用途的管路系统。

## 2 规范性引用文件

下列文件中的条款通过本标准的引用而成为本标准的条款。凡是注日期的引用文件，其随后所有的修改单(不包括勘误的内容)或修订版均不适用于本标准，然而，鼓励根据本标准达成协议的各方研究是否可使用这些文件的最新版本。凡是不注日期的引用文件，其最新版本适用于本标准。

GB/T 3759—2008　卡套式管接头用连接螺母

GB/T 3764—2008　卡套

GB/T 3765—2008　卡套式管接头技术条件

GB/T 5649—2008　管接头用锁紧螺母和垫圈

## 3 尺寸

卡套式可调向端三通管接头和接头体的尺寸应符合图 1、图 2 和表 1 的规定，可调向端的尺寸应符合 GB/T 3765 附录 A 的规定，接头体卡套端尺寸应符合 GB/T 3764 的规定。

## 4 标记

### 4.1 标记方法

卡套式可调向端三通管接头和接头体的标记方法应符合 GB/T 3765 的规定。

### 4.2 标记示例

接头系列为 L，管子外径为 10 mm，普通螺纹(M)可调向螺纹柱端，表面镀锌处理的钢制卡套式可调向端三通管接头标记为：

管接头　GB/T 3741　L10

接头系列为 L，管子外径为 10 mm，普通螺纹(M)可调向螺纹柱端，表面镀锌处理的钢制卡套式可调向端三通接头体标记为：

接头体　GB/T 3741　L10

## 5 技术要求

技术要求按 GB/T 3765 的规定。

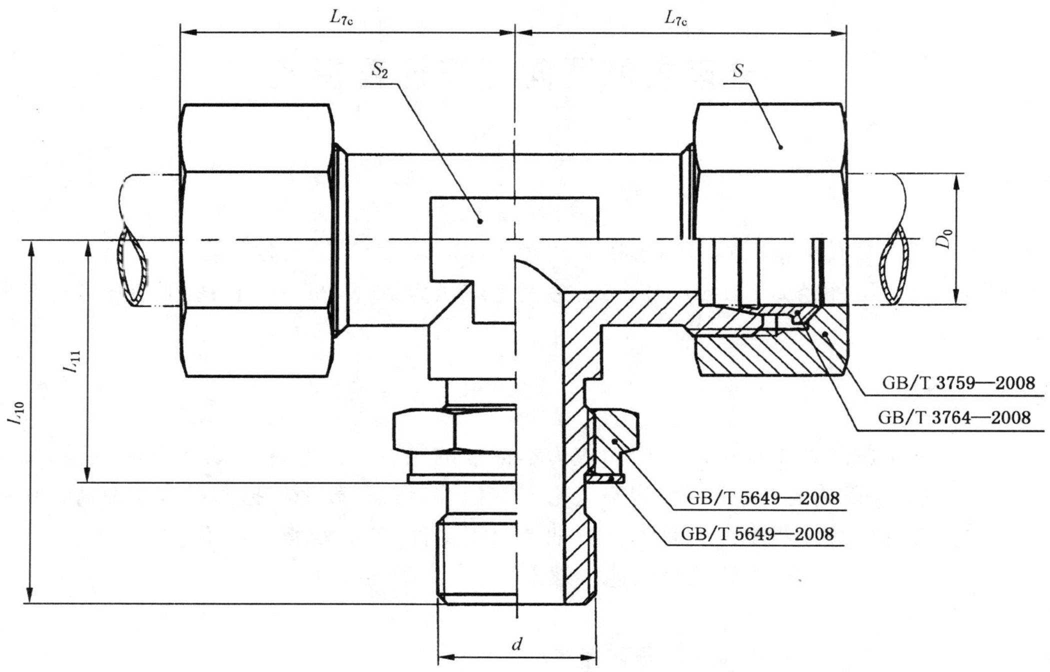


图 1　卡套式可调向端三通管接头

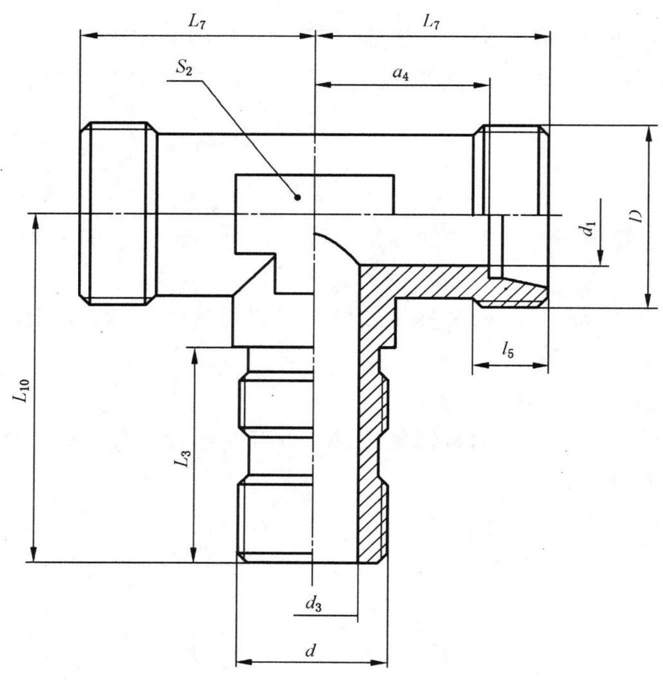


图 2　卡套式可调向端三通接头体

**表 1　卡套式可调向端三通管接头和接头体尺寸**

单位为毫米

| 系列 | 最大工作压力/MPa | 管子外径 $D_0$ | $D$ | $d$ | $d_1$ 参考 | $d_3$ 参考 | $L_3$ min | $L_7$ ±0.3 | $L_{7c}$ ≈ | $L_{10}$ ±1 | $L_{11}$ 参考 | $l_5$ min | $a_4$ 参考 | $S$ | $S_2$ 锻制 min | $S_2$ 机械加工 max |
|---|---|---|---|---|---|---|---|---|---|---|---|---|---|---|---|---|
| L | 25 | 6 | M12×1.5 | M10×1 | 4 | 4 | 16 | 19 | 27 | 25 | 16.4 | 7 | 12 | 14 | 12 | 12 |
| | | 8 | M14×1.5 | M12×1.5 | 6 | 6 | 20 | 21 | 29 | 31 | 19.9 | 7 | 14 | 17 | 12 | 14 |
| | | 10 | M16×1.5 | M14×1.5 | 8 | 7 | 20 | 22 | 30 | 31 | 19.9 | 8 | 15 | 19 | 14 | 17 |
| | | 12 | M18×1.5 | M16×1.5 | 10 | 9 | 20.5 | 24 | 32 | 33.5 | 21.9 | 8 | 17 | 22 | 17 | 19 |
| | | (14) | M20×1.5 | M18×1.5 | 11 | 10 | 21.5 | 25 | 33 | 35.5 | 22.9 | 8 | 18 | 24 | 19 | — |
| | | 15 | M22×1.5 | M18×1.5 | 12 | 11 | 21.5 | 28 | 36 | 37.5 | 24.9 | 9 | 21 | 27 | 19 | — |
| | | (16) | M24×1.5 | M20×1.5 | 14 | 12 | 21.5 | 30 | 39 | 40.5 | 27.8 | 9 | 22.5 | 30 | 22 | — |
| | 16 | 18 | M26×1.5 | M22×1.5 | 15 | 14 | 22.5 | 31 | 40 | 41.5 | 28.8 | 9 | 23.5 | 32 | 24 | — |
| | | 22 | M30×2 | M27×2 | 19 | 18 | 27.5 | 35 | 44 | 48.5 | 32.8 | 10 | 27.5 | 36 | 27 | — |
| | 10 | 28 | M36×2 | M33×2 | 24 | 23 | 27.5 | 38 | 47 | 51.5 | 35.8 | 10 | 30.5 | 41 | 36 | — |
| | | 35 | M45×2 | M42×2 | 30 | 30 | 27.5 | 45 | 56 | 56.5 | 40.8 | 12 | 34.5 | 50 | 41 | — |
| | | 42 | M52×2 | M48×2 | 36 | 36 | 29 | 51 | 63 | 64 | 46.8 | 12 | 40 | 60 | 50 | — |
| S | 63 | 6 | M14×1.5 | M12×1.5 | 4 | 4 | 21 | 23 | 31 | 32 | 20.9 | 9 | 16 | 17 | 12 | 14 |
| | | 8 | M16×1.5 | M14×1.5 | 5 | 5 | 21 | 24 | 32 | 33 | 21.9 | 9 | 17 | 19 | 14 | 17 |
| | | 10 | M18×1.5 | M16×1.5 | 7 | 7 | 23 | 25 | 34 | 36 | 23.4 | 9 | 17.5 | 22 | 17 | 19 |
| | | 12 | M20×1.5 | M18×1.5 | 8 | 8 | 26 | 26 | 35 | 40 | 25.9 | 9 | 18.5 | 24 | 17 | 22 |
| | | (14) | M22×1.5 | M20×1.5 | 9 | 9 | 26 | 29 | 38 | 43.5 | 28.8 | 10 | 21.5 | 27 | 22 | — |
| | 40 | 16 | M24×1.5 | M22×1.5 | 12 | 12 | 27.5 | 33 | 43 | 46.5 | 31.8 | 11 | 24.5 | 30 | 24 | — |
| | | 20 | M30×2 | M27×2 | 16 | 15 | 33.5 | 37 | 48 | 54.5 | 36.3 | 12 | 26.5 | 36 | 27 | — |
| | | 25 | M36×2 | M33×2 | 20 | 20 | 33.5 | 45 | 57 | 60.5 | 42.3 | 14 | 33 | 46 | 36 | — |
| | 25 | 30 | M42×2 | M42×2 | 25 | 25 | 34.5 | 49 | 62 | 63.5 | 44.8 | 16 | 35.5 | 50 | 41 | — |
| | | 38 | M52×2 | M48×2 | 32 | 32 | 38 | 57 | 72 | 73 | 51.8 | 18 | 41 | 60 | 50 | — |

注：尽可能不采用括号内的规格。

ICS 21.060.60
J 15

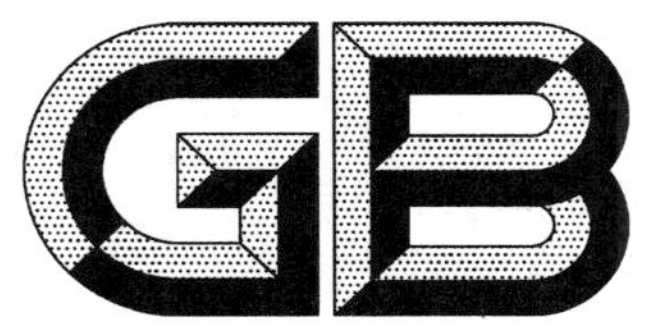

# 中华人民共和国国家标准

GB/T 3743—2008
代替 GB/T 3743.1—1983,GB/T 3743.2—1983

# 卡套式可调向端弯通三通管接头

## 24° cone connectors—Straight thread run tee

2008-05-07 发布　　2008-11-01 实施

中华人民共和国国家质量监督检验检疫总局
中国国家标准化管理委员会　发布

# 前　言

本标准是卡套式管接头系列标准之一。

本标准是对GB/T 3743.1—1983《卡套式端直角三通管接头》和GB/T 3743.2—1983《卡套式端直角三通接头体》的修订。主要修订内容如下：

——将两个标准的内容进行了整合；

——修改了中文和英文名称；

——增加了可调向螺纹柱端，取消了原标准中的A型螺纹柱端；

——将公称压力G(250)和J(400)修改为最大工作压力10 MPa～63 MPa，并分为L和S两个系列，系列的产品尺寸范围作了调整；

——调整了管子外径尺寸系列，并修改了相关尺寸；

——增加了管螺纹柱端结构形式；

——减少了部分应由制造商控制的参数；

——取消了重量数据；

——取消了表面粗糙度标注，表面粗糙度要求在GB/T 3765《卡套式管接头技术条件》中给出。

本标准自实施之日起代替GB/T 3743.1—1983和GB/T 3743.2—1983。

本标准由中国机械工业联合会提出。

本标准由全国管路附件标准化技术委员会归口。

本标准负责起草单位：中机生产力促进中心、海盐管件制造有限公司、海盐县海管管件制造有限公司。

本标准参加起草单位：伊顿（宁波）流体连接件有限公司、嘉兴迈思特管件制造有限公司、建湖县特佳液压管件有限公司、浙江华夏阀门有限公司、海盐高博管件有限公司、焦作市路通液压附件有限公司。

本标准主要起草人：耿志学、李维荣、周舜华、冯峰、周剑飞、陶忠明、左学俊、阮浩丰、陈占基、王利民。

本标准所代替标准的历次版本发布情况为：

——GB/T 3743.1—1983；

——GB/T 3743.2—1983。

# 卡套式可调向端弯通三通管接头

## 1 范围

本标准规定了卡套式可调向端弯通三通管接头和接头体的尺寸、标记及技术要求。

本标准适用于管子外径为 6 mm～42 mm，最大工作压力 10 MPa～63 MPa 的液压流体传动和一般用途的管路系统。

## 2 规范性引用文件

下列文件中的条款通过本标准的引用而成为本标准的条款。凡是注日期的引用文件，其随后所有的修改单(不包括勘误的内容)或修订版均不适用于本标准，然而，鼓励根据本标准达成协议的各方研究是否可使用这些文件的最新版本。凡是不注日期的引用文件，其最新版本适用于本标准。

GB/T 3759—2008 卡套式管接头用连接螺母

GB/T 3764—2008 卡套

GB/T 3765—2008 卡套式管接头技术条件

GB/T 5649—2008 管接头用锁紧螺母和垫圈

## 3 尺寸

卡套式可调向端弯通三通管接头和接头体的尺寸应符合图 1、图 2 和表 1 的规定，可调向端的尺寸应符合 GB/T 3765 附录 A 的规定，接头体卡套端尺寸应符合 GB/T 3764 的规定。

## 4 标记

### 4.1 标记方法

卡套式可调向端弯通三通管接头和接头体的标记方法应符合 GB/T 3765 的规定。

### 4.2 标记示例

接头系列为 L，管子外径为 10 mm，普通螺纹(M)可调向螺纹柱端，表面镀锌处理的钢制卡套式可调向端弯通三通管接头标记为：

管接头 GB/T 3743 L10

接头系列为 L，管子外径为 10 mm，普通螺纹(M)可调向螺纹柱端，表面镀锌处理的钢制卡套式可调向端弯通三通接头体标记为：

接头体 GB/T 3743 L10

## 5 技术要求

技术要求按 GB/T 3765 的规定。

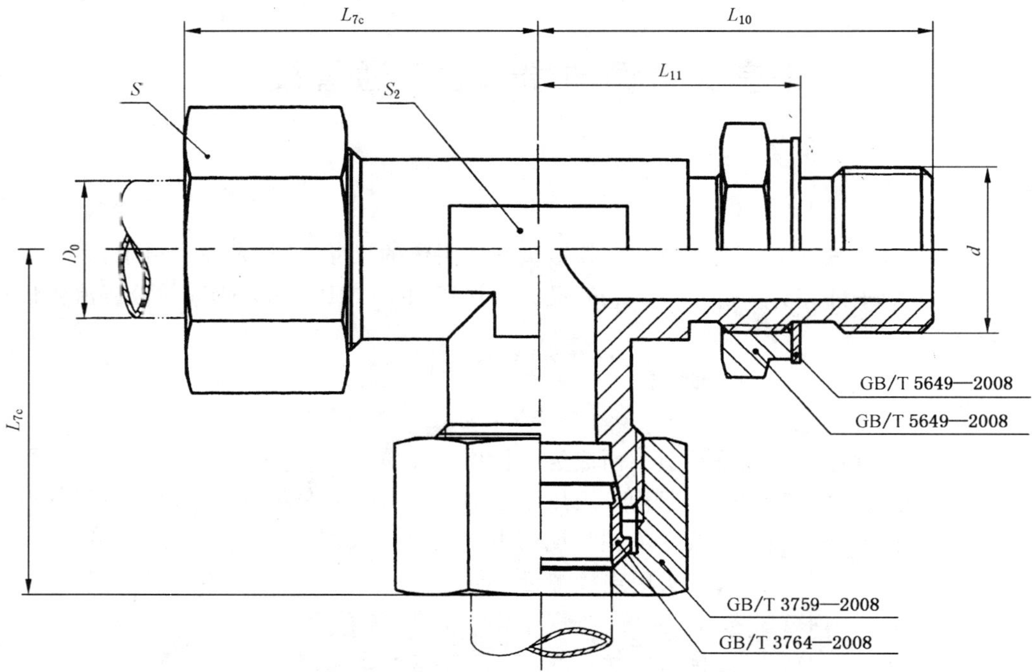


图 1　卡套式可调向端弯通三通管接头

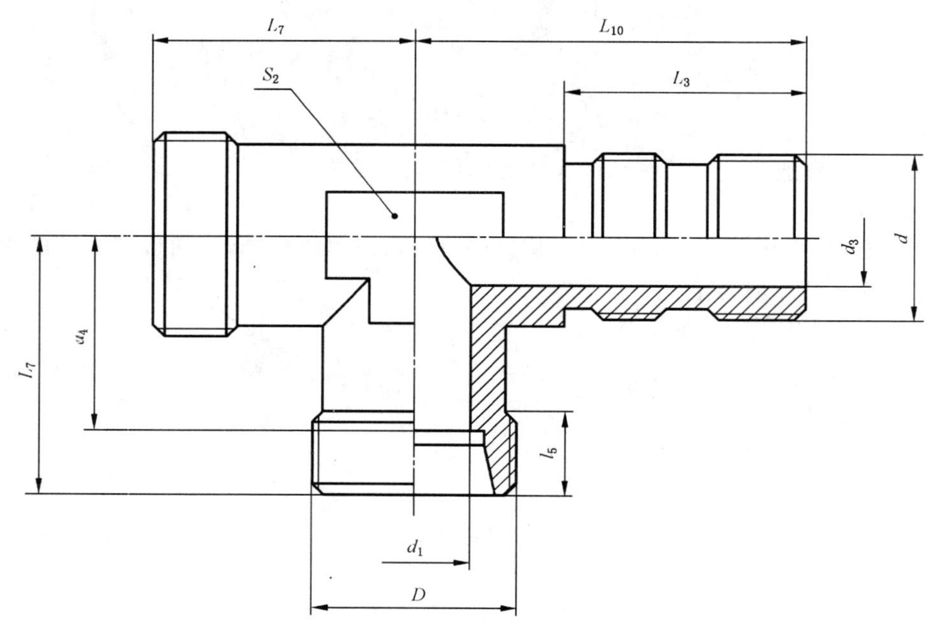


图 2　卡套式可调向端弯通三通接头体

表 1 卡套式可调向端弯通三通管接头和接头体尺寸

单位为毫米

| 系列 | 最大工作压力/MPa | 管子外径 $D_0$ | $D$ | $d$ | $d_1$ 参考 | $d_3$ 参考 | $L_3$ min | $L_7$ ±0.3 | $L_{7c}$ ≈ | $L_{10}$ ±1 | $L_{11}$ 参考 | $l_5$ min | $a_4$ 参考 | $S$ | $S_2$ 锻制 min | $S_2$ 机械加工 max |
|---|---|---|---|---|---|---|---|---|---|---|---|---|---|---|---|---|
| L | 25 | 6 | M12×1.5 | M10×1 | 4 | 4 | 16 | 19 | 27 | 25 | 16.4 | 7 | 12 | 14 | 12 | 12 |
| | | 8 | M14×1.5 | M12×1.5 | 6 | 6 | 20 | 21 | 29 | 31 | 19.9 | 7 | 14 | 17 | 12 | 14 |
| | | 10 | M16×1.5 | M14×1.5 | 8 | 7 | 20 | 22 | 30 | 31 | 19.9 | 8 | 15 | 19 | 14 | 17 |
| | | 12 | M18×1.5 | M16×1.5 | 10 | 9 | 20.5 | 24 | 32 | 33.5 | 21.9 | 8 | 17 | 22 | 17 | 19 |
| | | (14) | M20×1.5 | M18×1.5 | 11 | 10 | 21.5 | 25 | 33 | 35.5 | 22.9 | 8 | 18 | 24 | 19 | — |
| | | 15 | M22×1.5 | M18×1.5 | 12 | 11 | 21.5 | 28 | 36 | 37.5 | 24.9 | 9 | 21 | 27 | 19 | — |
| | | (16) | M24×1.5 | M20×1.5 | 14 | 12 | 21.5 | 30 | 39 | 40.5 | 27.8 | 9 | 22.5 | 30 | 22 | — |
| | 16 | 18 | M26×1.5 | M22×1.5 | 15 | 14 | 22.5 | 31 | 40 | 41.5 | 28.8 | 9 | 23.5 | 32 | 24 | — |
| | | 22 | M30×2 | M27×2 | 19 | 18 | 27.5 | 35 | 44 | 48.5 | 32.8 | 10 | 27.5 | 36 | 27 | — |
| | 10 | 28 | M36×2 | M33×2 | 24 | 23 | 27.5 | 38 | 47 | 51.5 | 35.8 | 10 | 30.5 | 41 | 36 | — |
| | | 35 | M45×2 | M42×2 | 30 | 30 | 27.5 | 45 | 56 | 56.5 | 40.8 | 12 | 34.5 | 50 | 41 | — |
| | | 42 | M52×2 | M48×2 | 36 | 36 | 29 | 51 | 63 | 64 | 46.8 | 12 | 40 | 60 | 50 | — |
| S | 63 | 6 | M14×1.5 | M12×1.5 | 4 | 4 | 21 | 23 | 31 | 32 | 20.9 | 9 | 16 | 17 | 12 | 14 |
| | | 8 | M16×1.5 | M14×1.5 | 5 | 5 | 21 | 24 | 32 | 33 | 21.9 | 9 | 17 | 19 | 14 | 17 |
| | | 10 | M18×1.5 | M16×1.5 | 7 | 7 | 23 | 25 | 34 | 36 | 23.4 | 9 | 17.5 | 22 | 17 | 19 |
| | | 12 | M20×1.5 | M18×1.5 | 8 | 8 | 26 | 26 | 35 | 40 | 25.9 | 9 | 18.5 | 24 | 17 | 22 |
| | | (14) | M22×1.5 | M20×1.5 | 9 | 9 | 26 | 29 | 38 | 43.5 | 28.8 | 10 | 21.5 | 27 | 22 | — |
| | 40 | 16 | M24×1.5 | M22×1.5 | 12 | 12 | 27.5 | 33 | 43 | 46.5 | 31.8 | 11 | 24.5 | 30 | 24 | — |
| | | 20 | M30×2 | M27×2 | 16 | 15 | 33.5 | 37 | 48 | 54.5 | 36.3 | 12 | 26.5 | 36 | 27 | — |
| | | 25 | M36×2 | M33×2 | 20 | 20 | 33.5 | 45 | 57 | 60.5 | 42.3 | 14 | 33 | 46 | 36 | — |
| | 25 | 30 | M42×2 | M42×2 | 25 | 25 | 34.5 | 49 | 62 | 63.5 | 44.8 | 16 | 35.5 | 50 | 41 | — |
| | | 38 | M52×2 | M48×2 | 32 | 32 | 38 | 57 | 72 | 73 | 51.8 | 18 | 41 | 60 | 50 | — |

注：尽可能不采用括号内的规格。

ICS 21.060.60
J 15

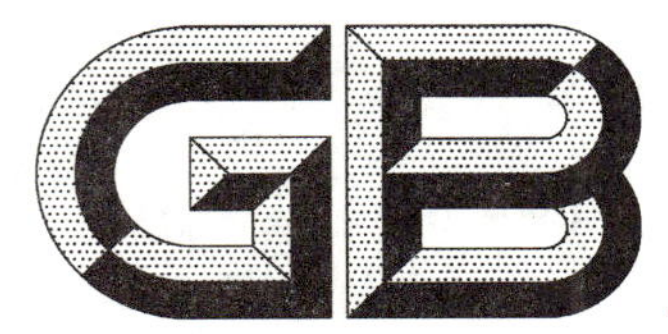

# 中华人民共和国国家标准

GB/T 3745—2008
代替 GB/T 3745.1—1983,GB/T 3745.2—1983

# 卡套式三通管接头

## 24° cone connectors—Union tee

2008-05-07 发布　　2008-11-01 实施

中华人民共和国国家质量监督检验检疫总局
中国国家标准化管理委员会　发布

# 前　言

本标准是卡套式管接头系列标准之一。

本标准中管接头结构型式和尺寸与ISO 8434-1:2007《用于流体传动和一般用途的金属管接头　第1部分:24°压缩式管接头》(英文版)的相关部分基本一致。

本标准是对GB/T 3745.1—1983《卡套式三通管接头》和GB/T 3745.2—1983《卡套式三通接头体》的修订。主要修订内容如下:

——将两个标准的内容进行了整合;
——修改了英文名称;
——将公称压力G(250)和J(400)修改为最大工作压力10 MPa～63 MPa,并分为LL、L和S三个系列,系列的产品尺寸范围作了调整;
——将接头体扳手尺寸改为锻制和机械加工两类;
——调整了管子外径尺寸系列,并修改了相关尺寸;
——减少了部分应由制造商控制的参数;
——取消了重量数据;
——取消了表面粗糙度标注,表面粗糙度要求在GB/T 3765《卡套式管接头技术条件》中给出。

本标准自实施之日起代替GB/T 3745.1—1983和GB/T 3745.2—1983。

本标准由中国机械工业联合会提出。

本标准由全国管路附件标准化技术委员会归口。

本标准负责起草单位:中机生产力促进中心、嘉兴迈思特管件制造有限公司。

本标准参加起草单位:海盐管件制造有限公司、伊顿(宁波)流体连接件有限公司、建湖县特佳液压管件有限公司、浙江华夏阀门有限公司、海盐高博管件有限公司、海盐县海管管件制造有限公司、焦作市路通液压附件有限公司。

本标准主要起草人:李维荣、陶忠明、耿志学、周舜华、冯峰、左学俊、阮浩丰、周剑飞、徐长祥、王利民。

本标准所代替标准的历次版本发布情况为:

——GB/T 3745.1—1983;
——GB/T 3745.2—1983。

# 卡套式三通管接头

## 1 范围

本标准规定了卡套式三通管接头和接头体的尺寸、标记及技术要求。

本标准适用于管子外径为 4 mm～42 mm，最大工作压力 10 MPa～63 MPa 的液压流体传动和一般用途的管路系统。

## 2 规范性引用文件

下列文件中的条款通过本标准的引用而成为本标准的条款。凡是注日期的引用文件，其随后所有的修改单(不包括勘误的内容)或修订版均不适用于本标准，然而，鼓励根据本标准达成协议的各方研究是否可使用这些文件的最新版本。凡是不注日期的引用文件，其最新版本适用于本标准。

GB/T 3759—2008 卡套式管接头用连接螺母

GB/T 3764—2008 卡套

GB/T 3765—2008 卡套式管接头技术条件

## 3 尺寸

卡套式三通管接头和接头体的尺寸应符合图 1、图 2 和表 1 的规定，接头体卡套端尺寸应符合 GB/T 3764 的规定。

## 4 标记

### 4.1 标记方法

卡套式三通管接头和接头体的标记方法应符合 GB/T 3765 的规定。

### 4.2 标记示例

接头系列为 L，管子外径为 10 mm，表面镀锌处理的钢制卡套式三通管接头标记为：

管接头 GB/T 3745 L10

接头系列为 L，管子外径为 10 mm，表面镀锌处理的钢制卡套式三通接头体标记为：

接头体 GB/T 3745 L10

## 5 技术要求

技术要求按 GB/T 3765 的规定。

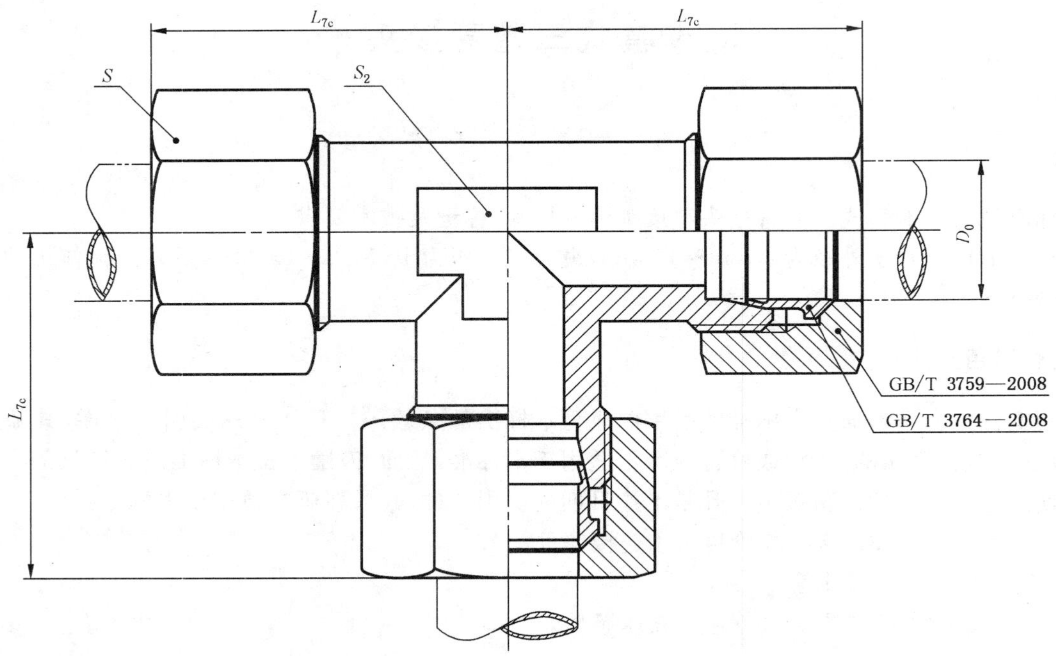


图 1 卡套式三通管接头

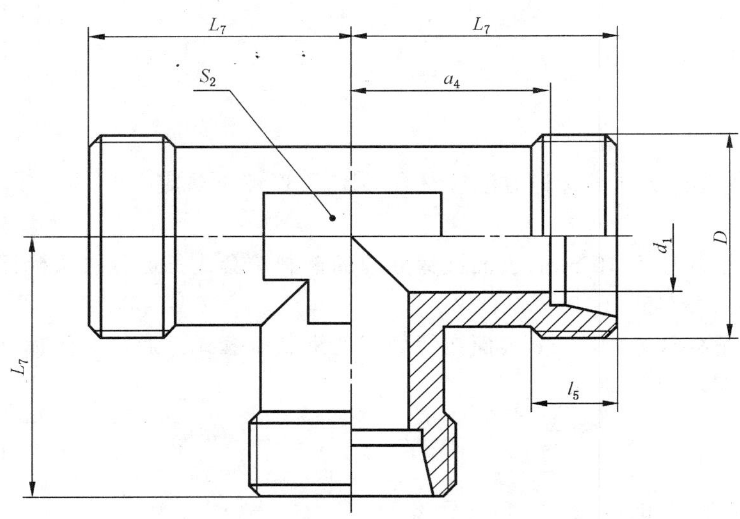


图 2 卡套式三通接头体

**表 1　卡套式三通管接头和接头体的尺寸**

单位为毫米

| 系列 | 最大工作压力/MPa | 管子外径 $D_0$ | $D$ | $d_1$ 参考 | $L_7$ ±0.3 | $L_{7c}$ ≈ | $l_5$ min | $a_4$ 参考 | $S$ | $S_2$ 锻制 min | $S_2$ 机械加工 max |
|---|---|---|---|---|---|---|---|---|---|---|---|
| LL | 10 | 4 | M8×1 | 3 | 15 | 21 | 6 | 11 | 10 | 9 | 9 |
| | | 5 | M10×1 | 3.5 | 15 | 21 | 6 | 9.5 | 12 | 9 | 11 |
| | | 6 | M10×1 | 4.5 | 15 | 21 | 6 | 9.5 | 12 | 9 | 11 |
| | | 8 | M12×1 | 6 | 17 | 23 | 7 | 11.5 | 14 | 12 | 12 |
| L | 25 | 6 | M12×1.5 | 4 | 19 | 27 | 7 | 12 | 14 | 12 | 12 |
| | | 8 | M14×1.5 | 6 | 21 | 29 | 7 | 14 | 17 | 12 | 14 |
| | | 10 | M16×1.5 | 8 | 22 | 30 | 8 | 15 | 19 | 14 | 17 |
| | | 12 | M18×1.5 | 10 | 24 | 32 | 8 | 17 | 22 | 17 | 19 |
| | | (14) | M20×1.5 | 11 | 25 | 33 | 8 | 18 | 24 | 19 | — |
| | | 15 | M22×1.5 | 12 | 28 | 36 | 9 | 21 | 27 | 19 | — |
| | | (16) | M24×1.5 | 14 | 30 | 39 | 9 | 22.5 | 30 | 22 | — |
| | 16 | 18 | M26×1.5 | 15 | 31 | 40 | 9 | 23.5 | 32 | 24 | — |
| | | 22 | M30×2 | 19 | 35 | 44 | 10 | 27.5 | 36 | 27 | — |
| | 10 | 28 | M36×2 | 24 | 38 | 47 | 10 | 30.5 | 41 | 36 | — |
| | | 35 | M45×2 | 30 | 45 | 56 | 12 | 34.5 | 50 | 41 | — |
| | | 42 | M52×2 | 36 | 51 | 63 | 12 | 40 | 60 | 50 | — |
| S | 63 | 6 | M14×1.5 | 4 | 23 | 31 | 9 | 16 | 17 | 12 | 14 |
| | | 8 | M16×1.5 | 5 | 24 | 32 | 9 | 17 | 19 | 14 | 17 |
| | | 10 | M18×1.5 | 7 | 25 | 34 | 9 | 17.5 | 22 | 17 | 19 |
| | | 12 | M20×1.5 | 8 | 26 | 35 | 9 | 18.5 | 24 | 17 | 22 |
| | | (14) | M22×1.5 | 9 | 29 | 38 | 10 | 21.5 | 27 | 22 | — |
| | 40 | 16 | M24×1.5 | 12 | 33 | 43 | 11 | 24.5 | 30 | 24 | — |
| | | 20 | M30×2 | 16 | 37 | 48 | 12 | 26.5 | 36 | 27 | — |
| | | 25 | M36×2 | 20 | 45 | 57 | 14 | 33 | 46 | 36 | — |
| | 25 | 30 | M42×2 | 25 | 49 | 62 | 16 | 35.5 | 50 | 41 | — |
| | | 38 | M52×2 | 32 | 57 | 72 | 18 | 41 | 60 | 50 | — |

注：尽可能不采用括号内的规格。

ICS 21.060.60
J 15

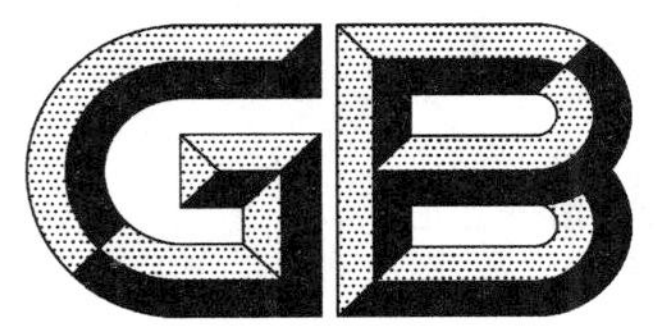


# 中华人民共和国国家标准

GB/T 3746—2008
代替 GB/T 3746.1—1983,GB/T 3746.2—1983

# 卡套式四通管接头

## 24° cone connectors—Union cross

2008-05-07 发布 2008-11-01 实施

中华人民共和国国家质量监督检验检疫总局
中国国家标准化管理委员会 发布

# 前　言

本标准是卡套式管接头系列标准之一。

本标准中管接头结构型式和尺寸与ISO 8434-1:2007《用于流体传动和一般用途的金属管接头　第1部分:24°压缩式管接头》(英文版)的相关部分基本一致。

本标准是对GB/T 3746.1—1983《卡套式四通管接头》和GB/T 3746.2—1983《卡套式四通接头体》的修订。主要修订内容如下:

——将两个标准的内容进行了整合;

——修改了英文名称;

——将公称压力G(250)和J(400)修改为最大工作压力10 MPa～63 MPa,并分为LL、L和S三个系列,系列的产品尺寸范围作了调整;

——将接头体扳手尺寸改为锻制和机械加工两类;

——调整了管子外径尺寸系列,并修改了相关尺寸;

——减少了部分应由制造商控制的参数;

——取消了重量数据;

——取消了表面粗糙度标注,表面粗糙度要求在GB/T 3765《卡套式管接头技术条件》中给出。

本标准自实施之日起代替GB/T 3746.1—1983和GB/T 3746.2—1983。

本标准由中国机械工业联合会提出。

本标准由全国管路附件标准化技术委员会归口。

本标准负责起草单位:海盐高博管件有限公司、中机生产力促进中心、嘉兴迈思特管件制造有限公司。

本标准参加起草单位:海盐管件制造有限公司、伊顿(宁波)流体连接件有限公司、建湖县特佳液压管件有限公司、浙江华夏阀门有限公司、海盐县海管管件制造有限公司、焦作市路通液压附件有限公司。

本标准主要起草人:李维荣、阮浩丰、陶忠明、耿志学、周舜华、冯峰、左学俊、周剑飞、陈占基、王利民。

本标准所代替标准的历次版本发布情况为:

——GB/T 3745.1—1983;

——GB/T 3745.2—1983。

# 卡套式四通管接头

## 1 范围

本标准规定了卡套式四通管接头和接头体的尺寸、标记及技术要求。

本标准适用于管子外径为 4 mm～42 mm，最大工作压力 10 MPa～63 MPa 的液压流体传动和一般用途的管路系统。

## 2 规范性引用文件

下列文件中的条款通过本标准的引用而成为本标准的条款。凡是注日期的引用文件，其随后所有的修改单(不包括勘误的内容)或修订版均不适用于本标准，然而，鼓励根据本标准达成协议的各方研究是否可使用这些文件的最新版本。凡是不注日期的引用文件，其最新版本适用于本标准。

GB/T 3759—2008 卡套式管接头用连接螺母

GB/T 3764—2008 卡套

GB/T 3765—2008 卡套式管接头技术条件

## 3 尺寸

卡套式四通管接头和接头体的尺寸应符合图 1、图 2 和表 1 的规定，接头体卡套端尺寸应符合 GB/T 3764的规定。

## 4 标记

### 4.1 标记方法

卡套式四通管接头和接头体的标记方法应符合 GB/T 3765 的规定。

### 4.2 标记示例

接头系列为 L，管子外径为 10 mm，表面镀锌处理的钢制卡套式四通管接头标记为：

管接头 GB/T 3746 L10

接头系列为 L，管子外径为 10 mm，表面镀锌处理的钢制卡套式四通接头体标记为：

接头体 GB/T 3746 L10

## 5 技术要求

技术要求按 GB/T 3765 的规定。

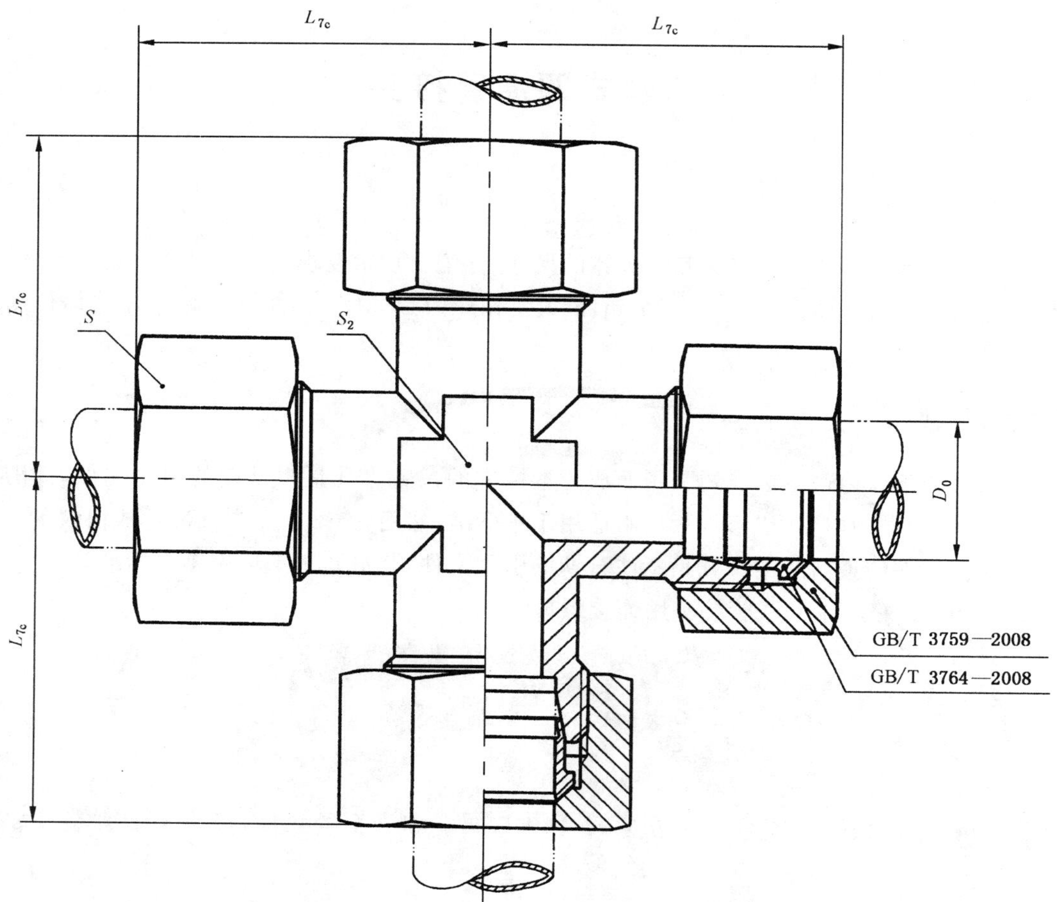


图 1　卡套式四通管接头

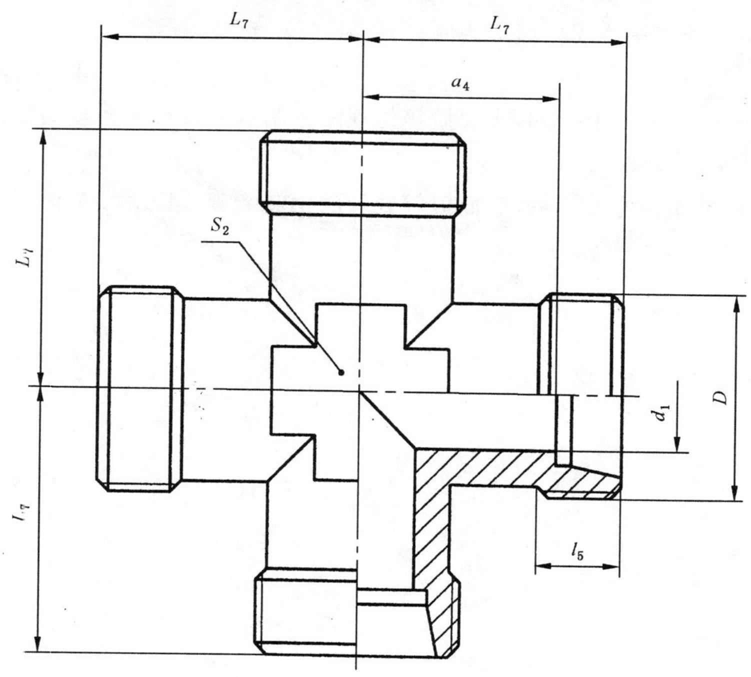


图 2　卡套式四通接头体

**表 1　卡套式四通管接头和接头体的尺寸**

单位为毫米

| 系列 | 最大工作压力/MPa | 管子外径 $D_0$ | $D$ | $d_1$ 参考 | $L_7$ ±0.3 | $L_{7c}$ ≈ | $l_5$ min | $a_4$ 参考 | $S$ | $S_2$ | |
|---|---|---|---|---|---|---|---|---|---|---|---|
| | | | | | | | | | | 锻制 min | 机械加工 max |
| LL | 10 | 4 | M8×1 | 3 | 15 | 21 | 6 | 11 | 10 | 9 | 9 |
| | | 5 | M10×1 | 3.5 | 15 | 21 | 6 | 9.5 | 12 | 9 | 11 |
| | | 6 | M10×1 | 4.5 | 15 | 21 | 6 | 9.5 | 12 | 9 | 11 |
| | | 8 | M12×1 | 6 | 17 | 23 | 7 | 11.5 | 14 | 12 | 12 |
| L | 25 | 6 | M12×1.5 | 4 | 19 | 27 | 7 | 12 | 14 | 12 | 12 |
| | | 8 | M14×1.5 | 6 | 21 | 29 | 7 | 14 | 17 | 12 | 14 |
| | | 10 | M16×1.5 | 8 | 22 | 30 | 8 | 15 | 19 | 14 | 17 |
| | | 12 | M18×1.5 | 10 | 24 | 32 | 8 | 17 | 22 | 17 | 19 |
| | | (14) | M20×1.5 | 11 | 25 | 33 | 8 | 18 | 24 | 19 | — |
| | | 15 | M22×1.5 | 12 | 28 | 36 | 9 | 21 | 27 | 19 | — |
| | | (16) | M24×1.5 | 14 | 30 | 39 | 9 | 22.5 | 30 | 22 | — |
| | 16 | 18 | M26×1.5 | 15 | 31 | 40 | 9 | 23.5 | 32 | 24 | — |
| | | 22 | M30×2 | 19 | 35 | 44 | 10 | 27.5 | 36 | 27 | — |
| | 10 | 28 | M36×2 | 24 | 38 | 47 | 10 | 30.5 | 41 | 36 | — |
| | | 35 | M45×2 | 30 | 45 | 56 | 12 | 34.5 | 50 | 41 | — |
| | | 42 | M52×2 | 36 | 51 | 63 | 12 | 40 | 60 | 50 | — |
| S | 63 | 6 | M14×1.5 | 4 | 23 | 31 | 9 | 16 | 17 | 12 | 14 |
| | | 8 | M16×1.5 | 5 | 24 | 32 | 9 | 17 | 19 | 14 | 17 |
| | | 10 | M18×1.5 | 7 | 25 | 34 | 9 | 17.5 | 22 | 17 | 19 |
| | | 12 | M20×1.5 | 8 | 26 | 35 | 9 | 18.5 | 24 | 17 | 22 |
| | | (14) | M22×1.5 | 9 | 29 | 38 | 10 | 21.5 | 27 | 22 | — |
| | 40 | 16 | M24×1.5 | 12 | 33 | 43 | 11 | 24.5 | 30 | 24 | — |
| | | 20 | M30×2 | 16 | 37 | 48 | 12 | 26.5 | 36 | 27 | — |
| | | 25 | M36×2 | 20 | 45 | 57 | 14 | 33 | 46 | 36 | — |
| | 25 | 30 | M42×2 | 25 | 49 | 62 | 16 | 35.5 | 50 | 41 | — |
| | | 38 | M52×2 | 32 | 57 | 72 | 18 | 41 | 60 | 50 | — |

注：尽可能不采用括号内的规格。

ICS 21.060.60
J 15

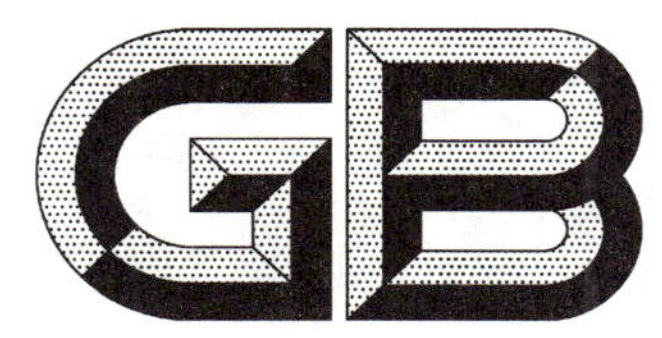

# 中华人民共和国国家标准

GB/T 3747—2008
代替 GB/T 3747.1—1983,GB/T 3747.2—1983

# 卡套式焊接管接头

## 24° cone connectors—Weld male

2008-05-07 发布　　2008-11-01 实施

中华人民共和国国家质量监督检验检疫总局
中国国家标准化管理委员会　发布

# 前　言

本标准是卡套式管接头系列标准之一。

本标准中管接头结构型式和尺寸与 ISO 8434-1:2007《用于流体传动和一般用途的金属管接头　第1部分:24°压缩式管接头》(英文版)的相关部分基本一致。

本标准是对 GB/T 3747.1—1983《卡套式焊接管接头》和 GB/T 3747.2—1983《卡套式焊接接头体》的修订。主要修订内容如下:

——将两个标准的内容进行了整合;

——修改了英文名称;

——将公称压力 G(250)和 J(400)修改为最大工作压力 10 MPa～63 MPa,并分为 L 和 S 两个系列,系列的产品尺寸范围作了调整;

——调整了管子外径尺寸系列,并修改了相关尺寸;

——减少了部分应由制造商控制的参数;

——取消了重量数据;

——取消了表面粗糙度标注,表面粗糙度要求在 GB/T 3765《卡套式管接头技术条件》中给出。

本标准自实施之日起代替 GB/T 3747.1—1983 和 GB/T 3747.2—1983。

本标准由中国机械工业联合会提出。

本标准由全国管路附件标准化技术委员会归口。

本标准负责起草单位:中机生产力促进中心、伊顿(宁波)流体连接件有限公司。

本标准参加起草单位:海盐管件制造有限公司、嘉兴迈思特管件制造有限公司、建湖县特佳液压管件有限公司、浙江华夏阀门有限公司、海盐高博管件有限公司、海盐县海管管件制造有限公司、焦作市路通液压附件有限公司。

本标准主要起草人:周舜华、李维荣、耿志学、冯峰、陶忠明、左学俊、阮浩丰、周剑飞、徐长祥、王利民。

本标准所代替标准的历次发布情况为:

——GB/T 3747.1—1983;

——GB/T 3747.2—1983。

# 卡套式焊接管接头

## 1 范围

本标准规定了卡套式焊接管接头和接头体的尺寸、标记及技术要求。

本标准适用于管子外径为 6 mm～42 mm，最大工作压力 10 MPa～63 MPa 的液压流体传动和一般用途的管路系统。

## 2 规范性引用文件

下列文件中的条款通过本标准的引用而成为本标准的条款。凡是注日期的引用文件，其随后所有的修改单(不包括勘误的内容)或修订版均不适用于本标准，然而，鼓励根据本标准达成协议的各方研究是否可使用这些文件的最新版本。凡是不注日期的引用文件，其最新版本适用于本标准。

GB/T 3759—2008 卡套式管接头用螺母

GB/T 3764—2008 卡套

GB/T 3765—2008 卡套式管接头技术条件

## 3 尺寸

卡套式焊接管接头和接头体的尺寸应符合图 1、图 2 和表 1 的规定，接头体卡套端尺寸应符合 GB/T 3764 的规定。

## 4 标记

### 4.1 标记方法

卡套式焊接管接头和接头体的标记方法应符合 GB/T 3765 的规定。

### 4.2 标记示例

接头系列为 L，管子外径为 10 mm，表面氧化处理的钢制卡套式焊接管接头标记为：

管接头 GB/T 3747 L10 · O

接头系列为 L，管子外径为 10 mm，表面氧化处理的钢制卡套式焊接接头体标记为：

接头体 GB/T 3747 L10 · O

## 5 技术要求

技术要求按 GB/T 3765 的规定。

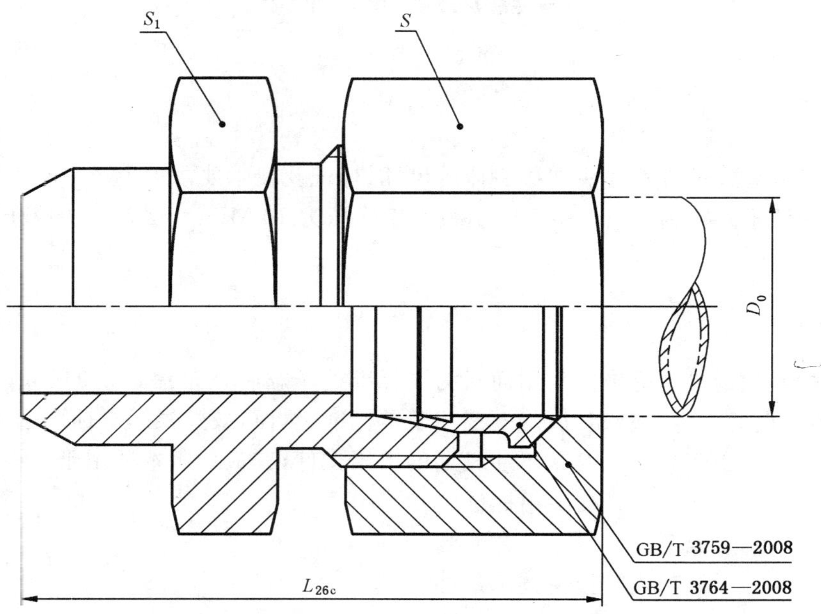


图 1　卡套式焊接管接头

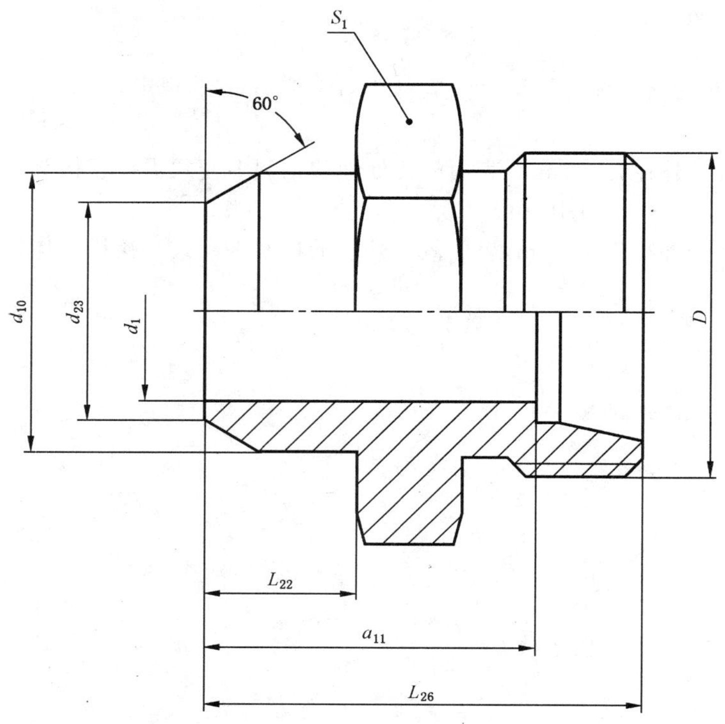


图 2　卡套式焊接接头体

**表 1 卡套式焊接管接头和接头体的尺寸**

单位为毫米

| 系列 | 最大工作压力/MPa | 管子外径 $D_0$ | $D$ | $d_1$ 参考 | $d_{10}$ ±0.2 | $d_{23}$ ±0.2 | $L_{22}$ ±0.2 | $L_{26}$ ±0.3 | $L_{26c}$ ≈ | $S$ | $S_1$ | $a_{11}$ 参考 |
|---|---|---|---|---|---|---|---|---|---|---|---|---|
| L | 25 | 6 | M12×1.5 | 4 | 10 | 6 | 7 | 21 | 29 | 14 | 12 | 14 |
| | | 8 | M14×1.5 | 6 | 12 | 8 | 8 | 23 | 31 | 17 | 14 | 16 |
| | | 10 | M16×1.5 | 8 | 14 | 10 | 8 | 24 | 32 | 19 | 17 | 17 |
| | | 12 | M18×1.5 | 10 | 16 | 12 | 8 | 25 | 33 | 22 | 19 | 18 |
| | | (14) | M20×1.5 | 11 | 18 | 14 | 8 | 25 | 33 | 24 | 22 | 18 |
| | | 15 | M22×1.5 | 12 | 19 | 15 | 10 | 28 | 36 | 27 | 24 | 21 |
| | | (16) | M24×1.5 | 14 | 20 | 16 | 10 | 29 | 38 | 30 | 27 | 21.5 |
| | 16 | 18 | M26×1.5 | 15 | 22 | 18 | 10 | 29 | 38 | 32 | 27 | 21.5 |
| | | 22 | M30×2 | 19 | 27 | 22 | 12 | 33 | 42 | 36 | 32 | 25.5 |
| | 10 | 28 | M36×2 | 24 | 32 | 28 | 12 | 34 | 43 | 41 | 41 | 26.5 |
| | | 35 | M45×2 | 30 | 40 | 35 | 14 | 39 | 50 | 50 | 46 | 28.5 |
| | | 42 | M52×2 | 36 | 46 | 42 | 16 | 43 | 55 | 60 | 55 | 32 |
| S | 63 | 6 | M14×1.5 | 4 | 11 | 6 | 7 | 25 | 33 | 17 | 14 | 18 |
| | | 8 | M16×1.5 | 5 | 13 | 8 | 8 | 28 | 36 | 19 | 17 | 21 |
| | | 10 | M18×1.5 | 7 | 15 | 10 | 8 | 28 | 37 | 22 | 19 | 20.5 |
| | | 12 | M20×1.5 | 8 | 17 | 12 | 10 | 32 | 41 | 24 | 22 | 24.5 |
| | | (14) | M22×1.5 | 9 | 19 | 14 | 10 | 33 | 42 | 27 | 24 | 25.5 |
| | 40 | 16 | M24×1.5 | 12 | 21 | 16 | 10 | 34 | 44 | 30 | 27 | 25.5 |
| | | 20 | M30×2 | 16 | 26 | 20 | 12 | 40 | 51 | 36 | 32 | 29.5 |
| | | 25 | M36×2 | 20 | 31 | 24 | 12 | 44 | 56 | 46 | 41 | 32 |
| | 25 | 30 | M42×2 | 25 | 36 | 29 | 14 | 48 | 61 | 50 | 46 | 34.5 |
| | | 38 | M52×2 | 32 | 44 | 36 | 16 | 55 | 70 | 60 | 55 | 39 |

注：尽可能不采用括号内的规格。

ICS 21.060.60
J 15

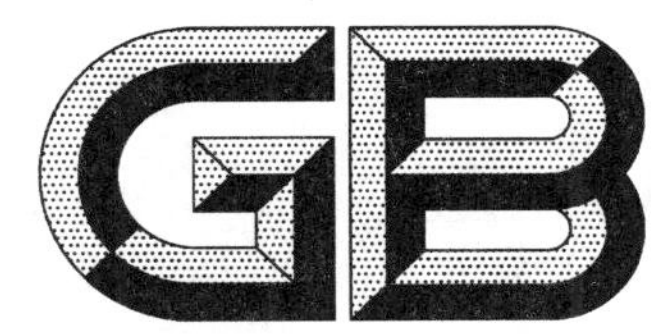

# 中华人民共和国国家标准

GB/T 3748—2008
代替 GB/T 3748.1—1983,GB/T 3748.2—1983

# 卡套式过板直通管接头

24° cone connectors—Bulkhead union

2008-05-07 发布　　　　2008-11-01 实施

中华人民共和国国家质量监督检验检疫总局
中国国家标准化管理委员会　发布

# 前　言

本标准是卡套式管接头系列标准之一。

本标准中管接头结构型式和尺寸与ISO 8434-1:2007《用于流体传动和一般用途的金属管接头　第1部分:24°压缩式管接头》(英文版)的相关部分基本一致。

本标准是对GB/T 3748.1—1983《卡套式隔壁直通管接头》和GB/T 3748.2—1983《卡套式隔壁直通接头体》的修订。主要修订内容如下:

——将两个标准的内容进行了整合;

——修改了中文和英文名称;

——将公称压力G(250)和J(400)修改为最大工作压力10MPa～63MPa,并分为L和S两个系列,系列的产品尺寸范围作了调整;

——调整了管子外径尺寸系列,并修改了相关尺寸;

——减少了部分应由制造商控制的参数;

——取消了重量数据;

——取消了表面粗糙度标注,表面粗糙度要求在GB/T 3765《卡套式管接头技术条件》中给出。

本标准自实施之日起代替GB/T 3748.1—1983和GB/T 3748.2—1983。

本标准由中国机械工业联合会提出。

本标准由全国管路附件标准化技术委员会归口。

本标准负责起草单位:中机生产力促进中心、建湖县特佳液压管件有限公司。

本标准参加起草单位:海盐管件制造有限公司、嘉兴迈思特管件制造有限公司、伊顿(宁波)流体连接件有限公司、浙江华夏阀门有限公司、海盐高博管件有限公司、海盐县海管管件制造有限公司、焦作市路通液压附件有限公司。

本标准主要起草人:李维荣、左学俊、耿志学、周舜华、冯峰、陶忠明、阮浩丰、周剑飞、陈占基、王利民。

本标准所代替标准的历次版本发布情况为:

——GB/T 3748.1—1983;

——GB/T 3748.2—1983。

# 卡套式过板直通管接头

## 1 范围

本标准规定了卡套式过板直通管接头和接头体的尺寸、标记及技术要求。

本标准适用于管子外径为 6 mm～42 mm，最大工作压力 10 MPa～63 MPa 的液压流体传动和一般用途的管路系统。

## 2 规范性引用文件

下列文件中的条款通过本标准的引用而成为本标准的条款。凡是注日期的引用文件，其随后所有的修改单(不包括勘误的内容)或修订版均不适用于本标准，然而，鼓励根据本标准达成协议的各方研究是否可使用这些文件的最新版本。凡是不注日期的引用文件，其最新版本适用于本标准。

GB/T 3759—2008 卡套式管接头用连接螺母

GB/T 3763—2008 管接头用六角薄螺母

GB/T 3764—2008 卡套

GB/T 3765—2008 卡套式管接头技术条件

## 3 尺寸

卡套式过板直通管接头和接头体的尺寸应符合图 1、图 2 和表 1 的规定，接头体卡套端尺寸应符合 GB/T 3764 的规定。

## 4 标记

### 4.1 标记方法

卡套式过板直通管接头和接头体的标记方法应符合 GB/T 3765 的规定。

### 4.2 标记示例

接头系列为 L，管子外径为 10 mm，表面镀锌处理的钢制卡套式过板直通管接头标记为：

管接头 GB/T 3748 L10

接头系列为 L，管子外径为 10 mm，表面镀锌处理的钢制卡套式过板直通接头体标记为：

接头体 GB/T 3748 L10

## 5 技术要求

技术要求按 GB/T 3765 的规定。

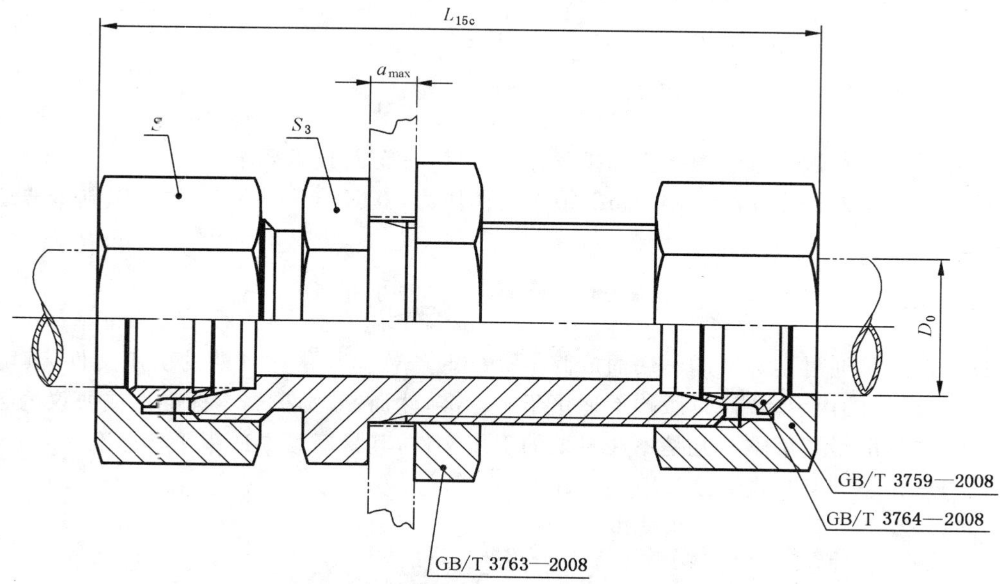


注：$a \leqslant 16$ mm

**图 1　卡套式过板直通管接头**

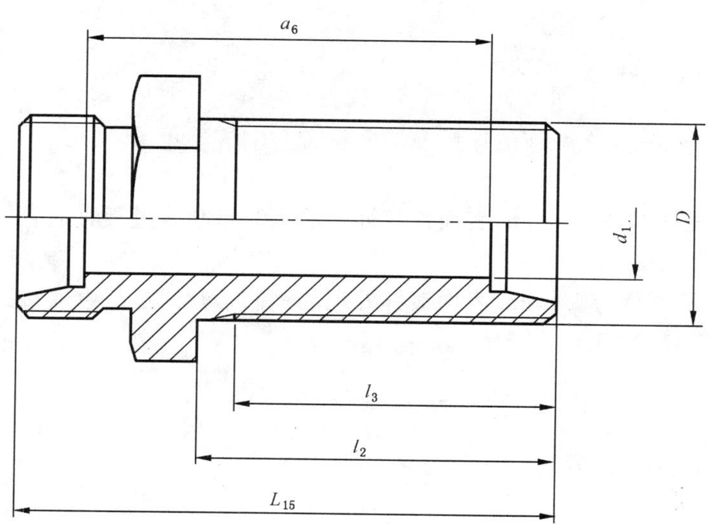


**图 2　卡套式过板直通接头体**

表 1　卡套式过板直通管接头和接头体尺寸

单位为毫米

| 系列 | 最大工作压力/MPa | 管子外径 $D_0$ | $D$ | $d_1$ 参考 | $l_2$ ±0.2 | $l_3$ min | $L_{15}$ ±0.3 | $L_{15c}$ ≈ | $S$ | $S_3$ | $a_6$ 参考 |
|---|---|---|---|---|---|---|---|---|---|---|---|
| L | 25 | 6 | M12×1.5 | 4 | 34 | 30 | 48 | 64 | 14 | 17 | 34 |
| | | 8 | M14×1.5 | 6 | 34 | 30 | 49 | 65 | 17 | 19 | 35 |
| | | 10 | M16×1.5 | 8 | 35 | 31 | 51 | 67 | 19 | 22 | 37 |
| | | 12 | M18×1.5 | 10 | 36 | 32 | 53 | 69 | 22 | 24 | 39 |
| | | (14) | M20×1.5 | 11 | 37 | 33 | 54 | 70 | 24 | 27 | 40 |
| | | 15 | M22×1.5 | 12 | 38 | 34 | 56 | 72 | 27 | 27 | 42 |
| | | (16) | M24×1.5 | 14 | 38 | 34 | 57 | 75 | 30 | 30 | 42 |
| | 16 | 18 | M26×1.5 | 15 | 40 | 36 | 59 | 77 | 32 | 32 | 44 |
| | | 22 | M30×2 | 19 | 42 | 37 | 63 | 81 | 36 | 36 | 48 |
| | 10 | 28 | M36×2 | 24 | 43 | 38 | 65 | 83 | 41 | 41 | 50 |
| | | 35 | M45×2 | 30 | 47 | 42 | 72 | 94 | 50 | 50 | 51 |
| | | 42 | M52×2 | 36 | 47 | 42 | 74 | 98 | 60 | 60 | 52 |
| S | 63 | 6 | M14×1.5 | 4 | 36 | 32 | 54 | 70 | 17 | 19 | 40 |
| | | 8 | M16×1.5 | 5 | 36 | 32 | 56 | 72 | 19 | 22 | 42 |
| | | 10 | M18×1.5 | 7 | 37 | 33 | 57 | 75 | 22 | 24 | 42 |
| | | 12 | M20×1.5 | 8 | 38 | 34 | 60 | 78 | 24 | 27 | 45 |
| | | (14) | M22×1.5 | 9 | 39 | 35 | 62 | 80 | 27 | 27 | 47 |
| | 40 | 16 | M24×1.5 | 12 | 40 | 36 | 64 | 84 | 30 | 32 | 47 |
| | | 20 | M30×2 | 16 | 44 | 39 | 72 | 94 | 36 | 41 | 51 |
| | | 25 | M36×2 | 20 | 47 | 42 | 79 | 103 | 46 | 46 | 55 |
| | 25 | 30 | M42×2 | 25 | 51 | 46 | 85 | 111 | 50 | 50 | 58 |
| | | 38 | M52×2 | 32 | 53 | 48 | 92 | 122 | 60 | 65 | 60 |

注:尽可能不采用括号内的规格。

ICS 21.060.60
J 15

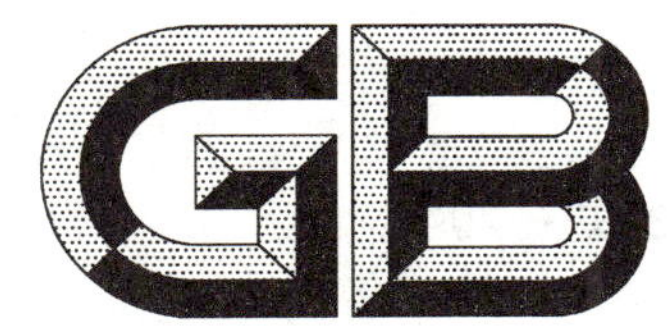

# 中华人民共和国国家标准

GB/T 3749—2008
代替 GB/T 3749.1—1983,GB/T 3749.2—1983

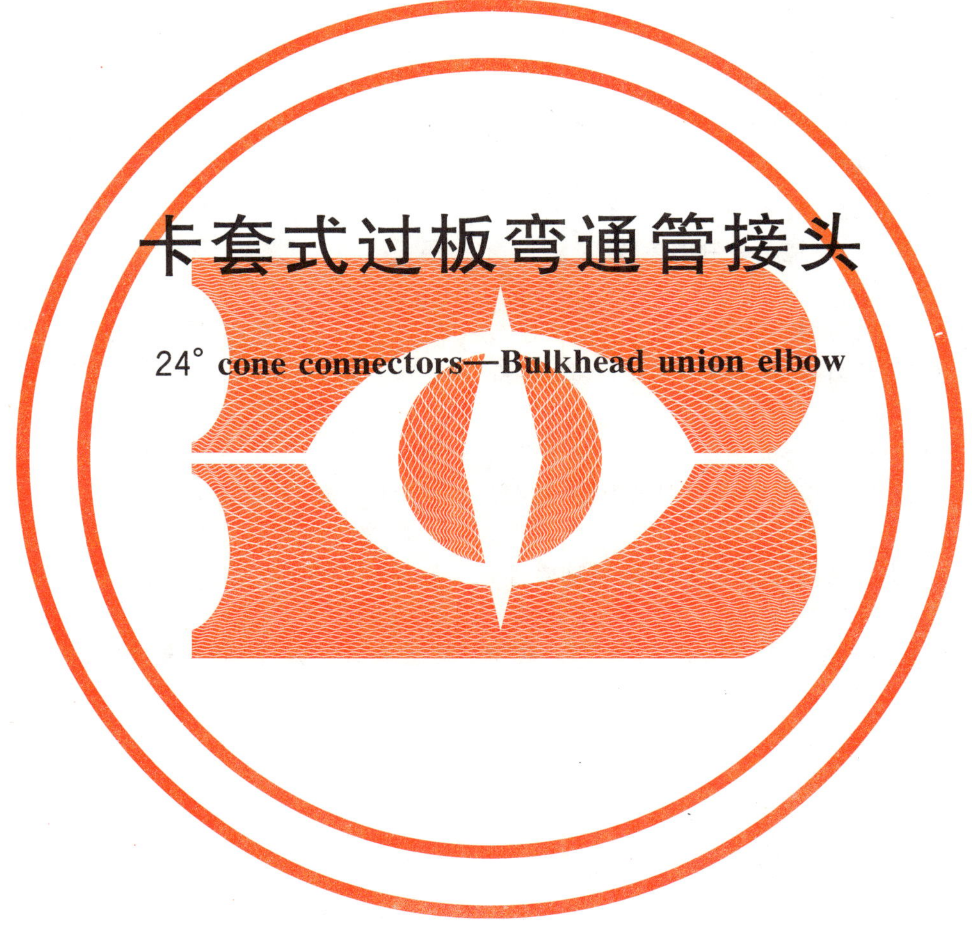

# 卡套式过板弯通管接头

## 24° cone connectors—Bulkhead union elbow

2008-05-07 发布　　2008-11-01 实施

中华人民共和国国家质量监督检验检疫总局
中国国家标准化管理委员会　发布

# 前　言

本标准是卡套式管接头系列标准之一。

本标准中管接头结构型式和尺寸与ISO 8434-1:2007《用于流体传动和一般用途的金属管接头　第1部分:24°压缩式管接头》(英文版)的相关部分基本一致。

本标准是对GB/T 3749.1—1983《卡套式隔壁直角管接头》和GB/T 3749.2—1983《卡套式隔壁直角接头体》的修订。主要修订内容如下:

——将两个标准的内容进行了整合;
——修改了中文和英文名称;
——将公称压力G(250)和J(400)修改为最大工作压力10 MPa～63 MPa,并分为L和S两个系列,系列的产品尺寸范围作了调整;
——调整了管子外径尺寸系列,并修改了相关尺寸;
——减少了部分应由制造商控制的参数;
——取消了重量数据;
——取消了表面粗糙度标注,表面粗糙度要求在GB/T 3765《卡套式管接头技术条件》中给出。

本标准自实施之日起代替GB/T 3749.1—1983和GB/T 3749.2—1983。

本标准由中国机械工业联合会提出。

本标准由全国管路附件标准化技术委员会归口。

本标准负责起草单位:中机生产力促进中心、建湖县特佳液压管件有限公司。

本标准参加起草单位:海盐管件制造有限公司、嘉兴迈思特管件制造有限公司、伊顿(宁波)流体连接件有限公司、浙江华夏阀门有限公司、海盐高博管件有限公司、海盐县海管管件制造有限公司、焦作市路通液压附件有限公司。

本标准主要起草人:李维荣、左学俊、耿志学、徐长祥、周舜华、冯峰、陶忠明、阮浩丰、周剑飞、王利民。

本标准所代替标准的历次版本发布情况为:

——GB/T 3749.1—1983;
——GB/T 3749.2—1983。

# 卡套式过板弯通管接头

## 1 范围

本标准规定了卡套式过板弯通管接头和接头体的尺寸、标记及技术要求。

本标准适用于管子外径为 6 mm～42 mm，最大工作压力 10 MPa～63 MPa 的液压流体传动和一般用途的管路系统。

## 2 规范性引用文件

下列文件中的条款通过本标准的引用而成为本标准的条款。凡是注日期的引用文件，其随后所有的修改单(不包括勘误的内容)或修订版均不适用于本标准，然而，鼓励根据本标准达成协议的各方研究是否可使用这些文件的最新版本。凡是不注日期的引用文件，其最新版本适用于本标准。

GB/T 3759—2008 卡套式管接头用连接螺母

GB/T 3763—2008 管接头用六角薄螺母

GB/T 3764—2008 卡套

GB/T 3765—2008 卡套式管接头技术条件

## 3 尺寸

卡套式过板弯通管接头和接头体的尺寸应符合图 1、图 2 和表 1 的规定，接头体卡套端尺寸应符合 GB/T 3764 的规定。

## 4 标记

### 4.1 标记方法

卡套式过板弯通管接头和接头体的标记方法应符合 GB/T 3765 的规定。

### 4.2 标记示例

接头系列为 L，管子外径为 10 mm，表面镀锌处理的钢制卡套式过板弯通管接头标记为：

管接头 GB/T 3749 L10

接头系列为 L，管子外径为 10 mm，表面镀锌处理的钢制卡套式过板弯通接头体标记为：

接头体 GB/T 3749 L10

## 5 技术要求

技术要求按 GB/T 3765 的规定。

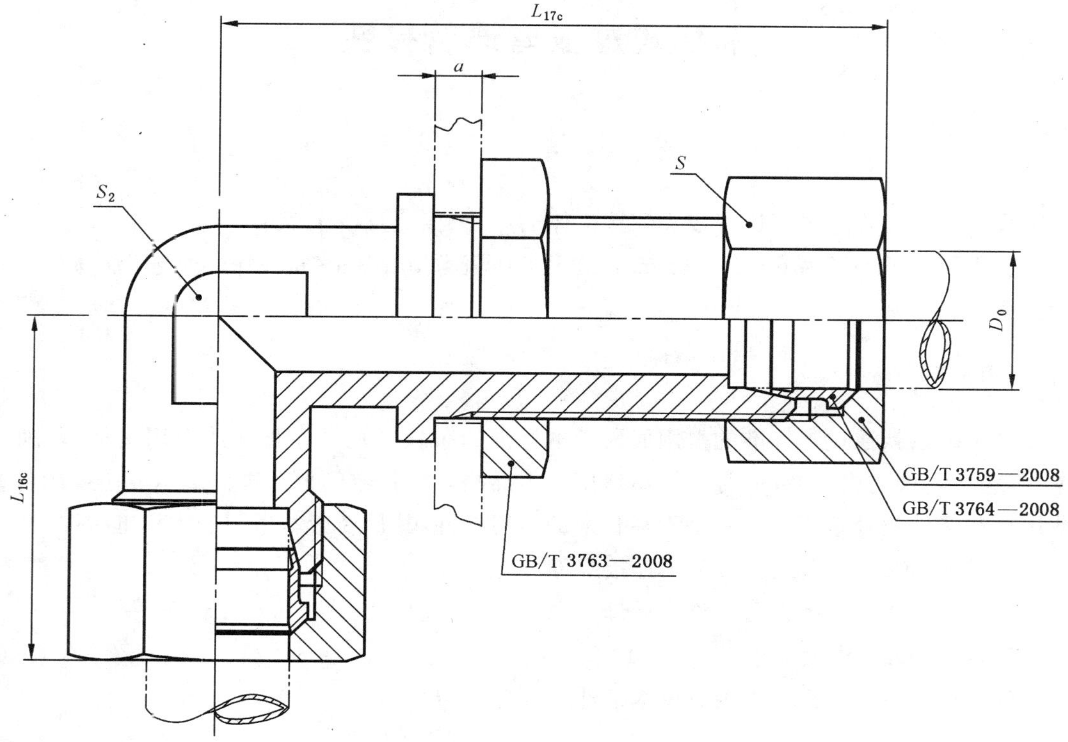


注：$a \leqslant 16$ mm。

图 1　卡套式过板弯通管接头

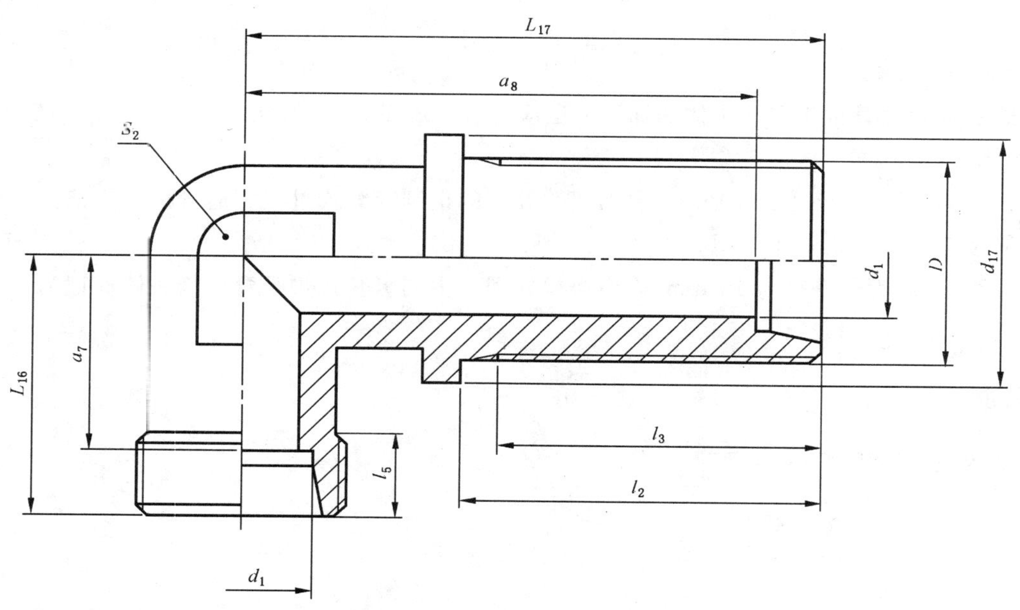


图 2　卡套式过板弯通接头体

**表 1　卡套式过板弯通管接头和接头体尺寸**

单位为毫米

| 系列 | 最大工作压力/MPa | 管子外径 $D_0$ | $D$ | $d_1$ 参考 | $d_{17}$ ±0.2 | $l_2$ ±0.2 | $l_3$ min | $l_5$ min | $L_{16}$ ±0.3 | $L_{16c}$ ≈ | $L_{17}$ ±0.3 | $L_{17c}$ ≈ | $a_7$ 参考 | $a_8$ 参考 | $S$ | $S_2$ |
|---|---|---|---|---|---|---|---|---|---|---|---|---|---|---|---|---|
| L | 25 | 6 | M12×1.5 | 4 | 17 | 34 | 30 | 7 | 19 | 27 | 48 | 56 | 12 | 41 | 14 | 12 |
| | | 8 | M14×1.5 | 6 | 19 | 34 | 30 | 7 | 21 | 29 | 51 | 59 | 14 | 44 | 17 | 12 |
| | | 10 | M16×1.5 | 8 | 22 | 35 | 31 | 8 | 22 | 30 | 53 | 61 | 15 | 46 | 19 | 14 |
| | | 12 | M18×1.5 | 10 | 24 | 36 | 32 | 8 | 24 | 32 | 56 | 64 | 17 | 49 | 22 | 17 |
| | | (14) | M20×1.5 | 11 | 27 | 37 | 33 | 8 | 25 | 33 | 57 | 65 | 18 | 50 | 24 | 19 |
| | | 15 | M22×1.5 | 12 | 27 | 38 | 34 | 9 | 28 | 36 | 61 | 69 | 21 | 54 | 27 | 19 |
| | | (16) | M24×1.5 | 14 | 30 | 38 | 34 | 9 | 30 | 39 | 62 | 71 | 22.5 | 54.5 | 30 | 22 |
| | 16 | 18 | M26×1.5 | 15 | 32 | 40 | 36 | 9 | 31 | 40 | 64 | 73 | 23.5 | 56.5 | 32 | 24 |
| | | 22 | M30×2 | 19 | 36 | 42 | 37 | 10 | 35 | 44 | 72 | 81 | 27.5 | 64.5 | 36 | 27 |
| | 10 | 28 | M36×2 | 24 | 42 | 43 | 38 | 10 | 38 | 47 | 77 | 86 | 30.5 | 69.5 | 41 | 36 |
| | | 35 | M45×2 | 30 | 50 | 47 | 42 | 12 | 45 | 56 | 86 | 97 | 34.5 | 75.5 | 50 | 41 |
| | | 42 | M52×2 | 36 | 60 | 47 | 42 | 12 | 51 | 63 | 90 | 102 | 40 | 79 | 60 | 50 |
| S | 63 | 6 | M14×1.5 | 4 | 19 | 36 | 32 | 9 | 23 | 31 | 53 | 61 | 16 | 46 | 17 | 12 |
| | | 8 | M16×1.5 | 5 | 22 | 36 | 32 | 9 | 24 | 32 | 54 | 62 | 17 | 47 | 19 | 14 |
| | | 10 | M18×1.5 | 7 | 24 | 37 | 33 | 9 | 25 | 34 | 57 | 66 | 17.5 | 49.5 | 22 | 17 |
| | | 12 | M20×1.5 | 8 | 27 | 38 | 34 | 9 | 26 | 35 | 59 | 68 | 18.5 | 51.5 | 24 | 17 |
| | | (14) | M22×1.5 | 9 | 27 | 39 | 35 | 10 | 29 | 38 | 62 | 71 | 21.5 | 54.5 | 27 | 22 |
| | 40 | 16 | M24×1.5 | 12 | 30 | 40 | 36 | 11 | 33 | 43 | 64 | 74 | 24.5 | 55.5 | 30 | 24 |
| | | 20 | M30×2 | 16 | 36 | 44 | 39 | 12 | 37 | 48 | 74 | 85 | 26.5 | 63.5 | 36 | 27 |
| | | 25 | M36×2 | 20 | 42 | 47 | 42 | 14 | 45 | 57 | 81 | 93 | 33 | 69 | 46 | 36 |
| | 25 | 30 | M42×2 | 25 | 50 | 51 | 46 | 16 | 49 | 62 | 90 | 103 | 35.5 | 76.5 | 50 | 41 |
| | | 38 | M52×2 | 32 | 60 | 53 | 48 | 18 | 57 | 72 | 96 | 111 | 41 | 80 | 60 | 50 |

注：尽可能不采用括号内的规格。

ICS 21.060.60
J 15

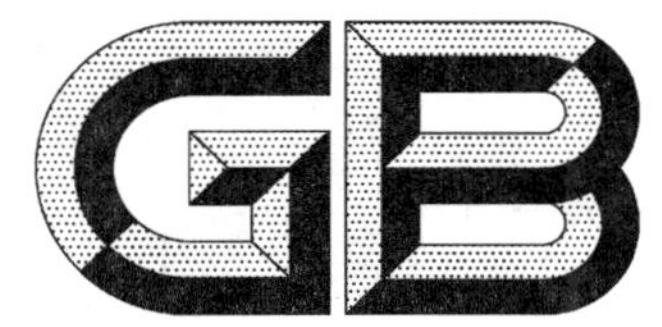

# 中华人民共和国国家标准

GB/T 3750—2008
代替 GB/T 3750.1～3750.3—1983

# 卡套式铰接管接头

## 24° cone connectors—Angle swivel screw connector

2008-05-07 发布 2008-11-01 实施

中华人民共和国国家质量监督检验检疫总局
中国国家标准化管理委员会 发布

# 前　言

本标准是卡套式管接头系列标准之一。

本标准是对GB/T 3750.1—1983《卡套式铰接管接头》、GB/T 3750.2—1983《卡套式铰接接头体》和GB/T 3750.3—1983《卡套式铰接六角螺栓》的修订。主要修订内容如下：

——将三个标准的内容进行了整合；

——修改了英文名称；

——将公称压力E(160)修改为最大工作压力10 MPa～40 MPa，并分为L和S两个系列，系列的产品尺寸范围作了调整；

——增加了F型柱端铰接螺栓，取消了铰接六角螺栓；

——减少了部分应由制造商控制的参数；

——取消了重量数据；

——取消了表面粗糙度标注，表面粗糙度要求在GB/T 3765《卡套式管接头技术条件》中给出。

本标准自实施之日起代替GB/T 3750.1—1983、GB/T 3750.2—1983和GB/T 3750.3—1983。

本标准由中国机械工业联合会提出。

本标准由全国管路附件标准化技术委员会归口。

本标准负责起草单位：中机生产力促进中心、浙江华夏阀门有限公司。

本标准参加起草单位：嘉兴迈思特管件制造有限公司、建湖县特佳液压管件有限公司、海盐管件制造有限公司、伊顿(宁波)流体连接件有限公司、海盐高博管件有限公司、海盐县海管管件制造有限公司、焦作市路通液压附件有限公司。

本标准主要起草人：徐长祥、李维荣、陶忠明、左学俊、耿志学、周舜华、阮浩丰、周剑飞、王利民、冯峰。

本标准所代替标准的历次版本发布情况为：

——GB/T 3750.1—1983；

——GB/T 3750.2—1983；

——GB/T 3750.3—1983。

# 卡套式铰接管接头

## 1 范围

本标准规定了卡套式铰接管接头和接头体的尺寸、标记及技术要求。

本标准适用于管子外径为 6 mm～42 mm，最大工作压力 10 MPa～40 MPa 的液压流体传动和一般用途的管路系统。

## 2 规范性引用文件

下列文件中的条款通过本标准的引用而成为本标准的条款。凡是注日期的引用文件，其随后所有的修改单(不包括勘误的内容)或修订版均不适用于本标准，然而，鼓励根据本标准达成协议的各方研究是否可使用这些文件的最新版本。凡是不注日期的引用文件，其最新版本适用于本标准。

GB/T 3759—2008　卡套式管接头用连接螺母

GB/T 3764—2008　卡套

GB/T 3765—2008　卡套式管接头技术条件

## 3 尺寸

卡套式铰接管接头和接头体的尺寸应符合图 1、图 2 和表 1 的规定，接头体卡套端尺寸应符合 GB/T 3764的规定。

## 4 标记

### 4.1 标记方法

卡套式铰接管接头的标记方法应符合 GB/T 3765 的规定。

### 4.2 标记示例

接头系列为 L，管子外径为 10 mm，普通螺纹(M)F 型柱端，表面镀锌处理的钢制卡套式铰接管接头标记为：

管接头　GB/T 3750　L10

## 5 技术要求

技术要求按 GB/T 3765 的规定。

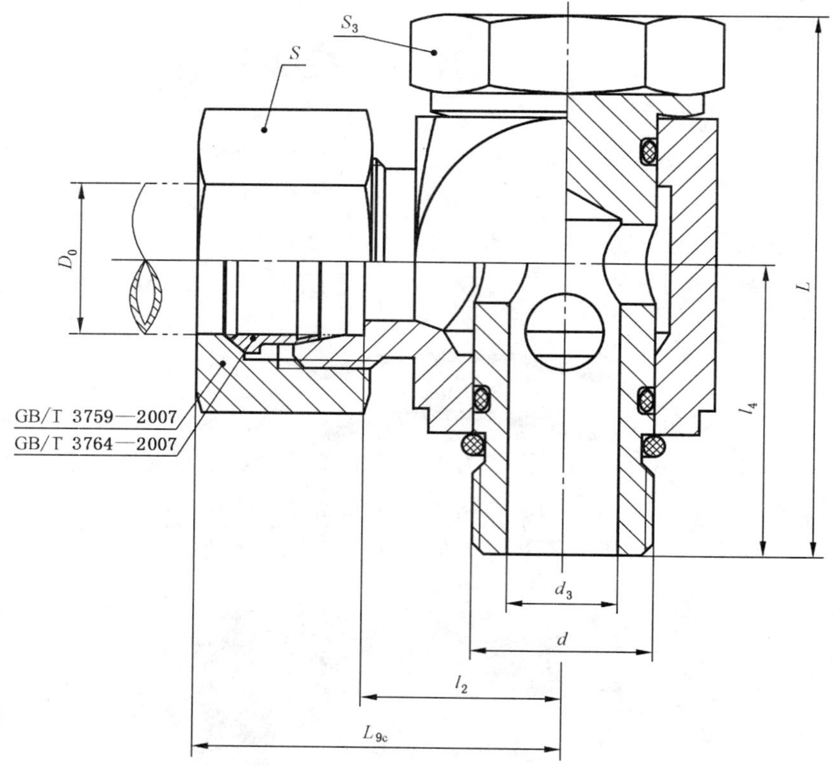


图 1 卡套式铰接管接头

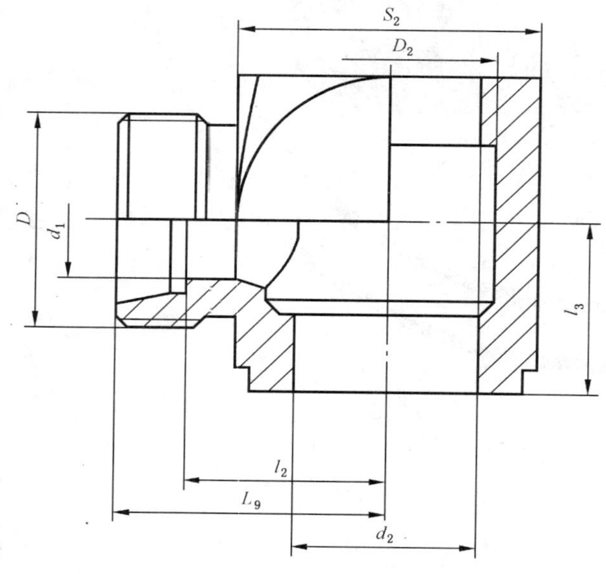


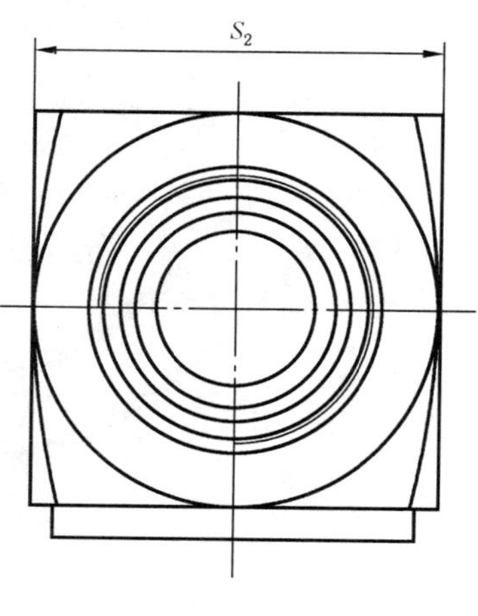


图 2 卡套式铰接接头体

**表 1　卡套式铰接管接头**

单位为毫米

| 系列 | 最大工作压力/MPa | 管子外径 $D_0$ | $D$ | $D_2$ | $d$ | $d_1$ | $d_2$ 公称尺寸 | $d_2$ 极限偏差 | $d_3$ | $l_2$ | $l_3$ | $l_4$ | $L$ | $L_9$ | $L_{9c}$ | $S$ | $S_2$ | $S_3$ |
|---|---|---|---|---|---|---|---|---|---|---|---|---|---|---|---|---|---|---|
| L | 25 | 6 | M12×1.5 | 12.7 | M10×1 | 4 | 10 | $^{+0.022}_{0}$ | 4 | 11.5 | 10 | 18.5 | 33.5 | 18.5 | 26.5 | 14 | 17 | 14 |
| | | 8 | M14×1.5 | 14.2 | M12×1.5 | 6 | 12 | $^{+0.027}_{0}$ | 6 | 12.5 | 11.5 | 22.5 | 39 | 19.5 | 27.5 | 17 | 19 | 17 |
| | | 10 | M16×1.5 | 16.5 | M14×1.5 | 8 | 14 | | 7 | 15 | 13 | 24 | 42 | 22 | 30 | 19 | 22 | 19 |
| | | 12 | M18×1.5 | 20.3 | M16×1.5 | 10 | 16 | | 9 | 17.5 | 15.5 | 27 | 49 | 24.5 | 32.5 | 22 | 27 | 22 |
| | | (14) | M20×1.5 | 22.6 | M18×1.5 | 11 | 18 | | 10 | 19 | 17.5 | 30 | 53.5 | 26 | 34 | 24 | 30 | 24 |
| | | 15 | M22×1.5 | 22.6 | M18×1.5 | 12 | 18 | | 11 | 20 | 17.5 | 30 | 53.5 | 27 | 35 | 27 | 30 | 24 |
| | | (16) | M24×1.5 | 24.1 | M20×1.5 | 14 | 20 | $^{+0.033}_{0}$ | 12 | 20.5 | 18.5 | 31 | 56 | 28 | 37 | 30 | 32 | 27 |
| | 16 | 18 | M26×1.5 | 30 | M22×1.5 | 15 | 22 | | 14 | 22.5 | 21 | 34 | 62 | 30 | 39 | 32 | 36 | 27 |
| | | 22 | M30×2 | 34 | M26×1.5 | 19 | 26 | | 18 | 27 | 23.5 | 39.5 | 70 | 34.5 | 43.5 | 36 | 41 | 32 |
| | 10 | 28 | M36×2 | 41 | M33×2 | 24 | 33 | $^{+0.039}_{0}$ | 23 | 29.5 | 26 | 42 | 76 | 37 | 46 | 41 | 46 | 41 |
| | | 35 | M45×2 | 19 | M42×2 | 30 | 42 | | 30 | 33 | 30.5 | 46.5 | 86 | 43.5 | 54.5 | 50 | 55 | 50 |
| | | 42 | M52×2 | 62 | M48×2 | 36 | 48 | | 36 | 40 | 38 | 55.5 | 104.5 | 51 | 63 | 60 | 70 | 55 |
| S | 40 | 6 | M14×1.5 | 14 | M12×1.5 | 4 | 12 | $^{+0.027}_{0}$ | 4 | 16 | 13 | 24 | 43 | 23 | 31 | 17 | 22 | 17 |
| | | 8 | M16×1.5 | 15.3 | M14×1.5 | 5 | 14 | | 5 | 17 | 14 | 25 | 47 | 24 | 32 | 19 | 24 | 19 |
| | | 10 | M18×1.5 | 17.2 | M16×1.5 | 7 | 16 | | 7 | 18 | 15.5 | 28 | 52 | 25.5 | 34.5 | 22 | 27 | 22 |
| | | 12 | M20×1.5 | 19.1 | M18×1.5 | 8 | 18 | | 8 | 19.5 | 17.5 | 31.5 | 59 | 27 | 36 | 24 | 30 | 24 |
| | | (14) | M22×1.5 | 23 | M20×1.5 | 9 | 20 | $^{+0.033}_{0}$ | 9 | 23.5 | 20.5 | 34.5 | 65 | 31 | 40 | 27 | 36 | 27 |
| | | 16 | M24×1.5 | 23 | M22×1.5 | 12 | 22 | | 12 | 23.5 | 21 | 36 | 67 | 32 | 42 | 30 | 36 | 27 |
| | | 20 | M30×2 | 29 | M27×2 | 16 | 27 | | 15 | 28.5 | 26 | 44.5 | 82.5 | 39 | 50 | 36 | 46 | 32 |
| | 25 | 25 | M36×2 | 37.6 | M33×2 | 20 | 33 | $^{+0.039}_{0}$ | 20 | 31 | 28 | 46.5 | 88.5 | 43 | 55 | 46 | 50 | 41 |
| | 16 | 30 | M42×2 | 50 | M42×2 | 25 | 42 | | 25 | 36.5 | 33 | 52 | 99 | 50 | 63 | 50 | 60 | 50 |
| | | 38 | M52×2 | 58.4 | M48×2 | 32 | 48 | | 32 | 41 | 38 | 59.5 | 114 | 57 | 72 | 60 | 70 | 55 |

注：尽可能不采用括号内的规格。

ICS 21.060.60
J 15

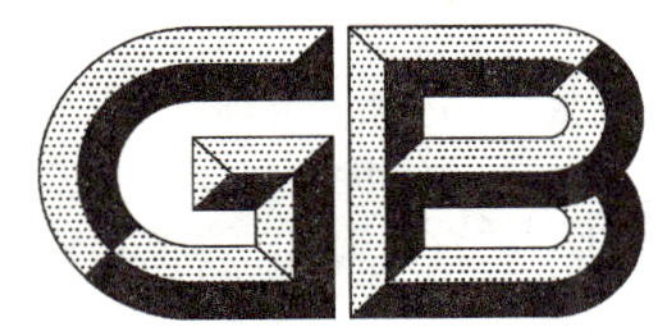

# 中华人民共和国国家标准

GB/T 3751—2008
代替 GB/T 3751.1—1983,GB/T 3751.2—1983

# 卡套式压力表管接头

## 24° cone connectors—Connector for pressure gauge

2008-05-07 发布　　2008-11-01 实施

中华人民共和国国家质量监督检验检疫总局
中国国家标准化管理委员会　发布

# 前言

本标准是卡套式管接头系列标准之一。

本标准是对 GB/T 3751.1—1983《卡套式压力表管接头》和 GB/T 3751.2—1983《卡套式压力表接头体》的修订。主要修订内容如下：

——将两个标准的内容进行了整合；

——修改了英文名称；

——将公称压力 G(250)和 J(400)修改为最大工作压力 25 MPa～63 MPa，并分为 L 和 S 两个系列，系列的产品尺寸范围作了调整；

——调整了管子外径尺寸系列，并修改了相关尺寸；

——减少了部分应由制造商控制的参数；

——取消了重量数据；

——取消了表面粗糙度标注，表面粗糙度要求在 GB/T 3765《卡套式管接头技术条件》中给出。

本标准自实施之日起代替 GB/T 3751.1—1983 和 GB/T 3751.2—1983。

本标准由中国机械工业联合会提出。

本标准由全国管路附件标准化技术委员会归口。

本标准负责起草单位：中机生产力促进中心、浙江华夏阀门有限公司。

本标准参加起草单位：海盐管件制造有限公司、嘉兴迈思特管件制造有限公司、建湖县特佳液压管件有限公司、伊顿(宁波)流体连接件有限公司、海盐高博管件有限公司、海盐县海管管件制造有限公司、焦作市路通液压附件有限公司。

本标准主要起草人：徐长祥、李维荣、陶忠明、左学俊、耿志学、周舜华、阮浩丰、周剑飞、王利民、冯峰。

本标准所代替标准的历次版本发布情况为：

——GB/T 3751.1—1983；

——GB/T 3751.2—1983。

# 卡套式压力表管接头

## 1 范围

本标准规定了卡套式压力表管接头和接头体的尺寸、标记及技术要求。

本标准适用于管子外径为 6 mm～14 mm，最大工作压力 25 MPa～63 MPa 的液压流体传动和一般用途的管路系统。

## 2 规范性引用文件

下列文件中的条款通过本标准的引用而成为本标准的条款。凡是注日期的引用文件，其随后所有的修改单(不包括勘误的内容)或修订版均不适用于本标准，然而，鼓励根据本标准达成协议的各方研究是否可使用这些文件的最新版本。凡是不注日期的引用文件，其最新版本适用于本标准。

GB/T 3759—2008 卡套式管接头用连接螺母

GB/T 3764—2008 卡套

GB/T 3765—2008 卡套式管接头技术条件

## 3 尺寸

卡套式压力表管接头和接头体的尺寸应符合图 1、图 2 和表 1 的规定，接头体卡套端尺寸应符合 GB/T 3764 的规定。

## 4 标记

### 4.1 标记方法

卡套式压力表管接头和接头体的标记方法应符合 GB/T 3765 的规定。

### 4.2 标记示例

接头系列为 L，管子外径为 8 mm，表面镀锌处理的钢制卡套式压力表管接头标记为：

管接头 GB/T 3751 L8

接头系列为 L，管子外径为 8 mm，表面镀锌处理的钢制卡套式压力表接头体标记为：

接头体 GB/T 3751 L8

## 5 技术要求

技术要求按 GB/T 3765 的规定。

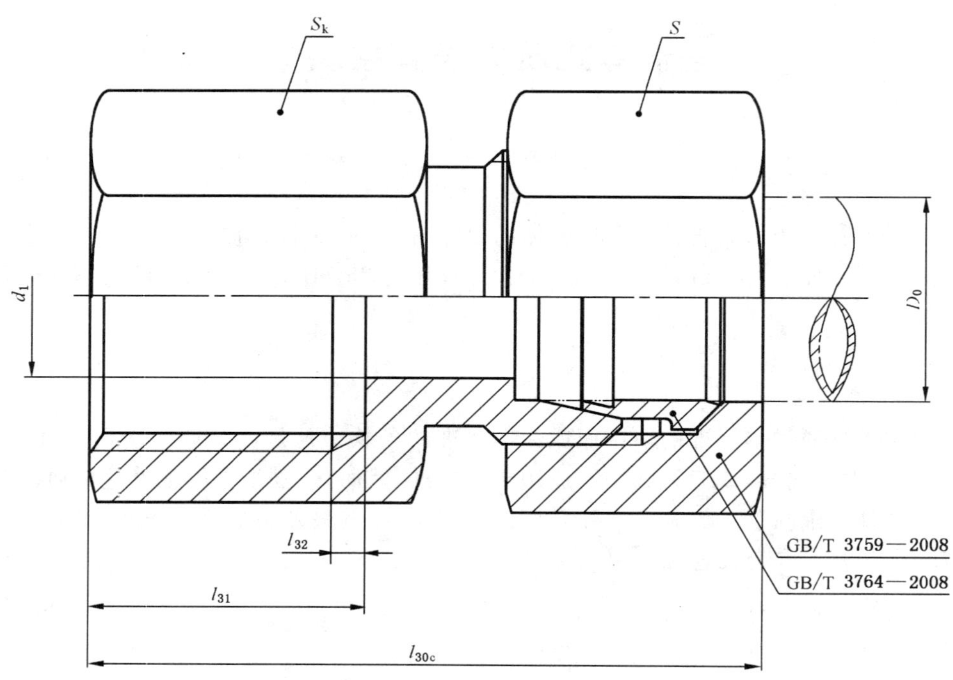


图 1　卡套式压力表管接头

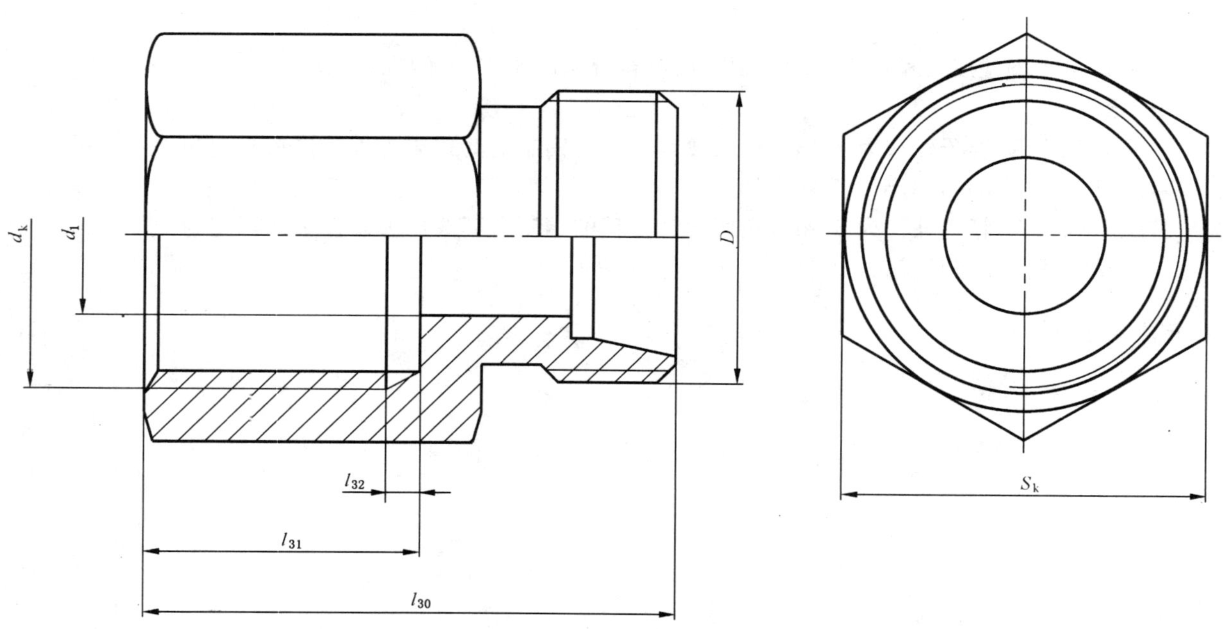


图 2　卡套式压力表接头体

表 1　卡套式管接头和接头体尺寸

单位为毫米

| 系列 | 最大工作压力/MPa | 管子外径 $D_0$ | $D$ | $d_k$ | | | | | $d_1$ | $S_k$ | $S$ | $l_{30}$ | $l_{30c}$ | $l_{31}$ | $l_{32max}$ |
|---|---|---|---|---|---|---|---|---|---|---|---|---|---|---|---|
| L | 250 | 6 | M12×1.5 | M10×1 | G1/8 | Rp1/8 | Rc1/8 | NPT1/8 | 4.5 | 14 | 14 | 22 | 30 | 10 | 1.5 |
| | | 8 | M14×1.5 | M14×1.5 | G1/4 | Rp1/4 | Rc1/4 | NPT1/4 | 6 | 19 | 17 | 28 | 36 | 15 | 2.2 |
| | | 14 | M20×1.5 | M20×1.5 | G1/2 | Rp1/2 | Rc1/2 | NPT1/2 | 11 | 27 | 24 | 33 | 41 | 18 | 2.2 |
| S | 630 | 6 | M14×1.5 | M14×1.5 | G1/4 | Rp1/4 | Rc1/4 | NPT1/4 | 5.5 | 24(19[a]) | 17 | 32 | 40 | 15 | 2.2 |
| | | 12 | M20×1.5 | M20×1.5 | G1/2 | Rp1/2 | Rc1/2 | NPT1/2 | 8 | 36(27[a]) | 24 | 38 | 47 | 18 | 2.2 |

注：尽可能不采用括号内的规格。

[a] 适用于连接圆柱螺纹的压力表。

ICS 21.060.60
J 15

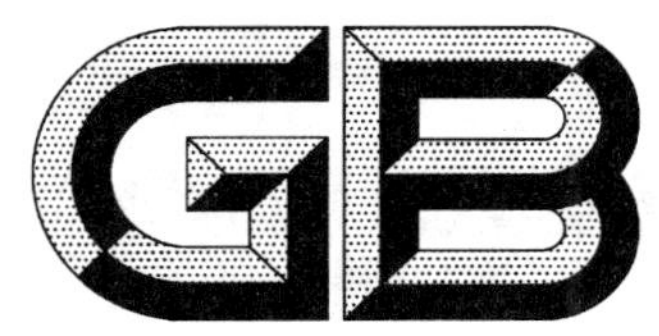

# 中华人民共和国国家标准

GB/T 3752—2008
代替 GB/T 3752.1—1983，GB/T 3752.2—1983

# 卡套式组合弯通管接头

## 24° cone connectors—Adjustable elbow

2008-05-07 发布　　2008-11-01 实施

中华人民共和国国家质量监督检验检疫总局
中国国家标准化管理委员会　发布

# 前　言

本标准是卡套式管接头系列标准之一。

本标准是对 GB/T 3752.1—1983《卡套式组合直角管接头》和 GB/T 3752.2—1983《卡套式组合直角接头体》的修订。主要修订内容如下：

——将两个标准的内容进行了整合；

——修改了中文和英文名称；

——将公称压力 G(250)和 J(400)修改为最大工作压力 10 MPa～63 MPa，并分为 LL、L 和 S 三个系列，系列的产品尺寸范围作了调整；

——将接头体扳手尺寸改为锻制和机械加工两类；

——调整了管子外径尺寸系列，并修改了相关尺寸；

——减少了部分应由制造商控制的参数；

——取消了重量数据；

——取消了表面粗糙度标注，表面粗糙度要求在 GB/T 3765《卡套式管接头技术条件》中给出。

本标准自实施之日起代替 GB/T 3752.1—1983 和 GB/T 3752.2—1983。

本标准由中国机械工业联合会提出。

本标准由全国管路附件标准化技术委员会归口。

本标准负责起草单位：中机生产力促进中心、焦作市路通液压附件有限公司。

本标准参加起草单位：海盐管件制造有限公司、伊顿（宁波）流体连接件有限公司、嘉兴迈思特管件制造有限公司、建湖县特佳液压管件有限公司、海盐高博管件有限公司、浙江华夏阀门有限公司、海盐县海管管件制造有限公司。

本标准主要起草人：李维荣、王利民、徐长祥、耿志学、周舜华、陶忠明、左学俊、阮浩丰、周剑飞、冯峰。

本标准所代替标准的历次版本发布情况为：

——GB/T 3752.1—1983；

——GB/T 3752.2—1983。

# 卡套式组合弯通管接头

## 1 范围

本标准规定了卡套式组合弯通管接头和接头体的尺寸、标记及技术要求。

本标准适用于管子外径为 6 mm～42 mm，最大工作压力 10 MPa～63 MPa 的液压流体传动和一般用途的管路系统。

## 2 规范性引用文件

下列文件中的条款通过本标准的引用而成为本标准的条款。凡是注日期的引用文件，其随后所有的修改单(不包括勘误的内容)或修订版均不适用于本标准，然而，鼓励根据本标准达成协议的各方研究是否可使用这些文件的最新版本。凡是不注日期的引用文件，其最新版本适用于本标准。

GB/T 3759—2008 卡套式管接头用连接螺母

GB/T 3764—2008 卡套

GB/T 3765—2008 卡套式管接头技术条件

## 3 尺寸

卡套式组合弯通管接头和接头体的尺寸应符合图 1、图 2 和表 1 规定，接头体卡套端尺寸应符合 GB/T 3764 的规定。

## 4 标记

### 4.1 标记方法

卡套式组合弯通管接头和接头体的标记方法应符合 GB/T 3765 的规定。

### 4.2 标记示例

接头系列为 L，管子外径为 10 mm，表面镀锌处理的钢制卡套式组合弯通管接头标记为：

管接头 GB/T 3752 L10

接头系列为 L，管子外径为 10 mm，表面镀锌处理的钢制卡套式组合弯通接头体标记为：

接头体 GB/T 3752 L10

## 5 技术要求

技术要求按 GB/T 3765 的规定。

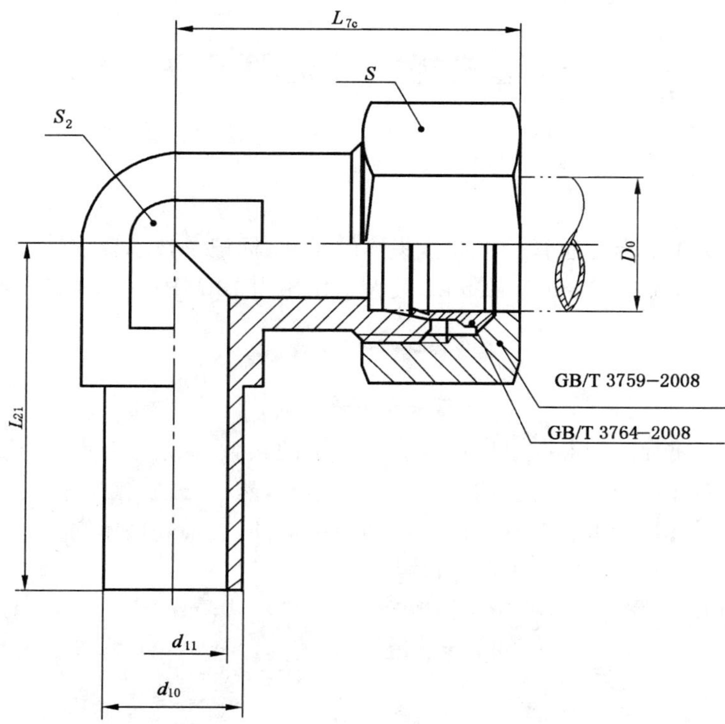


图 1　卡套式组合弯通管接头

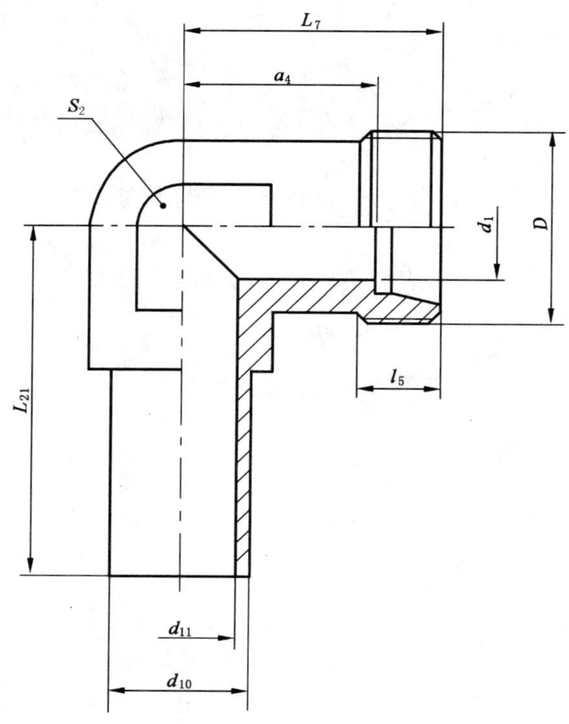


图 2　卡套式组合弯通接头体

表 1 卡套式组合弯通管接头和接头体的尺寸

单位为毫米

| 系列 | 最大工作压力/MPa | 管子外径 $D_0$ | $D$ | $d_1$ 参考 | $d_{10}$ ±0.3 | $d_{11}$ $^{+0.20}_{-0.05}$ | $l_5$ min | $L_7$ ±0.3 | $L_{7c}$ ≈ | $L_{21}$ ±0.5 | $a_4$ 参考 | $S$ | $S_2$ 锻制 min | $S_2$ 机械加工 max |
|---|---|---|---|---|---|---|---|---|---|---|---|---|---|---|
| L | 25 | 6 | M12×1.5 | 4 | 6 | 3 | 7 | 19 | 27 | 26 | 12 | 14 | 12 | — |
| | | 8 | M14×1.5 | 6 | 8 | 5 | 7 | 21 | 29 | 27.5 | 14 | 17 | 12 | 14 |
| | | 10 | M16×1.5 | 8 | 10 | 7 | 8 | 22 | 30 | 29 | 15 | 19 | 14 | 17 |
| | | 12 | M18×1.5 | 10 | 12 | 8 | 8 | 24 | 32 | 29.5 | 17 | 22 | 17 | 19 |
| | | (14) | M20×1.5 | 11 | 14 | 10 | 8 | 25 | 33 | 31.5 | 18 | 24 | 19 | — |
| | | 15 | M22×1.5 | 12 | 15 | 10 | 9 | 28 | 36 | 32.5 | 21 | 27 | 19 | — |
| | | (16) | M24×1.5 | 14 | 16 | 11 | 9 | 30 | 39 | 33.5 | 22.5 | 30 | 22 | — |
| | 16 | 18 | M26×1.5 | 15 | 18 | 13 | 9 | 31 | 40 | 35.5 | 23.5 | 32 | 24 | — |
| | | 22 | M30×2 | 19 | 22 | 17 | 10 | 35 | 44 | 38.5 | 27.5 | 36 | 27 | — |
| | 10 | 28 | M36×2 | 24 | 28 | 23 | 10 | 38 | 47 | 41.5 | 30.5 | 41 | 36 | — |
| | | 35 | M45×2 | 30 | 35 | 29 | 12 | 45 | 56 | 51 | 34.5 | 50 | 41 | — |
| | | 42 | M52×2 | 36 | 42 | 36 | 12 | 51 | 63 | 56 | 40 | 60 | 50 | — |
| S | 63 | 6 | M14×1.5 | 4 | 6 | 2.5 | 9 | 23 | 31 | 27 | 16 | 17 | 12 | 14 |
| | | 8 | M16×1.5 | 5 | 8 | 4 | 9 | 24 | 32 | 27.5 | 17 | 19 | 14 | 17 |
| | | 10 | M18×1.5 | 7 | 10 | 5 | 9 | 25 | 34 | 30 | 17.5 | 22 | 17 | 19 |
| | | 12 | M20×1.5 | 8 | 12 | 6 | 9 | 26 | 35 | 31 | 18.5 | 24 | 17 | 22 |
| | | (14) | M22×1.5 | 9 | 14 | 7 | 10 | 29 | 38 | 34 | 21.5 | 27 | 22 | — |
| | 40 | 16 | M24×1.5 | 12 | 16 | 10 | 11 | 33 | 43 | 36.5 | 24.5 | 30 | 24 | — |
| | | 20 | M30×2 | 16 | 20 | 12 | 12 | 37 | 48 | 44.5 | 26.5 | 36 | 27 | — |
| | | 25 | M36×2 | 20 | 25 | 16 | 14 | 45 | 57 | 50 | 33 | 46 | 36 | — |
| | 25 | 30 | M42×2 | 25 | 30 | 22 | 16 | 49 | 62 | 55 | 35.5 | 50 | 41 | — |
| | | 38 | M52×2 | 32 | 38 | 28 | 18 | 57 | 72 | 63 | 41 | 60 | 50 | — |

注：尽可能不采用括号内的规格。

ICS 21.060.60
J 15

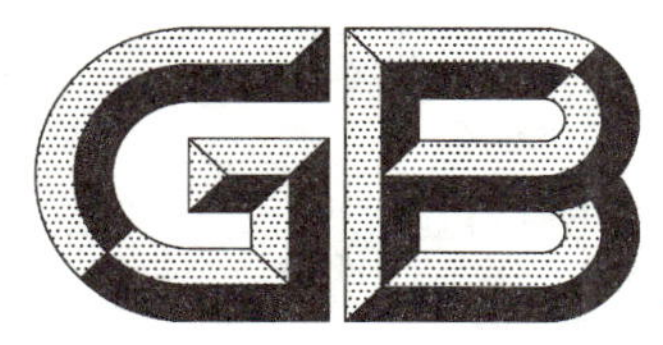

# 中华人民共和国国家标准

GB/T 3753—2008
代替 GB/T 3753.1—1983,GB/T 3753.2—1983

# 卡套式组合三通管接头

# 24° cone connectors—Adjustable tee

2008-05-07 发布 2008-11-01 实施

中华人民共和国国家质量监督检验检疫总局
中国国家标准化管理委员会 发布

# 前　言

本标准是卡套式管接头系列标准之一。

本标准是对 GB/T 3753.1—1983《卡套式组合三通管接头》和 GB/T 3753.2—1983《卡套式组合三通接头体》的修订。主要修订内容如下：

——将两个标准的内容进行了整合；

——修改了中文和英文名称；

——将公称压力 G(250)和 J(400)修改为最大工作压力 10 MPa～63 MPa，并分为 LL、L 和 S 三个系列，系列的产品尺寸范围作了调整；

——将接头体扳手尺寸改为锻制和机械加工两类；

——调整了管子外径尺寸系列，并修改了相关尺寸；

——减少了部分应由制造商控制的参数；

——取消了重量数据；

——取消了表面粗糙度标注，表面粗糙度要求在 GB/T 3765《卡套式管接头技术条件》中给出。

本标准自实施之日起代替 GB/T 3753.1—1983 和 GB/T 3753.2—1983。

本标准由中国机械工业联合会提出。

本标准由全国管路附件标准化技术委员会归口。

本标准负责起草单位：中机生产力促进中心、焦作市路通液压附件有限公司。

本标准参加起草单位：海盐管件制造有限公司、伊顿(宁波)流体连接件有限公司、嘉兴迈思特管件制造有限公司、建湖县特佳液压管件有限公司、海盐高博管件有限公司、浙江华夏阀门有限公司、海盐县海管管件制造有限公司。

本标准主要起草人：李维荣、徐长祥、王利民、耿志学、周舜华、陶忠明、左学俊、阮浩丰、周剑飞、冯峰。

本标准所代替标准的历次版本发布情况为：

——GB/T 3753.1—1983；

——GB/T 3753.2—1983。

# 卡套式组合三通管接头

## 1 范围

本标准规定了卡套式组合三通管接头和接头体的尺寸、标记及技术要求。

本标准适用于管子外径为 6 mm～42 mm，最大工作压力 10 MPa～63 MPa 的液压流体传动和一般用途的管路系统。

## 2 规范性引用文件

下列文件中的条款通过本标准的引用而成为本标准的条款。凡是注日期的引用文件，其随后所有的修改单(不包括勘误的内容)或修订版均不适用于本标准，然而，鼓励根据本标准达成协议的各方研究是否可使用这些文件的最新版本。凡是不注日期的引用文件，其最新版本适用于本标准。

GB/T 3759—2008 卡套式管接头用连接螺母

GB/T 3764—2008 卡套

GB/T 3765—2008 卡套式管接头技术条件

## 3 尺寸

卡套式组合三通管接头和接头体的尺寸应符合图 1、图 2 和表 1 的规定，接头体卡套端尺寸应符合 GB/T 3764 的规定。

## 4 标记

### 4.1 标记方法

卡套式组合三通管接头和接头体的标记方法应符合 GB/T 3765 的规定。

### 4.2 标记示例

接头系列为 L，管子外径为 10 mm，表面镀锌处理的钢制卡套式组合三通管接头标记为：

管接头 GB/T 3753 L10

接头系列为 L，管子外径为 10 mm，表面镀锌处理的钢制卡套式组合三通接头体标记为：

接头体 GB/T 3753 L10

## 5 技术要求

技术要求按 GB/T 3765 的规定。

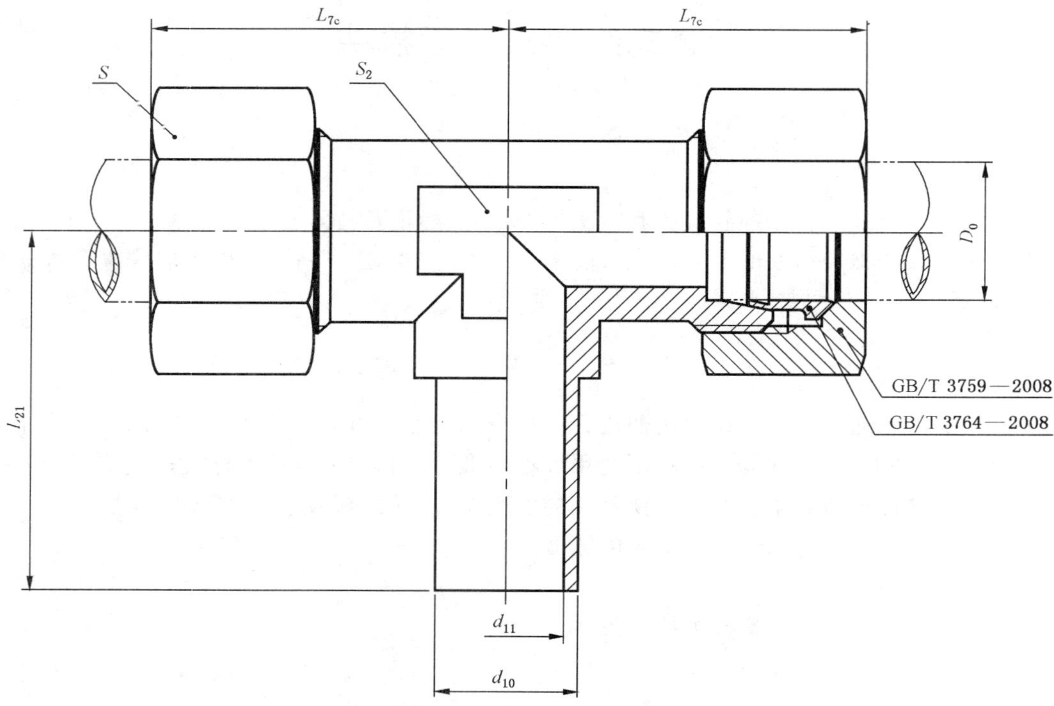


图 1 卡套式组合三通管接头

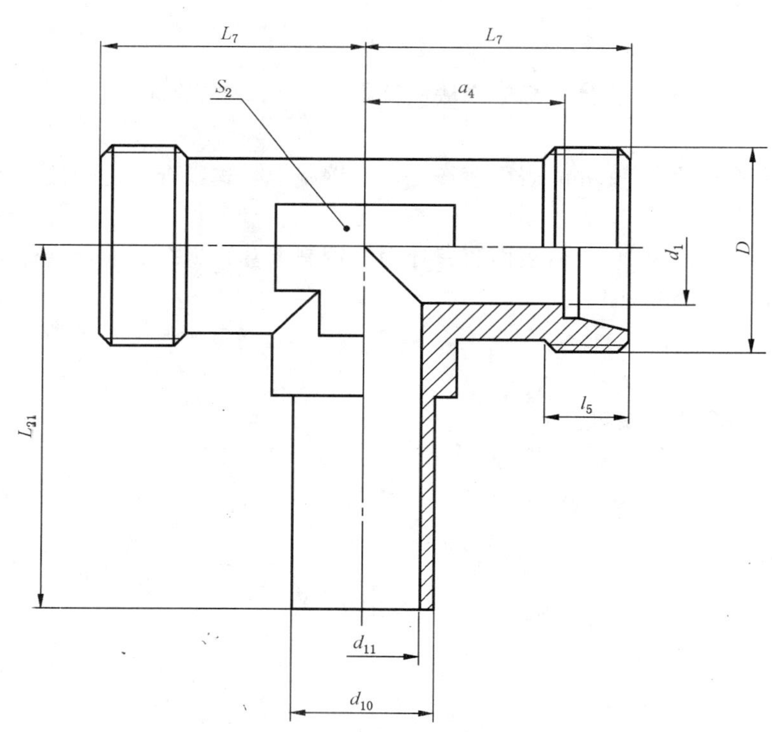


图 2 卡套式组合三通接头体

**表 1　卡套式组合三通管接头和接头体的尺寸**

单位为毫米

| 系列 | 最大工作压力/MPa | 管子外径 $D_0$ | $D$ | $d_1$ 参考 | $d_{10}$ ±0.3 | $d_{11}$ $^{+0.20}_{-0.05}$ | $l_5$ min | $L_7$ ±0.3 | $L_{7c}$ ≈ | $L_{21}$ ±0.5 | $a_4$ 参考 | $S$ | $S_2$ 锻制 min | $S_2$ 机械加工 max |
|---|---|---|---|---|---|---|---|---|---|---|---|---|---|---|
| L | 25 | 6 | M12×1.5 | 4 | 6 | 3 | 7 | 19 | 27 | 26 | 12 | 14 | 12 | — |
| | | 8 | M14×1.5 | 6 | 8 | 5 | 7 | 21 | 29 | 27.5 | 14 | 17 | 12 | 14 |
| | | 10 | M16×1.5 | 8 | 10 | 7 | 8 | 22 | 30 | 29 | 15 | 19 | 14 | 17 |
| | | 12 | M18×1.5 | 10 | 12 | 8 | 8 | 24 | 32 | 29.5 | 17 | 22 | 17 | 19 |
| | | (14) | M20×1.5 | 11 | 14 | 10 | 8 | 25 | 33 | 31.5 | 18 | 24 | 19 | — |
| | | 15 | M22×1.5 | 12 | 15 | 10 | 9 | 28 | 36 | 32.5 | 21 | 27 | 19 | — |
| | | (16) | M24×1.5 | 14 | 16 | 11 | 9 | 30 | 39 | 33.5 | 22.5 | 30 | 22 | — |
| | 16 | 18 | M26×1.5 | 15 | 18 | 13 | 9 | 31 | 40 | 35.5 | 23.5 | 32 | 24 | — |
| | | 22 | M30×2 | 19 | 22 | 17 | 10 | 35 | 44 | 38.5 | 27.5 | 36 | 27 | — |
| | 10 | 28 | M36×2 | 24 | 28 | 23 | 10 | 38 | 47 | 41.5 | 30.5 | 41 | 36 | — |
| | | 35 | M45×2 | 30 | 35 | 29 | 12 | 45 | 56 | 51 | 34.5 | 50 | 41 | — |
| | | 42 | M52×2 | 36 | 42 | 36 | 12 | 51 | 63 | 56 | 40 | 60 | 50 | — |
| S | 63 | 6 | M14×1.5 | 4 | 6 | 2.5 | 9 | 23 | 31 | 27 | 16 | 17 | 12 | 14 |
| | | 8 | M16×1.5 | 5 | 8 | 4 | 9 | 24 | 32 | 27.5 | 17 | 19 | 14 | 17 |
| | | 10 | M18×1.5 | 7 | 10 | 5 | 9 | 25 | 34 | 30 | 17.5 | 22 | 17 | 19 |
| | | 12 | M20×1.5 | 8 | 12 | 6 | 9 | 26 | 35 | 31 | 18.5 | 24 | 17 | 22 |
| | | (14) | M22×1.5 | 9 | 14 | 7 | 10 | 29 | 38 | 34 | 21.5 | 27 | 22 | — |
| | 40 | 16 | M24×1.5 | 12 | 16 | 10 | 11 | 33 | 43 | 36.5 | 24.5 | 30 | 24 | — |
| | | 20 | M30×2 | 16 | 20 | 12 | 12 | 37 | 48 | 44.5 | 26.5 | 36 | 27 | — |
| | | 25 | M36×2 | 20 | 25 | 16 | 14 | 45 | 57 | 50 | 33 | 46 | 36 | — |
| | 25 | 30 | M42×2 | 25 | 30 | 22 | 16 | 49 | 62 | 55 | 35.5 | 50 | 41 | — |
| | | 38 | M52×2 | 32 | 38 | 28 | 18 | 57 | 72 | 63 | 41 | 60 | 50 | — |

注：尽可能不采用括号内的规格。

ICS 21.060.60
J 15

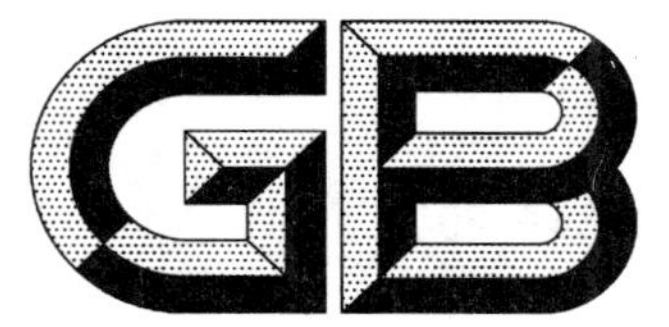

# 中华人民共和国国家标准

GB/T 3754—2008
代替 GB/T 3754.1—1983，GB/T 3754.2—1983

# 卡套式锥密封组合弯通管接头

## 24° cone connectors—Swivel elbow with O-ring

2008-05-07 发布　　2008-11-01 实施

中华人民共和国国家质量监督检验检疫总局
中国国家标准化管理委员会　发布

# 前　言

本标准是卡套式管接头系列标准之一。

本标准中管接头结构型式和尺寸与ISO 8434-1:2007《用于流体传动和一般用途的金属管接头　第1部分:24°压缩式管接头》(英文版)的相关部分基本一致。

本标准是对GB/T 3754.1—1983《卡套式端对接直通管接头》和GB/T 3754.2—1983《卡套式端对接直通接头体》的修订。主要修订内容如下:

——将两个标准的内容进行了整合修订,取消了原标准规定的型式与尺寸,规定了卡套式锥密封组合弯通管接头的型式和尺寸;

——修改了中文和英文名称。

本标准使用GB/T 3754—2008的标准编号,意在体现卡套式管接头标准的系列性,但本标准的接头型式与原标准的接头型式并不互换。

本标准自实施之日起代替GB/T 3754.1—1983和GB/T 3754.2—1983。

本标准由中国机械工业联合会提出。

本标准由全国管路附件标准化技术委员会归口。

本标准负责起草单位:中机生产力促进中心。

本标准参加起草单位:海盐管件制造有限公司、伊顿(宁波)流体连接件有限公司、嘉兴迈思特管件制造有限公司、建湖县特佳液压管件有限公司、海盐高博管件有限公司、海盐县海管管件制造有限公司、浙江华夏阀门有限公司、焦作市路通液压附件有限公司。

本标准主要起草人:李维荣、徐长祥、李俊英、周舜华、耿志学、陶忠明、左学俊、阮浩丰、周剑飞、王利民。

本标准所代替标准的历次版本发布情况为:

——GB/T 3754.1—1983;

——GB/T 3754.2—1983。

# 卡套式锥密封组合弯通管接头

## 1 范围

本标准规定了卡套式锥密封组合弯通管接头和接头体的尺寸、标记及技术要求。

本标准适用于管子外径为 6 mm～42 mm，最大工作压力 10 MPa～63 MPa 的液压流体传动和一般用途的管路系统。

## 2 规范性引用文件

下列文件中的条款通过本标准的引用而成为本标准的条款。凡是注日期的引用文件，其随后所有的修改单(不包括勘误的内容)或修订版均不适用于本标准，然而，鼓励根据本标准达成协议的各方研究是否可使用这些文件的最新版本。凡是不注日期的引用文件，其最新版本适用于本标准。

GB/T 3758—2008 卡套式管接头用锥密封焊接接管

GB/T 3759—2008 卡套式管接头用连接螺母

GB/T 3764—2008 卡套

GB/T 3765—2008 卡套式管接头技术条件

## 3 尺寸

卡套式锥密封组合弯通管接头和接头体的尺寸应符合图 1、图 2 和表 1 的规定，接头体卡套端尺寸应符合 GB/T 3764 的规定。

## 4 标记

### 4.1 标记方法

卡套式锥密封组合弯通管接头和接头体的标记应符合 GB/T 3765 的规定。

### 4.2 标记示例

接头系列为 L，管子外径为 10 mm，表面镀锌处理的钢制卡套式锥密封组合弯通管接头标记为：

管接头 GB/T 3754 L10

接头系列为 L，管子外径为 10 mm，表面镀锌处理的钢制卡套式锥密封组合弯通接头体标记为：

接头体 GB/T 3754 L10

## 5 技术要求

技术要求按 GB/T 3765 的规定。

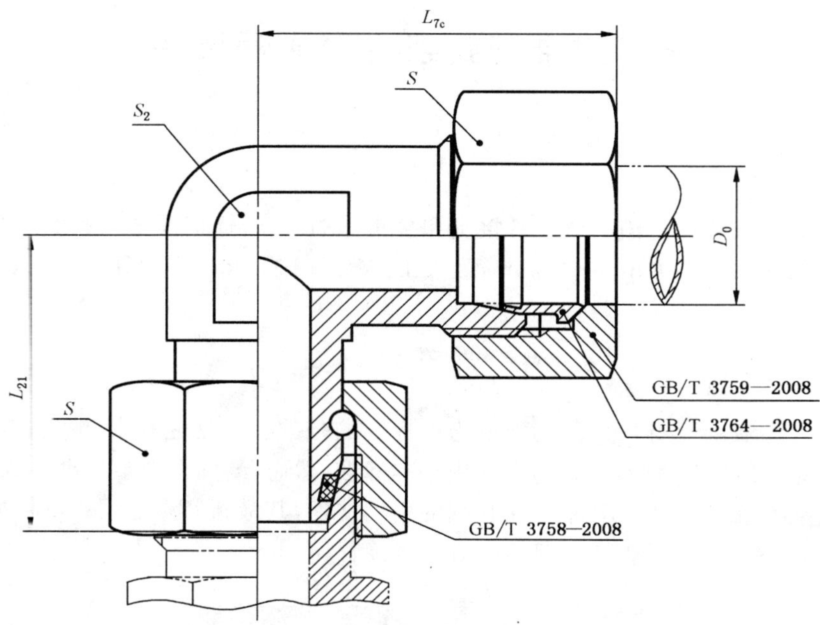


图 1　卡套式锥密封组合弯通管接头

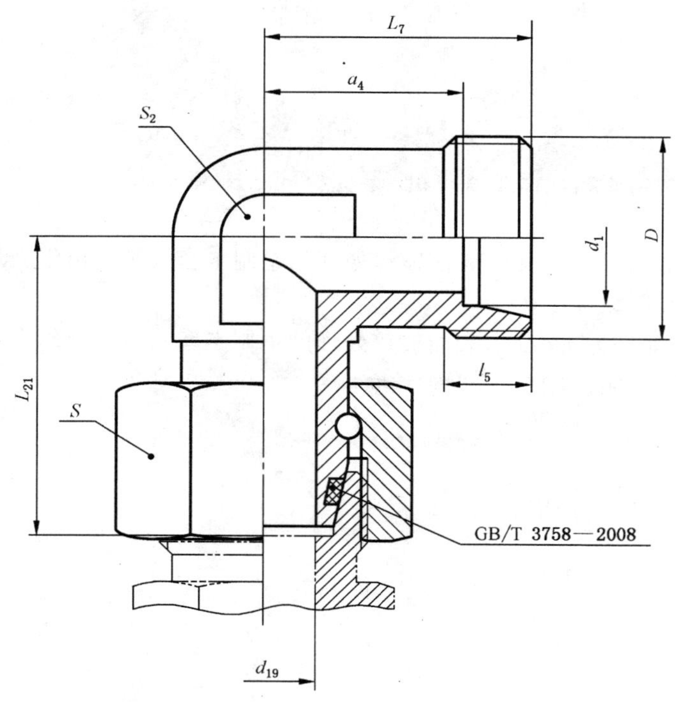


图 2　卡套式锥密封组合弯通接头体

表 1　卡套式锥密封组合弯通管接头和接头体的尺寸

单位为毫米

| 系列 | 最大工作压力/MPa | 管子外径 $D_0$ | $D$ | $d_1$ 参考 | $d_{19}$ min | $L_7$ ±0.3 | $L_{7c}$ ≈ | $L_{21}$ ±0.5 | $a_4$ 参考 | $l_5$ min | $S$ | $S_2$ 锻制 min | $S_2$ 机械加工 max |
|---|---|---|---|---|---|---|---|---|---|---|---|---|---|
| L | 25 | 6 | M12×1.5 | 4 | 2.5 | 19 | 27 | 26 | 12 | 7 | 14 | 12 | — |
| | | 8 | M14×1.5 | 6 | 4 | 21 | 29 | 27.5 | 14 | 7 | 17 | 12 | 14 |
| | | 10 | M16×1.5 | 8 | 6 | 22 | 30 | 29 | 15 | 8 | 19 | 14 | 17 |
| | | 12 | M18×1.5 | 10 | 8 | 24 | 32 | 29.5 | 17 | 8 | 22 | 17 | 19 |
| | | (14) | M20×1.5 | 11 | 9 | 25 | 33 | 31.5 | 18 | 8 | 24 | 19 | — |
| | | 15 | M22×1.5 | 12 | 10 | 28 | 36 | 32.5 | 21 | 9 | 27 | 19 | — |
| | | (16) | M24×1.5 | 14 | 12 | 30 | 39 | 33.5 | 22.5 | 9 | 30 | 22 | — |
| | 16 | 18 | M26×1.5 | 15 | 13 | 31 | 40 | 35.5 | 23.5 | 9 | 32 | 24 | — |
| | | 22 | M30×2 | 19 | 17 | 35 | 44 | 38.5 | 27.5 | 10 | 36 | 27 | — |
| | 10 | 28 | M36×2 | 24 | 22 | 38 | 47 | 41.5 | 30.5 | 10 | 41[a] | 36 | — |
| | | 35 | M45×2 | 30 | 28 | 45 | 56 | 51 | 34.5 | 12 | 50 | 41 | — |
| | | 42 | M52×2 | 36 | 34 | 51 | 63 | 56 | 40 | 12 | 60 | 50 | — |
| S | 63 | 6 | M14×1.5 | 4 | 2.5 | 23 | 31 | 27 | 16 | 9 | 17 | 12 | 14 |
| | | 8 | M16×1.5 | 5 | 4 | 24 | 32 | 27.5 | 17 | 9 | 19 | 14 | 17 |
| | | 10 | M18×1.5 | 7 | 6 | 25 | 34 | 30 | 17.5 | 9 | 22 | 17 | 19 |
| | | 12 | M20×1.5 | 8 | 8 | 26 | 35 | 31 | 18.5 | 9 | 24 | 17 | 22 |
| | | (14) | M22×1.5 | 9 | 9 | 29 | 38 | 34 | 21.5 | 10 | 27 | 22 | — |
| | 40 | 16 | M24×1.5 | 12 | 11 | 33 | 43 | 36.5 | 24.5 | 11 | 30 | 24 | — |
| | | 20 | M30×2 | 16 | 14 | 37 | 48 | 44.5 | 26.5 | 12 | 36 | 27 | — |
| | | 25 | M36×2 | 20 | 18 | 45 | 57 | 50 | 33 | 14 | 46 | 36 | — |
| | 25 | 30 | M42×2 | 25 | 23 | 49 | 62 | 55 | 35.5 | 16 | 50 | 41 | — |
| | | 38 | M52×2 | 32 | 30 | 57 | 72 | 63 | 41 | 18 | 60 | 50 | — |

注：尽可能不采用括号内的规格。

[a] 可为 46 mm。

ICS 21.060.60
J 15

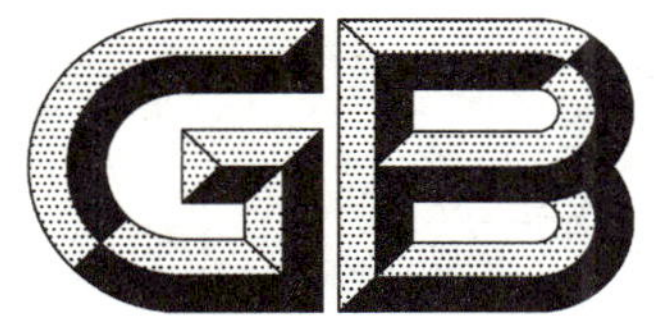

# 中华人民共和国国家标准

GB/T 3756—2008
代替 GB/T 3756.1—1983，GB/T 3756.2—1983

# 卡套式锥密封组合直通管接头

# 24° cone connectors—Swivel stud straight adapter with O-ring with stud end

2008-05-07 发布　　2008-11-01 实施

中华人民共和国国家质量监督检验检疫总局
中国国家标准化管理委员会　发布

# 前　言

本标准是卡套式管接头系列标准之一。

本标准中管接头结构型式和尺寸与 ISO 8434-1:2007《用于流体传动和一般用途的金属管接头　第1部分:24°压缩式管接头》(英文版)的相关部分基本一致。

本标准是对 GB/T 3756.1—1983《卡套式对接直通管接头》和 GB/T 3756.2—1983《卡套式对接直通接头体》的修订。主要修订内容如下:

——将两个标准的内容进行了整合修订,取消了原标准规定的型式与尺寸,规定了卡套式锥密封组合直通管接头型式与尺寸;

——修改了中文和英文名称。

本标准使用 GB/T 3756—2008 的标准编号,意在体现卡套式管接头标准的系列性,但本标准的接头型式与原标准的接头型式并不互换。

本标准自实施之日起代替 GB/T 3756.1—1983 和 GB/T 3756.2—1983。

本标准由中国机械工业联合会提出。

本标准由全国管路附件标准化技术委员会归口。

本标准负责起草单位:中机生产力促进中心。

本标准参加起草单位:海盐管件制造有限公司、伊顿(宁波)流体连接件有限公司、嘉兴迈思特管件制造有限公司、建湖县特佳液压管件有限公司、海盐高博管件有限公司、海盐县海管管件制造有限公司、浙江华夏阀门有限公司、焦作市路通液压附件有限公司。

本标准主要起草人:李维荣、徐长祥、李俊英、周舜华、耿志学、陶忠明、左学俊、阮浩丰、周剑飞、王利民。

本标准所代替标准的历次版本发布情况为:

——GB/T 3756.1—1983;

——GB/T 3756.2—1983。

# 卡套式锥密封组合直通管接头

## 1 范围

本标准规定了卡套式锥密封组合直通管接头和接头体的尺寸、标记及技术要求。

本标准适用于管子外径为 6 mm～42 mm，最大工作压力 10 MPa～63 MPa 的液压流体传动和一般用途的管路系统。

## 2 规范性引用文件

下列文件中的条款通过本标准的引用而成为本标准的条款。凡是注日期的引用文件，其随后所有的修改单(不包括勘误的内容)或修订版均不适用于本标准，然而，鼓励根据本标准达成协议的各方研究是否可使用这些文件的最新版本。凡是不注日期的引用文件，其最新版本适用于本标准。

GB/T 3758—2008　卡套式管接头用锥密封焊接接管

GB/T 3759—2008　卡套式管接头用连接螺母

GB/T 3764—2008　卡套

GB/T 3765—2008　卡套式管接头技术条件

GB/T 19674.2—2005　液压管接头用螺纹油口和柱端　填料密封柱端(A 型和 E 型)

## 3 尺寸

带 F 型柱端的卡套式锥密封组合直通管接头的尺寸应符合图 1 和表 1 的规定，F 型柱端型式尺寸应符合 GB/T 3765 附录 A 的规定。

带 E 型柱端的卡套式锥密封组合直通管接头的尺寸应符合图 2 和表 2 的规定，E 型柱端型式尺寸应符合 GB/T 19674.2 的规定。

卡套端尺寸应符合 GB/T 3764 的规定。

## 4 标记

### 4.1 标记方法

卡套式锥密封组合直通管接头的标记方法应符合 GB/T 3765 的规定。

### 4.2 标记示例

接头系列为 L，管子外径为 10 mm，普通螺纹(M)F 型柱端，表面镀锌处理的钢制卡套式锥密封组合直通管接头标记为：

管接头　GB/T 3756　L10

## 5 技术要求

技术要求按 GB/T 3765 的规定。

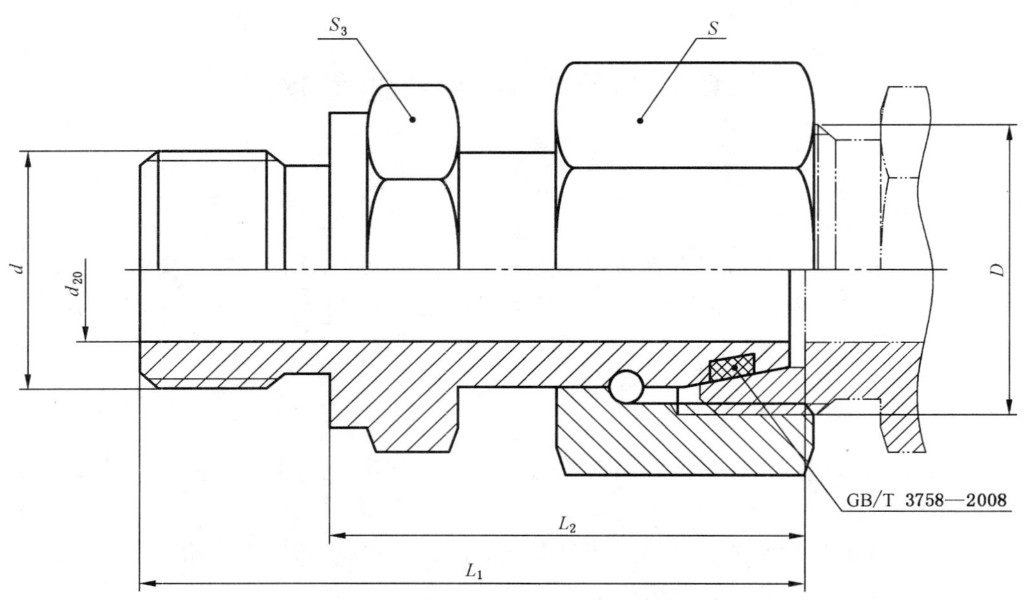


图 1 带 F 型柱端的卡套式锥密封组合直通管接头

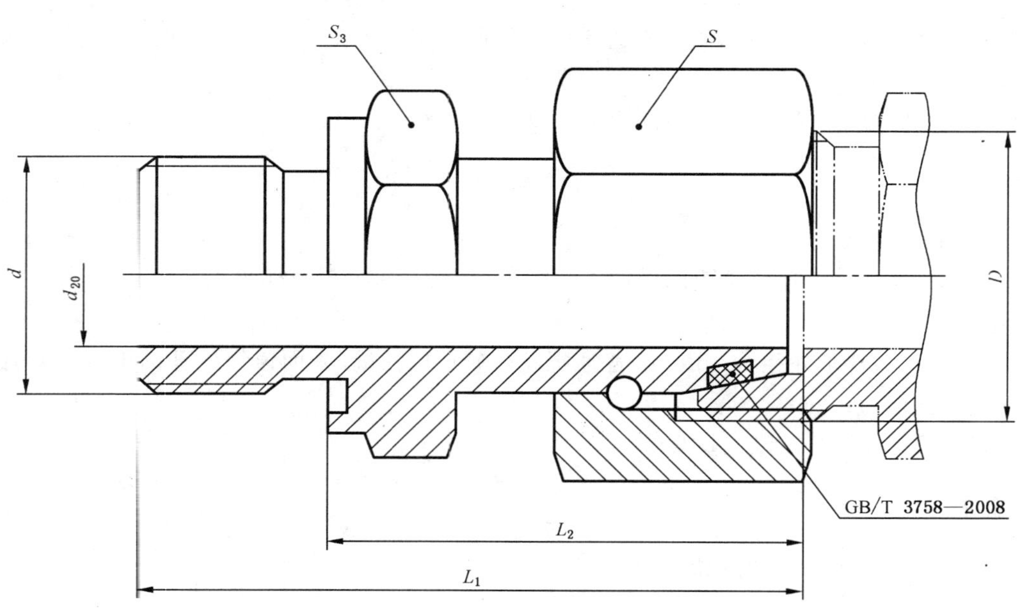


图 2 带 E 型柱端的卡套式锥密封组合直通管接头

**表 1　带 F 型柱端的卡套式锥密封组合直通管接头尺寸**

单位为毫米

| 系列 | 最大工作压力/MPa | 管子外径 $D_0$ | $D$ | $d$ | $d_{20}$ min | $L_1$ ±0.5 | $L_2$ 参考 | $S$ | $S_3$ |
|---|---|---|---|---|---|---|---|---|---|
| L | 25 | 6 | M12×1.5 | M10×1 | 2.5 | 33 | 24.5 | 14 | 14 |
| | | 8 | M14×1.5 | M12×1.5 | 4 | 37.5 | 26.5 | 17 | 17 |
| | | 10 | M16×1.5 | M14×1.5 | 6 | 38.5 | 27.5 | 19 | 19 |
| | | 12 | M18×1.5 | M16×1.5 | 8 | 42 | 30.5 | 22 | 22 |
| | | (14) | M20×1.5 | M18×1.5 | 9 | 43.5 | 31 | 24 | 24 |
| | | 15 | M22×1.5 | M18×1.5 | 10 | 44 | 31.5 | 27 | 24 |
| | | (16) | M24×1.5 | M20×1.5 | 12 | 44 | 31.5 | 30 | 27 |
| | 16 | 18 | M26×1.5 | M22×1.5 | 13 | 44.5 | 31.5 | 32 | 27 |
| | | 22 | M30×2 | M27×2 | 17 | 48.5 | 32.5 | 36 | 32 |
| | 10 | 28 | M36×2 | M33×2 | 22 | 51 | 35 | 41[a] | 41 |
| | | 35 | M45×2 | M42×2 | 28 | 58.5 | 42.5 | 50 | 50 |
| | | 42 | M52×2 | M48×2 | 34 | 64 | 46.5 | 60 | 55 |
| S | 63 | 6 | M14×1.5 | M12×1.5 | 2.5 | 38 | 27 | 17 | 17 |
| | | 8 | M16×1.5 | M14×1.5 | 4 | 40.5 | 29.5 | 19 | 19 |
| | | 10 | M18×1.5 | M16×1.5 | 6 | 44.5 | 32 | 22 | 22 |
| | | 12 | M20×1.5 | M18×1.5 | 8 | 48 | 34 | 24 | 24 |
| | | (14) | M22×1.5 | M20×1.5 | 9 | 50 | 36 | 27 | 27 |
| | 40 | 16 | M24×1.5 | M22×1.5 | 11 | 52 | 37 | 30 | 27 |
| | | 20 | M30×2 | M27×2 | 14 | 61.5 | 43 | 36 | 32 |
| | | 25 | M36×2 | M33×2 | 18 | 66.5 | 48 | 46 | 41 |
| | 25 | 30 | M42×2 | M42×2 | 23 | 70 | 51 | 50 | 50 |
| | | 38 | M52×2 | M48×2 | 30 | 81.5 | 60 | 60 | 55 |

注：尽可能不采用括号内的规格。

[a] 可为 46 mm。

**表 2 带 E 型柱端的卡套式锥密封组合直通管接头尺寸**

单位为毫米

| 系列 | 最大工作压力/MPa | 管子外径 $D_0$ | $D$ | $d$ | $d_{20}$ min | $L_1$ ±0.5 | $L_2$ 参考 | $S$ | $S_3$ |
|---|---|---|---|---|---|---|---|---|---|
| L | 25 | 6 | M12×1.5 | M10×1 | 2.5 | 32.5 | 24.5 | 14 | 14 |
| | | 8 | M14×1.5 | M12×1.5 | 4 | 38.5 | 26.5 | 17 | 17 |
| | | 10 | M16×1.5 | M14×1.5 | 6 | 39.5 | 27.5 | 19 | 19 |
| | | 12 | M18×1.5 | M16×1.5 | 8 | 42.5 | 30.5 | 22 | 22 |
| | | (14) | M20×1.5 | M18×1.5 | 9 | 43 | 31 | 24 | 24 |
| | | 15 | M22×1.5 | M18×1.5 | 10 | 43.5 | 31.5 | 27 | 24 |
| | | (16) | M24×1.5 | M20×1.5 | 11 | 43.5 | 31.5 | 30 | 27 |
| | 16 | 18 | M26×1.5 | M22×1.5 | 13 | 45.5 | 31.5 | 32 | 27 |
| | | 22 | M30×2 | M26×1.5 | 17 | 48.5 | 32.5 | 36 | 32 |
| | 10 | 28 | M36×2 | M33×2 | 22 | 53 | 35 | 41[a] | 41 |
| | | 35 | M45×2 | M42×2 | 28 | 62.5 | 42.5 | 50 | 50 |
| | | 42 | M52×2 | M48×2 | 34 | 68.5 | 46.5 | 60 | 55 |
| S | 63 | 6 | M14×1.5 | M12×1.5 | 2.5 | 39 | 27 | 17 | 17 |
| | | 8 | M16×1.5 | M14×1.5 | 4 | 41.5 | 29.5 | 19 | 19 |
| | | 10 | M18×1.5 | M16×1.5 | 6 | 44 | 32 | 22 | 22 |
| | | 12 | M20×1.5 | M18×1.5 | 8 | 46 | 34 | 24 | 24 |
| | | (14) | M22×1.5 | M20×1.5 | 9 | 50 | 36 | 27 | 27 |
| | 40 | 16 | M24×1.5 | M22×1.5 | 11 | 51 | 37 | 30 | 27 |
| | | 20 | M30×2 | M27×2 | 14 | 59 | 43 | 36 | 32 |
| | | 25 | M36×2 | M33×2 | 18 | 66 | 48 | 46 | 41 |
| | 25 | 30 | M42×2 | M42×2 | 23 | 71 | 51 | 50 | 50 |
| | | 38 | M52×2 | M48×2 | 30 | 82 | 60 | 60 | 55 |

[a] 可为 46 mm。

ICS 21.060.60
J 15

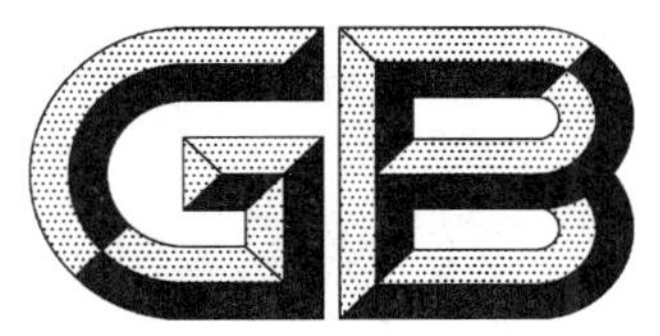

# 中华人民共和国国家标准

GB/T 3757—2008
代替 GB/T 3757.1—1983,GB/T 3757.2—1983

# 卡套式过板焊接管接头

## 24° cone connectors—Weld-in bulkhead straight connector

2008-05-07 发布　　　　2008-11-01 实施

中华人民共和国国家质量监督检验检疫总局
中国国家标准化管理委员会　发布

# 前　言

本标准是卡套式管接头系列标准之一。

本标准中管接头结构型式和尺寸与ISO 8434-1:2007《用于流体传动和一般用途的金属管接头　第1部分:24°压缩式管接头》(英文版)的相关部分基本一致。

本标准是对GB/T 3757.1—1983《卡套式端对接直角管接头》和GB/T 3757.2—1983《卡套式端对接直角接头体》的修订。主要修订内容如下:

——将两个标准的内容进行了整合修订,取消了原标准规定的型式与尺寸,规定了卡套式过板焊接管接头的型式与尺寸;

——修改了中文和英文名称。

本标准使用GB/T 3757—2008的标准编号,意在体现卡套式管接头标准的系列性,但本标准的接头型式与原标准的接头型式并不互换。

本标准自实施之日起代替GB/T 3757.1—1983和GB/T 3757.2—1983。

本标准由中国机械工业联合会提出。

本标准由全国管路附件标准化技术委员会归口。

本标准负责起草单位:中机生产力促进中心、伊顿(宁波)流体连接件有限公司。

本标准参加起草单位:海盐管件制造有限公司、嘉兴迈思特管件制造有限公司、建湖县特佳液压管件有限公司、海盐高博管件有限公司、海盐县海管管件制造有限公司、浙江华夏阀门有限公司、焦作市路通液压附件有限公司。

本标准主要起草人:周舜华、李维荣、耿志学、徐长祥、陶忠明、左学俊、阮浩丰、周剑飞、王利民、冯峰。

本标准所代替标准的历次版本发布情况为:

——GB/T 3757.1—1983;

——GB/T 3757.2—1983。

# 卡套式过板焊接管接头

## 1 范围

本标准规定了卡套式过板焊接管接头和接头体的尺寸、标记及技术要求。

本标准适用于管子外径为 6 mm～42 mm，最大工作压力 10 MPa～63 MPa 的液压流体传动和一般用途的管路系统。

## 2 规范性引用文件

下列文件中的条款通过本标准的引用而成为本标准的条款。凡是注日期的引用文件，其随后所有的修改单(不包括勘误的内容)或修订版均不适用于本标准，然而，鼓励根据本标准达成协议的各方研究是否可使用这些文件的最新版本。凡是不注日期的引用文件，其最新版本适用于本标准。

GB/T 3759—2008 卡套式管接头用连接螺母

GB/T 3764—2008 卡套

GB/T 3765—2008 卡套式管接头技术条件

## 3 尺寸

卡套式过板焊接管接头和接头体的尺寸应符合图 1、图 2 和表 1 的规定，接头体卡套端尺寸应符合 GB/T 3764 的规定。

## 4 标记

### 4.1 标记方法

卡套式过板焊接管接头和接头体的标记应符合 GB/T 3765 的规定。

### 4.2 标记示例

接头系列为 L，管子外径为 10 mm，表面镀锌处理的钢制卡套式过板焊接管接头标记为：

管接头 GB/T 3757 L10

接头系列为 L，管子外径为 10 mm，表面镀锌处理的钢制卡套式过板焊接接头体标记为：

接头体 GB/T 3757 L10

## 5 技术要求

技术要求按 GB/T 3765 的规定。

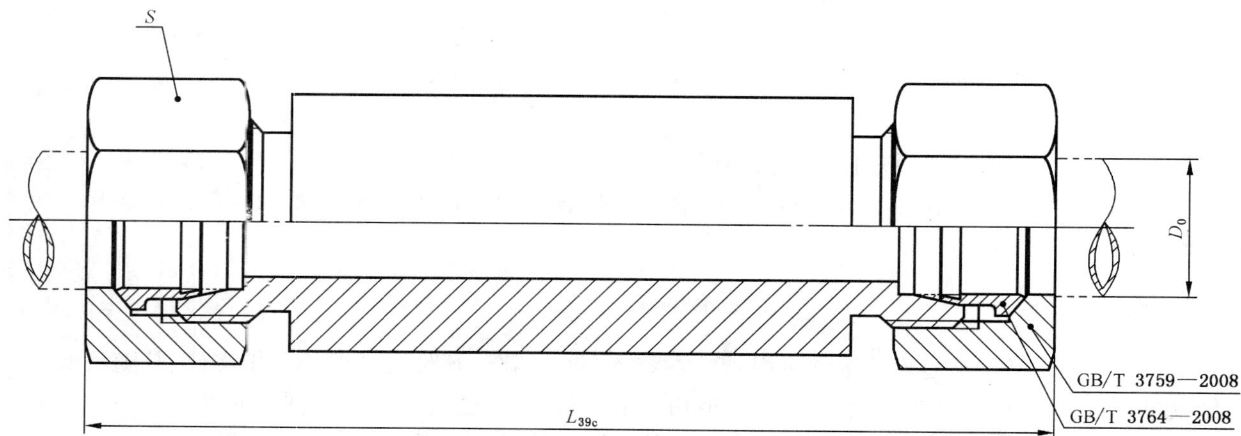


图 1　卡套式过板焊接管接头

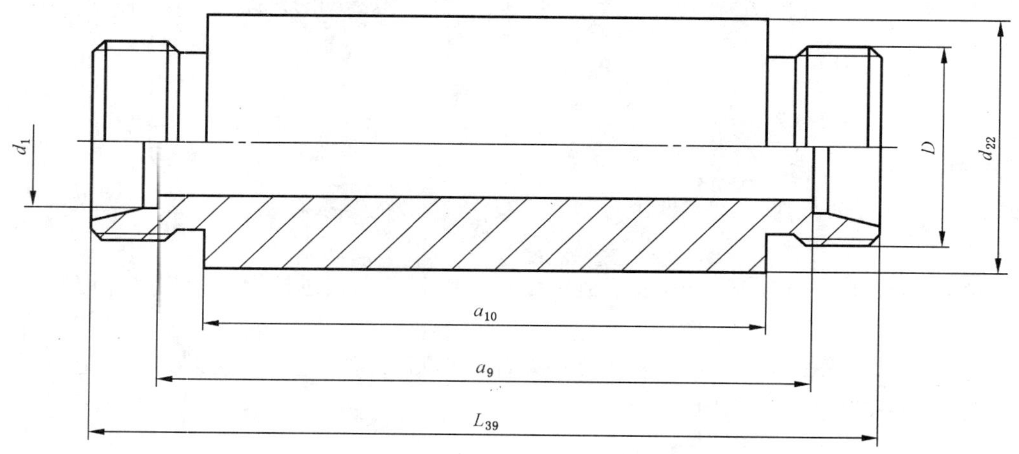


图 2　卡套式过板焊接接头体

表 1　卡套式过板焊接管接头和接头体的尺寸

单位为毫米

| 系列 | 最大工作压力/MPa | 管子外径 $D_0$ | $D$ | $d_1$ 参考 | $d_{22}$ ±0.2 | $L_{39}$ ±0.3 | $L_{39c}$ ≈ | $a_9$ 参考 | $a_{10}$ 参考 | $S$ |
|---|---|---|---|---|---|---|---|---|---|---|
| L | 25 | 6 | M12×1.5 | 4 | 18 | 70 | 86 | 56 | 50 | 14 |
| | | 8 | M14×1.5 | 6 | 20 | 70 | 86 | 56 | 50 | 17 |
| | | 10 | M16×1.5 | 8 | 22 | 72 | 88 | 58 | 50 | 19 |
| | | 12 | M18×1.5 | 10 | 25 | 72 | 88 | 58 | 50 | 22 |
| | | (14) | M20×1.5 | 11 | 28 | 72 | 88 | 58 | 50 | 24 |
| | | 15 | M22×1.5 | 12 | 28 | 84 | 100 | 70 | 60 | 27 |
| | | (16) | M24×1.5 | 14 | 30 | 84 | 102 | 69 | 60 | 30 |
| | 16 | 18 | M26×1.5 | 15 | 32 | 84 | 102 | 69 | 60 | 32 |
| | | 22 | M30×2 | 19 | 36 | 88 | 106 | 73 | 60 | 36 |
| | 10 | 28 | M36×2 | 24 | 40 | 88 | 106 | 73 | 60 | 41 |
| | | 35 | M45×2 | 30 | 50 | 92 | 114 | 71 | 60 | 50 |
| | | 42 | M52×2 | 36 | 60 | 92 | 116 | 70 | 60 | 60 |
| S | 63 | 6 | M14×1.5 | 4 | 20 | 74 | 90 | 60 | 50 | 17 |
| | | 8 | M16×1.5 | 5 | 22 | 74 | 90 | 60 | 50 | 19 |
| | | 10 | M18×1.5 | 7 | 25 | 74 | 92 | 59 | 50 | 22 |
| | | 12 | M20×1.5 | 8 | 28 | 74 | 92 | 59 | 50 | 24 |
| | | (14) | M22×1.5 | 9 | 28 | 86 | 104 | 71 | 60 | 27 |
| | 40 | 16 | M24×1.5 | 12 | 35 | 88 | 108 | 71 | 60 | 30 |
| | | 20 | M30×2 | 16 | 38 | 92 | 114 | 71 | 60 | 36 |
| | | 25 | M36×2 | 20 | 45 | 96 | 120 | 72 | 60 | 46 |
| | 25 | 30 | M42×2 | 25 | 50 | 100 | 126 | 73 | 60 | 50 |
| | | 38 | M52×2 | 32 | 60 | 104 | 134 | 72 | 60 | 60 |
| 注：尽可能不采用括号内的规格。 | | | | | | | | | | |

ICS 21.060.60
J 15

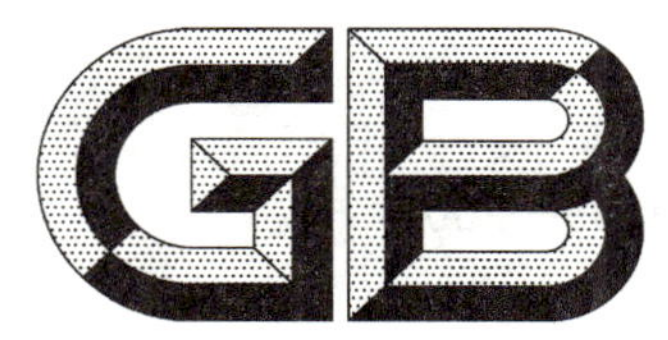

# 中华人民共和国国家标准

GB/T 3759—2008
代替 GB/T 3759—1983

# 卡套式管接头用连接螺母

24° cone connectors—Nut

2008-05-07 发布　　2008-11-01 实施

中华人民共和国国家质量监督检验检疫总局
中国国家标准化管理委员会　发布

# 前　　言

本标准是卡套式管接头系列标准之一。

本标准中管接头结构型式和尺寸与ISO 8434-1:2007《用于流体传动和一般用途的金属管接头　第1部分:24°压缩式管接头》(英文版)的相关部分基本一致。

本标准是对GB/T 3759—1983《卡套式管接头用螺母》的修订。主要修订内容如下:

——修改了中文和英文名称;

——将公称压力G(250)和J(400)修改为最大工作压力10 MPa～63 MPa,并分为LL、L和S三个系列,系列的产品尺寸范围作了调整;

——调整了管子外径尺寸系列,修改了与管子配套使用的连接螺母尺寸;

——增加了可选机加工圆柱肩高;

——减少了部分应由制造商控制的参数;

——取消了重量数据;

——取消了表面粗糙度标注,表面粗糙度要求在GB/T 3765《卡套式管接头技术条件》中给出。

本标准自实施之日起代替GB/T 3759—1983。

本标准由中国机械工业联合会提出。

本标准由全国管路附件标准化技术委员会归口。

本标准负责起草单位:中机生产力促进中心。

本标准参加起草单位:海盐管件制造有限公司、伊顿(宁波)流体连接件有限公司、嘉兴迈思特管件制造有限公司、建湖县特佳液压管件有限公司、海盐高博管件有限公司、海盐县海管管件制造有限公司、浙江华夏阀门有限公司、焦作市路通液压附件有限公司。

本标准主要起草人:李维荣、李俊英、耿志学、周舜华、陶忠明、左学俊、阮浩丰、徐长祥、周剑飞、王利民、冯峰。

本标准所代替标准的历次版本发布情况为:

——GB/T 3759—1983。

# 卡套式管接头用连接螺母

## 1 范围

本标准规定了卡套式管接头用连接螺母的尺寸、标记及技术要求。

本标准适用于管子外径为 4 mm～42 mm，最大工作压力 10 MPa～63 MPa 的液压流体传动和一般用途的管路系统。

## 2 规范性引用文件

下列文件中的条款通过本标准的引用而成为本标准的条款。凡是注日期的引用文件，其随后所有的修改单(不包括勘误的内容)或修订版均不适用于本标准，然而，鼓励根据本标准达成协议的各方研究是否可使用这些文件的最新版本。凡是不注日期的引用文件，其最新版本适用于本标准。

GB/T 3765—2008　卡套式管接头技术条件

## 3 尺寸

卡套式管接头用连接螺母的尺寸应符合图 1 和表 1 的规定。

## 4 标记

### 4.1 标记方法

卡套式管接头用连接螺母的标记方法应符合 GB/T 3765 的规定。

### 4.2 标记示例

连接螺母系列为 L，与外径为 10 mm 的管子配套使用，表面镀锌处理的钢制卡套式管接头用连接螺母标记为：

螺母　GB/T 3759　L10

## 5 技术要求

技术要求按 GB/T 3765 的规定。

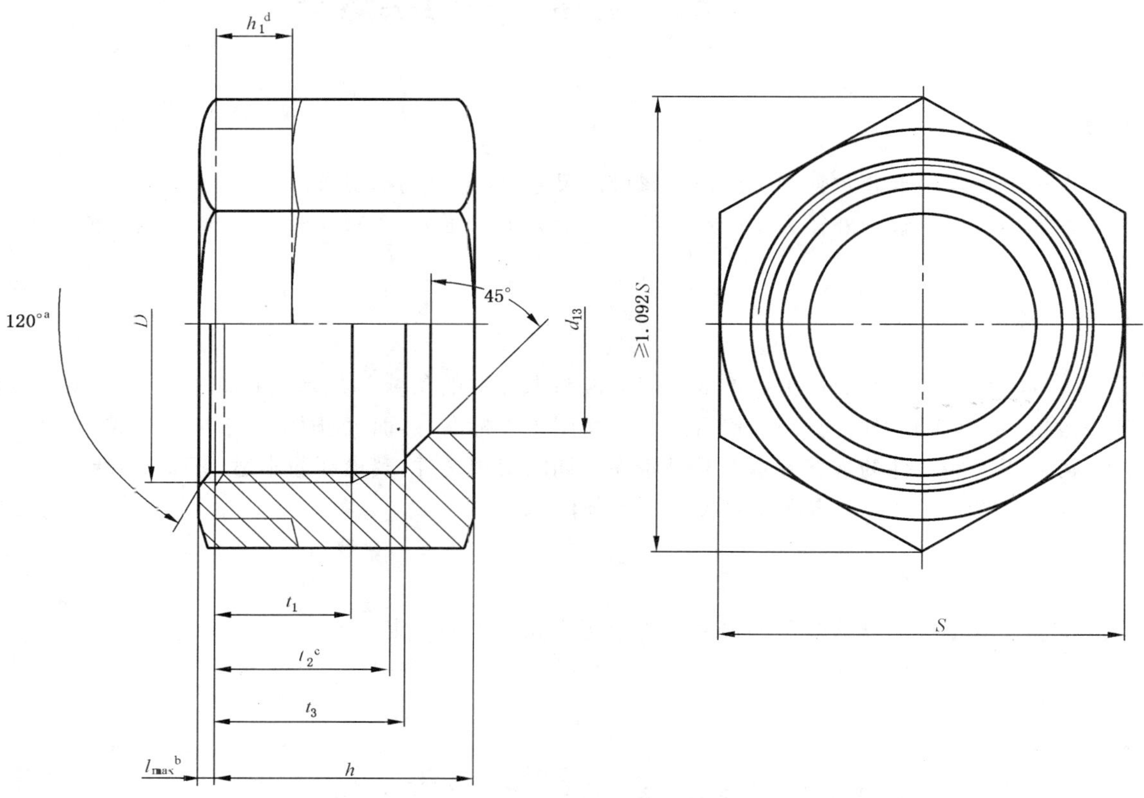


a 螺口倒角。

b 冷成型时许用加高。

c 全锥面时尺寸。

d 可选机加工圆柱肩高。

**图 1 卡套式管接头用连接螺母**

**表 1 卡套式管接头用连接螺母的尺寸**

单位为毫米

| 系列 | 最大工作压力/MPa | 管子外径 $D_0$ | D | $d_{13}$ 公称尺寸 | $d_{13}$ 极限偏差 | $t_1$ min | h +0.5 −0.2 | $h_1$ a | S | $t_2$ +0.2 0 | $t_3$ +0.2 0 |
|---|---|---|---|---|---|---|---|---|---|---|---|
| LL | 10 | 4 | M8×1 | 4 | +0.215 +0.140 | 5 | 11 | 3.5 | 10 | 7.5 | 8 |
| | | 5 | M10×1 | 5 | | 5.5 | 11.5 | 3.5 | 12 | 7.8 | 8.5 |
| | | 6 | M10×1 | 6 | | 5.5 | 11.5 | 3.5 | 12 | 8.2 | 8.5 |
| | | 8 | M12×1 | 8 | +0.240 +0.150 | 6 | 12 | 3.5 | 14 | 8.7 | 9 |

**表 1（续）**

单位为毫米

| 系列 | 最大工作压力/MPa | 管子外径 $D_0$ | $D$ | $d_{13}$ 公称尺寸 | $d_{13}$ 极限偏差 | $t_1$ min | $h$ $^{+0.5}_{-0.2}$ | $h_1$[a] | $S$ | $t_2$ $^{+0.2}_{0}$ | $t_3$ $^{+0.2}_{0}$ |
|---|---|---|---|---|---|---|---|---|---|---|---|
| L | 25 | 6 | M12×1.5 | 6 | +0.215<br>+0.140 | 7 | 14.5 | 4 | 14 | 10 | 10.5 |
| | | 8 | M14×1.5 | 8 | +0.240<br>+0.150 | 7 | 14.5 | 4 | 17 | 10 | 10.5 |
| | | 10 | M16×1.5 | 10 | | 8 | 15.5 | 4 | 19 | 11 | 11.5 |
| | | 12 | M18×1.5 | 12 | +0.260<br>+0.150 | 8 | 15.5 | 5 | 22 | 11 | 11.5 |
| | | (14) | M20×1.5 | 14 | | 8 | 15.5 | 5 | 24 | 11 | 11.5 |
| | | 15 | M22×1.5 | 15 | | 8.5 | 17 | 5 | 27 | 11.5 | 12.5 |
| | | (16) | M24×1.5 | 16 | | 8.5 | 17.5 | 5 | 30 | 11.5 | 13 |
| | 16 | 18 | M26×1.5 | 18 | | 8.5 | 18 | 5 | 32 | 11.5 | 13 |
| | | 22 | M30×2 | 22 | +0.290<br>+0.160 | 9.5 | 20 | 7 | 36 | 13.5 | 14.5 |
| | 10 | 28 | M36×2 | 28 | | 10 | 21 | 7 | 41 | 14 | 15 |
| | | 35 | M45×2 | 35.3 | +0.100<br>0 | 12 | 24 | 8 | 50 | 16 | 17 |
| | | 42 | M52×2 | 42.3 | | 12 | 24 | 8 | 60 | 16 | 17 |
| S | 63 | 6 | M14×1.5 | 6 | +0.215<br>+0.140 | 8.5 | 16.5 | 5 | 17 | 11 | 12.5 |
| | | 8 | M16×1.5 | 8 | +0.240<br>+0.150 | 8.5 | 16.5 | 5 | 19 | 11 | 12.5 |
| | | 10 | M18×1.5 | 10 | | 8.5 | 17.5 | 5 | 22 | 11 | 12.5 |
| | | 12 | M20×1.5 | 12 | +0.260<br>+0.150 | 8.5 | 17.5 | 5 | 24 | 11 | 12.5 |
| | | (14) | M22×1.5 | 14 | | 10 | 19 | 6 | 27 | 12 | 13.5 |
| | 40 | 16 | M24×1.5 | 16 | | 10.5 | 20.5 | 6 | 30 | 13 | 14.5 |
| | | 20 | M30×2 | 20 | +0.290<br>+0.160 | 12 | 24 | 8 | 36 | 15.5 | 17 |
| | | 25 | M36×2 | 25 | | 14 | 27 | 9 | 46 | 17 | 19 |
| | 25 | 30 | M42×2 | 30 | | 15 | 29 | 10 | 50 | 18 | 20 |
| | | 38 | M52×2 | 38.3 | +0.100<br>0 | 17 | 32.5 | 10 | 60 | 19.5 | 22.5 |

注：尽可能不采用括号内的规格。

[a] 尺寸 $h_1$ 为可选机加工圆柱肩高。

ICS 21.060.60
J 15

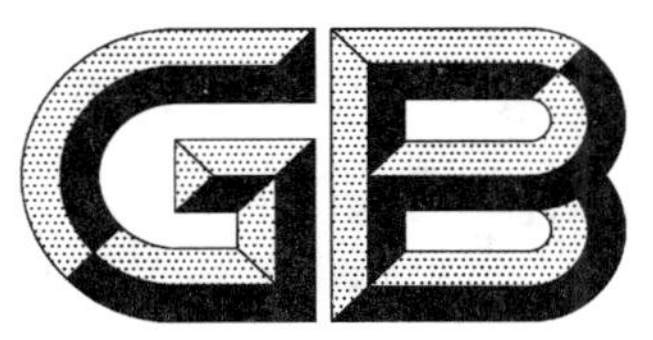

# 中华人民共和国国家标准

GB/T 3764—2008
代替 GB/T 3764—1983

# 卡　　套

## 24° cone connectors—Ferrule

2008-05-07 发布　　2008-11-01 实施

中华人民共和国国家质量监督检验检疫总局
中国国家标准化管理委员会　发布

# 前　　言

本标准是卡套式管接头系列标准之一。

本标准中管接头结构型式和尺寸与 ISO 8434-1:2007《用于流体传动和一般用途的金属管接头　第1部分:24°压缩式管接头》(英文版)的相关部分基本一致。

本标准是对 GB/T 3764—1983《卡套》的修订。主要修订内容为:

——修改了英文名称;

——增加了卡套端尺寸和装配尺寸;

——将公称压力 G(250)和 J(400)修改为最大工作压力 10 MPa～63 MPa,并分为 LL、L 和 S 三个系列,系列的产品尺寸范围作了调整;

——减少了部分应由制造商控制的参数;

——取消了重量数据;

——取消了表面粗糙度标注,表面粗糙度要求在 GB/T 3765《卡套式管接头技术条件》中给出。

本标准自实施之日起代替 GB/T 3764—1983。

本标准由中国机械工业联合会提出。

本标准由全国管路附件标准化技术委员会归口。

本标准负责起草单位:中机生产力促进中心、海盐管件制造有限公司、海盐高博管件有限公司。

本标准参加起草单位:伊顿(宁波)流体连接件有限公司、浙江华夏阀门有限公司、嘉兴迈思特管件制造有限公司、建湖县特佳液压管件有限公司、海盐县海管管件制造有限公司、焦作市路通液压附件有限公司。

本标准主要起草人:耿志学、阮浩丰、徐长祥、李维荣、李俊英、周舜华、陶忠明、左学俊、周剑飞、王利民、冯峰。

本标准所代替标准的历次版本发布情况为:

——GB/T 3764—1983。

# 卡　　套

## 1　范围

本标准规定了卡套的尺寸、标记及技术要求。

本标准适用于管子外径为 4 mm～42 mm,最大工作压力 10 MPa～63 MPa 的液压流体传动和一般用途的管路系统。

## 2　规范性引用文件

下列文件中的条款通过本标准的引用而成为本标准的条款。凡是注日期的引用文件,其随后所有的修改单(不包括勘误的内容)或修订版均不适用于本标准,然而,鼓励根据本标准达成协议的各方研究是否可使用这些文件的最新版本。凡是不注日期的引用文件,其最新版本适用于本标准。

GB/T 3765—2008　卡套式管接头技术条件

## 3　尺寸

卡套和卡套端的尺寸应符合图 1 和表 1 的规定。

## 4　标记

### 4.1　标记方法

卡套的标记方法应符合 GB/T 3765 的规定。

### 4.2　标记示例

卡套系列为 L,与外径为 10 mm 配套使用的卡套标记为:

卡套　GB/T 3764　L10

## 5　技术要求

技术要求按 GB/T 3765 的规定。

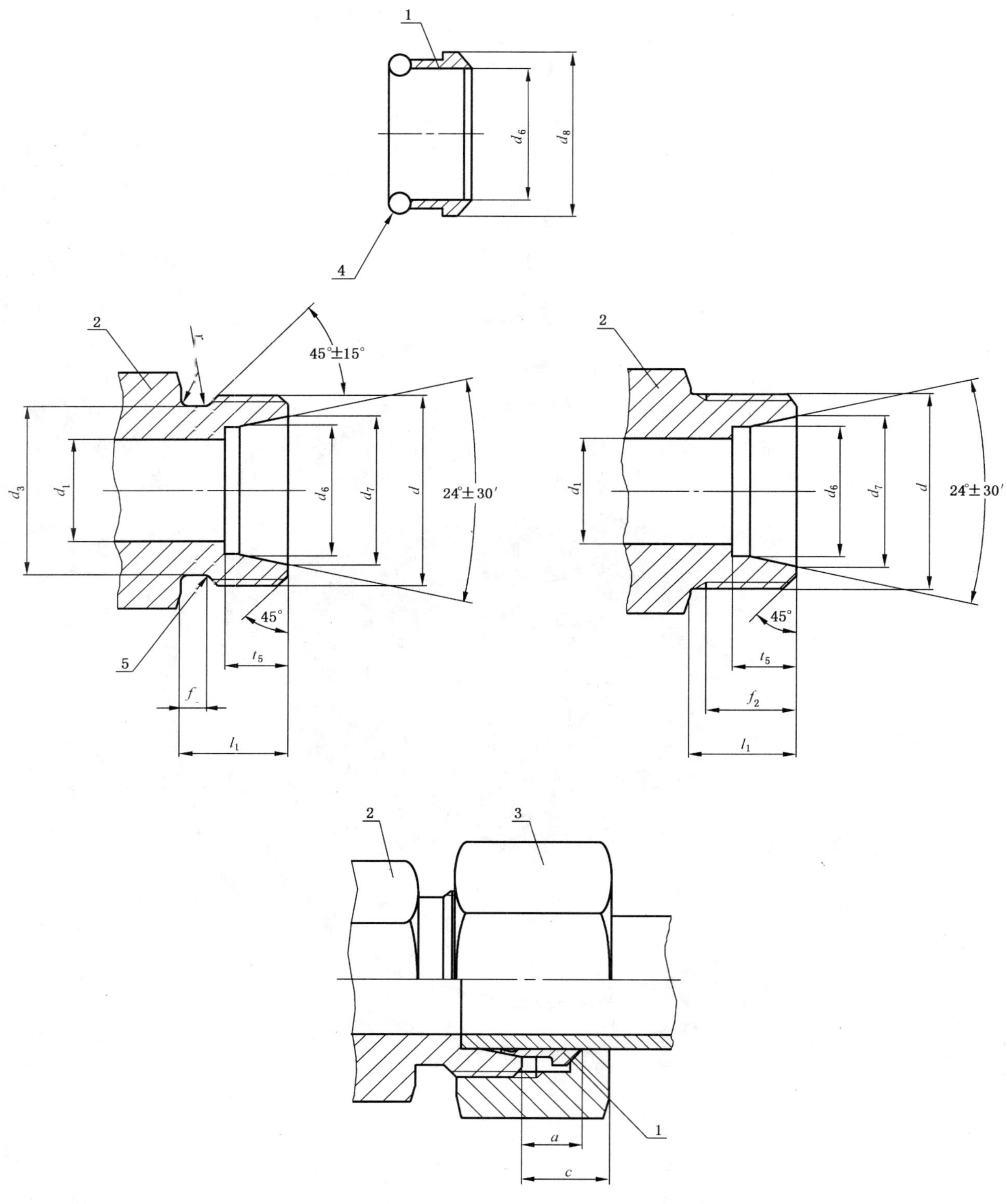


1——卡套，与接头体和螺母一起使用，未注尺寸由制造商决定，保证安装尺寸 $c$；

2——接头体；

3——螺母；

4——卡套端结构，由制造商决定；

5——可选螺纹退刀槽结构。

**图 1　卡套**

**表 1　卡套和卡套端尺寸**

单位为毫米

| 系列 | 最大工作压力/MPa | 管子外径 $D_0$ | $d$ | $d_1$ | | $d_6$ | | $d_7$ | $d_8$ | $a$[a] | | $d_3$ | $f_1$ | $f_2$ | $r$ | $l_1$ | $t_5$ | $c$[a] |
|---|---|---|---|---|---|---|---|---|---|---|---|---|---|---|---|---|---|---|
| | | | | 公称尺寸 | 极限偏差 | 公称尺寸 | 极限偏差 | $^{+0.1}_{0}$ | max | 公称尺寸 | 极限偏差 | $^{0}_{-0.2}$ | $^{+0.3}_{0}$ | min | $^{0}_{-0.2}$ | ±0.2 | $^{+0.3}_{0}$ | ≈ |
| LL | 10 | 4 | M8×1 | 3 | ±0.1 | 4 | +0.215<br>+0.140 | 5 | 6.5 | 3.5 | +1<br>0 | 6.4 | 2 | 6 | 0.8 | 8 | 4 | 6 |
| | | 5 | M10×1 | 3.5 | | 5 | | 6.5 | 8.5 | 4 | | 8.4 | 2 | 6 | 0.8 | 8 | 5.5 | 6 |
| | | 6 | M10×1 | 4.5 | | 6 | | 7.5 | 8.5 | 4 | | 8.4 | 2 | 6 | 0.8 | 8 | 5.5 | 6 |
| | | 8 | M12×1 | 6 | | 8 | +0.240<br>+0.150 | 9.5 | 10.5 | 4 | | 10.4 | 2 | 8 | 0.8 | 9 | 5.5 | 6 |
| L | 25 | 6 | M12×1.5 | 4 | | 6 | +0.215<br>+0.140 | 8.1 | 10 | 5 | +1<br>0 | 9.7 | 3 | 7.5 | 1 | 10 | 7 | 8 |
| | | 8 | M14×1.5 | 6 | | 8 | +0.240<br>+0.150 | 10.1 | 12 | 5 | | 11.7 | 3 | 7.5 | 1 | 10 | 7 | 8 |
| | | 10 | M16×1.5 | 8 | ±0.2 | 10 | | 12.3 | 14 | 5 | +1.5<br>0 | 13.7 | 3 | 8.5 | 1 | 11 | 7 | 8 |
| | | 12 | M18×1.5 | 10 | | 12 | +0.260<br>+0.150 | 14.3 | 16 | 5 | | 15.7 | 3 | 8.5 | 1 | 11 | 7 | 8 |
| | | (14) | M20×1.5 | 11 | | 14 | | 16.3 | 18.5 | 5 | | 17.7 | 3 | 8.5 | 1 | 11 | 7 | 8 |
| | | 15 | M22×1.5 | 12 | | 15 | | 17.3 | 20 | 5 | | 19.7 | 3 | 9.5 | 1 | 12 | 7 | 8 |
| | | (16) | M24×1.5 | 14 | | 16 | | 18.3 | 21.5 | 5 | | 21.7 | 3 | 9.5 | 1 | 12 | 7.5 | 9 |
| | 16 | 18 | M26×1.5 | 15 | | 18 | | 20.3 | 24 | 5.5 | | 23.7 | 3 | 9.5 | 1 | 12 | 7.5 | 9 |
| | | 22 | M30×2 | 19 | | 22 | +0.290<br>+0.160 | 24.3 | 27 | 6 | +2<br>0 | 27 | 4 | 10.5 | 1.2 | 14 | 7.5 | 9 |
| | 10 | 28 | M36×2 | 24 | | 28 | | 30.3 | 33 | 6 | | 33 | 4 | 10.5 | 1.2 | 14 | 7.5 | 9 |
| | | 35 | M45×2 | 30 | ±0.3 | 35.3 | ±0.1 | 38 | 42 | 7 | | 42 | 4 | 12.5 | 1.2 | 16 | 10.5 | 11 |
| | | 42 | M52×2 | 36 | | 42.3 | | 45 | 49 | 7 | | 49 | 4 | 12.5 | 1.2 | 16 | 11 | 12 |
| S | 63 | 6 | M14×1.5 | 4 | ±0.1 | 6 | +0.215<br>+0.140 | 8.1 | 12 | 5 | +1.5<br>0 | 11.7 | 3 | 9.5 | 1 | 12 | 7 | 8 |
| | | 8 | M16×1.5 | 5 | ±0.2 | 8 | +0.240<br>+0.150 | 10.1 | 14 | 5 | | 13.7 | 3 | 9.5 | 1 | 12 | 7 | 8 |
| | | 10 | M18×1.5 | 7 | | 10 | | 12.3 | 16 | 5 | | 15.7 | 3 | 9.5 | 1 | 12 | 7.5 | 9 |
| | | 12 | M20×1.5 | 8 | | 12 | +0.260<br>+0.150 | 14.3 | 18 | 5 | | 17.7 | 3 | 9.5 | 1 | 12 | 7.5 | 9 |
| | | (14) | M22×1.5 | 9 | | 14 | | 16.3 | 20 | 5 | | 19.7 | 3 | 10.5 | 1 | 13 | 7.5 | 9 |
| | 40 | 16 | M24×1.5 | 12 | | 16 | | 18.3 | 22 | 5 | | 21.7 | 3 | 11.5 | 1 | 14 | 8.5 | 10 |
| | | 20 | M30×2 | 16 | | 20 | +0.290<br>+0.160 | 22.9 | 27 | 6.5 | +2<br>0 | 27 | 4 | 12.5 | 1.2 | 16 | 10.5 | 11 |
| | | 25 | M36×2 | 20 | | 25 | | 27.9 | 33 | 6.5 | | 33 | 4 | 14.5 | 1.2 | 18 | 12 | 12 |
| | 25 | 30 | M42×2 | 25 | | 30 | | 33 | 39 | 7 | | 39 | 4 | 16.5 | 1.2 | 20 | 13.5 | 13 |
| | | 38 | M52×2 | 32 | ±0.3 | 38.3 | ±0.1 | 41 | 49 | 7.5 | | 49 | 4 | 18.5 | 1.2 | 22 | 16 | 15 |

注：尽可能不采用括号内的规格。

[a] 尺寸 $a$ 和尺寸 $c$ 为充分拧紧时的尺寸。

ICS 21.060.60
J 15

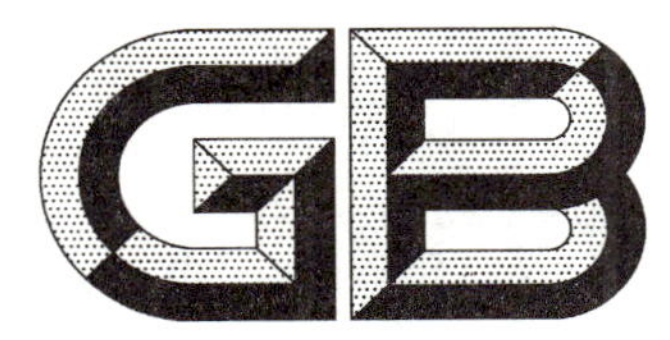

# 中华人民共和国国家标准

GB/T 3765—2008
代替 GB/T 3765—1983

# 卡套式管接头技术条件

24° cone connectors—Specification

2008-05-07 发布　　2008-11-01 实施

中华人民共和国国家质量监督检验检疫总局
中国国家标准化管理委员会　发布

# 前言

本标准是卡套式管接头系列标准之一。

本标准是对GB/T 3765—1983《卡套式管接头技术条件》的修订。主要修订内容如下：

——修改了英文名称；

——增加了术语和定义；

——修改了零件的材料要求，并取消了零件的硬度要求；

——增加了压力-温度要求；

——接头系列由E、G和J修改为LL、L和S三个系列，调整了管子外径尺寸系列，并修改了相关尺寸；

——增加了F型、E型和B型螺纹柱端；柱端螺纹增加了55°非密封管螺纹(G)、55°密封管螺纹(R)和60°密封管螺纹(NPT)，取消了原标准中的米制锥螺纹(ZM)；

——增加了标记方法、被连管要求；

——修改了扳拧尺寸与公差、结构和制造的相关内容，增加了外型结构、制造质量等要求；

——取消了检验规则，增加了管接头的性能要求和试验方法；

——取消了"包装与标记"的相关内容，增加了安装说明、采购信息和标志的相关要求；

——将原标准的附录A"卡套式管接头装配及使用说明"修改为本标准附录A"F型螺纹油口和柱端尺寸"，增加附录B"试验方法"和附录C"试验记录表"。

本标准的附录A、附录B和附录C都是规范性附录。

本标准自实施之日起代替GB/T 3765—1983。

本标准由中国机械工业联合会提出。

本标准由全国管路附件标准化技术委员会归口。

本标准起草单位：中机生产力促进中心、海盐管件制造有限公司、伊顿(宁波)流体连接件有限公司、嘉兴迈思特管件制造有限公司、建湖县特佳液压管件有限公司、海盐高博管件有限公司、海盐县海管管件制造有限公司、浙江华夏阀门有限公司、焦作市路通液压附件有限公司。

本标准主要起草人：李维荣、耿志学、周舜华、李俊英、徐长祥、刘向东、陶忠明、左学俊、阮浩丰、周剑飞、王利民、冯峰。

本标准所代替标准的历次版本发布情况为：

——GB/T 3765—1983。

# 卡套式管接头技术条件

## 1 范围

本标准规定了卡套式管接头的材料、压力-温度要求、标记方法、被连接管要求、扳拧尺寸与公差、结构与制造、性能和试验要求、安装说明、采购信息、标志等技术要求。

本标准适用于管子外径为 4 mm～42 mm、最大工作压力为 10 MPa～63 MPa 的液压流体传动和一般用途的管路系统。

注 1：在新设计的液压流体动力系统中，应采用 F 型螺纹柱端。

## 2 规范性引用文件

下列文件中的条款通过本标准的引用而成为本标准的条款。凡是注日期的引用文件，其随后所有的修改单(不包括勘误的内容)或修订版均不适用于本标准，然而，鼓励根据本标准达成协议的各方研究是否可使用这些文件的最新版本。凡是不注日期的引用文件，其最新版本适用于本标准。

GB/T 3 普通螺纹收尾、肩距、退刀槽和倒角(GB/T 3—1997，eqv ISO 4755：1983；eqv ISO 3508：1976)

GB/T 193 普通螺纹 直径与螺距系列(GB/T 193—2003，ISO 261：1998，ISO general purpose metric screw threads—General plan，MOD)

GB/T 197 普通螺纹 公差(GB/T 197—2003，ISO 965-1：1998，ISO general purpose metric screw threads—Tolerances—Part 1：Principles and basic data，MOD)

GB/T 230.1 金属洛氏硬度试验 第 1 部分：试验方法(A、B、C、D、E、F、G、H、K、N、T 标尺)(GB/T 230.1—2004，ISO 6508-1：1999，MOD)

GB/T 3103.1 紧固件公差 螺栓、螺钉和螺母(GB/T 3103.1—2002，idt ISO 4759-1：2000)

GB/T 3141 工业液体润滑剂 ISO 粘度分类(GB/T 3141—1994，eqv ISO 3448：1992)

GB/T 3452.2 液压气动用 O 形橡胶密封圈 第 2 部分：外观质量检验规范(GB/T 3452.2—2007，ISO 3601-3：2005，IDT)

GB/T 3639 冷拔或冷轧精密无缝钢管(neq DIN 2391/1-1994、DIN 2391/2-1994)

GB/T 5649 管接头用锁紧螺母和垫圈

GB/T 6031 硫化橡胶或热塑性橡胶硬度的测定(10～100IRHD)(GB/T 6031—1998，idt ISO 48：1994)

GB/T 7306.1 55°密封管螺纹 第 1 部分：圆柱内螺纹与圆锥外螺纹(GB/T 7306.1—2000，eqv ISO 7-1：1994)

GB/T 7306.2 55°密封管螺纹 第 2 部分：圆锥内螺纹与圆锥外螺纹(GB/T 7306.2—2000，eqv ISO 7-1：1994)

GB/T 7307 55°非密封管螺纹(GB/T 7307—2001，eqv ISO 228-1：1994)

GB/T 7631.2 润滑剂、工业用油和相关产品(L 类)的分类 第 2 部分：H 组(液压系统)(GB/T 7631.2—2003，ISO 6743-4：1999，IDT)

GB/T 12716 60°密封管螺纹(GB/T 12716—2002，ASME B1.20.1：1992，MOD)

GB/T 17446 流体传动系统及元件 术语(GB/T 17446—1998，idt ISO 5598：1985)

GB/T 19674.2 液压管接头用螺纹油口和柱端 填料密封柱端(A 型和 E 型)

GB/T 19674.3 液压管接头用螺纹油口和柱端 金属对金属密封柱端(B 型)(GB/T 19674.3—

2005,ISO 9974-3:1996,IDT)

ISO 1127　不锈钢管尺寸、公差和单位长度的公称质量

## 3　术语和定义

GB/T 17446 确立的以及下列术语和定义适用于本标准。

3.1

**管接头　connector; fitting**

管和管及管和其他设备间的密封连接组件。

3.2

**接头体　connection body**

通过连接螺母和卡套或锥密封体连接管道及设备的零件。

3.3

**柱端螺纹　stud end thread**

与螺纹油口连接的外螺纹。

3.4

**最大工作压力　maximum working pressure**

系统或系统零件稳定运行的最高压力。

## 4　材料

### 4.1　接头体

接头体材料应与传输介质相容,并保证有效连接。

用碳钢制造的接头体,应满足第 5 章规定的压力-温度要求;用不锈钢或铜合金等其他材料制造的接头体,其压力-温度值由制造商规定。

### 4.2　连接螺母

除非供需双方另有协议,与碳钢接头体配合使用的连接螺母应由碳钢制造,与不锈钢接头体配合使用的连接螺母应由不锈钢制造,与铜合金接头体配合使用的连接螺母应由铜合金制造。

### 4.3　卡套

卡套材料应与传输介质相容,并保证有效连接。

碳钢卡套与碳钢接头体和碳钢钢管配合使用,不锈钢卡套与不锈钢接头体和不锈钢管配合使用,铜卡套与铜接头体和铜管配合使用。不同类型材料的配合使用,应由供需双方协商确定。

### 4.4　O 形圈

如果没有其他规定,用于石油基液压油并符合第 5 章和表 1 压力-温度要求的 O 形圈应由丁腈橡胶(NBR)制造,其硬度应为(90±5)IRHD,按 GB/T 6031 测定,其外观质量不低于 GB/T 3452.2 的 N 级要求。对在第 5 章规定的压力-温度范围外或在非石油基液压油系统中使用的 O 形圈,可以选用其他硬度或其他材料,但应当咨询接头制造商。

## 5　压力-温度要求

5.1　符合卡套式管接头标准的碳钢管接头,在介质温度为-40℃~+120℃范围使用时,应能承受表 1 和表 2 规定的工作压力,不同工作压力下 24°锥密封焊接接管的壁厚应符合表 3 的规定。

5.2　除非另有规定,对于带弹性密封件的管接头,用于石油基液压油系统时应给与特别的工作温度范围,其工作温度范围可能缩小,也可能完全不适用于其他流体。制造商可提供适用于不同介质能满足温度范围要求的弹性密封件。

5.3　根据不同的压力等级和使用条件,将卡套式管接头分为以下三个系列:

——LL:超轻载系列;

——L：轻载系列；

——S：重载系列。

**表 1 用于液压流体动力与一般用途卡套式管接头的工作压力**

| 系列 | 管子外径/mm | 卡套连接与锥体连接 | | F 型螺纹柱端 | |
|---|---|---|---|---|---|
| | | 普通螺纹 | 最大工作压力[a]/MPa[b] | 普通螺纹 | 最大工作压力[a]/MPa[b] |
| LL | 4 | M8×1 | 10 | — | — |
| | 5 | M10×1 | 10 | — | — |
| | 6 | M10×1 | 10 | — | — |
| | 8 | M12×1 | 10 | — | — |
| L | 6 | M12×1.5 | 25 | M10×1 | 25 |
| | 8 | M14×1.5 | 25 | M12×1.5 | 25 |
| | 10 | M16×1.5 | 25 | M14×1.5 | 25 |
| | 12 | M18×1.5 | 25 | M16×1.5 | 25 |
| | (14) | M20×1.5 | 25 | M18×1.5 | 25 |
| | 15 | M22×1.5 | 25 | M18×1.5 | 25 |
| | (16) | M24×1.5 | 25 | M20×1.5 | 25 |
| | 18 | M26×1.5 | 16 | M22×1.5 | 16 |
| | 22 | M30×2 | 16 | M27×2 | 16 |
| | 28 | M36×2 | 10 | M33×2 | 10 |
| | 35 | M45×2 | 10 | M42×2 | 10 |
| | 42 | M52×2 | 10 | M48×2 | 10 |
| S | 6 | M14×1.5 | 63 | M12×1.5 | 63 |
| | 8 | M16×1.5 | 63 | M14×1.5 | 63 |
| | 10 | M18×1.5 | 63 | M16×1.5 | 63 |
| | 12 | M20×1.5 | 63 | M18×1.5 | 63 |
| | (14) | M22×1.5 | 63 | M20×1.5 | 63 |
| | 16 | M24×1.5 | 40 | M22×1.5 | 40 |
| | 20 | M30×2 | 40 | M27×2 | 40 |
| | 25 | M36×2 | 40 | M33×2 | 40 |
| | 30 | M42×2 | 25 | M42×2 | 25 |
| | 38 | M52×2 | 25 | M48×2 | 25 |

注 1：F 型螺纹柱端按附录 A。

注 2：对于更高压力和动态应用，应咨询制造商。

注 3：尽可能不采用括号内的规格。

a 设计系数：4∶1。

b 1 MPa=10 bar=$10^6$ N/$m^2$= $10^6$ Pa。

表 2 用于一般用途卡套式管接头的工作压力

| 系列 | 管子外径/mm | 卡套连接与锥体连接 | | E 型螺纹柱端 | | B 型螺纹柱端 | | A 型螺纹柱端 | | | 锥螺纹柱端 | | |
|---|---|---|---|---|---|---|---|---|---|---|---|---|---|
| | | 普通螺纹 | 最大工作压力[a]/MPa[b] | 普通螺纹 | 最大工作压力[a]/MPa[b] | 普通螺纹 | 最大工作压力[a]/MPa[b] | 普通螺纹 | 55°非密封管螺纹 | 最大工作压力[a]/MPa[b] | 55°密封管螺纹 | 60°密封管螺纹 | 最大工作压力[a]/MPa[b] |
| LL | 4 | M8×1 | 10 | — | — | M8×1 | 10 | M8×1 | G1/8 | 10 | R1/8 | NPT1/8 | 10 |
| | 5 | M10×1 | 10 | — | — | M8×1 | 10 | M8×1 | G1/8 | 10 | R1/8 | NPT1/8 | 10 |
| | 6 | M10×1 | 10 | — | — | M10×1 | 10 | M10×1 | G1/8 | 10 | R1/8 | NPT1/8 | 10 |
| | 8 | M12×1 | 10 | — | — | M10×1 | 10 | M10×1 | G1/8 | 10 | R1/8 | NPT1/8 | 10 |
| L | 6 | M12×1.5 | 25 | M10×1 | 25 | M10×1 | 25 | M10×1 | G1/8 | 25 | R1/8 | NPT1/8 | 25 |
| | 8 | M14×1.5 | 25 | M12×1.5 | 25 | M12×1.5 | 25 | M12×1.5 | G1/4 | 25 | R1/4 | NPT1/4 | 25 |
| | 10 | M16×1.5 | 25 | M14×1.5 | 25 | M14×1.5 | 25 | M14×1.5 | G1/4 | 25 | R1/4 | NPT1/4 | 25 |
| | 12 | M18×1.5 | 25 | M16×1.5 | 25 | M16×1.5 | 25 | M16×1.5 | G3/8 | 25 | R3/8 | NPT3/8 | 25 |
| | (14) | M20×1.5 | 25 | M18×1.5 | 25 | M18×1.5 | 25 | M18×1.5 | G1/2 | 25 | R1/2 | NPT1/2 | 25 |
| | 15 | M22×1.5 | 25 | M18×1.5 | 25 | M18×1.5 | 25 | M18×1.5 | G1/2 | 25 | R1/2 | NPT1/2 | 25 |
| | (16) | M24×1.5 | 25 | M20×1.5 | 25 | M20×1.5 | 25 | M20×1.5 | G1/2 | 25 | R1/2 | NPT1/2 | 25 |
| | 18 | M26×1.5 | 16 | M22×1.5 | 16 | M22×1.5 | 16 | M22×1.5 | G1/2 | 16 | R1/2 | NPT1/2 | 16 |
| | 22 | M30×2 | 16 | M26×1.5 | 16 | M26×1.5 | 16 | M26×1.5 | G3/4 | 16 | R3/4 | NPT3/4 | 16 |
| | 28 | M36×2 | 10 | M33×2 | 10 | M33×2 | 10 | M33×2 | G1 | 10 | R1 | NPT1 | 10 |
| | 35 | M45×2 | 10 | M42×2 | 10 | M42×2 | 10 | M42×2 | G1¼ | 10 | R1¼ | NPT1¼ | 10 |
| | 42 | M52×2 | 10 | M48×2 | 10 | M48×2 | 10 | M48×2 | G1½ | 10 | R1½ | NPT1½ | 10 |
| S | 6 | M14×1.5 | 63 | M12×1.5 | 63 | M12×1.5 | 40 | M12×1.5 | G1/4 | 63 | R1/4 | NPT1/4 | 40 |
| | 8 | M16×1.5 | 63 | M14×1.5 | 63 | M14×1.5 | 40 | M14×1.5 | G1/4 | 63 | R1/4 | NPT1/4 | 40 |
| | 10 | M18×1.5 | 63 | M16×1.5 | 63 | M16×1.5 | 40 | M16×1.5 | G3/8 | 63 | R3/8 | NPT3/8 | 40 |
| | 12 | M20×1.5 | 63 | M18×1.5 | 63 | M18×1.5 | 40 | M18×1.5 | G1/2 | 63 | R1/2 | NPT1/2 | 40 |
| | (14) | M22×1.5 | 63 | M20×1.5 | 63 | M20×1.5 | 40 | M20×1.5 | G1/2 | 63 | R1/2 | NPT1/2 | 40 |
| | 16 | M24×1.5 | 40 | M22×1.5 | 40 | M22×1.5 | 40 | M22×1.5 | G3/4 | 40 | R3/4 | NPT3/4 | 40 |
| | 20 | M30×2 | 40 | M27×2 | 40 | M27×2 | 40 | M27×2 | G3/4 | 40 | R3/4 | NPT3/4 | 40 |
| | 25 | M36×2 | 40 | M33×2 | 40 | M33×2 | 25 | M33×2 | G1 | 40 | R1 | NPT1 | 25 |
| | 30 | M42×2 | 25 | M42×2 | 25 | M42×2 | 16 | M42×2 | G1¼ | 25 | R1¼ | NPT1¼ | 16 |
| | 38 | M52×2 | 25 | M48×2 | 25 | M48×2 | 16 | M48×2 | G1½ | 25 | R1½ | NPT1½ | 16 |

注 1：A 型和 E 型螺纹柱端应符合 GB/T 19674.2；B 型螺纹柱端应符合 GB/T 19674.3。

注 2：对于更高压力和动态应用，应咨询制造商。

注 3：尽可能不采用括号内的规格。

[a] 设计系数：4∶1。

[b] 1 MPa＝10 bar＝$10^6$ N/m²＝ $10^6$ Pa。

表 3 24°锥密封焊接接管的壁厚

单位为毫米

| 系列 | 管子外径/mm | 最大工作压力/MPa | | | | | | | | | | | |
|---|---|---|---|---|---|---|---|---|---|---|---|---|---|
| | | 10 | | 16 | | 25 | | 31.5 | | 40 | | 63 | |
| | | 内径 | 壁厚 | 内径 | 壁厚 | 内径 | 壁厚 | 内径 | 壁厚 | 内径 | 壁厚 | 内径 | 壁厚 |
| L | 6 | 3 | 1.5 | 3 | 1.5 | 3 | 1.5 | | | | | | |
| | 8 | 5 | 1.5 | 5 | 1.5 | 5 | 1.5 | | | | | | |
| | 10 | 7 | 1.5 | 7 | 1.5 | 7 | 1.5 | | | | | | |
| | 12 | 8 | 2 | 8 | 2 | 8 | 2 | | | | | | |
| | (14) | 10 | 2 | 10 | 2 | 10 | 2 | | | | | | |
| | 15 | 10 | 2.5 | 10 | 2.5 | 10 | 2.5 | | | | | | |
| | (16) | 11 | 2.5 | 11 | 2.5 | 11 | 2.5 | | | | | | |
| | 18 | 13 | 2.5 | 13 | 2.5 | | | | | | | | |
| | 22 | 17 | 2.5 | 17 | 2.5 | | | | | | | | |
| | 28 | 23 | 2.5 | | | | | | | | | | |
| | 35 | 29 | 3 | | | | | | | | | | |
| | 42 | 36 | 3 | | | | | | | | | | |
| S | 6 | 2.5 | 1.75 | 2.5 | 1.75 | 2.5 | 1.75 | 2.5 | 1.75 | 2.5 | 1.75 | 2.5 | 1.75 |
| | 8 | 4 | 2 | 4 | 2 | 4 | 2 | 4 | 2 | 4 | 2 | 4 | 2 |
| | 10 | 6 | 2 | 6 | 2 | 6 | 2 | 6 | 2 | 6 | 2 | 5 | 2.5 |
| | 12 | 8 | 2 | 8 | 2 | 8 | 2 | 8 | 2 | 7 | 2.5 | 6 | 3 |
| | (14) | 9 | 2.5 | 9 | 2.5 | 9 | 2.5 | 9 | 2.5 | 8 | 3 | 7 | 3.5 |
| | 16 | 11 | 2.5 | 11 | 2.5 | 11 | 2.5 | 11 | 2.5 | 10 | 3 | | |
| | 20 | 14 | 3 | 14 | 3 | 14 | 3 | 14 | 3 | 12 | 4 | | |
| | 25 | 19 | 3 | 19 | 3 | 19 | 3 | 17 | 4 | 16 | 4.5 | | |
| | 30 | 24 | 3 | 24 | 3 | 22 | 4 | | | | | | |
| | 38 | 32 | 3 | 32 | 3 | 28 | 5 | | | | | | |

注 1：对于超出本标准规定压力-温度的应用，应咨询制造商。

注 2：尽可能不采用括号内的规格。

## 6 标记

### 6.1 标记方法

卡套式管接头、接头体及其配件的标记内容如下：

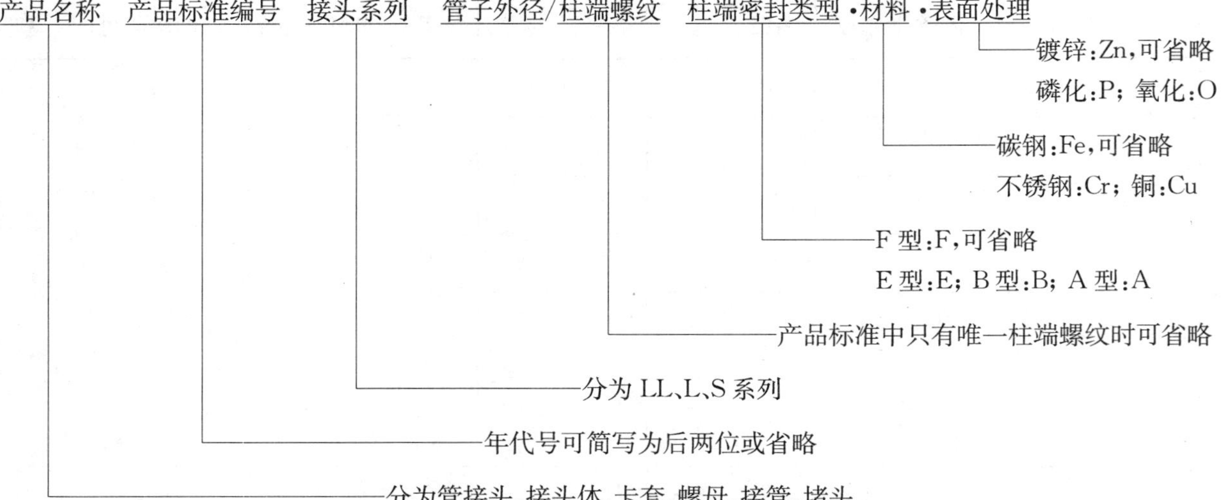


### 6.2 标记示例

接头系列为L,管子外径为15 mm,柱端螺纹为M18×1.5,柱端密封类型为E型,材料为碳钢的镀锌表面处理的卡套式端直通管接头标记为：

管接头　GB/T 3733—2008　L　15/M18×1.5　E·Fe·Zn

可简化标记为：

管接头　GB/T 3733　L15E

## 7 被连接管要求

被连接碳钢钢管应采用符合GB/T 3639规定的低碳钢正火态(NBK)无缝钢管；不锈钢管应符合ISO 1127规定的退火态无缝钢管。

如果使用其他材料,由供需双方确定。

## 8 扳拧尺寸与公差

8.1 锻制扳拧对边尺寸小于或等于24 mm时的极限偏差为$_{-0.8}^{\ 0}$ mm,大于24 mm时的极限偏差为$_{-1.0}^{\ 0}$ mm。

8.2 六方对边尺寸$S$的公差应符合GB/T 3103.1的B级产品要求。六方对角尺寸应不小于1.092$S$,扳拧边长应不小于0.43$S$。如果无另外规定或标注,六方应倒角10°～30°,倒角直径应等于六方对边尺寸$S$,倒角直径公差应为$_{-0.4}^{\ 0}$ mm。

## 9 结构与制造

### 9.1 外型结构

卡套式管接头型式与尺寸应符合相应标准的要求。标准中未规定的结构尺寸由制造商确定,但应尽量减少流体阻力。

### 9.2 尺寸

标准中规定的尺寸是指包括镀层或表面处理层厚度在内的成品尺寸,所有未注尺寸公差应为±0.4 mm,卡套端的24°内锥座对其外螺纹中径的圆跳动公差应为0.25 mm,柱端螺纹中径对密封端面的垂直度公差应为 0.10 mm。

### 9.3 通道公差

接头体通道从两头加工时，汇合点的不重合偏差不得大于 0.4 mm，交叉通道的交汇横截面积不得低于规定的最小通道截面积。

### 9.4 角度公差

规格不大于 10 mm 的弯通、三通和四通的端口轴线的角度公差应为±2.5°，规格大于 10 mm 的弯通、三通和四通的端口轴线的角度公差应为±1.5°。

### 9.5 螺纹

9.5.1 普通螺纹应符合 GB/T 193 的规定，外螺纹公差应符合 GB/T 197 的 6 g 级规定，内螺纹公差应符合 GB/T 197 的 6H 级规定，端面应倒角。螺纹收尾、肩距、退刀槽应符合 GB/T 3 的规定。电镀后，外螺纹用 6h 级通规验收。

9.5.2 55°非密封管螺纹应符合 GB/T 7307 的规定，外螺纹公差为 A 级，端面应倒角。

9.5.3 55°密封管螺纹应符合 GB/T 7306.1 或 GB/T 7306.2 的规定，端面应倒角。

9.5.4 60°密封管螺纹应符合 GB/T 12716 的规定，端面应倒角。

### 9.6 制造质量

所有接头体和配件不应有裂纹、气孔、毛刺、锐边等。接头体 24°内外锥面和组合接头体、可调向接头体及锥密封体的 O 形圈沟槽表面粗糙度 $Ra \leqslant 3.2\ \mu m$。不进行机械加工的零件表面允许有不超过其尺寸公差一半的凹陷和压痕。未标注要求的所有机械加工表面的粗糙度 $Ra \leqslant 6.3\ \mu m$。所有未注棱边应倒钝角，倒角尺寸不应大于 0.15 mm。

### 9.7 表面处理

9.7.1 如果供需双方没有其他协议，所有碳钢零件的外表面和螺纹应镀涂适当材料，通过 72 h 中性盐雾试验。除下列区域外的任何盐雾试验红锈斑都应视为镀涂不合格。

——孔内壁表面；

——在批量生产的镀涂操作中或交付运输中有可能碰伤的六角顶、齿状结构顶、螺纹牙顶等；

——折、扩、弯或其他镀后成型操作有损伤镀涂的区域；

——试验中的悬挂或固定处(有可能有盐雾淤积)。

9.7.2 需焊接的零件应涂油膜或磷化或经其他不影响焊接的防锈处理。

## 10 性能和试验要求

### 10.1 总则

按本章要求进行试验时，接头应符合或超过表 1 规定的压力要求。

### 10.2 重复安装试验

接头应按附录 B 的相关章节通过重复安装试验。

### 10.3 泄漏(气)试验

接头应按附录 B 的相关章节通过泄漏(气)试验。

### 10.4 耐压试验

接头应按附录 B 的相关章节通过耐压试验。

### 10.5 爆破试验

接头应按附录 B 的相关章节通过爆破试验。

### 10.6 循环脉冲试验

接头应按附录 B 的相关章节通过循环脉冲试验。按附录 B 的振动加循环脉冲试验可替代单独的循环脉冲试验和振动试验。

### 10.7 振动试验

接头应按附录 B 的相关章节通过振动试验。按附录 B 的振动加循环脉冲试验可替代单独的循环脉冲试验和振动试验。

### 10.8 过拧紧试验

接头应按附录B的相关章节通过过拧紧试验。

## 11 安装说明

卡套式管接头与被连接管的连接安装应在无额外作用力下进行。

制造商应制定卡套式管接头的安装使用说明，至少提供如下信息：

a) 对被连接管材料和质量的详细要求；

b) 对被连接管的备料要求；

c) 安装指示，如安装扳拧圈数或安装力矩；

d) 推荐安装工具。

## 12 采购信息

采购方询价和定货时应提供如下信息：

a) 管接头或接头体及配件的名称；

b) 管接头或接头体及配件的材料；

c) 被连接管的材料和规格；

d) 传输的介质；

e) 工作压力；

f) 介质工作温度范围；

g) 环境温度范围。

## 13 标志

除供需双方另有协议外，接头体、卡套、锥密封焊接接管、锥密封堵头和连接螺母应有永久性的制造商名称或商标或代码等标志。卡套、锥密封焊接接管、连接螺母还应标志规格和压力系列。

标志的位置不应影响零件的性能和表面保护层，标志应清晰，标志的大小和方法由制造商确定。

# 附 录 A
（规范性附录）
F 型螺纹油口和柱端尺寸

A.1 F 型螺纹油口尺寸见图 A.1 和表 A.1。

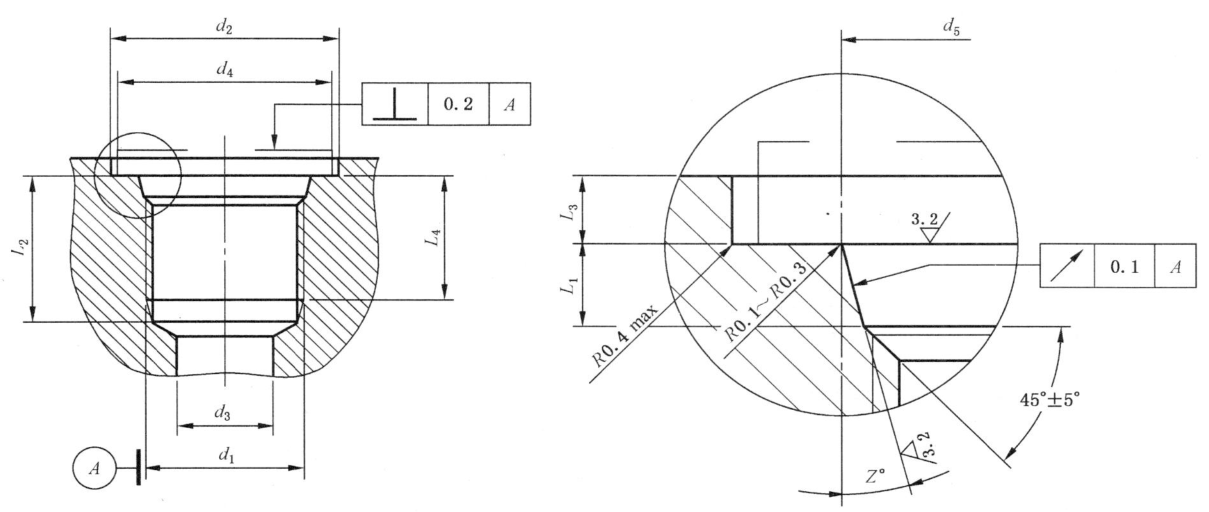


图 A.1 F 型螺纹油口

表 A.1 F 型螺纹油口尺寸

单位为毫米

| $d_1$ | $d_2$ min | $d_3$ 参考 | $d_4$ | $d_5$ $^{+0.1}_{0}$ | $l_1$ $^{+0.4}_{0}$ | $l_2$ min | $l_3$ max | $l_4$ min | $Z°$ ±1° |
|---|---|---|---|---|---|---|---|---|---|
| M10×1 | 16 | 4.5 | 14.5 | 11.1 | 1.6 | 11.5 | 1 | 10 | 12 |
| M12×1.5 | 19 | 6 | 17.5 | 13.8 | 2.4 | 14 | 1.5 | 11.5 | 15 |
| M14×1.5 | 21 | 7.5 | 19.5 | 15.8 | 2.4 | 14 | 1.5 | 11.5 | 15 |
| M16×1.5 | 24 | 9 | 22.5 | 17.8 | 2.4 | 15.5 | 1.5 | 13 | 15 |
| M18×1.5 | 26 | 11 | 24.5 | 19.8 | 2.4 | 17 | 2 | 14.5 | 15 |
| M20×1.5 | 29 | — | 27.5 | 21.8 | 2.4 | — | 2 | 14.5 | 15 |
| M22×1.5 | 29 | 14 | 27.5 | 23.8 | 2.4 | 18 | 2 | 15.5 | 15 |
| M27×2 | 34 | 18 | 32.5 | 29.4 | 3.1 | 22 | 2 | 19 | 15 |
| M33×2 | 43 | 23 | 41.5 | 35.4 | 3.1 | 22 | 2.5 | 19 | 15 |
| M42×2 | 52 | 30 | 50.5 | 44.4 | 3.1 | 22.5 | 2.5 | 19.5 | 15 |
| M48×2 | 57 | 36 | 55.5 | 50.4 | 3.1 | 25 | 2.5 | 22 | 15 |

**A.2** F 型螺纹柱端尺寸见图 A.2、图 A.3 和表 A.2。

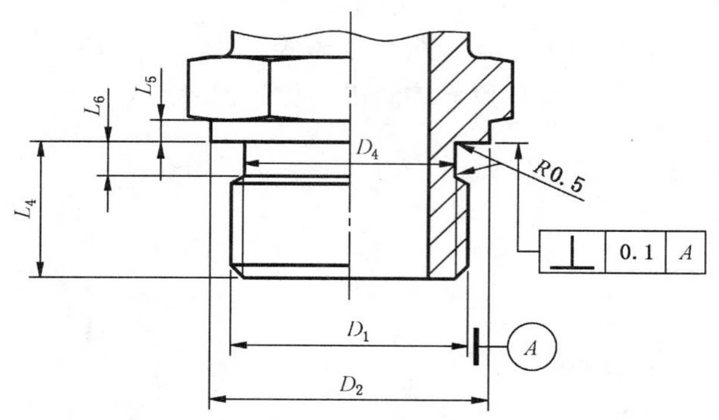


**图 A.2 F 型固定螺纹柱端**

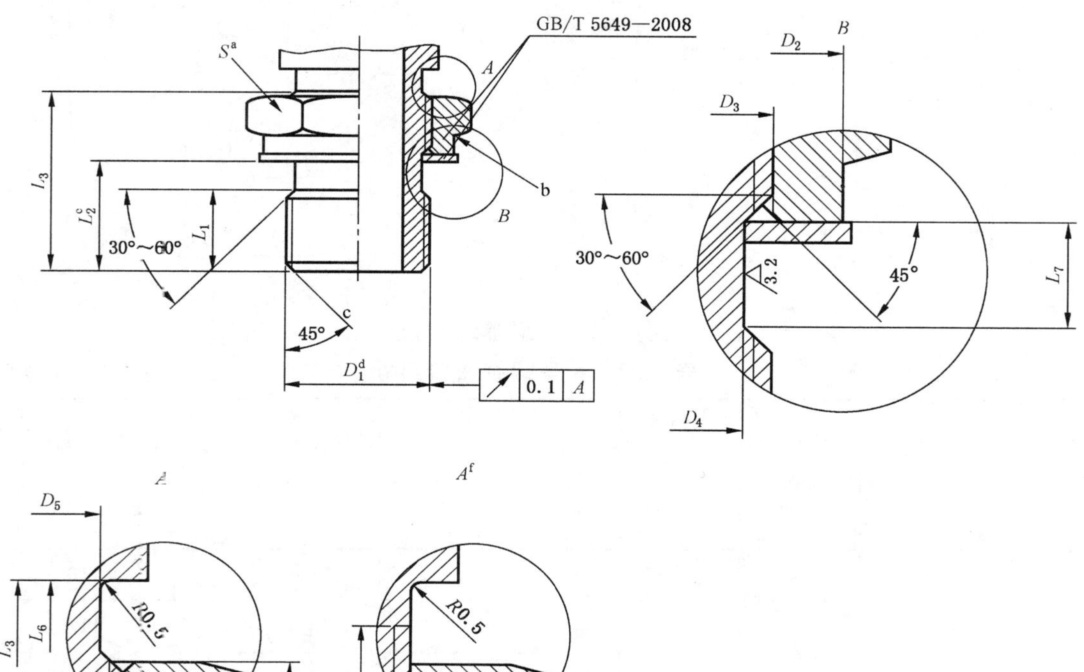


[a] 对边宽。

[b] 可选机加工圆柱角(米制螺纹柱端标志)。

[c] 倒角。

[d] 螺纹。

[e] 仅供参考。

[f] 任选结构。

**图 A.3 F 型可调向螺纹柱端**

**表 A.2　F 型螺纹柱端尺寸**

单位为毫米

| 系列 | $D_1$ | $D_2$ ±0.2 | $D_3$ $^{+0.4}_{0}$ | $D_4$ $^{0}_{-0.1}$ | $D_5$ $^{0}_{-0.1}$ | $L_1$ ±0.2 | $L_2$ 参考 | $L_3$ min | $L_4$ ±0.2 | $L_5$ ±0.1 | $L_6$ $^{+0.3}_{0}$ | $L_7$ ±0.1 |
|---|---|---|---|---|---|---|---|---|---|---|---|---|
| L | M10×1 | 13.8 | 10.1 | 8.4 | 8.4 | 5.5 | 8.6 | 16 | 8.5 | 1.6 | 2 | 4 |
| | M12×1.5 | 16.8 | 12.1 | 9.7 | 9.7 | 7.5 | 11.1 | 20 | 11 | 2.5 | 3 | 4.5 |
| | M14×1.5 | 18.8 | 14.1 | 11.7 | 11.7 | 7.5 | 11.1 | 20 | 11 | 2.5 | 3 | 4.5 |
| | M16×1.5 | 21.8 | 16.1 | 13.7 | 13.7 | 8 | 11.6 | 20.5 | 11.5 | 2.5 | 3 | 4.5 |
| | M18×1.5 | 23.8 | 18.1 | 15.7 | 15.7 | 9 | 12.6 | 21.5 | 12.5 | 2.5 | 3 | 4.5 |
| | M20×1.5 | 26.8 | 20.1 | 17.7 | 17.7 | 9 | 12.8 | 22.5 | 12.5 | 2.5 | 3 | 5 |
| | M22×1.5 | 26.8 | 22.1 | 19.7 | 19.7 | 9 | 12.8 | 22.5 | 13 | 2.5 | 3 | 5 |
| | M27×2 | 31.8 | 27.1 | 24 | 24 | 11 | 15.8 | 27.5 | 16 | 2.5 | 4 | 6 |
| | M33×2 | 40.8 | 33.1 | 30 | 30 | 11 | 15.8 | 27.5 | 16 | 3 | 4 | 6 |
| | M42×2 | 49.8 | 42.1 | 39 | 39 | 11 | 15.8 | 27.5 | 16 | 3 | 4 | 6 |
| | M48×2 | 54.8 | 48.1 | 45 | 45 | 12.5 | 17.3 | 29 | 17.5 | 3 | 4 | 6 |
| S | M12×1.5 | 16.8 | 12.1 | 9.7 | 9.7 | 7.5 | 11.1 | 21 | 11 | 2.5 | 3 | 4.5 |
| | M14×1.5 | 18.8 | 14.1 | 11.7 | 11.7 | 7.5 | 11.1 | 21 | 11 | 2.5 | 3 | 4.5 |
| | M16×1.5 | 21.8 | 16.1 | 13.7 | 13.7 | 9 | 12.6 | 23 | 12.5 | 2.5 | 3 | 4.5 |
| | M18×1.5 | 23.8 | 18.1 | 15.7 | 15.7 | 10.5 | 14.1 | 26 | 14 | 2.5 | 3 | 4.5 |
| | M20×1.5 | 26.8 | 20.1 | 17.7 | 17.7 | 11 | 14.8 | 27.5 | 14 | 2.5 | 3 | 5 |
| | M22×1.5 | 26.8 | 22.1 | 19.7 | 19.7 | 11 | 14.8 | 27.5 | 15 | 2.5 | 3 | 5 |
| | M27×2 | 31.8 | 27.1 | 24 | 24 | 13.5 | 18.3 | 33.5 | 18.5 | 2.5 | 4 | 6 |
| | M33×2 | 40.8 | 33.1 | 30 | 30 | 13.5 | 18.3 | 33.5 | 18.5 | 3 | 4 | 6 |
| | M42×2 | 49.8 | 42.1 | 39 | 39 | 14 | 18.8 | 34.5 | 19 | 3 | 4 | 6 |
| | M48×2 | 54.8 | 48.1 | 45 | 45 | 16.5 | 21.3 | 38 | 21.5 | 3 | 4 | 6 |

**A.3**　F 型螺纹油口柱端用 O 形圈尺寸见图 A.4 和表 A.3。

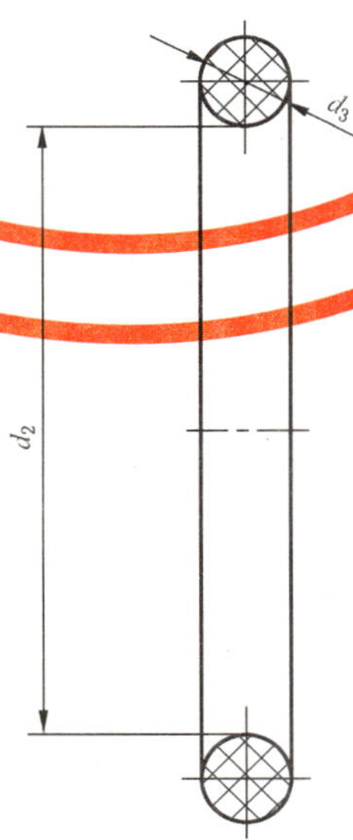


**图 A.4　F 型螺纹油口柱端用 O 形圈**

**表 A.3 O形圈尺寸**

单位为毫米

| $D_1$ | $d_2$ | | $d_3$ | |
|---|---|---|---|---|
| | 公称尺寸 | 公差 | 公称尺寸 | 公差 |
| M10×1 | 8.1 | ±0.2 | 1.6 | ±0.08 |
| M12×1.5 | 9.3 | ±0.2 | 2.2 | ±0.08 |
| M14×1.5 | 11.3 | ±0.2 | 2.2 | ±0.08 |
| M16×1.5 | 13.3 | ±0.2 | 2.2 | ±0.08 |
| M18×1.5 | 15.3 | ±0.2 | 2.2 | ±0.08 |
| M20×1.5 | 17.3 | ±0.22 | 2.2 | ±0.08 |
| M22×1.5 | 19.3 | ±0.22 | 2.2 | ±0.08 |
| M27×2 | 23.6 | ±0.24 | 2.9 | ±0.09 |
| M33×2 | 29.6 | ±0.29 | 2.9 | ±0.09 |
| M42×2 | 38.6 | ±0.37 | 2.9 | ±0.09 |
| M48×2 | 44.6 | ±0.43 | 2.9 | ±0.09 |

# 附 录 B
# （规范性附录）
# 试 验 方 法

## B.1 一般要求

**警告：本附录提出的某些试验是有危险的，因此在进行试验时，必须严格遵守相应的安全防护措施，特别需防范爆裂、细喷（能穿透皮肤）和气体膨胀造成的能量释放。为了降低气体膨胀能量释放的危险性，在加压试验前，应排放尽试验样件中的空气。试验人员需经过适当培训。**

### B.1.1 试验总成

所有被试零件应以最终状态进入试验程序，包括因钎焊退火的螺母。图 B.1 所示为 1 型试验总成，用于对管连接总成进行重复安装、泄漏、耐压、爆破及循环脉冲试验；图 B.2 所示为 2 型试验总成，用于对柱端连接进行泄漏和耐压试验，以及有要求时进行爆破和循环脉冲试验；图 B.3 所示为 3 型试验总成，为可选型式，用于试验管接头的极限能力，用无管连接进行爆破和循环脉冲试验，且可用于不同型式但同能力的组合。所有的试验总成应符合表 B.1 的相关要求。

**表 B.1 试验总成要求**

| 零件代号 | 零件名称 | 说明及其他信息 |
|---|---|---|
| A | 直通管接头 | 螺柱端、管端及密封方法的类型任选，但应记录在试验报告中 |
| B | 金属管 | 管壁厚度应按相关管接头最大工作压力选定，管长度应是 5 倍管外径加 50 mm |
| C | 弯通或三通管接头 | 如适用，可带旋转螺母 |
| D | 管帽或堵塞 | — |
| E | 可调向弯通或三通管接头 | — |
| G | 密封件 | 如 O 形密封圈 |

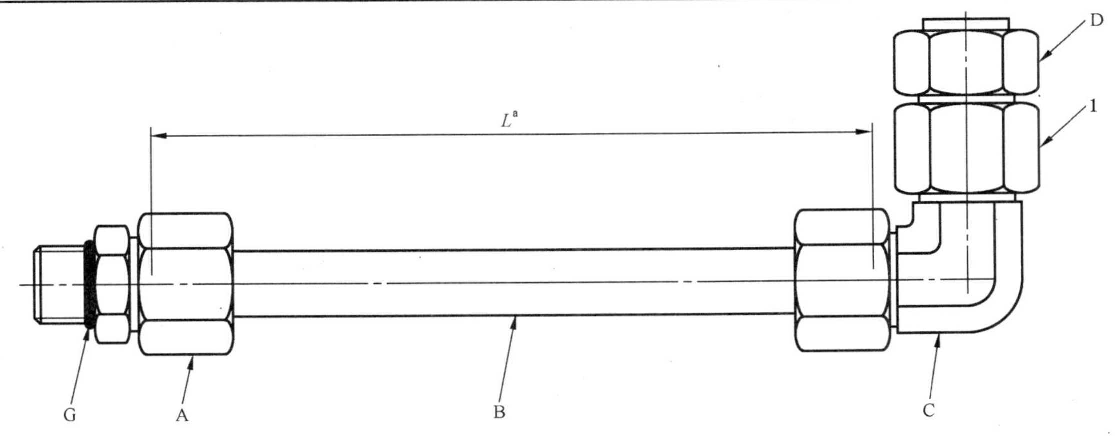


[a] $L=5\times$管外径 mm+50 mm。

1——旋转螺母；
A——直通管接头；
B——金属管；
C——弯通或三通管接头；
D——管帽或堵塞；
G——密封件，如 O 形圈。

**图 B.1 管连接试验总成——1 型**

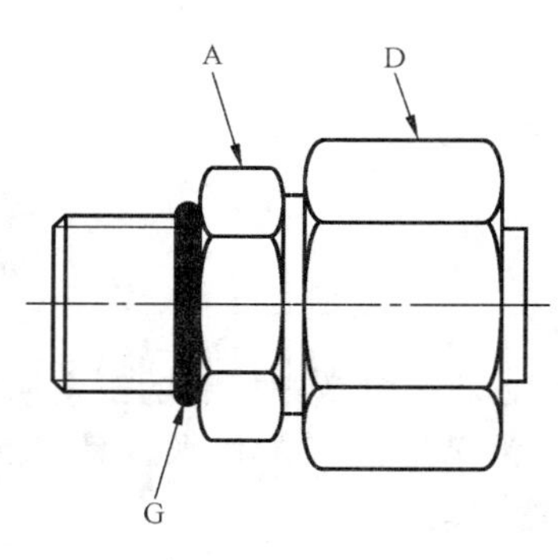


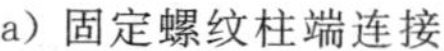

a) 固定螺纹柱端连接

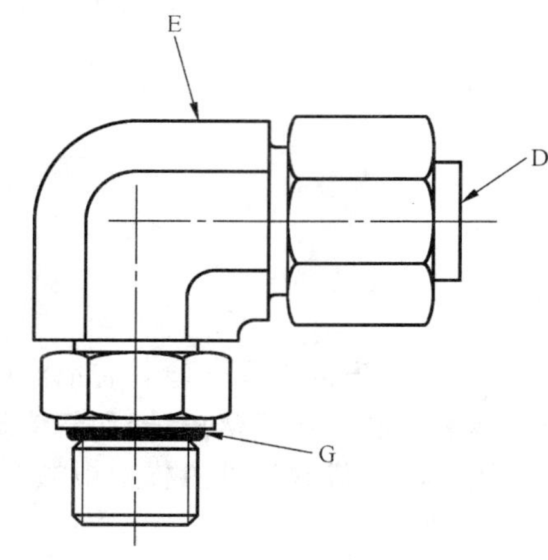


b) 可调向螺纹柱端连接

A——直通管接头；

D——管帽或堵塞；

E——可调向弯通或三通管接头；

G——密封件，如O形圈。

**图 B.2 螺柱端连接试验总成——2型**

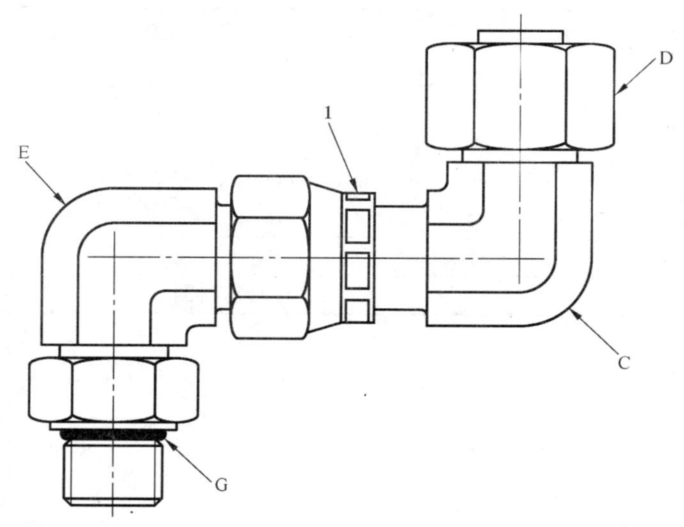


1——旋转螺母；

C——带旋转螺母的弯通或三通管接头；

D——管帽或堵塞；

E——可调向弯通或三通管接头；

G——密封件，如O形圈。

**图 B.3 无管连接的管接头能力试验总成——3型**

### B.1.2 试验装置

#### B.1.2.1 试验块

试验块不得有镀层，硬度值应为GB/T 230.1规定的35 HRC～45 HRC。对于有多个油口的试验块，试验油口的中心距离，最小应为油口直径的1.5倍；油口中心至试验块边缘的距离，最小应等于油口直径。

#### B.1.2.2 试验的密封

除过拧紧试验和另有规定外，所有试验使用的密封件应由丁腈橡胶(NBR)制造，硬度应为

(90±5)IRHD,按 GB/T 6031 测定,尺寸应符合相关要求。O 形圈的外观质量应不低于 GB/T 3452.2 的 N 级要求。

**B.1.3 试验程序**

**B.1.3.1 螺纹润滑**

供试验用碳钢管接头,在装配前,所有螺纹及接触表面应加符合 GB/T 3141 的黏度为 VG 32 的液压油;非碳钢管接头应按照制造商的推荐加润滑剂。

**B.1.3.2 装配力矩**

除重复安装和过拧紧试验以外的所有试验,管连接和柱端的装配,应在用手指拧紧后再用扳手拧紧到相关管接头标准规定的最小装配力矩或最小扳手拧紧圈数;如无标准规定,应按制造商提供的最小装配力矩或最小扳手拧紧圈数。对 2 型和 3 型试验总成的可调向柱端,为了对实际安装时可能发生的最坏情况进行正确试验,应将柱端用手指拧紧后,再退出一整圈,然后再按上述规定用扳手拧紧螺母。

**B.1.3.3 试验温度**

除非另有规定,所有试验用介质温度应在 15℃~80℃之间。

**B.1.4 试验报告**

试验结果和试验条件应按附录 C 的试验记录表填报。

## B.2 重复安装试验

**B.2.1 试验准则**

应对 3 组 1 型试验总成拆装若干次,以确认管接头的重复安装性。

**B.2.2 试验步骤**

把图 B.1 中的直通管接头 A 和弯通管接头 C 连接的管拆装 6 次,每次顺时针转动 60°,每次拧紧螺母时,应按相关标准或制造商规定的最大力矩或圈数拧紧。在第 1 次和第 6 次装配拧紧后,依照表 B.2 所述的试验参数及步骤,对全部试验总成进行泄漏试验和耐压试验。

**表 B.2 重复安装试验的参数及步骤**

| 试验参数 | 参数值及步骤 |
|---|---|
| 试验介质 | 按 B.3 和 B.4 规定 |
| 试验压力 | |
| 试验时间 | |
| 合格判定 | 泄漏试验与耐压试验时不发生任何泄漏 |

**B.2.3 试验用零件的再使用**

通过本试验的零件可继续用于爆破试验和循环脉冲试验,但不允许投入实际使用或退回库房。

## B.3 泄漏(气)试验

**B.3.1 试验准则**

应对所有通过重复安装试验的 1 型试验总成,适用时对 3 组 2 型和 3 型试验总成进行泄漏试验,以确认管接头在规定的试验压力下无泄漏。

**B.3.2 试验步骤**

试验总成应按图 B.4 所示装置和表 B.3 所述参数及步骤在水中加压。

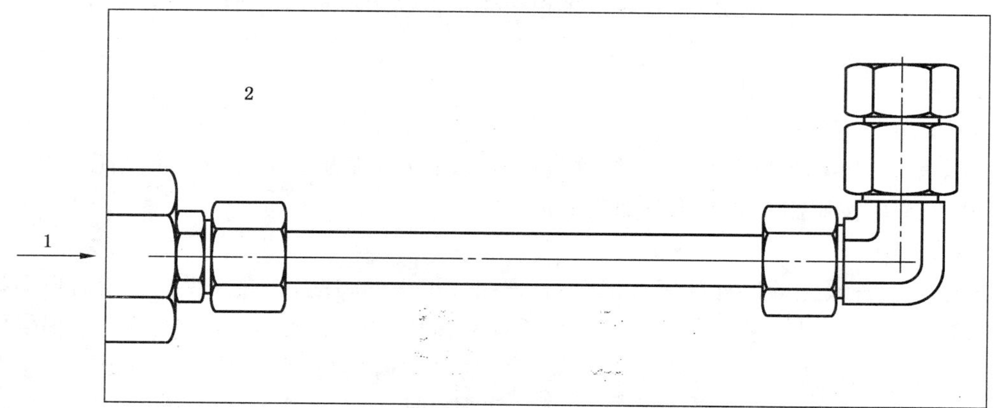


1——试验用流体入口；
2——水。

图 B.4 典型的泄漏试验装置

表 B.3 泄漏试验的参数及步骤

| 试验参数 | 参数值及步骤 |
|---|---|
| 试验介质 | 空气、氮气或氦气，并记入试验报告 |
| 试验压力 | 持续加压至管接头最大工作压力的 15%，最高不超过 6.3 MPa(63 bar) |
| 试验时间 | 在安装时保留在管接头螺纹中的空气溢尽后，至少保压 3 min |
| 合格判定 | 试验保压期内无气泡从试验总成中冒出 |

**B.3.3 试验用零件的再使用**

通过本试验的零件可继续用于其他试验，但不得投入实际使用或退回库房。

## B.4 耐压试验

**B.4.1 试验准则**

应对 3 组 1 型试验总成，适用时对 3 组 2 型和 3 型试验总成进行耐压试验，以确认管接头连接可承受至少 2 倍最大工作压力无泄漏。

**B.4.2 试验步骤**

试验总成应按图 B.5 所示装置和表 B.4 所述参数及步骤加压，加压前应仔细排除试验总成中的空气。

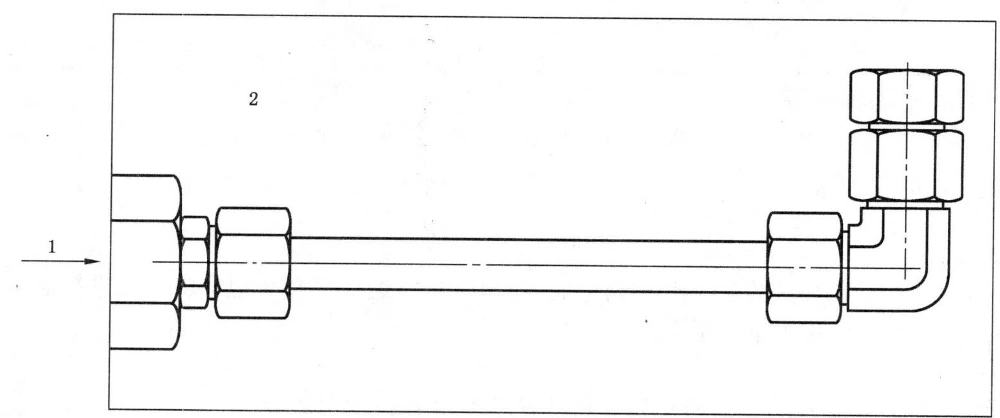


1——试验用流体入口；
2——空气。

图 B.5 典型的耐压和爆破试验装置

表 B.4 耐压试验的参数及步骤

| 试验参数 | 参数值及步骤 |
|---|---|
| 试验介质 | 符合 GB/T 7631.2 要求的黏度不大于 GB/T 3141 规定的 VG32 的液压油(如 HM),或水,并记入试验报告 |
| 试验压力 | 2 倍管接头工作压力,升压速率每秒不得超过最大工作压力值的 16% |
| 试验时间 | 在试验压力下至少保压 1 min |
| 合格判定 | 试验保压期内无任何泄漏 |

**B.4.3 试验用零件的再使用**

通过本试验的零件可继续用于爆破试验,但不允许投入实际使用或退回库房。

## B.5 爆破试验

**B.5.1 试验准则**

应对 3 组 1 型或 3 型试验总成,适用时对 3 组 2 型试验总成进行爆破试验,以确认管接头连接可承受至少 4 倍最大工作压力而不失效。

**B.5.2 试验步骤**

试验总成应按图 B.5 所示装置和表 B.5 所述参数和步骤加压。

表 B.5 爆破试验的参数及步骤

| 试验参数 | 参数值及步骤 |
|---|---|
| 试验介质 | 符合 GB/T 7631.2 要求的黏度不大于 GB/T 3141 规定的 VG32 的液压油(如 HM),或水,并记入试验报告 |
| 试验压力 | 至少 4 倍管接头工作压力,升压速率每秒不得超过最大工作压力值的 16% |
| 试验时间 | 持续加压至连接失效为止 |
| 合格判定 | 出现可见泄漏的试验压力不低于 4 倍最大工作压力 |

**B.5.3 试验用零件的再使用**

通过本试验的零件不允许再用于其他试验,也不允许投入实际使用或退回库房。

## B.6 循环脉冲试验

**B.6.1 试验准则**

应对 3 组 1 型或 3 型试验总成,适用时对 6 组 2 型试验总成进行循环脉冲试验,以确认管接头连接可承受至少 100 万次峰值压力为 1.33 倍最大工作压力的脉冲冲击而不失效。

**B.6.2 试验步骤**

本循环脉冲试验应按图 B.6 所示波型及表 B.6 所述参数及步骤进行。

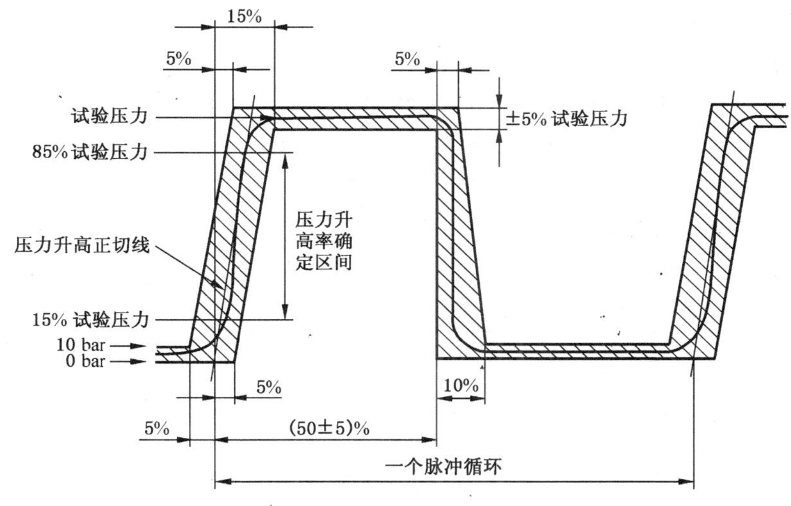


图 B.6 试验波形

表 B.6 循环脉冲试验的参数及步骤

| 试验参数 | 参数值及步骤 |
|---|---|
| 试验介质 | 符合 GB/T 7631.2 要求的黏度不大于 GB/T 3141 规定的 VG32 的液压油(如 HM),或水,并记入试验报告 |
| 试验压力 | 峰值压力为 1.33 倍管接头最大工作压力,频率为 0.5 Hz~1.25 Hz 的图 B.6 所示的波形脉冲压力 |
| 试验时间 | 至少 100 万次循环脉冲 |
| 合格判定 | 试验期内无泄漏或失效 |

**B.6.3 试验用零件的再使用**

通过本试验的零件不允许再用于其他试验,也不允许投入实际使用或退回库房。

## B.7 过拧紧试验

**B.7.1 试验准则**

应对每个规格的 3 件连接螺母和 3 件旋转螺母进行过拧紧试验,以确认管和螺母可承受相关标准规定的过拧力矩或过拧圈数。

**B.7.2 试验装置**

应使用无镀层的硬度不低于 40 HRC 的钢制螺纹试验接头进行过拧紧试验。

**B.7.3 试验步骤**

试验时,试验接头固定不动,按表 B.7 规定用扳手拧紧螺母。

表 B.7 过拧紧试验的参数及步骤

| 试验参数 | 参数值及步骤 |
|---|---|
| 试验时间 | 持续扳拧螺母至规定拧紧力矩或圈数。除非另有规定,过拧力矩应不低于相关规定安装力矩的 1.5 倍 |
| 合格判定 | 过拧操作后,不出现如下情况:<br>——螺母复位后,不能用手卸下、转动或退回至原始位置;<br>——在密封面上有肉眼可见裂纹,或螺母外观显示不可再用 |

**B.7.4 试验件的再使用**

通过本试验的零件不允许再用于其他试验,也不允许投入实际使用或退回库房。

## B.8 振动试验

**B.8.1 试验准则**

应对 B.8.2 规定的 6 组试验总成进行振动试验,确认管接头连接可承受规定振动不泄漏或零件不失效。

**B.8.2 试验步骤**

**B.8.2.1** 按表 B.8 和 B.8.2.2~B.8.2.7 所述参数和步骤进行。

表 B.8 振动试验的参数及步骤

| 试验参数 | 参数值及步骤 |
|---|---|
| 试验介质 | 符合 GB/T 7631.2 要求的黏度不大于 GB/T 3141 规定的 VG32 的液压油(如 HM),或水,并记入试验报告 |
| 试验压力 | 选用管的最大工作压力 |
| 应力水平 | 管材最小屈服强度的 25%[a] |
| 振动频率 | 10 Hz~50 Hz |
| 试验时间 | 至少 1 000 万次振动 |
| 合格判定 | 出现可见泄漏或失效时的振动次数不应低于 1 000 万次 |
| [a] 使用最小屈服强度大于 235 MPa 的管材,确定振动应力时应考虑管材本身的动态性能。 | |

**B.** 8.2.2 按图 B.7 准备振动试验总成，应变片安装在图示规定的位置，最小计量长度 $L$ 应不小于表 B.9的规定。

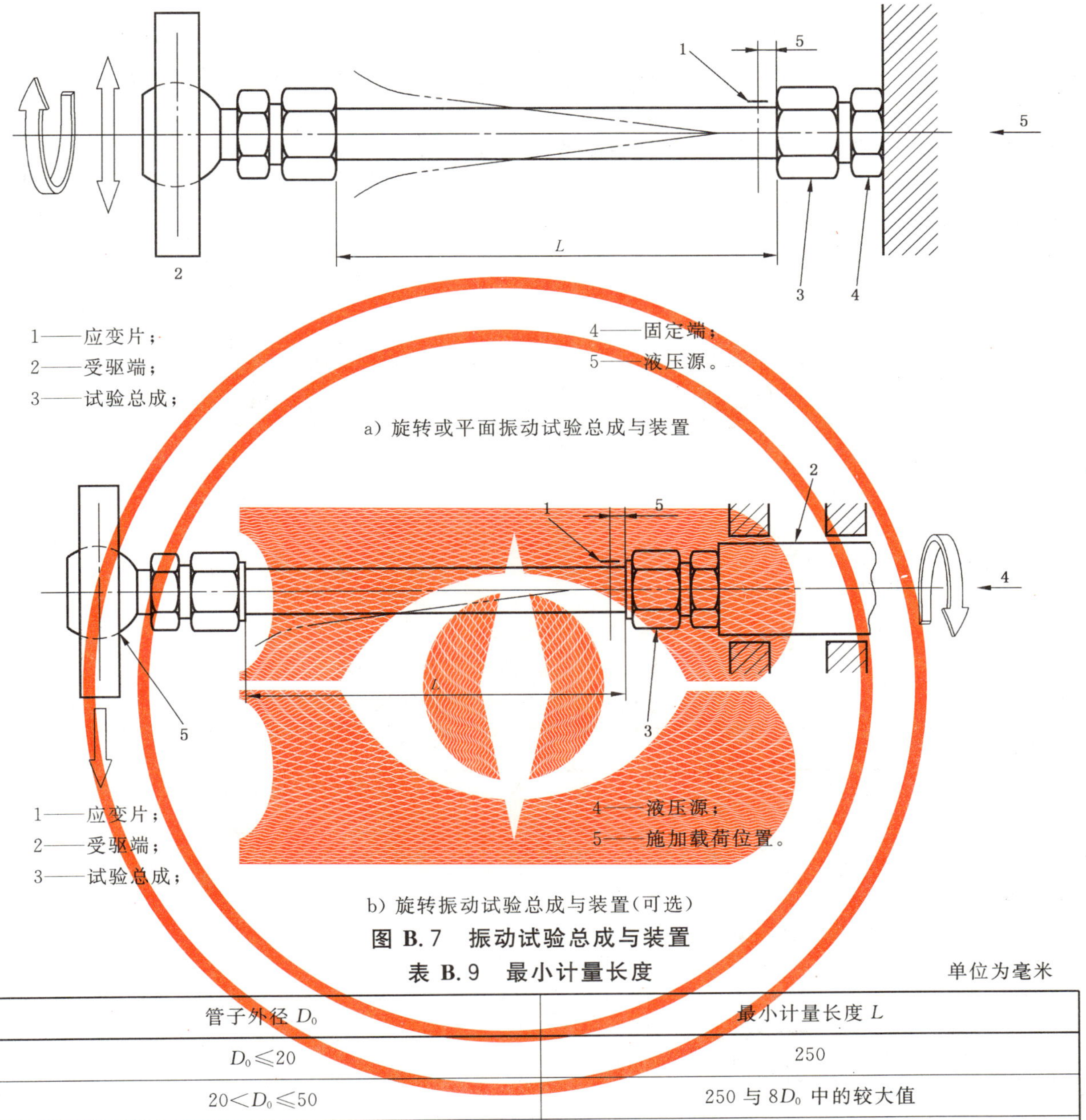


**图 B.7 振动试验总成与装置**

**表 B.9 最小计量长度**

单位为毫米

| 管子外径 $D_0$ | 最小计量长度 $L$ |
|---|---|
| $D_0 \leqslant 20$ | 250 |
| $20 < D_0 \leqslant 50$ | 250 与 $8D_0$ 中的较大值 |
| $D_0 > 50$ | 400 与 $8D_0$ 中的较大值 |

**B.** 8.2.3 如图 B.7 所示，把试验总成安装在可提供旋转或平面振动的试验夹具中。

**B.** 8.2.4 加压至管子的最大工作压力。

**B.** 8.2.5 在未安装应变片的管端，施加弯曲载荷，直至轴向综合应力达到管材最小屈服强度的 25%。

注：使用最小屈服强度大于 235 MPa 的管材，确定振动应力时应考虑管材本身的动态性能。

**B.** 8.2.6 使试验总成按 10 Hz～50 Hz 的频率振动至失效或振动 1 000 万次。

**B.** 8.2.7 如果振动次数不到 1 000 万次连接即失效，记录下振动次数和失效类型。

**B.** 8.3 **试验用零件的再使用**

通过本试验的零件不允许再用于其他试验，也不允许投入实际使用或退回库房。

## B.9　振动加循环脉冲试验

### B.9.1　试验准则

应对按图 B.8 规定的 3 组试验总成同时进行振动加循环脉冲试验，以确认处在振动中的管接头连接可承受至少 50 万次压力峰值为 1.33 倍最大工作压力的脉冲冲击而不泄漏或零件不失效。

### B.9.2　试验步骤

**B.9.2.1**　按图 B.8 所示装置和表 B.10 所述参数及步骤进行振动加循环脉冲试验。

**B.9.2.2**　按图 B.8 准备试验总成与装置，应变片安装在图示规定的位置，计量长度 $L$ 应不小于表 B.9 的规定。

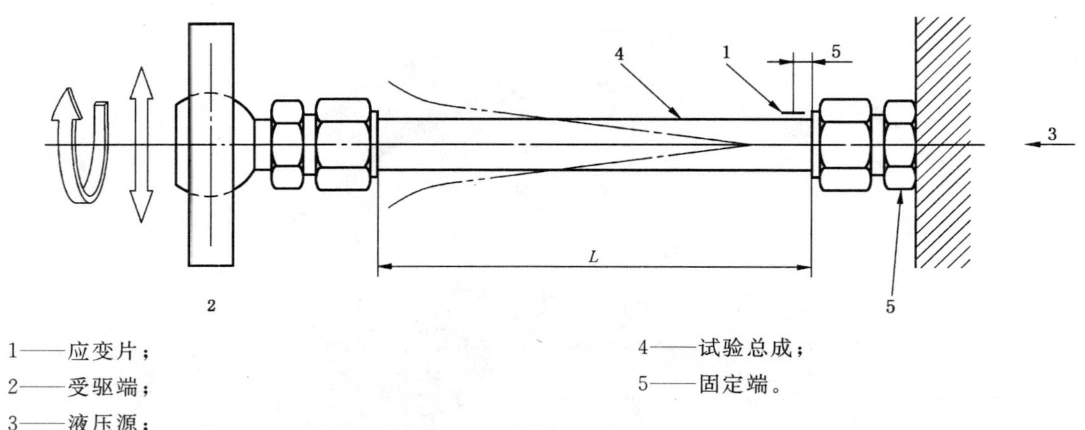


1——应变片；
2——受驱端；
3——液压源；
4——试验总成；
5——固定端。

**图 B.8　振动加循环脉冲试验总成与装置**

**表 B.10　振动加循环脉冲试验的参数及步骤**

| 试验参数 | 参数值及步骤 |
|---|---|
| 试验介质 | 符合 GB/T 7631.2 要求的黏度不大于 GB/T 3141 规定的 VG32 的液压油(如 HM)，或水，并记入试验报告 |
| 试验压力 | 峰值为 1.33 倍接头最大工作压力、频率为 0.5 Hz～1.25 Hz 的图 B.6 所示的波形脉冲压力 |
| 应力水平 | 按管材最小屈服强度的 25%[a] |
| 振动频率 | 20 倍脉冲频率 |
| 试验时间 | 至少 50 万次脉冲 |
| 合格判定 | 出现可见泄漏或失效时的脉冲次数应不低于 50 万次 |
| [a] 使用最小屈服强度大于 235 MPa 的管材，确定振动应力时应考虑管材本身的动态性能。 | |

### B.9.3　试验件的再使用

通过本试验的零件不允许再用于其他试验，也不允许投入实际使用或退回库房。

# 附 录 C
## （规范性附录）
## 试验记录表

| 被测接头条件 | | | | | | |
|---|---|---|---|---|---|---|
| 接头标准 | | | | 材料牌号 | | |
| 制造商 | | | | 试验设备 | | |
| 螺柱端 | 类型 | | 规格 | | 密封类型 | |
| 接头端 | 类型 | | 规格 | | 密封类型 | |

重复安装与泄漏试验结果 最小试验样本数=3 组(参见 10.2 和 B.2)

| 样本号 | 力矩(N·m)<br>或圈数 | 试验介质 | 合格判定 | | |
|---|---|---|---|---|---|
| | | | 重复安装试验 | 泄漏试验 | 耐压试验 |
| 第 1 次安装后 | | | | | |
| 1 组 | | | | | |
| 2 组 | | | | | |
| 3 组 | | | | | |
| 第 6 次安装后 | | | | | |
| 1 组 | | | | | |
| 2 组 | | | | | |
| 3 组 | | | | | |

耐压试验结果 最小试验样本数=3 组(参见 10.4 和 B.4)

| 样本号 | 力矩(N·m)<br>或圈数 | 试验介质 | 试验压力 | 合格判定 |
|---|---|---|---|---|
| 1 组 | | | MPa | |
| 2 组 | | | MPa | |
| 3 组 | | | MPa | |

爆破压力试验结果 最小试验样本数=3 组(参见第 10.5 和 B.5)

| 样本号 | 力矩(N·m)<br>或圈数 | 试验介质 | 试验压力 | 合格判定 | |
|---|---|---|---|---|---|
| 1 组 | | | MPa | MPa | |
| 2 组 | | | MPa | MPa | |
| 3 组 | | | MPa | MPa | |

循环脉冲试验结果 最小试验样本数=6 组(参见 10.6 和 B.6)

| 样本号 | 力矩(N·m)<br>或圈数 | 试验介质 | 试验脉冲数 | 失效时脉冲数 | 合格判定 |
|---|---|---|---|---|---|
| 1 组 | | | | | |
| 2 组 | | | | | |
| 3 组 | | | | | |
| 4 组 | | | | | |
| 5 组 | | | | | |
| 6 组 | | | | | |

表（续）

| 过拧紧试验结果　最小试验样本数＝6组(参见10.8和B.7) | | |
|---|---|---|
| 螺母型号 | 力矩(N·m)或圈数 | 合格判定 |
| 1 | | |
| 2 | | |
| 3 | | |
| 4 | | |
| 5 | | |
| 6 | | |

| 振动试验结果　最小试验样本数＝6组(参见10.7和B.8) | | | | | |
|---|---|---|---|---|---|
| 样本号 | 试验压力 | 振动应力 | 振动试验次数 | 失效时振动次数 | 合格判定 |
| 1组 | MPa | | | | |
| 2组 | MPa | | | | |
| 3组 | MPa | | | | |
| 4组 | MPa | | | | |
| 5组 | MPa | | | | |
| 6组 | MPa | | | | |

| 振动加循环脉冲试验结果　最小试验样本数＝3组或6组(参见B.9) | | | | | | | | |
|---|---|---|---|---|---|---|---|---|
| 样本号 | 力矩(N·m)或圈数 | 试验介质 | 脉冲压力 | 振动应力 | 脉冲试验次数 | 失效时脉冲/振动次数 | | 合格判定 |
| | | | | | | 脉冲 | 振动 | |
| 1组 | | | MPa | | | | | |
| 2组 | | | MPa | | | | | |
| 3组 | | | MPa | | | | | |
| 4组 | | | MPa | | | | | |
| 5组 | | | MPa | | | | | |
| 6组 | | | MPa | | | | | |

试验结论:(合格与否_——不合格时应指出不合格原因)

例外尺寸:

报告人姓名:(印刷或打字)
报告人签字:

报告日期:

ICS 21.060.60
J 15

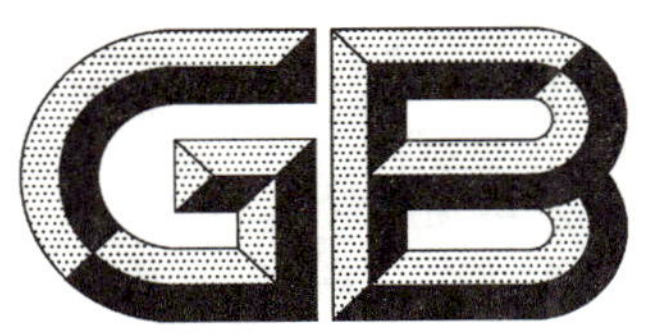

# 中华人民共和国国家标准

GB/T 5625—2008
代替 GB/T 5625.1—1985,GB/T 5625.2—1985

# 扩口式端直通管接头

## Flared couplings—Straight thread

2008-05-07 发布　　2008-11-01 实施

中华人民共和国国家质量监督检验检疫总局
中国国家标准化管理委员会　发布

# 前　言

本标准是扩口式管接头系列标准之一。

本标准是对 GB/T 5625.1—1985《扩口式端直通管接头》和 GB/T 5625.2—1985《扩口式端直通管接头体》的修订。主要修订内容如下：

——将两个标准的内容进行了整合；

——修改了英文名称；

——增加了 F 型螺纹柱端，A 型螺纹柱端增加了 55° 非密封管螺纹(G)；

——减少了部分应由制造商控制的参数；

——对部分公差按现行公差与配合标准进行调整；

——取消了表面粗糙度标注，表面粗糙度要求在 GB/T 5653《扩口式管接头技术条件》中给出。

本标准自实施之日起代替 GB/T 5625.1—1985、GB/T 5625.2—1985。

本标准由中国机械工业联合会提出。

本标准由全国管路附件标准化技术委员会归口。

本标准负责起草单位：中机生产力促进中心、海盐管件制造有限公司、伊顿(宁波)流体连接件有限公司。

本标准参加起草单位：嘉兴迈思特管件制造有限公司、建湖县特佳液压管件有限公司、海盐高博管件有限公司、海盐县海管管件制造有限公司、焦作市路通液压附件有限公司。

本标准主要起草人：李维荣、耿志学、周舜华、李俊英、陶忠明、左学俊、阮浩丰、周剑飞、王利民。

本标准所代替标准的历次版本发布情况为：

——GB/T 5625.1—1985、GB/T 5625.2—1985。

# 扩口式端直通管接头

## 1 范围

本标准规定了扩口式端直通管接头和接头体的尺寸、标记及技术要求。

本标准适用于管子外径为 4 mm～34 mm，最大工作压力 3.5 MPa～16 MPa 的液压流体传动和一般用途的管路系统。

## 2 规范性引用文件

下列文件中的条款通过本标准的引用而成为本标准的条款。凡是注日期的引用文件，其随后所有的修改单(不包括勘误的内容)或修订版均不适用于本标准，然而，鼓励根据本标准达成协议的各方研究是否可使用这些文件的最新版本。凡是不注日期的引用文件，其最新版本适用于本标准。

GB/T 3765—2008　卡套式管接头技术条件

GB/T 5646—2008　扩口式管接头管套

GB/T 5647—2008　扩口式管接头用 A 型螺母

GB/T 5648—2008　扩口式管接头用 B 型螺母

GB/T 5652—2008　扩口式管接头扩口端尺寸

GB/T 5653—2008　扩口式管接头技术条件

GB/T 19674.2—2005　液压管接头用螺纹油口和柱端　填料密封柱端(A 型和 E 型)

## 3 尺寸

带 A 型柱端的扩口式端直通管接头和接头体的尺寸应符合图 1、图 2 和表 1 的规定，A 型柱端型式尺寸应符合 GB/T 19674.2 的规定。

带 F 型柱端的扩口式端直通管接头和接头体的尺寸应符合图 3、图 4 和表 2 的规定，F 型柱端型式尺寸应符合 GB/T 3765 附录 A 的规定。

接头体扩口端尺寸应符合 GB/T 5652 的规定。

## 4 标记

### 4.1 标记方法

扩口式端直通管接头和接头体的标记方法应符合 GB/T 5653 的规定。

### 4.2 标记示例

扩口型式 A，管子外径为 10 mm，普通螺纹(M)A 型柱端，表面镀锌处理的钢制扩口式端直通管接头标记为：

管接头　GB/T 5625　A10/M14×1.5

扩口型式 A，管子外径为 10 mm，普通螺纹(M)A 型柱端，表面镀锌处理的钢制扩口式端直通接头体标记为：

接头体　GB/T 5625　A10/M14×1.5

## 5 技术要求

技术要求按 GB/T 5653 的规定。

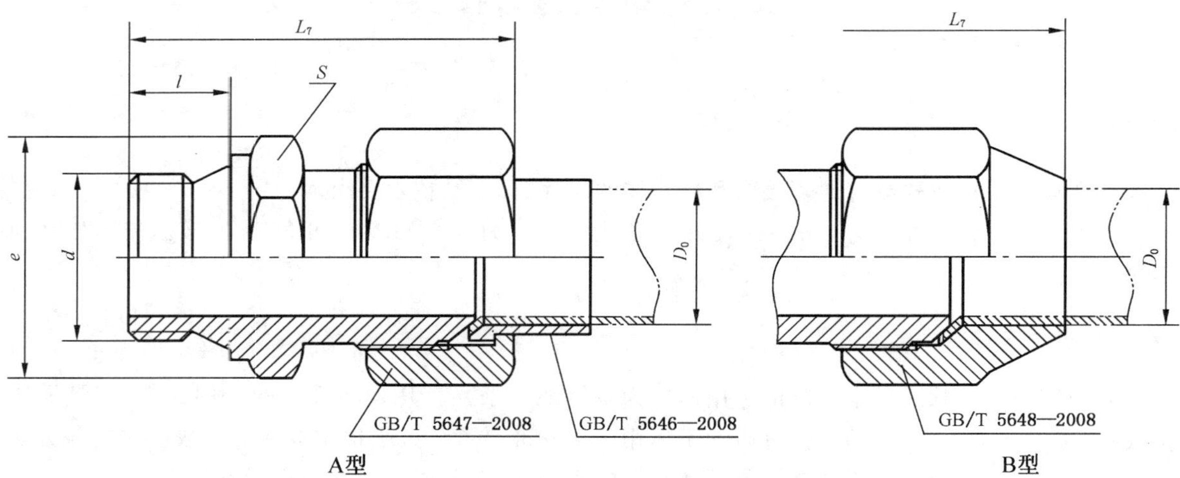


图 1 带 A 型柱端的扩口式端直通管接头

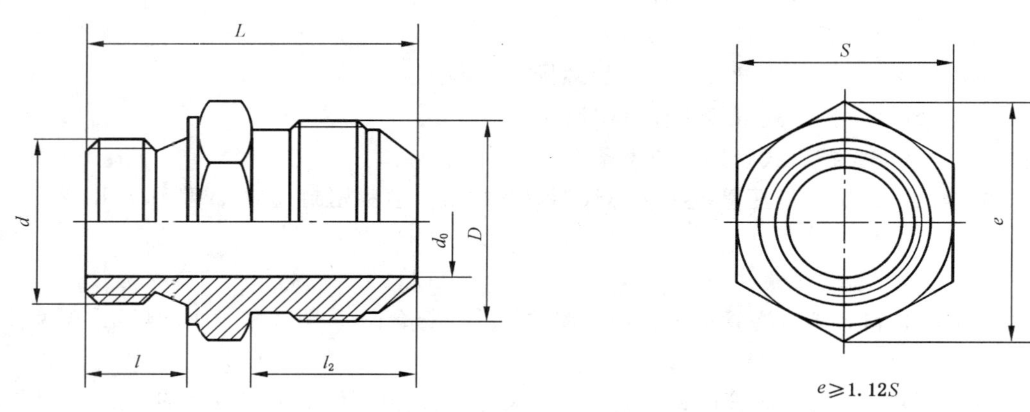


图 2 带 A 型柱端的扩口式端直通接头体

表 1 带 A 型柱端的扩口式端直通管接头和接头体尺寸

单位为毫米

| 管子外径 $D_0$ | $d_0$ | $d$[a] | | $D$ | $L_7\approx$ | | $l$ | $l_2$ | $L$ | $S$ |
|---|---|---|---|---|---|---|---|---|---|---|
| | | | | | A 型 | B 型 | | | | |
| 4 | 3 | M10×1 | G1/8 | M10×1 | 31.5 | 36 | 8 | 12.5 | 26.5 | 14 |
| 5 | 3.5 | | | | | | | | | |
| 6 | 4 | | | M12×1.5 | 35.5 | 40 | | 16 | 30 | |
| 8 | 6 | M12×1.5 | G1/4 | M14×1.5 | 44 | 52 | 12 | 18 | 37 | 17 |
| 10 | 8 | M14×1.5 | | M16×1.5 | 45 | 54 | | 19 | 38 | 19 |
| 12 | 10 | M16×1.5 | G3/8 | M18×1.5 | 45.5 | 57 | | | 39 | 22 |
| 14 | 12[b] | M18×1.5 | | M22×1.5 | | 61 | | 19.5 | 39.5 | 24 |
| 16 | 14 | M22×1.5 | G1/2 | M24×1.5 | 49 | 65 | 14 | 20 | 43 | 30 |
| 18 | 15 | | | M27×1.5 | | 69 | | 20.5 | 43.5 | |

表 1（续）

单位为毫米

| 管子外径 $D_0$ | $d_0$ | $d$[a] | | $D$ | $L_7\approx$ | | $l$ | $l_2$ | $L$ | $S$ |
|---|---|---|---|---|---|---|---|---|---|---|
| | | | | | A 型 | B 型 | | | | |
| 20 | 17 | M27×2 | G3/4 | M30×2 | 58.5 | — | 16 | 26 | 52 | 34 |
| 22 | 19 | | | M33×2 | 59.5 | — | | | | |
| 25 | 22 | M33×2 | G1 | M36×2 | 64 | — | 18 | | 56 | 41 |
| 28 | 24 | | | M39×2 | 66.5 | — | | 27.5 | 58.5 | |
| 32 | 27 | M42×2 | G1¼ | M42×2 | 71 | — | 20 | 28.5 | 62.5 | 50 |
| 34 | 30 | | | M45×2 | 71.5 | — | | | | |

[a] 优先选用普通螺纹。

[b] 采用 55° 非密封的管螺纹时尺寸为 10 mm。

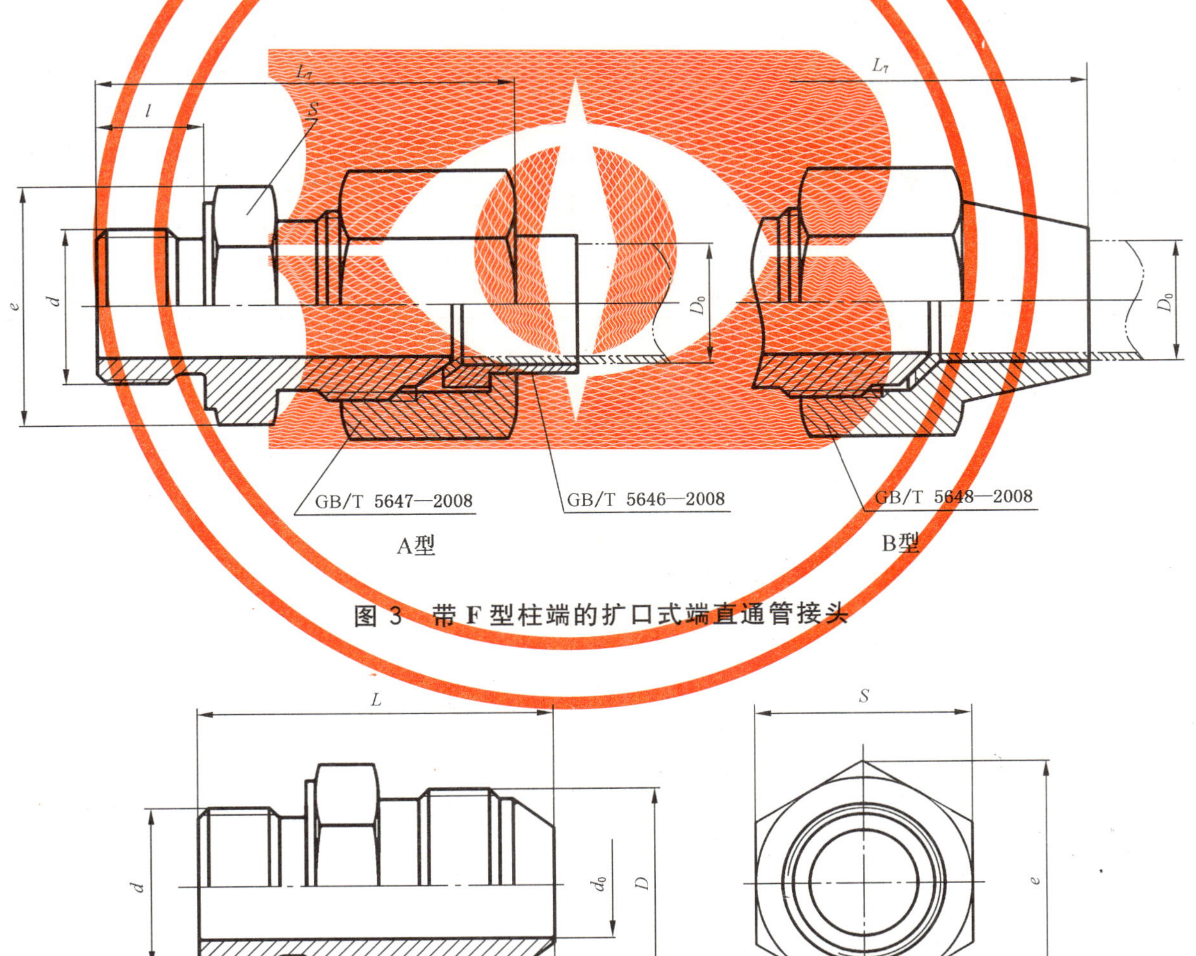


图 3　带 F 型柱端的扩口式端直通管接头

图 4　带 F 型柱端的扩口式端直通接头体

**表 2　带 F 型柱端的扩口式端直通管接头和接头体尺寸**　　单位为毫米

<table>
<tr><th rowspan="2">管子外径 $D_0$</th><th rowspan="2">$d_0$</th><th rowspan="2">$d$</th><th rowspan="2">$D$</th><th colspan="2">$L_7\approx$</th><th rowspan="2">$l$</th><th rowspan="2">$l_2$</th><th rowspan="2">$L$</th><th rowspan="2">$S$</th></tr>
<tr><th>A 型</th><th>B 型</th></tr>
<tr><td>4</td><td>3</td><td rowspan="3">M10×1</td><td rowspan="2">M10×1</td><td rowspan="2">32</td><td rowspan="2">36.5</td><td rowspan="3">8.5</td><td rowspan="2">12.5</td><td rowspan="2">27</td><td rowspan="3">14</td></tr>
<tr><td>5</td><td>3.5</td></tr>
<tr><td>6</td><td>4</td><td>M12×1.5</td><td>36</td><td>40.5</td><td>16</td><td>30.5</td></tr>
<tr><td>8</td><td>6</td><td>M12×1.5</td><td>M14×1.5</td><td>43</td><td>51</td><td rowspan="2">11</td><td>18</td><td>36</td><td>17</td></tr>
<tr><td>10</td><td>8</td><td>M14×1.5</td><td>M16×1.5</td><td>44</td><td>53</td><td rowspan="2">19</td><td>37</td><td>19</td></tr>
<tr><td>12</td><td>10</td><td>M16×1.5</td><td>M18×1.5</td><td>45</td><td>56.5</td><td>11.5</td><td>38.5</td><td>22</td></tr>
<tr><td>14</td><td>12</td><td>M18×1.5</td><td>M22×1.5</td><td>46</td><td>61.5</td><td>12.5</td><td>19.5</td><td>40</td><td>24</td></tr>
<tr><td>16</td><td>14</td><td rowspan="2">M22×1.5</td><td>M24×1.5</td><td rowspan="2">48</td><td>64</td><td rowspan="2">13</td><td>20</td><td>42</td><td rowspan="2">30</td></tr>
<tr><td>18</td><td>15</td><td>M27×1.5</td><td>68</td><td>20.5</td><td>42.5</td></tr>
<tr><td>20</td><td>17</td><td rowspan="2">M27×2</td><td>M30×2</td><td>58.5</td><td>—</td><td rowspan="2">16</td><td rowspan="3">26</td><td rowspan="2">52</td><td rowspan="2">34</td></tr>
<tr><td>22</td><td>19</td><td>M33×2</td><td>59.5</td><td>—</td></tr>
<tr><td>25</td><td>22</td><td rowspan="2">M33×2</td><td>M36×2</td><td>62</td><td>—</td><td rowspan="2">16</td><td>54</td><td rowspan="2">41</td></tr>
<tr><td>28</td><td>24</td><td>M39×2</td><td>64.5</td><td>—</td><td>27.5</td><td>56.5</td></tr>
<tr><td>32</td><td>27</td><td rowspan="2">M42×2</td><td>M42×2</td><td>67</td><td>—</td><td rowspan="2">16</td><td rowspan="2">28.5</td><td rowspan="2">58.5</td><td rowspan="2">50</td></tr>
<tr><td>34</td><td>30</td><td>M45×2</td><td>67.5</td><td>—</td></tr>
</table>

ICS 21.060.60
J 15

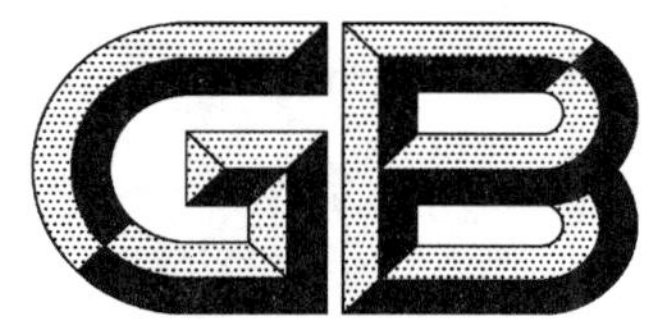

# 中华人民共和国国家标准

GB/T 5628—2008
代替 GB/T 5628.1—1985,GB/T 5628.2—1985

# 扩口式直通管接头

**Flared couplings—Union**

2008-05-07 发布 2008-11-01 实施

中华人民共和国国家质量监督检验检疫总局
中国国家标准化管理委员会 发布

# 前　　言

本标准是扩口式管接头系列标准之一。

本标准是对 GB/T 5628.1—1985《扩口式直通管接头》和 GB/T 5628.2—1985《扩口式直通管接头体》的修订。主要修订内容如下：

——将两个标准的内容进行了整合；

——修改了英文名称；

——减少了部分应由制造商控制的参数；

——对部分公差按现行公差与配合标准进行调整；

——取消了表面粗糙度标注，表面粗糙度要求在 GB/T 5653《扩口式管接头技术条件》中给出。

本标准自实施之日起代替 GB/T 5628.1—1985、GB/T 5628.2—1985。

本标准由中国机械工业联合会提出。

本标准由全国管路附件标准化技术委员会归口。

本标准负责起草单位：中机生产力促进中心、海盐管件制造有限公司、嘉兴迈思特管件制造有限公司。

本标准参加起草单位：伊顿（宁波）流体连接件有限公司、建湖县特佳液压管件有限公司、海盐高博管件有限公司、海盐县海管管件制造有限公司、焦作市路通液压附件有限公司。

本标准主要起草人：耿志学、李维荣、周舜华、冯峰、陶忠明、左学俊、阮浩丰、周剑飞、王利民。

本标准所代替标准的历次版本发布情况为：

——GB/T 5628.1—1985、GB/T 5628.2—1985。

# 扩口式直通管接头

## 1 范围

本标准规定了扩口式直通管接头和接头体的尺寸、标记及技术要求。

本标准适用于管子外径为 4 mm～34 mm，最大工作压力 3.5 MPa～16 MPa 的液压流体传动和一般用途的管路系统。

## 2 规范性引用文件

下列文件中的条款通过本标准的引用而成为本标准的条款。凡是注日期的引用文件，其随后所有的修改单(不包括勘误的内容)或修订版均不适用于本标准，然而，鼓励根据本标准达成协议的各方研究是否可使用这些文件的最新版本。凡是不注日期的引用文件，其最新版本适用于本标准。

GB/T 5646—2008 扩口式管接头管套

GB/T 5647—2008 扩口式管接头用A型螺母

GB/T 5648—2008 扩口式管接头用B型螺母

GB/T 5652—2008 扩口式管接头扩口端尺寸

GB/T 5653—2008 扩口式管接头技术条件

## 3 尺寸

扩口式直通管接头和接头体的尺寸应符合图1、图2和表1的规定，接头体扩口端尺寸应符合 GB/T 5652 的规定。

## 4 标记

### 4.1 标记方法

扩口式直通管接头和接头体的标记方法应符合 GB/T 5653 的规定。

### 4.2 标记示例

扩口型式 A，管子外径为 10 mm，表面镀锌处理的钢制扩口式直通管接头标记为：

管接头 GB/T 5628 A10

扩口型式 A，管子外径为 10 mm，表面镀锌处理的钢制扩口式直通接头体标记为：

接头体 GB/T 5628 A10

## 5 技术要求

技术要求按 GB/T 5653 的规定。

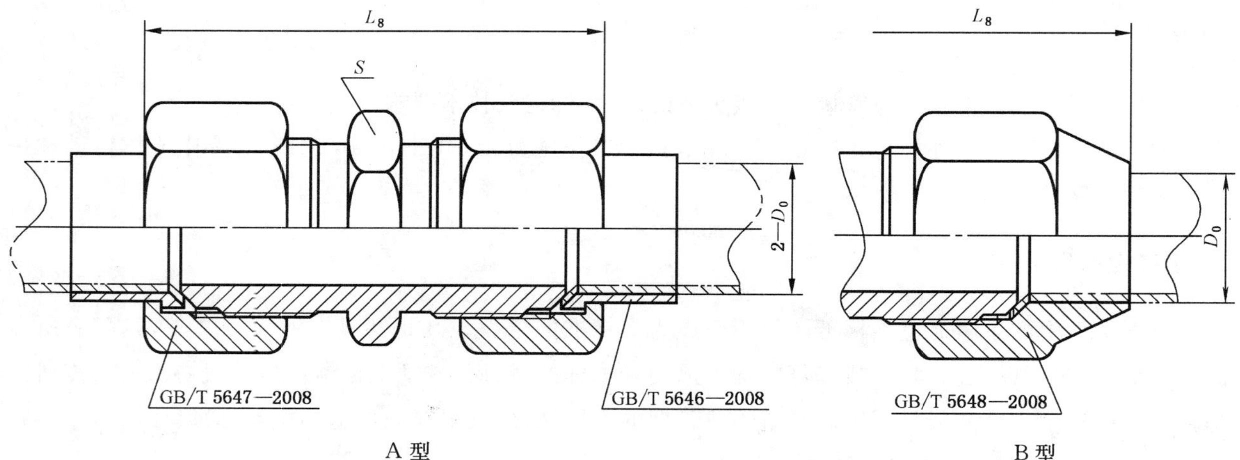


图 1　扩口式直通管接头

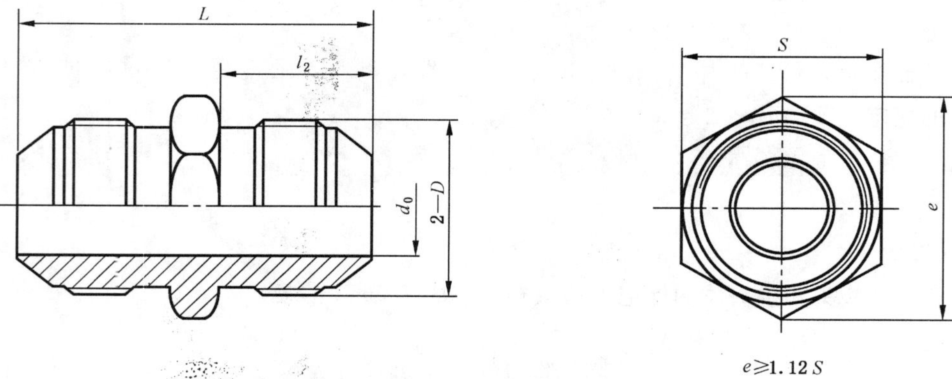


图 2　扩口式直通接头体

表 1　扩口式直通管接头和接头体尺寸

单位为毫米

<table>
<tr><th rowspan="2">管子外径<br>$D_0$</th><th rowspan="2">$d_0$</th><th rowspan="2">$D$</th><th colspan="2">$L_8 \approx$</th><th rowspan="2">$l_2$</th><th rowspan="2">$L$</th><th rowspan="2">$S$</th></tr>
<tr><th>A 型</th><th>B 型</th></tr>
<tr><td>4</td><td>3</td><td rowspan="2">M10×1</td><td rowspan="2">40</td><td rowspan="2">49</td><td rowspan="2">12.5</td><td rowspan="2">30</td><td rowspan="2">12</td></tr>
<tr><td>5</td><td>3.5</td></tr>
<tr><td>6</td><td>4</td><td>M12×1.5</td><td>47.5</td><td>57.5</td><td>16</td><td>37</td><td>14</td></tr>
<tr><td>8</td><td>6</td><td>M14×1.5</td><td>55.5</td><td>71</td><td>18</td><td>42</td><td>17</td></tr>
<tr><td>10</td><td>8</td><td>M16×1.5</td><td>57.5</td><td>75.5</td><td rowspan="2">19</td><td>44</td><td>19</td></tr>
<tr><td>12</td><td>10</td><td>M18×1.5</td><td rowspan="2">58</td><td>81</td><td>45</td><td>22</td></tr>
<tr><td>14</td><td>12</td><td>M22×1.5</td><td>89</td><td>19.5</td><td>46</td><td>24</td></tr>
<tr><td>16</td><td>14</td><td>M24×1.5</td><td rowspan="2">60</td><td>92</td><td>20</td><td>48</td><td>27</td></tr>
<tr><td>18</td><td>15</td><td>M27×1.5</td><td>100</td><td>20.5</td><td>49</td><td>30</td></tr>
<tr><td>20</td><td>17</td><td>M30×2</td><td>75.5</td><td>—</td><td rowspan="3">26</td><td rowspan="3">62</td><td>32</td></tr>
<tr><td>22</td><td>19</td><td>M33×2</td><td>76.5</td><td>—</td><td>34</td></tr>
<tr><td>25</td><td>22</td><td>M36×2</td><td>78</td><td>—</td><td rowspan="2">41</td></tr>
<tr><td>28</td><td>24</td><td>M39×2</td><td>83.5</td><td>—</td><td>27.5</td><td>67</td></tr>
<tr><td>32</td><td>27</td><td>M42×2</td><td rowspan="2">86</td><td>—</td><td rowspan="2">28.5</td><td rowspan="2">69</td><td rowspan="2">46</td></tr>
<tr><td>34</td><td>30</td><td>M45×2</td><td>—</td></tr>
</table>

ICS 21.060.60
J 15

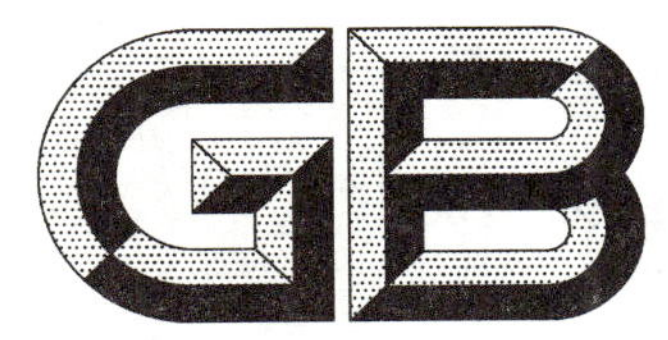

# 中华人民共和国国家标准

GB/T 5630—2008
代替 GB/T 5630.1—1985，GB/T 5630.2—1985

# 扩口式弯通管接头

## Flared couplings—Union elbow

2008-05-07 发布　　2008-11-01 实施

中华人民共和国国家质量监督检验检疫总局
中国国家标准化管理委员会　发布

# 前　言

本标准是扩口式管接头系列标准之一。

本标准是对GB/T 5630.1—1985《扩口式直角管接头》和GB/T 5630.2—1985《扩口式直角管接头体》的修订。主要修订内容如下：

——将两个标准的内容进行了整合；

——修改了中文和英文名称；

——增加了六方形坯件结构；

——减少了部分应由制造商控制的参数；

——对部分公差按现行公差与配合标准进行调整；

——取消了表面粗糙度标注，表面粗糙度要求在GB/T 5653《扩口式管接头技术条件》中给出。

本标准自实施之日起代替GB/T 5630.1—1985、GB/T 5630.2—1985。

本标准由中国机械工业联合会提出。

本标准由全国管路附件标准化技术委员会归口。

本标准负责起草单位：中机生产力促进中心、海盐管件制造有限公司、建湖县特佳液压管件有限公司。

本标准参加起草单位：伊顿(宁波)流体连接件有限公司、嘉兴迈思特管件制造有限公司、海盐高博管件有限公司、海盐县海管管件制造有限公司、焦作市路通液压附件有限公司。

本标准主要起草人：耿志学、李维荣、周舜华、左学俊、陶忠明、阮浩丰、周剑飞、王利民、冯峰。

本标准所代替标准的历次版本发布情况为：

——GB/T 5630.1—1985、GB/T 5630.2—1985。

# 扩口式弯通管接头

## 1 范围

本标准规定了扩口式弯通管接头和接头体的尺寸、标记及技术要求。

本标准适用于管子外径为 4 mm～34 mm，最大工作压力 3.5 MPa～16 MPa 的液压流体传动和一般用途的管路系统。

## 2 规范性引用文件

下列文件中的条款通过本标准的引用而成为本标准的条款。凡是注日期的引用文件，其随后所有的修改单(不包括勘误的内容)或修订版均不适用于本标准，然而，鼓励根据本标准达成协议的各方研究是否可使用这些文件的最新版本。凡是不注日期的引用文件，其最新版本适用于本标准。

GB/T 5646—2008 扩口式管接头管套

GB/T 5647—2008 扩口式管接头用 A 型螺母

GB/T 5648—2008 扩口式管接头用 B 型螺母

GB/T 5652—2008 扩口式管接头扩口端尺寸

GB/T 5653—2008 扩口式管接头技术条件

## 3 尺寸

扩口式弯通管接头和接头体的尺寸应符合图 1～图 4 和表 1 的规定，接头体扩口端尺寸应符合 GB/T 5652 的规定。

## 4 标记

### 4.1 标记方法

扩口式弯通管接头和接头体的标记方法应符合 GB/T 5653 的规定。

### 4.2 标记示例

扩口型式 A，管子外径为 10 mm，表面镀锌处理的钢制扩口式弯通管接头标记为：

管接头 GB/T 5630 A10

扩口型式 A，管子外径为 10 mm，表面镀锌处理的钢制扩口式弯通接头体标记为：

接头体 GB/T 5630 A10

## 5 技术要求

技术要求按 GB/T 5653 的规定。

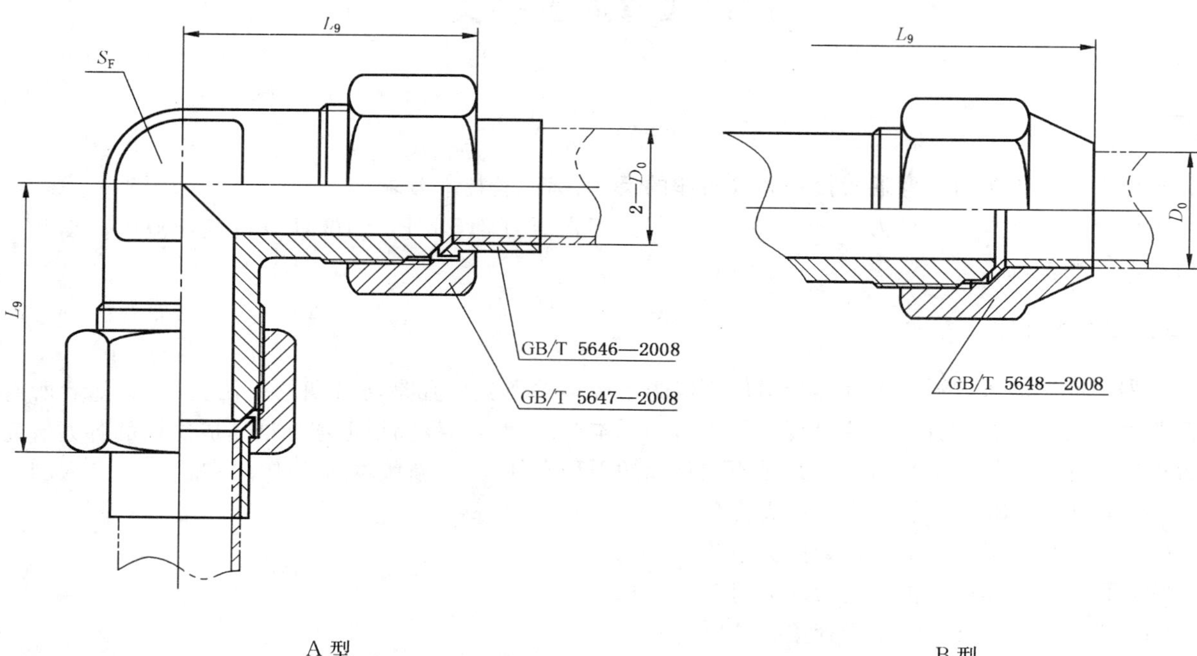


图 1　扩口式弯通管接头

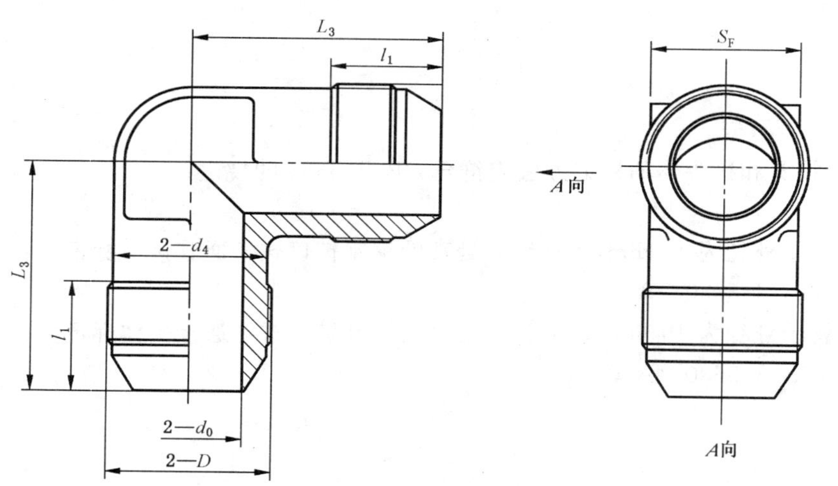


图 2　扩口式弯通接头体

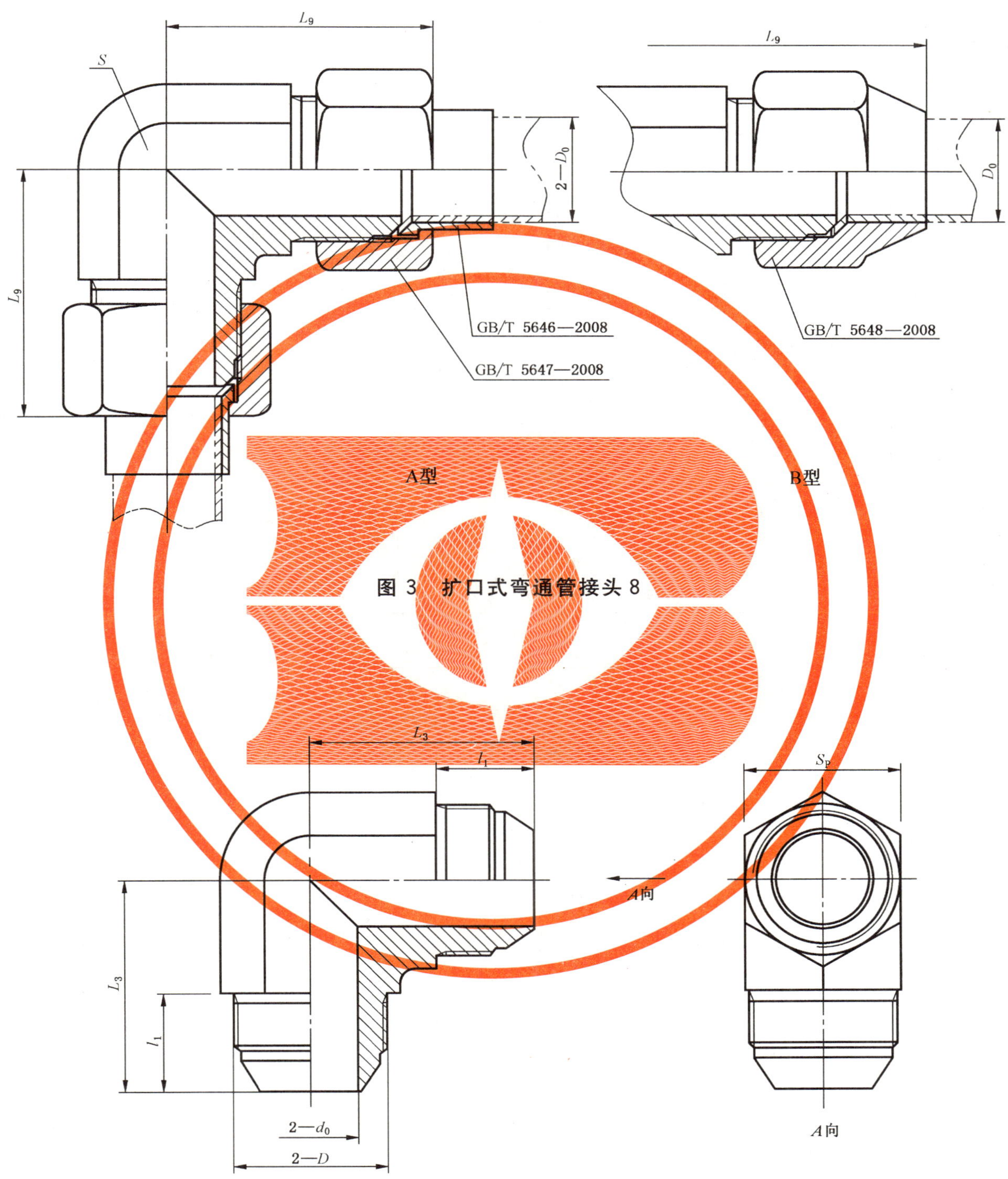


图 3 扩口式弯通管接头 8



图 4 扩口式弯通接头体

**表 1　扩口式弯通管接头和接头体尺寸**

单位为毫米

<table>
<tr><th rowspan="2">管子外径 $D_0$</th><th rowspan="2">$d_0$</th><th rowspan="2">$D$</th><th rowspan="2">$d_4$</th><th colspan="2">$L_9\approx$</th><th rowspan="2">$L_3$</th><th rowspan="2">$l_1$</th><th colspan="2">$S$</th></tr>
<tr><th>A 型</th><th>B 型</th><th>$S_F$</th><th>$S_P$</th></tr>
<tr><td>4</td><td>3</td><td rowspan="2">M10×1</td><td rowspan="2">8</td><td rowspan="2">25.5</td><td rowspan="2">30</td><td rowspan="2">20.5</td><td rowspan="2">9.5</td><td rowspan="2">8</td><td rowspan="2">10</td></tr>
<tr><td>5</td><td>3.5</td></tr>
<tr><td>6</td><td>4</td><td>M12×1.5</td><td>10</td><td>29.5</td><td>34.5</td><td>24</td><td>12</td><td>10</td><td>12</td></tr>
<tr><td>8</td><td>6</td><td>M14×1.5</td><td>11</td><td>35.5</td><td>43</td><td>28.5</td><td>13.5</td><td>12</td><td>14</td></tr>
<tr><td>10</td><td>8</td><td>M16×1.5</td><td>13</td><td>37.5</td><td>46.5</td><td>30.5</td><td rowspan="2">14.5</td><td>14</td><td>17</td></tr>
<tr><td>12</td><td>10</td><td>M18×1.5</td><td>15</td><td>38</td><td>49.5</td><td>31.5</td><td>17</td><td>19</td></tr>
<tr><td>14</td><td>12</td><td>M22×1.5</td><td>19</td><td>39.5</td><td>55</td><td>34</td><td>15</td><td>19</td><td>22</td></tr>
<tr><td>16</td><td>14</td><td>M24×1.5</td><td>21</td><td>41.5</td><td>57.5</td><td>35.5</td><td>15.5</td><td>22</td><td>24</td></tr>
<tr><td>18</td><td>15</td><td>M27×1.5</td><td>24</td><td>43</td><td>63</td><td>37.5</td><td>16</td><td>24</td><td>27</td></tr>
<tr><td>20</td><td>17</td><td>M30×2</td><td>27</td><td>50</td><td>—</td><td>43</td><td rowspan="3">20</td><td>27</td><td>30</td></tr>
<tr><td>22</td><td>19</td><td>M33×2</td><td>30</td><td>53</td><td>—</td><td>45.5</td><td>30</td><td>34</td></tr>
<tr><td>25</td><td>22</td><td>M36×2</td><td>33</td><td>55</td><td>—</td><td>47</td><td>34</td><td>36</td></tr>
<tr><td>28</td><td>24</td><td>M39×2</td><td>36</td><td>58.5</td><td>—</td><td>50</td><td>21.5</td><td>36</td><td>41</td></tr>
<tr><td>32</td><td>27</td><td>M42×2</td><td>39</td><td>61</td><td>—</td><td>52.5</td><td rowspan="2">22.5</td><td>41</td><td rowspan="2">46</td></tr>
<tr><td>34</td><td>30</td><td>M45×2</td><td>42</td><td>62.5</td><td>—</td><td>54</td><td>46</td></tr>
</table>

ICS 21.060.60
J 15

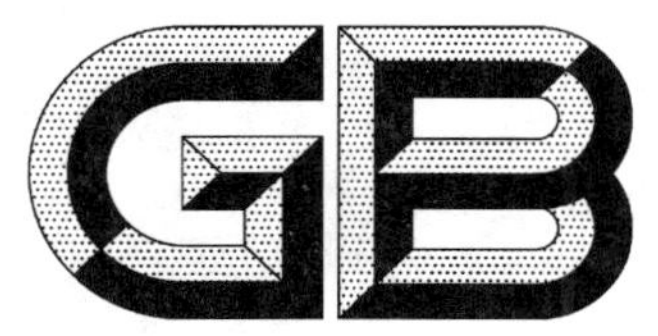

# 中华人民共和国国家标准

GB/T 5631—2008
代替 GB/T 5631.1—1985,GB/T 5631.2—1985

# 扩口式可调向端弯通管接头

**Flared couplings—Straight thread elbow**

2008-05-07 发布　　　2008-11-01 实施

中华人民共和国国家质量监督检验检疫总局
中国国家标准化管理委员会 发布

# 前　言

本标准是扩口式管接头系列标准之一。

本标准是对 GB/T 5631.1—1985《扩口式可调向端直角管接头》和 GB/T 5631.2—1985《扩口式可调向端直角管接头体》的修订。主要修订内容如下：

——将两个标准的内容进行了整合；

——修改了中文和英文名称；

——增加了六方形坯件结构；

——修改了可调向端尺寸；

——减少了部分应由制造厂控制的参数；

——对部分公差按现行公差与配合标准进行调整；

——取消了表面粗糙度标注，表面粗糙度要求在 GB/T 5653《扩口式管接头技术条件》中给出。

本标准自实施之日起代替 GB/T 5631.1—1985、GB/T 5631.2—1985。

本标准由中国机械工业联合会提出。

本标准由全国管路附件标准化技术委员会归口。

本标准负责起草单位：中机生产力促进中心、海盐管件制造有限公司、海盐高博管件有限公司。

本标准参加起草单位：伊顿（宁波）流体连接件有限公司、嘉兴迈思特管件制造有限公司、建湖县特佳液压管件有限公司、海盐县海管管件制造有限公司、焦作市路通液压附件有限公司。

本标准主要起草人：耿志学、李维荣、周舜华、阮浩丰、左学俊、陶忠明、周剑飞、王利民、冯峰。

本标准所代替标准的历次版本发布情况为：

——GB/T 5631.1—1985、GB/T 5631.2—1985。

# 扩口式可调向端弯通管接头

## 1 范围

本标准规定了扩口式可调向端弯通管接头和接头体的尺寸、标记及技术要求。

本标准适用于管子外径为 4 mm～34 mm，最大工作压力 3.5 MPa～16 MPa 的液压流体传动和一般用途的管路系统。

## 2 规范性引用文件

下列文件中的条款通过本标准的引用而成为本标准的条款。凡是注日期的引用文件，其随后所有的修改单(不包括勘误的内容)或修订版均不适用于本标准，然而，鼓励根据本标准达成协议的各方研究是否可使用这些文件的最新版本。凡是不注日期的引用文件，其最新版本适用于本标准。

GB/T 3765—2008　卡套式管接头技术条件

GB/T 5646—2008　扩口式管接头管套

GB/T 5647—2008　扩口式管接头用 A 型螺母

GB/T 5648—2008　扩口式管接头用 B 型螺母

GB/T 5649—2008　管接头用锁紧螺母和垫圈

GB/T 5652—2008　扩口式管接头扩口端尺寸

GB/T 5653—2008　扩口式管接头技术条件

## 3 尺寸

扩口式可调向端弯通管接头和接头体的尺寸应符合图 1～图 4 和表 1 的规定，可调向端尺寸应符合 GB/T 3765 附录 A 中 L 系列的规定，接头体扩口端尺寸应符合 GB/T 5652 的规定。

## 4 标记

### 4.1 标记方法

扩口式可调向端弯通管接头和接头体的标记方法应符合 GB/T 5653 的规定。

### 4.2 标记示例

扩口型式 A，管子外径为 10 mm，普通螺纹(M)可调向螺纹柱端，表面镀锌处理的钢制扩口式可调向端弯通管接头标记为：

管接头　GB/T 5631　A10F

扩口型式 A，管子外径为 10mm，普通螺纹(M)可调向螺纹柱端，表面镀锌处理的钢制扩口式可调向端弯通接头体标记为：

接头体　GB/T 5631　A10F

## 5 技术要求

技术要求按 GB/T 5653 的规定。

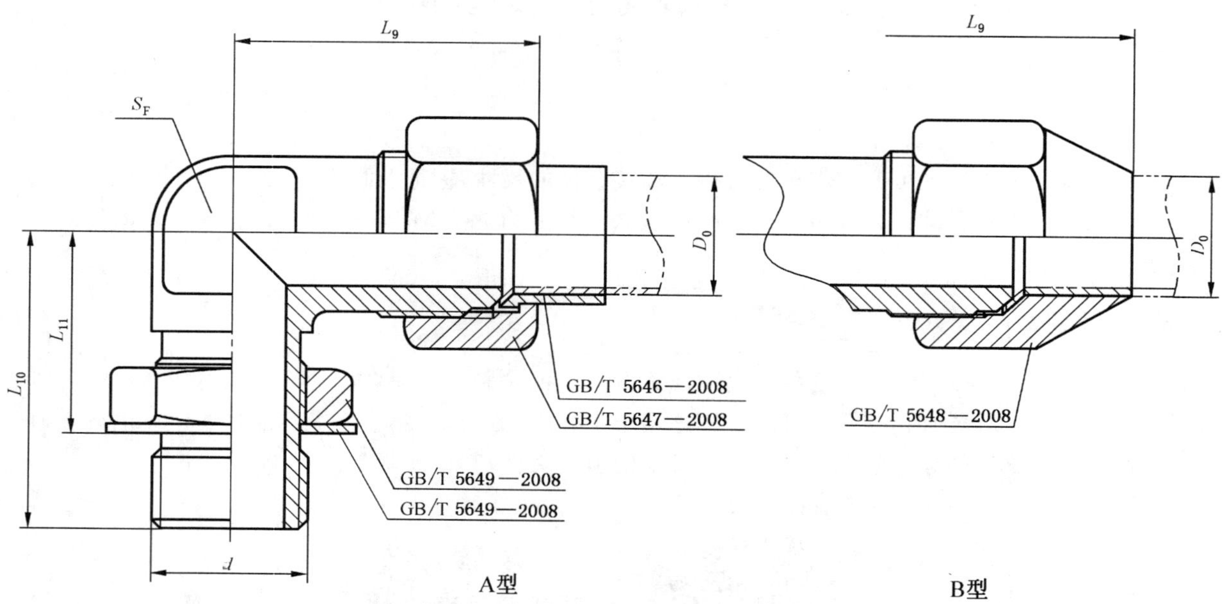


图 1 扩口式可调向端弯通管接头

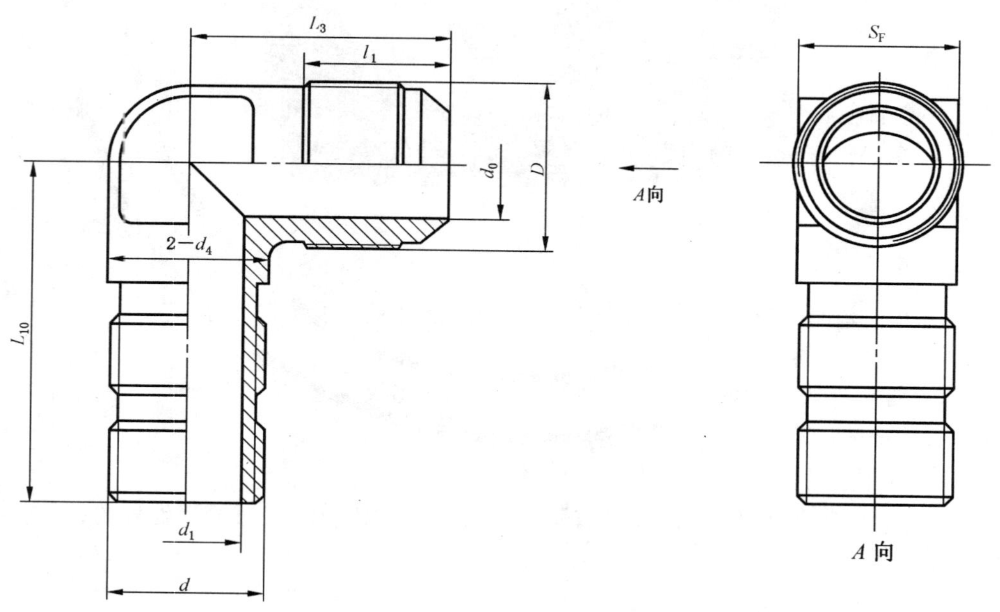


图 2 扩口式可调向端弯通接头体

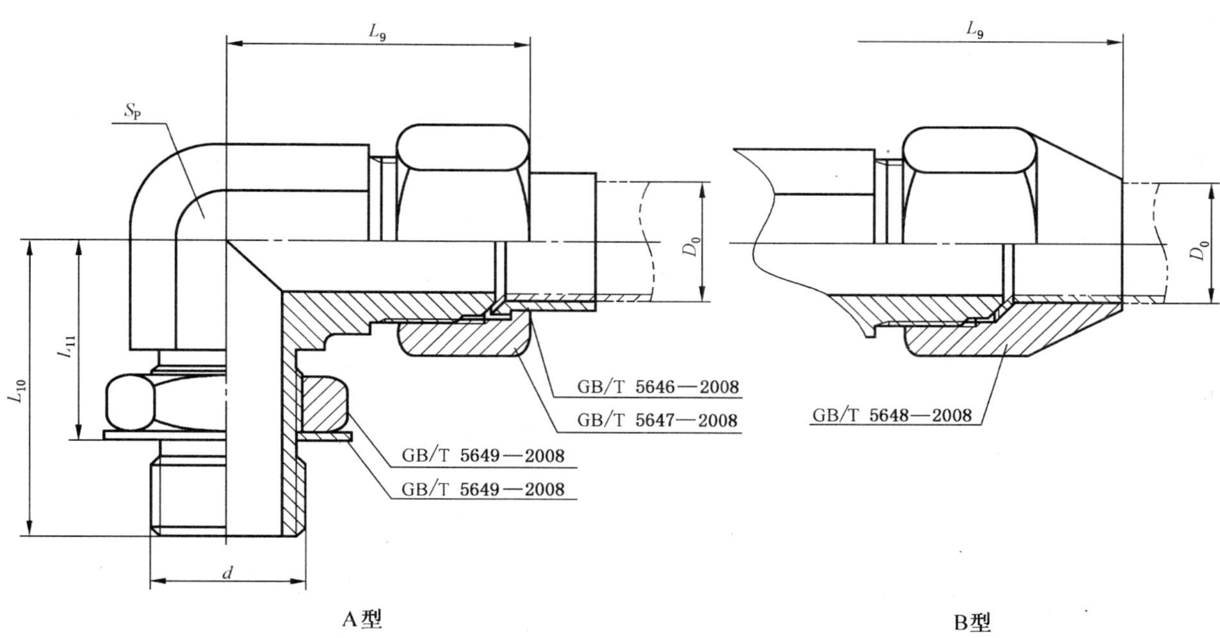


图 3 扩口式可调向端弯通管接头

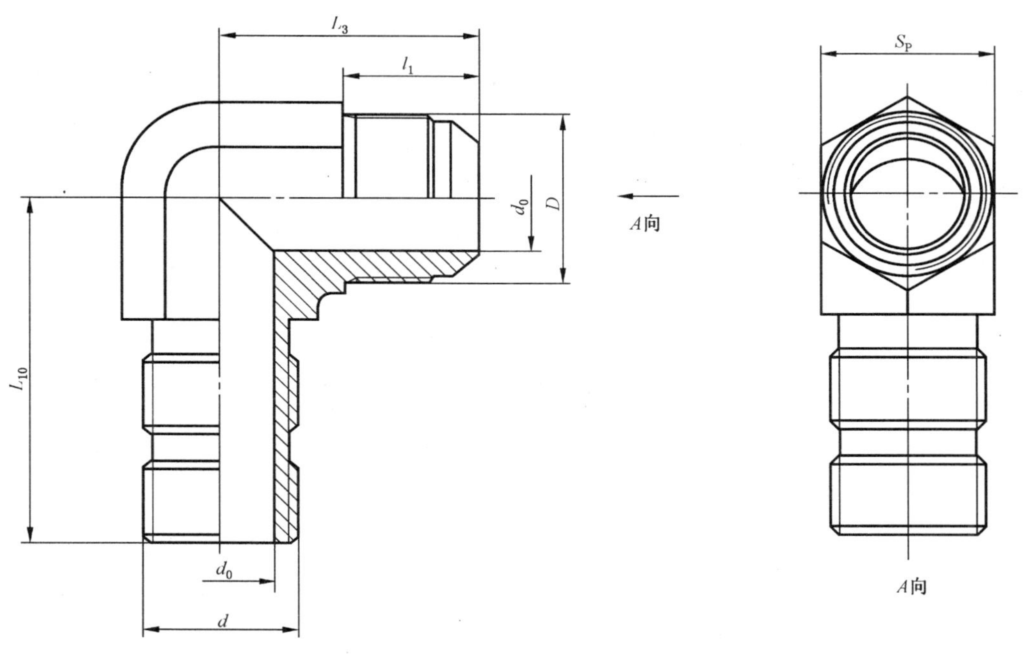


图 4 扩口式可调向端弯通管接头

**表 1　扩口式可调向端弯通管接头和接头体尺寸**

单位为毫米

<table>
<tr><th rowspan="2">管子外径 $D_0$</th><th rowspan="2">$d_0$</th><th rowspan="2">$D$</th><th rowspan="2">$d$</th><th colspan="2">$d_1$</th><th rowspan="2">$d_4$</th><th rowspan="2">$l_1$</th><th rowspan="2">$L_3$</th><th rowspan="2">$L_{10}$ ±1</th><th rowspan="2">$L_{11}$ 参考</th><th colspan="2">$L_9\approx$</th><th colspan="2">$S$</th></tr>
<tr><th>基本尺寸</th><th>极限偏差</th><th>A 型</th><th>B 型</th><th>$S_F$</th><th>$S_P$</th></tr>
<tr><td>4</td><td>3</td><td rowspan="2">M10×1</td><td rowspan="3">M10×1</td><td rowspan="3">4.5</td><td rowspan="4">±0.1</td><td rowspan="2">8</td><td rowspan="2">9.5</td><td rowspan="2">20.5</td><td rowspan="3">25</td><td rowspan="3">16.4</td><td rowspan="2">25.5</td><td rowspan="2">30</td><td rowspan="2">8</td><td rowspan="2">10</td></tr>
<tr><td>5</td><td>3.5</td></tr>
<tr><td>6</td><td>4</td><td>M12×1.5</td><td>10</td><td>12</td><td>24</td><td>29.5</td><td>34.5</td><td>10</td><td>12</td></tr>
<tr><td>8</td><td>6</td><td>M14×1.5</td><td>M12×1.5</td><td>6</td><td>11</td><td>13.5</td><td>28.5</td><td>31</td><td>19.9</td><td>35.5</td><td>43</td><td>12</td><td>14</td></tr>
<tr><td>10</td><td>8</td><td>M16×1.5</td><td>M14×1.5</td><td>7.5</td><td rowspan="11">±0.2</td><td>13</td><td rowspan="2">14.5</td><td>30.5</td><td>31</td><td>19.9</td><td>37.5</td><td>46.5</td><td>14</td><td>17</td></tr>
<tr><td>12</td><td>10</td><td>M18×1.5</td><td>M16×1.5</td><td>9</td><td>15</td><td>31.5</td><td>33.5</td><td>21.9</td><td>38</td><td>49.5</td><td>17</td><td>19</td></tr>
<tr><td>14</td><td>12</td><td>M22×1.5</td><td>M18×1.5</td><td>11</td><td>19</td><td>15</td><td>34</td><td>37.5</td><td>24.9</td><td>39.5</td><td>55</td><td>19</td><td>22</td></tr>
<tr><td>16</td><td>14</td><td>M24×1.5</td><td rowspan="2">M22×1.5</td><td rowspan="2">14</td><td>21</td><td>15.5</td><td>35.5</td><td rowspan="2">41.5</td><td rowspan="2">28.8</td><td>41.5</td><td>57.5</td><td>22</td><td>24</td></tr>
<tr><td>18</td><td>15</td><td>M27×1.5</td><td>24</td><td>16</td><td>37.5</td><td>43</td><td>63</td><td>24</td><td>27</td></tr>
<tr><td>20</td><td>17</td><td>M30×2</td><td rowspan="2">M27×2</td><td rowspan="2">18</td><td>27</td><td rowspan="3">20</td><td>43</td><td rowspan="2">48.5</td><td rowspan="2">32.8</td><td>50</td><td>—</td><td>27</td><td>30</td></tr>
<tr><td>22</td><td>19</td><td>M33×2</td><td>30</td><td>45.5</td><td>53</td><td>—</td><td>30</td><td>34</td></tr>
<tr><td>25</td><td>22</td><td>M36×2</td><td rowspan="2">M33×2</td><td rowspan="2">23</td><td>33</td><td>47</td><td rowspan="2">51.5</td><td rowspan="2">35.8</td><td>55</td><td>—</td><td>34</td><td>36</td></tr>
<tr><td>28</td><td>24</td><td>M39×2</td><td>36</td><td>21.5</td><td>50</td><td>58.5</td><td>—</td><td>36</td><td>41</td></tr>
<tr><td>32</td><td>27</td><td>M42×2</td><td rowspan="2">M42×2</td><td rowspan="2">30</td><td>39</td><td rowspan="2">22.5</td><td>52.5</td><td rowspan="2">56.5</td><td rowspan="2">40.8</td><td>61</td><td>—</td><td>41</td><td rowspan="2">46</td></tr>
<tr><td>34</td><td>30</td><td>M45×2</td><td>42</td><td>54</td><td>62.5</td><td>—</td><td>46</td></tr>
</table>

ICS 21.060.60
J 15

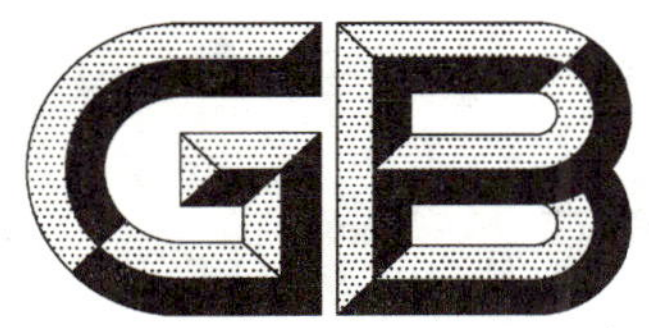

# 中华人民共和国国家标准

GB/T 5632—2008
代替 GB/T 5632.1—1985,GB/T 5632.2—1985

# 扩口式组合弯通管接头

Flared couplings—Swivel elbow

2008-05-07 发布　　　　2008-11-01 实施

中华人民共和国国家质量监督检验检疫总局
中国国家标准化管理委员会　发布

# 前　言

本标准是扩口式管接头系列标准之一。

本标准是对GB/T 5632.1—1985《扩口式组合直角管接头》和GB/T 5632.2—1985《扩口式组合直角管接头体》的修订。主要修订内容为：

——将两个标准的内容进行了整合；

——修改了中文和英文名称；

——增加了六方形坯件结构；

——减少了部分应由制造商控制的参数；

——对部分公差按现行公差与配合标准进行调整；

——取消了表面粗糙度标注，表面粗糙度要求在GB/T 5653《扩口式管接头技术条件》中给出。

本标准自实施之日起代替GB/T 5632.1—1985、GB/T 5632.2—1985。

本标准由中国机械工业联合会提出。

本标准由全国管路附件标准化技术委员会归口。

本标准负责起草单位：中机生产力促进中心、海盐管件制造有限公司、海盐高博管件有限公司。

本标准参加起草单位：伊顿（宁波）流体连接件有限公司、嘉兴迈思特管件制造有限公司、建湖县特佳液压管件有限公司、海盐县海管管件制造有限公司、焦作市路通液压附件有限公司。

本标准主要起草人：耿志学、李维荣、周舜华、阮浩丰、左学俊、陶忠明、周剑飞、王利民、冯峰。

本标准所代替标准的历次版本发布情况为：

——GB/T 5632.1—1985、GB/T 5632.2—1985。

# 扩口式组合弯通管接头

## 1 范围

本标准规定了扩口式组合弯通管接头和接头体的尺寸、标记及技术要求。

本标准适用于管子外径为 4 mm～34 mm，最大工作压力 3.5 MPa～16 MPa 的液压流体传动和一般用途的管路系统。

## 2 规范性引用文件

下列文件中的条款通过本标准的引用而成为本标准的条款。凡是注日期的引用文件，其随后所有的修改单（不包括勘误的内容）或修订版均不适用于本标准，然而，鼓励根据本标准达成协议的各方研究是否可使用这些文件的最新版本。凡是不注日期的引用文件，其最新版本适用于本标准。

GB/T 5646—2008　扩口式管接头管套

GB/T 5647—2008　扩口式管接头用 A 型螺母

GB/T 5648—2008　扩口式管接头用 B 型螺母

GB/T 5652—2008　扩口式管接头扩口端尺寸

GB/T 5653—2008　扩口式管接头技术条件

## 3 尺寸

扩口式组合弯通管接头和接头体的尺寸应符合图 1～图 4 和表 1 的规定，接头体扩口端尺寸应符合 GB/T 5652 的规定。

## 4 标记

### 4.1 标记方法

扩口式组合弯通管接头和接头体的标记方法应符合 GB/T 5653 的规定。

### 4.2 标记示例

扩口型式 A，管子外径为 10 mm，表面镀锌处理的钢制扩口式组合弯通管接头标记为：

管接头　GB/T 5632　A10

扩口型式 A，管子外径为 10 mm，表面镀锌处理的钢制扩口式组合弯通接头体标记为：

接头体　GB/T 5632　A10

## 5 技术要求

技术要求按 GB/T 5653 的规定。

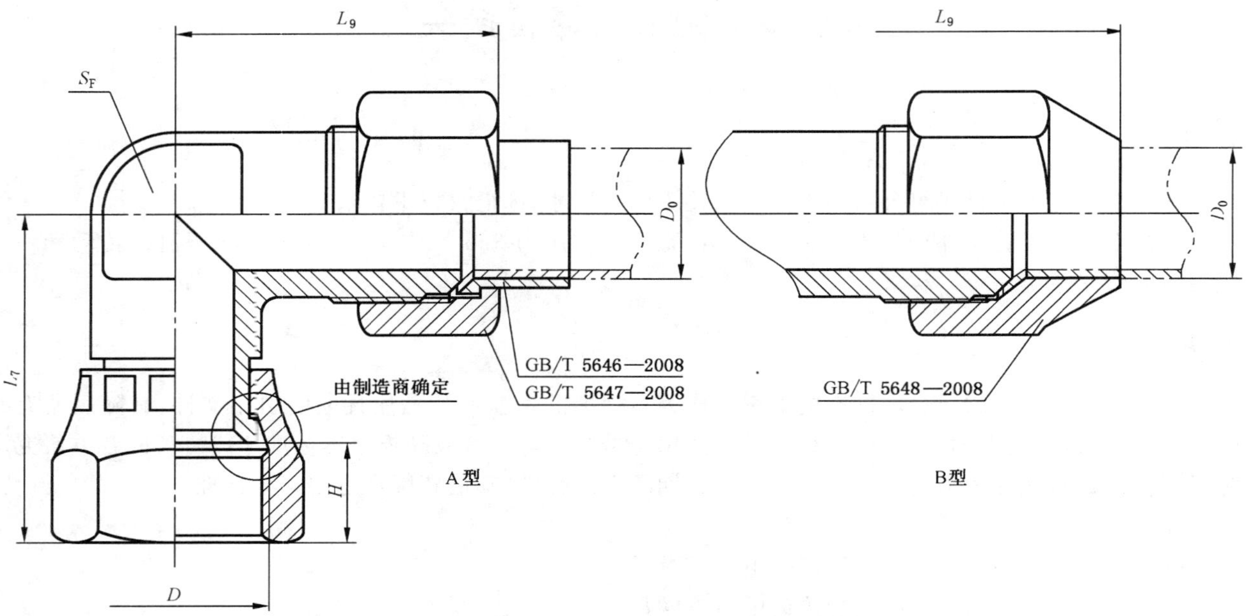


图1 扩口式组合弯通管接头

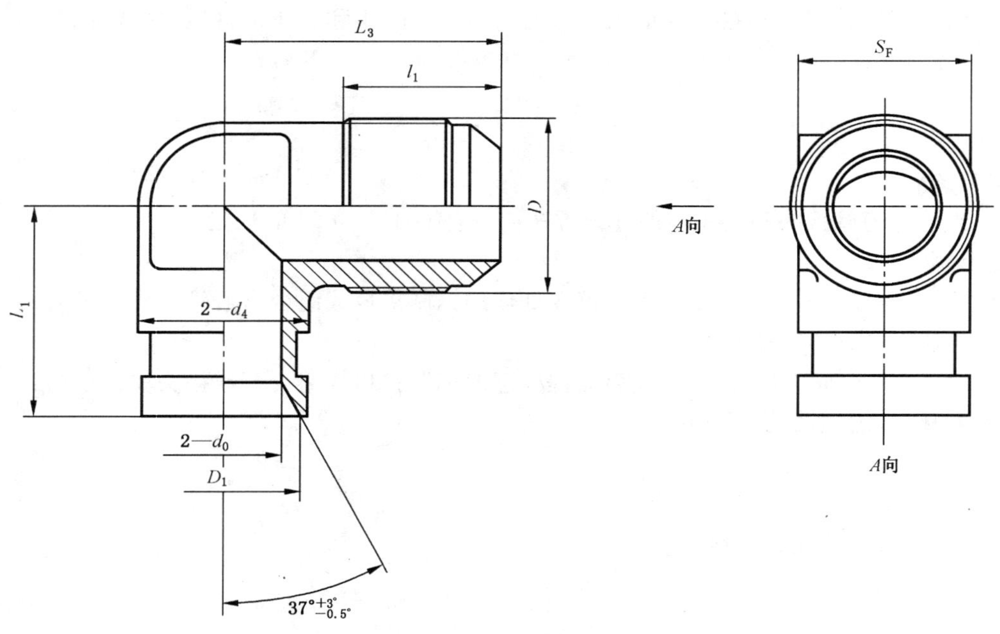


图2 扩口式组合弯通接头体

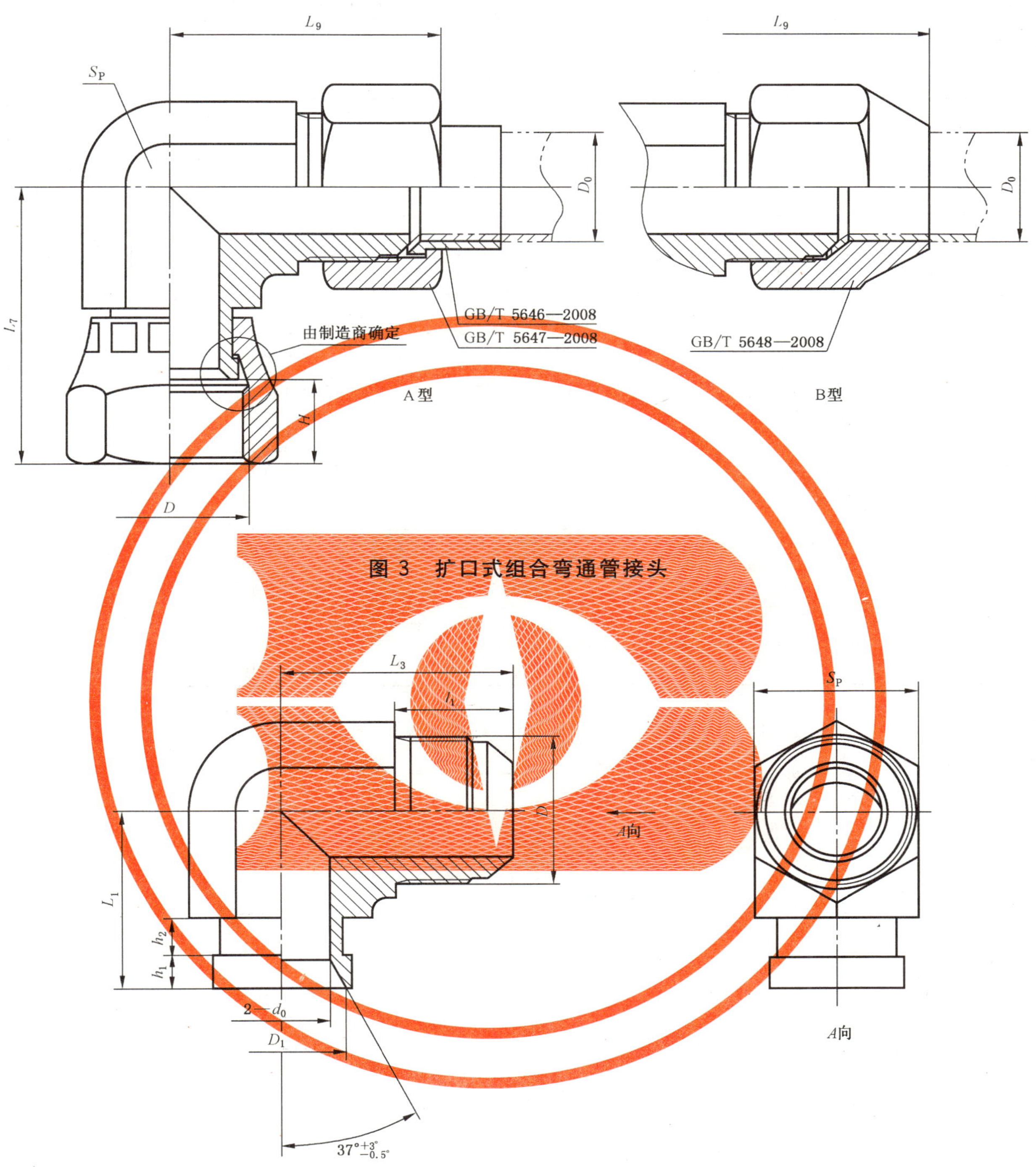


图 3 扩口式组合弯通管接头

图 4 扩口式组合弯通接头体

表 1　扩口式组合弯通管接头和接头体的尺寸

单位为毫米

<table>
<tr><th rowspan="2">管子外径 $D_0$</th><th rowspan="2">$d_0$</th><th rowspan="2">$D$</th><th rowspan="2">$D_1$<br>±0.13</th><th rowspan="2">$d_4$</th><th colspan="2">$L_9$≈</th><th rowspan="2">$L_1$</th><th rowspan="2">$L_3$</th><th rowspan="2">$L_7$</th><th rowspan="2">$l_1$</th><th rowspan="2">$H$</th><th colspan="2">$S$</th></tr>
<tr><th>A 型</th><th>B 型</th><th>$S_F$</th><th>$S_P$</th></tr>
<tr><td>4</td><td>3</td><td rowspan="2">M10×1</td><td rowspan="2">7.2</td><td rowspan="2">8</td><td rowspan="2">25.5</td><td rowspan="2">30</td><td>14</td><td rowspan="2">20.5</td><td rowspan="2">24.5</td><td rowspan="2">9.5</td><td rowspan="2">7.5</td><td rowspan="2">8</td><td rowspan="2">10</td></tr>
<tr><td>5</td><td>3.5</td><td>16.5</td></tr>
<tr><td>6</td><td>4</td><td>M12×1.5</td><td>8.7</td><td>10</td><td>29.5</td><td>34.5</td><td>18.5</td><td>24</td><td>28.5</td><td>12</td><td>9.5</td><td>10</td><td>12</td></tr>
<tr><td>8</td><td>6</td><td>M14×1.5</td><td>10.4</td><td>11</td><td>35.5</td><td>43</td><td>22.5</td><td>28.5</td><td rowspan="2">33.5</td><td>13.5</td><td rowspan="4">10.5</td><td>12</td><td>14</td></tr>
<tr><td>10</td><td>8</td><td>M16×1.5</td><td>12.4</td><td>13</td><td>37.5</td><td>46.5</td><td>23.5</td><td>30.5</td><td rowspan="2">14.5</td><td>14</td><td>17</td></tr>
<tr><td>12</td><td>10</td><td>M18×1.5</td><td>14.4</td><td>15</td><td>38</td><td>49.5</td><td>24.5</td><td>31.5</td><td>36.5</td><td>17</td><td>19</td></tr>
<tr><td>14</td><td>12</td><td>M22×1.5</td><td>17.4</td><td>19</td><td>39.5</td><td>55</td><td>26.5</td><td>34</td><td>38.5</td><td>15</td><td>19</td><td>22</td></tr>
<tr><td>16</td><td>14</td><td>M24×1.5</td><td>19.9</td><td>21</td><td>41.5</td><td>57.5</td><td>27.5</td><td>35.5</td><td>40</td><td>15.5</td><td rowspan="2">11</td><td>22</td><td>24</td></tr>
<tr><td>18</td><td>15</td><td>M27×1.5</td><td>22.9</td><td>24</td><td>43</td><td>63</td><td>29</td><td>37.5</td><td>41.5</td><td>16</td><td>24</td><td>27</td></tr>
<tr><td>20</td><td>17</td><td>M30×2</td><td>24.9</td><td>27</td><td>50</td><td>—</td><td>31.5</td><td>43</td><td>47.5</td><td rowspan="3">20</td><td>13.5</td><td>27</td><td>30</td></tr>
<tr><td>22</td><td>19</td><td>M33×2</td><td>27.9</td><td>30</td><td>53</td><td>—</td><td>36</td><td>45.5</td><td>51</td><td>14</td><td>30</td><td>34</td></tr>
<tr><td>25</td><td>22</td><td>M36×2</td><td>30.9</td><td>33</td><td>55</td><td>—</td><td>38</td><td>47</td><td>53</td><td>14.5</td><td>34</td><td>36</td></tr>
<tr><td>28</td><td>24</td><td>M39×2</td><td>33.9</td><td>36</td><td>58.5</td><td>—</td><td>40</td><td>50</td><td>56</td><td>21.5</td><td>15</td><td>36</td><td>41</td></tr>
<tr><td>32</td><td>27</td><td>M42×2</td><td>36.9</td><td>39</td><td>61</td><td>—</td><td>42.5</td><td>52.5</td><td>58.5</td><td rowspan="2">22.5</td><td>15.5</td><td>41</td><td rowspan="2">46</td></tr>
<tr><td>34</td><td>30</td><td>M45×2</td><td>39.9</td><td>42</td><td>62.5</td><td>—</td><td>44</td><td>54</td><td>60.5</td><td>16</td><td>46</td></tr>
</table>

ICS 21.060.60
J 15

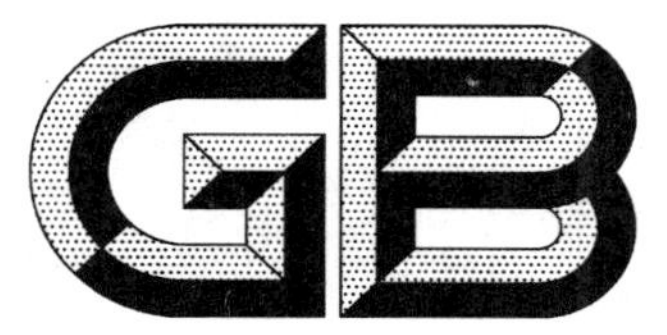

# 中华人民共和国国家标准

GB/T 5633—2008
代替 GB/T 5633.1—1985,GB/T 5633.2—1985

# 扩口式可调向端三通管接头

**Flared couplings—Straight thread branch tee**

2008-05-07 发布　　　　2008-11-01 实施

中华人民共和国国家质量监督检验检疫总局
中国国家标准化管理委员会　发布

# 前　言

本标准是扩口式管接头系列标准之一。

本标准是对GB/T 5633.1—1985《扩口式可调向端三通管接头》和GB/T 5633.2—1985《扩口式可调向端三通管接头体》的修订。主要修订内容为：

——将两个标准的内容进行了整合；

——修改了英文名称；

——增加了六方形坯件结构；

——修改了可调向端尺寸；

——减少了部分应由制造商控制的参数；

——对部分公差按现行公差与配合标准进行调整；

——取消了表面粗糙度标注，表面粗糙度要求在GB/T 5653《扩口式管接头技术条件》中给出。

本标准自实施之日起代替GB/T 5633.1—1985、GB/T 5633.2—1985。

本标准由中国机械工业联合会提出。

本标准由全国管路附件标准化技术委员会归口。

本标准负责起草单位：中机生产力促进中心、海盐管件制造有限公司、海盐县海管管件制造有限公司。

本标准参加起草单位：伊顿（宁波）流体连接件有限公司、嘉兴迈思特管件制造有限公司、建湖县特佳液压管件有限公司、海盐高博管件有限公司、焦作市路通液压附件有限公司。

本标准主要起草人：耿志学、李维荣、周舜华、周剑飞、左学俊、陶忠明、阮浩丰、王利民、冯峰。

本标准所代替标准的历次版本发布情况为：

——GB/T 5633.1—1985、GB/T 5633.2—1985。

# 扩口式可调向端三通管接头

## 1 范围

本标准规定了扩口式可调向端三通管接头和接头体的尺寸、标记及技术要求。

本标准适用于管子外径为 4 mm～34 mm，最大工作压力 3.5 MPa～16 MPa 的液压流体传动和一般用途的管路系统。

## 2 规范性引用文件

下列文件中的条款通过本标准的引用而成为本标准的条款。凡是注日期的引用文件，其随后所有的修改单(不包括勘误的内容)或修订版均不适用于本标准，然而，鼓励根据本标准达成协议的各方研究是否可使用这些文件的最新版本。凡是不注日期的引用文件，其最新版本适用于本标准。

GB/T 3765—2008　卡套式管接头技术条件

GB/T 5646—2008　扩口式管接头管套

GB/T 5647—2008　扩口式管接头用 A 型螺母

GB/T 5648—2008　扩口式管接头用 B 型螺母

GB/T 5649—2008　管接头用锁紧螺母和垫圈

GB/T 5652—2008　扩口式管接头扩口端尺寸

GB/T 5653—2008　扩口式管接头技术条件

## 3 尺寸

扩口式可调向端三通管接头和接头体的尺寸应符合图 1～图 4 和表 1 的规定，可调向端尺寸应符合 GB/T 3765 附录 A 中 L 系列的规定，接头体扩口端尺寸应符合 GB/T 5652 的规定。

## 4 标记

### 4.1 标记方法

扩口式可调向端三通管接头和接头体的标记方法应符合 GB/T 5653 的规定。

### 4.2 标记示例

扩口型式 A，管子外径为 10 mm，普通螺纹(M)可调向螺纹柱端，表面镀锌处理的钢制扩口式可调向端三通管接头标记为：

管接头　GB/T 5633　A10

扩口型式 A，管子外径为 10 mm，普通螺纹(M)可调向螺纹柱端，表面镀锌处理的钢制扩口式可调向端三通接头体标记为：

接头体　GB/T 5633　A10

## 5 技术要求

技术要求按 GB/T 5653 的规定。

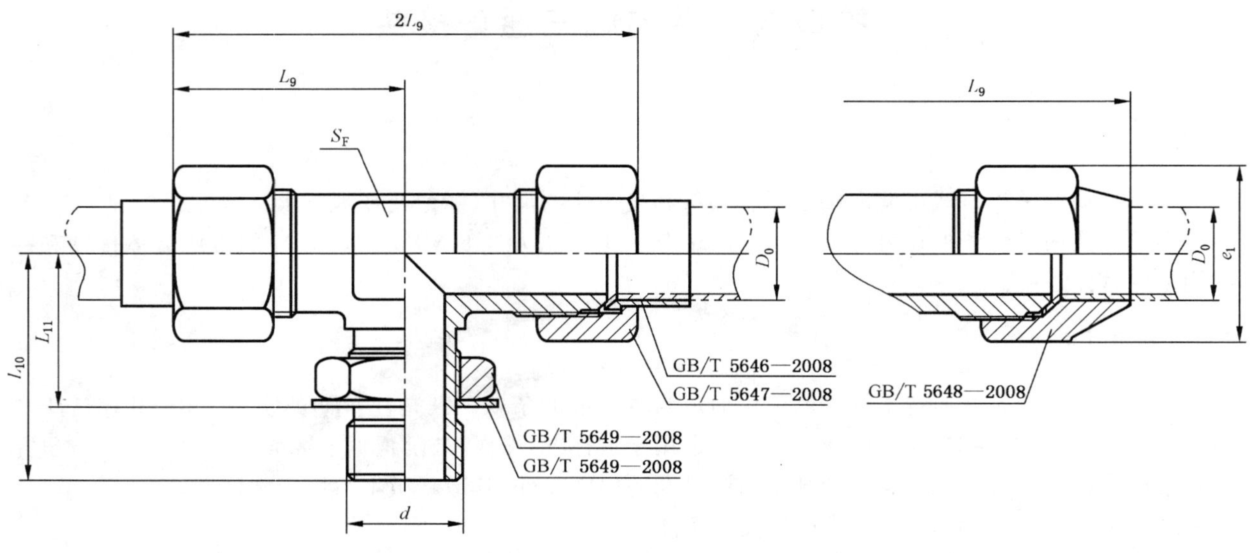


A 型　　　　B 型

图 1　扩口式可调向端三通管接头

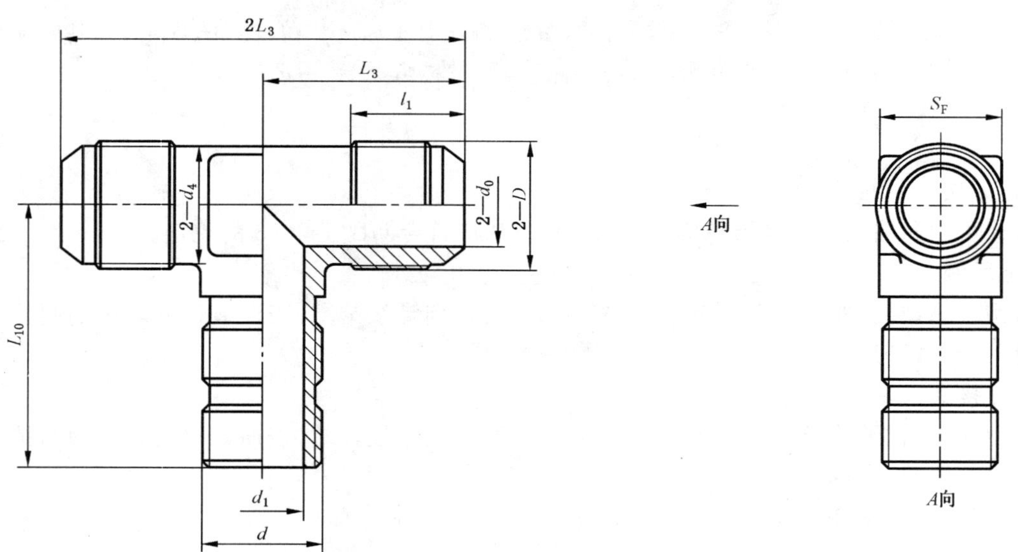


图 2　扩口式可调向端三通接头体

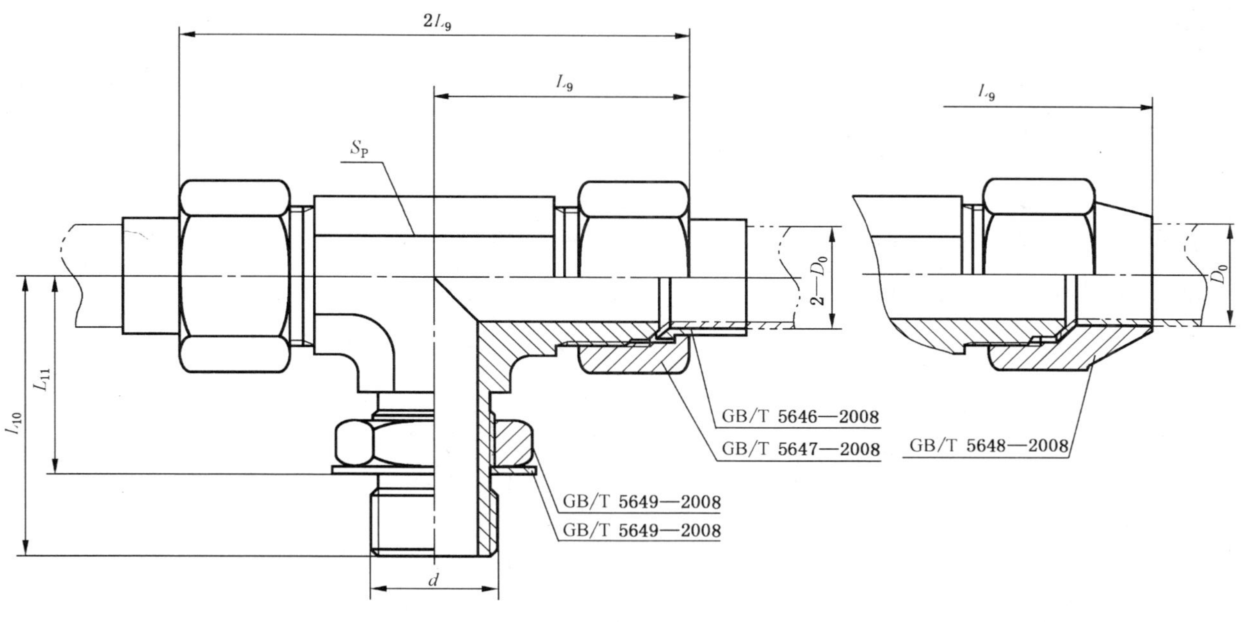


A 型　　　　　　　　　　　　B 型

图 3　扩口式可调向端三通管接头

图 4　扩口式可调向端三通接头体

表 1　扩口式可调向端三通管接头和接头体尺寸　　单位为毫米

| 管子外径 $D_0$ | $d_0$ | $D$ | $d$ | $d_1$ 基本尺寸 | $d_1$ 极限偏差 | $d_4$ | $l_1$ | $L_3$ | $L_{10}\pm1$ | $L_{11}$ 参考 | $L_9\approx$ A型 | $L_9\approx$ B型 | $S$ $S_F$ | $S$ $S_P$ |
|---|---|---|---|---|---|---|---|---|---|---|---|---|---|---|
| 4 | 3 | M10×1 | M10×1 | 4.5 | ±0.1 | 8 | 9.5 | 20.5 | 25 | 16.4 | 25.5 | 30 | 8 | 10 |
| 5 | 3.5 | | | | | | | | | | | | | |
| 6 | 4 | M12×1.5 | | | | 10 | 12 | 24 | | | 29.5 | 34.5 | 10 | 12 |
| 8 | 6 | M14×1.5 | M12×1.5 | 6 | | 11 | 13.5 | 28.5 | 31 | 19.9 | 35.5 | 43 | 12 | 14 |
| 10 | 8 | M16×1.5 | M14×1.5 | 7.5 | ±0.2 | 13 | 14.5 | 30.5 | 31 | 19.9 | 37.5 | 46.5 | 14 | 17 |
| 12 | 10 | M18×1.5 | M16×1.5 | 9 | | 15 | | 31.5 | 33.5 | 21.9 | 38 | 49.5 | 17 | 19 |
| 14 | 12 | M22×1.5 | M18×1.5 | 11 | | 19 | 15 | 34 | 37.5 | 24.9 | 39.5 | 55 | 19 | 22 |
| 16 | 14 | M24×1.5 | M22×1.5 | 14 | | 21 | 15.5 | 35.5 | 41.5 | 28.8 | 41.5 | 57.5 | 22 | 24 |
| 18 | 15 | M27×1.5 | | | | 24 | 16 | 37.5 | | | 43 | 63 | 24 | 27 |
| 20 | 17 | M30×2 | M27×2 | 18 | | 27 | 20 | 43 | 48.5 | 32.8 | 50 | — | 27 | 30 |
| 22 | 19 | M33×2 | | | | 30 | | 45.5 | | | 53 | — | 30 | 34 |
| 25 | 22 | M36×2 | M33×2 | 23 | | 33 | | 47 | 51.5 | 35.8 | 55 | — | 34 | 36 |
| 28 | 24 | M39×2 | | | | 36 | 21.5 | 50 | | | 58.5 | — | 36 | 41 |
| 32 | 27 | M42×2 | M42×2 | 30 | | 39 | 22.5 | 52.5 | 56.5 | 40.8 | 61 | — | 41 | 46 |
| 34 | 30 | M45×2 | | | | 42 | | 54 | | | 62.5 | — | 46 | |

ICS 21.060.60
J 15

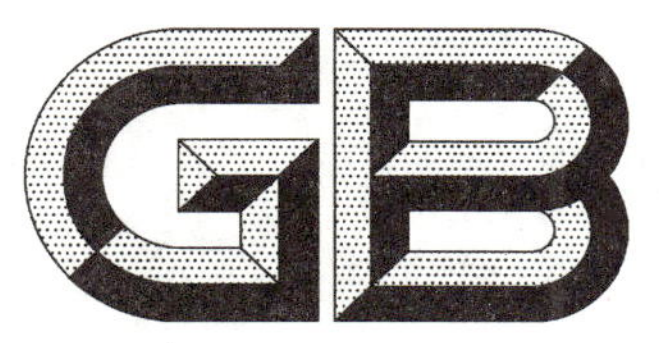

# 中华人民共和国国家标准

GB/T 5637—2008
代替 GB/T 5637.1—1985,GB/T 5637.2—1985

# 扩口式可调向端弯通三通管接头

## Flared couplings—Straight thread run tee

2008-05-07 发布　　2008-11-01 实施

中华人民共和国国家质量监督检验检疫总局
中国国家标准化管理委员会　发布

# 前　言

本标准是扩口式管接头系列标准之一。

本标准是对GB/T 5637.1—1985《扩口式可调向端直角三通管接头》和GB/T 5637.2—1985《扩口式可调向端直角三通管接头体》的修订。主要修订内容为：

——将两个标准的内容进行了整合；

——修改了中文和英文名称；

——增加了六方形坯件结构；

——修改了可调向端尺寸；

——减少了部分应由制造商控制的参数；

——对部分公差按现行公差与配合标准进行调整；

——取消了表面粗糙度标注，表面粗糙度要求在GB/T 5653《扩口式管接头技术条件》中给出。

本标准自实施之日起代替GB/T 5637.1—1985、GB/T 5637.2—1985。

本标准由中国机械工业联合会提出。

本标准由全国管路附件标准化技术委员会归口。

本标准负责起草单位：中机生产力促进中心、海盐管件制造有限公司、焦作市路通液压附件有限公司。

本标准参加起草单位：伊顿（宁波）流体连接件有限公司、嘉兴迈思特管件制造有限公司、建湖县特佳液压管件有限公司、海盐高博管件有限公司、海盐县海管管件制造有限公司。

本标准主要起草人：耿志学、李维荣、周舜华、王利民、左学俊、陶忠明、阮浩丰、周剑飞、冯峰。

本标准所代替标准的历次版本发布情况为：

——GB/T 5637.1—1985、GB/T 5637.2—1985。

# 扩口式可调向端弯通三通管接头

## 1 范围

本标准规定了扩口式可调向端弯通三通管接头和接头体的尺寸、标记及技术要求。

本标准适用于管子外径为 4 mm～34 mm，最大工作压力 3.5 MPa～16 MPa 的液压流体传动和一般用途的管路系统。

## 2 规范性引用文件

下列文件中的条款通过本标准的引用而成为本标准的条款。凡是注日期的引用文件，其随后所有的修改单(不包括勘误的内容)或修订版均不适用于本标准，然而，鼓励根据本标准达成协议的各方研究是否可使用这些文件的最新版本。凡是不注日期的引用文件，其最新版本适用于本标准。

GB/T 3765—2008 卡套式管接头技术条件

GB/T 5646—2008 扩口式管接头管套

GB/T 5647—2008 扩口式管接头用 A 型螺母

GB/T 5648—2008 扩口式管接头用 B 型螺母

GB/T 5649—2008 管接头用锁紧螺母和垫圈

GB/T 5652—2008 扩口式管接头扩口端尺寸

GB/T 5653—2008 扩口式管接头技术条件

## 3 尺寸

扩口式可调向端弯通三通管接头和接头体的尺寸应符合图 1～图 4 和表 1 的规定，可调向端尺寸应符合 GB/T 3765 附录 A 中 L 系列的规定，接头体扩口端尺寸应符合 GB/T 5652 的规定。

## 4 标记

### 4.1 标记方法

扩口式可调向端弯通三通管接头和接头体的标记方法应符合 GB/T 5653 的规定。

### 4.2 标记示例

扩口型式 A，管子外径为 10 mm，普通螺纹(M)可调向螺纹柱端，表面镀锌处理的钢制扩口式可调向端弯通三通管接头标记为：

管接头 GB/T 5637 A10F

扩口型式 A，管子外径为 10 mm，普通螺纹(M)可调向螺纹柱端，表面镀锌处理的钢制扩口式可调向端弯通三通接头体标记为：

接头体 GB/T 5637 A10F

## 5 技术要求

技术要求按 GB/T 5653 的规定。

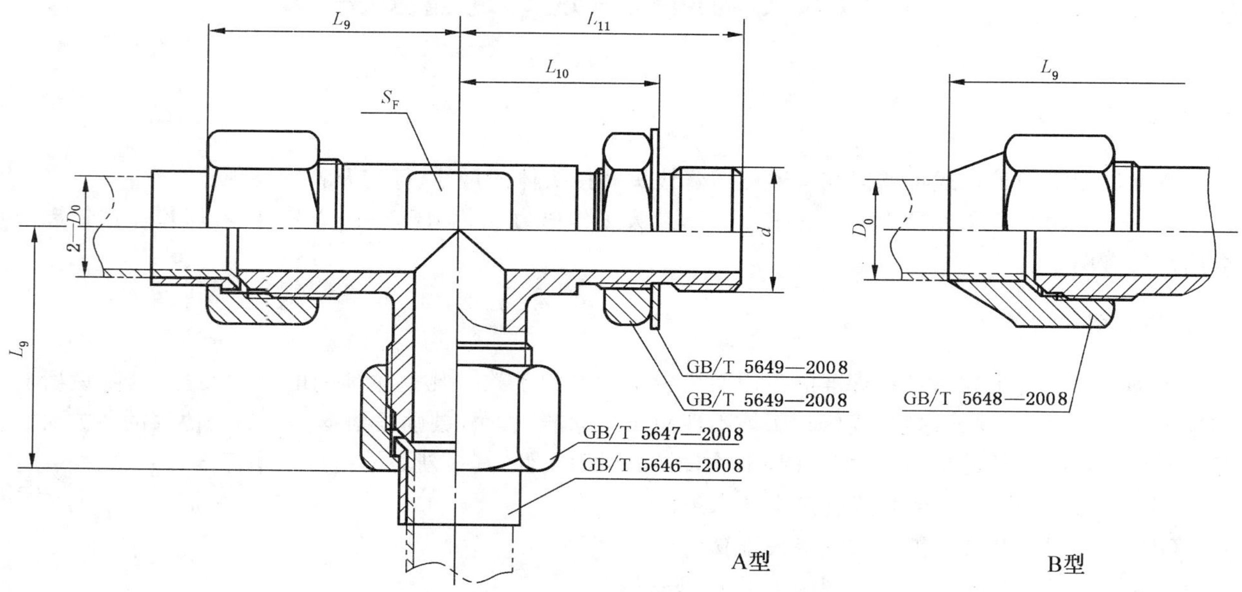


图 1 扩口式可调向端弯通三通管接头

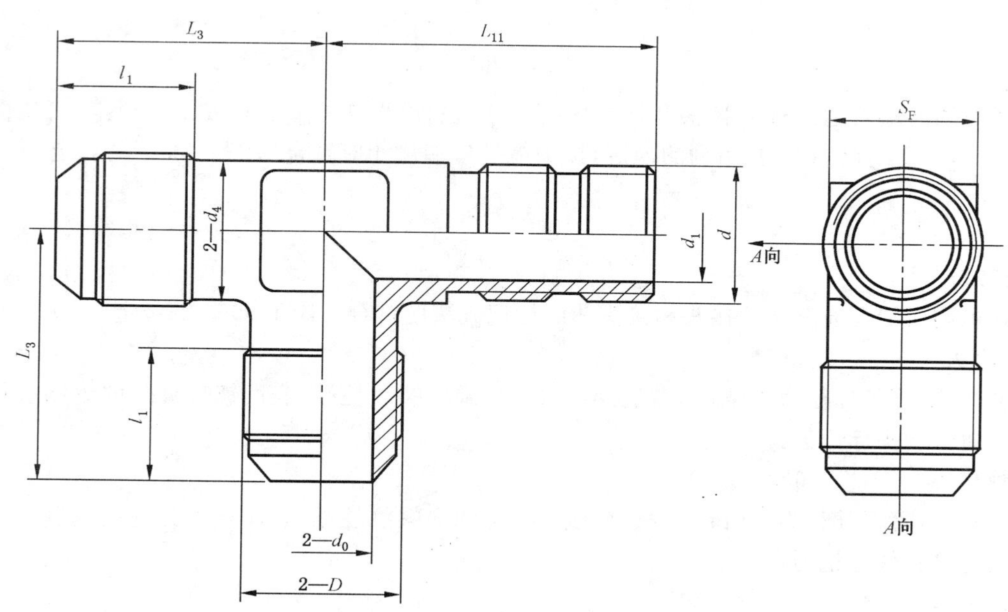


图 2 扩口式可调向端弯通三通接头体

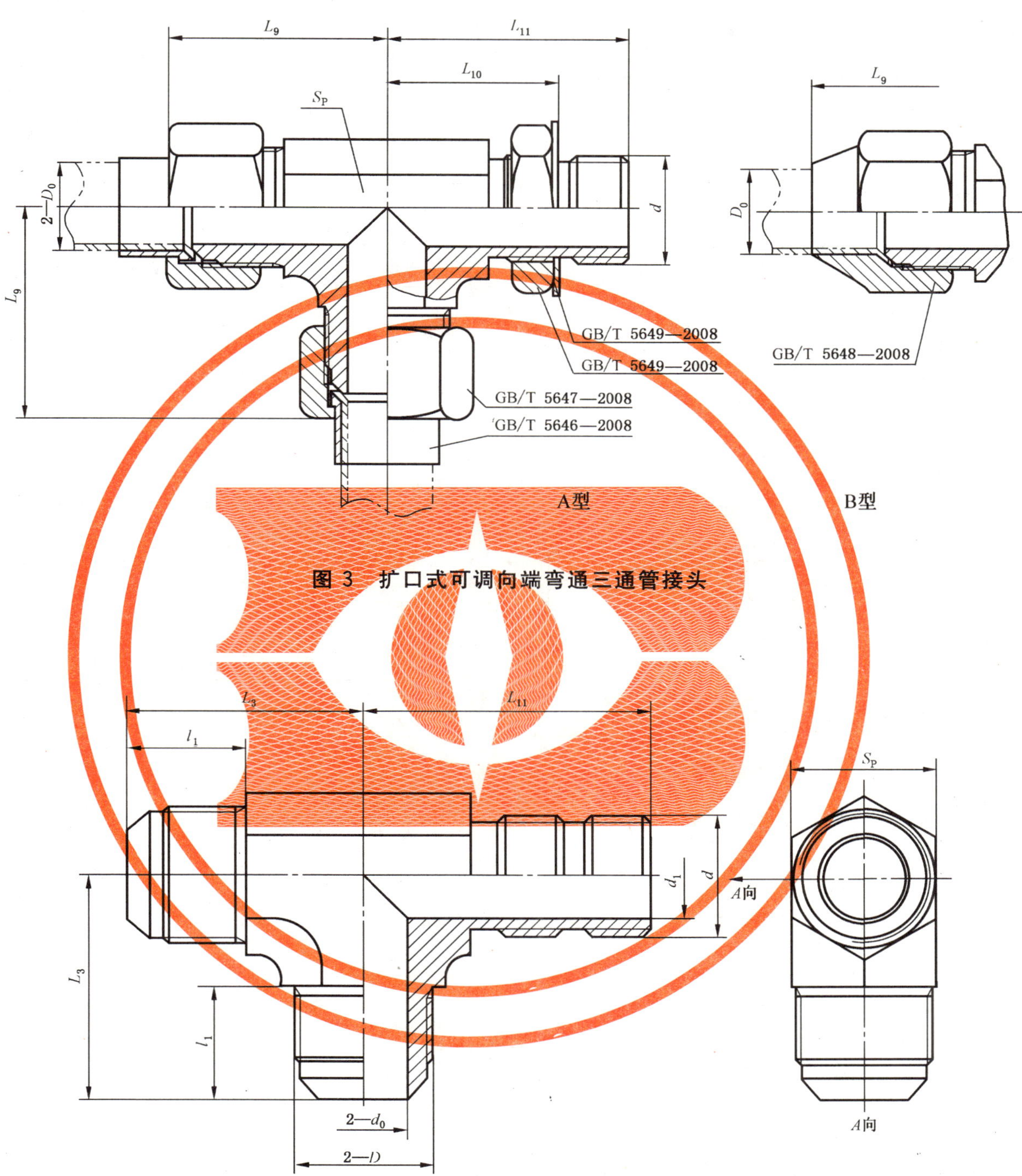


图 3 扩口式可调向端弯通三通管接头



图 4 扩口式可调向端弯通三通接头体

表 1　扩口式可调向端弯通三通管接头和接头体尺寸

单位为毫米

<table>
<tr><th rowspan="2">管子外径 $D_0$</th><th rowspan="2">$d_0$</th><th rowspan="2">$D$</th><th rowspan="2">$d$</th><th colspan="2">$d_1$</th><th rowspan="2">$d_4$</th><th rowspan="2">$l_1$</th><th rowspan="2">$L_3$</th><th rowspan="2">$L_{10}$<br>±1</th><th rowspan="2">$L_{11}$<br>参考</th><th colspan="2">$L_9 \approx$</th><th colspan="2">$S$</th></tr>
<tr><th>基本尺寸</th><th>极限偏差</th><th>A 型</th><th>B 型</th><th>$S_F$</th><th>$S_P$</th></tr>
<tr><td>4</td><td>3</td><td rowspan="2">M10×1</td><td rowspan="3">M10×1</td><td rowspan="3">4.5</td><td rowspan="4">±0.1</td><td rowspan="2">8</td><td rowspan="2">9.5</td><td rowspan="2">20.5</td><td rowspan="3">25</td><td rowspan="3">16.4</td><td rowspan="2">25.5</td><td rowspan="2">30</td><td rowspan="2">8</td><td rowspan="2">10</td></tr>
<tr><td>5</td><td>3.5</td></tr>
<tr><td>6</td><td>4</td><td>M12×1.5</td><td>10</td><td>12</td><td>24</td><td>29.5</td><td>34.5</td><td>10</td><td>12</td></tr>
<tr><td>8</td><td>6</td><td>M14×1.5</td><td>M12×1.5</td><td>6</td><td>11</td><td>13.5</td><td>28.5</td><td>31</td><td>19.9</td><td>35.5</td><td>43</td><td>12</td><td>14</td></tr>
<tr><td>10</td><td>8</td><td>M16×1.5</td><td>M14×1.5</td><td>7.5</td><td rowspan="11">±0.2</td><td>13</td><td rowspan="2">14.5</td><td>30.5</td><td>31</td><td>19.9</td><td>37.5</td><td>46.5</td><td>14</td><td>17</td></tr>
<tr><td>12</td><td>10</td><td>M18×1.5</td><td>M16×1.5</td><td>9</td><td>15</td><td>31.5</td><td>33.5</td><td>21.9</td><td>38</td><td>49.5</td><td>17</td><td>19</td></tr>
<tr><td>14</td><td>12</td><td>M22×1.5</td><td>M18×1.5</td><td>11</td><td>19</td><td>15</td><td>34</td><td>37.5</td><td>24.9</td><td>39.5</td><td>55</td><td>19</td><td>22</td></tr>
<tr><td>16</td><td>14</td><td>M24×1.5</td><td rowspan="2">M22×1.5</td><td rowspan="2">14</td><td>21</td><td>15.5</td><td>35.5</td><td rowspan="2">41.5</td><td rowspan="2">28.8</td><td>41.5</td><td>57.5</td><td>22</td><td>24</td></tr>
<tr><td>18</td><td>15</td><td>M27×1.5</td><td>24</td><td>16</td><td>37.5</td><td>43</td><td>63</td><td>24</td><td>27</td></tr>
<tr><td>20</td><td>17</td><td>M30×2</td><td rowspan="2">M27×2</td><td rowspan="2">18</td><td>27</td><td rowspan="3">20</td><td>43</td><td rowspan="2">48.5</td><td rowspan="2">32.8</td><td>50</td><td>—</td><td>27</td><td>30</td></tr>
<tr><td>22</td><td>19</td><td>M33×2</td><td>30</td><td>45.5</td><td>53</td><td>—</td><td>30</td><td>34</td></tr>
<tr><td>25</td><td>22</td><td>M36×2</td><td rowspan="2">M33×2</td><td rowspan="2">23</td><td>33</td><td>47</td><td rowspan="2">51.5</td><td rowspan="2">35.8</td><td>55</td><td>—</td><td>34</td><td>36</td></tr>
<tr><td>28</td><td>24</td><td>M39×2</td><td>36</td><td>21.5</td><td>50</td><td>58.5</td><td>—</td><td>36</td><td>41</td></tr>
<tr><td>32</td><td>27</td><td>M42×2</td><td rowspan="2">M42×2</td><td rowspan="2">30</td><td>39</td><td rowspan="2">22.5</td><td>52.5</td><td rowspan="2">56.5</td><td rowspan="2">40.8</td><td>61</td><td>—</td><td>41</td><td rowspan="2">46</td></tr>
<tr><td>34</td><td>30</td><td>M45×2</td><td>42</td><td>54</td><td>62.5</td><td>—</td><td>46</td></tr>
</table>

ICS 21.060.60
J 15

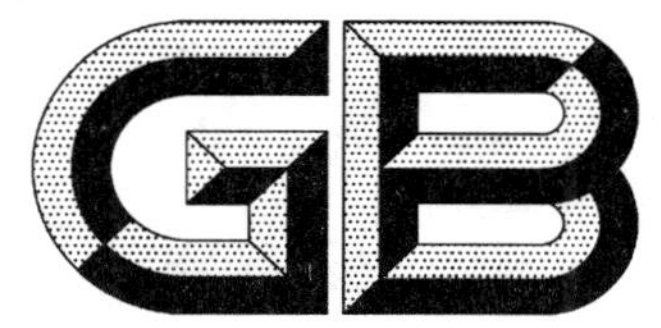

# 中华人民共和国国家标准

GB/T 5638—2008
代替 GB/T 5638.1—1985,GB/T 5638.2—1985

# 扩口式组合三通管接头

## Flared couplings—Swivel branch tee

2008-05-07 发布　　2008-11-01 实施

中华人民共和国国家质量监督检验检疫总局
中国国家标准化管理委员会　发布

# 前　言

本标准是扩口式管接头系列标准之一。

本标准是对GB/T 5638.1—1985《扩口式组合三通管接头》和GB/T 5638.2—1985《扩口式组合三通管接头体》的修订。主要修订内容为：

——将两个标准的内容进行了整合；

——修改了英文名称；

——增加了六方形坯件结构；

——减少了部分应由制造商控制的参数；

——对部分公差按现行公差与配合标准进行调整；

——取消了表面粗糙度标注，表面粗糙度要求在GB/T 5653《扩口式管接头技术条件》中给出。

本标准自实施之日起代替GB/T 5638.1—1985、GB/T 5638.2—1985。

本标准由中国机械工业联合会提出。

本标准由全国管路附件标准化技术委员会归口。

本标准负责起草单位：海盐管件制造有限公司、中机生产力促进中心。

本标准参加起草单位：伊顿（宁波）流体连接件有限公司、嘉兴迈思特管件制造有限公司、建湖县特佳液压管件有限公司、海盐高博管件有限公司、海盐县海管管件制造有限公司、焦作市路通液压附件有限公司。

本标准主要起草人：耿志学、李维荣、周舜华、陶忠明、左学俊、阮浩丰、周剑飞、王利民、冯峰。

本标准所代替标准的历次版本发布情况为：

——GB/T 5638.1—1985、GB/T 5638.2—1985。

# 扩口式组合三通管接头

## 1 范围

本标准规定了扩口式组合三通管接头和接头体的尺寸、标记及技术要求。

本标准适用于管子外径为4 mm～34 mm，最大工作压力3.5 MPa～16 MPa的液压流体传动和一般用途的管路系统。

## 2 规范性引用文件

下列文件中的条款通过本标准的引用而成为本标准的条款。凡是注日期的引用文件，其随后所有的修改单(不包括勘误的内容)或修订版均不适用于本标准，然而，鼓励根据本标准达成协议的各方研究是否可使用这些文件的最新版本。凡是不注日期的引用文件，其最新版本适用于本标准。

GB/T 5646—2008 扩口式管接头管套

GB/T 5647—2008 扩口式管接头用A型螺母

GB/T 5648—2008 扩口式管接头用B型螺母

GB/T 5652—2008 扩口式管接头扩口端尺寸

GB/T 5653—2008 扩口式管接头技术条件

## 3 尺寸

扩口式组合三通管接头和接头体的尺寸应符合图1～图4和表1的规定，接头体扩口端尺寸应符合GB/T 5652的规定。

## 4 标记

### 4.1 标记方法

扩口式组合三通管接头和接头体的标记方法应符合GB/T 5653的规定。

### 4.2 标记示例

扩口型式A，管子外径为10 mm，表面镀锌处理的钢制扩口式组合三通管接头标记为：

管接头 GB/T 5638 A10

扩口型式A，管子外径为10 mm，表面镀锌处理的钢制扩口式组合三通接头体标记为：

接头体 GB/T 5638 A10

## 5 技术要求

技术要求按GB/T 5653的规定。

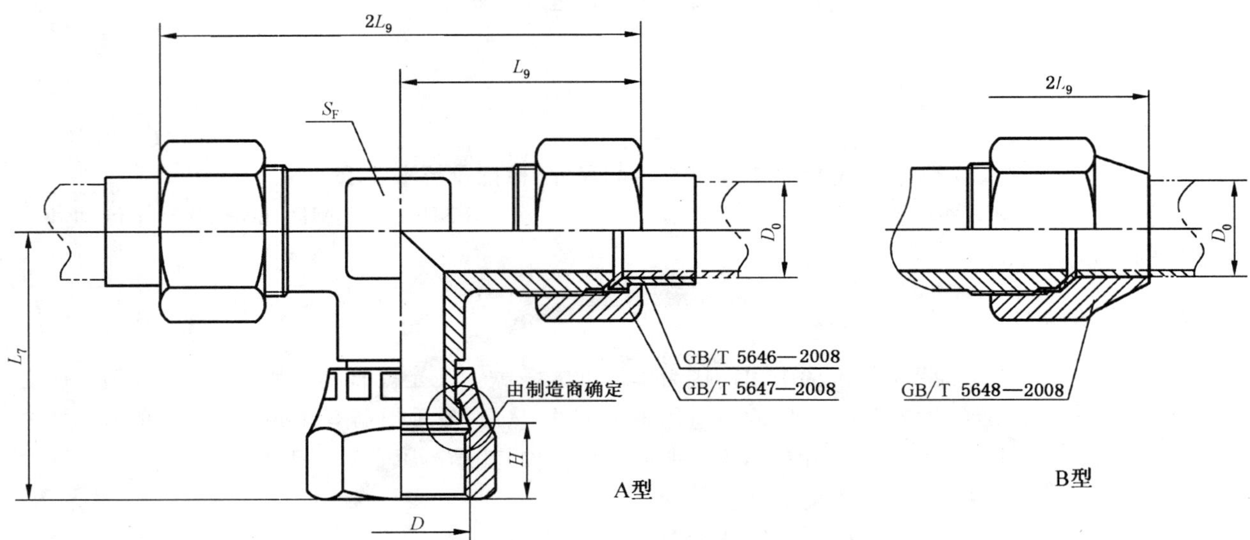


图 1　扩口式组合三通管接头

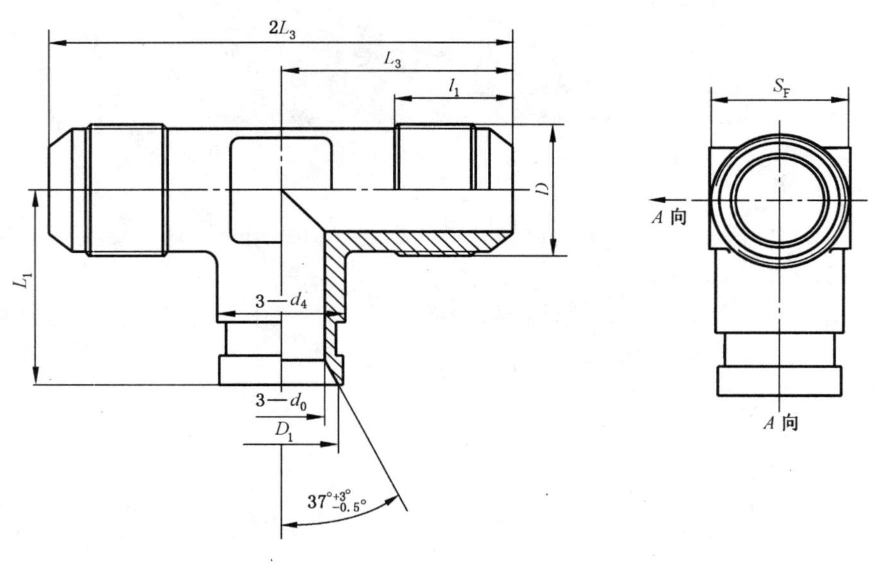


图 2　扩口式组合三通接头体

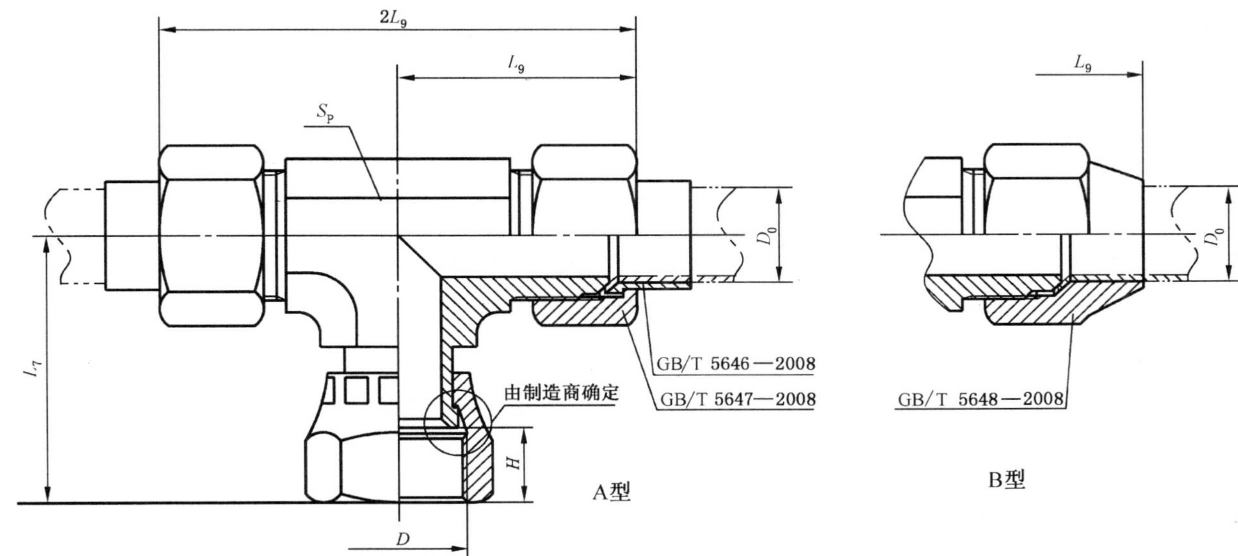


图 3 扩口式组合三通管接头

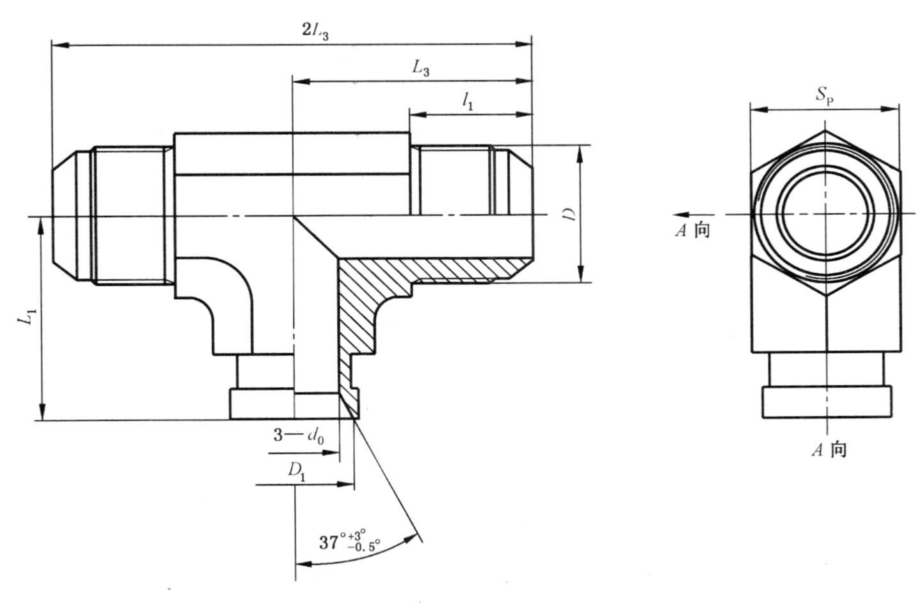


图 4 扩口式组合三通接头体

**表 1 扩口式组合三通管接头和接头体的尺寸**

单位为毫米

<table>
<tr><th rowspan="2">管子外径 $D_0$</th><th rowspan="2">$d_0$</th><th rowspan="2">$D$</th><th rowspan="2">$D_1$ ±0.13</th><th rowspan="2">$d_4$</th><th colspan="2">$L_9$≈</th><th rowspan="2">$L_1$</th><th rowspan="2">$L_3$</th><th rowspan="2">$L_7$</th><th rowspan="2">$l_1$</th><th rowspan="2">$H$</th><th colspan="2">$S$</th></tr>
<tr><th>A 型</th><th>B 型</th><th>$S_F$</th><th>$S_P$</th></tr>
<tr><td>4</td><td>3</td><td rowspan="2">M10×1</td><td rowspan="2">7.2</td><td rowspan="2">8</td><td rowspan="2">25.5</td><td rowspan="2">30</td><td>14</td><td rowspan="2">20.5</td><td rowspan="2">24.5</td><td rowspan="2">9.5</td><td rowspan="2">7.5</td><td rowspan="2">8</td><td rowspan="2">10</td></tr>
<tr><td>5</td><td>3.5</td><td>16.5</td></tr>
<tr><td>6</td><td>4</td><td>M12×1.5</td><td>8.7</td><td>10</td><td>29.5</td><td>34.5</td><td>18.5</td><td>24</td><td>28.5</td><td>12</td><td>9.5</td><td>10</td><td>12</td></tr>
<tr><td>8</td><td>6</td><td>M14×1.5</td><td>10.4</td><td>11</td><td>35.5</td><td>43</td><td>22.5</td><td>28.5</td><td rowspan="2">33.5</td><td>13.5</td><td rowspan="4">10.5</td><td>12</td><td>14</td></tr>
<tr><td>10</td><td>8</td><td>M16×1.5</td><td>12.4</td><td>13</td><td>37.5</td><td>46.5</td><td>23.5</td><td>30.5</td><td rowspan="2">14.5</td><td>14</td><td>17</td></tr>
<tr><td>12</td><td>10</td><td>M18×1.5</td><td>14.4</td><td>15</td><td>38</td><td>49.5</td><td>24.5</td><td>31.5</td><td>36.5</td><td>17</td><td>19</td></tr>
<tr><td>14</td><td>12</td><td>M22×1.5</td><td>17.4</td><td>19</td><td>39.5</td><td>55</td><td>26.5</td><td>34</td><td>38.5</td><td>15</td><td>19</td><td>22</td></tr>
<tr><td>16</td><td>14</td><td>M24×1.5</td><td>19.9</td><td>21</td><td>41.5</td><td>57.5</td><td>27.5</td><td>35.5</td><td>40</td><td>15.5</td><td rowspan="2">11</td><td>22</td><td>24</td></tr>
<tr><td>18</td><td>15</td><td>M27×1.5</td><td>22.9</td><td>24</td><td>43</td><td>63</td><td>29</td><td>37.5</td><td>41.5</td><td>16</td><td>24</td><td>27</td></tr>
<tr><td>20</td><td>17</td><td>M30×2</td><td>24.9</td><td>27</td><td>50</td><td>—</td><td>31.5</td><td>43</td><td>47.5</td><td rowspan="3">20</td><td>13.5</td><td>27</td><td>30</td></tr>
<tr><td>22</td><td>19</td><td>M33×2</td><td>27.9</td><td>30</td><td>53</td><td>—</td><td>36</td><td>45.5</td><td>51</td><td>14</td><td>30</td><td>34</td></tr>
<tr><td>25</td><td>22</td><td>M36×2</td><td>30.9</td><td>33</td><td>55</td><td>—</td><td>38</td><td>47</td><td>53</td><td>14.5</td><td>34</td><td>36</td></tr>
<tr><td>28</td><td>24</td><td>M39×2</td><td>33.9</td><td>36</td><td>58.5</td><td>—</td><td>40</td><td>50</td><td>56</td><td>21.5</td><td>15</td><td>36</td><td>41</td></tr>
<tr><td>32</td><td>27</td><td>M42×2</td><td>36.9</td><td>39</td><td>61</td><td>—</td><td>42.5</td><td>52.5</td><td>58.5</td><td rowspan="2">22.5</td><td>15.5</td><td>41</td><td rowspan="2">46</td></tr>
<tr><td>34</td><td>30</td><td>M45×2</td><td>39.9</td><td>42</td><td>62.5</td><td>—</td><td>44</td><td>54</td><td>60.5</td><td>16</td><td>46</td></tr>
</table>

ICS 21.060.60
J 15

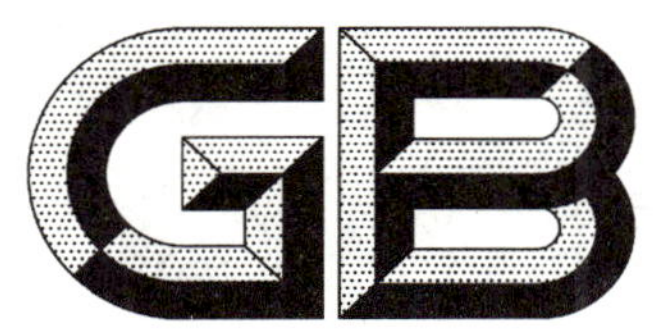

# 中华人民共和国国家标准

GB/T 5639—2008
代替 GB/T 5639.1—1985,GB/T 5639.2—1985

# 扩口式三通管接头

# Flared couplings—Union tee

2008-05-07 发布　　　　2008-11-01 实施

中华人民共和国国家质量监督检验检疫总局
中国国家标准化管理委员会　发布

# 前　言

本标准是扩口式管接头系列标准之一。

本标准是对 GB/T 5639.1—1985《扩口式三通管接头》和 GB/T 5639.2—1985《扩口式三通管接头体》的修订。主要修订内容为：

——将两个标准的内容进行了整合；

——修改了英文名称；

——增加了六方形坯件结构；

——减少了部分应由制造商控制的参数；

——对部分公差按现行公差与配合标准进行调整；

——取消了表面粗糙度标注，表面粗糙度要求在 GB/T 5653《扩口式管接头技术条件》中给出。

本标准自实施之日起代替 GB/T 5639.1—1985、GB/T 5639.2—1985。

本标准由中国机械工业联合会提出。

本标准由全国管路附件标准化技术委员会归口。

本标准负责起草单位：嘉兴迈思特管件制造有限公司、中机生产力促进中心。

本标准参加起草单位：伊顿(宁波)流体连接件有限公司、海盐管件制造有限公司、建湖县特佳液压管件有限公司、海盐高博管件有限公司、海盐县海管管件制造有限公司、焦作市路通液压附件有限公司。

本标准主要起草人：陶忠明、耿志学、李维荣、周舜华、左学俊、阮浩丰、周剑飞、王利民、冯峰。

本标准所代替标准的历次版本发布情况为：

——GB/T 5639.1—1985、GB/T 5639.2—1985。

# 扩口式三通管接头

## 1 范围

本标准规定了扩口式三通管接头和接头体的尺寸、标记及技术要求。

本标准适用于管子外径为 4 mm～34 mm，最大工作压力 3.5 MPa～16 MPa 的液压流体传动和一般用途的管路系统。

## 2 规范性引用文件

下列文件中的条款通过本标准的引用而成为本标准的条款。凡是注日期的引用文件，其随后所有的修改单(不包括勘误的内容)或修订版均不适用于本标准，然而，鼓励根据本标准达成协议的各方研究是否可使用这些文件的最新版本。凡是不注日期的引用文件，其最新版本适用于本标准。

GB/T 5646—2008 扩口式管接头管套

GB/T 5647—2008 扩口式管接头用 A 型螺母

GB/T 5648—2008 扩口式管接头用 B 型螺母

GB/T 5652—2008 扩口式管接头扩口端尺寸

GB/T 5653—2008 扩口式管接头技术条件

## 3 尺寸

扩口式三通管接头和接头体的尺寸应符合图 1～图 4 和表 1 的规定，接头体扩口端尺寸应符合 GB/T 5652 的规定。

## 4 标记

### 4.1 标记方法

扩口式三通管接头和接头体的标记方法应符合 GB/T 5653 的规定。

### 4.2 标记示例

扩口型式 A，管子外径为 10 mm，表面镀锌处理的钢制扩口式三通管接头标记为：

管接头 GB/T 5639 A10

扩口型式 A，管子外径为 10 mm，表面镀锌处理的钢制扩口式三通接头体标记为：

接头体 GB/T 5639 A10

## 5 技术要求

技术要求按 GB/T 5653 的规定。

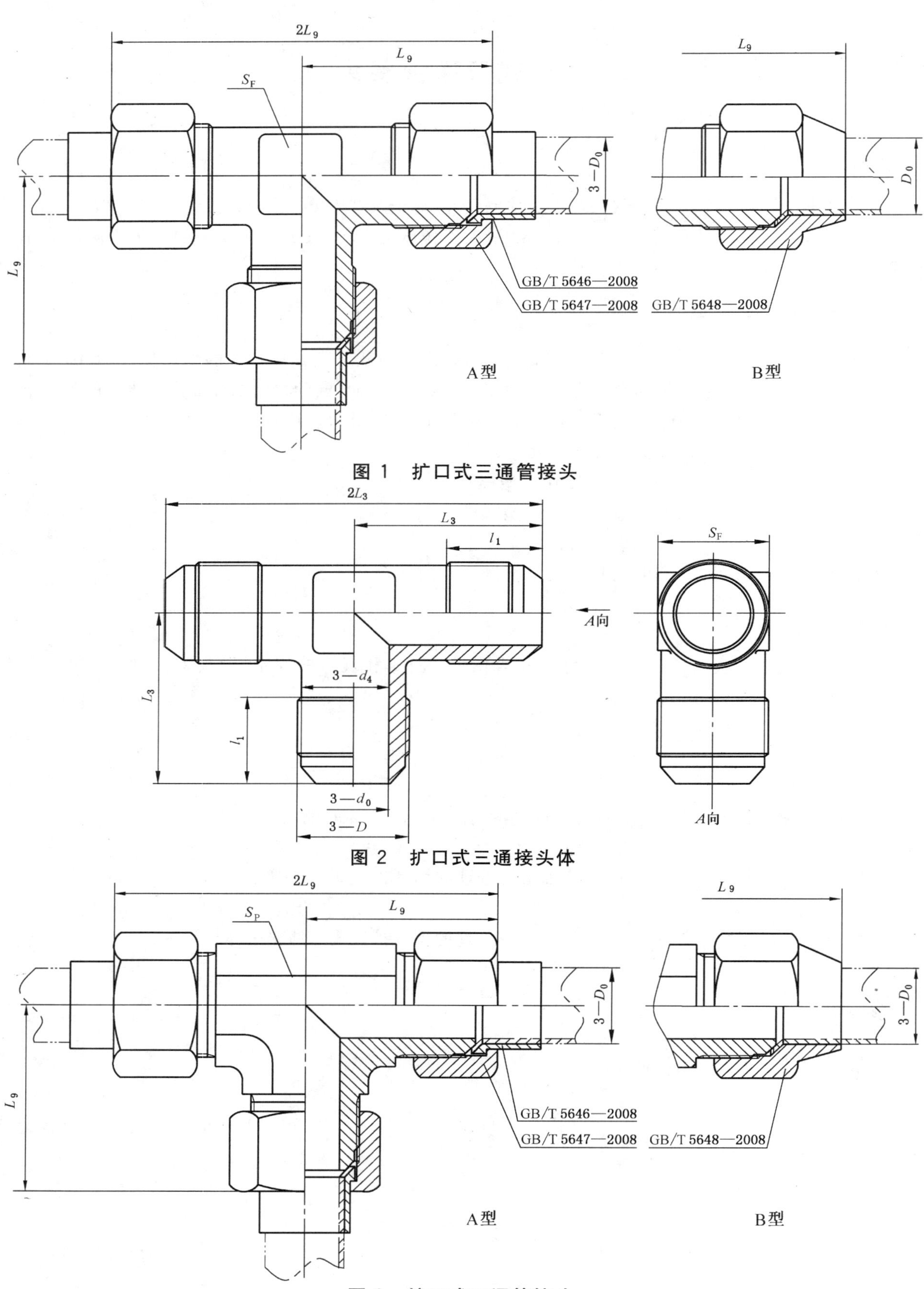


图 1 扩口式三通管接头



图 2 扩口式三通接头体



图 3 扩口式三通管接头

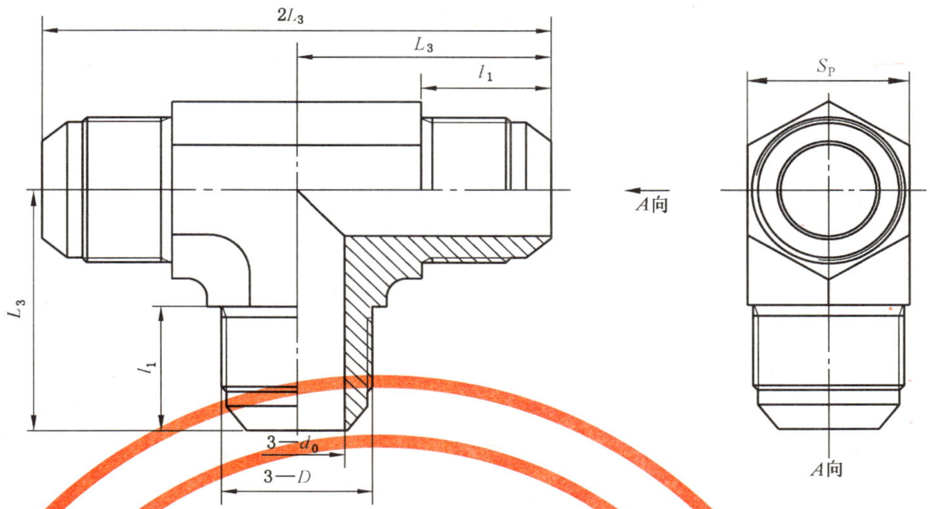


图 4 扩口式三通接头体

表 1 扩口式三通管接头和接头体尺寸

单位为毫米

| 管子外径 $D_0$ | $d_0$ | $D$ | $d_4$ | $L_9$≈ | | $L_3$ | $l_1$ | $S$ | |
|---|---|---|---|---|---|---|---|---|---|
| | | | | A 型 | B 型 | | | $S_F$ | $S_P$ |
| 4 | 3 | M10×1 | 8 | 25.5 | 30 | 20.5 | 9.5 | 8 | 10 |
| 5 | 3.5 | | | | | | | | |
| 6 | 4 | M12×1.5 | 10 | 29.5 | 34.5 | 24 | 12 | 10 | 12 |
| 8 | 6 | M14×1.5 | 11 | 35.5 | 43 | 28.5 | 13.5 | 12 | 14 |
| 10 | 8 | M16×1.5 | 13 | 37.5 | 46.5 | 30.5 | 14.5 | 14 | 17 |
| 12 | 10 | M18×1.5 | 15 | 38 | 49.5 | 31.5 | | 17 | 19 |
| 14 | 12 | M22×1.5 | 19 | 39.5 | 55 | 34 | 15 | 19 | 22 |
| 16 | 14 | M24×1.5 | 21 | 41.5 | 57.5 | 35.5 | 15.5 | 22 | 24 |
| 18 | 15 | M27×1.5 | 24 | 43 | 63 | 37.5 | 16 | 24 | 27 |
| 20 | 17 | M30×2 | 27 | 50 | — | 43 | 20 | 27 | 30 |
| 22 | 19 | M33×2 | 30 | 53 | — | 45.5 | | 30 | 34 |
| 25 | 22 | M36×2 | 33 | 55 | — | 47 | | 34 | 36 |
| 28 | 24 | M39×2 | 36 | 58.5 | — | 50 | 21.5 | 36 | 41 |
| 32 | 27 | M42×2 | 39 | 61 | — | 52.5 | 22.5 | 41 | 46 |
| 34 | 30 | M45×2 | 42 | 62.5 | — | 54 | | 46 | |

ICS 21.060.60
J 15

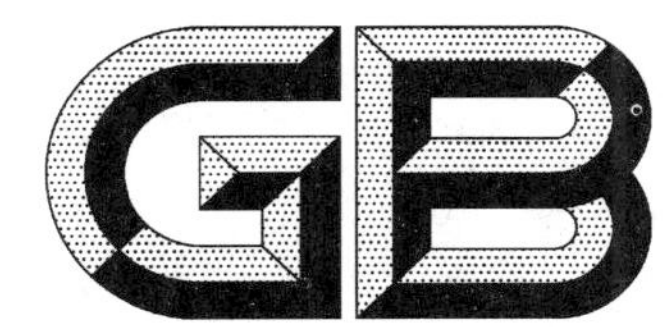

# 中华人民共和国国家标准

GB/T 5641—2008
代替 GB/T 5641.1—1985,GB/T 5641.2—1985

# 扩口式四通管接头

## Flared couplings—Union cross

2008-05-07 发布　　2008-11-01 实施

中华人民共和国国家质量监督检验检疫总局
中国国家标准化管理委员会　发布

# 前　言

本标准是扩口式管接头系列标准之一。

本标准是对 GB/T 5641.1—1985《扩口式四通管接头》和 GB/T 5641.2—1985《扩口式四通管接头体》的修订。主要修订内容为：

——将两个标准的内容进行了整合；

——修改了英文名称；

——增加了六方形坯件结构；

——减少了部分应由制造商控制的参数；

——对部分公差按现行公差与配合标准进行调整；

——取消了表面粗糙度标注，表面粗糙度要求在 GB/T 5653《扩口式管接头技术条件》中给出。

本标准自实施之日起代替 GB/T 5641.1—1985、GB/T 5641.2—1985。

本标准由中国机械工业联合会提出。

本标准由全国管路附件标准化技术委员会归口。

本标准负责起草单位：建湖县特佳液压管件有限公司、中机生产力促进中心。

本标准参加起草单位：海盐管件制造有限公司、伊顿（宁波）流体连接件有限公司、嘉兴迈思特管件制造有限公司、海盐高博管件有限公司、海盐县海管管件制造有限公司、焦作市路通液压附件有限公司。

本标准主要起草人：左学俊、耿志学、李维荣、周舜华、陶忠明、阮浩丰、周剑飞、王利民、冯峰。

本标准所代替标准的历次版本发布情况为：

——GB/T 5641.1—1985、GB/T 5641.2—1985。

# 扩口式四通管接头

## 1 范围

本标准规定了扩口式四通管接头和接头体的尺寸、标记及技术要求。

本标准适用于管子外径为 4 mm～34 mm，最大工作压力 3.5 MPa～16 MPa 的液压流体传动和一般用途的管路系统。

## 2 规范性引用文件

下列文件中的条款通过本标准的引用而成为本标准的条款。凡是注日期的引用文件，其随后所有的修改单(不包括勘误的内容)或修订版均不适用于本标准，然而，鼓励根据本标准达成协议的各方研究是否可使用这些文件的最新版本。凡是不注日期的引用文件，其最新版本适用于本标准。

GB/T 5646—2008 扩口式管接头管套

GB/T 5647—2008 扩口式管接头用 A 型螺母

GB/T 5648—2008 扩口式管接头用 B 型螺母

GB/T 5652—2008 扩口式管接头扩口端尺寸

GB/T 5653—2008 扩口式管接头技术条件

## 3 尺寸

扩口式四通管接头和接头体的尺寸应符合图 1～图 4 和表 1 的规定，接头体扩口端尺寸应符合 GB/T 5652 的规定。

## 4 标记

### 4.1 标记方法

扩口式四通管接头和接头体的标记方法应符合 GB/T 5653 的规定。

### 4.2 标记示例

扩口型式 A，管子外径为 10 mm，表面镀锌处理的钢制扩口式四通管接头标记为：

管接头 GB/T 5641 A10

扩口型式 A，管子外径为 10 mm，表面镀锌处理的钢制扩口式四通接头体标记为：

接头体 GB/T 5641 A10

## 5 技术要求

技术要求按 GB/T 5653 的规定。

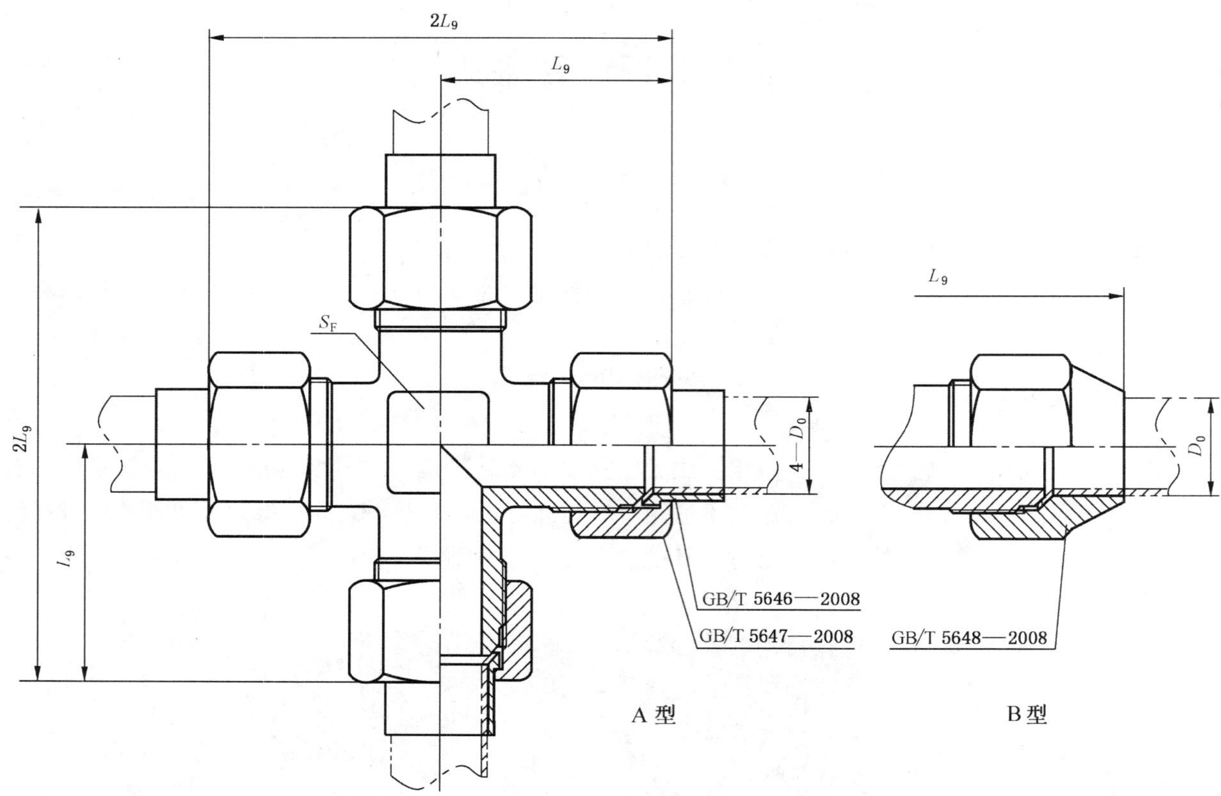


图 1 扩口式四通管接头

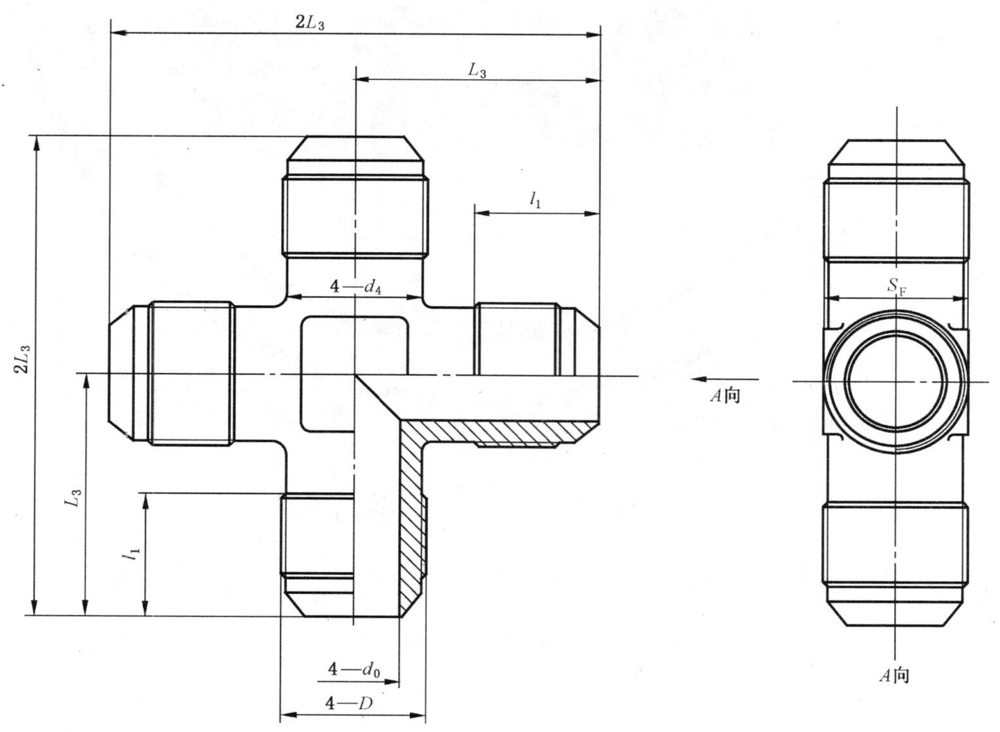


图 2 扩口式四通接头体

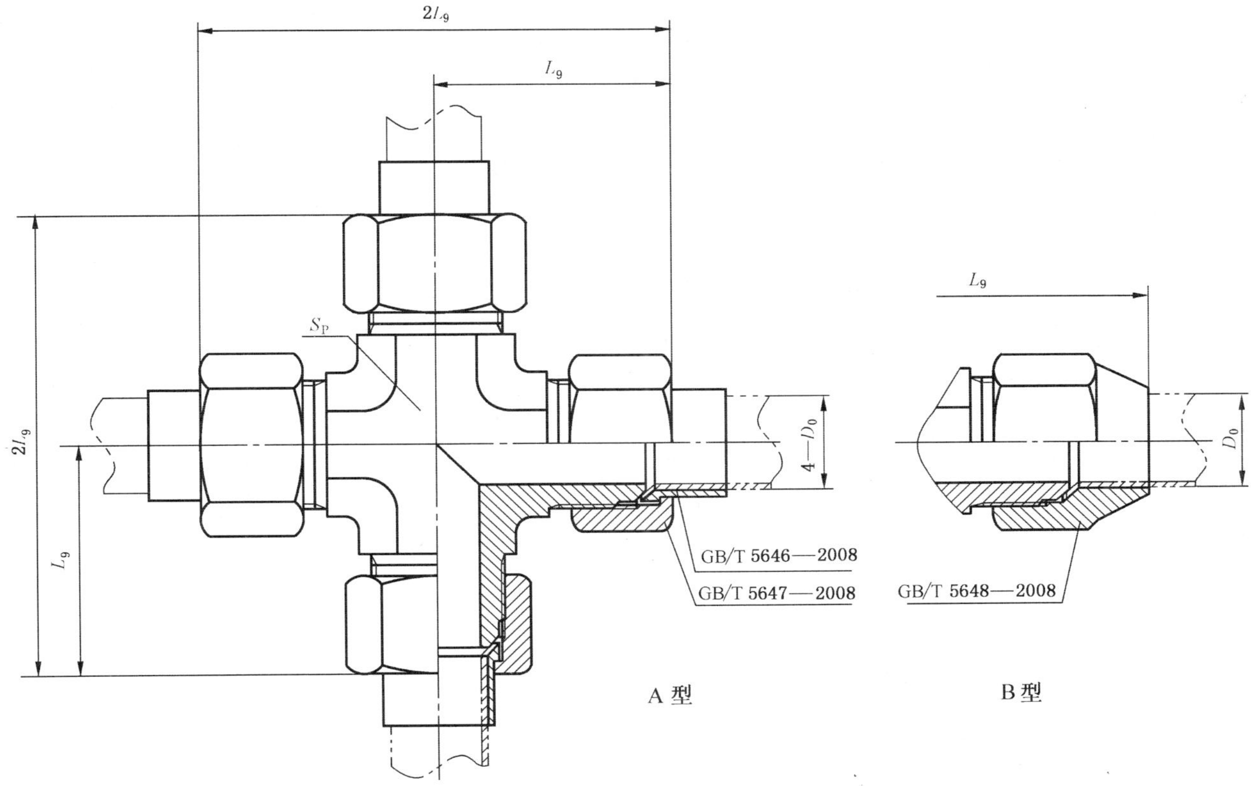


图 3　扩口式四通管接头

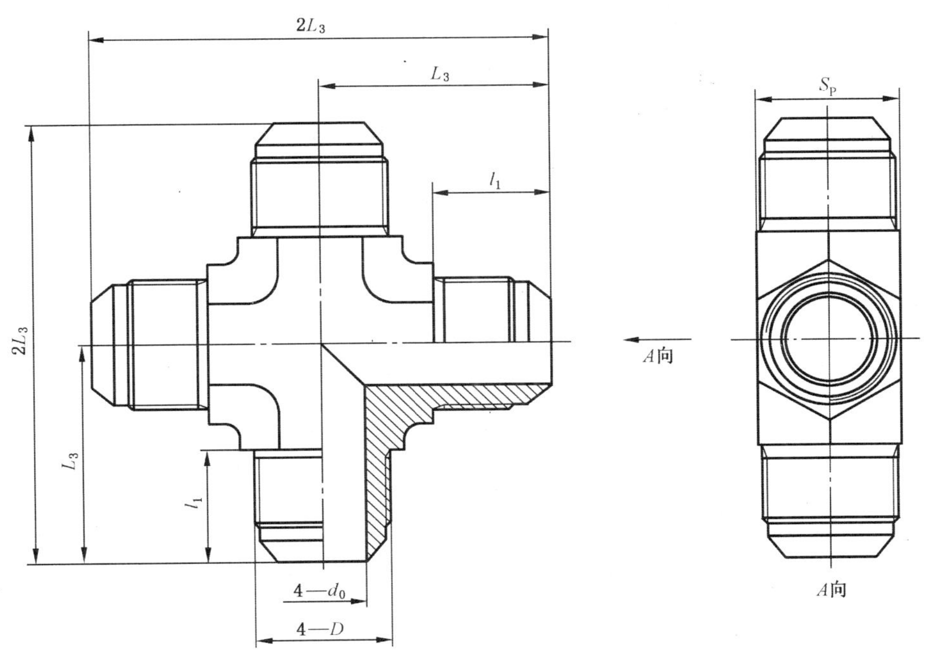


图 4　扩口式四通接头体

**表 1　扩口式四通管接头和接头体尺寸**

单位为毫米

| 管子外径 $D_0$ | $d_0$ | $D$ | $d_4$ | $L_9\approx$ | | $L_3$ | $l_1$ | $S$ | |
|---|---|---|---|---|---|---|---|---|---|
| | | | | A 型 | B 型 | | | $S_F$ | $S_P$ |
| 4 | 3 | M10×1 | 8 | 25.5 | 30 | 20.5 | 9.5 | 8 | 10 |
| 5 | 3.5 | M10×1 | 8 | 25.5 | 30 | 20.5 | 9.5 | 8 | 10 |
| 6 | 4 | M12×1.5 | 10 | 29.5 | 34.5 | 24 | 12 | 10 | 12 |
| 8 | 6 | M14×1.5 | 11 | 35.5 | 43 | 28.5 | 13.5 | 12 | 14 |
| 10 | 8 | M16×1.5 | 13 | 37.5 | 46.5 | 30.5 | 14.5 | 14 | 17 |
| 12 | 10 | M18×1.5 | 15 | 38 | 49.5 | 31.5 | 14.5 | 17 | 19 |
| 14 | 12 | M22×1.5 | 19 | 39.5 | 55 | 34 | 15 | 19 | 22 |
| 16 | 14 | M24×1.5 | 21 | 41.5 | 57.5 | 35.5 | 15.5 | 22 | 24 |
| 18 | 15 | M27×1.5 | 24 | 43 | 63 | 37.5 | 16 | 24 | 27 |
| 20 | 17 | M30×2 | 27 | 50 | — | 43 | 20 | 27 | 30 |
| 22 | 19 | M33×2 | 30 | 53 | — | 45.5 | 20 | 30 | 34 |
| 25 | 22 | M36×2 | 33 | 55 | — | 47 | 20 | 34 | 36 |
| 28 | 24 | M39×2 | 36 | 58.5 | — | 50 | 21.5 | 36 | 41 |
| 32 | 27 | M42×2 | 39 | 61 | — | 52.5 | 22.5 | 41 | 46 |
| 34 | 30 | M45×2 | 42 | 62.5 | — | 54 | 22.5 | 46 | 46 |

ICS 21.060.60
J 15

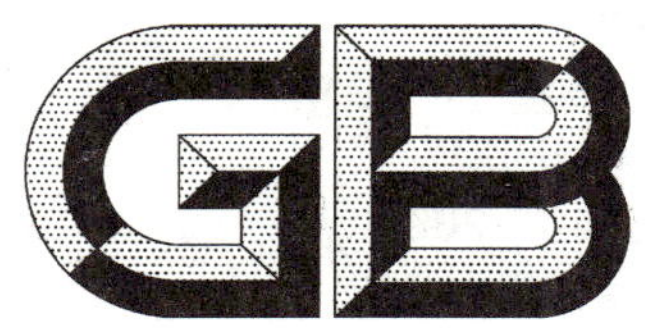

# 中华人民共和国国家标准

GB/T 5642—2008
代替 GB/T 5642.1—1985,GB/T 5642.2—1985

# 扩口式焊接管接头

Flared couplings—Weld male

2008-05-07 发布　　2008-11-01 实施

中华人民共和国国家质量监督检验检疫总局
中国国家标准化管理委员会 发布

# 前　言

本标准是扩口式管接头系列标准之一。

本标准是对 GB/T 5642.1—1985《扩口式焊接管接头》和 GB/T 5642.2—1985《扩口式焊接管接头体》的修订。主要修订内容为：

——将两个标准的内容进行了整合；

——修改了英文名称；

——减少了部分应由制造商控制的参数；

——对部分公差按现行公差与配合标准进行调整；

——取消了表面粗糙度标注，表面粗糙度要求在 GB/T 5653《扩口式管接头技术条件》中给出。

本标准自实施之日起代替 GB/T 5642.1—1985、GB/T 5642.2—1985。

本标准由中国机械工业联合会提出。

本标准由全国管路附件标准化技术委员会归口。

本标准负责起草单位：伊顿（宁波）流体连接件有限公司、中机生产力促进中心。

本标准参加起草单位：海盐管件制造有限公司、嘉兴迈思特管件制造有限公司、建湖县特佳液压管件有限公司、海盐高博管件有限公司、海盐县海管管件制造有限公司、焦作市路通液压附件有限公司。

本标准主要起草人：周舜华、耿志学、李维荣、陶忠明、左学俊、阮浩丰、周剑飞、王利民、冯峰。

本标准所代替标准的历次版本发布情况为：

——GB/T 5642.1—1985、GB/T 5642.2—1985。

# 扩口式焊接管接头

## 1 范围

本标准规定了扩口式焊接管接头和接头体的尺寸、标记及技术要求。

本标准适用于管子外径为 4 mm～34 mm，最大工作压力 3.5 MPa～16 MPa 的液压流体传动和一般用途的管路系统。

## 2 规范性引用文件

下列文件中的条款通过本标准的引用而成为本标准的条款。凡是注日期的引用文件，其随后所有的修改单(不包括勘误的内容)或修订版均不适用于本标准，然而，鼓励根据本标准达成协议的各方研究是否可使用这些文件的最新版本。凡是不注日期的引用文件，其最新版本适用于本标准。

GB/T 5646—2008　扩口式管接头管套

GB/T 5647—2008　扩口式管接头用 A 型螺母

GB/T 5648—2008　扩口式管接头用 B 型螺母

GB/T 5652—2008　扩口式管接头扩口端尺寸

GB/T 5653—2008　扩口式管接头技术条件

## 3 尺寸

扩口式焊接管接头和接头体的尺寸应符合图 1、图 2 和表 1 的规定，接头体扩口端尺寸应符合 GB/T 5652 的规定。

## 4 标记

### 4.1 标记方法

扩口式焊接管接头和接头体的标记方法应符合 GB/T 5653 的规定。

### 4.2 标记示例

扩口型式 A，管子外径为 10 mm，表面氧化处理的钢制扩口式焊接管接头标记为：

管接头　GB/T 5642　A10・0

扩口型式 A，管子外径为 10 mm，表面氧化处理的钢制扩口式焊接接头体标记为：

接头体　GB/T 5642　A10・0

## 5 技术要求

技术要求按 GB/T 5653 的规定。

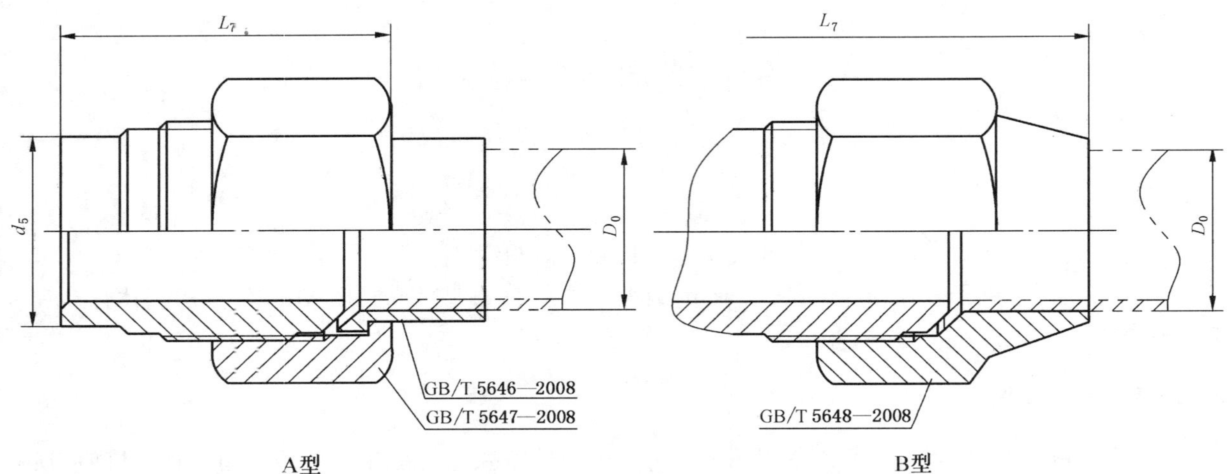


图 1 扩口式焊接管接头

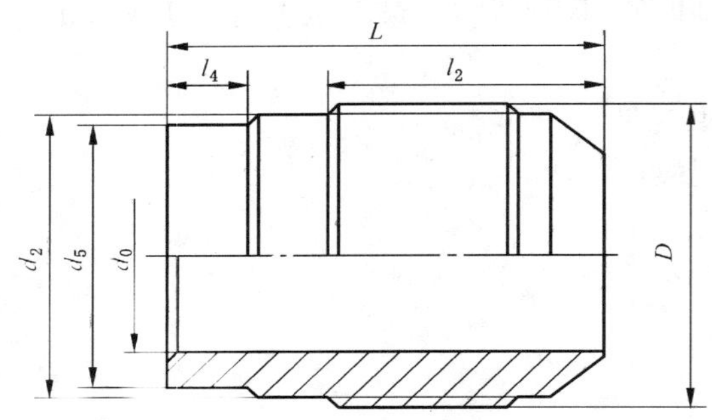


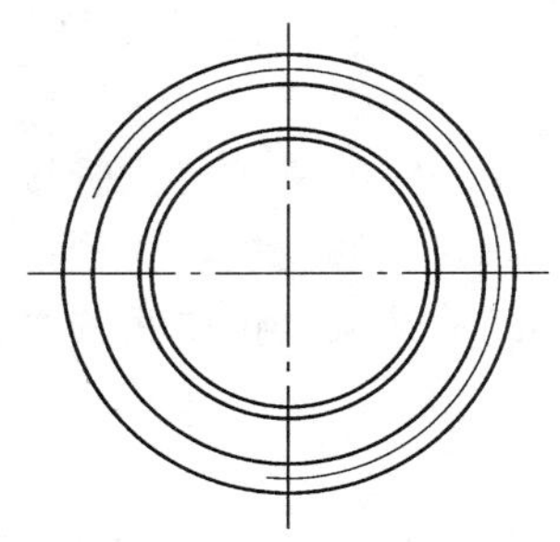

图 2 扩口式焊接接头体

表 1 扩口式焊接管接头和接头体

单位为毫米

<table>
<tr><th rowspan="2">管子外径 $D_0$</th><th rowspan="2">$d_0$</th><th rowspan="2">$D$</th><th rowspan="2">$d_2$</th><th rowspan="2">$d_5$</th><th colspan="2">$L_7$≈</th><th rowspan="2">$l_2$</th><th rowspan="2">$l_4$</th><th rowspan="2">$L$</th></tr>
<tr><th>A 型</th><th>B 型</th></tr>
<tr><td>4</td><td>3</td><td rowspan="2">M10×1</td><td rowspan="2">8.5</td><td>6</td><td rowspan="2">23</td><td rowspan="2">27.5</td><td rowspan="2">9.5</td><td rowspan="8">3</td><td rowspan="2">18</td></tr>
<tr><td>5</td><td>3.5</td><td>7</td></tr>
<tr><td>6</td><td>4</td><td>M12×1.5</td><td>10</td><td>8</td><td>27</td><td>31.5</td><td>12</td><td>20.5</td></tr>
<tr><td>8</td><td>6</td><td>M14×1.5</td><td>11.5</td><td>10</td><td>29</td><td>37</td><td>13.5</td><td>22.5</td></tr>
<tr><td>10</td><td>8</td><td>M16×1.5</td><td>13.5</td><td>12</td><td rowspan="3">30</td><td rowspan="2">41.5</td><td rowspan="2">14.5</td><td rowspan="2">23.5</td></tr>
<tr><td>12</td><td>10</td><td>M18×1.5</td><td>15.5</td><td>15</td></tr>
<tr><td>14</td><td>12</td><td>M22×1.5</td><td>19.5</td><td>18</td><td>45.5</td><td>15</td><td>24</td></tr>
<tr><td>16</td><td>14</td><td>M24×1.5</td><td>21.5</td><td>20</td><td>30.5</td><td>46.5</td><td>15.5</td><td>24.5</td></tr>
<tr><td>18</td><td>15</td><td>M27×1.5</td><td>24.5</td><td>22</td><td>31.5</td><td>51.5</td><td>16</td><td rowspan="7">4</td><td>26</td></tr>
<tr><td>20</td><td>17</td><td>M30×2</td><td>27</td><td>25</td><td>36.5</td><td>—</td><td rowspan="3">20</td><td rowspan="3">30</td></tr>
<tr><td>22</td><td>19</td><td>M33×2</td><td>30</td><td>28</td><td>37.5</td><td>—</td></tr>
<tr><td>25</td><td>22</td><td>M36×2</td><td>33</td><td>31</td><td>38</td><td>—</td></tr>
<tr><td>28</td><td>24</td><td>M39×2</td><td>36</td><td>34</td><td>40</td><td>—</td><td>21.5</td><td>31.5</td></tr>
<tr><td>32</td><td>27</td><td>M42×2</td><td>39</td><td>37</td><td rowspan="2">41</td><td>—</td><td rowspan="2">22.5</td><td rowspan="2">32.5</td></tr>
<tr><td>34</td><td>30</td><td>M45×2</td><td>42</td><td>40</td><td>—</td></tr>
</table>

ICS 21.060.60
J 15

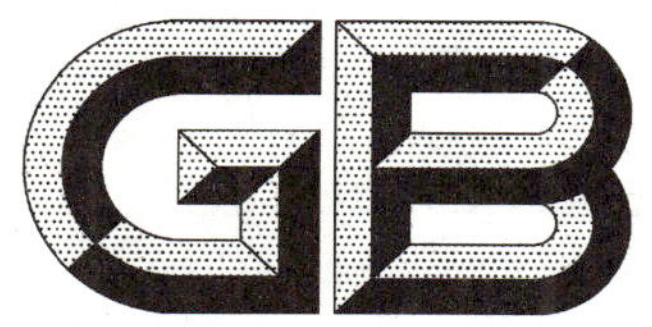

# 中华人民共和国国家标准

GB/T 5643—2008
代替 GB/T 5643.1—1985,GB/T 5643.2—1985

# 扩口式过板直通管接头

## Flared couplings—Bulkhead union

2008-05-07 发布　　2008-11-01 实施

中华人民共和国国家质量监督检验检疫总局
中国国家标准化管理委员会　发布

# 前言

本标准是扩口式管接头系列标准之一。

本标准是对 GB/T 5643.1—1985《扩口式隔壁直通管接头》和 GB/T 5643.2—1985《扩口式隔壁直通管接头体》的修订。主要修订内容为：

——将两个标准的内容进行了整合；

——修改了英文名称；

——减少了部分应由制造商控制的参数；

——对部分公差按现行公差与配合标准进行调整；

——取消了表面粗糙度标注，表面粗糙度要求在 GB/T 5653《扩口式管接头技术条件》中给出。

本标准自实施之日起代替 GB/T 5643.1—1985、GB/T 5643.2—1985。

本标准由中国机械工业联合会提出。

本标准由全国管路附件标准化技术委员会归口。

本标准负责起草单位：嘉兴迈思特管件制造有限公司、中机生产力促进中心。

本标准参加起草单位：海盐管件制造有限公司、伊顿（宁波）流体连接件有限公司、建湖县特佳液压管件有限公司、海盐高博管件有限公司、海盐县海管管件制造有限公司、焦作市路通液压附件有限公司。

本标准主要起草人：耿志学、李维荣、周舜华、陶忠明、左学俊、阮浩丰、周剑飞、王利民、冯峰。

本标准所代替标准的历次版本发布情况为：

——GB/T 5643.1—1985、GB/T 5643.2—1985。

# 扩口式过板直通管接头

## 1 范围

本标准规定了扩口式过板直通管接头和接头体的尺寸、标记及技术要求。

本标准适用于管子外径为 4 mm～34 mm，最大工作压力 3.5 MPa～16 MPa 的液压流体传动和一般用途的管路系统。

## 2 规范性引用文件

下列文件中的条款通过本标准的引用而成为本标准的条款。凡是注日期的引用文件，其随后所有的修改单（不包括勘误的内容）或修订版均不适用于本标准，然而，鼓励根据本标准达成协议的各方研究是否可使用这些文件的最新版本。凡是不注日期的引用文件，其最新版本适用于本标准。

GB/T 3763—2008 管接头用六角薄螺母

GB/T 5646—2008 扩口式管接头管套

GB/T 5647—2008 扩口式管接头用 A 型螺母

GB/T 5648—2008 扩口式管接头用 B 型螺母

GB/T 5652—2008 扩口式管接头扩口端尺寸

GB/T 5653—2008 扩口式管接头技术条件

## 3 尺寸

扩口式过板直通管接头和接头体的尺寸应符合图 1、图 2 和表 1 的规定，接头体扩口端尺寸应符合 GB/T 5652 的规定。

## 4 标记

### 4.1 标记方法

扩口式过板直通管接头和接头体的标记方法应符合 GB/T 5653 的规定。

### 4.2 标记示例

扩口型式 A，管子外径为 10 mm，表面镀锌处理的钢制扩口式过板直通管接头标记为：

管接头 GB/T 5643 A10

扩口型式 A，管子外径为 10 mm，表面镀锌处理的钢制扩口式过板直通接头体标记为：

接头体 GB/T 5643 A10

## 5 技术要求

技术要求按 GB/T 5653 的规定。

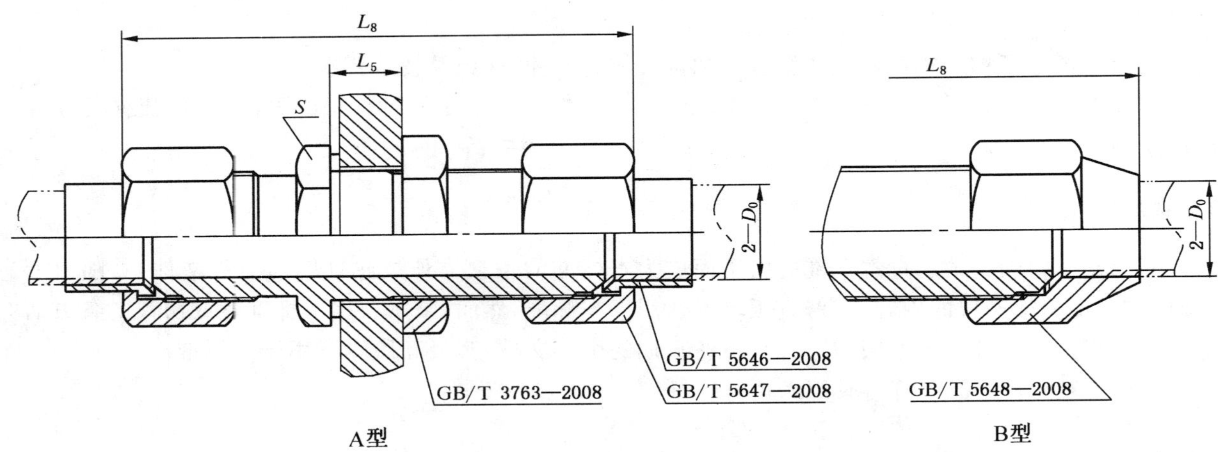


图 1 扩口式过板直通管接头

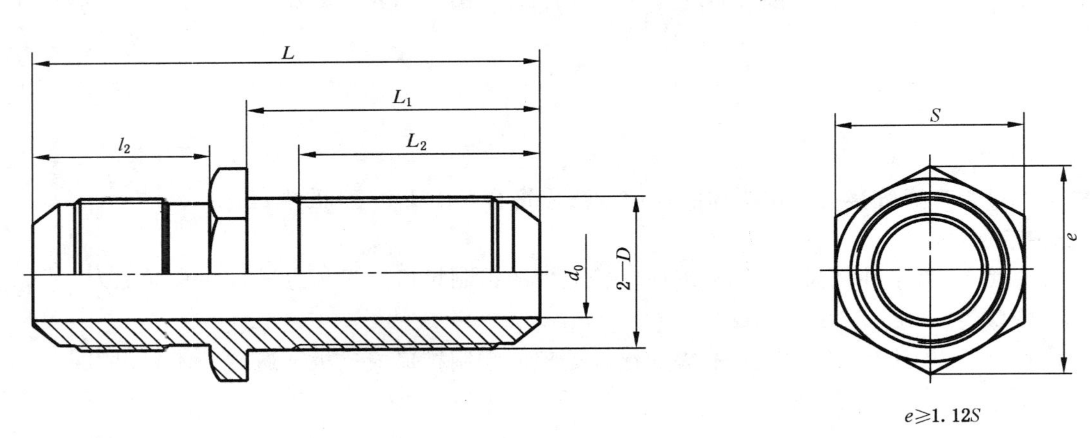


图 2 扩口式过板直通管接头

**表 1　扩口式过板直通管接头和接头体尺寸**　　　　单位为毫米

<table>
<tr><th rowspan="2">管子外径<br>$D_0$</th><th rowspan="2">$d_0$</th><th rowspan="2">$D$</th><th colspan="2">$L_8 \approx$</th><th rowspan="2">$l_2$</th><th rowspan="2">$L$</th><th rowspan="2">$L_1$</th><th rowspan="2">$L_2$</th><th rowspan="2">$L_5$<br>max.</th><th rowspan="2">$S$</th></tr>
<tr><th>A 型</th><th>B 型</th></tr>
<tr><td>4</td><td>3</td><td rowspan="2">M10×1</td><td rowspan="2">61.5</td><td rowspan="2">70.5</td><td rowspan="2">12.5</td><td rowspan="2">51.5</td><td rowspan="2">34</td><td rowspan="2">31</td><td rowspan="2">20.5</td><td rowspan="3">14</td></tr>
<tr><td>5</td><td>3.5</td></tr>
<tr><td>6</td><td>4</td><td>M12×1.5</td><td>71</td><td>80</td><td>16</td><td>60</td><td>38</td><td>34</td><td rowspan="3">21.5</td></tr>
<tr><td>8</td><td>6</td><td>M14×1.5</td><td>77.5</td><td>93</td><td>18</td><td>64</td><td>40</td><td>35.5</td><td>17</td></tr>
<tr><td>10</td><td>8</td><td>M16×1.5</td><td>79.5</td><td>97.5</td><td rowspan="2">19</td><td>66</td><td>41</td><td>36.5</td><td>19</td></tr>
<tr><td>12</td><td>10</td><td>M18×1.5</td><td rowspan="2">81</td><td>105</td><td>68</td><td>43</td><td>38.5</td><td>23.5</td><td>22</td></tr>
<tr><td>14</td><td>12</td><td>M22×1.5</td><td>112</td><td>19.5</td><td>69.5</td><td>44</td><td>39.5</td><td>24.5</td><td>27</td></tr>
<tr><td>16</td><td>14</td><td>M24×1.5</td><td>85</td><td>117</td><td>20</td><td>73</td><td>45</td><td>40.5</td><td>25</td><td>30</td></tr>
<tr><td>18</td><td>15</td><td>M27×1.5</td><td>87.5</td><td>127.5</td><td>20.5</td><td>76.5</td><td>48</td><td>43.5</td><td>28</td><td>32</td></tr>
<tr><td>20</td><td>17</td><td>M30×2</td><td>101.5</td><td>—</td><td rowspan="3">26</td><td>88</td><td>53</td><td>47</td><td>28.5</td><td>36</td></tr>
<tr><td>22</td><td>19</td><td>M33×2</td><td>105</td><td>—</td><td>90</td><td>55</td><td>49</td><td>29.5</td><td rowspan="2">41</td></tr>
<tr><td>25</td><td>22</td><td>M36×2</td><td>109</td><td>—</td><td>93</td><td>56</td><td>50</td><td>30</td></tr>
<tr><td>28</td><td>24</td><td>M39×2</td><td>114</td><td>—</td><td>27.5</td><td>97.5</td><td>58</td><td>52</td><td rowspan="2">30.5</td><td>46</td></tr>
<tr><td>32</td><td>27</td><td>M42×2</td><td>117.5</td><td>—</td><td rowspan="2">28.5</td><td>100.5</td><td>59</td><td>53</td><td rowspan="2">50</td></tr>
<tr><td>34</td><td>30</td><td>M45×2</td><td>120</td><td>—</td><td>102.5</td><td>60</td><td>54</td><td>31</td></tr>
</table>

ICS 21.060.60
J 15

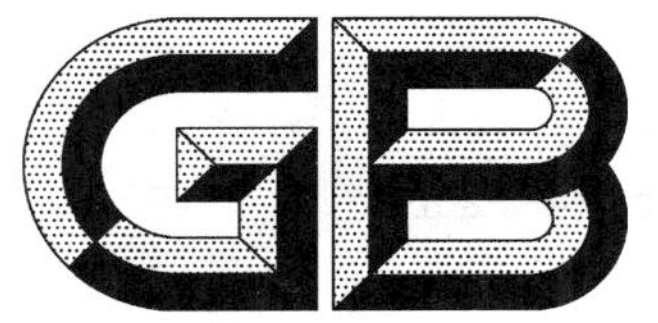

# 中华人民共和国国家标准

GB/T 5644—2008
代替 GB/T 5644.1—1985,GB/T 5644.2—1985

# 扩口式过板弯通管接头

**Flared couplings—Bulkhead union elbow**

2008-05-07 发布 2008-11-01 实施

中华人民共和国国家质量监督检验检疫总局
中国国家标准化管理委员会 发布

# 前　言

本标准是扩口式管接头系列标准之一。

本标准是对GB/T 5644.1—1985《扩口式隔壁直角管接头》和GB/T 5644.2—1985《扩口式隔壁直角管接头体》的修订。主要修订内容为：

——将两个标准的内容进行了整合；

——修改了中文和英文名称；

——增加了六方形坯件结构；

——减少了部分应由制造商控制的参数；

——对部分公差按现行公差与配合标准进行调整；

——取消了表面粗糙度标注，表面粗糙度要求在GB/T 5653《扩口式管接头技术条件》中给出。

本标准自实施之日起代替GB/T 5644.1—1985和GB/T 5644.2—1985。

本标准由中国机械工业联合会提出。

本标准由全国管路附件标准化技术委员会归口。

本标准负责起草单位：海盐县海管管件制造有限公司、中机生产力促进中心。

本标准参加起草单位：海盐管件制造有限公司、伊顿（宁波）流体连接件有限公司、嘉兴迈思特管件制造有限公司、建湖县特佳液压管件有限公司、海盐高博管件有限公司、焦作市路通液压附件有限公司。

本标准主要起草人：周剑飞、耿志学、李维荣、周舜华、陶忠明、左学俊、阮浩丰、王利民、冯峰。

本标准所代替标准的历次版本发布情况为：

——GB/T 5644.1—1985、GB/T 5644.2—1985。

# 扩口式过板弯通管接头

## 1 范围

本标准规定了扩口式过板弯通管接头和接头体的尺寸、标记及技术要求。

本标准适用于管子外径为 4 mm～34 mm，最大工作压力 3.5 MPa～16 MPa 的液压流体传动和一般用途的管路系统。

## 2 规范性引用文件

下列文件中的条款通过本标准的引用而成为本标准的条款。凡是注日期的引用文件，其随后所有的修改单(不包括勘误的内容)或修订版均不适用于本标准，然而，鼓励根据本标准达成协议的各方研究是否可使用这些文件的最新版本。凡是不注日期的引用文件，其最新版本适用于本标准。

GB/T 3763—2008 管接头用六角薄螺母

GB/T 5646—2008 扩口式管接头管套

GB/T 5647—2008 扩口式管接头用 A 型螺母

GB/T 5648—2008 扩口式管接头用 B 型螺母

GB/T 5652—2008 扩口式管接头扩口端尺寸

GB/T 5653—2008 扩口式管接头技术条件

## 3 尺寸

扩口式过板弯通管接头和接头体的尺寸应符合图 1～图 4 和表 1 的规定，接头体扩口端尺寸应符合 GB/T 5652 的规定。

## 4 标记

### 4.1 标记方法

扩口式过板弯通管接头和接头体的标记方法应符合 GB/T 5653 的规定。

### 4.2 标记示例

扩口型式 A，管子外径为 10 mm，表面镀锌处理的钢制扩口式过板弯通管接头标记为：

管接头 GB/T 5644 A10

扩口型式 A，管子外径为 10 mm，表面镀锌处理的钢制扩口式过板弯通接头体标记为：

接头体 GB/T 5644 A10

## 5 技术要求

技术要求按 GB/T 5653 的规定。

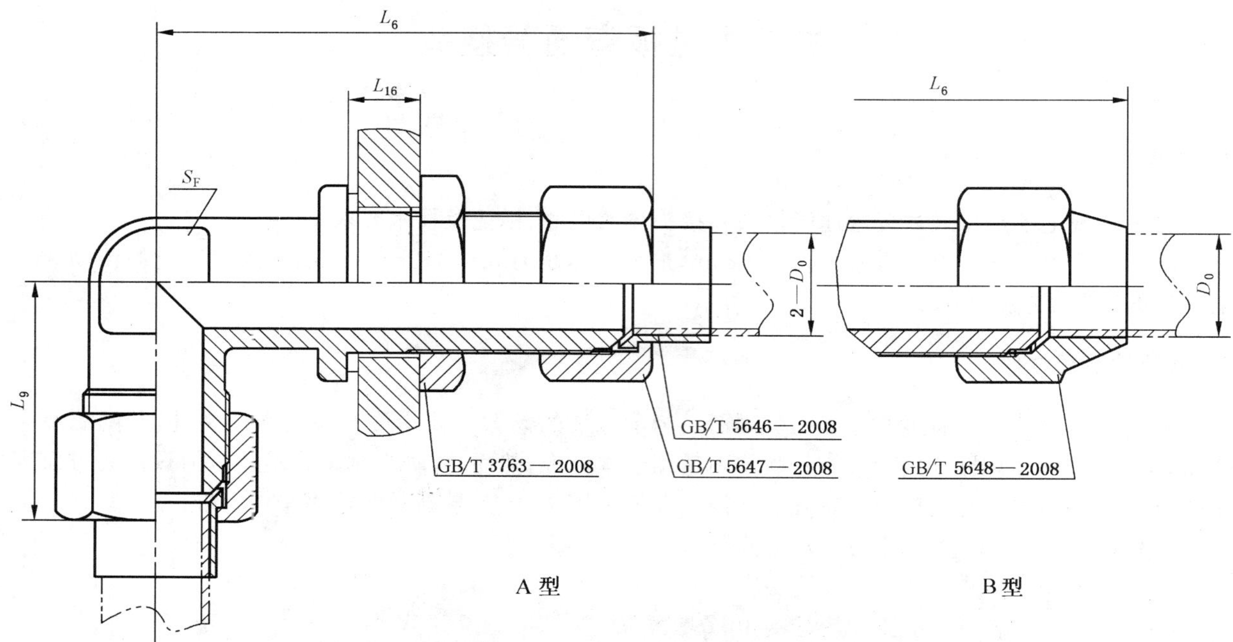


图 1 扩口式过板弯通管接头

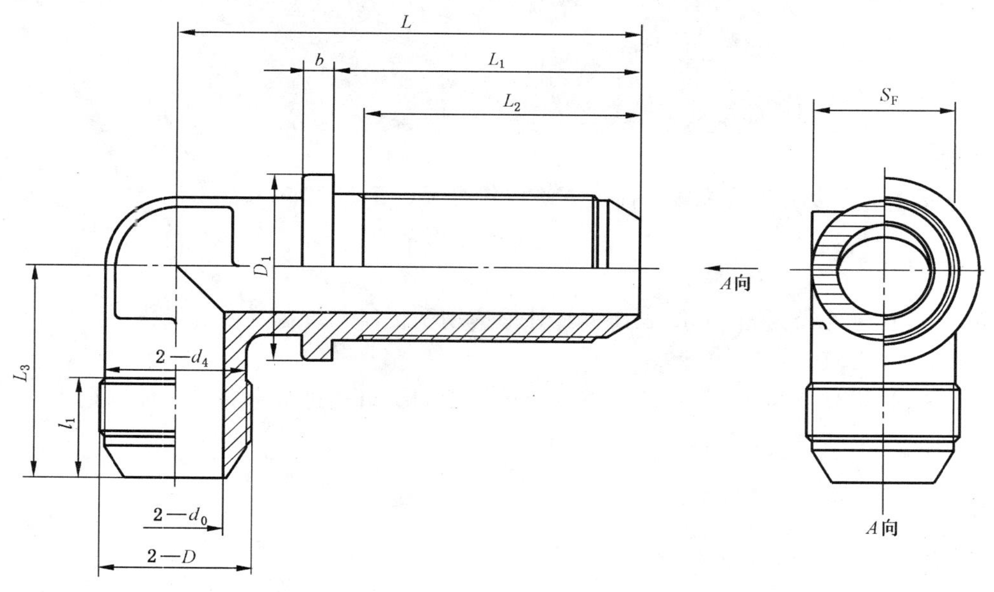


图 2 扩口式过板弯通接头体

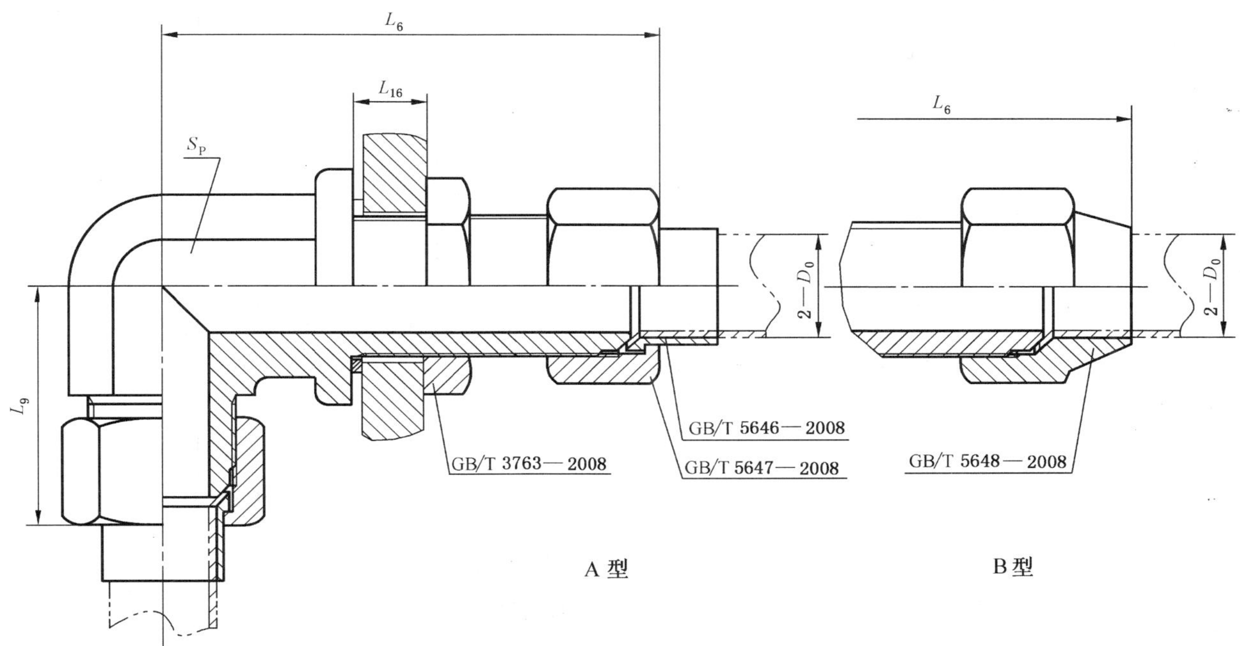


图 3 扩口式过板弯通管接头

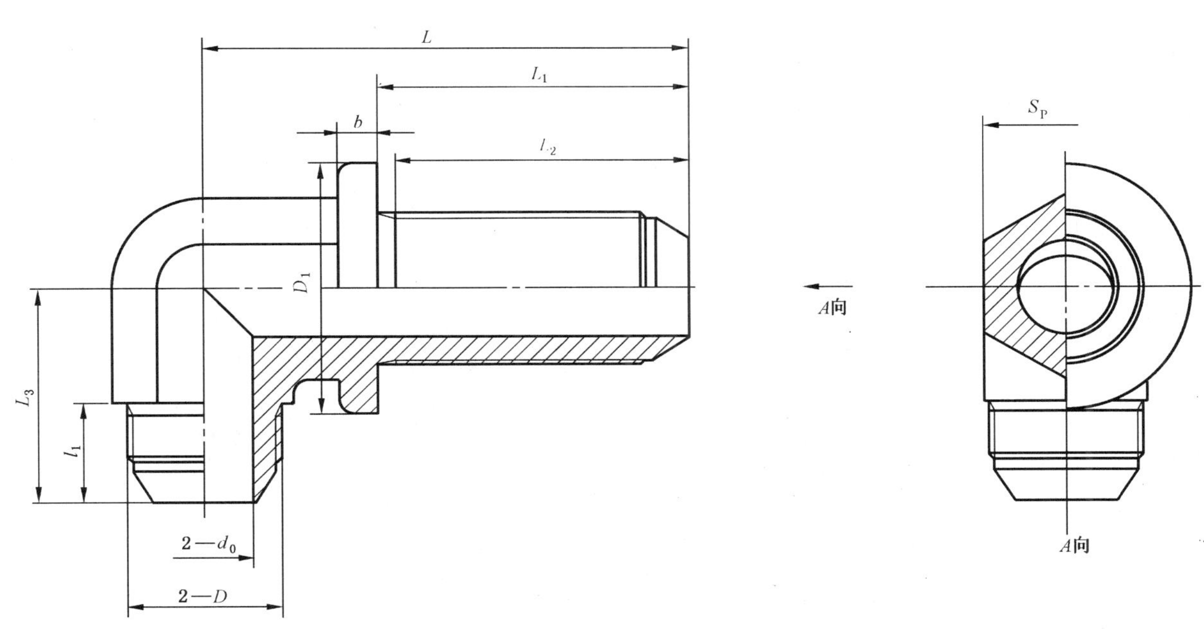


图 4 扩口式过板弯通接头体

表 1　扩口式过板弯通管接头和接头体尺寸

单位为毫米

| 管子外径 $D_0$ | $d_0$ | $D$ | $d_4$ | $L_6$≈ A型 | $L_6$≈ B型 | $L_9$≈ A型 | $L_9$≈ B型 | $l_1$ | $L$ | $L_1$ | $L_2$ | $L_3$ | $L_{16}$ max | $D_1$ | $b$ | $S$ $S_F$ | $S$ $S_P$ |
|---|---|---|---|---|---|---|---|---|---|---|---|---|---|---|---|---|---|
| 4 | 3 | M10×1 | 8 | 56 | — | 25.5 | 30 | 9.5 | 46 | 34 | 31 | 20.5 | 20.5 | 14 | 3 | 8 | 10 |
| 5 | 3.5 | | | | 60.5 | | | | | | | | | | | | |
| 6 | 4 | M12×1.5 | 10 | 63.5 | 68.5 | 29.5 | 34.5 | 12 | 52 | 38 | 34 | 24 | 21.5 | 17 | | 10 | 12 |
| 8 | 6 | M14×1.5 | 11 | 69.5 | 77 | 35.5 | 43 | 13.5 | 56 | 40 | 35.5 | 28.5 | | 19 | 4 | 12 | 14 |
| 10 | 8 | M16×1.5 | 13 | 71.5 | 80.5 | 37.5 | 46.5 | 14.5 | 58 | 41 | 36.5 | 30.5 | | 21 | | 14 | 17 |
| 12 | 10 | M18×1.5 | 15 | 75 | 86.5 | 38 | 49.5 | | 62 | 43 | 38.5 | 31.5 | 23.5 | 23 | | 17 | 19 |
| 14 | 12 | M22×1.5 | 19 | 75.5 | 91 | 39.5 | 55 | 15 | 64 | 44 | 39.5 | 34 | 24.5 | 27 | | 19 | 22 |
| 16 | 14 | M24×1.5 | 21 | 73 | 95 | 41.5 | 57.5 | 15.5 | 67 | 45 | 40.5 | 35.5 | 25 | 29 | | 22 | 24 |
| 18 | 15 | M27×1.5 | 24 | 83 | 103 | 43 | 63 | 16 | 72 | 48 | 43.5 | 37.5 | 28 | 32 | | 24 | 27 |
| 20 | 17 | M30×2 | 27 | 84.5 | — | 50 | — | 20 | 78 | 53 | 47 | 43 | 28.5 | 35 | 5 | 27 | 30 |
| 22 | 19 | M33×2 | 30 | 96.5 | — | 53 | — | | 82 | 55 | 49 | 45.5 | 29.5 | 39 | | 30 | 34 |
| 25 | 22 | M36×2 | 33 | 102 | — | 55 | — | | 86 | 56 | 50 | 47 | 30 | 42 | | 34 | 36 |
| 28 | 24 | M39×2 | 36 | 105 | — | 58.5 | — | 21.5 | 88 | 58 | 52 | 50 | 30.5 | 45 | | 36 | 41 |
| 32 | 27 | M42×2 | 39 | 112 | — | 61 | — | 22.5 | 95 | 59 | 53 | 52.5 | | 48 | | 41 | 46 |
| 34 | 30 | M45×2 | 42 | 113.5 | — | 62.5 | — | | 96 | 60 | 54 | 54 | 31 | 51 | | 46 | |

ICS 21.060.60
J 15

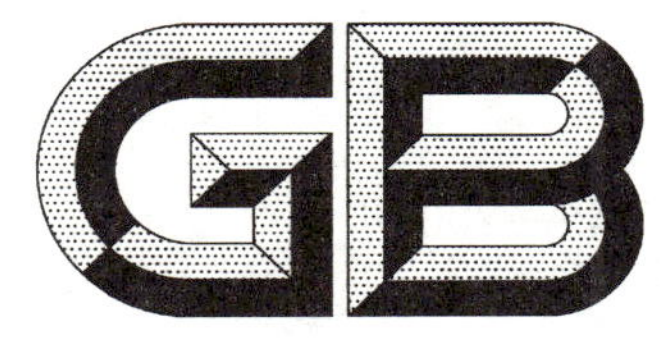

# 中华人民共和国国家标准

GB/T 5645—2008
代替 GB/T 5645.1—1985,GB/T 5645.2—1985

# 扩口式压力表管接头

## Flared couplings—Connector for pressure gauge

2008-05-07 发布　　2008-11-01 实施

中华人民共和国国家质量监督检验检疫总局
中国国家标准化管理委员会　发布

# 前　言

本标准是扩口式管接头系列标准之一。

本标准是对 GB/T 5645.1—1985《扩口式压力表管接头》和 GB/T 5645.2—1985《扩口式压力表管接头体》的修订。主要修订内容为：

——将两个标准的内容进行了整合；

——修改了英文名称；

——增加了 55° 非密封的管螺纹(G)；

——减少了部分应由制造商控制的参数；

——对部分公差按现行公差与配合标准进行调整；

——取消了表面粗糙度标注，表面粗糙度要求在 GB/T 5653《扩口式管接头技术条件》中给出。

本标准自实施之日起代替 GB/T 5645.1—1985、GB/T 5645.2—1985。

本标准由中国机械工业联合会提出。

本标准由全国管路附件标准化技术委员会归口。

本标准负责起草单位：建湖县特佳液压管件有限公司、中机生产力促进中心。

本标准参加起草单位：海盐管件制造有限公司、伊顿(宁波)流体连接件有限公司、嘉兴迈思特管件制造有限公司、海盐高博管件有限公司、海盐县海管管件制造有限公司、焦作市路通液压附件有限公司。

本标准主要起草人：耿志学、李维荣、周舜华、李俊英、左学俊、陶忠明、阮浩丰、周剑飞、王利民、冯峰。

本标准所代替标准的历次版本发布情况为：

——GB/T 5645.1—1985、GB/T 5645.2—1985。

# 扩口式压力表管接头

## 1 范围

本标准规定了扩口式压力表管接头和接头体的尺寸、标记及技术要求。

本标准适用于管子外径为 6 mm～14 mm,最大工作压力 3.5 MPa～16 MPa 的液压流体传动和一般用途的管路系统。

## 2 规范性引用文件

下列文件中的条款通过本标准的引用而成为本标准的条款。凡是注日期的引用文件,其随后所有的修改单(不包括勘误的内容)或修订版均不适用于本标准,然而,鼓励根据本标准达成协议的各方研究是否可使用这些文件的最新版本。凡是不注日期的引用文件,其最新版本适用于本标准。

GB/T 5646—2008　扩口式管接头管套

GB/T 5647—2008　扩口式管接头用 A 型螺母

GB/T 5648—2008　扩口式管接头用 B 型螺母

GB/T 5652—2008　扩口式管接头扩口端尺寸

GB/T 5653—2008　扩口式管接头技术条件

JB/T 1002—1977　密封垫圈

## 3 尺寸

扩口式压力表管接头和接头体的尺寸应符合图 1、图 2 和表 1 的规定,接头体扩口端尺寸应符合 GB/T 5652 的规定。

## 4 标记

### 4.1 标记方法

扩口式压力表管接头和接头体的标记方法应符合 GB/T 3761 的规定。

### 4.2 标记示例

扩口型式 A,管子外径为 10 mm,表面镀锌处理的钢制扩口式压力表管接头标记为:

管接头　GB/T 5645　A10

扩口型式 A,管子外径为 10 mm,表面镀锌处理的钢制扩口式压力表接头体标记为:

接头体　GB/T 5645　A10

## 5 技术要求

技术要求按 GB/T 5653 的规定。

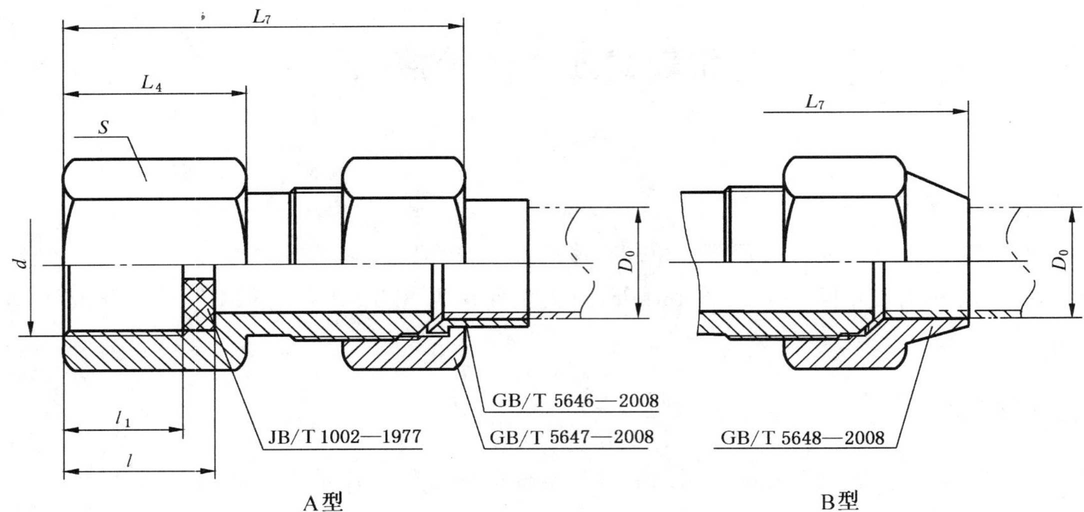


图 1 扩口式压力表管接头

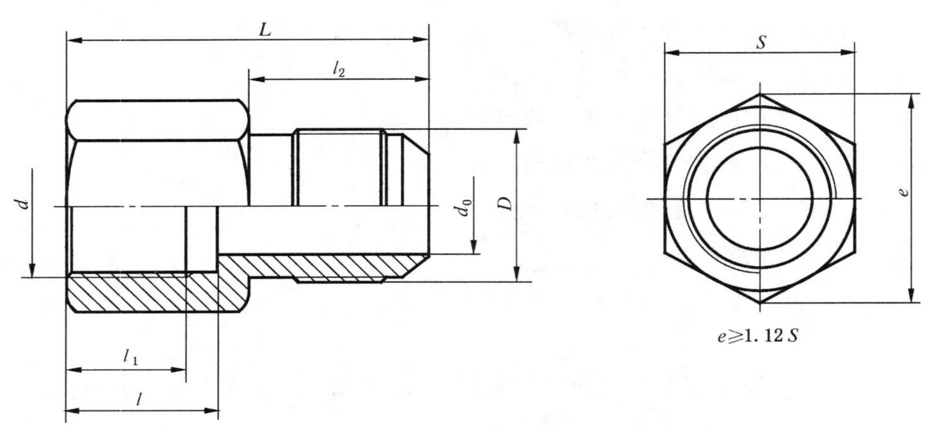


图 2 扩口式压力表接头体

表 1 扩口式压力表管接头和接头体尺寸

单位为毫米

<table>
<tr><th rowspan="2">管子外径<br>$D_0$</th><th rowspan="2">$d_0$</th><th rowspan="2" colspan="2">$d$</th><th rowspan="2">$D$</th><th rowspan="2">$l$</th><th rowspan="2">$l_1$</th><th rowspan="2">$l_2$</th><th rowspan="2">$L$</th><th rowspan="2">$L_4$</th><th colspan="2">$L_7 \approx$</th><th rowspan="2">S</th></tr>
<tr><th>A 型</th><th>B 型</th></tr>
<tr><td rowspan="3">6</td><td rowspan="3">4</td><td>M10×1</td><td>G1/8</td><td rowspan="3">M12×1.5</td><td>10.5</td><td>5.5</td><td rowspan="3">16</td><td>30.5</td><td>14.5</td><td>36</td><td>41</td><td>14</td></tr>
<tr><td>M14×1.5</td><td>G1/4</td><td>13.5</td><td>8.5</td><td>33.5</td><td>17.5</td><td>39</td><td>44</td><td>17</td></tr>
<tr><td rowspan="2">M20×1.5</td><td rowspan="2">G1/2</td><td rowspan="2">19</td><td rowspan="2">12</td><td>40</td><td rowspan="2">24</td><td>45.5</td><td>50</td><td rowspan="2">24</td></tr>
<tr><td>14</td><td>12</td><td>M22×1.5</td><td>19.5</td><td>43.5</td><td>49.5</td><td>65</td></tr>
</table>

ICS 21.060.60
J 15

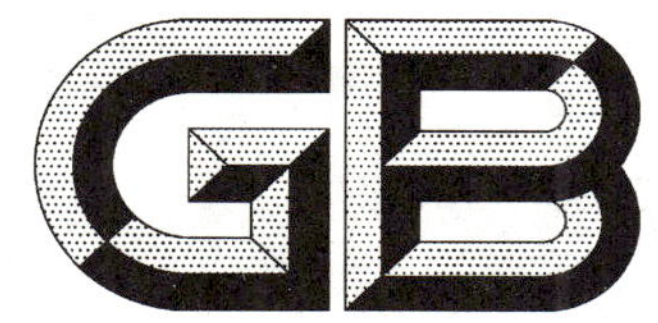

# 中华人民共和国国家标准

GB/T 5650—2008
代替 GB/T 5650—1985

# 扩口式管接头用空心螺栓

## Flared couplings—Inverted flare bolts

2008-05-07 发布 2008-11-01 实施

中华人民共和国国家质量监督检验检疫总局
中国国家标准化管理委员会 发布

# 前　言

本标准是扩口式管接头系列标准之一。

本标准是对 GB/T 5650—1985《扩口式管接头空心螺栓》的修订。主要修订内容为：

——修改了中文和英文名称；

——减少了部分应由制造商控制的参数；

——对部分公差按现行公差与配合标准进行调整；

——取消了表面粗糙度标注，表面粗糙度要求在 GB/T 5653《扩口式管接头技术条件》中给出。

本标准自实施之日起代替 GB/T 5650—1985。

本标准由中国机械工业联合会提出。

本标准由全国管路附件标准化技术委员会归口。

本标准负责起草单位：中机生产力促进中心。

本标准参加起草单位：海盐管件制造有限公司、伊顿（宁波）流体连接件有限公司、嘉兴迈思特管件制造有限公司、建湖县特佳液压管件有限公司、海盐高博管件有限公司、海盐县海管管件制造有限公司、焦作市路通液压附件有限公司。

本标准主要起草人：李维荣、耿志学、周舜华、李俊英、陶忠明、左学俊、阮浩丰、周剑飞、王利民、冯峰。

本标准所代替标准的历次版本发布情况为：

——GB/T 5650—1985。

# 扩口式管接头用空心螺栓

## 1 范围

本标准规定了扩口式管接头用空心螺栓的尺寸、标记及技术要求。

本标准适用于管子外径为 4 mm～18 mm，最大工作压力 3.5 MPa～16 MPa 的液压流体传动和一般用途的管路系统。

## 2 规范性引用文件

下列文件中的条款通过本标准的引用而成为本标准的条款。凡是注日期的引用文件，其随后所有的修改单(不包括勘误的内容)或修订版均不适用于本标准，然而，鼓励根据本标准达成协议的各方研究是否可使用这些文件的最新版本。凡是不注日期的引用文件，其最新版本适用于本标准。

GB/T 5653—2008　扩口式管接头技术条件

## 3 尺寸

扩口式管接头用空心螺栓的尺寸应符合图 1 和表 1 规定。

## 4 标记

### 4.1 标记方法

扩口式管接头用空心螺栓的标记方法应符合 GB/T 5653 的规定。

### 4.2 标记示例

管子外径为 10 mm，表面镀锌处理的钢制扩口式管接头用 A 型空心螺栓标记为：

螺栓　GB/T 5650　A10

## 5 技术要求

技术要求按 GB/T 5653 的规定。

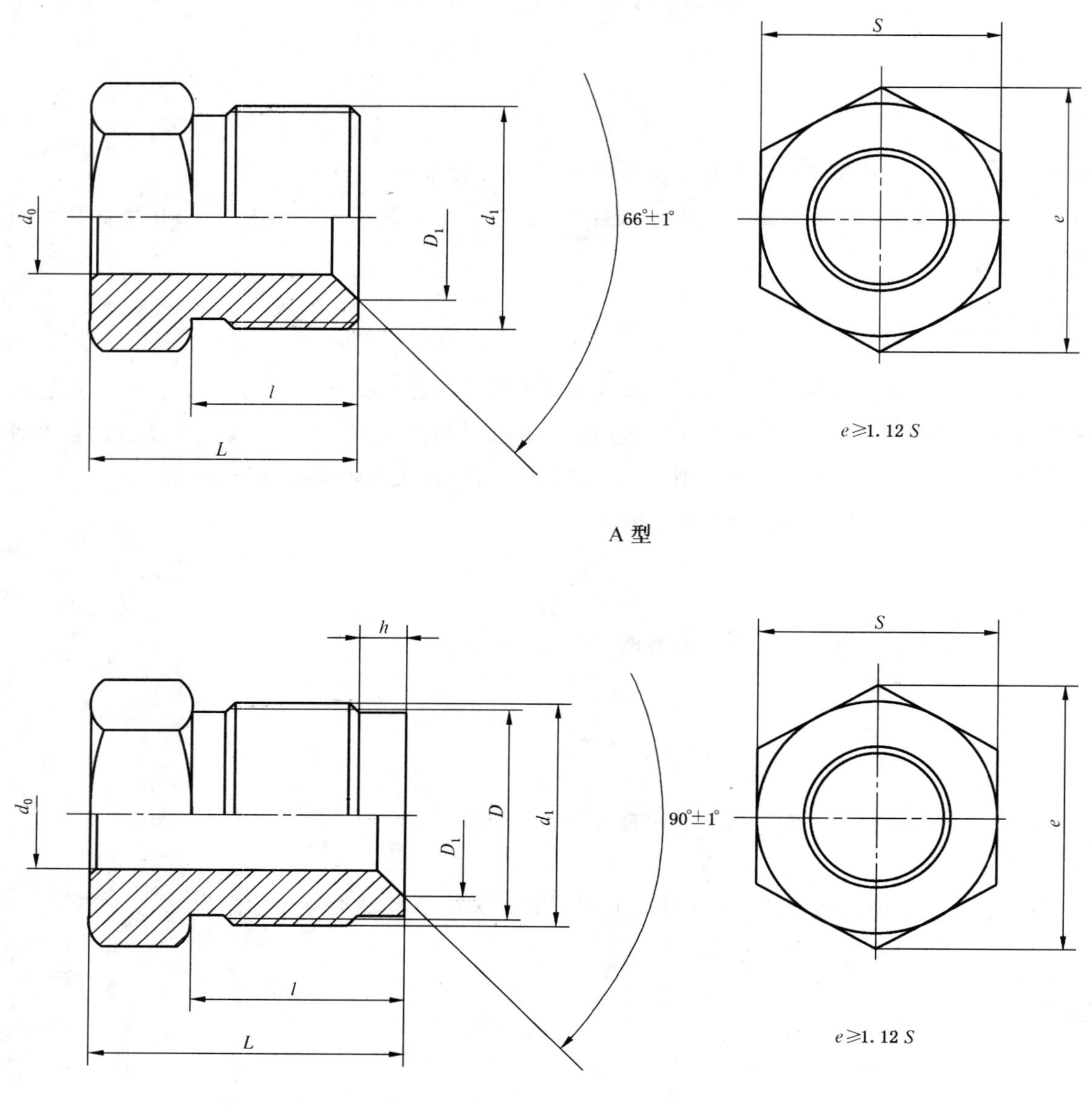


**图 1　扩口式管接头用空心螺栓**

**表 1　扩口式管接头用空心螺栓尺寸**

单位为毫米

<table>
<tr><th rowspan="2">管子外径<br>$D_0$</th><th rowspan="2">$d_0$<br>$^{+0.25}_{+0.15}$</th><th rowspan="2">$d_1$</th><th rowspan="2">$D$</th><th rowspan="2">$D_1$</th><th rowspan="2">$h$</th><th colspan="2">$l$</th><th colspan="2">$L$</th><th rowspan="2">$S$</th></tr>
<tr><th>A 型</th><th>B 型</th><th>A 型</th><th>B 型</th></tr>
<tr><td>4</td><td>4</td><td rowspan="2">M10×1</td><td rowspan="2">8.4</td><td rowspan="2">7</td><td rowspan="3">4.5</td><td rowspan="2">8.5</td><td rowspan="2">12.5</td><td>13.5</td><td>17.5</td><td rowspan="2">12</td></tr>
<tr><td>5</td><td>5</td><td>14.5</td><td>18.5</td></tr>
<tr><td>6</td><td>6</td><td>M12×1.5</td><td>10</td><td>8.5</td><td>11</td><td>14.5</td><td>17</td><td>20.5</td><td>14</td></tr>
<tr><td>8</td><td>8</td><td>M14×1.5</td><td>11.7</td><td>10.5</td><td rowspan="6">5.5</td><td>13</td><td>18</td><td>19</td><td>24</td><td>17</td></tr>
<tr><td>10</td><td>10</td><td>M16×1.5</td><td>13.7</td><td>12.5</td><td rowspan="5">13.5</td><td rowspan="5">18.5</td><td rowspan="2">20.5</td><td rowspan="2">25.5</td><td>19</td></tr>
<tr><td>12</td><td>12</td><td>M18×1.5</td><td>15.7</td><td>14.5</td><td>22</td></tr>
<tr><td>14</td><td>14</td><td>M22×1.5</td><td>19.7</td><td>17.5</td><td rowspan="3">21.5</td><td rowspan="3">26.5</td><td>24</td></tr>
<tr><td>16</td><td>16</td><td>M24×1.5</td><td>21.7</td><td>19.2</td><td>27</td></tr>
<tr><td>18</td><td>18</td><td>M27×1.5</td><td>24.7</td><td>22.2</td><td>30</td></tr>
</table>

ICS 21.060.60
J 15

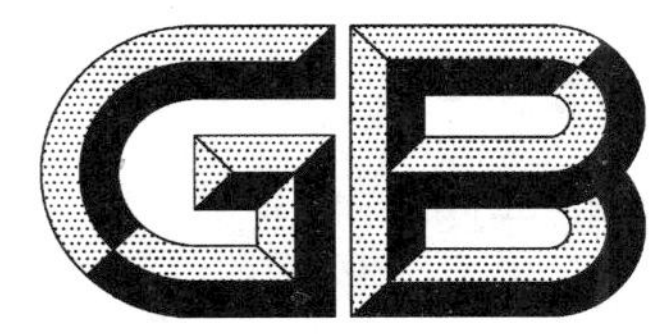

# 中华人民共和国国家标准

GB/T 5651—2008
代替 GB/T 5651—1985

# 扩口式管接头用密合垫

**Flared couplings—Seat insert**

2008-05-07 发布　　2008-11-01 实施

中华人民共和国国家质量监督检验检疫总局
中国国家标准化管理委员会　发布

# 前　言

本标准是扩口式管接头系列标准之一。

本标准是对 GB/T 5651—1985《扩口式管接头密合垫》的修订。主要修订内容为：

——修改了中文和英文名称；

——减少了部分应由制造商控制的参数；

——对部分公差按现行公差与配合标准进行调整；

——取消了表面粗糙度标注，表面粗糙度要求在 GB/T 5653《扩口式管接头技术条件》中给出。

本标准自实施之日起代替 GB/T 5651—1985。

本标准由中国机械工业联合会提出。

本标准由全国管路附件标准化技术委员会归口。

本标准负责起草单位：中机生产力促进中心。

本标准参加起草单位：海盐管件制造有限公司、伊顿(宁波)流体连接件有限公司、嘉兴迈思特管件制造有限公司、建湖县特佳液压管件有限公司、海盐高博管件有限公司、海盐县海管管件制造有限公司、焦作市路通液压附件有限公司。

本标准主要起草人：李维荣、耿志学、周舜华、李俊英、陶忠明、左学俊、阮浩丰、周剑飞、王利民、冯峰。

本标准所代替标准的历次版本发布情况为：

——GB/T 5651—1985。

# 扩口式管接头用密合垫

## 1 范围

本标准规定了扩口式管接头用密合垫的尺寸、标记及技术要求。

本标准适用于管子外径为 4 mm～18 mm，最大工作压力 3.5 MPa～16 MPa 的液压流体传动和一般用途的管路系统。

## 2 规范性引用文件

下列文件中的条款通过本标准的引用而成为本标准的条款。凡是注日期的引用文件，其随后所有的修改单(不包括勘误的内容)或修订版均不适用于本标准，然而，鼓励根据本标准达成协议的各方研究是否可使用这些文件的最新版本。凡是不注日期的引用文件，其最新版本适用于本标准。

GB/T 5653—2008　扩口式管接头技术条件

## 3 尺寸

扩口式管接头用密合垫的尺寸应符合图 1 和表 1 规定。

## 4 标记

### 4.1 标记方法

扩口式管接头用密合垫的标记方法应符合 GB/T 5653 的规定。

### 4.2 标记示例

管子外径为 10 mm，不经表面处理的钢制扩口式管接头用 A 型密合垫标记为：

密合垫　GB/T 5651　A10

## 5 技术要求

技术要求按 GB/T 5653 的规定。

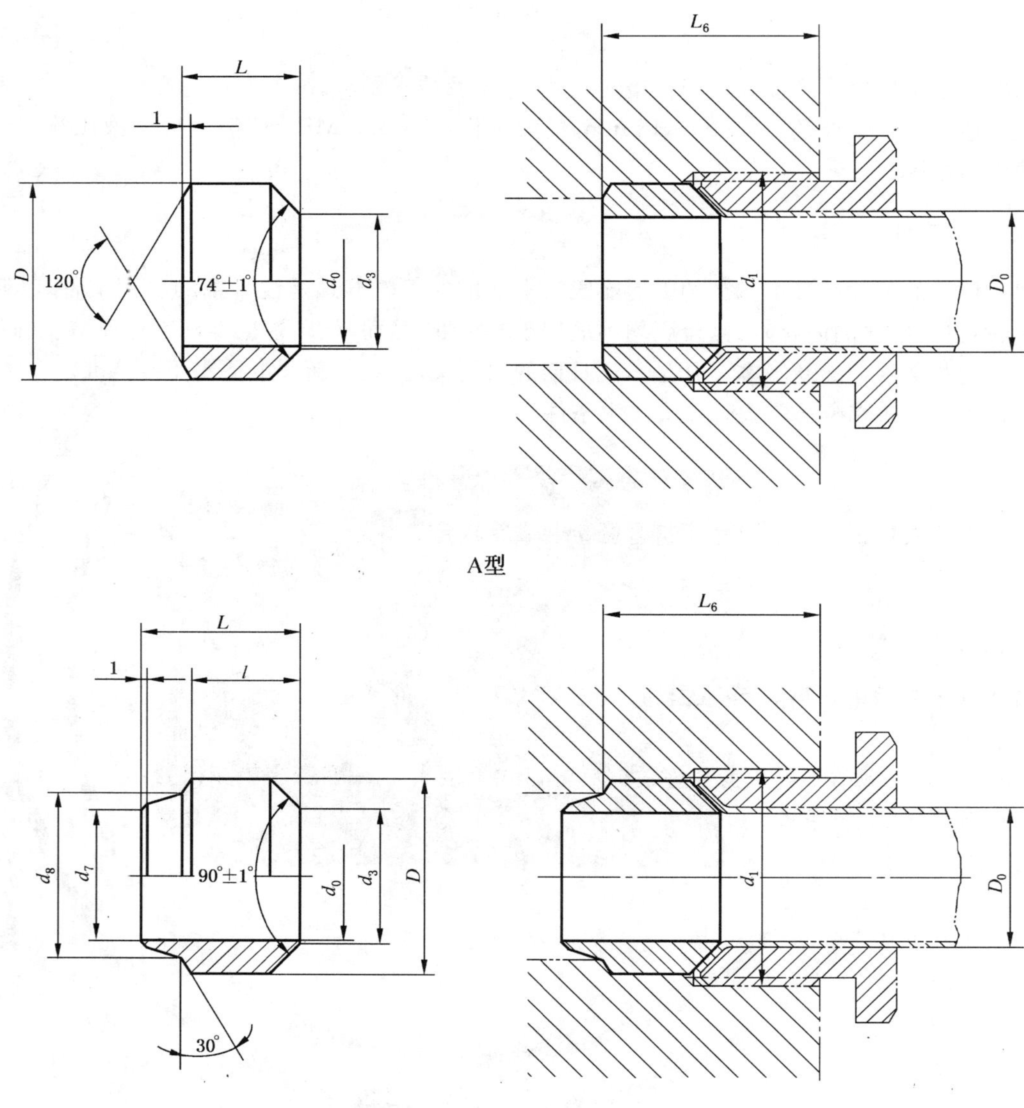


**图 1　扩口式管接头用密合垫**

**表 1 扩口式管接头用密合垫尺寸**

单位为毫米

<table>
<tr><th rowspan="2">管子外径<br>$D_0$</th><th rowspan="2">$d_0$</th><th rowspan="2">适用螺纹<br>$d_1$</th><th rowspan="2">$d_3$</th><th rowspan="2">$d_7$<br>$_{-0.08}^{0}$</th><th rowspan="2">$d_8$<br>$_{-0.06}^{0}$</th><th rowspan="2">$D$</th><th rowspan="2">$l$</th><th colspan="2">$L$</th><th colspan="2">$L_6$</th></tr>
<tr><th>A 型</th><th>B 型</th><th>A 型</th><th>B 型</th></tr>
<tr><td>4</td><td>3</td><td rowspan="2">M10×1</td><td>3.6</td><td rowspan="2">5.2</td><td rowspan="2">5.4</td><td rowspan="2">8.5</td><td rowspan="4">5</td><td rowspan="2">7</td><td rowspan="2">8</td><td rowspan="2">11</td><td rowspan="2">11</td></tr>
<tr><td>5</td><td>3.5</td><td>4.3</td></tr>
<tr><td>6</td><td>4</td><td>M12×1.5</td><td>4.8</td><td>5.9</td><td>6.1</td><td>10</td><td>8</td><td>9</td><td>13</td><td>13</td></tr>
<tr><td>8</td><td>6</td><td>M14×1.5</td><td>7</td><td>7.4</td><td>7.6</td><td>12</td><td>9</td><td rowspan="3">10</td><td>15</td><td>15</td></tr>
<tr><td>10</td><td>8</td><td>M16×1.5</td><td>9</td><td>9.4</td><td>9.6</td><td>14</td><td>5.5</td><td>10</td><td>17</td><td>16</td></tr>
<tr><td>12</td><td>10</td><td>M18×1.5</td><td>11</td><td>11.4</td><td>11.6</td><td>16</td><td>7.5</td><td rowspan="2">11</td><td>18</td><td>18</td></tr>
<tr><td>14</td><td>12</td><td>M22×1.5</td><td>13</td><td>—</td><td>—</td><td>20</td><td>—</td><td>—</td><td>19</td><td>—</td></tr>
<tr><td>16</td><td>14</td><td>M24×1.5</td><td>15</td><td>—</td><td>—</td><td>22</td><td>—</td><td rowspan="2">12</td><td>—</td><td>20</td><td>—</td></tr>
<tr><td>18</td><td>15</td><td>M27×1.5</td><td>16.5</td><td>—</td><td>—</td><td>25</td><td>—</td><td>—</td><td>22</td><td>—</td></tr>
</table>

ICS 23.040.60
J 15

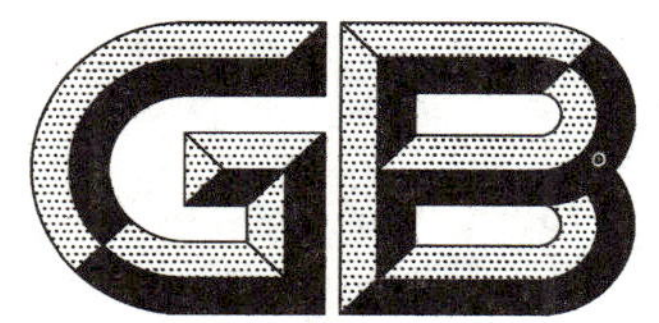

# 中华人民共和国国家标准

GB/T 12459—2017

部分代替 GB/T 12459—2005,GB/T 13401—2005

# 钢制对焊管件　类型与参数

Steel buttwelding pipe fittings—Types and parameter

2017-02-28 发布　　　　2017-09-01 实施

中华人民共和国国家质量监督检验检疫总局
中国国家标准化管理委员会　发布

# 前　言

本标准按照 GB/T 1.1—2009 给出的规则起草。

本标准部分代替 GB/T 12459—2005《钢制对焊无缝管件》和 GB/T 13401—2005《钢板制对焊管件》。本标准与 GB/T 12459—2005 相比，主要技术变化如下：

——将 GB/T 12459—2005 和 GB/T 13401—2005 中有关类型、代号、尺寸与公差、压力额定值、试验和标志等内容合并在本标准中，本标准各类规格的管件不再区分无缝管件还是钢板制焊接管件；

——删除了 GB/T 12459—2005 中有关原材料、制造和检验等内容，这些内容合并到 GB/T 13401—2017《钢制对焊管件　技术规范》中；

——增加了管件的压力设计要求和说明；

——增加了管件设计计算的相关资料；

——增加了 $R=3D$ 弯曲半径的弯头和特殊角度弯头的相关参数计算及说明；

——修改了管件设计验证试验的内容；

——扩大了尺寸范围。

本标准由中国机械工业联合会提出。

本标准由全国管路附件标准化技术委员会(SAC/TC 237)归口。

本标准起草单位：无锡市新峰管业股份有限公司、中机生产力促进中心、江阴市南方管件制造有限公司、中石油工程建设公司华东设计分公司、中国天辰工程有限公司、中机国能电力工程有限公司、扬州市管件厂有限公司、河北沧海核装备科技股份有限公司、常州市武进电力管件有限公司、湖州久立管件有限公司、江阴海陆高压管件有限公司、天津金鼎管道有限公司、苏州宇力管业有限公司、全国锅炉压力容器标准化技术委员会压力管道分技术委员会。

本标准起草人：王汉清、郭顺显、李俊英、刘建、刘建欣、冯峰、朱晓锋、陆恒平、刘洪福、林其略、岳进才、孟庆云、臧志伟、杨立建、辛和、张新岳、张秀杰。

本标准所代替标准的历次版本发布情况为：

——GB/T 12459—1990、GB/T 12459—2005；

——GB/T 13401—1992、GB/T 13401—2005。

# 钢制对焊管件　类型与参数

## 1　范围

本标准规定了 DN 15～DN 1500(NPS1/2～NPS60)钢制对焊管件(以下简称管件)的类型与代号、管件的压力设计、管件尺寸、表面轮廓、端部坡口、公差、标志和产品质量合格证明书等要求。

本标准适用于钢制对焊无缝和焊接管件。

## 2　规范性引用文件

下列文件对于本文件的应用是必不可少的。凡是注日期的引用文件,仅注日期的版本适用于本文件。凡是不注日期的引用文件,其最新版本(包括所有的修改单)适用于本文件。

GB/T 9118　对焊环带颈松套钢制管法兰

GB/T 9124　钢制管法兰　技术条件

GB/T 13401—2017　钢制对焊管件　技术规范

## 3　类型与代号

对焊管件的类型与代号见表 1。

**表 1　管件的类型与代号**

| 品　种 | 类　型 | 代号 | |
|---|---|---|---|
| | | 无缝管件 | 焊接管件 |
| 45°弯头 | 长半径 | 45EL | W45EL |
| | 3D | 45E3D | W45E3D |
| 90°弯头 | 长半径 | 90EL | W90EL |
| | 长半径异径 | 90ELR | W90ELR |
| | 短半径 | 90ES | W90ES |
| | 3D | 90E3D | W90E3D |
| 180°弯头 | 长半径 | 180EL | W180EL |
| | 短半径 | 180ES | W180ES |
| 异径管(大小头) | 同心 | RC | WRC |
| | 偏心 | RE | WRE |
| 三通 | 等径 | TS | WTS |
| | 异径 | TR | WTR |

**表 1（续）**

| 品　种 | 类　型 | 代号 | |
|---|---|---|---|
| | | 无缝管件 | 焊接管件 |
| 四通 | 等径 | CRS | WCRS |
| | 异径 | CRR | WCRR |
| 管帽 | — | C | WC |
| 翻边短节 | 长型 | LJL | WLJL |
| | 短型 | LJS | WLJS |
| **注：** 对于特殊角度弯头，可采用角度数字加相应的产品类型字母代号表示。 | | | |

## 4　管件的压力设计

### 4.1　压力等级（额定值）

按本标准设计、制造的管件的许用压力额定值，可按与其连接的相同规格、相同材质、壁厚的无缝直管计算。管件上所标志的公称尺寸（或端部外径）、材料等级、壁厚（或管表号）就代表了压力等级的标记。

### 4.2　管件设计

4.2.1　管件的设计应保证管件与其连接的相同规格、相同材质和壁厚的无缝直管具有同等的承受内压的能力。

4.2.2　按本标准生产的管件，应按以下方法进行设计：

a)　按附录 A 的规定进行验证性压力试验并由此确定管件的壁厚值。必要时，应提供相应的验证性压力试验报告及记录以供验证。

b)　根据需要，用户可要求成品管件符合附录 B 中规定的最小壁厚要求，并在合同或产品标记上注明：GB/T 12459-B。

c)　根据需要，用户也可要求成品管件按相应的压力管道规范给出的数学分析法或其他应力分析法进行管件设计，但应在合同或产品标记上注明 GB/T 12459-C。为满足这一要求，管件制造商应提供设计图样和计算书由需方批准。

4.2.3　在制造商的工厂应能得到数学分析、基本设计计算或成功的液体爆破验证结果的报告，供采购方检查。

## 5　管件尺寸

### 5.1　标准尺寸

5.1.1　管件的公称尺寸用 DN 或 NPS 表示。两者之间的关系见管件尺寸表中的“公称尺寸”栏。

5.1.2　本标准的管件端部外径分为Ⅰ、Ⅱ两个系列。Ⅰ系列为通用系列，属推荐选用系列；Ⅱ系列为非通用系列。

5.1.3　长半径 90°和 45°弯头尺寸见图 1 和表 2，长半径 90°异径弯头尺寸见图 2 和表 3，长半径 180°弯头尺寸见图 3 和表 4，短半径 90°弯头尺寸见图 4 和表 5，短半径 180°弯头尺寸见图 5 和表 6，90°和 45°3D

弯头尺寸见图 6 和表 7,等径三通和四通尺寸见图 7 和表 8,异径三通和四通尺寸见图 8 和表 9,翻边短节尺寸见图 9 和表 10,管帽尺寸见图 10 和表 11,异径管尺寸见图 11 和表 12。

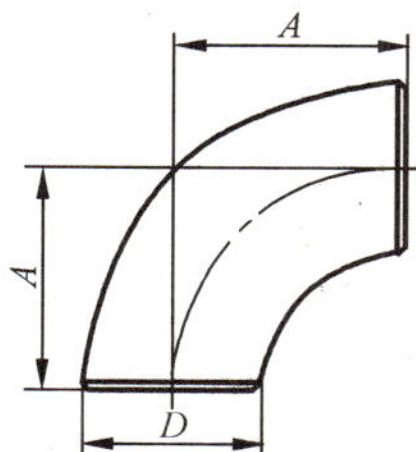


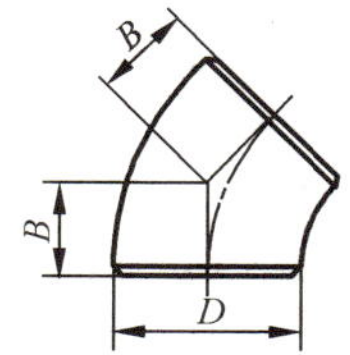


图 1　长半径 90°和 45°弯头

表 2　长半径 90°和 45°弯头尺寸

| 公称尺寸 | | 坡口处外径 D/mm | | 中心至端面 | |
|---|---|---|---|---|---|
| DN | NPS | Ⅰ系列 | Ⅱ系列 | 90°弯头 A/mm | 45°弯头 B/mm |
| 15 | 1/2 | 21.3 | 18 | 38 | 16 |
| 20 | 3/4 | 26.9 | 25 | 38 | 19 |
| 25 | 1 | 33.7 | 32 | 38 | 22 |
| 32 | 1¼ | 42.4 | 38 | 48 | 25 |
| 40 | 1½ | 48.3 | 45 | 57 | 29 |
| 50 | 2 | 60.3 | 57 | 76 | 35 |
| 65 | 2½ | 73.0 | 76 | 95 | 44 |
| 80 | 3 | 88.9 | 89 | 114 | 51 |
| 90 | 3½ | 101.6 | — | 133 | 57 |
| 100 | 4 | 114.3 | 108 | 152 | 64 |
| 125 | 5 | 141.3 | 133 | 190 | 79 |
| 150 | 6 | 168.3 | 159 | 229 | 95 |
| 200 | 8 | 219.1 | 219 | 305 | 127 |
| 250 | 10 | 273.0 | 273 | 381 | 159 |
| 300 | 12 | 323.9 | 325 | 457 | 190 |
| 350 | 14 | 355.6 | 377 | 533 | 222 |
| 400 | 16 | 406.4 | 426 | 610 | 254 |
| 450 | 18 | 457 | 480 | 686 | 286 |
| 500 | 20 | 508 | 530 | 762 | 318 |
| 550 | 22 | 559 | — | 838 | 343 |

表 2（续）

| 公称尺寸 | | 坡口处外径 D/mm | | 中心至端面 | |
|---|---|---|---|---|---|
| DN | NPS | Ⅰ系列 | Ⅱ系列 | 90°弯头 A/mm | 45°弯头 B/mm |
| 600 | 24 | 610 | 630 | 914 | 381 |
| 650 | 26 | 660 | — | 991 | 406 |
| 700 | 28 | 711 | 720 | 1 067 | 438 |
| 750 | 30 | 762 | — | 1 143 | 470 |
| 800 | 32 | 813 | 820 | 1 219 | 502 |
| 850 | 34 | 864 | — | 1 295 | 533 |
| 900 | 36 | 914 | — | 1 372 | 565 |
| 950 | 38 | 965 | — | 1 448 | 600 |
| 1 000 | 40 | 1 016 | — | 1 524 | 632 |
| 1 050 | 42 | 1 067 | — | 1 600 | 660 |
| 1 100 | 44 | 1 118 | — | 1 676 | 695 |
| 1 150 | 46 | 1 168 | — | 1 753 | 727 |
| 1 200 | 48 | 1 219 | — | 1 829 | 759 |
| 1 300 | 52 | 1 321 | — | 1 981 | 821 |
| 1 400 | 56 | 1 422 | — | 2 134 | 884 |
| 1 500 | 60 | 1 524 | — | 2 286 | 947 |

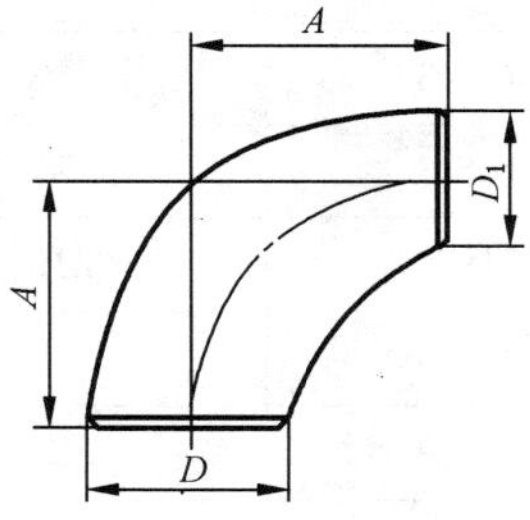


图 2　90°长半径异径弯头

**表 3 90°长半径异径弯头尺寸**

| 公称尺寸 | | 坡口处外径 | | | | 中心至端面 A/mm |
|---|---|---|---|---|---|---|
| | | 大端 D/mm | | 小端 $D_1$/mm | | |
| DN | NPS | Ⅰ系列 | Ⅱ系列 | Ⅰ系列 | Ⅱ系列 | |
| 50×40 | 2×1½ | 60.3 | 57 | 48.3 | 45 | 76 |
| 50×32 | 2×1¼ | 60.3 | 57 | 42.4 | 38 | 76 |
| 50×25 | 2×1 | 60.3 | 57 | 33.7 | 32 | 76 |
| 65×50 | 2½×2 | 73.0 | 76 | 60.3 | 57 | 95 |
| 65×40 | 2½×1½ | 73.0 | 76 | 48.3 | 45 | 95 |
| 65×32 | 2½×1¼ | 73.0 | 76 | 42.4 | 38 | 95 |
| 80×65 | 3×2½ | 88.9 | 89 | 73.0 | 76 | 114 |
| 80×50 | 3×2 | 88.9 | 89 | 60.3 | 57 | 114 |
| 80×40 | 3×1½ | 88.9 | 89 | 48.3 | 45 | 114 |
| 90×80 | 3½×3 | 101.6 | — | 88.9 | — | 133 |
| 90×65 | 3½×2½ | 101.6 | — | 73.0 | — | 133 |
| 90×50 | 3½×2 | 101.6 | — | 60.3 | — | 133 |
| 100×90 | 4×3½ | 114.3 | — | 101.6 | — | 152 |
| 100×80 | 4×3 | 114.3 | 108 | 88.9 | 89 | 152 |
| 100×65 | 4×2½ | 114.3 | 108 | 73.0 | 76 | 152 |
| 100×50 | 4×2 | 114.3 | 108 | 60.3 | 57 | 152 |
| 125×100 | 5×4 | 141.3 | 133 | 114.3 | 108 | 190 |
| 125×90 | 5×3½ | 141.3 | — | 101.6 | — | 190 |
| 125×80 | 5×3 | 141.3 | 133 | 88.9 | 89 | 190 |
| 125×65 | 5×2½ | 141.3 | 133 | 73.0 | 76 | 190 |
| 150×125 | 6×5 | 168.3 | 159 | 141.3 | 133 | 229 |
| 150×100 | 6×4 | 168.3 | 159 | 114.3 | 108 | 229 |
| 150×90 | 6×3½ | 168.3 | — | 101.6 | — | 229 |
| 150×80 | 6×3 | 168.3 | 159 | 88.9 | 89 | 229 |
| 200×150 | 8×6 | 219.1 | 219 | 168.3 | 159 | 305 |
| 200×125 | 8×5 | 219.1 | 219 | 141.3 | 133 | 305 |
| 200×100 | 8×4 | 219.1 | 219 | 114.3 | 108 | 305 |
| 250×200 | 10×8 | 273.0 | 273 | 219.1 | 219 | 381 |
| 250×150 | 10×6 | 273.0 | 273 | 168.3 | 159 | 381 |
| 250×125 | 10×5 | 273.0 | 273 | 141.3 | 133 | 381 |
| 300×250 | 12×10 | 323.9 | 325 | 273.0 | 273 | 457 |
| 300×200 | 12×8 | 323.9 | 325 | 219.1 | 219 | 457 |

表 3（续）

| 公称尺寸 | | 坡口处外径 | | | | 中心至端面 A/mm |
|---|---|---|---|---|---|---|
| | | 大端 $D$/mm | | 小端 $D_1$/mm | | |
| DN | NPS | Ⅰ系列 | Ⅱ系列 | Ⅰ系列 | Ⅱ系列 | |
| 300×150 | 12×6 | 323.9 | 325 | 168.3 | 159 | 457 |
| 350×300 | 14×12 | 355.6 | 377 | 323.9 | 325 | 533 |
| 350×250 | 14×10 | 355.6 | 377 | 273.0 | 273 | 533 |
| 350×200 | 14×8 | 355.6 | 377 | 219.1 | 219 | 533 |
| 400×350 | 16×14 | 406.4 | 426 | 355.6 | 377 | 610 |
| 400×300 | 16×12 | 406.4 | 426 | 323.9 | 325 | 610 |
| 400×250 | 16×10 | 406.4 | 426 | 273.0 | 273 | 610 |
| 450×400 | 18×16 | 457 | 480 | 406.4 | 426 | 686 |
| 450×350 | 18×14 | 457 | 480 | 355.6 | 377 | 686 |
| 450×300 | 18×12 | 457 | 480 | 323.9 | 325 | 686 |
| 450×250 | 18×10 | 457 | 480 | 273.0 | 273 | 686 |
| 500×450 | 20×18 | 508 | 530 | 457 | 480 | 762 |
| 500×400 | 20×16 | 508 | 530 | 406.4 | 426 | 762 |
| 500×350 | 20×14 | 508 | 530 | 355.6 | 377 | 762 |
| 500×300 | 20×12 | 508 | 530 | 323.9 | 325 | 762 |
| 500×250 | 20×10 | 508 | 530 | 273.0 | 273 | 762 |
| 600×550 | 24×22 | 610 | — | 559 | — | 914 |
| 600×500 | 24×20 | 610 | 630 | 508 | 530 | 914 |
| 600×450 | 24×18 | 610 | 630 | 457 | 480 | 914 |
| 600×400 | 24×16 | 610 | 630 | 406.4 | 426 | 914 |
| 600×350 | 24×14 | 610 | 630 | 355.6 | 377 | 914 |
| 600×300 | 24×12 | 610 | 630 | 323.9 | 325 | 914 |

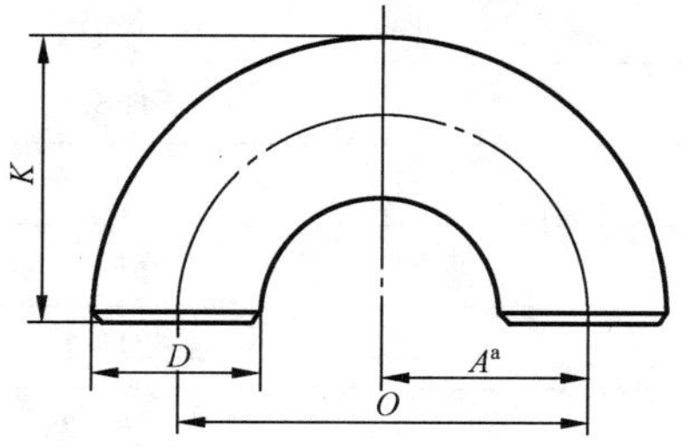


[a] 尺寸 $A$ 等于尺寸 $O$ 的一半。

图 3　长半径 180°弯头

**表 4 长半径 180°弯头尺寸**

| 公称尺寸 | | 坡口处外径 D/mm | | 中心至中心 O/mm | 背部至端面 K/mm | |
|---|---|---|---|---|---|---|
| DN | NPS | Ⅰ系列 | Ⅱ系列 | | Ⅰ系列 | Ⅱ系列 |
| 15 | 1/2 | 21.3 | 18 | 76 | 48 | 47 |
| 20[a] | 3/4 | 26.9 | 25 | 76 | 51 | 51 |
| 25 | 1 | 33.7 | 32 | 76 | 56 | 54 |
| 32 | 1¼ | 42.4 | 38 | 95 | 70 | 67 |
| 40 | 1½ | 48.3 | 45 | 114 | 83 | 80 |
| 50 | 2 | 60.3 | 57 | 152 | 106 | 105 |
| 65 | 2½ | 73.0 | 76 | 190 | 132 | 133 |
| 80 | 3 | 88.9 | 89 | 229 | 159 | 159 |
| 90 | 3½ | 101.6 | — | 267 | 184 | — |
| 100 | 4 | 114.3 | 108 | 305 | 210 | 206 |
| 125 | 5 | 141.3 | 133 | 381 | 262 | 257 |
| 150 | 6 | 168.3 | 159 | 457 | 313 | 308 |
| 200 | 8 | 219.1 | 219 | 610 | 414 | 414 |
| 250 | 10 | 273.0 | 273 | 762 | 518 | 518 |
| 300 | 12 | 323.9 | 325 | 914 | 619 | 620 |
| 350 | 14 | 355.6 | 377 | 1 067 | 711 | 722 |
| 400 | 16 | 406.4 | 426 | 1 219 | 813 | 823 |
| 450 | 18 | 457 | 480 | 1 372 | 914 | 925 |
| 500 | 20 | 508 | 530 | 1 524 | 1 016 | 1 026 |
| 550 | 22 | 559 | — | 1 676 | 1 118 | — |
| 600 | 24 | 610 | 630 | 1 829 | 1 219 | 1 229 |

[a] DN 20 管件，由制造商自定，O 和 K 值可分别为 57 mm 和 43 mm。

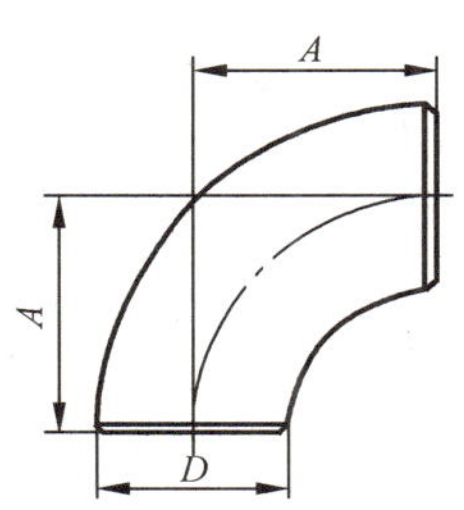


**图 4 短半径 90°弯头**

表 5 短半径 90°弯头尺寸

| 公称尺寸 | | 坡口处外径 D/mm | | 中心至端面 A/mm |
|---|---|---|---|---|
| DN | NPS | Ⅰ系列 | Ⅱ系列 | |
| 25 | 1 | 33.7 | 32 | 25 |
| 32 | 1¼ | 42.4 | 38 | 32 |
| 40 | 1½ | 48.3 | 45 | 38 |
| 50 | 2 | 60.3 | 57 | 51 |
| 65 | 2½ | 73.0 | 76 | 64 |
| 80 | 3 | 88.9 | 89 | 76 |
| 90 | 3½ | 101.6 | — | 89 |
| 100 | 4 | 114.3 | 108 | 102 |
| 125 | 5 | 141.3 | 133 | 127 |
| 150 | 6 | 168.3 | 159 | 152 |
| 200 | 8 | 219.1 | 219 | 203 |
| 250 | 10 | 273.0 | 273 | 254 |
| 300 | 12 | 323.9 | 325 | 305 |
| 350 | 14 | 355.6 | 377 | 356 |
| 400 | 16 | 406.4 | 426 | 406 |
| 450 | 18 | 457 | 480 | 457 |
| 500 | 20 | 508 | 530 | 508 |
| 550 | 22 | 559 | — | 559 |
| 600 | 24 | 610 | 630 | 610 |

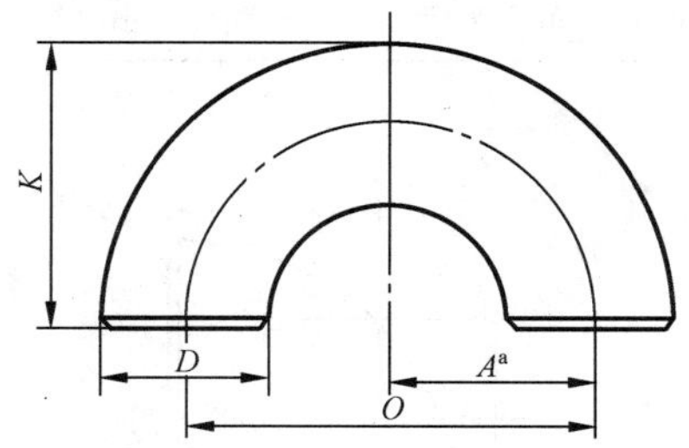


[a] 尺寸 $A$ 等于尺寸 $O$ 的一半。

图 5 短半径 180°弯头

**表 6　短半径 180°弯头尺寸**

| 公称尺寸 | | 坡口处外径 D/mm | | 中心至中心 O/mm | 背部至端面 K/mm | |
|---|---|---|---|---|---|---|
| DN | NPS | Ⅰ系列 | Ⅱ系列 | | Ⅰ系列 | Ⅱ系列 |
| 25 | 1 | 33.7 | 32 | 51 | 41 | 41 |
| 32 | 1¼ | 42.4 | 38 | 64 | 52 | 51 |
| 40 | 1½ | 48.3 | 45 | 76 | 62 | 61 |
| 50 | 2 | 60.3 | 57 | 102 | 81 | 79 |
| 65 | 2½ | 73.0 | 76 | 127 | 100 | 102 |
| 80 | 3 | 88.9 | 89 | 152 | 121 | 121 |
| 90 | 3½ | 101.6 | — | 178 | 140 | — |
| 100 | 4 | 114.3 | 108 | 203 | 159 | 156 |
| 125 | 5 | 141.3 | 133 | 254 | 197 | 194 |
| 150 | 6 | 168.3 | 159 | 305 | 237 | 232 |
| 200 | 8 | 219.1 | 219 | 406 | 313 | 313 |
| 250 | 10 | 273.0 | 273 | 508 | 391 | 391 |
| 300 | 12 | 323.9 | 325 | 610 | 467 | 467 |
| 350 | 14 | 355.6 | 377 | 711 | 533 | 544 |
| 400 | 16 | 406.4 | 426 | 813 | 610 | 619 |
| 450 | 18 | 457 | 480 | 914 | 686 | 697 |
| 500 | 20 | 508 | 530 | 1 016 | 762 | 773 |
| 550 | 22 | 559 | — | 1 118 | 838 | — |
| 600 | 24 | 610 | 630 | 1 219 | 914 | 925 |

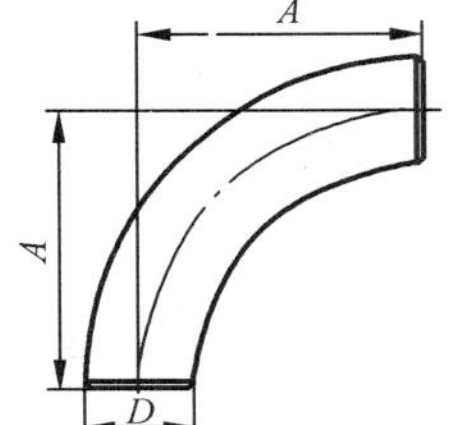


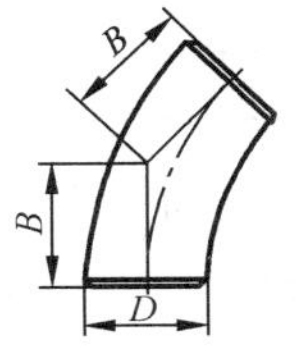


**图 6　90°和 45°3D 弯头**

表 7 90°和 45°3D 弯头尺寸

| 公称尺寸 | | 坡口处外径 D/mm | | 中心至端面 | |
|---|---|---|---|---|---|
| DN | NPS | Ⅰ系列 | Ⅱ系列 | 90°弯头 A/mm | 45°弯头 B/mm |
| 20 | 3/4 | 26.9 | 25 | 57 | 24 |
| 25 | 1 | 33.7 | 32 | 76 | 31 |
| 32 | 1¼ | 42.4 | 38 | 95 | 39 |
| 40 | 1½ | 48.3 | 45 | 114 | 47 |
| 50 | 2 | 60.3 | 57 | 152 | 63 |
| 65 | 2½ | 73.0 | 76 | 190 | 79 |
| 80 | 3 | 88.9 | 89 | 229 | 95 |
| 90 | 3½ | 101.6 | — | 267 | 111 |
| 100 | 4 | 114.3 | 108 | 305 | 127 |
| 125 | 5 | 141.3 | 133 | 381 | 157 |
| 150 | 6 | 168.3 | 159 | 457 | 189 |
| 200 | 8 | 219.1 | 219 | 610 | 252 |
| 250 | 10 | 273.0 | 273 | 762 | 316 |
| 300 | 12 | 323.9 | 325 | 914 | 378 |
| 350 | 14 | 355.6 | 377 | 1 067 | 441 |
| 400 | 16 | 406.4 | 426 | 1 219 | 505 |
| 450 | 18 | 457 | 480 | 1 372 | 568 |
| 500 | 20 | 508 | 530 | 1 524 | 632 |
| 550 | 22 | 559 | — | 1 676 | 694 |
| 600 | 24 | 610 | 630 | 1 829 | 757 |
| 650 | 26 | 660 | — | 1 981 | 821 |
| 700 | 28 | 711 | 720 | 2 134 | 883 |
| 750 | 30 | 762 | — | 2 286 | 947 |
| 800 | 32 | 813 | 820 | 2 438 | 1 010 |
| 850 | 34 | 864 | — | 2 591 | 1 073 |
| 900 | 36 | 914 | — | 2 743 | 1 135 |
| 950 | 38 | 965 | — | 2 896 | 1 200 |
| 1 000 | 40 | 1 016 | — | 3 048 | 1 264 |
| 1 050 | 42 | 1 067 | — | 3 200 | 1 326 |
| 1 100 | 44 | 1 118 | — | 3 353 | 1 389 |
| 1 150 | 46 | 1 168 | — | 3 505 | 1 453 |
| 1 200 | 48 | 1 219 | — | 3 658 | 1 516 |
| 1 300 | 52 | 1 321 | — | 3 962 | 1 641 |
| 1 400 | 56 | 1 422 | — | 4 267 | 1 768 |
| 1 500 | 60 | 1 524 | — | 4 572 | 1 894 |

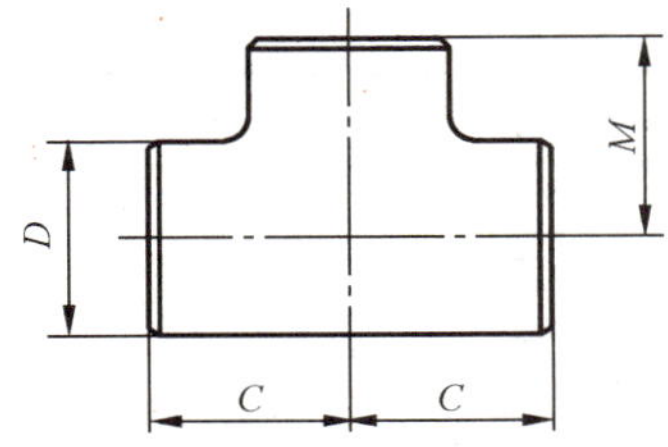


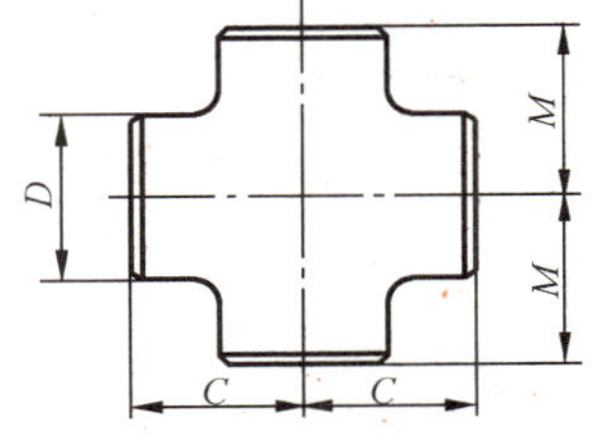


图 7　等径三通和四通

表 8　等径三通和四通尺寸

| 公称尺寸 | | 坡口处外径 D/mm | | 中心至端面 | |
|---|---|---|---|---|---|
| DN | NPS | Ⅰ系列 | Ⅱ系列 | 主管 C/mm | 支管[a,b] M/mm |
| 15 | 1/2 | 21.3 | 18 | 25 | 25 |
| 20 | 3/4 | 26.9 | 25 | 29 | 29 |
| 25 | 1 | 33.7 | 32 | 38 | 38 |
| 32 | 1¼ | 42.4 | 38 | 48 | 48 |
| 40 | 1½ | 48.3 | 45 | 57 | 57 |
| 50 | 2 | 60.3 | 57 | 64 | 64 |
| 65 | 2½ | 73.0 | 76 | 76 | 76 |
| 80 | 3 | 88.9 | 89 | 86 | 86 |
| 90 | 3½ | 101.6 | — | 95 | 95 |
| 100 | 4 | 114.3 | 108 | 105 | 105 |
| 125 | 5 | 141.3 | 133 | 124 | 124 |
| 150 | 6 | 168.3 | 159 | 143 | 143 |
| 200 | 8 | 219.1 | 219 | 178 | 178 |
| 250 | 10 | 273.0 | 273 | 216 | 216 |
| 300 | 12 | 323.9 | 325 | 254 | 254 |
| 350 | 14 | 355.6 | 377 | 279 | 279 |
| 400 | 16 | 406.4 | 426 | 305 | 305 |
| 450 | 18 | 457 | 480 | 343 | 343 |
| 500 | 20 | 508 | 530 | 381 | 381 |
| 550 | 22 | 559 | — | 419 | 419 |
| 600 | 24 | 610 | 630 | 432 | 432 |
| 650 | 26 | 660 | — | 495 | 495 |
| 700 | 28 | 711 | 720 | 521 | 521 |
| 750 | 30 | 762 | — | 559 | 559 |
| 800 | 32 | 813 | 820 | 597 | 597 |
| 850 | 34 | 864 | — | 635 | 635 |

表 8（续）

| 公称尺寸 | | 坡口处外径 $D$/mm | | 中心至端面 | |
|---|---|---|---|---|---|
| DN | NPS | Ⅰ系列 | Ⅱ系列 | 主管 $C$/mm | 支管[a,b] $M$/mm |
| 900 | 36 | 914 | — | 673 | 673 |
| 950 | 38 | 965 | — | 711 | 711 |
| 1 000 | 40 | 1 016 | — | 749 | 749 |
| 1 050 | 42 | 1 067 | — | 762 | 711 |
| 1 100 | 44 | 1 118 | — | 813 | 762 |
| 1 150 | 46 | 1 168 | — | 851 | 800 |
| 1 200 | 48 | 1 219 | — | 889 | 838 |
| 1 300 | 52 | 1 321 | — | 978 | 908 |
| 1 400 | 56 | 1 422 | — | 1 054 | 978 |
| 1 500 | 60 | 1 524 | — | 1 118 | 1 054 |

[a] DN 650(或 NPS26)及其以上的三通和四通，$M$ 为推荐值。

[b] 尺寸适用于 DN 600(或 NPS24)及其以下的四通。

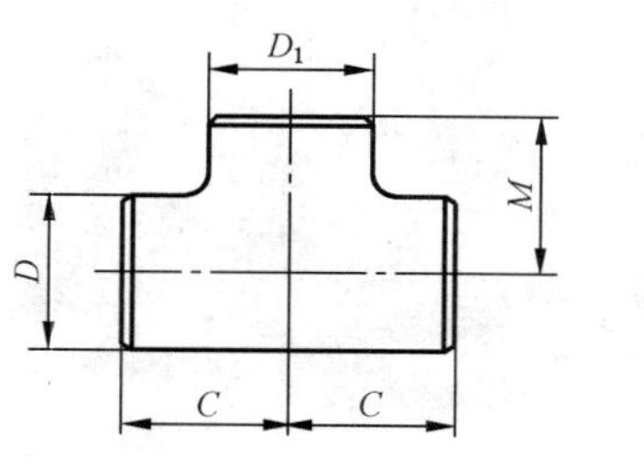


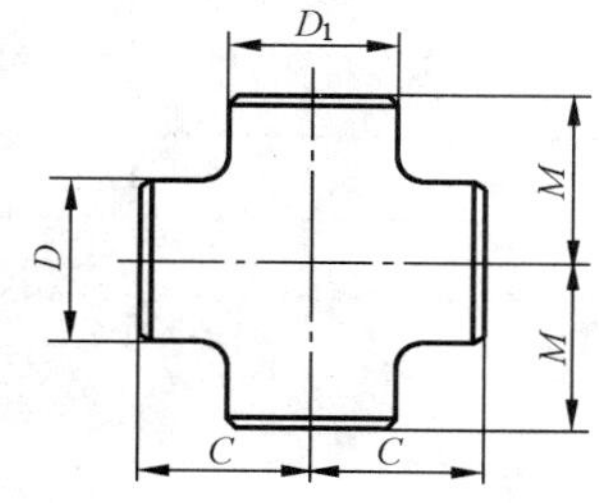


图 8 异径三通和四通

表 9 异径三通和四通尺寸

| 公称尺寸 | | 坡口处外径 | | | | 中心至端面 | |
|---|---|---|---|---|---|---|---|
| | | 主管 $D$/mm | | 支管 $D_1$/mm | | 主管 $C$/mm | 支管[a,b] $M$/mm |
| DN | NPS | Ⅰ系列 | Ⅱ系列 | Ⅰ系列 | Ⅱ系列 | | |
| 15×15×10 | 1/2×1/2×3/8 | 21.3 | 18 | 17.2 | 14 | 25 | 25 |
| 15×15×8 | 1/2×1/2×1/4 | 21.3 | — | 13.5 | — | 25 | 25 |
| 20×20×15 | 3/4×3/4×1/2 | 26.9 | 25 | 21.3 | 18 | 29 | 29 |
| 20×20×10 | 3/4×3/4×3/8 | 26.9 | 25 | 17.2 | 14 | 29 | 29 |
| 25×25×20 | 1×1×3/4 | 33.7 | 32 | 26.9 | 25 | 38 | 38 |
| 25×25×15 | 1×1×1/2 | 33.7 | 32 | 21.3 | 18 | 38 | 38 |

**表 9（续）**

| 公称尺寸 | | 坡口处外径 | | | | 中心至端面 | |
|---|---|---|---|---|---|---|---|
| | | 主管 $D$/mm | | 支管 $D_1$/mm | | 主管 $C$/mm | 支管[a,b] $M$/mm |
| DN | NPS | Ⅰ系列 | Ⅱ系列 | Ⅰ系列 | Ⅱ系列 | | |
| 32×32×25 | 1¼×1¼×1 | 42.4 | 38 | 33.7 | 32 | 48 | 48 |
| 32×32×20 | 1¼×1¼×3/4 | 42.4 | 38 | 26.9 | 25 | 48 | 48 |
| 32×32×15 | 1¼×1¼×1/2 | 42.4 | 38 | 21.3 | 18 | 48 | 48 |
| 40×40×32 | 1½×1½×1¼ | 48.3 | 45 | 42.4 | 38 | 57 | 57 |
| 40×40×25 | 1½×1½×1 | 48.3 | 45 | 33.7 | 32 | 57 | 57 |
| 40×40×20 | 1½×1½×3/4 | 48.3 | 45 | 26.9 | 25 | 57 | 57 |
| 40×40×15 | 1½×1½×1/2 | 48.3 | 45 | 21.3 | 18 | 57 | 57 |
| 50×50×40 | 2×2×1½ | 60.3 | 57 | 48.3 | 45 | 64 | 60 |
| 50×50×32 | 2×2×1¼ | 60.3 | 57 | 42.4 | 38 | 64 | 57 |
| 50×50×25 | 2×2×1 | 60.3 | 57 | 33.7 | 32 | 64 | 51 |
| 50×50×20 | 2×2×3/4 | 60.3 | 57 | 26.9 | 25 | 64 | 44 |
| 65×65×50 | 2½×2½×2 | 73.0 | 76 | 60.3 | 57 | 76 | 70 |
| 65×65×40 | 2½×2½×1½ | 73.0 | 76 | 48.3 | 45 | 76 | 67 |
| 65×65×32 | 2½×2½×1¼ | 73.0 | 76 | 42.4 | 38 | 76 | 64 |
| 65×65×25 | 2½×2½×1 | 73.0 | 76 | 33.7 | 32 | 76 | 57 |
| 80×80×65 | 3×3×2½ | 88.9 | 89 | 73.0 | 76 | 86 | 83 |
| 80×80×50 | 3×3×2 | 88.9 | 89 | 60.3 | 57 | 86 | 76 |
| 80×80×40 | 3×3×1½ | 88.9 | 89 | 48.3 | 45 | 86 | 73 |
| 80×80×32 | 3×3×1¼ | 88.9 | 89 | 42.4 | 38 | 86 | 70 |
| 90×90×80 | 3½×3½×3 | 101.6 | — | 88.9 | — | 95 | 92 |
| 90×90×65 | 3½×3½×2½ | 101.6 | — | 73.0 | — | 95 | 89 |
| 90×90×50 | 3½×3½×2 | 101.6 | — | 60.3 | — | 95 | 83 |
| 90×90×40 | 3½×3½×1½ | 101.6 | — | 48.3 | — | 95 | 79 |
| 100×100×90 | 4×4×3½ | 114.3 | — | 101.6 | — | 105 | 102 |
| 100×100×80 | 4×4×3 | 114.3 | 108 | 88.9 | 89 | 105 | 98 |
| 100×100×65 | 4×4×2½ | 114.3 | 108 | 73.0 | 76 | 105 | 95 |
| 100×100×50 | 4×4×2 | 114.3 | 108 | 60.3 | 57 | 105 | 89 |
| 100×100×40 | 4×4×1½ | 114.3 | 108 | 48.3 | 45 | 105 | 86 |
| 125×125×100 | 5×5×4 | 141.3 | 133 | 114.3 | 108 | 124 | 117 |
| 125×125×90 | 5×5×3½ | 141.3 | — | 101.6 | — | 124 | 114 |
| 125×125×80 | 5×5×3 | 141.3 | 133 | 88.9 | 89 | 124 | 111 |
| 125×125×65 | 5×5×2½ | 141.3 | 133 | 73.0 | 76 | 124 | 108 |

表 9（续）

| 公称尺寸 | | 坡口处外径 | | | | 中心至端面 | |
|---|---|---|---|---|---|---|---|
| | | 主管 $D$/mm | | 支管$D_1$/mm | | 主管 | 支管[a,b] |
| DN | NPS | Ⅰ系列 | Ⅱ系列 | Ⅰ系列 | Ⅱ系列 | $C$/mm | $M$/mm |
| 125×125×50 | 5×5×2 | 141.3 | 133 | 60.3 | 57 | 124 | 105 |
| 150×150×125 | 6×6×5 | 168.3 | 159 | 141.3 | 133 | 143 | 137 |
| 150×150×100 | 6×6×4 | 168.3 | 159 | 114.3 | 108 | 143 | 130 |
| 150×150×90 | 6×6×3½ | 168.3 | — | 101.6 | — | 143 | 127 |
| 150×150×80 | 6×6×3 | 168.3 | 159 | 88.9 | 89 | 143 | 124 |
| 150×150×65 | 6×6×2½ | 168.3 | 159 | 73.0 | 76 | 143 | 121 |
| 200×200×150 | 8×8×6 | 219.1 | 219 | 168.3 | 159 | 178 | 168 |
| 200×200×125 | 8×8×5 | 219.1 | 219 | 141.3 | 133 | 178 | 162 |
| 200×200×100 | 8×8×4 | 219.1 | 219 | 114.3 | 108 | 178 | 156 |
| 200×200×90 | 8×8×3½ | 219.1 | — | 101.6 | — | 178 | 152 |
| 250×250×200 | 10×10×8 | 273.0 | 273 | 219.1 | 219 | 216 | 203 |
| 250×250×150 | 10×10×6 | 273.0 | 273 | 168.3 | 159 | 216 | 194 |
| 250×250×125 | 10×10×5 | 273.0 | 273 | 141.3 | 133 | 216 | 191 |
| 250×250×100 | 10×10×4 | 273.0 | 273 | 114.3 | 108 | 216 | 184 |
| 300×300×250 | 12×12×10 | 323.9 | 325 | 273.0 | 273 | 254 | 241 |
| 300×300×200 | 12×12×8 | 323.9 | 325 | 219.1 | 219 | 254 | 229 |
| 300×300×150 | 12×12×6 | 323.9 | 325 | 168.3 | 159 | 254 | 219 |
| 300×300×125 | 12×12×5 | 323.9 | 325 | 141.3 | 133 | 254 | 216 |
| 350×350×300 | 14×14×12 | 355.6 | 377 | 323.9 | 325 | 279 | 270 |
| 350×350×250 | 14×14×10 | 355.6 | 377 | 273.0 | 273 | 279 | 257 |
| 350×350×200 | 14×14×8 | 355.6 | 377 | 219.1 | 219 | 279 | 248 |
| 350×350×150 | 14×14×6 | 355.6 | 377 | 168.3 | 159 | 279 | 238 |
| 400×400×350 | 16×16×14 | 406.4 | 426 | 355.6 | 377 | 305 | 305 |
| 400×400×300 | 16×16×12 | 406.4 | 426 | 323.9 | 325 | 305 | 295 |
| 400×400×250 | 16×16×10 | 406.4 | 426 | 273.0 | 273 | 305 | 283 |
| 400×400×200 | 16×16×8 | 406.4 | 426 | 219.1 | 219 | 305 | 273 |
| 400×400×150 | 16×16×6 | 406.4 | 426 | 168.3 | 159 | 305 | 264 |
| 450×450×400 | 18×18×16 | 457 | 480 | 406.4 | 426 | 343 | 330 |
| 450×450×350 | 18×18×14 | 457 | 480 | 355.6 | 377 | 343 | 330 |
| 450×450×300 | 18×18×12 | 457 | 480 | 323.9 | 325 | 343 | 321 |
| 450×450×250 | 18×18×10 | 457 | 480 | 273.0 | 273 | 343 | 308 |
| 450×450×200 | 18×18×8 | 457 | 480 | 219.1 | 219 | 343 | 298 |

表 9（续）

| 公称尺寸 | | 坡口处外径 | | | | 中心至端面 | |
|---|---|---|---|---|---|---|---|
| | | 主管 $D$/mm | | 支管 $D_1$/mm | | 主管 | 支管[a,b] |
| DN | NPS | Ⅰ系列 | Ⅱ系列 | Ⅰ系列 | Ⅱ系列 | $C$/mm | $M$/mm |
| 500×500×450 | 20×20×18 | 508 | 530 | 457 | 480 | 381 | 368 |
| 500×500×400 | 20×20×16 | 508 | 530 | 406.4 | 426 | 381 | 356 |
| 500×500×350 | 20×20×14 | 508 | 530 | 355.6 | 377 | 381 | 356 |
| 500×500×300 | 20×20×12 | 508 | 530 | 323.9 | 325 | 381 | 346 |
| 500×500×250 | 20×20×10 | 508 | 530 | 273.0 | 273 | 381 | 333 |
| 500×500×200 | 20×20×8 | 508 | 530 | 219.1 | 219 | 381 | 324 |
| 550×550×500 | 22×22×20 | 559 | — | 508 | — | 419 | 406 |
| 550×550×450 | 22×22×18 | 559 | — | 457 | — | 419 | 394 |
| 550×550×400 | 22×22×16 | 559 | — | 406.4 | — | 419 | 381 |
| 550×550×350 | 22×22×14 | 559 | — | 355.6 | — | 419 | 381 |
| 550×550×300 | 22×22×12 | 559 | — | 323.9 | — | 419 | 371 |
| 550×550×250 | 22×22×10 | 559 | — | 273.0 | — | 419 | 359 |
| 600×600×550 | 24×24×22 | 610 | — | 559 | — | 432 | 432 |
| 600×600×500 | 24×24×20 | 610 | 630 | 508 | 530 | 432 | 432 |
| 600×600×450 | 24×24×18 | 610 | 630 | 457 | 480 | 432 | 419 |
| 600×600×400 | 24×24×16 | 610 | 630 | 406.4 | 426 | 432 | 406 |
| 600×600×350 | 24×24×14 | 610 | 630 | 355.6 | 377 | 432 | 406 |
| 600×600×300 | 24×24×12 | 610 | 630 | 323.9 | 325 | 432 | 397 |
| 600×600×250 | 24×24×10 | 610 | 630 | 273.0 | 273 | 432 | 384 |
| 650×650×600 | 26×26×24 | 660 | — | 610 | — | 495 | 483 |
| 650×650×550 | 26×26×22 | 660 | — | 559 | — | 495 | 470 |
| 650×650×500 | 26×26×20 | 660 | — | 508 | — | 495 | 457 |
| 650×650×450 | 26×26×18 | 660 | — | 457 | — | 495 | 444 |
| 650×650×400 | 26×26×16 | 660 | — | 406.4 | — | 495 | 432 |
| 650×650×350 | 26×26×14 | 660 | — | 355.6 | — | 495 | 432 |
| 650×650×300 | 26×26×12 | 660 | — | 323.9 | — | 495 | 422 |
| 700×700×650 | 28×28×26 | 711 | — | 660 | — | 521 | 521 |
| 700×700×600 | 28×28×24 | 711 | 720 | 610 | 630 | 521 | 508 |
| 700×700×550 | 28×28×22 | 711 | — | 559 | — | 521 | 495 |
| 700×700×500 | 28×28×20 | 711 | 720 | 508 | 530 | 521 | 483 |
| 700×700×450 | 28×28×18 | 711 | 720 | 457 | 480 | 521 | 470 |
| 700×700×400 | 28×28×16 | 711 | 720 | 406.4 | 426 | 521 | 457 |

表 9（续）

| 公称尺寸 | | 坡口处外径 | | | | 中心至端面 | |
|---|---|---|---|---|---|---|---|
| | | 主管 $D$/mm | | 支管$D_1$/mm | | 主管 $C$/mm | 支管[a,b] $M$/mm |
| DN | NPS | Ⅰ系列 | Ⅱ系列 | Ⅰ系列 | Ⅱ系列 | | |
| 700×700×350 | 28×28×14 | 711 | 720 | 355.6 | 377 | 521 | 457 |
| 700×700×300 | 28×28×12 | 711 | 720 | 323.9 | 325 | 521 | 448 |
| 750×750×700 | 30×30×28 | 762 | — | 711 | — | 559 | 546 |
| 750×750×650 | 30×30×26 | 762 | — | 660 | — | 559 | 546 |
| 750×750×600 | 30×30×24 | 762 | — | 610 | — | 559 | 533 |
| 750×750×550 | 30×30×22 | 762 | — | 559 | — | 559 | 521 |
| 750×750×500 | 30×30×20 | 762 | — | 508 | — | 559 | 508 |
| 750×750×450 | 30×30×18 | 762 | — | 457 | — | 559 | 495 |
| 750×750×400 | 30×30×16 | 762 | — | 406.4 | — | 559 | 483 |
| 750×750×350 | 30×30×14 | 762 | — | 355.6 | — | 559 | 483 |
| 750×750×300 | 30×30×12 | 762 | — | 323.9 | — | 559 | 473 |
| 750×750×250 | 30×30×10 | 762 | — | 273.0 | — | 559 | 460 |
| 800×800×750 | 32×32×30 | 813 | — | 762 | — | 597 | 584 |
| 800×800×700 | 32×32×28 | 813 | 820 | 711 | 720 | 597 | 572 |
| 800×800×650 | 32×32×26 | 813 | — | 660 | — | 597 | 572 |
| 800×800×600 | 32×32×24 | 813 | 820 | 610 | 630 | 597 | 559 |
| 800×800×550 | 32×32×22 | 813 | — | 559 | — | 597 | 546 |
| 800×800×500 | 32×32×20 | 813 | 820 | 508 | 530 | 597 | 533 |
| 800×800×450 | 32×32×18 | 813 | 820 | 457 | 480 | 597 | 521 |
| 800×800×400 | 32×32×16 | 813 | 820 | 406.4 | 426 | 597 | 508 |
| 800×800×350 | 32×32×14 | 813 | 820 | 355.6 | 377 | 597 | 508 |
| 850×850×800 | 34×34×32 | 864 | — | 813 | — | 635 | 622 |
| 850×850×750 | 34×34×30 | 864 | — | 762 | — | 635 | 610 |
| 850×850×700 | 34×34×28 | 864 | — | 711 | — | 635 | 597 |
| 850×850×650 | 34×34×26 | 864 | — | 660 | — | 635 | 597 |
| 850×850×600 | 34×34×24 | 864 | — | 610 | — | 635 | 584 |
| 850×850×550 | 34×34×22 | 864 | — | 559 | — | 635 | 572 |
| 850×850×500 | 34×34×20 | 864 | — | 508 | — | 635 | 559 |
| 850×850×450 | 34×34×18 | 864 | — | 457 | — | 635 | 546 |
| 850×850×400 | 34×34×16 | 864 | — | 406.4 | — | 635 | 533 |
| 900×900×850 | 36×36×34 | 914 | — | 864 | — | 673 | 660 |
| 900×900×800 | 36×36×32 | 914 | — | 813 | — | 673 | 648 |

表 9（续）

| 公称尺寸 | | 坡口处外径 | | | | 中心至端面 | |
|---|---|---|---|---|---|---|---|
| | | 主管 $D$/mm | | 支管 $D_1$/mm | | 主管 $C$/mm | 支管[a,b] $M$/mm |
| DN | NPS | Ⅰ系列 | Ⅱ系列 | Ⅰ系列 | Ⅱ系列 | | |
| 900×900×750 | 36×36×30 | 914 | — | 762 | — | 673 | 635 |
| 900×900×700 | 36×36×28 | 914 | — | 711 | — | 673 | 622 |
| 900×900×650 | 36×36×26 | 914 | — | 660 | — | 673 | 622 |
| 900×900×600 | 36×36×24 | 914 | — | 610 | — | 673 | 610 |
| 900×900×550 | 36×36×22 | 914 | — | 559 | — | 673 | 597 |
| 900×900×500 | 36×36×20 | 914 | — | 508 | — | 673 | 584 |
| 900×900×450 | 36×36×18 | 914 | — | 457 | — | 673 | 572 |
| 900×900×400 | 36×36×16 | 914 | — | 406.4 | — | 673 | 559 |
| 950×950×900 | 38×38×36 | 965 | — | 914 | — | 711 | 711 |
| 950×950×850 | 38×38×34 | 965 | — | 864 | — | 711 | 698 |
| 950×950×800 | 38×38×32 | 965 | — | 813 | — | 711 | 686 |
| 950×950×750 | 38×38×30 | 965 | — | 762 | — | 711 | 673 |
| 950×950×700 | 38×38×28 | 965 | — | 711 | — | 711 | 648 |
| 950×950×650 | 38×38×26 | 965 | — | 660 | — | 711 | 648 |
| 950×950×600 | 38×38×24 | 965 | — | 610 | — | 711 | 635 |
| 950×950×550 | 38×38×22 | 965 | — | 559 | — | 711 | 622 |
| 950×950×500 | 38×38×20 | 965 | — | 508 | — | 711 | 610 |
| 950×950×450 | 38×38×18 | 965 | — | 457 | — | 711 | 597 |
| 1 000×1 000×950 | 40×40×38 | 1 016 | — | 965 | — | 749 | 749 |
| 1 000×1 000×900 | 40×40×36 | 1 016 | — | 914 | — | 749 | 737 |
| 1 000×1 000×850 | 40×40×34 | 1 016 | — | 864 | — | 749 | 724 |
| 1 000×1 000×800 | 40×40×32 | 1 016 | — | 813 | — | 749 | 711 |
| 1 000×1 000×750 | 40×40×30 | 1 016 | — | 762 | — | 749 | 698 |
| 1 000×1 000×700 | 40×40×28 | 1 016 | — | 711 | — | 749 | 673 |
| 1 000×1 000×650 | 40×40×26 | 1 016 | — | 660 | — | 749 | 673 |
| 1 000×1 000×600 | 40×40×24 | 1 016 | — | 610 | — | 749 | 660 |
| 1 000×1 000×550 | 40×40×22 | 1 016 | — | 559 | — | 749 | 648 |
| 1 000×1 000×500 | 40×40×20 | 1 016 | — | 508 | — | 749 | 635 |
| 1 000×1 000×450 | 40×40×18 | 1 016 | — | 457 | — | 749 | 622 |
| 1 050×1 050×1 000 | 42×42×40 | 1 067 | — | 1 016 | — | 762 | 711 |
| 1 050×1 050×950 | 42×42×38 | 1 067 | — | 965 | — | 762 | 711 |
| 1 050×1 050×900 | 42×42×36 | 1 067 | — | 914 | — | 762 | 711 |

**表 9（续）**

| 公称尺寸 | | 坡口处外径 | | | | 中心至端面 | |
|---|---|---|---|---|---|---|---|
| | | 主管 $D$/mm | | 支管 $D_1$/mm | | 主管 $C$/mm | 支管[a,b] $M$/mm |
| DN | NPS | Ⅰ系列 | Ⅱ系列 | Ⅰ系列 | Ⅱ系列 | | |
| 1 050×1 050×850 | 42×42×34 | 1 067 | — | 864 | — | 762 | 711 |
| 1 050×1 050×800 | 42×42×32 | 1 067 | — | 813 | — | 762 | 711 |
| 1 050×1 050×750 | 42×42×30 | 1 067 | — | 762 | — | 762 | 711 |
| 1 050×1 050×700 | 42×42×28 | 1 067 | — | 711 | — | 762 | 698 |
| 1 050×1 050×650 | 42×42×26 | 1 067 | — | 660 | — | 762 | 698 |
| 1 050×1 050×600 | 42×42×24 | 1 067 | — | 610 | — | 762 | 660 |
| 1 050×1 050×550 | 42×42×22 | 1 067 | — | 559 | — | 762 | 660 |
| 1 050×1 050×500 | 42×42×20 | 1 067 | — | 508 | — | 762 | 660 |
| 1 050×1 050×450 | 42×42×18 | 1 067 | — | 457 | — | 762 | 648 |
| 1 050×1 050×400 | 42×42×16 | 1 067 | — | 406.4 | — | 762 | 635 |
| 1 100×1 100×1 050 | 44×44×42 | 1 118 | — | 1 067 | — | 813 | 762 |
| 1 100×1 100×1 000 | 44×44×40 | 1 118 | — | 1 016 | — | 813 | 749 |
| 1 100×1 100×950 | 44×44×38 | 1 118 | — | 965 | — | 813 | 737 |
| 1 100×1 100×900 | 44×44×36 | 1 118 | — | 914 | — | 813 | 724 |
| 1 100×1 100×850 | 44×44×34 | 1 118 | — | 864 | — | 813 | 724 |
| 1 100×1 100×800 | 44×44×32 | 1 118 | — | 813 | — | 813 | 711 |
| 1 100×1 100×750 | 44×44×30 | 1 118 | — | 762 | — | 813 | 711 |
| 1 100×1 100×700 | 44×44×28 | 1 118 | — | 711 | — | 813 | 698 |
| 1 100×1 100×650 | 44×44×26 | 1 118 | — | 660 | — | 813 | 698 |
| 1 100×1 100×600 | 44×44×24 | 1 118 | — | 610 | — | 813 | 698 |
| 1 100×1 100×550 | 44×44×22 | 1 118 | — | 559 | — | 813 | 686 |
| 1 100×1 100×500 | 44×44×20 | 1 118 | — | 508 | — | 813 | 686 |
| 1 150×1 150×1 100 | 46×46×44 | 1 168 | — | 1 118 | — | 851 | 800 |
| 1 150×1 150×1 050 | 46×46×42 | 1 168 | — | 1 067 | — | 851 | 787 |
| 1 150×1 150×1 000 | 46×46×40 | 1 168 | — | 1 016 | — | 851 | 775 |
| 1 150×1 150×950 | 46×46×38 | 1 168 | — | 965 | — | 851 | 762 |
| 1 150×1 150×900 | 46×46×36 | 1 168 | — | 914 | — | 851 | 762 |
| 1 150×1 150×850 | 46×46×34 | 1 168 | — | 864 | — | 851 | 749 |
| 1 150×1 150×800 | 46×46×32 | 1 168 | — | 813 | — | 851 | 749 |
| 1 150×1 150×750 | 46×46×30 | 1 168 | — | 762 | — | 851 | 737 |
| 1 150×1 150×700 | 46×46×28 | 1 168 | — | 711 | — | 851 | 737 |
| 1 150×1 150×650 | 46×46×26 | 1 168 | — | 660 | — | 851 | 737 |

表 9（续）

| 公称尺寸 | | 坡口处外径 | | | | 中心至端面 | |
|---|---|---|---|---|---|---|---|
| | | 主管 $D$/mm | | 支管 $D_1$/mm | | 主管 | 支管[a,b] |
| DN | NPS | Ⅰ系列 | Ⅱ系列 | Ⅰ系列 | Ⅱ系列 | $C$/mm | $M$/mm |
| 1 150×1 150×600 | 46×46×24 | 1 168 | — | 610 | — | 851 | 724 |
| 1 150×1 150×550 | 46×46×22 | 1 168 | — | 559 | — | 851 | 724 |
| 1 200×1 200×1 150 | 48×48×46 | 1 219 | — | 1 168 | — | 889 | 838 |
| 1 200×1 200×1 100 | 48×48×44 | 1 219 | — | 1 118 | — | 889 | 838 |
| 1 200×1 200×1 050 | 48×48×42 | 1 219 | — | 1 067 | — | 889 | 813 |
| 1 200×1 200×1 000 | 48×48×40 | 1 219 | — | 1 016 | — | 889 | 813 |
| 1 200×1 200×950 | 48×48×38 | 1 219 | — | 965 | — | 889 | 813 |
| 1 200×1 200×900 | 48×48×36 | 1 219 | — | 914 | — | 889 | 787 |
| 1 200×1 200×850 | 48×48×34 | 1 219 | — | 864 | — | 889 | 787 |
| 1 200×1 200×800 | 48×48×32 | 1 219 | — | 813 | — | 889 | 787 |
| 1 200×1 200×750 | 48×48×30 | 1 219 | — | 762 | — | 889 | 762 |
| 1 200×1 200×700 | 48×48×28 | 1 219 | — | 711 | — | 889 | 762 |
| 1 200×1 200×650 | 48×48×26 | 1 219 | — | 660 | — | 889 | 762 |
| 1 200×1 200×600 | 48×48×24 | 1 219 | — | 610 | — | 889 | 737 |
| 1 200×1 200×550 | 48×48×22 | 1 219 | — | 559 | — | 889 | 737 |
| 1 300×1 300×1 200 | 52×52×48 | 1 321 | — | 1 219 | — | 978 | 908 |
| 1 300×1 300×1 100 | 52×52×44 | 1 321 | — | 1 118 | — | 978 | 892 |
| 1 300×1 300×1 050 | 52×52×42 | 1 321 | — | 1 067 | — | 978 | 876 |
| 1 300×1 300×1 000 | 52×52×40 | 1 321 | — | 1 016 | — | 978 | 870 |
| 1 300×1 300×900 | 52×52×36 | 1 321 | — | 914 | — | 978 | 864 |
| 1 300×1 300×750 | 52×52×30 | 1 321 | — | 762 | — | 978 | 832 |
| 1 300×1 300×600 | 52×52×24 | 1 321 | — | 610 | — | 978 | 794 |
| 1 400×1 400×1 300 | 56×56×52 | 1 422 | — | 1 321 | — | 1 054 | 959 |
| 1 400×1 400×1 200 | 56×56×48 | 1 422 | — | 1 219 | — | 1 054 | 940 |
| 1 400×1 400×1 100 | 56×56×44 | 1 422 | — | 1 118 | — | 1 054 | 934 |
| 1 400×1 400×1 050 | 56×56×42 | 1 422 | — | 1 067 | — | 1 054 | 927 |
| 1 400×1 400×900 | 56×56×36 | 1 422 | — | 914 | — | 1 054 | 902 |
| 1 400×1 400×750 | 56×56×30 | 1 422 | — | 762 | — | 1 054 | 857 |
| 1 400×1 400×600 | 56×56×24 | 1 422 | — | 610 | — | 1 054 | 857 |
| 1 500×1 500×1 400 | 60×60×56 | 1 524 | — | 1 422 | — | 1 118 | 1 041 |
| 1 500×1 500×1 300 | 60×60×52 | 1 524 | — | 1 321 | — | 1 118 | 1 022 |
| 1 500×1 500×1 200 | 60×60×48 | 1 524 | — | 1 219 | — | 1 118 | 1 016 |

表 9（续）

| 公称尺寸 | | 坡口处外径 | | | | 中心至端面 | |
|---|---|---|---|---|---|---|---|
| | | 主管 $D$/mm | | 支管 $D_1$/mm | | 主管 | 支管[a,b] |
| DN | NPS | Ⅰ系列 | Ⅱ系列 | Ⅰ系列 | Ⅱ系列 | $C$/mm | $M$/mm |
| 1 500×1 500×1 050 | 60×60×42 | 1 524 | — | 1 067 | — | 1 118 | 991 |
| 1 500×1 500×900 | 60×60×36 | 1 524 | — | 914 | — | 1 118 | 965 |
| 1 500×1 500×750 | 60×60×30 | 1 524 | — | 762 | — | 1 118 | 914 |

ᵃ DN 350(或 NFS 14)及其以上的三通或四通，$M$ 为推荐值。

ᵇ 主管在 DN 1300(或 NPS 52)及其以上的，仅限于异径三通，不包括异径四通。

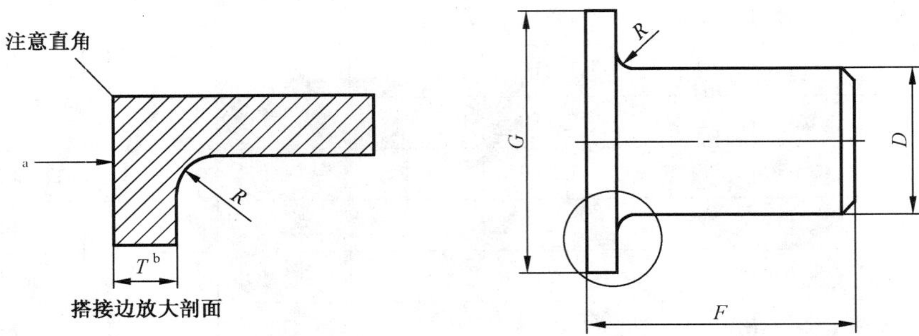


ᵃ 密封面表面粗糙度应符合 GB/T 9124 或其他相应标准对法兰的规定。

ᵇ 搭接边的厚度 $T$ 应不小于短节连接钢管公称厚度。

图 9 翻边短节

表 10 翻边短节尺寸

| 公称尺寸 | | 短节外径 $D$/mm | | 短节总长度[a,b] $F$/mm | | 圆角半径[c] $R$/mm | 搭接边外径[d] $G$/mm |
|---|---|---|---|---|---|---|---|
| DN | NPS | max | min | 长型 | 短型 | | |
| 15 | 1/2 | 22.8 | 20.5 | 76 | 51 | 3 | 35 |
| 20 | 3/4 | 28.1 | 25.9 | 76 | 51 | 3 | 43 |
| 25 | 1 | 35.0 | 32.6 | 102 | 51 | 3 | 51 |
| 32 | 1¼ | 43.6 | 41.4 | 102 | 51 | 5 | 64 |
| 40 | 1½ | 49.9 | 47.5 | 102 | 51 | 6 | 73 |
| 50 | 2 | 62.4 | 59.5 | 152 | 64 | 8 | 92 |
| 65 | 2½ | 75.3 | 72.2 | 152 | 64 | 8 | 105 |
| 80 | 3 | 91.3 | 88.1 | 152 | 64 | 10 | 127 |
| 90 | 3½ | 104.0 | 100.8 | 152 | 76 | 10 | 140 |

表 10（续）

| 公称尺寸 | | 短节外径 D/mm | | 短节总长度[a,b] F/mm | | 圆角半径[c] R/mm | 搭接边外径[d] G/mm |
|---|---|---|---|---|---|---|---|
| DN | NPS | max | min | 长型 | 短型 | | |
| 100 | 4 | 116.7 | 113.5 | 152 | 76 | 11 | 157 |
| 125 | 5 | 144.3 | 140.5 | 203 | 76 | 11 | 186 |
| 150 | 6 | 171.3 | 167.5 | 203 | 89 | 13 | 216 |
| 200 | 8 | 222.1 | 218.3 | 203 | 102 | 13 | 270 |
| 250 | 10 | 277.2 | 272.3 | 254 | 127 | 13 | 324 |
| 300 | 12 | 328.0 | 323.1 | 254 | 152 | 13 | 381 |
| 350 | 14 | 359.9 | 354.8 | 305 | 152 | 13 | 413 |
| 400 | 16 | 411.0 | 405.6 | 305 | 152 | 13 | 470 |
| 450 | 18 | 462 | 456 | 305 | 152 | 13 | 533 |
| 500 | 20 | 514 | 507 | 305 | 152 | 13 | 584 |
| 550 | 22 | 565 | 558 | 305 | 152 | 13 | 641 |
| 600 | 24 | 616 | 609 | 305 | 152 | 13 | 692 |

**注 1**:公差见表 14。

**注 2**:使用条件和连接结构通常决定对短节长度的要求,因此,在订货时采购方需规定是长型或短型短节。

[a] 当短型翻边短节用于 Class300 和 Class600 的较大法兰以及大于或等于 Class900 的大部分规格的法兰时,或当长型翻边短节用于 Class1500 和 Class2500 的较大法兰时,为了避免法兰可能影响焊接,可能需要增加短节的总长度。长度增加量由制造商与采购方双方协商。

[b] 当采用榫槽面和凹凸密封面时,应增加搭接边的厚度。增加厚度应附加(不包括)在短节总长度 $F$ 上。

[c] 这些尺寸应与 GB/T 9118 或相应标准中的松套法兰的圆角半径相符合。

[d] 该尺寸与 GB/T 9118 中表示的标准机加工面相符合。搭接边的背面应进行机加工,使其与安装表面一致。当采用环连接密封面时,使用 GB/T 9118 中给出的尺寸。

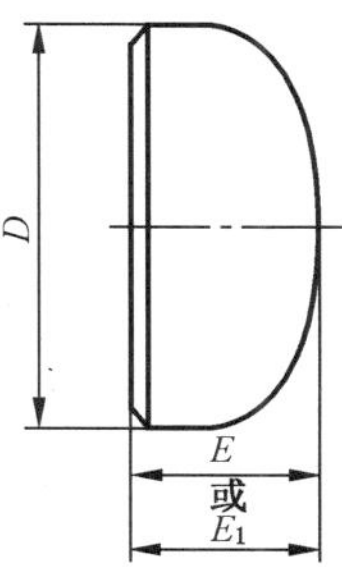


**注**:管帽的形状应为椭圆,并符合相应国家标准或行业标准中给定的形状要求。

**图 10 管帽**

**表 11 管帽尺寸**

| 公称尺寸 | | 坡口处外径 D/mm | | 高度 $E^{a}$/mm | 高度为 E 时的极限壁厚/mm | 高度 $E_1$[b]/mm |
|---|---|---|---|---|---|---|
| DN | NPS | Ⅰ系列 | Ⅱ系列 | | | |
| 15 | 1/2 | 21.3 | 18 | 25 | 4.57 | 25 |
| 20 | 3/4 | 26.9 | 25 | 25 | 3.81 | 25 |
| 25 | 1 | 33.7 | 32 | 38 | 4.57 | 38 |
| 32 | 1¼ | 42.4 | 38 | 38 | 4.83 | 38 |
| 40 | 1½ | 48.3 | 45 | 38 | 5.08 | 38 |
| 50 | 2 | 60.3 | 57 | 38 | 5.59 | 44 |
| 65 | 2½ | 73.0 | 76 | 38 | 7.11 | 51 |
| 80 | 3 | 88.9 | 89 | 51 | 7.62 | 64 |
| 90 | 3½ | 101.6 | — | 64 | 8.13 | 76 |
| 100 | 4 | 114.3 | 108 | 64 | 8.64 | 76 |
| 125 | 5 | 141.3 | 133 | 76 | 9.65 | 89 |
| 150 | 6 | 168.3 | 159 | 89 | 10.92 | 102 |
| 200 | 8 | 219.1 | 219 | 102 | 12.70 | 127 |
| 250 | 10 | 273.0 | 273 | 127 | 12.70 | 152 |
| 300 | 12 | 323.9 | 325 | 152 | 12.70 | 178 |
| 350 | 14 | 355.6 | 377 | 165 | 12.70 | 191 |
| 400 | 16 | 406.4 | 426 | 178 | 12.70 | 203 |
| 450 | 18 | 457 | 480 | 203 | 12.70 | 229 |
| 500 | 20 | 508 | 530 | 229 | 12.70 | 254 |
| 550 | 22 | 559 | — | 254 | 12.70 | 254 |
| 600 | 24 | 610 | 630 | 267 | 12.70 | 305 |
| 650 | 26 | 660 | — | 267 | — | — |
| 700 | 28 | 711 | 720 | 267 | — | — |
| 750 | 30 | 762 | — | 267 | — | — |
| 800 | 32 | 813 | 820 | 267 | — | — |
| 850 | 34 | 864 | — | 267 | — | — |
| 900 | 36 | 914 | — | 267 | — | — |
| 950 | 38 | 965 | — | 305 | — | — |
| 1 000 | 40 | 1 016 | — | 305 | — | — |
| 1 050 | 42 | 1 067 | — | 305 | — | — |
| 1 100 | 44 | 1 118 | — | 343 | — | — |
| 1 150 | 46 | 1 168 | — | 343 | — | — |
| 1 200 | 48 | 1 219 | — | 343 | — | — |
| 1 300 | 52 | 1 321 | — | 368 | — | — |
| 1 400 | 56 | 1 422 | — | 406 | — | — |
| 1 500 | 60 | 1 524 | — | 419 | — | — |

[a] 高度 E 适用于厚度不超过“高度为 E 时的极限壁厚”栏中所列值的场合。

[b] 对 DN 600(或 NPS 24)及其以下的管帽,高度 $E_1$ 适用于厚度大于“高度为 E 时的极限壁厚”栏中所列值的场合。

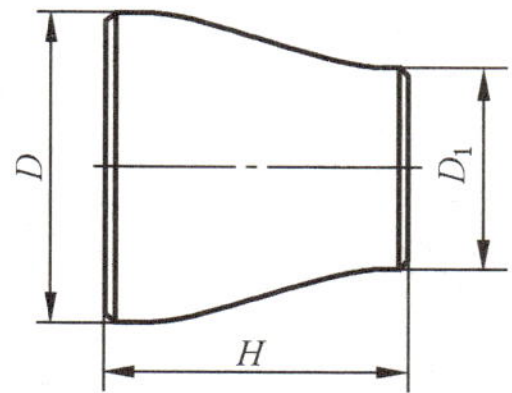


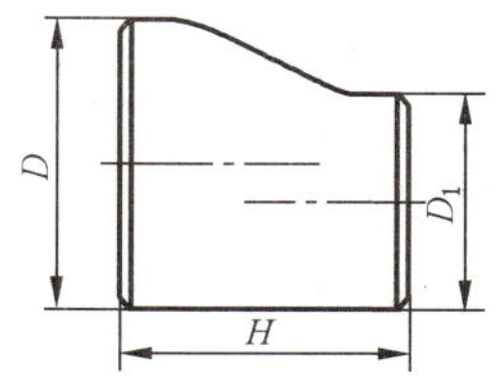


**注**:图示为钟形异径管,但不限制圆锥形异径管的使用。

图 11 异径管

表 12 异径管尺寸

| 公称尺寸 | | 坡口处外径 | | | | 端面至端面 $H$/mm |
|---|---|---|---|---|---|---|
| | | 大端 $D$/mm | | 小端 $D_1$/mm | | |
| DN | NPS | Ⅰ系列 | Ⅱ系列 | Ⅰ系列 | Ⅱ系列 | |
| 20×15 | 3/4×1/2 | 26.9 | 25 | 21.3 | 18 | 38 |
| 20×10 | 3/4×3/8 | 26.9 | 25 | 17.2 | 14 | 38 |
| 25×20 | 1×3/4 | 33.7 | 32 | 26.9 | 25 | 51 |
| 25×15 | 1×1/2 | 33.7 | 32 | 21.3 | 18 | 51 |
| 32×25 | 1¼×1 | 42.4 | 38 | 33.7 | 32 | 51 |
| 32×20 | 1¼×3/4 | 42.4 | 38 | 26.9 | 25 | 51 |
| 32×15 | 1¼×1/2 | 42.4 | 38 | 21.3 | 18 | 51 |
| 40×32 | 1½×1¼ | 48.3 | 45 | 42.4 | 38 | 64 |
| 40×25 | 1½×1 | 48.3 | 45 | 33.7 | 32 | 64 |
| 40×20 | 1½×3/4 | 48.3 | 45 | 26.9 | 25 | 64 |
| 40×15 | 1½×1/2 | 48.3 | 45 | 21.3 | 18 | 64 |
| 50×40 | 2×1½ | 60.3 | 57 | 48.3 | 45 | 76 |
| 50×32 | 2×1¼ | 60.3 | 57 | 42.4 | 38 | 76 |
| 50×25 | 2×1 | 60.3 | 57 | 33.7 | 32 | 76 |
| 50×20 | 2×3/4 | 60.3 | 57 | 26.9 | 25 | 76 |
| 65×50 | 2½×2 | 73.0 | 76 | 60.3 | 57 | 89 |
| 65×40 | 2½×1½ | 73.0 | 76 | 48.3 | 45 | 89 |
| 65×32 | 2½×1¼ | 73.0 | 76 | 42.4 | 38 | 89 |
| 65×25 | 2½×1 | 73.0 | 76 | 33.7 | 32 | 89 |
| 80×65 | 3×2½ | 88.9 | 89 | 73.0 | 76 | 89 |
| 80×50 | 3×2 | 88.9 | 89 | 60.3 | 57 | 89 |
| 80×40 | 3×1½ | 88.9 | 89 | 48.3 | 45 | 89 |
| 80×32 | 3×1¼ | 88.9 | 89 | 42.4 | 38 | 89 |
| 90×80 | 3½×3 | 101.6 | — | 88.9 | — | 102 |

表 12（续）

| 公称尺寸 | | 坡口处外径 | | | | 端面至端面 $H$/mm |
|---|---|---|---|---|---|---|
| | | 大端 $D$/mm | | 小端 $D_1$/mm | | |
| DN | NPS | Ⅰ系列 | Ⅱ系列 | Ⅰ系列 | Ⅱ系列 | |
| 90×65 | 3½×2½ | 101.6 | — | 73.0 | — | 102 |
| 90×50 | 3½×2 | 101.6 | — | 60.3 | — | 102 |
| 90×40 | 3½×1½ | 101.6 | — | 48.3 | — | 102 |
| 90×32 | 3½×1¼ | 101.6 | — | 42.4 | — | 102 |
| 100×90 | 4×3½ | 114.3 | — | 101.6 | — | 102 |
| 100×80 | 4×3 | 114.3 | 108 | 88.9 | 89 | 102 |
| 100×65 | 4×2½ | 114.3 | 108 | 73.0 | 76 | 102 |
| 100×50 | 4×2 | 114.3 | 108 | 60.3 | 57 | 102 |
| 100×40 | 4×1½ | 114.3 | 108 | 48.3 | 45 | 102 |
| 125×100 | 5×4 | 141.3 | 133 | 114.3 | 108 | 127 |
| 125×90 | 5×3½ | 141.3 | — | 101.6 | — | 127 |
| 125×80 | 5×3 | 141.3 | 133 | 88.9 | 89 | 127 |
| 125×65 | 5×2½ | 141.3 | 133 | 73.0 | 76 | 127 |
| 125×50 | 5×2 | 141.3 | 133 | 60.3 | 57 | 127 |
| 150×125 | 6×5 | 168.3 | 159 | 141.3 | 133 | 140 |
| 150×100 | 6×4 | 168.3 | 159 | 114.3 | 108 | 140 |
| 150×90 | 6×3½ | 168.3 | — | 101.6 | — | 140 |
| 150×80 | 6×3 | 168.3 | 159 | 88.9 | 89 | 140 |
| 150×65 | 6×2½ | 168.3 | 159 | 73.0 | 76 | 140 |
| 200×150 | 8×6 | 219.1 | 219 | 168.3 | 159 | 152 |
| 200×125 | 8×5 | 219.1 | 219 | 141.3 | 133 | 152 |
| 200×100 | 8×4 | 219.1 | 219 | 114.3 | 108 | 152 |
| 200×90 | 8×3½ | 219.1 | — | 101.6 | — | 152 |
| 250×200 | 10×8 | 273.0 | 273 | 219.1 | 219 | 178 |
| 250×150 | 10×6 | 273.0 | 273 | 168.3 | 159 | 178 |
| 250×125 | 10×5 | 273.0 | 273 | 141.3 | 133 | 178 |
| 250×100 | 10×4 | 273.0 | 273 | 114.3 | 108 | 178 |
| 300×250 | 12×10 | 323.9 | 325 | 273.0 | 273 | 203 |
| 300×200 | 12×8 | 323.9 | 325 | 219.1 | 219 | 203 |
| 300×150 | 12×6 | 323.9 | 325 | 168.3 | 159 | 203 |
| 300×125 | 12×5 | 323.9 | 325 | 141.3 | 133 | 203 |
| 350×300 | 14×12 | 355.6 | 377 | 323.9 | 325 | 330 |

表 12（续）

| 公称尺寸 | | 坡口处外径 | | | | 端面至端面 $H$/mm |
|---|---|---|---|---|---|---|
| | | 大端 $D$/mm | | 小端 $D_1$/mm | | |
| DN | NPS | Ⅰ系列 | Ⅱ系列 | Ⅰ系列 | Ⅱ系列 | |
| 350×250 | 14×10 | 355.6 | 377 | 273.0 | 273 | 330 |
| 350×200 | 14×8 | 355.6 | 377 | 219.1 | 219 | 330 |
| 350×150 | 14×6 | 355.6 | 377 | 168.3 | 159 | 330 |
| 400×350 | 16×14 | 406.4 | 426 | 355.6 | 377 | 356 |
| 400×300 | 16×12 | 406.4 | 426 | 323.9 | 325 | 356 |
| 400×250 | 16×10 | 406.4 | 426 | 273.0 | 273 | 356 |
| 400×200 | 16×8 | 406.4 | 426 | 219.1 | 219 | 356 |
| 450×400 | 18×16 | 457 | 480 | 406.4 | 426 | 381 |
| 450×350 | 18×14 | 457 | 480 | 355.6 | 377 | 381 |
| 450×300 | 18×12 | 457 | 480 | 323.9 | 325 | 381 |
| 450×250 | 18×10 | 457 | 480 | 273.0 | 273 | 381 |
| 500×450 | 20×18 | 508 | 530 | 457 | 480 | 508 |
| 500×400 | 20×16 | 508 | 530 | 406.4 | 426 | 508 |
| 500×350 | 20×14 | 508 | 530 | 355.6 | 377 | 508 |
| 500×300 | 20×12 | 508 | 530 | 323.9 | 325 | 508 |
| 550×500 | 22×20 | 559 | — | 508 | — | 508 |
| 550×450 | 22×18 | 559 | — | 457 | — | 508 |
| 550×400 | 22×16 | 559 | — | 406.4 | — | 508 |
| 550×350 | 22×14 | 559 | — | 355.6 | — | 508 |
| 600×550 | 24×22 | 610 | — | 559 | — | 508 |
| 600×500 | 24×20 | 610 | 630 | 508 | 530 | 508 |
| 600×450 | 24×18 | 610 | 630 | 457 | 480 | 508 |
| 600×400 | 24×16 | 610 | 630 | 406.4 | 426 | 508 |
| 650×600 | 26×24 | 660 | — | 610 | — | 610 |
| 650×550 | 26×22 | 660 | — | 559 | — | 610 |
| 650×500 | 26×20 | 660 | — | 508 | — | 610 |
| 650×450 | 26×18 | 660 | — | 457 | — | 610 |
| 700×650 | 28×26 | 711 | — | 660 | — | 610 |
| 700×600 | 28×24 | 711 | 720 | 610 | 630 | 610 |
| 700×550 | 28×22 | 711 | — | 559 | — | 610 |
| 700×500 | 28×20 | 711 | 720 | 508 | 530 | 610 |
| 750×700 | 30×28 | 762 | — | 711 | — | 610 |

表 12（续）

| 公称尺寸 | | 坡口处外径 | | | | 端面至端面 $H$/mm |
|---|---|---|---|---|---|---|
| | | 大端 $D$/mm | | 小端 $D_1$/mm | | |
| DN | NPS | Ⅰ系列 | Ⅱ系列 | Ⅰ系列 | Ⅱ系列 | |
| 750×650 | 30×26 | 762 | — | 660 | — | 610 |
| 750×600 | 30×24 | 762 | — | 610 | — | 610 |
| 750×550 | 30×22 | 762 | — | 559 | — | 610 |
| 800×750 | 32×30 | 813 | — | 762 | — | 610 |
| 800×700 | 32×28 | 813 | 820 | 711 | 720 | 610 |
| 800×650 | 32×26 | 813 | — | 660 | — | 610 |
| 800×600 | 32×24 | 813 | 820 | 610 | 630 | 610 |
| 850×800 | 34×32 | 864 | — | 813 | — | 610 |
| 850×750 | 34×30 | 864 | — | 762 | — | 610 |
| 850×700 | 34×28 | 864 | — | 711 | — | 610 |
| 850×650 | 34×26 | 864 | — | 660 | — | 610 |
| 900×850 | 36×34 | 914 | — | 864 | — | 610 |
| 900×800 | 36×32 | 914 | — | 813 | — | 610 |
| 900×750 | 36×30 | 914 | — | 762 | — | 610 |
| 900×700 | 36×28 | 914 | — | 711 | — | 610 |
| 900×650 | 36×26 | 914 | — | 660 | — | 610 |
| 950×900 | 38×36 | 965 | — | 914 | — | 610 |
| 950×850 | 38×34 | 965 | — | 864 | — | 610 |
| 950×800 | 38×32 | 965 | — | 813 | — | 610 |
| 950×750 | 38×30 | 965 | — | 762 | — | 610 |
| 950×700 | 38×28 | 965 | — | 711 | — | 610 |
| 950×650 | 38×26 | 965 | — | 660 | — | 610 |
| 1 000×950 | 40×38 | 1 016 | — | 965 | — | 610 |
| 1 000×900 | 40×36 | 1 016 | — | 914 | — | 610 |
| 1 000×850 | 40×34 | 1 016 | — | 864 | — | 610 |
| 1 000×800 | 40×32 | 1 016 | — | 813 | — | 610 |
| 1 000×750 | 40×30 | 1 016 | — | 762 | — | 610 |
| 1 050×1 000 | 42×40 | 1 067 | — | 1 016 | — | 610 |
| 1 050×950 | 42×38 | 1 067 | — | 965 | — | 610 |
| 1 050×1 000 | 42×40 | 1 067 | — | 1 016 | — | 610 |
| 1 050×950 | 42×38 | 1 067 | — | 965 | — | 610 |
| 1 050×900 | 42×36 | 1 067 | — | 914 | — | 610 |

表 12（续）

| 公称尺寸 | | 坡口处外径 | | | | 端面至端面 $H$/mm |
|---|---|---|---|---|---|---|
| | | 大端 $D$/mm | | 小端 $D_1$/mm | | |
| DN | NPS | Ⅰ系列 | Ⅱ系列 | Ⅰ系列 | Ⅱ系列 | |
| 1 050×850 | 42×34 | 1 067 | — | 864 | — | 610 |
| 1 050×800 | 42×32 | 1 067 | — | 813 | — | 610 |
| 1 050×750 | 42×30 | 1 067 | — | 762 | — | 610 |
| 1 100×1 050 | 44×42 | 1 118 | — | 1 067 | — | 610 |
| 1 100×1 000 | 44×40 | 1 118 | — | 1 016 | — | 610 |
| 1 100×950 | 44×38 | 1 118 | — | 965 | — | 610 |
| 1 100×900 | 44×36 | 1 118 | — | 914 | — | 610 |
| 1 150×1 100 | 46×44 | 1 168 | — | 1 118 | — | 711 |
| 1 150×1 050 | 46×42 | 1 168 | — | 1 067 | — | 711 |
| 1 150×1 000 | 46×40 | 1 168 | — | 1 016 | — | 711 |
| 1 150×950 | 46×38 | 1 168 | — | 965 | — | 711 |
| 1 200×1 150 | 48×46 | 1 219 | — | 1 168 | — | 711 |
| 1 200×1 100 | 48×44 | 1 219 | — | 1 118 | — | 711 |
| 1 200×1 050 | 48×42 | 1 219 | — | 1 067 | — | 711 |
| 1 200×1 000 | 48×40 | 1 219 | — | 1 016 | — | 711 |
| 1 300×1 200 | 52×48 | 1 321 | — | 1 219 | — | 711 |
| 1 300×1 100 | 52×44 | 1 321 | — | 1 118 | — | 711 |
| 1 300×1 050 | 52×42 | 1 321 | — | 1 067 | — | 711 |
| 1 300×1 000 | 52×40 | 1 321 | — | 1 016 | — | 711 |
| 1 300×900 | 52×36 | 1 321 | — | 914 | — | 711 |
| 1 300×750 | 52×30 | 1 321 | — | 762 | — | 711 |
| 1 300×600 | 52×24 | 1 321 | — | 610 | — | 711 |
| 1 400×1 300 | 56×52 | 1 422 | — | 1 321 | — | 711 |
| 1 400×1 200 | 56×48 | 1 422 | — | 1 219 | — | 711 |
| 1 400×1 100 | 56×44 | 1 422 | — | 1 118 | — | 711 |
| 1 400×1 050 | 56×42 | 1 422 | — | 1 067 | — | 711 |
| 1 400×1 000 | 56×40 | 1 422 | — | 1 016 | — | 711 |
| 1 400×900 | 56×36 | 1 422 | — | 914 | — | 711 |
| 1 400×750 | 56×30 | 1 422 | — | 762 | — | 711 |
| 1 400×600 | 56×24 | 1 422 | — | 610 | — | 711 |
| 1 500×1 400 | 60×56 | 1 524 | — | 1 422 | — | 711 |
| 1 500×1 300 | 60×52 | 1 524 | — | 1 321 | — | 711 |

表 12(续)

| 公称尺寸 | | 坡口处外径 | | | | 端面至端面 $H$/mm |
|---|---|---|---|---|---|---|
| | | 大端 $D$/mm | | 小端 $D_1$/mm | | |
| DN | NPS | Ⅰ系列 | Ⅱ系列 | Ⅰ系列 | Ⅱ系列 | |
| 1 500×1 200 | 60×48 | 1 524 | — | 1 219 | — | 711 |
| 1 500×1 100 | 60×44 | 1 524 | — | 1 118 | — | 711 |
| 1 500×1 050 | 60×42 | 1 524 | — | 1 067 | — | 711 |
| 1 500×1 000 | 60×40 | 1 524 | — | 1 016 | — | 711 |
| 1 500×900 | 60×36 | 1 524 | — | 914 | — | 711 |
| 1 500×750 | 60×30 | 1 524 | — | 762 | — | 711 |

## 5.2 特殊尺寸

### 5.2.1 内径

管件的端部内径和壁厚由采购方规定。

远离端部的内径不做特殊规定。如果对流通孔有特殊要求时,内径的最小尺寸应由采购方规定。

### 5.2.2 翻边短节的特殊尺寸

订货时采购方应规定是长型或短型翻边短节及特殊的连接结构(见表 10 的注和脚注)。

### 5.2.3 特殊角度弯头

制造商生产的短半径、长半径和 3D 半径弯头可按采购方要求的角度制造。除中心至端部的尺寸 $B_S$ 外,这种特殊角度弯头应符合本标准的其他全部要求。特殊角度弯头的尺寸 $B_S$ 按式(1)计算:

$$B_S = A \times \tan(\theta/2) \qquad \cdots\cdots(1)$$

式中:

$B_S$ ——特殊角度弯头中心至端部的尺寸,单位为毫米(mm);

$A$ ——90°标准角度弯头的中心至端部尺寸,单位为毫米(mm),长半径弯头见表 2,短半径弯头见表 5,3D 半径弯头见表 7;

$\theta$ ——特殊角度弯头的角度,如 30°、60°、75°等。

# 6 表面轮廓

当管件上的相邻开口不在平行平面上时,管件外表面应由渐进圆弧或圆角相连接,圆弧或圆角可终止于相切处。除直接由自由锻锻件制作的管件外,管件的外表面均应圆滑过渡、无棱角或塌陷。

采用锻件直接制造的特殊尺寸、形状和公差的管件,按采购方与制造商协议供货。

# 7 端部坡口

7.1 除非另有规定,管件端部应加工焊接坡口,其尺寸和形状应符合图 12 和表 13 的要求。

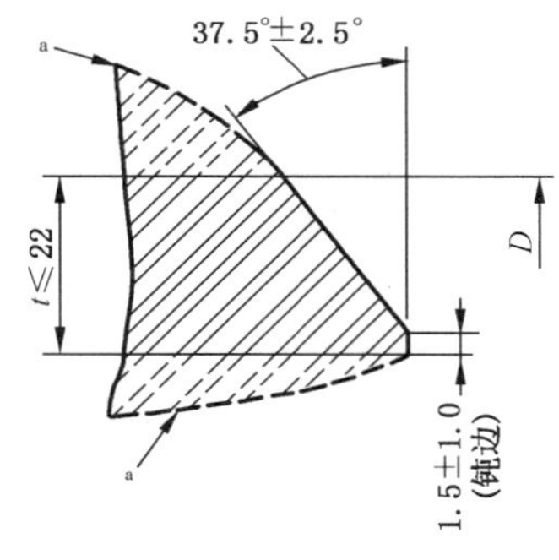


a） 简单坡口

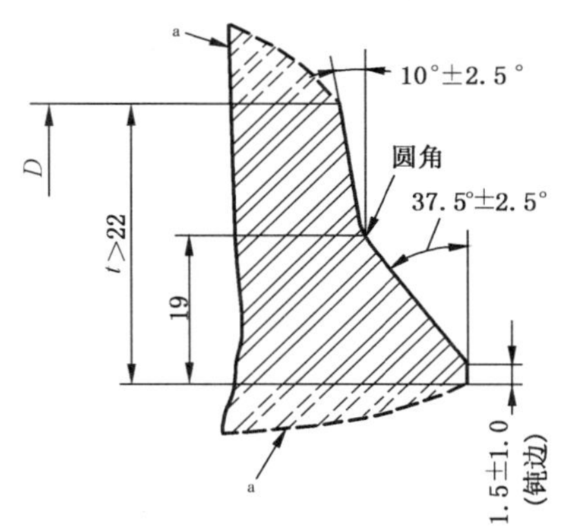


b） 组合坡口

[a] 过渡轮廓线参阅 7.2 及图 13。

图 12 管件端部坡口形状及尺寸

表 13 管件的焊接坡口和钝边

| 公称壁厚 $t$/mm | 端部制备 |
|---|---|
| ＜3 | 直角或轻微倒角，由制造商确定 |
| 3～22 | 简单坡口，如图 12 a)所示 |
| ＞22 | 组合坡口，如图 12 b)所示 |

7.2 管件焊接端部过渡部分的最大包络线应符合图 13 的要求。除图 13 的注 e 或特殊订货外，在图 13 所示的最大包络线范围内，由焊接坡口到管件的外表面以及由根部钝边到管件的内表面的过渡由制造商自定。

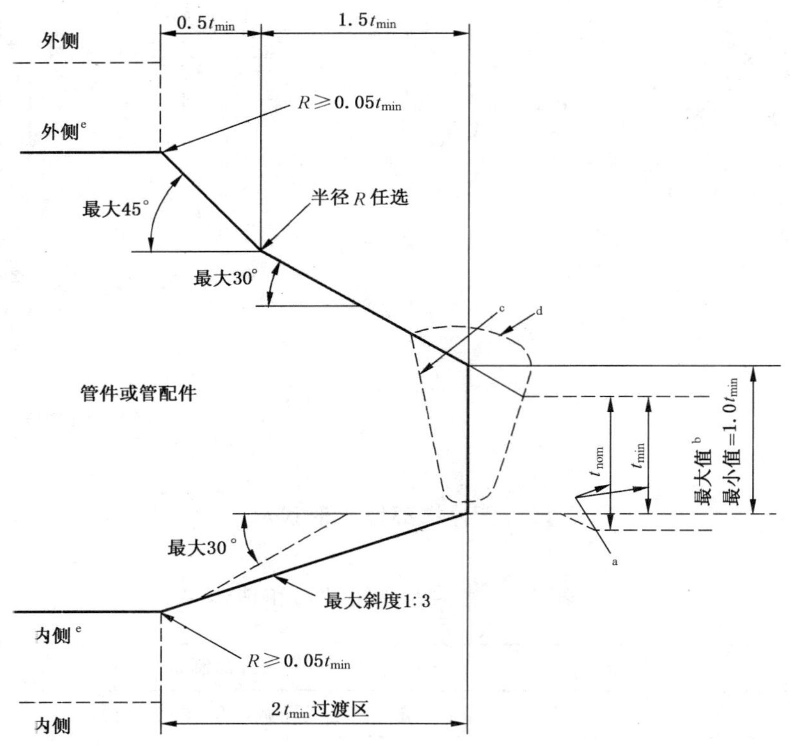


[a] $t_{min}$为最小壁厚。除非合同另有规定，为公称壁厚 $t_{nom}$ 的 0.875 倍。

[b] 管件端部的最大壁厚为：

——当以最小壁厚订货时，为 $t_{min}$＋4 mm 或 1.15 $t_{min}$ 中的较大者；

——当以公称壁厚订货时，为 $t_{min}$＋4 mm 或 1.10 $t_{nom}$ 中的较大者。

[c] 焊接坡口仅作示意。

[d] 由适用规范允许的焊接补强可位于最大包络线外。

[e] 当采用最大斜度的过渡段不能与内表面或外表面相交时，则应如虚线轮廓所示采用最大斜度。或者采用在包络区内的圆弧过渡。

图 13　焊接端部过渡段的最大包络线

## 8　公差

8.1　管件的尺寸偏差和形位公差应符合图 14 和表 14 的规定。

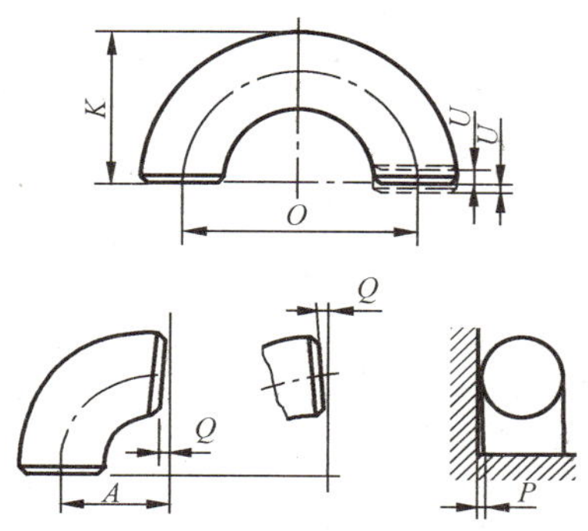

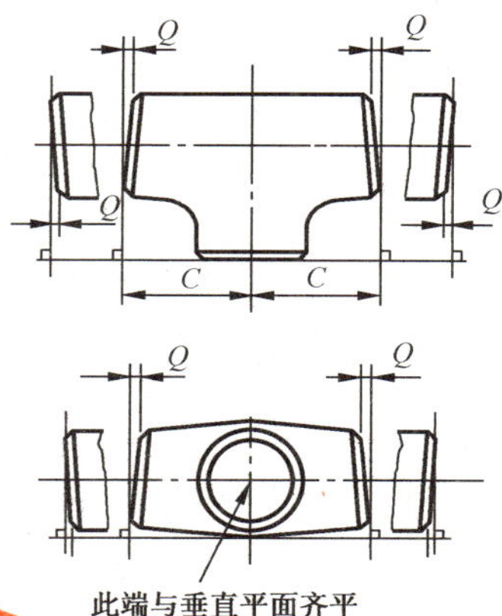


图 14　公差简图

表 14　公差

| 所有管件[a] | | | | 中心至端部尺寸/mm | | 异径管和翻边短节 F、H/mm | 管帽总长 E/mm | 180°弯头 | |
|---|---|---|---|---|---|---|---|---|---|
| 公称尺寸 | | 坡口处外径[b,c] D/mm | 端部内径[b,d] /mm | 90°和45°长、短半径弯头及三通 A、B、C、M | 3D半径弯头 A、B | | | 中心至中心尺寸 O/mm | 背部至端面尺寸 K/mm |
| DN | NPS | | | | | | | | |
| 15～65 | 1/2～2½ | +1.6<br>−0.8 | ±0.8 | ±2 | ±3 | ±2 | ±3 | ±6 | ±6 |
| 80～90 | 3～3½ | ±1.6 | ±1.6 | ±2 | ±3 | ±2 | ±3 | ±6 | ±6 |
| 100 | 4 | ±1.6 | ±1.6 | ±2 | ±3 | ±2 | ±3 | ±6 | ±6 |
| 125～200 | 5～8 | +2.4<br>−1.6 | ±1.6 | ±2 | ±3 | ±2 | ±6 | ±6 | ±6 |
| 250～450 | 10～18 | +4.0<br>−3.2 | ±3.2 | ±2 | ±3 | ±2 | ±6 | ±10 | ±6 |
| 500～600 | 20～24 | +6.4<br>−4.8 | ±4.8 | ±2 | ±3 | ±2 | ±6 | ±10 | ±6 |
| 650～750 | 26～30 | +6.4<br>−4.8 | ±4.8 | ±3 | ±6 | ±5 | ±10 | — | — |
| 800～1 200 | 32～48 | +6.4<br>−4.8 | ±4.8 | ±5 | ±6 | ±5 | ±10 | — | — |
| 1 300～1 500 | 52～60 | +6.4<br>−4.8 | ±4.8 | ±6.4 | ±10 | ±10 | ±10 | — | — |

**表 14（续）**

| 公称尺寸 | | | | 翻边短节 | |
|---|---|---|---|---|---|
| DN | NPS | 搭接边外径 $G$/mm | 搭接边圆角半径 $R$/mm | 短节外径 $D$/mm | 搭接边厚度 /mm |
| 15～65 | 1/2～2½ | $^{0}_{-1}$ | $^{0}_{-1}$ | 极限尺寸见表 10 | $^{+1.6}_{0}$ |
| 80～90 | 3～3½ | $^{0}_{-1}$ | $^{0}_{-1}$ | | $^{+1.6}_{0}$ |
| 100 | 4 | $^{0}_{-1}$ | $^{0}_{-2}$ | | $^{+1.6}_{0}$ |
| 125～200 | 5～8 | $^{0}_{-1}$ | $^{0}_{-2}$ | | $^{+1.6}_{0}$ |
| 250～450 | 10～18 | $^{0}_{-2}$ | $^{0}_{-2}$ | | $^{+3.2}_{0}$ |
| 500～600 | 20～24 | $^{0}_{-2}$ | $^{0}_{-2}$ | | $^{+3.2}_{0}$ |

| 公称尺寸 | | 形位公差 | | |
|---|---|---|---|---|
| DN | NPS | $Q$/mm | $P$/mm | 180°弯头 $U$/mm |
| 15～100 | 1/2～4 | 1 | 2 | 1 |
| 125～200 | 5～8 | 2 | 4 | 1 |
| 250～300 | 10～12 | 3 | 5 | 2 |
| 350～400 | 14～16 | 3 | 6 | 2 |
| 450～600 | 18～24 | 4 | 10 | 2 |
| 650～750 | 26～30 | 5 | 10 | — |
| 800～1 050 | 32～42 | 5 | 13 | — |
| 1 100～1 200 | 32～42 | 5 | 19 | — |
| 1 300～1 500 | 52～60 | 5 | 19 | — |

[a] 端部内径和公称壁厚由采购方指定。
[b] 圆度为正负偏差绝对值之和。
[c] 当需要增加管件壁厚以满足 4.2 的设计要求时，该公差不适用于成形管件的局部区域。
[d] 除非采购方另有规定，这些公差适用于公称内径等于公称外径减去两倍公称壁厚的场合。

8.2 除非合同另有规定，管件端部壁厚应不小于公称壁厚的 87.5%。

8.3 对端部坡口的内外径、壁厚公差等另有要求时，由供需双方协商确定。

8.4 因管件表面局部缺陷需要进行修磨时，允许孤立的不连续的局部减薄，只要剩余壁厚不小于规定的最小壁厚 $t_{min}$（见图 13 的注 a）。但此壁厚公差要求不适用于需要加强的区域。

## 9 标志

### 9.1 管件的标志方法

管件应作永久性标志。如果使用钢印标志，应注意钢印不要过深或太尖而造成裂纹或使管件壁厚减少到小于允许的最小壁厚。

### 9.2 管件的标志位置

只要管件尺寸许可，都应在管件上直接标志。无论何种标志方法，标志均应在管件适宜的易于观察的位置进行。使用钢印标志时应避开高应力区。

### 9.3 标志内容

管件的标志应包含以下内容：

a） 制造商名称或商标；
b） 材料等级；
c） 公称尺寸(外径为Ⅰ系列时，可省略标记；外径为Ⅱ系列时，应进行标记)或指定的外径；
d） 公称壁厚或指定的壁厚值；
e） 产品编号或原材料熔炼炉号；
f） 产品代号；
g） 本标准编号(可不包括年代号)；
h） 合同要求的其他标志内容。

### 9.4 例外

当管件的尺寸无法进行完整标志时，可按 9.3 所述顺序逆向省略标志或采用标签标志。

### 9.5 标志示例

**示例 1**：材料等级为 AF12，公称尺寸 DN 100，外径为Ⅰ系列，壁厚等级为 Sch40 的 90°短半径无缝弯头的标志为：

制造商名称或商标　AF12-DN 100-Sch40 产品编号或原材料熔炼炉号 90ES GB/T 12459

**示例 2**：材料等级为 CF415K，主管外径为 $\phi$820，厚度为 14 mm；支管外径为 $\phi$630，厚度为 12 mm，设计计算符合附录 B 最小壁厚要求的焊接三通的标志为：

制造商名称或商标 CF415K-$\phi$820×14-$\phi$630×12 产品编号或原材料熔炼炉号 WTR GB/T 12459-B

**示例 3**：材料等级为 CF485K，公称尺寸 DN 150×100、外径为Ⅱ系列、壁厚等级为 Sch80 的无缝同心异径管的标志为：

制造商名称或商标　CF485K-DN 150×100-Ⅱ-Sch80　产品编号或原材料熔炼炉号 RE GB/T 12459

**示例 4**：材料等级为 SF304/SF304L，公称尺寸 DN 300，外径为Ⅰ系列，壁厚等级为 Sch120，附加了 GB/T 13401 的 A.1.2(稳定化处理)和 A.6.1(晶间腐蚀试验)检测试验的 90°长半径无缝弯头的标志为：

制造商名称或商标 SF304/SF304L-DN 300-Sch 120 产品编号或原材料熔炼炉号 90EL GB/T 12459 GB/T 13401 A.1.2- A.6.1

## 10 产品质量合格证明书

按本标准生产制造的管件，每批均应有产品质量合格证明书并符合 GB/T 13401 的相关规定。

# 附　录　A
# （规范性附录）
# 设计验证试验

## A.1　要求做的试验

当制造商采用验证试验方法对管件的设计进行鉴定时，应按本附录的规定进行验证试验。试验应按 A.3 规定的管件及其与之连接的管道计算的爆破压力进行。工厂制造的特殊角度弯头，其几何形状与试验的 90°弯头类似，不需要单独进行试验。

翻边短节免做验证试验，因为它们用于法兰安装中，依据使用条件，具有不同的额定值。

## A.2　试验组装件

### A.2.1　样品部件

试验管件应从具有相同基本设计形状和制造方法的管件中选择，并按 GB/T 13401 的规定要求验明材料、炉批号，包括热处理。试验管件应经过尺寸检查，并符合于本标准。

### A.2.2　其他部件

应将计算爆破压力至少与 A.3 计算得出的验证试验压力同样大小的等径无缝管或焊接管管段焊接到待试验管件的各端。管段可以比管件标志的公称壁厚厚，但不应超过管件标志壁厚的 1.5 倍。任何内圆错边大于 1.5 mm 时，应采用斜度不大于 1∶3 的内镗锥孔减小其内错边。管段的截取长度应如下：

a)　对于 DN 350(NPS 14)及以下的管件，管子的最小长度应为一个管子外径。

b)　对于大于 DN 350(NPS 14)的管件，管子的最小长度应为管子外径的一半。

## A.3　试验程序

试验用流体应为水或其他液体。应对试验组装件施加水压。

建议对每种试验管件至少进行 3 个样品试验。当试验的样品数量不同时，按表 A.1 选择试验压力计算式(A.1)中使用的试验系数 $f$。

**表 A.1　试验系数 $f$ 选取表**

| 样品数量 | 试验系数 $f$ |
|---|---|
| 1 | 1.10 |
| 2 | 1.05 |
| 3 | 1.00 |

注：符合 A.4 规定的几何形状类似的不同口径、壁厚管件样品(例如 2 件或 3 件 90°长半径弯头)，可以联合起来确定一组管件的试验系数。

试验应进行到管件破裂或保持(或超过)按式(A.1)计算的最小验证试验压力至少 3 min。对于每一个试验,如果试验组装件都能够经受住至少等于最小计算验证试验压力值而不破裂,则试验合格。

$$p = \frac{2ST}{D} f \qquad \cdots\cdots ( A.1 )$$

式中:

$p$ ——管件的最小计算验证试验压力,单位为兆帕(MPa);

$S$ ——在代表试验管件的试样上测得的试验管件的实际抗拉强度,它应满足相应规范中规定的管件材料等级所要求的抗拉强度,单位为兆帕(MPa);

$T$ ——管件上标志的管子的公称壁厚,单位为毫米(mm);

$D$ ——规定的管子外径,单位为毫米(mm);

$f$ ——试验系数,见表 A.1,无量纲。

## A.4 试验结果的可用性

不需要对规格、壁厚及材料的所有组合情况进行逐一试验。在一个代表性管件得出的合格的验证试验可代表下述的其他管件:

a) 规格范围:一个试验管件可以用来对 DN(或 NPS)规格大小为试验管件的 0.5 倍~2 倍的类似比例的管件(如相同比例弯曲半径的 45°、90°和 180°弯头)进行质量评定。等径管件的验证试验可用以对同类型的异径管件进行质量评定。异径管件的验证试验可用以对规格较小的异径管件进行质量评定。试验管件的最大规格不宜超过 DN 600。

b) 厚度范围:一个试验管件可以用来对 $t/D$ 比值为试验管件的 0.5 倍~3 倍的类似比例的管件进行质量评定。

c) 材料级别:如果材料标准规范中规定的屈强比为 0.84 或更低,由某种材料制造的几何形状相同的管件承压能力直接与该材料的抗拉强度成正比。因此,只需试验单一材料等级代表性管件即可验证该管件的设计。

## A.5 试验结果的保留

制造商应有质量控制控程序并用于整个制造过程控制,以保证所制造管件的几何形状、尺寸与所试验的管件几何形状等符合规定要求。相关的产品图纸和质量记录应予以保留。

按以前版本所做的试验,不因本版本中有关试验方法和要求的变更而失效。

当管件的几何形状或制造方法有重大变化,制造商应重新进行试验,或通过分析以证明该变化不会影响以前试验的结果。

## A.6 验证试验报告

每个结构管件的组装件试验都应有试验报告并应包括:

a) 试验描述,包括试验数量和用以确定验证试验目标值的试验系数 $f$;

b) 所使用的仪表量具和方法;

c) 组装件管件的拉伸试验报告;

d) 每个试验的实际最终压力;

e) 从试验开始到爆破的时间长度,或在所估算的目标压力值或之上的保持时间;

f) 所进行的计算；

g) 破裂位置，如果有，包括简图；

h) 试验人员的签字。在委托特种设备专门机构进行验证试验时，应由其出具相应的试验报告。

买方或监造方在制造商现场应可以看到这些试验报告。

# 附 录 B
# （资料性附录）
# 管件设计计算

## B.1 总则

本附录规定了符合相应结构参数标准管件最小壁厚的设计和计算方法。成品管件相应部位的实测壁厚不得小于按本附录确定的最小壁厚。

## B.2 弯头

弯头外弧侧最小壁厚不小于直管公称壁厚 $T$。

弯头中心线所在平面的内弧侧最小壁厚 $T_i$ 按式(B.1)确定：

$$T_i = Tk \qquad \cdots\cdots(B.1)$$

式中：

$T_i$ ——弯头中心线所在平面的内弧侧(即弯头内弧最小弧长处)最小壁厚，单位为毫米(mm)；

注：最小壁厚不包括端部坡口以及斜面处的厚度。以下同。

$T$ ——与管件连接的直管公称壁厚；

$k$ ——计算系数，见表 B.1。

**表 B.1 弯头中心线所在平面的内弧侧壁厚计算系数 $k$ 值表**

| 弯头类型 | $k$[a] |
|---|---|
| 短半径弯头($R$=1D) | 1.25 |
| 长半径弯头($R$=1.5D) | 1.1 |
| 3D 弯头($R$=3D) | 1.04 |
| [a] 中间值可用内插法求得。 | |

## B.3 管帽

管帽球冠形状应为 2∶1 的椭圆形。顶部球冠半径约为 0.9 倍的管帽内直径，球冠过渡弧半径约为 0.17 倍管帽内直径，带直边碟形管帽等同于 2∶1 标准椭圆形管帽。管帽高度应包括直边的长度。

管帽本体(球冠、过渡弧及直边)的最小壁厚应不小于直管公称壁厚 $T$。

## B.4 异径管(同心或偏心)

### B.4.1 带直边及过渡段的异径管(同心和偏心)

带直边及过渡段的异径管应包含锥体、大小两端的直边及过渡段。

a) 异径管斜边与轴线的夹角 $\alpha$(见图 B.1)不大于 30°；

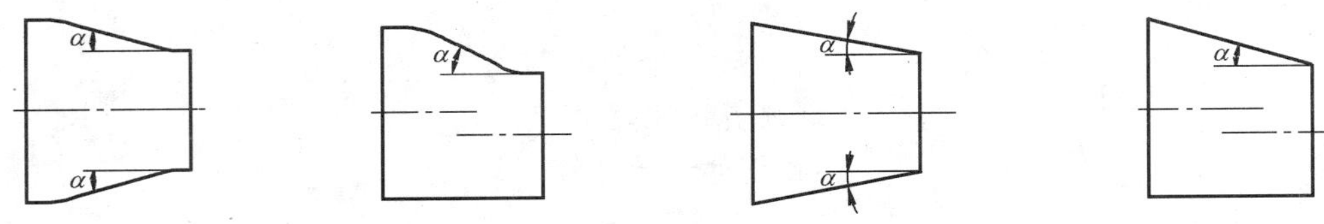


**图 B.1 异径管(同心和偏心)斜边与轴线的夹角 α 示意图**

b) 大小两端的外径与直管公称壁厚之比均不大于 100。

符合所列结构参数的带直边及过渡段的异径管,除小端直边和坡口处外,其最小壁厚应不小于大端直管公称壁厚 $t$ 。

### B.4.2 无直边异径管(同心和偏心)

无直边及过渡段异径管的斜边与轴线的夹角 $\alpha$(见图 B.1)不大于 30°。

符合所列结构参数的无直边异径管,大端处的最小壁厚应不小于大端直管公称壁厚 $t$ 的 $(1/\cos\alpha)$倍。

### B.4.3 补充说明

表 12 所列部分缩径比较大的异径管,其斜边与轴线的夹角可能无法满足 B.4.1 及 B.4.2 的结构参数要求,用户可避免选用或自行确定其最小壁厚。

## B.5 三通(等径和异径)

三通应整体成形,即三通支管与主管部分不得采用焊接连接。

对于等径三通,其肩部圆弧过渡区 45°处的最小壁厚应不小于 $1.5t$ ($t$ 为主管公称壁厚)。

三通肩部的主管与支管过渡区外部圆弧曲率半径的最小值宜为 0.05 $D_1$($D_1$ 为支管外径)或 38 mm 中的较小者;最大值宜为:当 $D_1$ 小于 DN 200 时为 32 mm,当 $D_1$ 大于或等于 DN 200 时为 0.10 $D_1$+13 mm。

ICS 23.040.60
J 15

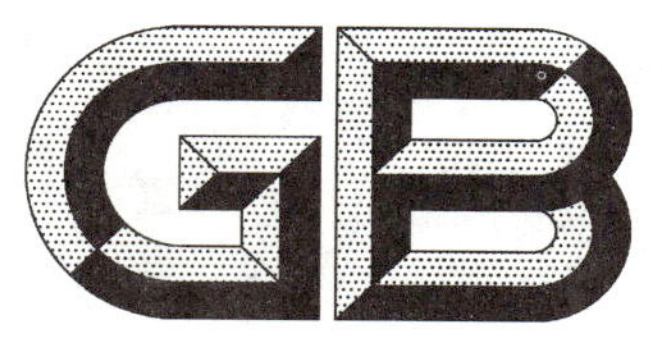

# 中华人民共和国国家标准

GB/T 14383—2008
代替 GB/T 14383—1993,GB/T 14626—1993

# 锻制承插焊和螺纹管件

## Forged fittings, socket-welding and threaded

2008-05-07 发布　　2008-11-01 实施

中华人民共和国国家质量监督检验检疫总局
中国国家标准化管理委员会　发布

# 前　言

本标准修改采用 ASME B16.11:2005《锻制承插焊和螺纹管件》(英文版)。

本标准根据 ASME B16.11:2005 重新起草。为了方便比较，在资料性附录 A 中列出了本标准与 ASME B16.11:2005 条款的对照一览表。

根据我国工业管道的发展情况及产品的使用、制造情况，本标准在采用 ASME B16.11:2005 时进行了修改。这些技术性差异及其原因主要有：

——根据我国工业管道产品标准的现状，将 ASME B16.11:2005 中引用相关标准的技术要求及检验试验内容列入本标准中；

——在 ASME B16.11:2005 原有品种之外，保留了 GB/T 14383—1993 中的承插焊 45°三通；

——为了保证安装，根据我国现行钢管外径偏差，本标准修订了承插孔径尺寸，如:DN15 本标准承插孔径为 21.9，ASME B16.11:2005 中为 21.8;DN20 本标准承插孔径为 27.3，ASME B16.11:2005中为 27.2；

——在接管外径方面，考虑到 GB/T 14383—1993 中的 B 系列外径还有少量使用，故保留了这种接管外径，在本标准中列为不推荐使用的Ⅱ系列；

——为避免产品名称的混淆和方便采购信息的电子化应用，增加了每种产品的代号；

——为了使用方便，在附录 B 中列出了与管件连接的管子外径及壁厚表。

按照我国产品标准编写规定，本标准与 ASME B16.11:2005 相比，还作了以下编辑性修改：

——主要技术内容与 ASME B16.11 基本一致，但编写格式不同；

——对图表中的个别符号进行了修订。

本标准代替 GB/T 14383—1993《锻钢制承插焊管件》和 GB/T 14626—1993《锻钢制螺纹管件》，因为随着工业管道技术的发展和生产实践的情况，这两项标准的部分条款和参数已不适用。

本标准与 GB/T 14383—1993、GB/T 14626—1993 相比主要变化如下：

——修订了承插孔径尺寸；

——采用了与 ASME B16.11 相同的管件级别代号；

——增加了订货内容的条款和选择性的附加要求；

——在品种上，增加了内外螺纹弯头，并扩大了管件的规格；

——对制造、热处理、检验、试验、标志和产品质量证明书等要求进行了修订。

本标准实施之日起代替 GB/T 14383—1993、GB/T 14626—1993。

本标准的附录 A 为资料性附录，附录 B、附录 C 为规范性附录。

本标准由中国机械工业联合会提出。

本标准由全国管路附件标准化技术委员会归口。

本标准负责起草单位:江苏海达管件有限公司、江阴市南方管件制造有限公司。

本标准参加起草的单位:中机生产力促进中心、江阴金童石化管件有限公司、盐城福吉特管件有限公司。

本标准主要起草人 :郭顺显、李俊英、李之海、姚明文、李乃明、黄国洪、李建、姚明华、李锦喜、王粉兰。

本标准所代替标准的历次版本发布情况为：

——GB/T 14383—1993；

——GB/T 14626—1993。

# 锻制承插焊和螺纹管件

## 1 范围

本标准规定了锻制承插焊和螺纹管件的订货内容、尺寸、材料、制造、检验、试验以及标志等要求。

本标准适用于工业管道系统中公称尺寸不大于 DN100 的金属材料锻制的承插焊和螺纹管件。

## 2 规范性引用文件

下列文件中的条款通过本标准的引用而成为本标准的条款。凡是注日期的引用文件，其随后所有的修改单(不包括勘误的内容)或修订版均不适用于本标准，然而，鼓励根据本标准达成协议的各方研究是否可使用这些文件的最新版本。凡是不注日期的引用文件，其最新版本适用于本标准。

GB/T 222 钢的成品化学成分允许偏差

GB/T 223(所有部分) 钢铁及合金化学分析方法

GB/T 228 金属材料 室温拉伸试验方法(GB/T 228—2002,eqv ISO 6892:1998)

GB/T 229 金属材料 夏比摆锤冲击试验方法(GB/T 229—2007,ISO 148-1:2006,MOD)

GB/T 699 优质碳素结构钢

GB/T 1591 低合金高强度结构钢

GB/T 1220 不锈钢棒

GB/T 1221 耐热钢棒

GB/T 2975 钢及钢产品力学性能试验取样位置及试样制备(GB/T 2975—1998,eqv ISO 377:1997)

GB/T 3077 合金结构钢

GB/T 4334(所有部分) 不锈钢 腐蚀试验方法

GB/T 4338 金属材料高温拉伸试验方法(GB/T 4338—2006,ISO 783:1999,MOD)

GB/T 6394 金属平均晶粒度测定法

GB/T 10561—2005 钢中非金属夹杂物含量的测定 标准评级图显微检验法(ISO 4967:1998,IDT)

GB/T 12716 60°密封管螺纹

GB/T 17394 金属里氏硬度试验方法

GB/T 18253 钢及钢产品 检验文件的类型(GB/T 18253—2000,eqv ISO 10474:1991)

GB/T 20066—2006 钢和铁 化学成分测定用试样的取样和制样方法(ISO 14284:1996,IDT)

JB/T 4730.3 承压设备无损检测 第3部分:超声检测

JB/T 4730.4 承压设备无损检测 第4部分:磁粉检测

JB/T 4730.5 承压设备无损检测 第5部分:渗透检测

ASME B36.10M 焊接和无缝轧制钢管

## 3 品种与代号

管件的品种与代号见表1。

表 1 管件的品种与代号

| 连接型式 | 品　种 | 代号 | 连接型式 | 品　种 | 代号 |
|---|---|---|---|---|---|
| 承插焊 | 承插焊 45°弯头 | S45E | 螺纹 | 螺纹 45°弯头 | T45E |
| | 承插焊 90°弯头 | S90E | | 螺纹 90°弯头 | T90E |
| | 承插焊三通 | ST | | 内外螺纹 90°弯头 | T90SE |
| | 承插焊 45°三通 | S45T | | 螺纹三通 | TT |
| | 承插焊四通 | SCR | | 螺纹四通 | TCR |
| | 双承口管箍(同心) | SFC | | 双螺口管箍(同心) | TFC |
| | 双承口管箍(偏心) | SFCR | | 双螺口管箍(偏心) | TFCR |
| | 单承口管箍 | SHC | | 单螺口管箍 | THC |
| | 单承口管箍(带斜角)[a] | SHCB | | 单螺口管箍(带斜角)[a] | THCB |
| | 承插焊管帽 | SC | | 螺纹管帽 | TC |
| | — | — | | 四方头管塞 | SHP |
| | — | — | | 六角头管塞 | HHP |
| | — | — | | 圆头管塞 | RHP |
| | — | — | | 六角头内外螺纹接头 | HHB |
| | — | — | | 无头内外螺纹接头 | FB |

[a] 当要求与主管焊接相连的端部加工成带 45°斜角的形状时，在代号后加“B”；即一端带斜角的单承口管箍的代号为 SHCB，一端带斜角的单螺口管箍的代号为 THCB。

## 4 管件级别

承插焊管件的级别(Class)分为 3 000、6 000 和 9 000，螺纹管件的级别分为 2 000、3 000 和 6 000；与之适配的管子壁厚等级见表 2。

表 2 管件级别和与之适配的管子壁厚等级的关系

| 连接型式 | 级别代号 | 适配的管子壁厚等级 | 连接型式 | 级别代号 | 适配的管子壁厚等级 |
|---|---|---|---|---|---|
| 承插焊 | 3 000 | Sch80、XS | 螺纹 | 2 000 | Sch80、XS |
| | 6 000 | Sch160 | | 3 000 | Sch160 |
| | 9 000 | XXS | | 6 000 | XXS |

注：本表并未限制与管件连接时使用更厚或更薄的管子。实际使用的管子可以比表 2 所示的更厚或更薄。当使用更厚的管子时，管件的强度决定承压能力；当使用更薄的管子时，管子的强度决定承压能力。

## 5 特殊的连接型式

5.1 管件可以制成承插焊和螺纹组合的端部连接型式。对于这种组合的端部连接型式，应按表 2 中低级别的一端确定管件级别。

5.2 经供需双方同意，可制成带其他螺纹型式或其他连接型式的管件；除此之外，管件应符合本标准其他条款的规定。

## 6 接管尺寸

与管件连接的管子尺寸见附录B。管子外径分为Ⅰ、Ⅱ两个系列，Ⅰ系列外径为推荐使用的管子外径，Ⅱ系列外径不推荐使用。当选用附录B以外的接管尺寸时，按8.5规定。

## 7 订货内容

采购方应在订单中提供采购货物所需的全部信息，这些信息包括但不限于以下内容：

a) 管件的品种或代号(包括特殊的连接型式要求)；

b) 材料牌号；

c) 管件级别代号；

d) 公称尺寸(Ⅰ系列外径省略，Ⅱ系列外径或特殊尺寸要求的应标明)；

e) 本标准号；

f) 件数；

g) 需要的附加要求(见附录C)或补充规定。

## 8 形状、尺寸与公差

### 8.1 承插焊管件

8.1.1 承插焊管件端部凸缘的锻造圆角在经过端部平面的加工后，所要求的焊接平面宽度及要求的焊接间隙见图1。

图1 要求的焊接间隙和最小平面宽度

8.1.2 承插焊管件的形状和尺寸应符合图2、图3及表3、表4的规定，尺寸偏差应符合表9的规定。

8.1.3 承插焊管件的端部平面应与承插孔轴向垂直。

### 8.2 螺纹管件

8.2.1 螺纹管件的形状和尺寸应符合图4～图7及表5～表8的规定，尺寸偏差应符合表9的规定。

8.2.2 螺纹管件的螺纹应符合GB/T 12716标准中的60°圆锥管螺纹(NPT)的规定。

当采购方指定采用其他螺纹型式时应在订单中注明螺纹型式和标准编号。

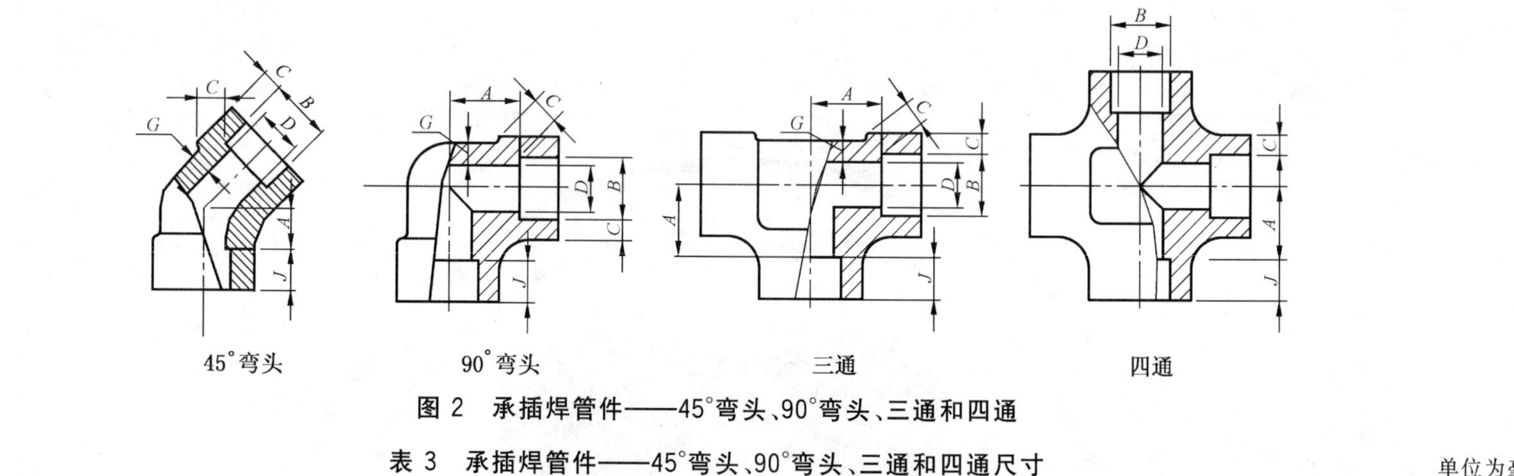


45°弯头　　90°弯头　　三通　　四通

图 2　承插焊管件——45°弯头、90°弯头、三通和四通

**表 3　承插焊管件——45°弯头、90°弯头、三通和四通尺寸**

单位为毫米

| 公称尺寸 | | 承插孔径 $B$[a] | 流通孔径 $D$[a] | | | 承插孔壁厚 $C$[b] | | | | | | 本体壁厚 $G_{min}$ | | | 承插孔深度 $J_{min}$ | 中心至承插孔底 $A$ | | | | | |
|---|---|---|---|---|---|---|---|---|---|---|---|---|---|---|---|---|---|---|---|---|---|
| | | | | | | 3 000 | | 6 000 | | 9 000 | | | | | | 90°弯头、三通、四通 | | | 45°弯头 | | |
| DN | NPS | | 3 000 | 6 000 | 9 000 | ave | min | ave | min | ave | min | 3 000 | 6 000 | 9 000 | | 3 000 | 6 000 | 9 000 | 3 000 | 6 000 | 9 000 |
| 6 | 1/8 | 10.9 | 6.1 | 3.2 | — | 3.18 | 3.18 | 3.96 | 3.43 | — | — | 2.41 | 3.15 | — | 9.5 | 11.0 | 11.0 | — | 8.0 | 8.0 | — |
| 8 | 1/4 | 14.3 | 8.5 | 5.6 | — | 3.78 | 3.30 | 4.60 | 4.01 | — | — | 3.02 | 3.68 | — | 9.5 | 11.0 | 13.5 | — | 8.0 | 8.0 | — |
| 10 | 3/8 | 17.7 | 11.8 | 8.4 | — | 4.01 | 3.50 | 5.03 | 4.37 | — | — | 3.20 | 4.01 | — | 9.5 | 13.5 | 15.5 | — | 8.0 | 11.0 | — |
| 15 | 1/2 | 21.9 | 15.0 | 11.0 | 5.6 | 4.67 | 4.09 | 5.97 | 5.18 | 9.53 | 8.18 | 3.73 | 4.78 | 7.47 | 9.5 | 15.5 | 19.0 | 25.5 | 11.0 | 12.5 | 15.5 |
| 20 | 3/4 | 27.3 | 20.2 | 14.8 | 10.3 | 4.90 | 4.27 | 6.96 | 6.04 | 9.78 | 8.56 | 3.91 | 5.56 | 7.82 | 12.5 | 19.0 | 22.5 | 28.5 | 13.0 | 14.0 | 19.0 |
| 25 | 1 | 34.0 | 25.9 | 19.9 | 14.4 | 5.69 | 4.98 | 7.92 | 6.93 | 11.38 | 9.96 | 4.55 | 6.35 | 9.09 | 12.5 | 22.5 | 27.0 | 32.0 | 14.0 | 17.5 | 20.5 |
| 32 | 1¼ | 42.8 | 34.3 | 28.7 | 22.0 | 6.07 | 5.28 | 7.92 | 6.93 | 12.14 | 10.62 | 4.85 | 6.35 | 9.70 | 12.5 | 27.0 | 32.0 | 35.0 | 17.5 | 20.5 | 22.5 |
| 40 | 1½ | 48.9 | 40.1 | 33.2 | 27.2 | 6.35 | 5.54 | 8.92 | 7.80 | 12.70 | 11.12 | 5.08 | 7.14 | 10.15 | 12.5 | 32.0 | 38.0 | 38.0 | 20.5 | 25.5 | 25.5 |
| 50 | 2 | 61.2 | 51.7 | 42.1 | 37.4 | 6.93 | 6.04 | 10.92 | 9.50 | 13.84 | 12.12 | 5.54 | 8.74 | 11.07 | 16.0 | 38.0 | 41.0 | 54.0 | 25.5 | 28.5 | 28.5 |
| 65 | 2½ | 73.9 | 61.2 | — | — | 8.76 | 7.62 | — | — | — | — | 7.01 | — | — | 16.0 | 41.0 | — | — | 28.5 | — | — |
| 80 | 3 | 89.9 | 76.4 | — | — | 9.52 | 8.30 | — | — | — | — | 7.62 | — | — | 16.0 | 57.0 | — | — | 32.0 | — | — |
| 100 | 4 | 115.5 | 100.7 | — | — | 10.69 | 9.35 | — | — | — | — | 8.56 | — | — | 19.0 | 66.5 | — | — | 41.0 | — | — |

[a] 当选用Ⅱ系列的管子时，其承插孔径和流通孔径应按Ⅱ系列管子尺寸配制，其余尺寸应符合本标准规定。

[b] 沿承插孔周边的平均壁厚不应小于平均值，局部允许达到最小值。

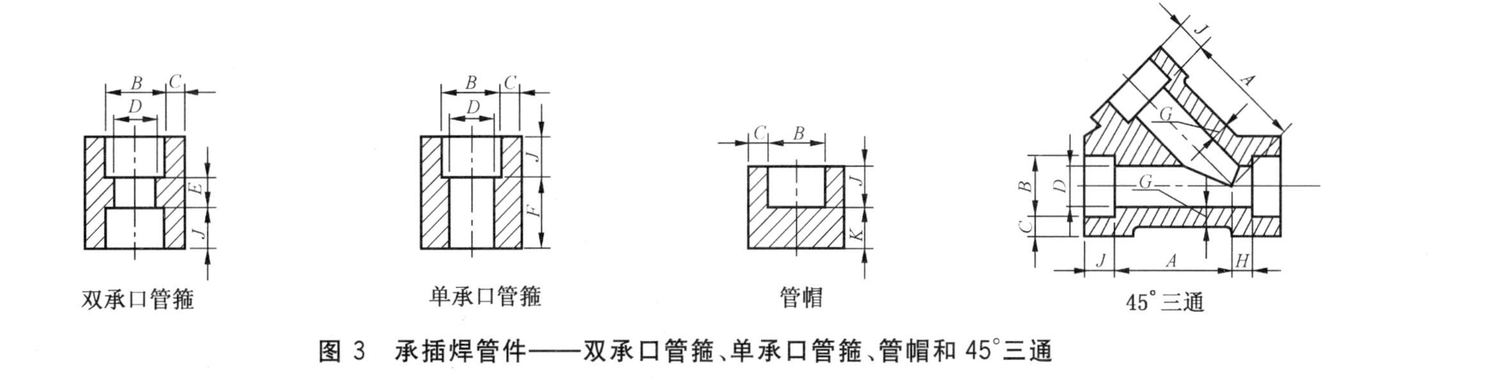

双承口管箍　　单承口管箍　　管帽　　45°三通

图 3　承插焊管件——双承口管箍、单承口管箍、管帽和 45°三通

表 4　承插焊管件——双承口管箍、单承口管箍、管帽和 45°三通尺寸

单位为毫米

| 公称尺寸 | | 承插孔径 $B^{a}$ | 流通孔径 $D^{a}$ | | | 承插孔壁厚 $C^{b}$ | | | | | | 本体壁厚 $G_{min}$ | | | 承插孔深度 $J_{min}$ | 承插孔底距离 $E$ | 承插孔底至端面 $F$ | 顶部厚度 $K_{min}$ | | | 中心至承插孔底 | | | |
|---|---|---|---|---|---|---|---|---|---|---|---|---|---|---|---|---|---|---|---|---|---|---|---|---|
| | | | | | | 3 000 | | 6 000 | | 9 000 | | | | | | | | | | | $A$ | | $H$ | |
| DN | NPS | | 3 000 | 6 000 | 9 000 | ave | min | ave | min | ave | min | 3 000 | 6 000 | 9 000 | | | | 3 000 | 6 000 | 9 000 | 3 000 | 6 000 | 3 000 | 6 000 |
| 6 | 1/8 | 10.9 | 6.1 | 3.2 | — | 3.18 | 3.18 | 3.96 | 3.43 | — | — | 2.41 | 3.15 | — | 9.5 | 6.5 | 16.0 | 4.8 | 6.4 | — | — | — | — | — |
| 8 | 1/4 | 14.3 | 8.5 | 5.6 | — | 3.78 | 3.30 | 4.60 | 4.01 | — | — | 3.02 | 3.68 | — | 9.5 | 6.5 | 16.0 | 4.8 | 6.4 | — | — | — | — | — |
| 10 | 3/8 | 17.7 | 11.8 | 8.4 | — | 4.01 | 3.50 | 5.03 | 4.37 | — | — | 3.20 | 4.01 | — | 9.5 | 6.5 | 17.5 | 4.8 | 6.4 | — | 37 | — | 9.5 | — |
| 15 | 1/2 | 21.9 | 15.0 | 11.0 | 5.6 | 4.67 | 4.09 | 5.97 | 5.18 | 9.53 | 8.18 | 3.73 | 4.78 | 7.47 | 9.5 | 9.5 | 22.5 | 6.4 | 7.9 | 11.2 | 41 | 51 | 9.5 | 11 |
| 20 | 3/4 | 27.3 | 20.2 | 14.8 | 10.3 | 4.90 | 4.27 | 6.96 | 6.04 | 9.78 | 8.56 | 3.91 | 5.56 | 7.82 | 12.5 | 9.5 | 24.0 | 6.4 | 7.9 | 12.7 | 51 | 60 | 11 | 13 |
| 25 | 1 | 34.0 | 25.9 | 19.9 | 14.4 | 5.69 | 4.98 | 7.92 | 6.93 | 11.38 | 9.96 | 4.55 | 6.35 | 9.09 | 12.5 | 12.5 | 28.5 | 9.6 | 11.2 | 14.2 | 60 | 71 | 13 | 16 |
| 32 | 1¼ | 42.8 | 34.3 | 28.7 | 22.0 | 6.07 | 5.28 | 7.92 | 6.93 | 12.14 | 10.62 | 4.85 | 6.35 | 9.70 | 12.5 | 12.5 | 30.0 | 9.6 | 11.2 | 14.2 | 71 | 81 | 16 | 17 |
| 40 | 1½ | 48.9 | 40.1 | 33.2 | 27.2 | 6.35 | 5.54 | 8.92 | 7.80 | 12.70 | 11.12 | 5.08 | 7.14 | 10.15 | 12.5 | 12.5 | 32.0 | 11.2 | 12.7 | 15.7 | 81 | 98 | 17 | 21 |
| 50 | 2 | 61.2 | 51.7 | 42.1 | 37.4 | 6.93 | 6.04 | 10.92 | 9.50 | 13.84 | 12.12 | 5.54 | 8.74 | 11.07 | 16.0 | 19.0 | 41.0 | 12.7 | 15.7 | 19.0 | 98 | 151 | 21 | 30 |
| 65 | 2½ | 73.9 | 61.2 | — | — | 8.76 | 7.62 | — | — | — | — | 7.01 | — | — | 16.0 | 19.0 | 43.0 | 15.7 | 19.0 | — | 151 | — | 30 | — |
| 80 | 3 | 89.9 | 76.4 | — | — | 9.52 | 8.30 | — | — | — | — | 7.62 | — | — | 16.0 | 19.0 | 44.5 | 19.0 | 22.4 | — | 184 | — | 57 | — |
| 100 | 4 | 115.5 | 100.7 | — | — | 10.69 | 9.35 | — | — | — | — | 8.56 | — | — | 19.0 | 19.0 | 48.0 | 22.4 | 28.4 | — | 201 | — | 66 | — |

a 当选用Ⅱ系列的管子时，其承插孔径和流通孔径应按Ⅱ系列管子尺寸配制，其余尺寸应符合本标准规定。

b 沿承插孔周边的平均壁厚不应小于平均值，局部允许达到最小值。

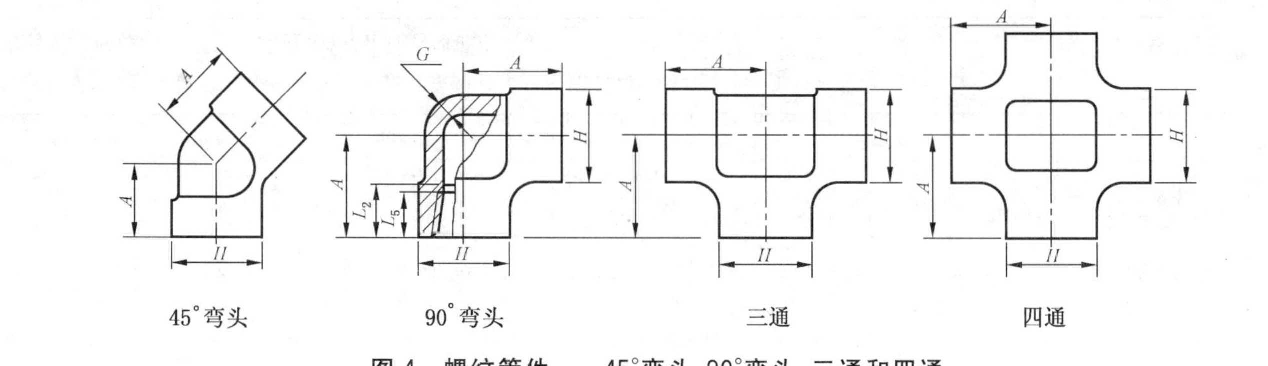


图 4 螺纹管件——45°弯头、90°弯头、三通和四通

表 5 螺纹管件——45°弯头、90°弯头、三通和四通尺寸

单位为毫米

| 公称尺寸 DN | 螺纹尺寸代号 NPT | 中心至端面 $A$ | | | | | | 端部外径 $H$[a] | | | 本体壁厚 $G_{min}$ | | | 完整螺纹长度 $L_{5min}$ | 有效螺纹长度 $L_{2\,min}$ |
|---|---|---|---|---|---|---|---|---|---|---|---|---|---|---|---|
| | | 90°弯头、三通和四通 | | | 45°弯头 | | | | | | | | | | |
| | | 2 000 | 3 000 | 6 000 | 2 000 | 3 000 | 6 000 | 2 000 | 3 000 | 6 000 | 2 000 | 3 000 | 6 000 | | |
| 6 | 1/8 | 21 | 21 | 25 | 17 | 17 | 19 | 22 | 22 | 25 | 3.18 | 3.18 | 6.35 | 6.4 | 6.7 |
| 8 | 1/4 | 21 | 25 | 28 | 17 | 19 | 22 | 22 | 25 | 33 | 3.18 | 3.30 | 6.60 | 8.1 | 10.2 |
| 10 | 3/8 | 25 | 28 | 33 | 19 | 22 | 25 | 25 | 33 | 38 | 3.18 | 3.51 | 6.98 | 9.1 | 10.4 |
| 15 | 1/2 | 28 | 33 | 38 | 22 | 25 | 28 | 33 | 38 | 46 | 3.18 | 4.09 | 8.15 | 10.9 | 13.6 |
| 20 | 3/4 | 33 | 38 | 44 | 25 | 28 | 33 | 38 | 46 | 56 | 3.18 | 4.32 | 8.53 | 12.7 | 13.9 |
| 25 | 1 | 38 | 44 | 51 | 28 | 33 | 35 | 46 | 56 | 62 | 3.68 | 4.98 | 9.93 | 14.7 | 17.3 |
| 32 | 1¼ | 44 | 51 | 60 | 33 | 35 | 43 | 56 | 62 | 75 | 3.89 | 5.28 | 10.59 | 17.0 | 18.0 |
| 40 | 1½ | 51 | 60 | 64 | 35 | 43 | 44 | 62 | 75 | 84 | 4.01 | 5.56 | 11.07 | 17.8 | 18.4 |
| 50 | 2 | 60 | 64 | 83 | 43 | 44 | 52 | 75 | 84 | 102 | 4.27 | 7.14 | 12.09 | 19.0 | 19.2 |
| 65 | 2½ | 76 | 83 | 95 | 52 | 52 | 64 | 92 | 102 | 121 | 5.61 | 7.65 | 15.29 | 23.6 | 28.9 |
| 80 | 3 | 86 | 95 | 106 | 64 | 64 | 79 | 109 | 121 | 146 | 5.99 | 8.84 | 16.64 | 25.9 | 30.5 |
| 100 | 4 | 106 | 114 | 114 | 79 | 79 | 79 | 146 | 152 | 152 | 6.55 | 11.18 | 18.67 | 27.7 | 33.0 |

[a] 当DN65(NPS 2½)的管件配管选用Ⅱ系列的管子时，管件的端部外径应大于表中规定尺寸，以满足端部凸缘处的壁厚要求，其余尺寸应符合本标准规定。

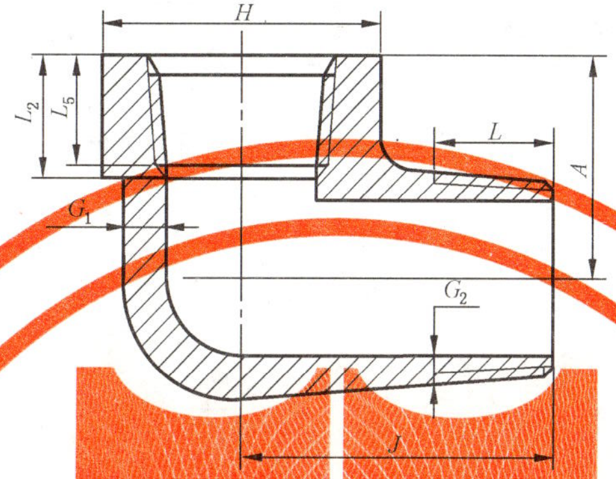

图 5　螺纹管件——内外螺纹 90°弯头

表 6　螺纹管件——内外螺纹 90°弯头尺寸

单位为毫米

| 公称尺寸 DN | 螺纹尺寸代号 NPT | 中心至内螺纹端面 $A$[a] | | 中心至外螺纹端面 $J$ | | 端部外径 $H$[b] | | 本体壁厚 $G_{1min}$ | | 本体壁厚 $G^{c}_{2min}$ | | 内螺纹完整长度 $L_{5min}$ | 内螺纹有效长度 $L_{2min}$ | 外螺纹长度 $L_{min}$ |
|---|---|---|---|---|---|---|---|---|---|---|---|---|---|---|
| | | 3 000 | 6 000 | 3 000 | 6 000 | 3 000 | 6 000 | 3 000 | 6 000 | 3 000 | 6 000 | | | |
| 6 | 1/8 | 19 | 22 | 25 | 32 | 19 | 25 | 3.18 | 5.08 | 2.74 | 4.22 | 6.4 | 6.7 | 10 |
| 8 | 1/4 | 22 | 25 | 32 | 38 | 25 | 32 | 3.30 | 5.66 | 3.22 | 5.28 | 8.1 | 10.2 | 11 |
| 10 | 3/8 | 25 | 28 | 38 | 41 | 32 | 38 | 3.51 | 6.98 | 3.50 | 5.59 | 9.1 | 10.4 | 13 |
| 15 | 1/2 | 28 | 35 | 41 | 48 | 38 | 44 | 4.09 | 8.15 | 4.16 | 6.53 | 10.9 | 13.6 | 14 |
| 20 | 3/4 | 35 | 44 | 48 | 57 | 44 | 51 | 4.32 | 8.53 | 4.88 | 6.86 | 12.7 | 13.9 | 16 |
| 25 | 1 | 44 | 51 | 57 | 66 | 51 | 62 | 4.98 | 9.93 | 5.56 | 7.95 | 14.7 | 17.3 | 19 |
| 32 | 1¼ | 51 | 54 | 66 | 71 | 62 | 70 | 5.28 | 10.59 | 5.56 | 8.48 | 17.0 | 18.0 | 21 |
| 40 | 1½ | 54 | 64 | 71 | 84 | 70 | 84 | 5.56 | 11.07 | 6.25 | 8.89 | 17.8 | 18.4 | 21 |
| 50 | 2 | 64 | 83 | 84 | 105 | 84 | 102 | 7.14 | 12.09 | 7.64 | 9.70 | 19.0 | 19.2 | 22 |

[a] 制造商也可以选择使用表 5 中 90°弯头的 $A$ 尺寸。

[b] 制造商也可以选择使用表 5 中的 $H$ 尺寸。

[c] 为加工螺纹前的壁厚。

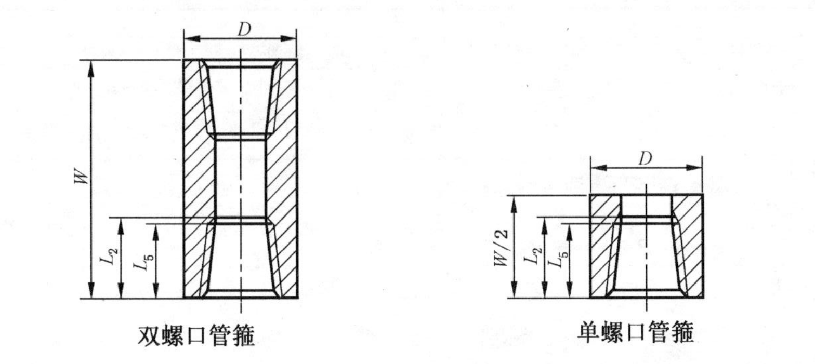

双螺口管箍

单螺口管箍

管帽

图 6　螺纹管件——双螺口管箍、单螺口管箍和管帽

表 7　螺纹管件——双螺口管箍、单螺口管箍和管帽尺寸

单位为毫米

| 公称尺寸 DN | 螺纹尺寸代号 NPT | 端面至端面 $W$ | 端面至端面 $P$ | | 外径 $D$[a] | | 顶部厚度 $G_{min}$ | | 完整螺纹长度 $L_{5min}$ | 有效螺纹长度 $L_{2min}$ |
|---|---|---|---|---|---|---|---|---|---|---|
| | | 3 000 和 6 000 | 3 000 | 6 000 | 3 000 | 6 000 | 3 000 | 6 000 | | |
| 6 | 1/8 | 32 | 19 | — | 16 | 22 | 4.8 | — | 6.4 | 6.7 |
| 8 | 1/4 | 35 | 25 | 27 | 19 | 25 | 4.8 | 6.4 | 8.1 | 10.2 |
| 10 | 3/8 | 38 | 25 | 27 | 22 | 32 | 4.8 | 6.4 | 9.1 | 10.4 |
| 15 | 1/2 | 48 | 32 | 33 | 28 | 38 | 6.4 | 7.9 | 10.9 | 13.6 |
| 20 | 3/4 | 51 | 37 | 38 | 35 | 44 | 6.4 | 7.9 | 12.7 | 13.9 |
| 25 | 1 | 60 | 41 | 43 | 44 | 57 | 9.7 | 11.2 | 14.7 | 17.3 |
| 32 | 1¼ | 67 | 44 | 46 | 57 | 64 | 9.7 | 11.2 | 17.0 | 18.0 |
| 40 | 1½ | 79 | 44 | 48 | 64 | 76 | 11.2 | 12.7 | 17.8 | 18.4 |
| 50 | 2 | 86 | 48 | 51 | 76 | 92 | 12.7 | 15.7 | 19.0 | 19.2 |
| 65 | 2½ | 92 | 60 | 64 | 92 | 108 | 15.7 | 19.0 | 23.6 | 28.9 |
| 80 | 3 | 108 | 65 | 68 | 108 | 127 | 19.0 | 22.4 | 25.9 | 30.5 |
| 100 | 4 | 121 | 68 | 75 | 140 | 159 | 22.4 | 28.4 | 27.7 | 33.0 |

注 1：螺纹端部以外的最小壁厚应符合表 5 中相应公称尺寸和级别的规定。

注 2：2 000 级别的双螺口管箍、单螺口管箍和管帽不包括在本标准中。

[a] 当 DN65(NPS 2½)的管件配管选用Ⅱ系列的管子时，管件的端部外径应大于表中规定尺寸，以满足端部凸缘处的壁厚要求，其余尺寸应符合本标准规定。

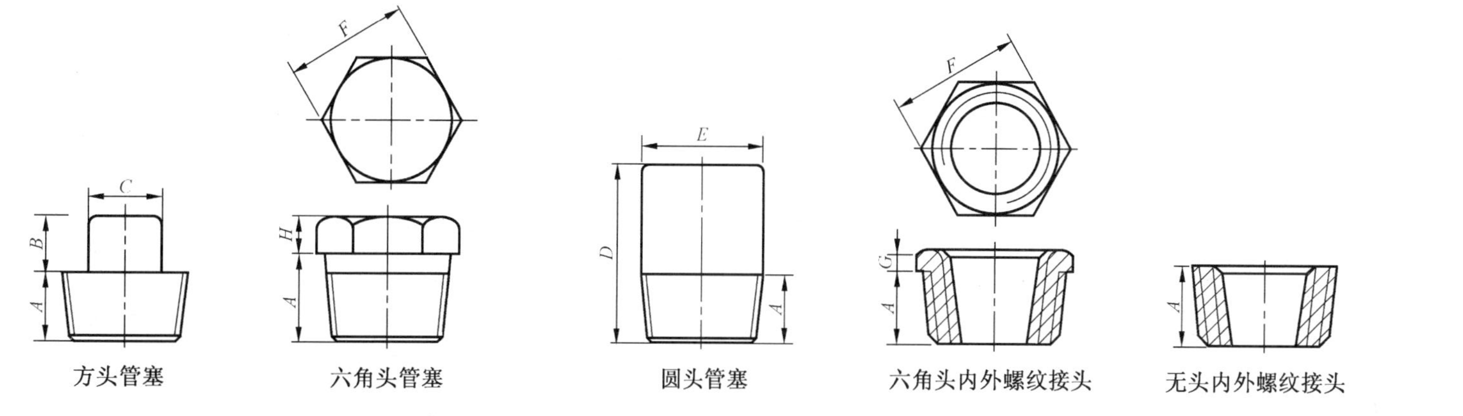


图 7 螺纹管件——方头管塞、六角头管塞、圆头管塞、六角头内外螺纹接头和无头内外螺纹接头

表 8 螺纹管件——方头管塞、六角头管塞、圆头管塞、六角头内外螺纹接头和无头内外螺纹接头尺寸

单位为毫米

| 公称尺寸 DN | 螺纹尺寸代号 NPT | 螺纹长度 $A_{min}$ | 方头高度 $B_{min}$ | 方头对边宽度 $C_{min}$ | 圆头直径 $E$ | 总长 $D_{min}$ | 六角头厚度 $H_{min}$ | 六角头厚度 $G_{min}$ | 六角头对边宽度 $F$ |
|---|---|---|---|---|---|---|---|---|---|
| 6 | 1/8 | 10 | 6 | 7 | 10 | 35 | 6 | — | 11 |
| 8 | 1/4 | 11 | 6 | 10 | 14 | 41 | 6 | 3 | 16 |
| 10 | 3/8 | 13 | 8 | 11 | 18 | 41 | 8 | 4 | 18 |
| 15 | 1/2 | 14 | 10 | 14 | 21 | 44 | 8 | 5 | 22 |
| 20 | 3/4 | 16 | 11 | 16 | 27 | 44 | 10 | 6 | 27 |
| 25 | 1 | 19 | 13 | 21 | 33 | 51 | 10 | 6 | 36 |
| 32 | 1¼ | 21 | 14 | 24 | 43 | 51 | 14 | 7 | 46 |
| 40 | 1½ | 21 | 16 | 28 | 48 | 51 | 16 | 8 | 50 |
| 50 | 2 | 22 | 18 | 32 | 60 | 64 | 18 | 9 | 65 |
| 65 | 2½ | 27 | 19 | 36 | 73 | 70 | 19 | 10 | 75 |
| 80 | 3 | 28 | 21 | 41 | 89 | 70 | 21 | 10 | 90 |
| 100 | 4 | 32 | 25 | 65 | 114 | 76 | 25 | 13 | 115 |

表 9　极限偏差

单位为毫米

| 公称尺寸 | | 承插焊管件 | | | | | 螺纹管件 | | |
|---|---|---|---|---|---|---|---|---|---|
| | | 所有管件 | | 弯头、三通和四通 | 双承口管箍 | 单承口管箍 | 弯头、三通和四通 | 双螺口管箍 | 单螺口管箍 |
| DN | NPS | 承插孔径 *B* | 流通孔径 *D* | 中心至承插孔底 *A*、*H* | 承插孔底距离 *E* | 承插孔底至端面 *F* | 中心至端面 *A*、*J* | 端面至端面 *W* | 端面至端面 *W*/2 |
| 6～8 | 1/8～1/4 | $^{+0.4}_{0}$ | $^{+1.5}_{0}$ | ±1.0 | ±1.5 | ±1.0 | ±1.0 | ±1.0 | ±1.0 |
| 10～20 | 3/8～3/4 | $^{+0.4}_{0}$ | $^{+1.5}_{0}$ | ±1.5 | ±3.0 | ±1.5 | ±1.5 | ±1.5 | ±1.5 |
| 25～40 | 1～1½ | $^{+0.4}_{0}$ | $^{+1.5}_{0}$ | ±2.0 | ±4.0 | ±2.0 | ±2.0 | ±2.0 | ±2.0 |
| 50 | 2 | $^{+0.5}_{0}$ | $^{+1.5}_{0}$ | ±2.0 | ±4.0 | ±2.0 | ±2.0 | ±2.0 | ±2.0 |
| 65～100 | 2½～4 | $^{+0.5}_{0}$ | $^{+3.0}_{0}$ | ±2.5 | ±5.0 | ±2.5 | ±2.5 | ±2.5 | ±2.5 |

8.2.3　管件的螺纹端部应进行倒角，以便于连接和保护螺纹。对于内螺纹，倒角直径不应大于螺纹大径，深度不应小于螺距的二分之一，并与螺纹轴向呈约为45°的夹角；对于外螺纹，倒角应与螺纹轴向呈30°～45°的夹角。所有倒角应与螺纹同轴。相关表格中规定的螺纹测量长度包括了倒角的深度。

### 8.3　端部凸缘

如图2～图4的简图所示，承插焊和螺纹管件中的弯头、三通和四通的端部凸缘应在分叉处部分重叠。

### 8.4　异径管件的尺寸

8.4.1　对于异径管件，除明确规定以外，应具有与等径管件相同的外形尺寸。异径管件小端的承插孔径、承插孔深度和螺纹长度应按小端公称尺寸对应的尺寸规定。异径管件的流通孔径应按小端公称尺寸对应的尺寸规定。

8.4.2　异径管件尺寸的表示方法如下：

a)　对于有两个接管尺寸的管件，首先给出大端的公称尺寸，然后给出小端的公称尺寸；

b)　对于三通，首先给出主管大端的公称尺寸，其次给出与主管大端相对一端的公称尺寸，最后给出支管端的公称尺寸，见图8a)所示；

c)　对于四通，首先给出最大端的公称尺寸，其次给出与最大端相对一端的公称尺寸，第三给出另外两端中较大一端的公称尺寸，最后给出剩余一端的公称尺寸，见图8b)所示。

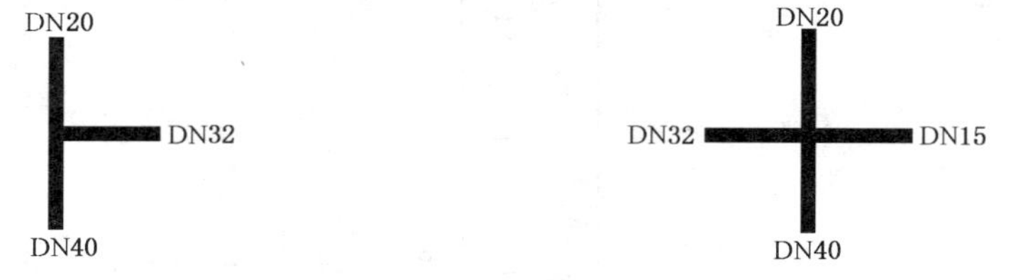


a) 三通 DN40×20×32　　b) 四通 DN40×20×32×15

图8　异径三通和四通公称尺寸的表示方法

### 8.5 特殊的接管尺寸

当选用附录B以外的接管外径时，应在订货内容中明确规定接管尺寸要求。制造商按需要的接管尺寸确定加工承插孔径和流通孔径；除此之外，管件的其余尺寸应符合本标准的规定。

### 8.6 形位公差

#### 8.6.1 同轴度

承插焊管件的承插孔径和流通孔径应同轴，其同轴度公差为0.8 mm。水平相对的两承插孔径应同轴，其同轴度公差为1.5 mm。

#### 8.6.2 直线度

承插焊管件的承插孔径和流通孔径的轴线应重合，其直线度的最大允许值为200 mm内1 mm。螺纹管件的流通孔径与螺纹的轴线应重合，其直线度的最大允许值为200 mm内1 mm。

## 9 材料

9.1 管件的材料包括锻件、棒材或无缝管等金属材料。制造商应对所用材料进行验证，以确定材料符合订货技术要求和相关材料标准规定的冶炼工艺、化学成分和力学性能等要求。

9.2 为了选用方便，管件的常用材料列于表10。除表10中所列常用材料外，本标准并不限制采用表10材料以外的其他材料。

**表10 常用的材料牌号及材料标准**

| 材料牌号(旧牌号) | 标准编号 | 材料牌号(旧牌号) | 标准编号 |
|---|---|---|---|
| 20 | GB/T 699 | 06Cr19Ni10(0Cr18Ni9)<br>06Cr17Ni12Mo2(0Cr17Ni12Mo2)<br>06Cr18Ni11Ti(0Cr18Ni10Ti) | GB/T 1220<br>GB/T 1221 |
| Q295、Q345 | GB/T 1591 | | |
| 15CrMo、<br>12Cr1MoV | GB/T 3077 | 022Cr19Ni10(00Cr19Ni10)<br>022Cr17Ni12Mo2(00Cr17Ni14Mo2) | GB/T 1220 |
| 12Cr5Mo(1Cr5Mo) | GB/T 1221 | | |

## 10 制造

10.1 应把材料锻制成尽量接近规定的形状和尺寸。

10.2 圆柱形产品可由热轧或锻制的棒材或无缝管切削加工制成，产品的轴向应与金属坯料的轧制方向大致平行。弯头、三通和四通不应用棒材直接切削加工制造。

## 11 热处理

11.1 通常情况下，对于冷成形或热成形的碳素钢、低合金钢和不锈钢等铁基材料的管件，应按不同的材料要求进行退火、正火、正火加回火、固溶或固溶加稳定化等方式的热处理。当制造条件满足下列要求时，可不进行热处理。

a) 碳素钢管件的终锻温度不低于700℃，且不高于980℃，并置于静止的空气中冷却的条件下；

b) 直接用棒材或无缝管切削加工制造的管件，且材料出厂时已经过热处理或碳素钢材料为热轧状态。

11.2 对于需要进行热处理的管件，如果订货技术要求或相关材料标准对热处理有规定的，应按订货技术要求或相关材料标准的规定进行；如果订货技术要求或相关材料标准没有对热处理做出规定，制造商应制定相应的热处理工艺。不论何种情况，制造商均应对所采用的热处理工艺进行评定，以验证所采用的热处理工艺满足材料的性能要求；并且制造商应保存热处理工艺评定文件，需要时提供给采购方查验，以证明所采用的热处理工艺的正确性。

11.3 对于除11.1以外的金属材料制造的管件，其热处理由供需双方商定。

11.4 如果没有另外规定，常用材料的热处理要求可按表11。

表11 常用材料的热处理要求

| 材料牌号(旧牌号) | 热处理要求 | 材料牌号(旧牌号) | 热处理要求 |
|---|---|---|---|
| 20 | 退火或正火 | 06Cr19Ni10(0Cr18Ni9)<br>06Cr17Ni12Mo2(0Cr17Ni12Mo2)<br>06Cr18Ni11Ti(0Cr18Ni10Ti)<br>022Cr19Ni10(00Cr19Ni10)<br>022Cr17Ni12Mo2(00Cr17Ni14Mo2) | 固溶 |
| Q295、Q345 | 退火或正火+回火 | | |
| 15CrMo、12Cr1MoV、12Cr5Mo(1Cr5Mo) | 退火或正火+回火 | | |
| 注：对含Ti的不锈钢管件，制造商可在固溶处理后进行稳定化热处理。 | | | |

## 12 检验

### 12.1 力学性能

#### 12.1.1 力学性能试样

12.1.1.1 在尺寸允许的情况下，试样应从热处理后的管件上制取。当管件尺寸过小，无法制取试样时，按12.1.1.2规定锻制单独的样坯制取试样。

12.1.1.2 如果采用锻制单独样坯的方式制取试样，应满足以下要求：

a) 样坯与所代表的管件为同一熔炼炉号的材料；

b) 样坯应有与所代表的管件相似的锻造工艺；

c) 样坯厚度应与所代表的管件的最大热处理厚度相同；

d) 样坯应与所代表的管件同炉热处理，当碳素钢管件满足11.1 a)规定的制造条件时除外。

12.1.1.3 当管件是按10.2规定用棒材或无缝管直接切削加工制成时，力学性能试样可在材料上制取，试样应与管件具有相同的热处理状态。

12.1.1.4 试样的取样位置按订货技术要求或相关材料标准规定。如果订货技术要求或相关材料标准没有规定的，按GB/T 2975的规定。

#### 12.1.2 拉伸试验

12.1.2.1 拉伸试验按GB/T 228的规定进行。

12.1.2.2 对于碳素钢、奥氏体不锈钢和铁素体-奥氏体不锈钢材料制造的管件，如果管件的热处理工艺相同、炉温控制在±14℃的范围并通过自动的温度-时间记录装置可获得完整记录，则同一材料熔炼炉号的管件应进行一次拉伸试验。如果不能满足上述条件，则每一材料熔炼炉号、每一热处理炉次的管件均应进行一次拉伸试验。

12.1.2.3 对于低合金钢、铁素体不锈钢和马氏体不锈钢材料制造的管件，如果管件的热处理工艺相同、炉温控制在±14℃的范围并通过自动的温度-时间记录装置可获得完整记录，则同一材料熔炼炉号的不同类型及不同截面尺寸的管件应进行一次拉伸试验。如果不能满足上述条件，则每一材料熔炼炉号、每一热处理炉次的不同类型及不同截面尺寸的管件均应进行一次拉伸试验。

注：这里的“类型”是指锻件的形状，例如弯头、三通等。

12.1.2.4 对于除12.1.2.2和12.1.2.3以外的金属材料制造的管件，其拉伸要求由供需双方商定。

12.1.2.5 如果拉伸试验结果不符合规定，允许再取两个拉伸试样进行复验，复验结果均符合规定时为合格。

#### 12.1.3 冲击试验

12.1.3.1 当订货技术要求或相关材料标准对冲击试验有规定时，应进行冲击试验，试验按GB/T 229的规定进行。

12.1.3.2 如果管件的热处理工艺相同、炉温控制在±14℃的范围并通过自动的温度-时间记录装置可获得完整记录，则同一材料熔炼炉号的管件应至少取三个试样构成一组进行冲击试验。如果不能满足上述条件，则每一材料熔炼炉号、每一热处理炉次的管件均应进行一组冲击试验。

12.1.3.3 如果试验的平均冲击吸收功符合规定，但其中一个试样的冲击吸收功低于对单个试样规定的最小值，允许从样坯的邻近不合格试样取样部位的两侧再取两个试样进行复验，每一个试样的复验结果均应符合规定的最小冲击吸收功时为合格。

**12.1.4 硬度试验**

12.1.4.1 硬度试验应在管件本体上进行。当订货技术要求或相关材料标准对硬度试验有规定时，应进行硬度试验，试验按 GB/T 17394 的规定进行。

12.1.4.2 如进行硬度试验，对每一材料熔炼炉号、每一热处理炉次的管件应按 3%且不少于两件进行试验。如有一件不合格，应加倍抽样试验；若仍有一件不合格，则应逐件进行硬度试验。

12.1.4.3 常用材料的硬度值应符合表 12 规定。

**表 12 常用材料的硬度值**

| 材料牌号(旧牌号) | 硬度值，≤ | 材料牌号(旧牌号) | 硬度值，≤ |
|---|---|---|---|
| 20 | 160HB | 06Cr19Ni10(0Cr18Ni9)<br>06Cr17Ni12Mo2(0Cr17Ni12Mo2)<br>06Cr18Ni11Ti(0Cr18Ni10Ti)<br>022Cr19Ni10(00Cr19Ni10)<br>022Cr17Ni12Mo2(00Cr17Ni14Mo2) | 187HB |
| Q295、Q345 | 170HB | | |
| 15CrMo、12Cr1MoV | 180HB | | |
| 12Cr5Mo(1Cr5Mo) | 230HB | | |

**12.2 形状和尺寸**

12.2.1 管件的形状和尺寸应进行检验，并应符合本标准第 8 章的规定。

12.2.2 应使用螺纹量规对管件的螺纹进行检验，测量的参照平面为内螺纹件的外端面或外螺纹件的小端面，极限偏差为正负一个螺距。

**12.3 表面质量**

12.3.1 管件表面应逐件进行检验，应无裂纹、夹层等缺陷，并应无毛刺、氧化皮及其他附着物。

12.3.2 管件表面允许有零星而不是大面积出现的疤痕、皱折、凹坑、发纹、划痕等，但其深度不应大于壁厚的 5%且不大于 0.8 mm。

12.3.3 超过 12.3.2 规定深度的表面疤痕、皱折、凹坑、发纹、划痕等应打磨去除，打磨处的壁厚不应小于规定的最小值。

## 13 试验

### 13.1 水压试验

本标准不要求对管件进行水压试验。但按本标准制造的管件应能通过与管件级别相适应的水压试验。

### 13.2 验证试验

对于使用标准材料制造的管件，本标准不要求进行验证试验。

## 14 标志

14.1 每个管件均应采用锻出凸字、钢印、雕刻或电蚀等永久性标志的方法，在管件的端部凸缘或凸出位置标出清晰可见的标志；圆筒形管件应标志在外径或在焊接安装后标志不会消失的端部。当采用钢印标志时，不应使印迹侵入管件最小壁厚。

14.2 管件标志应包括下列内容：

a) 制造商名称或商标；

b) 材料牌号；

c) 材料熔炼炉号；

d) 管件级别；

e) 公称尺寸；

f) 本标准编号(可不包括年代号)；

g) 合同要求的其他标志内容。

因管件尺寸原因无法标出全部标志内容时，可按上述相反的顺序省略，但永久性标志至少应标出制造商名称或商标和材料牌号两项内容，同时应以附加标牌的方式标出全部标志内容。

14.3 作为例外，对于螺纹管件中的六角头内外螺纹接头和无头内外螺纹接头的标志，可采用拴挂产品标牌的方式完成。

14.4 标志示例：

例 1：材料牌号为 20、级别为 3 000、公称尺寸为 DN40×40 的弯头标志为：

制造商名称或商标　20　材料熔炼炉号　3 000　DN40×40　GB/T 14383

例 2：材料牌号为 15CrMo、级别为 3 000、公称尺寸为 DN40×40×25 的三通标志为：

制造商名称或商标　15CrMo　材料熔炼炉号　3 000　DN40×40×25　GB/T 14383

例 3：材料牌号为 0Cr18Ni9、级别为 6 000、公称尺寸为 DN40×20×32×15 的四通标志为：

制造商名称或商标　0Cr18Ni9　材料熔炼炉号　6 000　DN40×20×32×15　GB/T 14383

## 15 表面防护与包装

15.1 产品表面应清洁，无锈迹、毛刺及附着物。外表面为锻制表面的产品宜喷砂或抛丸处理。不锈钢类管件的非切削加工表面应酸洗、钝化处理；其余材料的管件可采用表面发黑、涂防锈油漆或可焊性油漆等方法进行表面防护。

15.2 按采购方要求，可对管件进行镀锌处理。对要求热浸镀锌的管件，应在热浸镀锌后再加工管件的承插孔或螺纹部分。

15.3 管件应按不同材料分别包装，并注意防潮。包装箱内应附有装箱单。

## 16 产品质量证明书

按本标准生产的管件，应提供产品质量证明书。产品质量证明书按 GB/T 18253 中的 5.1B 证书类型（同 ISO 10474 中的 3.1.B 证书类型）的规定。产品质量证明书至少应包括以下内容：

a) 制造商名称和地址；

b) 产品名称、规格、数量和本标准编号；

c) 材料牌号和熔炼炉号；

d) 化学成分、力学性能和其他检验、试验结果；

e) 独立于生产部门的制造商授权代表的签字。

# 附 录 A
## （资料性附录）
## 本标准与 ASME B16.11:2005 章条编号对照表

**A.1** 表 A.1 给出了本标准章条编号与 ASME B16.11:2005 章条编号对照表一览表。

**表 A.1 本标准章条编号与 ASME B16.11:2005 章条编号对照**

| 本标准章条编号 | 对应的 ASME B16.11:2005 章条编号 |
|---|---|
| 1 | 1.1 |
| 2 | 附录Ⅱ |
| 3 | — |
| 4 | 2.1 |
| 5.1 | 1.1.1 和 2.1.3 |
| 5.2 | 1.1.2 |
| — | 1.1.3 |
| 6 | 2.1.2 中的部分内容 |
| 7 | 1.2.1 中引用标准的部分内容 |
| — | 1.2.2 和 1.3～1.5 |
| 8.1 | 6.1、6.2 和 7 的部分内容 |
| 8.2 | 6.1、6.3 和 7 的部分内容 |
| 8.3 | 6.4 |
| — | 3.1 |
| 8.4 | 3.2 和 6.5 |
| 8.5 | — |
| 8.6 | 7 |
| 9 | 5.1 的部分内容 |
| 10.1 | 1.2.1 中引用标准的部分内容 |
| 10.2 | 5.1 的部分内容 |
| 11 | 1.2.1 中引用标准的部分内容 |
| 12 | 1.2.1 中引用标准的部分内容 |
| 13 | 2.2 和 8 |
| 14 | 4 |
| 15 | 1.2.1 中引用标准的部分内容 |
| 16 | 1.2.1 中引用标准的部分内容 |
| 附录 A | — |
| 附录 B | 2.1.1 的部分内容和 2.1.2 |
| 附录 C | 1.2.1 中引用标准的部分内容 |
| — | 附录Ⅰ |
| — | 附录 A |

# 附　录　B
## （规范性附录）
## 与管件连接的管子尺寸

**B.1**　表B.1列出了与管件连接的Ⅰ系列的管子外径及壁厚，供使用者选用。

**表B.1　Ⅰ系列的管子外径和壁厚**　　单位为毫米

| 公称尺寸 | | 外　径 | 公　称　壁　厚 | | | |
|---|---|---|---|---|---|---|
| DN | NPS | | XS | Sch80 | Sch160 | XXS |
| 6 | 1/8 | 10.3 | 2.41 | 2.41 | 3.15 | 4.83 |
| 8 | 1/4 | 13.7 | 3.02 | 3.02 | 3.68 | 6.05 |
| 10 | 3/8 | 17.1 | 3.20 | 3.20 | 4.01 | 6.40 |
| 15 | 1/2 | 21.3 | 3.73 | 3.73 | 4.78 | 7.47 |
| 20 | 3/4 | 26.7 | 3.91 | 3.91 | 5.56 | 7.82 |
| 25 | 1 | 33.4 | 4.55 | 4.55 | 6.35 | 9.09 |
| 32 | 1¼ | 42.2 | 4.85 | 4.85 | 6.35 | 9.70 |
| 40 | 1½ | 48.3 | 5.08 | 5.08 | 7.14 | 10.15 |
| 50 | 2 | 60.3 | 5.54 | 5.54 | 8.74 | 11.07 |
| 65 | 2½ | 73.0 | 7.01 | 7.01 | 9.53 | 14.02 |
| 80 | 3 | 88.9 | 7.62 | 7.62 | 11.13 | 15.24 |
| 100 | 4 | 114.3 | 8.56 | 8.56 | 13.49 | 17.12 |

注1：除DN6～DN10(NPS 1/8～NPS3/8)Sch160和XXS的管子壁厚值为本标准规定外，其余数值与ASME B36.10M相同。

注2：本标准并不限制采用表B.1以外的接管壁厚；当采用表B.1以外的接管壁厚时，见表2中的表注。

**B.2**　表B.2列出了与管件连接的Ⅱ系列的管子外径，供使用者参考。

**表B.2　Ⅱ系列的管子外径**　　单位为毫米

| 公　称　尺　寸 | | 外　径 |
|---|---|---|
| DN | NPS | |
| 6 | 1/8 | — |
| 8 | 1/4 | — |
| 10 | 3/8 | — |
| 15 | 1/2 | 18 |
| 20 | 3/4 | 25 |
| 25 | 1 | 32 |
| 32 | 1¼ | 38 |
| 40 | 1½ | 45 |
| 50 | 2 | 57 |
| 65 | 2½ | 76 |
| 80 | 3 | 89 |
| 100 | 4 | 108 |

# 附 录 C
（规范性附录）
# 附加要求

本附录规定的附加要求仅在订货合同中规定时才适用，可采用其中的一项或几项。附加要求中的细节由供需双方协商确定。

## C.1 成品化学分析

对交货的同一材料熔炼炉号的管件应进行一次成品化学分析，取样方法按 GB/T 20066 的规定，分析方法按 GB/T 223 的规定，允许偏差按 GB/T 222 的规定；或采用由供需双方商定的方法，如光谱分析方法等。

化学分析结果应符合订货技术要求或相关材料标准规定。如果成品分析的任何一个结果不符合规定，则应从同一材料熔炼炉号的管件中另取两个管件或其代表性试样重新进行分析，复验结果符合相应规定时为合格。

## C.2 拉伸试验

C.2.1 除满足 12.1.2 规定外，每一材料熔炼炉号、每一热处理炉次的管件均应进行一次拉伸试验；试样的制取由供需双方商定。

C.2.2 除满足 12.1.2 规定外，每一材料熔炼炉号、每一热处理炉次的不同类型及不同截面尺寸的管件均应进行一次拉伸试验；试样的制取由供需双方商定。

C.2.3 对管件进行高温拉伸试验，试验按 GB/T 4338 的规定。试验温度、试样的制取及拉伸的次数等由供需双方商定。

## C.3 硬度试验

对管件逐件进行硬度试验，每个管件的硬度值应符合订货技术要求或相关标准规定。

## C.4 热处理

C.4.1 所有经过锻制变形加工的管件均应进行热处理。

C.4.2 管件的热处理要求由采购方指定。

## C.5 碳当量

C.5.1 碳素钢材料的最大碳当量（CE）规定为：在锻件截面厚度不大于 50 mm 时为 0.47，在锻件截面厚度大于 50 mm 时为 0.48。碳当量按下式计算（式中各元素的含量为重量百分比）：

$$CE = C + Mn/6 + (Cr + Mo + V)/5 + (Ni + Cu)/15$$

C.5.2 当要求的最大碳当量（CE）低于 C.5.1 规定时，由供需双方商定。

## C.6 超声检测

对管件进行超声检测，检测按 JB/T 4730.3 的规定。检测的时机、比例、评定级别等由供需双方商定。

## C.7 磁粉检测

对管件进行磁粉检测，检测按 JB/T 4730.4 的规定。检测比例、评定级别等由供需双方商定。

## C.8 渗透检测

对管件进行渗透检测，检测按 JB/T 4730.5 的规定。检测比例、评定级别等由供需双方商定。

## C.9 水压试验

对管件进行水压试验，采用的方法和试验压力由供需双方商定。

## C.10 腐蚀试验

C.10.1 对不锈钢管件进行腐蚀试验，试验按 GB/T 4334.5 的规定。取样方法由供需双方商定。

C.10.2 当采用 GB/T 4334 中的其他试验方法或采用其他标准的试验方法时，由供需双方商定。

## C.11 非金属夹杂物检验

对管件进行非金属夹杂物的检验，检验方法按 GB/T 10561 的规定。取样方法和非金属夹杂物等级由供需双方商定。

## C.12 晶粒度测定

对管件进行平均晶粒度测定，测定方法按 GB/T 6394 的规定。取样方法和晶粒度等级由供需双方商定。

## C.13 材料确认(PMI)

为了保证管件在加工和标志的过程中不发生材料混批，在管件的全部制造工序完成之后，在包装之前使用光谱检验的方法对管件进行材料确认。使用的仪器、检测的元素、检测比例和检测后的标志等要求由供需双方商定。

ICS 23.040.60
J 15
备案号:51439—2015

# 中华人民共和国机械行业标准

JB/T 74—2015
代替 JB/T 74—1994

# 钢制管路法兰　技术条件

## Specification for steel pipe flanges

2015-10-10 发布　　2016-03-01 实施

中华人民共和国工业和信息化部　发布

# 前　　言

本标准按照 GB/T 1.1—2009 给出的规则起草。

本标准代替 JB/T 74—1994《管路法兰　技术条件》，与 JB/T 74—1994 相比主要技术变化如下：

——将标准名称《管路法兰　技术条件》更改为《钢制管路法兰　技术条件》；

——根据 EN 1092-1：2007 标准及我国的有关材料标准，对法兰的材料选用及压力-温度额定值进行了全面的增补和修订；

——根据 EN 1092-1：2007 标准，对法兰的尺寸及尺寸公差进行了全面的修订；

——修改了关于法兰连接密封面的要求；

——增加了关于紧固件及垫片的要求；

——修改了关于焊接端型式及尺寸的要求；

——修改了关于加工制造的要求；

——修改了关于试验的要求；

——修改了关于检验和验收的要求；

——修改了关于标志的要求；

——增加了供货要求；

——以资料性附录的方式增加了订货合同数据。

本标准由中国机械工业联合会提出。

本标准由全国管路附件标准化技术委员会（SAC/TC 237）归口。

本标准起草单位：超达阀门集团股份有限公司、中机生产力促进中心、中国石油工程建设公司华东设计分公司、中国天辰工程有限公司、中国能源建设集团广东省电力设计研究院、浙江高强度紧固件有限公司、无锡市华尔泰机械制造有限公司、保一集团有限公司、江阴海陆高压管件有限公司、江苏润森管业有限公司。

本标准主要起草人：邱晓来、李俊英、冯峰、刘建、朱晓锋、刘建欣、刘洪福、黄涛、葛海泉、李忠云、张晓忠、吕申建、林洁。

本标准所代替标准的历次版本发布情况为：

——JB 74—1959、JB/T 74—1994。

# 引　言

JB/T 74～75—2015、JB/T 79—2015、JB/T 81～86—2015《钢制管路法兰》系列标准修改采用EN 1092-1:2007《法兰及其连接　管道、阀门、管配件及附件用圆形法兰，PN标记　第1部分：钢制法兰》和GB/T 9112～9124—2010《钢制管法兰》系列标准的有关内容。

本系列标准包括以下9项标准

JB/T 74—2015《钢制管路法兰　技术条件》

JB/T 75—2015《钢制管路法兰　类型与参数》

JB/T 79—2015《整体钢制管法兰》

JB/T 81—2015《板式平焊钢制管法兰》

JB/T 82—2015《对焊钢制管法兰》

JB/T 83—2015《平焊环板式松套钢制管法兰》

JB/T 84—2015《对焊环板式松套钢制管法兰》

JB/T 85—2015《翻边板式松套钢制管法兰》

JB/T 86—2015《钢制管法兰盖》。

本系列标准将钢制管路法兰分为两个系列，其中系列1法兰的尺寸与EN 1092-1:2007标准连接尺寸互换，但法兰适用的钢管外径与EN 1092-1:2007标准不同，另外本系列标准没有包括EN 1092-1:2007规定的PN250、PN320及PN400三个公称压力等级，也没有包括EN 1092-1:2007规定的O形圈密封面型式。本标准系列1法兰尺寸与GB/T 9112～9124中相同型式、相同压力级的系列Ⅱ法兰尺寸相同，本标准的系列1法兰优先推荐使用；系列2法兰的尺寸与原标准系列2法兰的尺寸基本相同，仅适用于老设备的维修与更换。

本系列标准将原来的16项标准整合为9项标准，并扩大了适用产品的参数与范围。

# 钢制管路法兰　技术条件

## 1　范围

本标准规定了钢制管路法兰及法兰盖的材料、压力-温度额定值、尺寸与公差、连接密封面、紧固件及垫片、焊接端型式及尺寸、加工制造、试验、检验与验收、标记及供货要求。

本标准适用于JB/T 75、JB/T 79、JB/T 81～86规定的钢制管路法兰及法兰盖。

## 2　规范性引用文件

下列文件对于本文件的应用是必不可少的。凡是注日期的引用文件，仅注日期的版本适用于本文件。凡是不注日期的引用文件，其最新版本(包括所有的修改单)适用于本文件。

GB/T 152.4　紧固件　六角头螺栓和六角螺母用沉孔

GB/T 700　碳素结构钢

GB/T 711　优质碳素结构钢热轧厚钢板和钢带

GB 713　锅炉和压力容器用钢板

GB/T 1804　一般公差　未注公差的线性和角度尺寸的公差

GB 3531　低温压力容器用钢板

GB/T 4237　不锈钢热轧钢板和钢带

GB/T 9125　管法兰连接用紧固件

GB/T 12228　通用阀门　碳素钢锻件技术条件

GB/T 12229　通用阀门　碳素钢铸件技术条件

GB/T 12230　通用阀门　不锈钢铸件技术条件

GB/T 14976　流体输送用不锈钢无缝钢管

GB/T 15601　管法兰用金属包覆垫片

GB/T 16253　承压钢铸件

JB/T 75　钢制管路法兰　类型与参数

JB/T 79　整体钢制管法兰

JB/T 81　板式平焊钢制管法兰

JB/T 82　对焊钢制管法兰

JB/T 83　平焊环板式松套钢制管法兰

JB/T 84　对焊环板式松套钢制管法兰

JB/T 85　翻边板式松套钢制管法兰

JB/T 86　钢制管法兰盖

JB/T 87　管路法兰用非金属平垫片

JB/T 88　管路法兰用金属齿形垫片

JB/T 89　管路法兰用金属环垫

JB/T90　管路法兰用缠绕式垫片

JB/T 5263　电站阀门铸钢件技术条件

JB/T 7248　阀门用低温钢铸件技术条件

NB/T 47008　承压设备用碳素钢和合金钢锻件
NB/T 47009　低温承压设备用低合金钢锻件
NB/T 47010　承压设备用不锈钢和耐热钢锻件

## 3　材料

3.1　钢制管路法兰用材料应符合表1的规定。法兰材料的化学成分、力学性能、使用温度和其他技术要求应符合表1中有关标准的规定。

3.2　钢制管路法兰用锻件(包括锻轧件)的级别及其技术要求参照NB/T 47008～NB/T 47010,并且应符合如下规定:

a)　公称压力为PN2.5～PN16的法兰用低碳钢和奥氏体不锈钢锻件,允许采用Ⅰ级锻件。
b)　符合下列情况之一者,法兰用锻件应符合Ⅲ级或Ⅲ级以上锻件的要求:
　1)　公称压力为大于或等于PN100的法兰用锻件;
　2)　公称压力为大于或等于PN63的法兰用铬钼钢锻件;
　3)　公称压力为大于或等于PN63且工作温度小于或等于－20 ℃的法兰用铁素体钢锻件。
c)　其他法兰用锻件应符合Ⅱ级或Ⅱ级以上锻件的要求。

3.3　表1给出了法兰的主要材料。本标准没有涉及法兰材料的选用准则,用户应考虑材料在实际使用过程中性能变坏的可能性。用户应该注意碳化物相转变成石墨,铁素体材料的过分氧化,奥氏体材料对晶间腐蚀的敏感性等问题。

3.4　当使用条件对材料具有某些特定的要求,如需要对材料进行特定的热处理时,用户应在订货合同中说明。

3.5　材料的力学性能应从代表材料的最终热处理状态的试样中获得。

## 4　压力-温度额定值

4.1　法兰的压力-温度额定值应符合表2～表11的规定。

4.2　根据压力-温度额定值确定不同材料在不同使用温度下的最大允许工作压力(MPa),对于中间温度,允许用线性内插法确定在该温度下法兰的最大允许工作压力(MPa)。对于特殊的材料,其压力-温度额定值按设计的规定。

4.3　如果在一对法兰连接中的两个法兰的压力-温度额定值不相同,那么这一对法兰的压力-温度额定值由两个法兰中较低的一个法兰所决定。

4.4　法兰连接由法兰、垫片和螺栓等相互分离、相互独立而又相互关联的元件组装而成,法兰连接还受装配的影响。在选用这些元件时必须进行严格的控制,使法兰连接具有良好的密封性。为了使法兰连接在使用中获得良好的密封性能,需要采取一些特殊的技术,如控制螺栓的预紧力矩等。

4.5　法兰在低温下的最大允许工作压力(MPa)不应大于常温时的最大允许工作压力(MPa)。

4.6　用于高温或者低温下的法兰,应该考虑连接管道和设备因温度变化而产生的力和力矩会引起法兰泄漏的危险。用于高温下的法兰,随着使用温度的升高,法兰、螺栓和垫片将会逐渐松弛,螺栓的载荷随之逐渐降低,法兰的密封性能相应地逐渐下降。用于低温下的法兰,尤其是一些含碳的钢制法兰,其韧性显著降低,在这种情况下,法兰有可能无法安全地承受冲击载荷、应力和温度突变,或者会产生高的应力集中。因此,要求根据有关标准测试材料在低温下的冲击性能,以保证法兰在低温下的安全使用。

**表 1　钢制管路法兰用材料**

| 材料组别 | 锻件 | | 板材 | | 铸件 | | 钢管 | |
|---|---|---|---|---|---|---|---|---|
| | 材料牌号 | 标准 | 材料牌号 | 标准 | 材料牌号 | 标准 | 材料牌号 | 标准 |
| 1E0 | — | — | Q235A<br>Q235B | GB/T 700 | — | — | — | — |
| 2E0 | 20 | NB/T 47008 | 20 | GB/T 711 | WCA | GB/T 12229 | — | — |
| | | | Q245R | GB 713 | | | | |
| | 09MnNiD | NB/T 47009 | 09MnNiDR | GB 3531 | LCA | JB/T 7248 | — | — |
| 3E0 | A105 | GB/T 12228 | Q345R | GB 713 | WCB | GB/T 12229 | — | — |
| | — | — | — | — | LCB | JB/T 7248 | — | — |
| 3E1 | 16Mn | NB/T 47008 | Q370R | GB 713 | WCC | GB/T 12229 | — | — |
| | 16MnD | NB/T 47009 | 16MnDR | GB 3531 | LCC | JB/T 7248 | — | — |
| 4E0 | 20MnMo | NB/T 47008 | — | — | WC1 | JB/T 5263 | — | — |
| | | | | | ZG19MoG | GB/T 16253 | — | — |
| | 20MnMoD | NB/T 47009 | — | — | — | — | — | — |
| 5E0 | 15CrMo | NB/T 47008 | 15CrMoR | GB 713 | ZG15Cr1MoG | GB/T 16253 | — | — |
| | | | | | WC6 | JB/T 5263 | — | — |
| 6E0 | 12Cr2Mo1 | NB/T 47008 | 12Cr2Mo1R | GB 713 | ZG12Cr2Mo1G | GB/T 16253 | — | — |
| | | | | | WC9 | JB/T 5263 | — | — |
| 6E1 | 1Cr5Mo | NB/T 47008 | — | — | ZG16Cr5MoG | GB/T 16253 | — | — |
| 7E0 | — | — | — | — | LCC | JB/T 7248 | — | — |
| 7E2 | 08MnNiCrMoVD | NB/T 47009 | — | — | ZG24Ni2MoD | GB/T 16253 | — | — |
| | — | — | — | — | LC2 | JB/T 7248 | — | — |
| 7E3 | — | — | — | — | LC3 | JB/T 7248 | — | — |
| | — | — | — | — | LC4 | JB/T 7248 | — | — |
| | — | — | — | — | LC9 | JB/T 7248 | — | — |

表 1（续）

| 材料组别 | 锻件 | | 板材 | | 铸件 | | 钢管 | |
|---|---|---|---|---|---|---|---|---|
| | 材料牌号 | 标准 | 材料牌号 | 标准 | 材料牌号 | 标准 | 材料牌号 | 标准 |
| 9E1 | — | — | | | C12A | JB/T 5263 | — | — |
| | | | | | ZG14Cr9Mo1G | GB/T 16253 | | |
| 10E0 | S30403 (022Cr19Ni10) | NB/T 47010 | 022Cr19Ni10 | GB/T 4237 | CF3 | GB/T 12230 | 00Cr19Ni10 | GB/T 14976 |
| 10E1 | — | — | 022Cr19Ni10N | GB/T 4237 | — | — | 00Cr18Ni10N | GB/T 14976 |
| 11E0 | S30408 (06Cr19Ni10) | NB/T 47010 | 06Cr19Ni10 | GB/T 4237 | CF8 | GB/T 12230 | 0Cr18Ni9 | GB/T 14976 |
| 12E0 | S32168 (06Cr18Ni11Ti) | NB/T 47010 | 06Cr18Ni11Ti | GB/T 4237 | ZG08Cr18Ni9Ti | GB/T 12230 | 0Cr18Ni10Ti | GB/T 14976 |
| | — | — | 06Cr18Ni11Nb | GB/T 4237 | ZG08Cr20Ni10Nb | GB/T 16253 | 0Cr18Ni11Nb | GB/T 14976 |
| 13E0 | S31603 (022Cr17Ni12Mo2) | NB/T 47010 | 022Cr17Ni12Mo2 | GB/T 4237 | CF3M | GB/T 12230 | 00Cr17Ni14Mo2 | GB/T 14976 |
| | | | | | ZG03Cr19Ni11Mo2 | GB/T 16253 | | |
| | — | — | 022Cr19Ni13Mo3 | GB/T 4237 | ZG03Cr19Ni11Mo3 | GB/T 16253 | 00Cr19Ni13Mo3 | GB/T 14976 |
| | — | — | 015Cr21Ni26Mo5Cu2 | GB/T 4237 | — | — | — | — |
| 13E1 | — | — | 022Cr17Ni12Mo2N | GB/T 4237 | — | — | 00Cr17Ni13Mo2N | GB/T 14976 |
| | — | — | 022Cr19Ni16Mo5N | GB/T 4237 | — | — | — | — |
| 14E0 | S31608 (06Cr17Ni12Mo2) | NB/T 47010 | 06Cr17Ni12Mo2 | GB/T 4237 | CF8M | GB/T 12230 | 0Cr17Ni12Mo2 | GB/T 14976 |
| | | | | | ZG07Cr19Ni11Mo2 | GB/T 16253 | | |
| | — | — | 06Cr19Ni13Mo3 | GB/T 4237 | ZG07Cr19Ni11Mo3 | GB/T 16253 | 0Cr19Ni13Mo3 | GB/T 14976 |
| 15E0 | S31668 (06Cr17Ni12Mo2Ti) | NB/T 47010 | 06Cr17Ni12Mo2Ti | GB/T 4237 | ZG08Cr18Ni12Mo2Ti | GB/T 12230 | 0Cr18Ni12Mo2Ti | GB/T 14976 |
| | — | — | 06Cr17Ni12Mo2Nb | GB/T 4237 | ZG08Cr19Ni11Mo2Nb | GB/T 12230 | — | — |
| 16E0 | — | — | 022Cr22Ni5Mo3N | GB/T 4237 | — | — | — | — |
| | — | — | 022Cr23Ni5Mo3N | GB/T 4237 | — | — | — | — |

表 2　PN2.5 法兰的压力-温度额定值

| 材料组别 | 温度/℃ | | | | | | | | | | | | | | | | | | | | | | | |
|---|---|---|---|---|---|---|---|---|---|---|---|---|---|---|---|---|---|---|---|---|---|---|---|---|
| | 常温 | 100 | 150 | 200 | 250 | 300 | 350 | 400 | 450 | 460 | 470 | 480 | 490 | 500 | 510 | 520 | 530 | 540 | 550 | 560 | 570 | 580 | 590 | 600 |
| | 最大允许工作压力/MPa | | | | | | | | | | | | | | | | | | | | | | | |
| 1E0 | 0.25 | 0.23 | 0.22 | 0.20 | 0.17 | 0.15 | — | — | — | — | — | — | — | — | — | — | — | — | — | — | — | — | — | — |
| 2E0 | 0.25 | 0.23 | 0.22 | 0.20 | 0.17 | 0.15 | 0.12 | 0.09 | — | — | — | — | — | — | — | — | — | — | — | — | — | — | — | — |
| 3E0 | 0.25 | 0.23 | 0.22 | 0.20 | 0.19 | 0.17 | 0.16 | 0.14 | 0.08 | — | — | — | — | — | — | — | — | — | — | — | — | — | — | — |
| 3E1 | 0.25 | 0.25 | 0.25 | 0.25 | 0.24 | 0.22 | 0.20 | 0.18 | 0.10 | — | — | — | — | — | — | — | — | — | — | — | — | — | — | — |
| 4E0 | 0.25 | 0.25 | 0.25 | 0.25 | 0.24 | 0.21 | 0.20 | 0.18 | 0.17 | 0.16 | 0.14 | 0.13 | 0.12 | 0.11 | 0.08 | 0.07 | 0.05 | — | — | — | — | — | — | — |
| 5E0 | 0.25 | 0.25 | 0.25 | 0.25 | 0.25 | 0.25 | 0.23 | 0.22 | 0.21 | 0.20 | 0.19 | 0.18 | 0.17 | 0.16 | 0.13 | 0.11 | 0.09 | 0.07 | 0.05 | 0.04 | 0.03 | — | — | — |
| 6E0 | 0.25 | 0.25 | 0.25 | 0.25 | 0.25 | 0.25 | 0.24 | 0.23 | 0.22 | 0.20 | 0.19 | 0.18 | 0.17 | 0.16 | 0.14 | 0.12 | 0.10 | 0.09 | 0.08 | 0.06 | 0.06 | 0.05 | 0.04 | 0.04 |
| 6E1 | 0.25 | 0.25 | 0.25 | 0.25 | 0.25 | 0.25 | 0.25 | 0.25 | 0.25 | 0.25 | 0.25 | 0.21 | 0.17 | 0.13 | 0.11 | 0.09 | 0.08 | 0.07 | 0.05 | 0.05 | 0.04 | — | — | — |
| 9E1 | 0.25 | 0.25 | 0.25 | 0.25 | 0.25 | 0.25 | 0.25 | 0.25 | 0.25 | 0.25 | 0.25 | 0.25 | 0.25 | 0.25 | 0.25 | 0.25 | 0.23 | 0.21 | 0.19 | 0.17 | 0.15 | 0.14 | 0.12 | 0.11 |
| 10E0 | 0.25 | 0.21 | 0.19 | 0.17 | 0.16 | 0.15 | 0.14 | 0.13 | 0.13 | 0.13 | 0.13 | 0.12 | 0.12 | 0.12 | 0.12 | 0.11 | 0.11 | 0.10 | 0.10 | 0.10 | 0.09 | 0.08 | 0.07 | 0.07 |
| 10E1 | 0.25 | 0.25 | 0.25 | 0.22 | 0.20 | 0.19 | 0.19 | 0.18 | 0.18 | 0.18 | 0.18 | 0.17 | 0.17 | 0.17 | — | — | — | — | — | — | — | — | — | — |
| 11E0 | 0.25 | 0.22 | 0.20 | 0.18 | 0.17 | 0.16 | 0.15 | 0.14 | 0.14 | 0.14 | 0.14 | 0.14 | 0.14 | 0.14 | 0.13 | 0.12 | 0.11 | 0.10 | 0.10 | 0.10 | 0.09 | 0.08 | 0.07 | 0.07 |
| 12E0 | 0.25 | 0.25 | 0.23 | 0.22 | 0.21 | 0.19 | 0.19 | 0.18 | 0.18 | 0.18 | 0.18 | 0.17 | 0.17 | 0.17 | 0.17 | 0.17 | 0.16 | 0.16 | 0.16 | 0.15 | 0.14 | 0.12 | 0.11 | 0.10 |
| 13E0 | 0.25 | 0.23 | 0.21 | 0.19 | 0.18 | 0.17 | 0.16 | 0.16 | 0.15 | 0.15 | 0.15 | 0.15 | 0.15 | 0.15 | — | — | — | — | — | — | — | — | — | — |
| 13E1 | 0.25 | 0.24 | 0.22 | 0.19 | 0.18 | 0.17 | 0.17 | 0.16 | 0.16 | 0.16 | 0.16 | 0.15 | 0.15 | 0.15 | — | — | — | — | — | — | — | — | — | — |
| 14E0 | 0.25 | 0.25 | 0.22 | 0.21 | 0.19 | 0.18 | 0.17 | 0.17 | 0.16 | 0.16 | 0.16 | 0.16 | 0.16 | 0.16 | 0.16 | 0.16 | 0.16 | 0.16 | 0.16 | 0.16 | 0.15 | 0.15 | 0.15 | 0.14 |
| 15E0 | 0.25 | 0.25 | 0.24 | 0.23 | 0.22 | 0.20 | 0.20 | 0.19 | 0.19 | 0.19 | 0.19 | 0.18 | 0.18 | 0.18 | 0.18 | 0.18 | 0.18 | 0.18 | 0.18 | 0.18 | 0.18 | 0.16 | 0.15 | 0.13 |
| 16E0 | 0.25 | 0.25 | 0.25 | 0.25 | 0.25 | — | — | — | — | — | — | — | — | — | — | — | — | — | — | — | — | — | — | — |

## 表 3 PN6 法兰的压力-温度额定值

| 材料组别 | 温度/℃ | | | | | | | | | | | | | | | | | | | | | | | |
|---|---|---|---|---|---|---|---|---|---|---|---|---|---|---|---|---|---|---|---|---|---|---|---|---|
| | 常温 | 100 | 150 | 200 | 250 | 300 | 350 | 400 | 450 | 460 | 470 | 480 | 490 | 500 | 510 | 520 | 530 | 540 | 550 | 560 | 570 | 580 | 590 | 600 |
| | 最大允许工作压力/MPa | | | | | | | | | | | | | | | | | | | | | | | |
| 1E0 | 0.60 | 0.55 | 0.52 | 0.48 | 0.42 | 0.36 | — | — | — | — | — | — | — | — | — | — | — | — | — | — | — | — | — | — |
| 2E0 | 0.60 | 0.55 | 0.52 | 0.48 | 0.42 | 0.36 | 0.30 | 0.21 | — | — | — | — | — | — | — | — | — | — | — | — | — | — | — | — |
| 3E0 | 0.60 | 0.55 | 0.52 | 0.50 | 0.45 | 0.41 | 0.38 | 0.35 | 0.19 | — | — | — | — | — | — | — | — | — | — | — | — | — | — | — |
| 3E1 | 0.60 | 0.60 | 0.60 | 0.60 | 0.58 | 0.52 | 0.48 | 0.44 | 0.24 | — | — | — | — | — | — | — | — | — | — | — | — | — | — | — |
| 4E0 | 0.60 | 0.60 | 0.60 | 0.60 | 0.58 | 0.51 | 0.48 | 0.44 | 0.41 | 0.38 | 0.35 | 0.32 | 0.29 | 0.26 | 0.21 | 0.16 | 0.13 | — | — | — | — | — | — | — |
| 5E0 | 0.60 | 0.60 | 0.60 | 0.60 | 0.60 | 0.60 | 0.57 | 0.54 | 0.50 | 0.48 | 0.45 | 0.43 | 0.40 | 0.39 | 0.33 | 0.26 | 0.22 | 0.17 | 0.14 | 0.11 | 0.09 | — | — | — |
| 6E0 | 0.60 | 0.60 | 0.60 | 0.60 | 0.60 | 0.60 | 0.58 | 0.55 | 0.52 | 0.50 | 0.47 | 0.44 | 0.41 | 0.38 | 0.33 | 0.29 | 0.25 | 0.22 | 0.19 | 0.16 | 0.14 | 0.12 | 0.10 | 0.09 |
| 6E1 | 0.60 | 0.60 | 0.60 | 0.60 | 0.60 | 0.60 | 0.60 | 0.60 | 0.60 | 0.60 | 0.60 | 0.50 | 0.41 | 0.32 | 0.27 | 0.23 | 0.20 | 0.16 | 0.14 | 0.12 | 0.10 | — | — | — |
| 9E1 | 0.60 | 0.60 | 0.60 | 0.60 | 0.60 | 0.60 | 0.60 | 0.60 | 0.60 | 0.60 | 0.60 | 0.60 | 0.60 | 0.60 | 0.60 | 0.60 | 0.57 | 0.52 | 0.47 | 0.42 | 0.38 | 0.34 | 0.30 | 0.26 |
| 10E0 | 0.60 | 0.50 | 0.46 | 0.42 | 0.39 | 0.36 | 0.34 | 0.33 | 0.32 | 0.32 | 0.32 | 0.31 | 0.31 | 0.31 | 0.30 | 0.29 | 0.28 | 0.27 | 0.26 | 0.24 | 0.22 | 0.20 | 0.18 | 0.16 |
| 10E1 | 0.60 | 0.60 | 0.60 | 0.53 | 0.50 | 0.47 | 0.46 | 0.44 | 0.43 | 0.43 | 0.43 | 0.42 | 0.42 | 0.42 | — | — | — | — | — | — | — | — | — | — |
| 11E0 | 0.60 | 0.54 | 0.49 | 0.44 | 0.41 | 0.38 | 0.36 | 0.35 | 0.35 | 0.35 | 0.35 | 0.34 | 0.34 | 0.34 | 0.33 | 0.32 | 0.30 | 0.28 | 0.26 | 0.24 | 0.22 | 0.20 | 0.18 | 0.16 |
| 12E0 | 0.60 | 0.59 | 0.56 | 0.53 | 0.50 | 0.47 | 0.46 | 0.44 | 0.43 | 0.43 | 0.43 | 0.42 | 0.42 | 0.42 | 0.42 | 0.41 | 0.41 | 0.40 | 0.40 | 0.36 | 0.33 | 0.30 | 0.27 | 0.24 |
| 13E0 | 0.60 | 0.56 | 0.51 | 0.47 | 0.44 | 0.41 | 0.39 | 0.38 | 0.37 | 0.37 | 0.37 | 0.36 | 0.36 | 0.36 | — | — | — | — | — | — | — | — | — | — |
| 13E1 | 0.60 | 0.57 | 0.52 | 0.47 | 0.44 | 0.41 | 0.40 | 0.39 | 0.38 | 0.38 | 0.38 | 0.37 | 0.37 | 0.37 | — | — | — | — | — | — | — | — | — | — |
| 14E0 | 0.60 | 0.60 | 0.54 | 0.50 | 0.47 | 0.44 | 0.42 | 0.41 | 0.40 | 0.40 | 0.40 | 0.39 | 0.39 | 0.39 | 0.39 | 0.39 | 0.39 | 0.39 | 0.39 | 0.38 | 0.38 | 0.37 | 0.37 | 0.33 |
| 15E0 | 0.60 | 0.60 | 0.58 | 0.56 | 0.53 | 0.50 | 0.48 | 0.46 | 0.46 | 0.46 | 0.46 | 0.45 | 0.45 | 0.45 | 0.45 | 0.45 | 0.44 | 0.44 | 0.44 | 0.44 | 0.44 | 0.40 | 0.36 | 0.33 |
| 16E0 | 0.60 | 0.60 | 0.60 | 0.60 | 0.60 | — | — | — | — | — | — | — | — | — | — | — | — | — | — | — | — | — | — | — |

表 4　PN10 法兰的压力-温度额定值

| 材料组别 | 温　度/℃ | | | | | | | | | | | | | | | | | | | | | | |
|---|---|---|---|---|---|---|---|---|---|---|---|---|---|---|---|---|---|---|---|---|---|---|---|
| | 常温 | 100 | 150 | 200 | 250 | 300 | 350 | 400 | 450 | 460 | 470 | 480 | 490 | 500 | 510 | 520 | 530 | 540 | 550 | 560 | 570 | 580 | 590 | 600 |
| | 最大允许工作压力/MPa | | | | | | | | | | | | | | | | | | | | | | | |
| 1E0 | 1.00 | 0.92 | 0.88 | 0.80 | 0.70 | 0.60 | — | — | — | — | — | — | — | — | — | — | — | — | — | — | — | — | — | — |
| 2E0 | 1.00 | 0.92 | 0.88 | 0.80 | 0.70 | 0.60 | 0.50 | 0.35 | — | — | — | — | — | — | — | — | — | — | — | — | — | — | — | — |
| 3E0 | 1.00 | 0.92 | 0.88 | 0.83 | 0.76 | 0.69 | 0.64 | 0.59 | 0.32 | — | — | — | — | — | — | — | — | — | — | — | — | — | — | — |
| 3E1 | 1.00 | 1.00 | 1.00 | 1.00 | 0.97 | 0.88 | 0.80 | 0.73 | 0.40 | — | — | — | — | — | — | — | — | — | — | — | — | — | — | — |
| 4E0 | 1.00 | 1.00 | 1.00 | 1.00 | 0.97 | 0.85 | 0.80 | 0.74 | 0.69 | 0.64 | 0.59 | 0.54 | 0.49 | 0.44 | 0.35 | 0.28 | 0.22 | — | — | — | — | — | — | — |
| 5E0 | 1.00 | 1.00 | 1.00 | 1.00 | 1.00 | 1.00 | 0.95 | 0.90 | 0.84 | 0.80 | 0.76 | 0.72 | 0.68 | 0.65 | 0.55 | 0.44 | 0.37 | 0.29 | 0.23 | 0.19 | 0.15 | — | — | — |
| 6E0 | 1.00 | 1.00 | 1.00 | 1.00 | 1.00 | 1.00 | 0.97 | 0.92 | 0.88 | 0.83 | 0.78 | 0.73 | 0.69 | 0.64 | 0.56 | 0.49 | 0.42 | 0.37 | 0.32 | 0.27 | 0.24 | 0.20 | 0.18 | 0.16 |
| 6E1 | 1.00 | 1.00 | 1.00 | 1.00 | 1.00 | 1.00 | 1.00 | 1.00 | 1.00 | 1.00 | 1.00 | 0.84 | 0.69 | 0.53 | 0.45 | 0.38 | 0.33 | 0.28 | 0.23 | 0.20 | 0.17 | — | — | — |
| 9E1 | 1.00 | 1.00 | 1.00 | 1.00 | 1.00 | 1.00 | 1.00 | 1.00 | 1.00 | 1.00 | 1.00 | 1.00 | 1.00 | 1.00 | 1.00 | 1.00 | 0.95 | 0.87 | 0.79 | 0.71 | 0.63 | 0.57 | 0.50 | 0.44 |
| 10E0 | 1.00 | 0.86 | 0.77 | 0.70 | 0.65 | 0.60 | 0.57 | 0.55 | 0.53 | 0.52 | 0.52 | 0.51 | 0.51 | 0.51 | 0.49 | 0.47 | 0.45 | 0.44 | 0.43 | 0.40 | 0.37 | 0.34 | 0.30 | 0.28 |
| 10E1 | 1.00 | 1.00 | 1.00 | 0.89 | 0.83 | 0.79 | 0.76 | 0.74 | 0.72 | 0.72 | 0.71 | 0.71 | 0.70 | 0.70 | — | — | — | — | — | — | — | — | — | — |
| 11E0 | 1.00 | 0.90 | 0.81 | 0.74 | 0.69 | 0.64 | 0.61 | 0.59 | 0.58 | 0.58 | 0.58 | 0.57 | 0.57 | 0.57 | 0.54 | 0.51 | 0.48 | 0.46 | 0.43 | 0.40 | 0.37 | 0.34 | 0.30 | 0.28 |
| 12E0 | 1.00 | 1.00 | 0.93 | 0.88 | 0.84 | 0.79 | 0.76 | 0.74 | 0.72 | 0.72 | 0.71 | 0.71 | 0.70 | 0.70 | 0.69 | 0.69 | 0.68 | 0.68 | 0.67 | 0.61 | 0.56 | 0.50 | 0.45 | 0.40 |
| 13E0 | 1.00 | 0.94 | 0.86 | 0.79 | 0.74 | 0.69 | 0.66 | 0.64 | 0.62 | 0.62 | 0.61 | 0.61 | 0.60 | 0.60 | — | — | — | — | — | — | — | — | — | — |
| 13E1 | 1.00 | 0.96 | 0.87 | 0.78 | 0.73 | 0.69 | 0.67 | 0.64 | 0.63 | 0.63 | 0.62 | 0.62 | 0.61 | 0.61 | — | — | — | — | — | — | — | — | — | — |
| 14E0 | 1.00 | 1.00 | 0.90 | 0.84 | 0.79 | 0.74 | 0.71 | 0.68 | 0.67 | 0.67 | 0.67 | 0.66 | 0.66 | 0.66 | 0.66 | 0.66 | 0.65 | 0.65 | 0.65 | 0.64 | 0.63 | 0.62 | 0.61 | 0.56 |
| 15E0 | 1.00 | 1.00 | 0.98 | 0.93 | 0.88 | 0.83 | 0.80 | 0.78 | 0.76 | 0.76 | 0.76 | 0.75 | 0.75 | 0.75 | 0.75 | 0.75 | 0.74 | 0.74 | 0.74 | 0.74 | 0.73 | 0.67 | 0.60 | 0.55 |
| 16E0 | 1.00 | 1.00 | 1.00 | 1.00 | 1.00 | — | — | — | — | — | — | — | — | — | — | — | — | — | — | — | — | — | — | — |

表 5　PN16 法兰的压力-温度额定值

| 材料组别 | 温　度/℃ | | | | | | | | | | | | | | | | | | | | | | |
|---|---|---|---|---|---|---|---|---|---|---|---|---|---|---|---|---|---|---|---|---|---|---|---|
| | 常温 | 100 | 150 | 200 | 250 | 300 | 350 | 400 | 450 | 460 | 470 | 480 | 490 | 500 | 510 | 520 | 530 | 540 | 550 | 560 | 570 | 580 | 590 | 600 |
| | 最大允许工作压力/MPa | | | | | | | | | | | | | | | | | | | | | | | |
| 1E0 | 1.60 | 1.48 | 1.40 | 1.28 | 1.12 | 0.96 | — | — | — | — | — | — | — | — | — | — | — | — | — | — | — | — | — | — |
| 2E0 | 1.60 | 1.48 | 1.40 | 1.28 | 1.12 | 0.96 | 0.80 | 0.56 | — | — | — | — | — | — | — | — | — | — | — | — | — | — | — | — |
| 3E0 | 1.60 | 1.48 | 1.40 | 1.33 | 1.21 | 1.10 | 1.02 | 0.95 | 0.52 | — | — | — | — | — | — | — | — | — | — | — | — | — | — | — |
| 3E1 | 1.60 | 1.60 | 1.60 | 1.60 | 1.56 | 1.40 | 1.29 | 1.18 | 0.64 | — | — | — | — | — | — | — | — | — | — | — | — | — | — | — |
| 4E0 | 1.60 | 1.60 | 1.60 | 1.60 | 1.56 | 1.37 | 1.29 | 1.19 | 1.10 | 1.02 | 0.94 | 0.86 | 0.78 | 0.70 | 0.56 | 0.44 | 0.35 | — | — | — | — | — | — | — |
| 5E0 | 1.60 | 1.60 | 1.60 | 1.60 | 1.60 | 1.60 | 1.52 | 1.44 | 1.34 | 1.28 | 1.21 | 1.15 | 1.08 | 1.04 | 0.88 | 0.71 | 0.59 | 0.46 | 0.37 | 0.30 | 0.25 | — | — | — |
| 6E0 | 1.60 | 1.60 | 1.60 | 1.60 | 1.60 | 1.60 | 1.56 | 1.48 | 1.40 | 1.33 | 1.25 | 1.18 | 1.10 | 1.02 | 0.89 | 0.78 | 0.68 | 0.59 | 0.51 | 0.44 | 0.38 | 0.33 | 0.28 | 0.25 |
| 6E1 | 1.60 | 1.60 | 1.60 | 1.60 | 1.60 | 1.60 | 1.60 | 1.60 | 1.60 | 1.60 | 1.60 | 1.35 | 1.10 | 0.86 | 0.73 | 0.61 | 0.53 | 0.44 | 0.38 | 0.32 | 0.28 | — | — | — |
| 9E1 | 1.60 | 1.60 | 1.60 | 1.60 | 1.60 | 1.60 | 1.60 | 1.60 | 1.60 | 1.60 | 1.60 | 1.60 | 1.60 | 1.60 | 1.60 | 1.60 | 1.53 | 1.39 | 1.26 | 1.14 | 1.02 | 0.91 | 0.80 | 0.71 |
| 10E0 | 1.60 | 1.37 | 1.23 | 1.12 | 1.04 | 0.96 | 0.92 | 0.88 | 0.85 | 0.85 | 0.84 | 0.84 | 0.83 | 0.83 | 0.81 | 0.79 | 0.76 | 0.73 | 0.70 | 0.64 | 0.59 | 0.54 | 0.49 | 0.44 |
| 10E1 | 1.60 | 1.60 | 1.60 | 1.42 | 1.33 | 1.27 | 1.22 | 1.18 | 1.16 | 1.15 | 1.14 | 1.14 | 1.13 | 1.13 | — | — | — | — | — | — | — | — | — | — |
| 11E0 | 1.60 | 1.45 | 1.31 | 1.19 | 1.10 | 1.02 | 0.98 | 0.95 | 0.93 | 0.93 | 0.92 | 0.92 | 0.91 | 0.91 | 0.87 | 0.83 | 0.78 | 0.74 | 0.70 | 0.64 | 0.59 | 0.54 | 0.49 | 0.44 |
| 12E0 | 1.60 | 1.58 | 1.49 | 1.41 | 1.34 | 1.27 | 1.22 | 1.18 | 1.16 | 1.16 | 1.15 | 1.15 | 1.14 | 1.13 | 1.12 | 1.11 | 1.10 | 1.09 | 1.08 | 0.98 | 0.89 | 0.81 | 0.73 | 0.65 |
| 13E0 | 1.60 | 1.51 | 1.37 | 1.27 | 1.19 | 1.10 | 1.05 | 1.02 | 1.00 | 1.00 | 0.99 | 0.98 | 0.97 | 0.97 | — | — | — | — | — | — | — | — | — | — |
| 13E1 | 1.60 | 1.53 | 1.39 | 1.24 | 1.17 | 1.10 | 1.07 | 1.03 | 1.01 | 1.01 | 1.00 | 1.00 | 0.99 | 0.98 | — | — | — | — | — | — | — | — | — | — |
| 14E0 | 1.60 | 1.60 | 1.45 | 1.34 | 1.27 | 1.18 | 1.14 | 1.09 | 1.07 | 1.07 | 1.06 | 1.06 | 1.05 | 1.05 | 1.05 | 1.05 | 1.04 | 1.04 | 1.04 | 1.03 | 1.01 | 1.00 | 0.99 | 0.89 |
| 15E0 | 1.60 | 1.60 | 1.56 | 1.49 | 1.41 | 1.33 | 1.28 | 1.24 | 1.22 | 1.22 | 1.21 | 1.21 | 1.20 | 1.20 | 1.20 | 1.20 | 1.19 | 1.19 | 1.19 | 1.18 | 1.17 | 1.07 | 0.97 | 0.88 |
| 16E0 | 1.60 | 1.60 | 1.60 | 1.60 | 1.60 | — | — | — | — | — | — | — | — | — | — | — | — | — | — | — | — | — | — | — |

表 6　PN25 法兰的压力-温度额定值

| 材料组别 | 温度/℃ | | | | | | | | | | | | | | | | | | | | | | |
|---|---|---|---|---|---|---|---|---|---|---|---|---|---|---|---|---|---|---|---|---|---|---|---|
| | 常温 | 100 | 150 | 200 | 250 | 300 | 350 | 400 | 450 | 460 | 470 | 480 | 490 | 500 | 510 | 520 | 530 | 540 | 550 | 560 | 570 | 580 | 590 | 600 |
| | 最大允许工作压力/MPa | | | | | | | | | | | | | | | | | | | | | | | |
| 1E0 | — | — | — | — | — | — | — | — | — | — | — | — | — | — | — | — | — | — | — | — | — | — | — | — |
| 2E0 | 2.50 | 2.32 | 2.20 | 2.00 | 1.75 | 1.50 | 1.25 | 0.88 | — | — | — | — | — | — | — | — | — | — | — | — | — | — | — | — |
| 3E0 | 2.50 | 2.32 | 2.20 | 2.08 | 1.90 | 1.72 | 1.60 | 1.48 | 0.82 | — | — | — | — | — | — | — | — | — | — | — | — | — | — | — |
| 3E1 | 2.50 | 2.50 | 2.50 | 2.50 | 2.44 | 2.20 | 2.02 | 1.84 | 1.01 | — | — | — | — | — | — | — | — | — | — | — | — | — | — | — |
| 4E0 | 2.50 | 2.50 | 2.50 | 2.50 | 2.44 | 2.14 | 2.02 | 1.86 | 1.72 | 1.60 | 1.47 | 1.35 | 1.23 | 1.10 | 0.88 | 0.70 | 0.55 | — | — | — | — | — | — | — |
| 5E0 | 2.50 | 2.50 | 2.50 | 2.50 | 2.50 | 2.50 | 2.38 | 2.25 | 2.10 | 2.00 | 1.90 | 1.80 | 1.70 | 1.63 | 1.38 | 1.11 | 0.92 | 0.72 | 0.58 | 0.47 | 0.39 | — | — | — |
| 6E0 | 2.50 | 2.50 | 2.50 | 2.50 | 2.50 | 2.50 | 2.44 | 2.32 | 2.20 | 2.08 | 1.96 | 1.84 | 1.72 | 1.60 | 1.40 | 1.22 | 1.07 | 0.92 | 0.80 | 0.69 | 0.60 | 0.52 | 0.45 | 0.40 |
| 6E1 | 2.50 | 2.50 | 2.50 | 2.50 | 2.50 | 2.50 | 2.50 | 2.50 | 2.50 | 2.50 | 2.50 | 2.12 | 1.73 | 1.34 | 1.14 | 0.96 | 0.83 | 0.70 | 0.59 | 0.51 | 0.44 | — | — | — |
| 9E1 | 2.50 | 2.50 | 2.50 | 2.50 | 2.50 | 2.50 | 2.50 | 2.50 | 2.50 | 2.50 | 2.50 | 2.50 | 2.50 | 2.50 | 2.50 | 2.50 | 2.39 | 2.17 | 1.97 | 1.78 | 1.59 | 1.42 | 1.26 | 1.11 |
| 10E0 | 2.50 | 2.15 | 1.92 | 1.75 | 1.63 | 1.51 | 1.44 | 1.38 | 1.33 | 1.32 | 1.31 | 1.30 | 1.29 | 1.29 | 1.25 | 1.21 | 1.17 | 1.13 | 1.09 | 1.01 | 0.92 | 0.85 | 0.77 | 0.70 |
| 10E1 | 2.50 | 2.50 | 2.50 | 2.22 | 2.08 | 1.98 | 1.91 | 1.85 | 1.81 | 1.80 | 1.79 | 1.78 | 1.77 | 1.77 | — | — | — | — | — | — | — | — | — | — |
| 11E0 | 2.50 | 2.27 | 2.04 | 1.86 | 1.72 | 1.60 | 1.53 | 1.48 | 1.45 | 1.45 | 1.44 | 1.43 | 1.42 | 1.42 | 1.36 | 1.30 | 1.23 | 1.16 | 1.09 | 1.01 | 0.92 | 0.85 | 0.77 | 0.70 |
| 12E0 | 2.50 | 2.47 | 2.33 | 2.21 | 2.10 | 1.98 | 1.91 | 1.85 | 1.81 | 1.81 | 1.80 | 1.79 | 1.78 | 1.77 | 1.76 | 1.75 | 1.73 | 1.71 | 1.69 | 1.53 | 1.40 | 1.27 | 1.14 | 1.02 |
| 13E0 | 2.50 | 2.36 | 2.15 | 1.98 | 1.86 | 1.72 | 1.65 | 1.60 | 1.56 | 1.56 | 1.55 | 1.54 | 1.53 | 1.52 | — | — | — | — | — | — | — | — | — | — |
| 14E0 | 2.50 | 2.50 | 2.27 | 2.10 | 1.98 | 1.85 | 1.78 | 1.71 | 1.68 | 1.68 | 1.67 | 1.66 | 1.65 | 1.65 | 1.65 | 1.64 | 1.64 | 1.63 | 1.63 | 1.60 | 1.58 | 1.56 | 1.54 | 1.40 |
| 15E0 | 2.50 | 2.50 | 2.45 | 2.33 | 2.21 | 2.08 | 2.01 | 1.95 | 1.91 | 1.91 | 1.90 | 1.89 | 1.88 | 1.88 | 1.88 | 1.87 | 1.87 | 1.86 | 1.86 | 1.85 | 1.83 | 1.67 | 1.52 | 1.38 |
| 16E0 | 2.50 | 2.50 | 2.50 | 2.50 | 2.50 | — | — | — | — | — | — | — | — | — | — | — | — | — | — | — | — | — | — | — |

表 7　PN40 法兰的压力-温度额定值

| 材料组别 | 温　度/℃ | | | | | | | | | | | | | | | | | | | | | | |
|---|---|---|---|---|---|---|---|---|---|---|---|---|---|---|---|---|---|---|---|---|---|---|---|
| | 常温 | 100 | 150 | 200 | 250 | 300 | 350 | 400 | 450 | 460 | 470 | 480 | 490 | 500 | 510 | 520 | 530 | 540 | 550 | 560 | 570 | 580 | 590 | 600 |
| | 最大允许工作压力/MPa | | | | | | | | | | | | | | | | | | | | | | | |
| 1E0 | — | — | — | — | — | — | — | — | — | — | — | — | — | — | — | — | — | — | — | — | — | — | — | — |
| 2E0 | 4.00 | 3.71 | 3.52 | 3.20 | 2.80 | 2.40 | 2.00 | 1.40 | — | — | — | — | — | — | — | — | — | — | — | — | — | — | — | — |
| 3E0 | 4.00 | 3.71 | 3.52 | 3.33 | 3.04 | 2.76 | 2.57 | 2.38 | 1.31 | — | — | — | — | — | — | — | — | — | — | — | — | — | — | — |
| 3E1 | 4.00 | 4.00 | 4.00 | 4.00 | 3.90 | 3.52 | 3.23 | 2.95 | 1.61 | — | — | — | — | — | — | — | — | — | — | — | — | — | — | — |
| 4E0 | 4.00 | 4.00 | 4.00 | 4.00 | 3.90 | 3.42 | 3.23 | 2.99 | 2.76 | 2.56 | 2.36 | 2.16 | 1.97 | 1.77 | 1.40 | 1.12 | 0.89 | — | — | — | — | — | — | — |
| 5E0 | 4.00 | 4.00 | 4.00 | 4.00 | 4.00 | 4.00 | 3.80 | 3.60 | 3.37 | 3.20 | 3.04 | 2.88 | 2.72 | 2.60 | 2.20 | 1.79 | 1.48 | 1.16 | 0.93 | 0.76 | 0.62 | — | — | — |
| 6E0 | 4.00 | 4.00 | 4.00 | 4.00 | 4.00 | 4.00 | 3.90 | 3.71 | 3.52 | 3.33 | 3.14 | 2.95 | 2.76 | 2.57 | 2.24 | 1.96 | 1.71 | 1.48 | 1.29 | 1.10 | 0.97 | 0.83 | 0.72 | 0.64 |
| 6E1 | 4.00 | 4.00 | 4.00 | 4.00 | 4.00 | 4.00 | 4.00 | 4.00 | 4.00 | 4.00 | 4.00 | 3.39 | 2.77 | 2.15 | 1.82 | 1.54 | 1.33 | 1.12 | 0.95 | 0.81 | 0.70 | — | — | — |
| 9E1 | 4.00 | 4.00 | 4.00 | 4.00 | 4.00 | 4.00 | 4.00 | 4.00 | 4.00 | 4.00 | 4.00 | 4.00 | 4.00 | 4.00 | 4.00 | 4.00 | 3.82 | 3.48 | 3.16 | 2.85 | 2.55 | 2.28 | 2.01 | 1.79 |
| 10E0 | 4.00 | 3.44 | 3.08 | 2.80 | 2.60 | 2.41 | 2.30 | 2.20 | 2.14 | 2.13 | 2.12 | 2.11 | 2.09 | 2.07 | 2.01 | 1.95 | 1.89 | 1.83 | 1.75 | 1.61 | 1.48 | 1.37 | 1.23 | 1.12 |
| 10E1 | 4.00 | 4.00 | 4.00 | 3.56 | 3.33 | 3.18 | 3.06 | 2.97 | 2.90 | 2.89 | 2.88 | 2.86 | 2.84 | 2.83 | — | — | — | — | — | — | — | — | — | — |
| 11E0 | 4.00 | 3.63 | 3.27 | 2.99 | 2.76 | 2.57 | 2.45 | 2.38 | 2.33 | 2.32 | 2.31 | 2.30 | 2.29 | 2.28 | 2.18 | 2.08 | 1.98 | 1.87 | 1.75 | 1.61 | 1.48 | 1.37 | 1.23 | 1.12 |
| 12E0 | 4.00 | 4.00 | 3.73 | 3.54 | 3.37 | 3.18 | 3.06 | 2.97 | 2.90 | 2.89 | 2.88 | 2.87 | 2.85 | 2.83 | 2.81 | 2.79 | 2.76 | 2.73 | 2.70 | 2.45 | 2.24 | 2.03 | 1.82 | 1.63 |
| 13E0 | 4.00 | 3.79 | 3.44 | 3.18 | 2.99 | 2.76 | 2.64 | 2.57 | 2.50 | 2.49 | 2.48 | 2.47 | 2.45 | 2.43 | — | — | — | — | — | — | — | — | — | — |
| 13E1 | 4.00 | 3.82 | 3.47 | 3.11 | 2.93 | 2.76 | 2.67 | 2.58 | 2.52 | 2.51 | 2.50 | 2.49 | 2.47 | 2.45 | — | — | — | — | — | — | — | — | — | — |
| 14E0 | 4.00 | 4.00 | 3.63 | 3.37 | 3.18 | 2.97 | 2.85 | 2.74 | 2.69 | 2.68 | 2.67 | 2.66 | 2.65 | 2.64 | 2.64 | 2.63 | 2.62 | 2.61 | 2.60 | 2.57 | 2.54 | 2.50 | 2.47 | 2.24 |
| 15E0 | 4.00 | 4.00 | 3.92 | 3.73 | 3.54 | 3.33 | 3.21 | 3.12 | 3.06 | 3.05 | 3.04 | 3.03 | 3.02 | 3.00 | 3.00 | 3.00 | 2.99 | 2.99 | 2.99 | 2.96 | 2.93 | 2.68 | 2.43 | 2.20 |
| 16E0 | 4.00 | 4.00 | 4.00 | 4.00 | 4.00 | — | — | — | — | — | — | — | — | — | — | — | — | — | — | — | — | — | — | — |

**表 8　PN63 法兰的压力-温度额定值**

| 材料组别 | 温　度/℃ | | | | | | | | | | | | | | | | | | | | | | |
|---|---|---|---|---|---|---|---|---|---|---|---|---|---|---|---|---|---|---|---|---|---|---|---|
| | 常温 | 100 | 150 | 200 | 250 | 300 | 350 | 400 | 450 | 460 | 470 | 480 | 490 | 500 | 510 | 520 | 530 | 540 | 550 | 560 | 570 | 580 | 590 | 600 |
| | 最大允许工作压力/MPa | | | | | | | | | | | | | | | | | | | | | | | |
| 1E0 | — | — | — | — | — | — | — | — | — | — | — | — | — | — | — | — | — | — | — | — | — | — | — | — |
| 2E0 | 6.30 | 5.10 | 4.85 | 4.47 | 4.10 | 3.72 | 3.15 | 2.21 | — | — | — | — | — | — | — | — | — | — | — | — | — | — | — | — |
| 3E0 | 6.30 | 5.85 | 5.55 | 5.25 | 4.80 | 4.35 | 4.05 | 3.75 | 2.07 | — | — | — | — | — | — | — | — | — | — | — | — | — | — | — |
| 3E1 | 6.30 | 6.30 | 6.30 | 6.30 | 6.15 | 5.55 | 5.10 | 4.65 | 2.55 | — | — | — | — | — | — | — | — | — | — | — | — | — | — | — |
| 4E0 | 6.30 | 6.30 | 6.30 | 6.30 | 6.15 | 5.40 | 5.10 | 4.71 | 4.35 | 4.03 | 3.72 | 3.41 | 3.10 | 2.79 | 2.22 | 1.77 | 1.41 | — | — | — | — | — | — | — |
| 5E0 | 6.30 | 6.30 | 6.30 | 6.30 | 6.30 | 6.30 | 6.00 | 5.67 | 5.31 | 5.05 | 4.79 | 4.54 | 4.28 | 4.11 | 3.48 | 2.82 | 2.34 | 1.83 | 1.47 | 1.20 | 0.99 | — | — | — |
| 6E0 | 6.30 | 6.30 | 6.30 | 6.30 | 6.30 | 6.30 | 6.15 | 5.85 | 5.55 | 5.25 | 4.95 | 4.65 | 4.35 | 4.05 | 3.54 | 3.09 | 2.70 | 2.34 | 2.04 | 1.74 | 1.53 | 1.32 | 1.14 | 1.02 |
| 6E1 | 6.30 | 6.30 | 6.30 | 6.30 | 6.30 | 6.30 | 6.30 | 6.30 | 6.30 | 6.30 | 6.30 | 5.34 | 4.36 | 3.39 | 2.88 | 2.43 | 2.10 | 1.77 | 1.50 | 1.29 | 1.11 | — | — | — |
| 9E1 | 6.30 | 6.30 | 6.30 | 6.30 | 6.30 | 6.30 | 6.30 | 6.30 | 6.30 | 6.30 | 6.30 | 6.30 | 6.30 | 6.30 | 6.30 | 6.30 | 6.03 | 5.49 | 4.98 | 4.50 | 4.02 | 3.60 | 3.18 | 2.82 |
| 10E0 | 6.30 | 5.43 | 4.86 | 4.41 | 4.11 | 3.81 | 3.63 | 3.48 | 3.37 | 3.35 | 3.33 | 3.31 | 3.29 | 3.27 | 3.17 | 3.07 | 2.97 | 2.87 | 2.76 | 2.55 | 2.34 | 2.16 | 1.95 | 1.77 |
| 10E1 | 6.30 | 6.30 | 6.30 | 5.61 | 5.25 | 5.01 | 4.83 | 4.68 | 4.57 | 4.55 | 4.53 | 4.51 | 4.49 | 4.47 | — | — | — | — | — | — | — | — | — | — |
| 11E0 | 6.30 | 5.73 | 5.16 | 4.71 | 4.35 | 4.05 | 3.87 | 3.75 | 3.67 | 3.66 | 3.65 | 3.64 | 3.62 | 3.60 | 3.44 | 3.28 | 3.12 | 2.95 | 2.76 | 2.55 | 2.34 | 2.16 | 1.95 | 1.77 |
| 12E0 | 6.30 | 6.30 | 5.88 | 5.58 | 5.31 | 5.01 | 4.83 | 4.68 | 4.57 | 4.55 | 4.53 | 4.51 | 4.49 | 4.47 | 4.42 | 4.38 | 4.34 | 4.30 | 4.26 | 3.87 | 3.54 | 3.21 | 2.88 | 2.58 |
| 13E0 | 6.30 | 5.97 | 5.43 | 5.01 | 4.71 | 4.35 | 4.17 | 4.05 | 3.94 | 3.92 | 3.90 | 3.88 | 3.86 | 3.84 | — | — | — | — | — | — | — | — | — | — |
| 13E1 | 6.30 | 6.02 | 5.46 | 4.90 | 4.62 | 4.34 | 4.20 | 4.06 | 3.98 | 3.96 | 3.94 | 3.92 | 3.89 | 3.86 | — | — | — | — | — | — | — | — | — | — |
| 14E0 | 6.30 | 6.30 | 5.73 | 5.31 | 5.01 | 4.68 | 4.50 | 4.32 | 4.24 | 4.23 | 4.22 | 4.20 | 4.19 | 4.17 | 4.16 | 4.15 | 4.14 | 4.13 | 4.11 | 4.05 | 4.00 | 3.95 | 3.90 | 3.54 |
| 15E0 | 6.30 | 6 30 | 6.18 | 5.88 | 5.58 | 5.25 | 5.07 | 4.92 | 4.83 | 4.82 | 4.80 | 4.78 | 4.76 | 4.74 | 4.74 | 4.73 | 4.72 | 4.71 | 4.71 | 4.66 | 4.62 | 4.23 | 3.84 | 3.48 |
| 16E0 | 6.30 | 6.30 | 6.30 | 6.30 | 6.30 | — | — | — | — | — | — | — | — | — | — | — | — | — | — | — | — | — | — | — |

表 9 PN100 法兰的压力-温度额定值

| 材料组别 | 温度/℃ | | | | | | | | | | | | | | | | | | | | | | |
|---|---|---|---|---|---|---|---|---|---|---|---|---|---|---|---|---|---|---|---|---|---|---|---|
| | 常温 | 100 | 150 | 200 | 250 | 300 | 350 | 400 | 450 | 460 | 470 | 480 | 490 | 500 | 510 | 520 | 530 | 540 | 550 | 560 | 570 | 580 | 590 | 600 |
| | 最大允许工作压力/MPa | | | | | | | | | | | | | | | | | | | | | | | |
| 1E0 | — | — | — | — | — | — | — | — | — | — | — | — | — | — | — | — | — | — | — | — | — | — | — | — |
| 2E0 | 10.00 | 8.10 | 7.70 | 7.10 | 6.50 | 5.90 | 5.00 | 3.50 | — | — | — | — | — | — | — | — | — | — | — | — | — | — | — | — |
| 3E0 | 10.00 | 9.28 | 8.80 | 8.33 | 7.61 | 6.90 | 6.42 | 5.95 | 3.28 | — | — | — | — | — | — | — | — | — | — | — | — | — | — | — |
| 3E1 | 10.00 | 10.00 | 10.00 | 10.00 | 9.76 | 8.80 | 8.09 | 7.38 | 4.04 | — | — | — | — | — | — | — | — | — | — | — | — | — | — | — |
| 4E0 | 10.00 | 10.00 | 10.00 | 10.00 | 9.76 | 8.57 | 8.09 | 7.47 | 6.90 | 6.40 | 5.91 | 5.42 | 4.92 | 4.42 | 3.52 | 2.80 | 2.23 | — | — | — | — | — | — | — |
| 5E0 | 10.00 | 10.00 | 10.00 | 10.00 | 10.00 | 10.00 | 9.52 | 9.00 | 8.42 | 8.02 | 7.61 | 7.20 | 6.80 | 6.52 | 5.52 | 4.47 | 3.71 | 2.90 | 2.33 | 1.90 | 1.57 | — | — | — |
| 6E0 | 10.00 | 10.00 | 10.00 | 10.00 | 10.00 | 10.00 | 9.76 | 9.28 | 8.80 | 8.33 | 7.85 | 7.38 | 6.90 | 6.42 | 5.61 | 4.90 | 4.28 | 3.71 | 3.23 | 2.76 | 2.42 | 2.09 | 1.80 | 1.61 |
| 6E1 | 10.00 | 10.00 | 10.00 | 10.00 | 10.00 | 10.00 | 10.00 | 10.00 | 10.00 | 10.00 | 10.00 | 8.48 | 6.93 | 5.38 | 4.57 | 3.85 | 3.33 | 2.80 | 2.38 | 2.04 | 1.76 | — | — | — |
| 9E1 | 10.00 | 10.00 | 10.00 | 10.00 | 10.00 | 10.00 | 10.00 | 10.00 | 10.00 | 10.00 | 10.00 | 10.00 | 10.00 | 10.00 | 10.00 | 10.00 | 9.57 | 8.71 | 7.90 | 7.14 | 6.38 | 5.71 | 5.04 | 4.47 |
| 10E0 | 10.00 | 8.61 | 7.71 | 7.00 | 6.52 | 6.04 | 5.76 | 5.52 | 5.35 | 5.32 | 5.29 | 5.26 | 5.23 | 5.19 | 5.03 | 4.87 | 4.71 | 4.55 | 4.38 | 4.04 | 3.71 | 3.42 | 3.09 | 2.80 |
| 10E1 | 10.00 | 10.00 | 10.00 | 8.90 | 8.33 | 7.95 | 7.66 | 7.42 | 7.26 | 7.23 | 7.20 | 7.17 | 7.13 | 7.09 | — | — | — | — | — | — | — | — | — | — |
| 11E0 | 10.00 | 9.09 | 8.19 | 7.47 | 6.90 | 6.42 | 6.14 | 5.95 | 5.83 | 5.81 | 5.79 | 5.77 | 5.74 | 5.71 | 5.45 | 5.19 | 4.93 | 4.66 | 4.38 | 4.04 | 3.71 | 3.42 | 3.09 | 2.80 |
| 12E0 | 10.00 | 9.90 | 9.33 | 8.85 | 8.42 | 7.95 | 7.66 | 7.42 | 7.26 | 7.23 | 7.20 | 7.17 | 7.13 | 7.09 | 7.03 | 6.97 | 6.93 | 6.85 | 6.76 | 6.14 | 5.61 | 5.09 | 4.57 | 4.09 |
| 13E0 | 10.00 | 9.47 | 8.61 | 7.95 | 7.47 | 6.90 | 6.61 | 6.42 | 6.26 | 6.23 | 6.20 | 6.17 | 6.13 | 6.09 | — | — | — | — | — | — | — | — | — | — |
| 13E1 | 10.00 | 9.56 | 8.67 | 7.78 | 7.33 | 6.89 | 6.67 | 6.44 | 6.31 | 6.28 | 6.25 | 6.21 | 6.17 | 6.13 | — | — | — | — | — | — | — | — | — | — |
| 14E0 | 10.00 | 10.00 | 9.09 | 8.42 | 7.95 | 7.42 | 7.14 | 6.85 | 6.73 | 6.71 | 6.69 | 6.67 | 6.64 | 6.61 | 6.60 | 6.58 | 6.56 | 6.54 | 6.52 | 6.43 | 6.35 | 6.27 | 6.19 | 5.61 |
| 15E0 | 10.00 | 10.00 | 9.80 | 9.33 | 8.85 | 8.33 | 8.04 | 7.80 | 7.66 | 7.64 | 7.61 | 7.58 | 7.55 | 7.52 | 7.51 | 7.50 | 7.49 | 7.48 | 7.47 | 7.40 | 7.33 | 6.71 | 6.09 | 5.52 |
| 16E0 | 10.00 | 10.00 | 10.00 | 10.00 | 10.00 | — | — | — | — | — | — | — | — | — | — | — | — | — | — | — | — | — | — | — |

表 10　PN160 法兰的压力-温度额定值

| 材料组别 | 温度/℃ | | | | | | | | | | | | | | | | | | | | | |
|---|---|---|---|---|---|---|---|---|---|---|---|---|---|---|---|---|---|---|---|---|---|---|
| | 常温 | 100 | 150 | 200 | 250 | 300 | 350 | 400 | 450 | 460 | 470 | 480 | 490 | 500 | 510 | 520 | 530 | 540 | 550 | 560 | 570 | 580 | 590 | 600 |
| | 最大允许工作压力/MPa | | | | | | | | | | | | | | | | | | | | | | | |
| 1E0 | — | — | — | — | — | — | — | — | — | — | — | — | — | — | — | — | — | — | — | — | — | — | — | — |
| 2E0 | 16.00 | 13.00 | 12.30 | 11.40 | 10.40 | 9.40 | 8.00 | 5.60 | — | — | — | — | — | — | — | — | — | — | — | — | — | — | — | — |
| 3E0 | 16.00 | 14.85 | 14.09 | 13.33 | 12.19 | 11.04 | 10.28 | 9.52 | 5.25 | — | — | — | — | — | — | — | — | — | — | — | — | — | — | — |
| 3E1 | 16.00 | 16.00 | 16.00 | 16.00 | 15.61 | 14.09 | 12.95 | 11.80 | 6.47 | — | — | — | — | — | — | — | — | — | — | — | — | — | — | — |
| 4E0 | 16.00 | 16.00 | 16.00 | 16.00 | 15.61 | 13.71 | 12.95 | 11.96 | 11.04 | 10.25 | 9.46 | 8.67 | 7.88 | 7.08 | 5.63 | 4.49 | 3.58 | — | — | — | — | — | — | — |
| 5E0 | 16.00 | 16.00 | 16.00 | 16.00 | 16.00 | 16.00 | 15.23 | 14.40 | 13.48 | 12.83 | 12.18 | 11.53 | 10.88 | 10.43 | 8.83 | 7.16 | 5.94 | 4.64 | 3.73 | 3.04 | 2.51 | — | — | — |
| 6E0 | 16.00 | 16.00 | 16.00 | 16.00 | 16.00 | 16.00 | 15.61 | 14.85 | 14.09 | 13.33 | 12.57 | 11.80 | 11.04 | 10.28 | 8.99 | 7.84 | 6.85 | 5.94 | 5.18 | 4.41 | 3.88 | 3.35 | 2.89 | 2.59 |
| 6E1 | 16.00 | 16.00 | 16.00 | 16.00 | 16.00 | 16.00 | 16.00 | 16.00 | 16.00 | 16.00 | 16.00 | 13.57 | 11.09 | 8.60 | 7.31 | 6.17 | 5.33 | 4.49 | 3.80 | 3.27 | 2.81 | — | — | — |
| 9E1 | 16.00 | 16.00 | 16.00 | 16.00 | 16.00 | 16.00 | 16.00 | 16.00 | 16.00 | 16.00 | 16.00 | 16.00 | 16.00 | 16.00 | 16.00 | 16.00 | 15.31 | 13.94 | 12.64 | 11.42 | 10.20 | 9.14 | 8.07 | 7.16 |
| 10E0 | 16.00 | 13.79 | 12.34 | 11.20 | 10.43 | 9.67 | 9.21 | 8.83 | 8.57 | 8.52 | 8.47 | 8.42 | 8.36 | 8.30 | 8.04 | 7.78 | 7.52 | 7.26 | 7.00 | 6.47 | 5.94 | 5.48 | 4.95 | 4.49 |
| 10E1 | 16.00 | 16.00 | 16.00 | 14.24 | 13.33 | 12.72 | 12.26 | 11.88 | 11.61 | 11.56 | 11.51 | 11.46 | 11.41 | 11.35 | — | — | — | — | — | — | — | — | — | — |
| 11E0 | 16.00 | 14.55 | 13.10 | 11.96 | 11.04 | 10.28 | 9.82 | 9.52 | 9.33 | 9.30 | 9.26 | 9.22 | 9.18 | 9.14 | 8.72 | 8.29 | 7.86 | 7.43 | 7.00 | 6.47 | 5.94 | 5.48 | 4.95 | 4.49 |
| 12E0 | 16.00 | 15.84 | 14.93 | 14.17 | 13.48 | 12.72 | 12.26 | 11.88 | 11.61 | 11.56 | 11.51 | 11.46 | 11.41 | 11.35 | 11.25 | 11.14 | 11.03 | 10.92 | 10.81 | 9.82 | 8.99 | 8.15 | 7.31 | 6.55 |
| 13E0 | 16.00 | 15.16 | 13.79 | 12.72 | 11.96 | 11.04 | 10.59 | 10.28 | 10.01 | 9.96 | 9.91 | 9.86 | 9.81 | 9.75 | — | — | — | — | — | — | — | — | — | — |
| 14E0 | 16.00 | 16.00 | 14.55 | 13.48 | 12.72 | 11.88 | 11.42 | 10.97 | 10.78 | 10.75 | 10.71 | 10.67 | 10.63 | 10.59 | 10.56 | 10.53 | 10.50 | 10.47 | 10.43 | 10.30 | 10.16 | 10.03 | 9.90 | 8.99 |
| 15E0 | 16.00 | 16.00 | 15.69 | 14.93 | 14.17 | 13.33 | 12.87 | 12.49 | 12.26 | 12.22 | 12.18 | 12.13 | 12.08 | 12.03 | 12.02 | 12.01 | 12.00 | 11.98 | 11.96 | 11.85 | 11.73 | 10.74 | 9.75 | 8.83 |
| 16E0 | 16.00 | 16.00 | 16.00 | 16.00 | 16.00 | — | — | — | — | — | — | — | — | — | — | — | — | — | — | — | — | — | — | — |

## 表 11 PN200 法兰的压力-温度额定值

| 材料组别 | 温度/℃ | | | | | | | | | | | | | | | | | | | | | | | |
|---|---|---|---|---|---|---|---|---|---|---|---|---|---|---|---|---|---|---|---|---|---|---|---|---|
| | 常温 | 100 | 150 | 200 | 250 | 300 | 350 | 400 | 450 | 460 | 470 | 480 | 490 | 500 | 510 | 520 | 530 | 540 | 550 | 560 | 570 | 580 | 590 | 600 |
| | 最大允许工作压力/MPa | | | | | | | | | | | | | | | | | | | | | | | |
| 1E0 | — | — | — | — | — | — | — | — | — | — | — | — | — | — | — | — | — | — | — | — | — | — | — | — |
| 2E0 | 20.00 | 16.25 | 15.38 | 14.25 | 13.00 | 11.75 | 10.00 | 7.00 | — | — | — | — | — | — | — | — | — | — | — | — | — | — | — | — |
| 3E0 | 20.00 | 18.56 | 17.61 | 16.66 | 15.24 | 13.80 | 12.85 | 11.90 | 6.88 | — | — | — | — | — | — | — | — | — | — | — | — | — | — | — |
| 3E1 | 20.00 | 20.00 | 20.00 | 20.00 | 19.51 | 17.61 | 16.19 | 14.75 | 8.09 | — | — | — | — | — | — | — | — | — | — | — | — | — | — | — |
| 4E0 | 20.00 | 20.00 | 20.00 | 20.00 | 19.51 | 17.14 | 16.19 | 14.95 | 13.80 | 12.81 | 11.83 | 10.84 | 9.85 | 8.85 | 7.04 | 5.61 | 4.48 | — | — | — | — | — | — | — |
| 5E0 | 20.00 | 20.00 | 20.00 | 20.00 | 20.00 | 20.00 | 19.04 | 18.00 | 16.85 | 16.04 | 15.23 | 14.41 | 13.60 | 13.04 | 11.04 | 8.95 | 7.43 | 5.80 | 4.66 | 3.80 | 3.14 | — | — | — |
| 6E0 | 20.00 | 20.00 | 20.00 | 20.00 | 20.00 | 20.00 | 19.51 | 18.56 | 17.61 | 16.66 | 15.71 | 14.75 | 13.80 | 12.85 | 11.24 | 9.80 | 8.56 | 7.43 | 6.48 | 5.51 | 4.85 | 4.19 | 3.61 | 3.24 |
| 6E1 | 20.00 | 20.00 | 20.00 | 20.00 | 20.00 | 20.00 | 20.00 | 20.00 | 20.00 | 20.00 | 20.00 | 16.96 | 13.86 | 10.75 | 9.14 | 7.71 | 6.66 | 5.61 | 4.75 | 4.09 | 3.51 | — | — | — |
| 9E1 | 20.00 | 20.00 | 20.00 | 20.00 | 20.00 | 20.00 | 20.00 | 20.00 | 20.00 | 20.00 | 20.00 | 20.00 | 20.00 | 20.00 | 20.00 | 20.00 | 19.14 | 17.43 | 15.80 | 14.28 | 12.75 | 11.43 | 10.09 | 8.95 |
| 10E0 | 20.00 | 17.24 | 15.43 | 14.00 | 13.04 | 12.09 | 11.51 | 11.04 | 10.71 | 10.65 | 10.59 | 10.53 | 10.45 | 10.38 | 10.05 | 9.73 | 9.40 | 9.08 | 8.75 | 8.09 | 7.43 | 6.85 | 6.19 | 5.61 |
| 10E1 | 20.00 | 20.00 | 20.00 | 17.80 | 16.66 | 15.90 | 15.33 | 14.85 | 14.51 | 14.45 | 14.39 | 14.33 | 14.26 | 14.19 | — | — | — | — | — | — | — | — | — | — |
| 11E0 | 20.00 | 18.19 | 16.38 | 14.95 | 13.80 | 12.85 | 12.28 | 11.90 | 11.66 | 11.63 | 11.58 | 11.53 | 11.48 | 11.43 | 10.90 | 10.36 | 9.83 | 9.29 | 8.75 | 8.09 | 7.43 | 6.85 | 6.19 | 5.61 |
| 12E0 | 20.00 | 19.80 | 18.66 | 17.71 | 16.85 | 15.90 | 15.33 | 14.85 | 14.51 | 14.45 | 14.39 | 14.33 | 14.26 | 14.19 | 14.06 | 13.93 | 13.79 | 13.65 | 13.51 | 12.28 | 11.24 | 10.19 | 9.14 | 8.19 |
| 13E0 | 20.00 | 18.95 | 17.24 | 15.90 | 14.95 | 13.80 | 13.24 | 12.85 | 12.51 | 12.45 | 12.39 | 12.33 | 12.26 | 12.19 | — | — | — | — | — | — | — | — | — | — |
| 14E0 | 20.00 | 20.00 | 18.19 | 16.85 | 15.90 | 14.85 | 14.28 | 13.71 | 13.48 | 13.44 | 13.39 | 13.34 | 13.29 | 13.24 | 13.20 | 13.16 | 13.13 | 13.09 | 13.04 | 12.88 | 12.70 | 12.54 | 12.38 | 11.24 |
| 15E0 | 20.00 | 20.00 | 19.61 | 18.66 | 17.71 | 16.66 | 16.09 | 15.61 | 15.33 | 15.28 | 15.23 | 15.16 | 15.10 | 15.04 | 15.02 | 15.01 | 15.00 | 14.98 | 14.95 | 14.81 | 14.66 | 13.43 | 12.19 | 10.04 |
| 16E0 | 20.00 | 20.00 | 20.00 | 20.00 | 20.00 | — | — | — | — | — | — | — | — | — | — | — | — | — | — | — | — | — | — | — |

## 5 尺寸与公差

### 5.1 尺寸

5.1.1 法兰的尺寸应符合 JB/T 75、JB/T 79、JB/T 81、JB/T 82、JB/T 83、JB/T 84、JB/T 85 及 JB/T 86的规定。

5.1.2 当密封面型式为突面(RF)、凹面(F)及槽面(G)时，密封面凸台与法兰面之间的过渡一般采用直角，也可以根据制造厂的设计采用 45°倒角或圆角。

5.1.3 与钢管对焊连接的法兰，其颈部厚度 *S* 应不小于钢管的厚度，用户应在订货时注明钢管的规格。本系列标准中所列的 *S* 值仅适用于用户未提出具体要求的场合。

### 5.2 尺寸公差

5.2.1 法兰尺寸公差应符合表 12 的规定。

**表 12 法兰尺寸公差**

<table>
<tr><th>项 目</th><th>法兰型式</th><th>尺寸范围</th><th colspan="2">极限偏差/mm</th></tr>
<tr><td rowspan="5">法兰颈部外径 A</td><td rowspan="3">对焊法兰(WN)<br>对焊环板式松套法兰(PL/W)</td><td>≤DN125</td><td colspan="2">$^{+3.0}_{0}$</td></tr>
<tr><td>DN150～DN1200</td><td colspan="2">$^{+4.5}_{0}$</td></tr>
<tr><td>≥DN1400</td><td colspan="2">$^{+6.0}_{0}$</td></tr>
<tr><td rowspan="2">翻边板式松套法兰(PL/P)</td><td>≤DN150</td><td colspan="2">±0.75%，最小为±0.3</td></tr>
<tr><td>≥DN200</td><td colspan="2">±1%，最大为±3.0</td></tr>
<tr><td rowspan="4">孔径 B</td><td rowspan="4">板式平焊法兰(PL)<br>对焊环板式松套法兰(PL/W)<br>平焊环板式松套法兰(PL/C)<br>翻边板式松套法兰(PL/P)</td><td>≤DN100</td><td colspan="2">$^{+0.5}_{0}$</td></tr>
<tr><td>DN125～DN400</td><td colspan="2">$^{+1.0}_{0}$</td></tr>
<tr><td>DN450～DN600</td><td colspan="2">$^{+1.5}_{0}$</td></tr>
<tr><td>≥DN700</td><td colspan="2">$^{+3.0}_{0}$</td></tr>
<tr><td rowspan="6">法兰颈部厚度 S</td><td rowspan="4">对焊法兰(WN)<br>对焊环板式松套法兰(PL/W)</td><td></td><td>颈部内外均加工</td><td>颈部内外至少一面未加工</td></tr>
<tr><td>≤DN100</td><td>$^{+1.0}_{0}$</td><td>$^{+2.0}_{0}$</td></tr>
<tr><td>DN125～DN400</td><td>$^{+1.5}_{0}$</td><td>$^{+2.5}_{0}$</td></tr>
<tr><td>≥DN450</td><td>$^{+2.0}_{0}$</td><td>$^{+3.5}_{0}$</td></tr>
<tr><td rowspan="2">翻边板式松套法兰(PL/P)</td><td>≤DN600</td><td colspan="2">$^{+15.0\%}_{-12.5\%}$</td></tr>
<tr><td>≥DN700</td><td colspan="2">$^{+15.0\%}_{-0.5}$</td></tr>
<tr><td rowspan="6">法兰外径 D</td><td rowspan="6">整体法兰(IF)</td><td>≤DN250</td><td colspan="2">±4.0</td></tr>
<tr><td>DN300～DN500</td><td colspan="2">±5.0</td></tr>
<tr><td>DN600～DN800</td><td colspan="2">±6.0</td></tr>
<tr><td>DN900～DN1200</td><td colspan="2">±7.0</td></tr>
<tr><td>DN1400～DN1600</td><td colspan="2">±8.0</td></tr>
<tr><td>DN1800～DN2000</td><td colspan="2">±10.0</td></tr>
</table>

**表 12（续）**

<table>
<tr><th>项　目</th><th colspan="2">法兰型式</th><th colspan="2">尺寸范围</th><th>极限偏差/mm</th></tr>
<tr><td rowspan="5">法兰外径 $D$</td><td colspan="2" rowspan="5">其他型式法兰</td><td colspan="2">≤DN150</td><td>±2.0</td></tr>
<tr><td colspan="2">DN200～DN500</td><td>±3.0</td></tr>
<tr><td colspan="2">DN600～DN1200</td><td>±5.0</td></tr>
<tr><td colspan="2">DN1400～DN1800</td><td>±7.0</td></tr>
<tr><td colspan="2">≥DN2000</td><td>±10.0</td></tr>
<tr><td rowspan="3">法兰高度 $H$</td><td colspan="2" rowspan="3">所有带颈法兰</td><td colspan="2">≤DN80</td><td>±1.5</td></tr>
<tr><td colspan="2">DN100～DN250</td><td>±2.0</td></tr>
<tr><td colspan="2">≥DN300</td><td>±3.0</td></tr>
<tr><td rowspan="5">法兰颈部直径 $N$</td><td colspan="2" rowspan="5">对焊法兰（WN）<br>对焊环板式松套法兰（PL/W）<br>整体法兰（IF）</td><td colspan="2">≤DN50</td><td>$^{0}_{-2.0}$</td></tr>
<tr><td colspan="2">DN65～DN150</td><td>$^{0}_{-4.0}$</td></tr>
<tr><td colspan="2">DN200～DN300</td><td>$^{0}_{-6.0}$</td></tr>
<tr><td colspan="2">DN350～DN600</td><td>$^{0}_{-8.0}$</td></tr>
<tr><td colspan="2">DN700～DN4000</td><td>$^{0}_{-10.0}$</td></tr>
<tr><td>环厚度 $F$</td><td colspan="2">翻边板式松套法兰（PL/P）</td><td colspan="2">≤5 mm</td><td>±0.2</td></tr>
<tr><td rowspan="6">法兰厚度 $C$</td><td colspan="2" rowspan="3">两侧均机械加工的所有型式法兰</td><td colspan="2">$C$≤18 mm</td><td>$^{+1.0}_{-1.3}$</td></tr>
<tr><td colspan="2">18 mm<$C$≤50 mm</td><td>±1.5</td></tr>
<tr><td colspan="2">$C$>50 mm</td><td>±2.0</td></tr>
<tr><td colspan="2" rowspan="3">只加工一侧的所有法兰<br>两侧均未加工的松套法兰</td><td colspan="2">$C$≤18 mm</td><td>$^{+2.0}_{-1.3}$</td></tr>
<tr><td colspan="2">18 mm<$C$≤50 mm</td><td>$^{+4.0}_{-1.5}$</td></tr>
<tr><td colspan="2">$C$>50 mm</td><td>$^{+7.0}_{-2.0}$</td></tr>
<tr><td rowspan="12">法兰密封面<br>尺寸</td><td rowspan="2">$d$</td><td rowspan="2">所有型式法兰</td><td colspan="2">≤DN250</td><td>$^{+2.0}_{-1.0}$</td></tr>
<tr><td colspan="2">≥DN300</td><td>$^{+3.0}_{-1.0}$</td></tr>
<tr><td rowspan="4">$f_1$</td><td rowspan="4">所有型式法兰<br>［密封面型式为突面（RF）、凹面（F）、槽面（G）］</td><td>≤DN32</td><td>$f_1$=2 mm</td><td>$^{0}_{-1}$</td></tr>
<tr><td>DN40～DN250</td><td>$f_1$=3 mm</td><td>$^{0}_{-2}$</td></tr>
<tr><td>DN300～DN500</td><td>$f_1$=4 mm</td><td>$^{0}_{-3}$</td></tr>
<tr><td>≥DN600</td><td>$f_1$=5 mm</td><td>$^{0}_{-4}$</td></tr>
<tr><td>$f_2$</td><td>所有型式法兰<br>［密封面型式为榫面（T）、凸面（M）］</td><td colspan="2">所有尺寸</td><td>$^{+0.5}_{0}$</td></tr>
<tr><td>$f_3$</td><td>所有型式法兰<br>［密封面型式为槽面（G）、凹面（F）］</td><td colspan="2">所有尺寸</td><td>$^{+0.5}_{0}$</td></tr>
<tr><td>$W$</td><td>所有型式法兰</td><td colspan="2">所有尺寸</td><td>$^{+0.5}_{0}$</td></tr>
<tr><td>$X$</td><td>所有型式法兰</td><td colspan="2">所有尺寸</td><td>$^{0}_{-0.5}$</td></tr>
<tr><td>$Y$</td><td>所有型式法兰</td><td colspan="2">所有尺寸</td><td>$^{+0.5}_{0}$</td></tr>
<tr><td>$Z$</td><td>所有型式法兰</td><td colspan="2">所有尺寸</td><td>$^{0}_{-0.5}$</td></tr>
</table>

**表 12（续）**

<table>
<tr><th>项　　目</th><th colspan="2">法兰型式</th><th colspan="2">尺寸范围</th><th>极限偏差/mm</th></tr>
<tr><td rowspan="3">螺栓孔中心圆直径 K</td><td colspan="2" rowspan="3">所有型式法兰</td><td rowspan="3">螺栓尺寸</td><td>≤M24</td><td>±1.0</td></tr>
<tr><td>M27～M45</td><td>±1.5</td></tr>
<tr><td>≥M48</td><td>±2.0</td></tr>
<tr><td rowspan="3">相邻两螺栓孔的弦距</td><td colspan="2" rowspan="3">所有型式法兰</td><td rowspan="3">螺栓尺寸</td><td>≤M24</td><td>±1.0</td></tr>
<tr><td>M27～M45</td><td>±1.5</td></tr>
<tr><td>≥M48</td><td>±2.0</td></tr>
<tr><td rowspan="2">机加工面的同轴度</td><td colspan="2" rowspan="2">所有型式法兰</td><td colspan="2">≤DN65</td><td>公差为 1.0</td></tr>
<tr><td colspan="2">≥DN80</td><td>公差为 2.0</td></tr>
<tr><td rowspan="2">密封面与螺栓支承面的夹角</td><td rowspan="2">所有型式法兰</td><td>机加工的螺栓支承面</td><td colspan="2">所有尺寸</td><td>误差≤1°</td></tr>
<tr><td>未机加工的螺栓支承面</td><td colspan="2">所有尺寸</td><td>误差≤2°</td></tr>
</table>

5.2.2　法兰未注公差的加工尺寸应符合 GB/T 1804 中 C 级的规定。

## 6　连接密封面

6.1　法兰密封面的型式应符合 JB/T 75 的规定。

6.2　法兰的连接密封面应进行机械加工，加工表面粗糙度应符合表 13 的规定。用户有特殊要求时应在订货合同中注明。

6.3　环连接密封面法兰的环槽密封面的硬度应高于所配合的金属环垫的硬度。

**表 13　密封面的表面粗糙度**

<table>
<tr><th rowspan="2">密封面型式</th><th rowspan="2">密封面代号</th><th colspan="2">Ra/μm</th><th colspan="2">Rz/μm</th></tr>
<tr><th>min</th><th>max</th><th>min</th><th>max</th></tr>
<tr><td>全平面</td><td>FF</td><td rowspan="3">3.2</td><td rowspan="3">6.3</td><td rowspan="3">12.5</td><td rowspan="3">50</td></tr>
<tr><td>突面</td><td>RF</td></tr>
<tr><td>凹凸面</td><td>MF</td></tr>
<tr><td>榫槽面</td><td>TG</td><td>0.8</td><td>3.2</td><td>3.2</td><td>12.5</td></tr>
<tr><td>环连接面</td><td>RJ</td><td>0.4</td><td>1.6</td><td>—</td><td>—</td></tr>
<tr><td colspan="6">注：对于全平面(FF)、突面(RF)和凹凸面(MF)法兰，密封面一般加工成锯齿形的同心圆或螺旋齿槽，加工刀具的圆角半径应不小于 1.5 mm，同心圆或螺旋齿槽的深度约为 0.05 mm，节距约为 0.50 mm～0.56 mm。</td></tr>
</table>

## 7　紧固件及垫片

### 7.1　紧固件

7.1.1　法兰用紧固件的选用参照 GB/T 9125 的规定。用户应根据法兰的压力、温度、材料和所选择的垫片来选择紧固件材料，以保证法兰连接在预期操作条件下的密封性能。

7.1.2 材料的屈服强度大于或等于 640 MPa 的螺栓为高强度螺栓，高强度螺栓一般可用于任何压力级的法兰连接。屈服强度小于或等于 206 MPa 的螺栓为低强度螺栓，低强度螺栓一般仅能用于公称压力不大于 PN40 的法兰连接，用低强度碳钢螺栓连接的法兰一般不用于 200 ℃以上的温度或－29 ℃以下的温度。介于高强度螺栓与低强度螺栓之间的螺栓为中强度螺栓。

### 7.2 垫片

7.2.1 各种垫片的选用按照 GB/T 15601、JB/T 87、JB/T 88、JB/T 89 或 JB/T 90 等标准的规定。

7.2.2 垫片材料应符合有关标准的规定。用户应负责垫片材料的选用，所选材料应能够承受螺栓载荷而不会被压坏，并适用于操作条件。如果系统的试验压力高于本标准的规定，要特别注意垫片材料的选择。

7.2.3 垫片应满足法兰连接在工作条件下的密封性能。

## 8 焊接端型式及尺寸

法兰的焊接端型式及尺寸按附录 A 的规定。

## 9 加工制造

9.1 各种类型法兰的制造方法按表 14 的规定。

**表 14 各种类型法兰的制造方法**

| 法兰类型与代号 | | 法兰标准 | 制造方法 | | | | |
|---|---|---|---|---|---|---|---|
| | | | 锻造 | 铸造 | 钢板 | 棒材或型材 | 钢管 |
| 整体法兰(IF) | | JB/T 79 | √ | √ | × | √ | × |
| 板式平焊法兰(PL) | | JB/T 81 | √ | × | √ | √ | × |
| 对焊法兰(WN) | | JB/T 82 | √ | × | × | √ | × |
| 平焊环板式松套法兰(PL/C) | 板式松套法兰 | JB/T 83 | √ | × | √ | √ | × |
| | 平焊环 | | √ | × | √ | √ | × |
| 对焊环板式松套法兰(PL/W) | 板式松套法兰 | JB/T 84 | √ | × | √ | √ | × |
| | 对焊环 | | √ | × | × | √ | × |
| 翻边板式松套法兰(PL/P) | 板式松套法兰 | JB/T 85 | √ | × | √ | √ | × |
| | 翻边短节 | | √ | × | √ | √ | √ |
| 法兰盖(BL) | | JB/T 86 | √ | × | √ | √ | × |
| 注："√"表示可以，"×"表示不可以。 | | | | | | | |

9.2 法兰的螺栓支承面应进行机加工或锪孔，锪孔尺寸按 GB/T 152.4 的规定。加工后的法兰厚度应保证符合表 12 的要求。

9.3 所有螺栓孔应均布在螺栓孔中心圆上；对于整体法兰，其螺栓孔应与管道主轴线或铅垂线跨中布置。

9.4 法兰表面应光滑，不得有伤痕、裂纹等缺陷。

9.5 机加工表面不得有毛刺、有害的划痕和其他降低法兰强度及连接可靠性的缺陷。

9.6 环连接面法兰的密封面应逐件检查，环槽的密封面不得有裂纹、划痕或撞伤等缺陷。

9.7 法兰加工完毕后，应采取必要的防护措施以防止密封面锈蚀、划伤和撞击。

## 10 试验

10.1 法兰原则上不单独进行压力试验。当法兰安装到管道或设备上之后，其水压试验压力应不大于表2～表11规定的常温下最大允许工作压力(MPa)的1.5倍。如果采用更高的压力进行试验，用户应该考虑法兰、垫片及紧固件的强度和性能，并应符合有关规范和法规的要求。

10.2 整体法兰(IF)的压力试验还应符合有关产品标准的规定。

## 11 检验和验收

### 11.1 检验

11.1.1 法兰材料按第3章的规定，并有相应的质量证明文件。

11.1.2 法兰的加工制造质量按本标准的规定。

11.1.3 法兰的无损检测由用户与制造厂协商确定。

### 11.2 验收

法兰按本标准的规定进行验收，或按由用户与制造厂协商确定的验收规则进行验收。

## 12 标记

12.1 除了整体法兰外，每个法兰(包括法兰盖)应采用钢印、激光等永久性标志的方法，在法兰的外圆柱表面标出清晰、可见的标记。

12.2 法兰标记内容如下，根据JB/T 81～86的规定，某些类型的法兰可以省略部分标记内容：

a) 制造商名称或商标；
b) 公称尺寸，如DN150；
c) 公称压力，如PN40；
d) 法兰类型代号；
e) 密封面型式代号；
f) 法兰系列；
g) 管表号或管子规格；
h) 材料牌号或代号；
i) 产品执行标准编号(可不包括年代号)，如JB/T 82；
j) 合同要求的其他标志内容。

## 13 供货要求

13.1 法兰的包装应防止各种规格和材料的法兰混淆。

13.2 法兰的包装应防止法兰在运输及贮存过程中损坏。

13.3 法兰交货时应提供产品质量证明文件。

# 附　录　A
（规范性附录）
焊接端型式及尺寸

本附录规定了钢制管路法兰的焊接端型式及尺寸。

## A.1　对焊连接端的型式及尺寸

对焊法兰（WN）及对焊环板式松套法兰（PL/W）的对焊连接端应符合图 A.1～图 A.3 的规定。当法兰颈部厚度 $S \leqslant 3$ mm 时，法兰的对焊端为直角。当法兰颈部厚度 3 mm$<S<$22 mm 时，法兰的对焊端应符合图 A.1 的规定。当法兰颈部厚度 $S \geqslant 22$ mm 时，法兰的对焊端应符合图 A.2 的规定。当法兰颈部厚度 $S$ 大于管子壁厚 $t$ 时，法兰的对焊端应符合图 A.3 的规定。

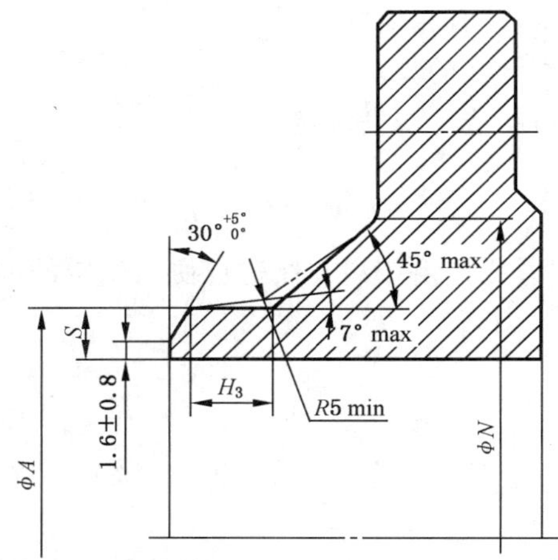


公称尺寸≤DN200 时，$H_3$ 的最小值为 6 mm；公称尺寸≥DN250 时，$H_3$ 的最小值为 12 mm。

**图 A.1　当法兰颈部厚度 3 mm$<S<$22 mm 时，对焊连接端的型式及尺寸**

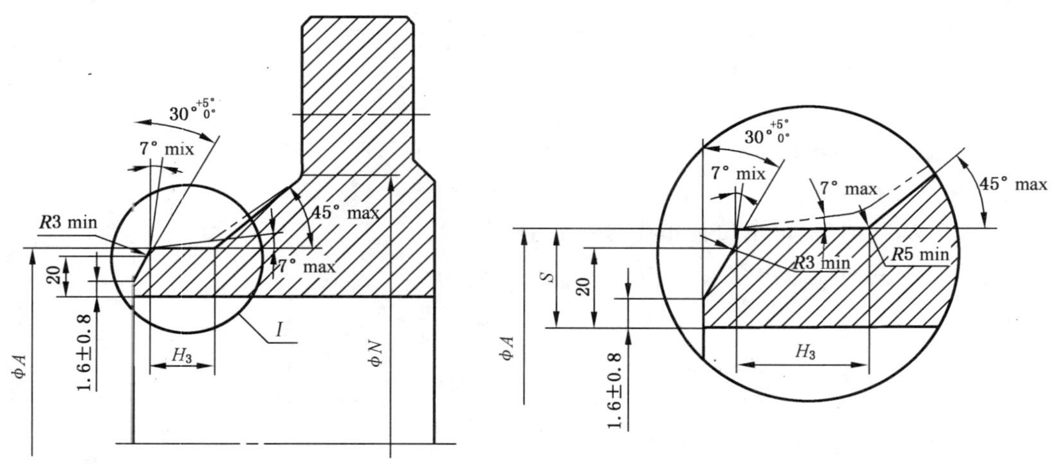


公称尺寸≤DN200 时，$H_3$ 的最小值为 6 mm；公称尺寸≥DN250 时，$H_3$ 的最小值为 12 mm。

**图 A.2　当法兰颈部厚度 $S \geqslant 22$ mm 时，对焊连接端的型式及尺寸**

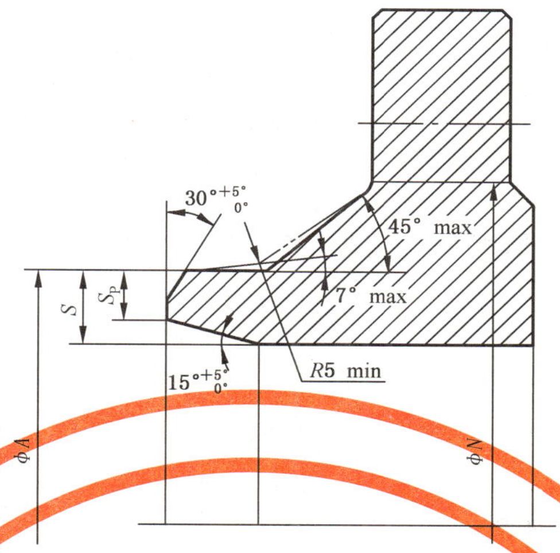


对焊端的连接部位的壁厚 $S_P$ 应该与管子的壁厚 $t$ 相同。

**图 A.3 当法兰颈部厚度 $S$>管子壁厚 $t$ 时，对焊连接端的型式及尺寸**

## A.2 板式平焊法兰(PL)和平焊环板式松套法兰(PL/C)

板式平焊法兰(PL)和平焊环板式松套法兰(PL/C)与钢管的焊接连接应符合图 A.4 的规定。对于采用厚壁管的低压法兰，可以适当减少焊缝高度 $f_1$，但 $f_1$ 不应小于钢管厚度 $t$。

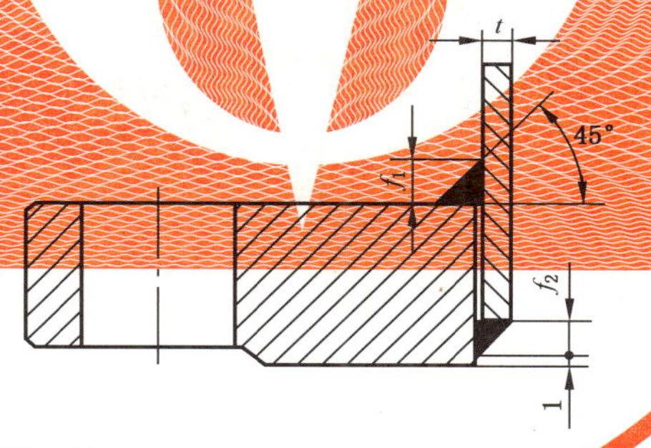


$f_1 \geqslant 1.4t$，但不影响螺栓螺母的安装；$f_2 \geqslant t$。

**图 A.4 板式平焊法兰(PL)和平焊环板式松套法兰(PL/C)与钢管的焊接连接**

# 附　录　B
（资料性附录）
# 订货合同数据

用户在法兰的订货合同中一般需要提供如下数据：

a）产品执行标准编号；
b）法兰的类型或代号；
c）法兰的密封面型式或代号；
d）公称尺寸(DN)；
e）公称压力(PN)；
f）法兰系列(系列1法兰或系列2法兰)；
g）与钢管对焊连接的法兰，一般要求提供管子的规格(管表号或管子壁厚)；
h）材料牌号或代号；
i）防锈和涂层要求；
j）附加要求(如材料的晶间腐蚀试验、材料的抗硫要求、无损检测要求、特殊热处理要求等)；
k）要求提供的质量文件；
l）其他要求。

ICS 23.040.60
J 15
备案号:51441—2015

# 中华人民共和国机械行业标准

JB/T 81—2015
代替 JB/T 81—1994

# 板式平焊钢制管法兰

**Slip-on-welding plate steel pipe flanges**

2015-10-10 发布　　　　2016-03-01 实施

中华人民共和国工业和信息化部　发布

# 前 言

本标准按照GB/T 1.1—2009给出的规则起草。

本标准代替JB/T 81—1994《凸面板式平焊钢制管法兰》，与JB/T 81—1994相比主要技术变化如下：

——将原标准名称《凸面板式平焊钢制管法兰》改为了《板式平焊钢制管法兰》；

——根据EN 1092-1:2007标准，将系列1板式平焊钢制管法兰的公称尺寸范围从原来的DN10～DN1600扩大到了DN10～DN2000；

——根据EN 1092-1:2007标准，将系列1板式平焊钢制管法兰的公称压力范围从原来的PN2.5～PN25扩大到了PN2.5～PN100；

——根据EN 1092-1:2007标准，系列1板式平焊钢制管法兰增加了平面密封面型式；

——根据EN 1092-1:2007标准，对系列1板式平焊钢制管法兰的尺寸数据进行了全面的修改；

——增加了各种密封面型式的适用范围表格；

——对标记进行了修订。

本标准由中国机械工业联合会提出。

本标准由全国管路附件标准化技术委员会(SAC/TC 237)归口。

本标准起草单位：中机生产力促进中心、无锡市华尔泰机械制造有限公司、超达阀门集团股份有限公司、保一集团有限公司、江阴海陆高压管件有限公司、江苏润森管业有限公司。

本标准主要起草人：李俊英、邱晓来、李忠云、冯峰、朱晓锋、张晓忠、吕申建。

本标准所代替标准的历次版本发布情况为：

——JB 81—1959、JB/T 81—1994。

# 板式平焊钢制管法兰

## 1 范围

本标准规定了板式平焊钢制管法兰的型式、尺寸、技术要求和标记。

本标准适用于公称压力为 PN2.5～PN100 的板式平焊钢制管法兰。

## 2 规范性引用文件

下列文件对于本文件的应用是必不可少的。凡是注日期的引用文件，仅注日期的版本适用于本文件。凡是不注日期的引用文件，其最新版本(包括所有的修改单)适用于本文件。

JB/T 74 钢制管路法兰 技术条件

JB/T 75 钢制管路法兰 类型与参数

## 3 型式与尺寸

3.1 板式平焊钢制管法兰分为系列 1 板式平焊钢制管法兰和系列 2 板式平焊钢制管法兰，优先推荐使用系列 1 板式平焊钢制管法兰。

3.2 板式平焊钢制管法兰的密封面型式以及适用的公称压力和公称尺寸范围按表 1 的规定。

**表 1 板式平焊钢制管法兰的密封面型式以及适用的公称压力和公称尺寸范围**

| 法兰系列 | 密封面型式 | 公称压力 | | | | | | | |
|---|---|---|---|---|---|---|---|---|---|
| | | PN2.5 | PN6 | PN10 | PN16 | PN25 | PN40 | PN63 | PN100 |
| 系列 1 | 平面(FF) | DN10～DN2000 | | | | DN10～DN800 | DN10～DN600 | — | |
| | 突面(RF) | DN10～DN2000 | | | | DN10～DN800 | DN10～DN600 | DN10～DN400 | DN10～DN350 |
| 系列 2 | 突面(RF) | DN10～DN1600 | DN10～DN1000 | DN10～DN600 | | DN10～DN500 | — | | |

3.3 板式平焊钢制管法兰的型式应符合图 1 和图 2 的规定，法兰尺寸应符合表 2～表 9 的规定。

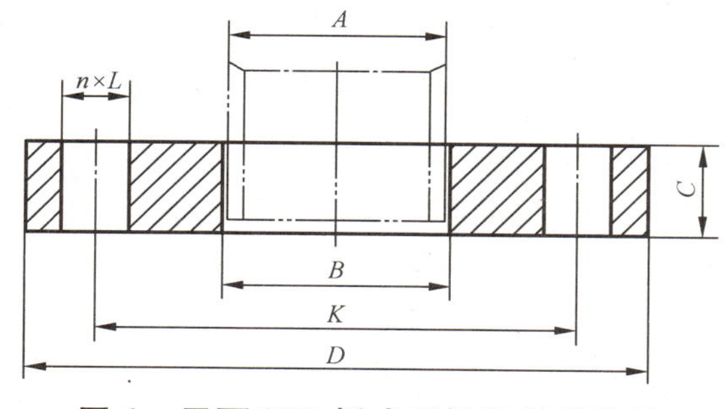


图 1 平面(FF)板式平焊钢制管法兰

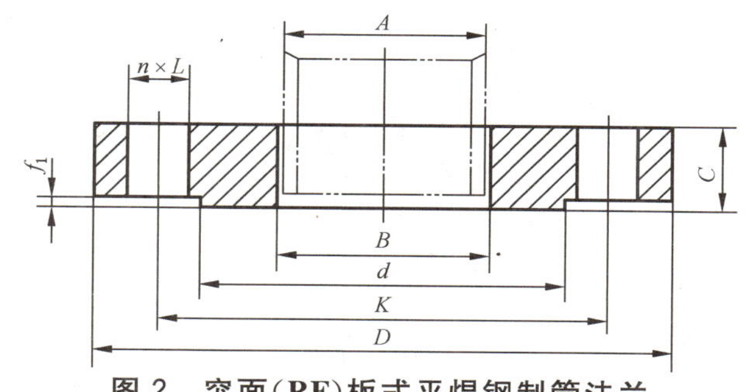


图 2 突面(RF)板式平焊钢制管法兰

## 表 2 PN2.5 板式平焊钢制管法兰

| 公称尺寸 DN | 系列 1 法兰 | | | | | | | | | | | 系列 2 法兰 | | | | | | | | | | |
|---|---|---|---|---|---|---|---|---|---|---|---|---|---|---|---|---|---|---|---|---|---|---|
| | 钢管外径 A mm | 连接尺寸 | | | | | 法兰厚度 C mm | 密封面 | | 法兰内径 B mm | 参考质量 kg | 钢管外径 A mm | 连接尺寸 | | | | | 法兰厚度 C mm | 密封面 | | 法兰内径 B mm | 参考质量 kg |
| | | 法兰外径 D mm | 螺栓孔中心圆直径 K mm | 螺栓孔径 L mm | 螺栓 | | | d mm | $f_1$ mm | | | | 法兰外径 D mm | 螺栓孔中心圆直径 K mm | 螺栓孔径 L mm | 螺栓 | | | d mm | $f_1$ mm | | |
| | | | | | 数量 n | 螺纹规格 | | | | | | | | | | 数量 n | 螺纹规格 | | | | | |
| 10 | 14 | 75 | 50 | 11 | 4 | M10 | 12 | 35 | 2 | 15 | 0.31 | 14 | 75 | 50 | 12 | 4 | M10 | 10 | 32 | 2 | 15 | 0.25 |
| 15 | 18 | 80 | 55 | 11 | 4 | M10 | 12 | 40 | 2 | 19 | 0.36 | 18 | 80 | 55 | 12 | 4 | M10 | 10 | 40 | 2 | 19 | 0.28 |
| 20 | 25 | 90 | 65 | 11 | 4 | M10 | 14 | 50 | 2 | 26 | 0.53 | 25 | 90 | 65 | 12 | 4 | M10 | 12 | 50 | 2 | 26 | 0.44 |
| 25 | 32 | 100 | 75 | 11 | 4 | M10 | 14 | 60 | 2 | 33 | 0.65 | 32 | 100 | 75 | 12 | 4 | M10 | 12 | 60 | 2 | 33 | 0.54 |
| 32 | 38 | 120 | 90 | 14 | 4 | M12 | 16 | 70 | 2 | 39 | 1.08 | 38 | 120 | 90 | 14 | 4 | M12 | 12 | 70 | 2 | 39 | 0.78 |
| 40 | 45 | 130 | 100 | 14 | 4 | M12 | 16 | 80 | 3 | 46 | 1.19 | 45 | 130 | 100 | 14 | 4 | M12 | 12 | 80 | 3 | 46 | 0.85 |
| 50 | 57 | 140 | 110 | 14 | 4 | M12 | 16 | 90 | 3 | 59 | 1.31 | 57 | 140 | 110 | 14 | 4 | M12 | 12 | 90 | 3 | 59 | 0.93 |
| 65 | 76 | 160 | 130 | 14 | 4 | M12 | 16 | 110 | 3 | 78 | 1.60 | 73 | 160 | 130 | 14 | 4 | M12 | 14 | 110 | 3 | 75 | 1.41 |
| 80 | 89 | 190 | 150 | 18 | 4 | M16 | 18 | 128 | 3 | 91 | 2.58 | 89 | 185 | 150 | 18 | 4 | M16 | 14 | 125 | 3 | 91 | 1.80 |
| 100 | 108 | 210 | 170 | 18 | 4 | M16 | 18 | 148 | 3 | 110 | 3.00 | 108 | 205 | 170 | 18 | 4 | M16 | 14 | 145 | 3 | 110 | 2.09 |
| 125 | 133 | 240 | 200 | 18 | 8 | M16 | 20 | 178 | 3 | 135 | 4.08 | 133 | 235 | 200 | 18 | 8 | M16 | 14 | 175 | 3 | 135 | 2.55 |
| 150 | 159 | 265 | 225 | 18 | 8 | M16 | 20 | 202 | 3 | 161 | 4.62 | 159 | 260 | 225 | 18 | 8 | M16 | 16 | 200 | 3 | 161 | 3.37 |
| (175)[a] | — | — | — | — | — | — | — | — | — | — | — | 194 | 290 | 255 | 18 | 8 | M16 | 16 | 230 | 3 | 196 | 3.70 |
| 200 | 219 | 320 | 280 | 18 | 8 | M16 | 22 | 258 | 3 | 222 | 6.20 | 219 | 315 | 280 | 18 | 8 | M16 | 18 | 255 | 3 | 222 | 4.64 |
| (225)[a] | — | — | — | — | — | — | — | — | — | — | — | 245 | 340 | 305 | 18 | 8 | M16 | 20 | 280 | 3 | 248 | 5.67 |
| 250 | 273 | 375 | 335 | 18 | 12 | M16 | 24 | 312 | 3 | 276 | 8.18 | 273 | 370 | 335 | 18 | 12 | M16 | 22 | 310 | 3 | 276 | 6.98 |

表 2（续）

| 公称尺寸 DN | 系列 1 法兰 | | | | | | | | | | | 系列 2 法兰 | | | | | | | | | | |
|---|---|---|---|---|---|---|---|---|---|---|---|---|---|---|---|---|---|---|---|---|---|---|
| | 钢管外径 A mm | 连接尺寸 | | | | | 法兰厚度 C mm | 密封面 | | 法兰内径 B mm | 参考质量 kg | 钢管外径 A mm | 连接尺寸 | | | | | 法兰厚度 C mm | 密封面 | | 法兰内径 B mm | 参考质量 kg |
| | | 法兰外径 D mm | 螺栓孔中心圆直径 K mm | 螺栓孔径 L mm | 螺栓 | | | | | | | | 法兰外径 D mm | 螺栓孔中心圆直径 K mm | 螺栓孔径 L mm | 螺栓 | | | | | | |
| | | | | | 数量 $n$ | 螺纹规格 | | $d$ mm | $f_1$ mm | | | | | | | 数量 $n$ | 螺纹规格 | | $d$ mm | $f_1$ mm | | |
| 300 | 325 | 440 | 395 | 22 | 12 | M20 | 24 | 365 | 4 | 328 | 10.5 | 325 | 435 | 395 | 23 | 12 | M20 | 22 | 362 | 4 | 328 | 8.87 |
| 350 | 377 | 490 | 445 | 22 | 12 | M20 | 26 | 415 | 4 | 380 | 12.8 | 377 | 485 | 445 | 23 | 12 | M20 | 22 | 412 | 4 | 380 | 9.93 |
| 400 | 426 | 540 | 495 | 22 | 16 | M20 | 28 | 465 | 4 | 430 | 15.3 | 426 | 535 | 495 | 23 | 16 | M20 | 22 | 462 | 4 | 430 | 10.9 |
| 450 | 480 | 595 | 550 | 22 | 16 | M20 | 30 | 520 | 4 | 484 | 18.7 | 480 | 590 | 550 | 23 | 16 | M20 | 24 | 518 | 4 | 484 | 13.7 |
| 500 | 530 | 645 | 600 | 22 | 20 | M20 | 30 | 570 | 4 | 534 | 20.3 | 530 | 640 | 600 | 23 | 16 | M20 | 24 | 568 | 4 | 534 | 15.1 |
| 600 | 630 | 755 | 705 | 26 | 20 | M24 | 32 | 670 | 5 | 634 | 27.0 | 630 | 755 | 705 | 25 | 20 | M22 | 24 | 670 | 5 | 634 | 19.5 |
| 700 | 720 | 860 | 810 | 26 | 24 | M24 | 40 | 775 | 5 | 724 | 45.0 | 720 | 860 | 810 | 25 | 24 | M22 | 26 | 775 | 5 | 724 | 28.1 |
| 800 | 820 | 975 | 920 | 30 | 24 | M27 | 44 | 880 | 5 | 824 | 62.6 | 820 | 975 | 920 | 30 | 24 | M27 | 26 | 880 | 5 | 824 | 35.1 |
| 900 | 920 | 1 075 | 1 020 | 30 | 24 | M27 | 48 | 980 | 5 | 924 | 77.1 | 920 | 1 075 | 1 020 | 30 | 24 | M27 | 28 | 980 | 5 | 924 | 42.7 |
| 1 000 | 1 020 | 1 175 | 1 120 | 30 | 28 | M27 | 52 | 1 080 | 5 | 1 024 | 91.9 | 1 020 | 1 175 | 1 120 | 30 | 28 | M27 | 30 | 1 080 | 5 | 1 024 | 50.6 |
| 1 200 | 1 220 | 1 375 | 1 320 | 30 | 32 | M27 | 60 | 1 280 | 5 | 1 224 | 127 | 1 220 | 1 375 | 1 320 | 30 | 32 | M27 | 30 | 1 280 | 5 | 1 224 | 60.0 |
| 1 400 | 1 420 | 1 575 | 1 520 | 30 | 36 | M27 | 65 | 1 480 | 5 | 1 424 | 159 | 1 420 | 1 575 | 1 520 | 30 | 36 | M27 | 32 | 1 480 | 5 | 1 424 | 74.5 |
| 1 600 | 1 620 | 1 790 | 1 730 | 30 | 40 | M27 | 72 | 1 690 | 5 | 1 624 | 224 | 1 620 | 1 785 | 1 730 | 30 | 40 | M27 | 32 | 1 690 | 5 | 1 624 | 91.5 |
| 1 800 | 1 820 | 1 990 | 1 930 | 30 | 44 | M27 | 79 | 1 890 | 5 | 1 824 | 276 | — | — | — | — | — | — | — | — | — | — | — |
| 2 000 | 2 020 | 2 190 | 2 130 | 30 | 48 | M27 | 86 | 2 090 | 5 | 2 024 | 334 | — | — | — | — | — | — | — | — | — | — | — |

**注：** 系列 1 法兰公称尺寸为 DN10～DN1 000 的法兰使用 PN6 法兰的尺寸。

[a] 带括号的公称尺寸不推荐使用。

表 3　PN6 板式平焊钢制管法兰

| 公称尺寸 DN | 系列 1 法兰 | | | | | | | | | | | 系列 2 法兰 | | | | | | | | | | |
|---|---|---|---|---|---|---|---|---|---|---|---|---|---|---|---|---|---|---|---|---|---|---|
| | 钢管外径 A mm | 连接尺寸 | | | | | 法兰厚度 C mm | 密封面 | | 法兰内径 B mm | 参考质量 kg | 钢管外径 A mm | 连接尺寸 | | | | | 法兰厚度 C mm | 密封面 | | 法兰内径 B mm | 参考质量 kg |
| | | 法兰外径 D mm | 螺栓孔中心圆直径 K mm | 螺栓孔径 L mm | 螺栓 | | | | | | | | 法兰外径 D mm | 螺栓孔中心圆直径 K mm | 螺栓孔径 L mm | 螺栓 | | | | | | |
| | | | | | 数量 n | 螺纹规格 | | d mm | $f_1$ mm | | | | | | | 数量 n | 螺纹规格 | | d mm | $f_1$ mm | | |
| 10 | 14 | 75 | 50 | 11 | 4 | M10 | 12 | 35 | 2 | 15 | 0.31 | 14 | 75 | 50 | 12 | 4 | M10 | 12 | 32 | 2 | 15 | 0.31 |
| 15 | 18 | 80 | 55 | 11 | 4 | M10 | 12 | 40 | 2 | 19 | 0.36 | 18 | 80 | 55 | 12 | 4 | M10 | 12 | 40 | 2 | 19 | 0.35 |
| 20 | 25 | 90 | 65 | 11 | 4 | M10 | 14 | 50 | 2 | 26 | 0.53 | 25 | 90 | 65 | 12 | 4 | M10 | 14 | 50 | 2 | 26 | 0.53 |
| 25 | 32 | 100 | 75 | 11 | 4 | M10 | 14 | 60 | 2 | 33 | 0.65 | 32 | 100 | 75 | 12 | 4 | M10 | 14 | 60 | 2 | 33 | 0.64 |
| 32 | 38 | 120 | 90 | 14 | 4 | M12 | 16 | 70 | 2 | 39 | 1.08 | 38 | 120 | 90 | 14 | 4 | M12 | 16 | 70 | 2 | 39 | 1.08 |
| 40 | 45 | 130 | 100 | 14 | 4 | M12 | 16 | 80 | 3 | 46 | 1.19 | 45 | 130 | 100 | 14 | 4 | M12 | 16 | 80 | 3 | 46 | 1.19 |
| 50 | 57 | 140 | 110 | 14 | 4 | M12 | 16 | 90 | 3 | 59 | 1.31 | 57 | 140 | 110 | 14 | 4 | M12 | 16 | 90 | 3 | 59 | 1.31 |
| 65 | 76 | 160 | 130 | 14 | 4 | M12 | 16 | 110 | 3 | 78 | 1.60 | 73 | 160 | 130 | 14 | 4 | M12 | 16 | 110 | 3 | 75 | 1.65 |
| 80 | 89 | 190 | 150 | 18 | 4 | M16 | 18 | 128 | 3 | 91 | 2.58 | 89 | 185 | 150 | 18 | 4 | M16 | 18 | 125 | 3 | 91 | 2.40 |
| 100 | 108 | 210 | 170 | 18 | 4 | M16 | 18 | 148 | 3 | 110 | 3.00 | 108 | 205 | 170 | 18 | 4 | M16 | 18 | 145 | 3 | 110 | 2.79 |
| 125 | 133 | 240 | 200 | 18 | 8 | M16 | 20 | 178 | 3 | 135 | 4.08 | 133 | 235 | 200 | 18 | 8 | M16 | 20 | 175 | 3 | 135 | 3.81 |
| 150 | 159 | 265 | 225 | 18 | 8 | M16 | 20 | 202 | 3 | 161 | 4.62 | 159 | 260 | 225 | 18 | 8 | M16 | 20 | 200 | 3 | 161 | 4.33 |
| (175)[a] | — | — | — | — | — | — | — | — | — | — | — | 194 | 290 | 255 | 18 | 8 | M16 | 22 | 230 | 3 | 196 | 5.28 |
| 200 | 219 | 320 | 280 | 18 | 8 | M16 | 22 | 258 | 3 | 222 | 6.20 | 219 | 315 | 280 | 18 | 8 | M16 | 22 | 255 | 3 | 222 | 5.80 |
| (225)[a] | — | — | — | — | — | — | — | — | — | — | — | 245 | 340 | 305 | 18 | 8 | M16 | 22 | 280 | 3 | 248 | 6.30 |
| 250 | 273 | 375 | 335 | 18 | 12 | M16 | 24 | 312 | 3 | 276 | 8.18 | 273 | 370 | 335 | 18 | 12 | M16 | 24 | 310 | 3 | 276 | 7.67 |

**表 3（续）**

| 公称尺寸 DN | 系列 1 法兰 | | | | | | | | | | | 系列 2 法兰 | | | | | | | | | | |
|---|---|---|---|---|---|---|---|---|---|---|---|---|---|---|---|---|---|---|---|---|---|---|
| | 钢管外径 $A$ mm | 连接尺寸 | | | | | 法兰厚度 $C$ mm | 密封面 | | 法兰内径 $B$ mm | 参考质量 kg | 钢管外径 $A$ mm | 连接尺寸 | | | | | 法兰厚度 $C$ mm | 密封面 | | 法兰内径 $B$ mm | 参考质量 kg |
| | | 法兰外径 $D$ mm | 螺栓孔中心圆直径 $K$ mm | 螺栓孔径 $L$ mm | 螺栓 | | | $d$ mm | $f_1$ mm | | | | 法兰外径 $D$ mm | 螺栓孔中心圆直径 $K$ mm | 螺栓孔径 $L$ mm | 螺栓 | | | $d$ mm | $f_1$ mm | | |
| | | | | | 数量 $n$ | 螺纹规格 | | | | | | | | | | 数量 $n$ | 螺纹规格 | | | | | |
| 300 | 325 | 440 | 395 | 22 | 12 | M20 | 24 | 365 | 4 | 328 | 10.5 | 325 | 435 | 395 | 23 | 12 | M20 | 24 | 362 | 4 | 328 | 9.79 |
| 350 | 377 | 490 | 445 | 22 | 12 | M20 | 26 | 415 | 4 | 380 | 12.8 | 377 | 485 | 445 | 23 | 12 | M20 | 26 | 412 | 4 | 380 | 12.0 |
| 400 | 426 | 540 | 495 | 22 | 16 | M20 | 28 | 465 | 4 | 430 | 15.3 | 426 | 535 | 495 | 23 | 16 | M20 | 28 | 462 | 4 | 430 | 14.3 |
| 450 | 480 | 595 | 550 | 22 | 16 | M20 | 30 | 520 | 4 | 484 | 18.7 | 480 | 590 | 550 | 23 | 16 | M20 | 28 | 518 | 4 | 484 | 16.3 |
| 500 | 530 | 645 | 600 | 22 | 20 | M20 | 30 | 570 | 4 | 534 | 20.3 | 530 | 640 | 600 | 23 | 16 | M20 | 30 | 568 | 4 | 534 | 19.4 |
| 600 | 630 | 755 | 705 | 26 | 20 | M24 | 32 | 670 | 5 | 634 | 27.0 | 630 | 755 | 705 | 25 | 20 | M22 | 30 | 670 | 5 | 634 | 25.3 |
| 700 | 720 | 860 | 810 | 26 | 24 | M24 | 40 | 775 | 5 | 724 | 45.0 | 720 | 860 | 810 | 25 | 24 | M22 | 32 | 775 | 5 | 724 | 35.5 |
| 800 | 820 | 975 | 920 | 30 | 24 | M27 | 44 | 880 | 5 | 824 | 62.6 | 820 | 975 | 920 | 30 | 24 | M27 | 32 | 880 | 5 | 824 | 44.3 |
| 900 | 920 | 1 075 | 1 020 | 30 | 24 | M27 | 48 | 980 | 5 | 924 | 77.1 | 920 | 1 075 | 1 020 | 30 | 24 | M27 | 34 | 980 | 5 | 924 | 53.0 |
| 1 000 | 1 020 | 1 175 | 1 120 | 30 | 28 | M27 | 52 | 1 080 | 5 | 1 024 | 91.9 | 1 020 | 1 175 | 1 120 | 30 | 28 | M27 | 36 | 1 080 | 5 | 1 024 | 61.9 |
| 1 200 | 1 220 | 1 405 | 1 340 | 33 | 32 | M30 | 60 | 1 295 | 5 | 1 224 | 154 | — | — | — | — | — | — | — | — | — | — | — |
| 1 400 | 1 420 | 1 630 | 1 560 | 36 | 36 | M33 | 72 | 1 510 | 5 | 1 424 | 247 | — | — | — | — | — | — | — | — | — | — | — |
| 1 600 | 1 620 | 1 830 | 1 760 | 36 | 40 | M33 | 80 | 1 710 | 5 | 1 624 | 312 | — | — | — | — | — | — | — | — | — | — | — |
| 1 800 | 1 820 | 2 045 | 1 970 | 39 | 44 | M36 | 88 | 1 920 | 5 | 1 824 | 412 | — | — | — | — | — | — | — | — | — | — | — |
| 2 000 | 2 020 | 2 265 | 2 180 | 42 | 48 | M39 | 96 | 2 125 | 5 | 2 024 | 542 | — | — | — | — | — | — | — | — | — | — | — |

[a] 带括号的公称尺寸不推荐使用。

表 4 PN10 板式平焊钢制管法兰

| 公称尺寸 DN | 系列1法兰 | | | | | | | | | | | 系列2法兰 | | | | | | | | | | |
|---|---|---|---|---|---|---|---|---|---|---|---|---|---|---|---|---|---|---|---|---|---|---|
| | 钢管外径 A mm | 连接尺寸 | | | | | 法兰厚度 C mm | 密封面 | | 法兰内径 B mm | 参考质量 kg | 钢管外径 A mm | 连接尺寸 | | | | | 法兰厚度 C mm | 密封面 | | 法兰内径 B mm | 参考质量 kg |
| | | 法兰外径 D mm | 螺栓孔中心圆直径 K mm | 螺栓孔径 L mm | 螺栓 | | | | | | | | 法兰外径 D mm | 螺栓孔中心圆直径 K mm | 螺栓孔径 L mm | 螺栓 | | | | | | |
| | | | | | 数量 n | 螺纹规格 | | d mm | $f_1$ mm | | | | | | | 数量 n | 螺纹规格 | | d mm | $f_1$ mm | | |
| 10 | 14 | 90 | 60 | 14 | 4 | M12 | 14 | 40 | 2 | 15 | 0.54 | 14 | 90 | 60 | 14 | 4 | M12 | 12 | 40 | 2 | 15 | 0.45 |
| 15 | 18 | 95 | 65 | 14 | 4 | M12 | 14 | 45 | 2 | 19 | 0.60 | 18 | 95 | 65 | 14 | 4 | M12 | 12 | 45 | 2 | 19 | 0.50 |
| 20 | 25 | 105 | 75 | 14 | 4 | M12 | 16 | 58 | 2 | 26 | 0.85 | 25 | 105 | 75 | 14 | 4 | M12 | 14 | 55 | 2 | 26 | 0.73 |
| 25 | 32 | 115 | 85 | 14 | 4 | M12 | 16 | 68 | 2 | 33 | 1.02 | 32 | 115 | 85 | 14 | 4 | M12 | 14 | 65 | 2 | 33 | 0.87 |
| 32 | 38 | 140 | 100 | 18 | 4 | M16 | 18 | 78 | 2 | 39 | 1.70 | 38 | 135 | 100 | 18 | 4 | M16 | 16 | 78 | 2 | 39 | 1.38 |
| 40 | 45 | 150 | 110 | 18 | 4 | M16 | 18 | 88 | 3 | 46 | 1.86 | 45 | 145 | 110 | 18 | 4 | M16 | 18 | 85 | 3 | 46 | 1.71 |
| 50 | 57 | 165 | 125 | 18 | 4 | M16 | 20 | 102 | 3 | 59 | 2.46 | 57 | 160 | 125 | 18 | 4 | M16 | 18 | 100 | 3 | 59 | 2.03 |
| 65 | 76 | 185 | 145 | 18 | 8[a] | M16 | 20 | 122 | 3 | 78 | 2.82 | 73 | 180 | 145 | 18 | 4 | M16 | 20 | 120 | 3 | 75 | 2.81 |
| 80 | 89 | 200 | 160 | 18 | 8 | M16 | 20 | 138 | 3 | 91 | 3.23 | 89 | 195 | 160 | 18 | 4 | M16 | 20 | 135 | 3 | 91 | 3.14 |
| 100 | 108 | 220 | 180 | 18 | 8 | M16 | 22 | 158 | 3 | 110 | 4.16 | 108 | 215 | 180 | 18 | 8 | M16 | 22 | 155 | 3 | 110 | 3.89 |
| 125 | 133 | 250 | 210 | 18 | 8 | M16 | 22 | 188 | 3 | 135 | 5.16 | 133 | 245 | 210 | 18 | 8 | M16 | 24 | 185 | 3 | 135 | 5.34 |
| 150 | 159 | 285 | 240 | 22 | 8 | M20 | 24 | 212 | 3 | 161 | 6.96 | 159 | 280 | 240 | 23 | 8 | M20 | 24 | 210 | 3 | 161 | 6.54 |
| (175)[c] | — | — | — | — | — | — | — | — | — | — | — | 194 | 310 | 270 | 23 | 8 | M20 | 24 | 240 | 3 | 196 | 7.23 |
| 200 | 219 | 340 | 295 | 22 | 8 | M20 | 24 | 268 | 3 | 222 | 8.44 | 219 | 335 | 295 | 23 | 8 | M20 | 24 | 265 | 3 | 222 | 7.93 |
| (225)[c] | — | — | — | — | — | — | — | — | — | — | — | 245 | 365 | 325 | 23 | 8 | M20 | 24 | 295 | 3 | 248 | 9.15 |
| 250 | 273 | 395 | 350 | 22 | 12 | M20 | 26 | 320 | 3 | 276 | 10.9 | 273 | 390 | 350 | 23 | 12 | M20 | 26 | 320 | 3 | 276 | 10.3 |
| 300 | 325 | 445 | 400 | 22 | 12 | M20 | 26 | 370 | 4 | 328 | 12.1 | 325 | 440 | 400 | 23 | 12 | M20 | 28 | 368 | 4 | 328 | 12.4 |
| 350 | 377 | 505 | 460 | 22 | 16 | M20 | 30 | 430 | 4 | 381 | 17.2 | 377 | 500 | 460 | 23 | 16 | M20 | 28 | 428 | 4 | 380 | 15.2 |

**表 4（续）**

| 公称尺寸 DN | 系列 1 法兰 | | | | | | | | | | | 系列 2 法兰 | | | | | | | | | | |
|---|---|---|---|---|---|---|---|---|---|---|---|---|---|---|---|---|---|---|---|---|---|---|
| | 钢管外径 A mm | 连接尺寸 | | | | | 法兰厚度 C mm | 密封面 | | 法兰内径 B mm | 参考质量 kg | 钢管外径 A mm | 连接尺寸 | | | | | 法兰厚度 C mm | 密封面 | | 法兰内径 B mm | 参考质量 kg |
| | | 法兰外径 D mm | 螺栓孔中心圆直径 K mm | 螺栓孔径 L mm | 螺栓 | | | d mm | $f_1$ mm | | | | 法兰外径 D mm | 螺栓孔中心圆直径 K mm | 螺栓孔径 L mm | 螺栓 | | | d mm | $f_1$ mm | | |
| | | | | | 数量 n | 螺纹规格 | | | | | | | | | | 数量 n | 螺纹规格 | | | | | |
| 400 | 426 | 565 | 515 | 26 | 16 | M24 | 32 | 482 | 4 | 430 | 22.3 | 426 | 565 | 515 | 25 | 16 | M22 | 30 | 482 | 4 | 430 | 21.0 |
| 450 | 480 | 615 | 565 | 26 | 20 | M24 | 36 | 532 | 4 | 485 | 26.5 | 480 | 615 | 565 | 25 | 20 | M22 | 30 | 532 | 4 | 484 | 22.1 |
| 500 | 530 | 670 | 620 | 26 | 20 | M24 | 38 | 585 | 4 | 535 | 32.4 | 530 | 670 | 620 | 25 | 20 | M22 | 32 | 585 | 4 | 534 | 27.3 |
| 600 | 630 | 780 | 725 | 30 | 20 | M27 | 42 | 685 | 5 | 636 | 44.1 | 630 | 780 | 725 | 30 | 20 | M27 | 36 | 685 | 5 | 634 | 37.8 |
| 700 | 720 | 895 | 840 | 30 | 24 | M27 | 50 | 800 | 5 | 724 | 73.9 | — | — | — | — | — | — | — | — | — | — | — |
| 800 | 820 | 1 015 | 950 | 33 | 24 | M30 | 56 | 905 | 5 | 824 | 106 | — | — | — | — | — | — | — | — | — | — | — |
| 900 | 920 | 1 115 | 1 050 | 33 | 28 | M30 | 62 | 1 005 | 5 | 924 | 130 | — | — | — | — | — | — | — | — | — | — | — |
| 1 000 | 1 020 | 1 230 | 1 160 | 36 | 28 | M33 | 70 | 1 110 | 5 | 1 024 | 176 | — | — | — | — | — | — | — | — | — | — | — |
| 1 200 | 1 220 | 1 455 | 1 380 | 39 | 32 | M36 | 83 | 1 330 | 5 | 1 224 | 281 | — | — | — | — | — | — | — | — | — | — | — |
| 1 400 | 1 420 | 1 675 | 1 590 | 42 | 36 | M39 | 90[b] | 1 535 | 5 | 1 424 | 382 | — | — | — | — | — | — | — | — | — | — | — |
| 1 600 | 1 620 | 1 915 | 1 820 | 48 | 40 | M45 | 100[b] | 1 760 | 5 | 1 624 | 560 | — | — | — | — | — | — | — | — | — | — | — |
| 1 800 | 1 820 | 2 115 | 2 020 | 48 | 44 | M45 | 110[b] | 1 960 | 5 | 1 824 | 688 | — | — | — | — | — | — | — | — | — | — | — |
| 2 000 | 2 020 | 2 325 | 2 230 | 48 | 48 | M45 | 120[b] | 2 170 | 5 | 2 024 | 863 | | | | | | | | | | | |

**注：** 系列 1 法兰中，公称尺寸为 DN10～DN40 的法兰使用 PN40 法兰的尺寸，公称尺寸为 DN50～DN150 的法兰使用 PN16 法兰的尺寸。

[a] 对于铸铁法兰和铜合金法兰，该规格的法兰可能是 4 个螺栓孔的，因此，当制造厂和用户协商同意后，与铸铁法兰和铜合金法兰配对使用的钢制法兰可以采用 4 个螺栓孔。

[b] 用户可以根据计算确定法兰厚度。

[c] 带括号的公称尺寸不推荐使用。

## 表 5 PN16 板式平焊钢制管法兰

| 公称尺寸 DN | 系列 1 法兰 | | | | | | | | | | | 系列 2 法兰 | | | | | | | | | | |
|---|---|---|---|---|---|---|---|---|---|---|---|---|---|---|---|---|---|---|---|---|---|---|
| | 钢管外径 A mm | 连接尺寸 | | | | | 法兰厚度 C mm | 密封面 | | 法兰内径 B mm | 参考质量 kg | 钢管外径 A mm | 连接尺寸 | | | | | 法兰厚度 C mm | 密封面 | | 法兰内径 B mm | 参考质量 kg |
| | | 法兰外径 D mm | 螺栓孔中心圆直径 K mm | 螺栓孔径 L mm | 螺栓 | | | | | | | | 法兰外径 D mm | 螺栓孔中心圆直径 K mm | 螺栓孔径 L mm | 螺栓 | | | | | | |
| | | | | | 数量 n | 螺纹规格 | | d mm | $f_1$ mm | | | | | | | 数量 n | 螺纹规格 | | d mm | $f_1$ mm | | |
| 10 | 14 | 90 | 60 | 14 | 4 | M12 | 14 | 40 | 2 | 15 | 0.54 | 14 | 90 | 60 | 14 | 4 | M12 | 14 | 40 | 2 | 15 | 0.55 |
| 15 | 18 | 95 | 65 | 14 | 4 | M12 | 14 | 45 | 2 | 19 | 0.60 | 18 | 95 | 65 | 14 | 4 | M12 | 14 | 45 | 2 | 19 | 0.60 |
| 20 | 25 | 105 | 75 | 14 | 4 | M12 | 16 | 58 | 2 | 26 | 0.85 | 25 | 105 | 75 | 14 | 4 | M12 | 16 | 55 | 2 | 26 | 0.85 |
| 25 | 32 | 115 | 85 | 14 | 4 | M12 | 16 | 68 | 2 | 33 | 1.02 | 32 | 115 | 85 | 14 | 4 | M12 | 18 | 65 | 2 | 33 | 1.15 |
| 32 | 38 | 140 | 100 | 18 | 4 | M16 | 18 | 78 | 2 | 39 | 1.70 | 38 | 135 | 100 | 18 | 4 | M16 | 18 | 78 | 2 | 39 | 1.57 |
| 40 | 45 | 150 | 110 | 18 | 4 | M16 | 18 | 88 | 3 | 46 | 1.86 | 45 | 145 | 110 | 18 | 4 | M16 | 20 | 85 | 3 | 46 | 1.93 |
| 50 | 57 | 165 | 125 | 18 | 4 | M16 | 20 | 102 | 3 | 59 | 2.46 | 57 | 160 | 125 | 18 | 4 | M16 | 22 | 100 | 3 | 59 | 2.54 |
| 65 | 76 | 185 | 145 | 18 | 8[a] | M16 | 20 | 122 | 3 | 78 | 2.82 | 73 | 180 | 145 | 18 | 4 | M16 | 24 | 120 | 3 | 75 | 3.44 |
| 80 | 89 | 200 | 160 | 18 | 8 | M16 | 20 | 138 | 3 | 91 | 3.23 | 89 | 195 | 160 | 18 | 8 | M16 | 24 | 135 | 3 | 91 | 3.67 |
| 100 | 108 | 220 | 180 | 18 | 8 | M16 | 22 | 158 | 3 | 110 | 4.16 | 108 | 215 | 180 | 18 | 8 | M16 | 26 | 155 | 3 | 110 | 4.66 |
| 125 | 133 | 250 | 210 | 18 | 8 | M16 | 22 | 188 | 3 | 135 | 5.16 | 133 | 245 | 210 | 18 | 8 | M16 | 28 | 185 | 3 | 135 | 6.30 |
| 150 | 159 | 285 | 240 | 22 | 8 | M20 | 24 | 212 | 3 | 161 | 6.96 | 159 | 280 | 240 | 23 | 8 | M20 | 28 | 210 | 3 | 161 | 7.72 |
| (175)[c] | — | — | — | — | — | — | — | — | — | — | — | 194 | 310 | 270 | 23 | 8 | M20 | 28 | 240 | 3 | 196 | 8.53 |
| 200 | 219 | 340 | 295 | 22 | 12 | M20 | 26 | 268 | 3 | 222 | 8.94 | 219 | 335 | 295 | 23 | 12 | M20 | 30 | 265 | 3 | 222 | 9.74 |
| (225)[c] | — | — | — | — | — | — | — | — | — | — | — | 245 | 365 | 325 | 23 | 12 | M20 | 30 | 295 | 3 | 248 | 11.3 |
| 250 | 273 | 405 | 355 | 26 | 12 | M24 | 29 | 320 | 3 | 276 | 13.2 | 273 | 405 | 355 | 25 | 12 | M22 | 32 | 320 | 3 | 276 | 14.7 |
| 300 | 325 | 460 | 410 | 26 | 12 | M24 | 32 | 378 | 4 | 328 | 17.3 | 325 | 460 | 410 | 25 | 12 | M22 | 32 | 375 | 4 | 328 | 17.4 |
| 350 | 377 | 520 | 470 | 26 | 16 | M24 | 35 | 438 | 4 | 381 | 22.9 | 377 | 520 | 470 | 25 | 16 | M22 | 34 | 435 | 4 | 380 | 22.4 |

**表 5（续）**

| 公称尺寸 DN | 系列 1 法兰 | | | | | | | | | | | 系列 2 法兰 | | | | | | | | | | |
|---|---|---|---|---|---|---|---|---|---|---|---|---|---|---|---|---|---|---|---|---|---|---|
| | 钢管外径 A mm | 连接尺寸 | | | | | 法兰厚度 C mm | 密封面 | | 法兰内径 B mm | 参考质量 kg | 钢管外径 A mm | 连接尺寸 | | | | | 法兰厚度 C mm | 密封面 | | 法兰内径 B mm | 参考质量 kg |
| | | 法兰外径 D mm | 螺栓孔中心圆直径 K mm | 螺栓孔径 L mm | 螺栓 | | | d mm | $f_1$ mm | | | | 法兰外径 D mm | 螺栓孔中心圆直径 K mm | 螺栓孔径 L mm | 螺栓 | | | d mm | $f_1$ mm | | |
| | | | | | 数量 n | 螺纹规格 | | | | | | | | | | 数量 n | 螺纹规格 | | | | | |
| 400 | 426 | 580 | 525 | 30 | 16 | M27 | 38 | 490 | 4 | 430 | 29.9 | 426 | 580 | 525 | 30 | 16 | M27 | 38 | 485 | 4 | 430 | 29.8 |
| 450 | 480 | 640 | 585 | 30 | 20 | M27 | 42 | 550 | 4 | 485 | 38.0 | 480 | 640 | 585 | 30 | 20 | M27 | 42 | 545 | 4 | 484 | 38.1 |
| 500 | 530 | 715 | 650 | 33 | 20 | M30 | 46 | 610 | 4 | 535 | 54.4 | 530 | 705 | 650 | 34 | 20 | M30 | 48 | 608 | 4 | 534 | 52.9 |
| 600 | 630 | 840 | 770 | 36 | 20 | M33 | 55 | 725 | 5 | 636 | 88.0 | 630 | 840 | 770 | 41 | 20 | M36 | 50 | 718 | 5 | 634 | 77.9 |
| 700 | 720 | 910 | 840 | 36 | 24 | M33 | 63 | 795 | 5 | 724 | 100 | — | — | — | — | — | — | — | — | — | — | — |
| 800 | 820 | 1 025 | 950 | 39 | 24 | M36 | 74 | 900 | 5 | 824 | 146 | — | — | — | — | — | — | — | — | — | — | — |
| 900 | 920 | 1 125 | 1 050 | 39 | 28 | M36 | 82 | 1 000 | 5 | 924 | 179 | — | — | — | — | — | — | — | — | — | — | — |
| 1 000 | 1 020 | 1 255 | 1 170 | 42 | 28 | M39 | 90 | 1 115 | 5 | 1 024 | 254 | — | — | — | — | — | — | — | — | — | — | — |
| 1 200 | 1 220 | 1 485 | 1 390 | 48 | 32 | M45 | 95[b] | 1 330 | 5 | 1 224 | 357 | — | — | — | — | — | — | — | — | — | — | — |
| 1 400 | 1 420 | 1 685 | 1 590 | 48 | 36 | M45 | 103[b] | 1 530 | 5 | 1 424 | 447 | — | — | — | — | — | — | — | — | — | — | — |
| 1 600 | 1 620 | 1 930 | 1 820 | 56 | 40 | M52 | 115[b] | 1 750 | 5 | 1 624 | 661 | — | — | — | — | — | — | — | — | — | — | — |
| 1 800 | 1 820 | 2 130 | 2 020 | 56 | 44 | M52 | 126[b] | 1 950 | 5 | 1 824 | 809 | — | — | — | — | — | — | — | — | — | — | — |
| 2 000 | 2 020 | 2 345 | 2 230 | 62 | 48 | M56 | 138[b] | 2 150 | 5 | 2 024 | 1 008 | — | — | — | — | — | — | — | — | — | — | — |

**注：** 系列 1 法兰中，公称尺寸为 DN10～DN40 的法兰使用 PN40 法兰的尺寸。

[a] 对于铸铁法兰和铜合金法兰，该规格的法兰可能是 4 个螺栓孔的，因此，当制造厂和用户协商同意后，与铸铁法兰和铜合金法兰配对使用的钢制法兰可以采用 4 个螺栓孔。

[b] 用户可以根据计算确定法兰厚度。

[c] 带括号的公称尺寸不推荐使用。

## 表 6 PN25 板式平焊钢制管法兰

| 公称尺寸 DN | 系列 1 法兰 | | | | | | | | | | | 系列 2 法兰 | | | | | | | | | | |
|---|---|---|---|---|---|---|---|---|---|---|---|---|---|---|---|---|---|---|---|---|---|---|
| | 钢管外径 A mm | 连接尺寸 | | | | | 法兰厚度 C mm | 密封面 | | 法兰内径 B mm | 参考质量 kg | 钢管外径 A mm | 连接尺寸 | | | | | 法兰厚度 C mm | 密封面 | | 法兰内径 B mm | 参考质量 kg |
| | | 法兰外径 D mm | 螺栓孔中心圆直径 K mm | 螺栓孔径 L mm | 螺栓 | | | d mm | $f_1$ mm | | | | 法兰外径 D mm | 螺栓孔中心圆直径 K mm | 螺栓孔径 L mm | 螺栓 | | | d mm | $f_1$ mm | | |
| | | | | | 数量 n | 螺纹规格 | | | | | | | | | | 数量 n | 螺纹规格 | | | | | |
| 10 | 14 | 90 | 60 | 14 | 4 | M12 | 14 | 40 | 2 | 15 | 0.54 | 14 | 90 | 60 | 14 | 4 | M12 | 16 | 40 | 2 | 15 | 0.62 |
| 15 | 18 | 95 | 65 | 14 | 4 | M12 | 14 | 45 | 2 | 19 | 0.60 | 18 | 95 | 65 | 14 | 4 | M12 | 16 | 45 | 2 | 19 | 0.70 |
| 20 | 25 | 105 | 75 | 14 | 4 | M12 | 16 | 58 | 2 | 26 | 0.85 | 25 | 105 | 75 | 14 | 4 | M12 | 18 | 55 | 2 | 26 | 0.97 |
| 25 | 32 | 115 | 85 | 14 | 4 | M12 | 16 | 68 | 2 | 33 | 1.02 | 32 | 115 | 85 | 14 | 4 | M12 | 18 | 65 | 2 | 33 | 1.15 |
| 32 | 38 | 140 | 100 | 18 | 4 | M16 | 18 | 78 | 2 | 39 | 1.70 | 38 | 135 | 100 | 18 | 4 | M16 | 20 | 78 | 2 | 39 | 1.75 |
| 40 | 45 | 150 | 110 | 18 | 4 | M16 | 18 | 88 | 3 | 46 | 1.86 | 45 | 145 | 110 | 18 | 4 | M16 | 22 | 85 | 3 | 46 | 2.14 |
| 50 | 57 | 165 | 125 | 18 | 4 | M16 | 20 | 102 | 3 | 59 | 2.46 | 57 | 160 | 125 | 18 | 4 | M16 | 24 | 100 | 3 | 59 | 2.80 |
| 65 | 76 | 185 | 145 | 18 | 8 | M16 | 22 | 122 | 3 | 78 | 3.13 | 73 | 180 | 145 | 18 | 8 | M16 | 24 | 120 | 3 | 75 | 3.27 |
| 80 | 89 | 200 | 160 | 18 | 8 | M16 | 24 | 138 | 3 | 91 | 3.94 | 89 | 195 | 160 | 18 | 8 | M16 | 26 | 135 | 3 | 91 | 4.01 |
| 100 | 108 | 235 | 190 | 22 | 8 | M20 | 26 | 162 | 3 | 110 | 5.79 | 108 | 230 | 190 | 23 | 8 | M20 | 28 | 160 | 3 | 110 | 5.85 |
| 125 | 133 | 270 | 220 | 26 | 8 | M24 | 28 | 188 | 3 | 135 | 7.86 | 133 | 270 | 220 | 25 | 8 | M22 | 30 | 188 | 3 | 135 | 8.53 |
| 150 | 159 | 300 | 250 | 26 | 8 | M24 | 30 | 218 | 3 | 161 | 10.1 | 159 | 300 | 250 | 25 | 8 | M22 | 30 | 218 | 3 | 161 | 10.2 |
| (175)[a] | — | — | — | — | — | — | — | — | — | — | — | 194 | 330 | 280 | 25 | 12 | M22 | 32 | 248 | 3 | 196 | 11.6 |
| 200 | 219 | 360 | 310 | 26 | 12 | M24 | 32 | 278 | 3 | 222 | 13.3 | 219 | 360 | 310 | 25 | 12 | M22 | 32 | 278 | 3 | 222 | 13.4 |
| (225)[a] | — | — | — | — | — | — | — | — | — | — | — | 245 | 395 | 340 | 30 | 12 | M27 | 34 | 302 | 3 | 248 | 16.4 |
| 250 | 273 | 425 | 370 | 30 | 12 | M27 | 35 | 335 | 3 | 276 | 19.0 | 273 | 425 | 370 | 30 | 12 | M27 | 34 | 332 | 3 | 276 | 18.4 |
| 300 | 325 | 485 | 430 | 30 | 16 | M27 | 38 | 395 | 4 | 328 | 24.8 | 325 | 485 | 430 | 30 | 16 | M27 | 36 | 390 | 4 | 328 | 23.3 |
| 350 | 377 | 555 | 490 | 33 | 16 | M30 | 42 | 450 | 4 | 381 | 35.2 | 377 | 550 | 490 | 34 | 16 | M30 | 42 | 448 | 4 | 380 | 33.9 |
| 400 | 426 | 620 | 550 | 36 | 16 | M33 | 48 | 505 | 4 | 430 | 49.9 | 426 | 610 | 550 | 34 | 16 | M30 | 44 | 505 | 4 | 430 | 43.0 |
| 450 | 480 | 670 | 600 | 36 | 20 | M33 | 54 | 555 | 4 | 485 | 59.3 | 480 | 660 | 600 | 34 | 20 | M30 | 48 | 555 | 4 | 484 | 49.8 |
| 500 | 530 | 730 | 660 | 36 | 20 | M33 | 58 | 615 | 4 | 535 | 75.2 | 530 | 730 | 660 | 41 | 20 | M36 | 52 | 610 | 4 | 534 | 65.1 |
| 600 | 630 | 845 | 770 | 39 | 20 | M36 | 68 | 720 | 5 | 636 | 111 | — | — | — | — | — | — | — | — | — | — | — |
| 700 | 720 | 960 | 875 | 42 | 24 | M39 | 85 | 820 | 5 | 724 | 178 | — | — | — | — | — | — | — | — | — | — | — |
| 800 | 820 | 1 085 | 990 | 48 | 24 | M45 | 95 | 930 | 5 | 824 | 250 | — | — | — | — | — | — | — | — | — | — | — |

**注：** 系列 1 法兰中，公称尺寸为 DN10～DN40 的法兰使用 PN40 法兰的尺寸。

[a] 带括号的公称尺寸不推荐使用。

**表 7　PN40 板式平焊钢制管法兰**

| 公称尺寸 DN | 钢管外径 A mm | 系列 1 法兰 | | | | | | | | | |
|---|---|---|---|---|---|---|---|---|---|---|---|
| | | 连接尺寸 | | | | | 法兰厚度 C mm | 密封面 | | 法兰内径 B mm | 参考质量 kg |
| | | 法兰外径 D mm | 螺栓孔中心圆直径 K mm | 螺栓孔径 L mm | 螺栓 | | | | | | |
| | | | | | 数量 n | 螺纹规格 | | d mm | $f_1$ mm | | |
| 10 | 14 | 90 | 60 | 14 | 4 | M12 | 14 | 40 | 2 | 15 | 0.54 |
| 15 | 18 | 95 | 65 | 14 | 4 | M12 | 14 | 45 | 2 | 19 | 0.60 |
| 20 | 25 | 105 | 75 | 14 | 4 | M12 | 16 | 58 | 2 | 26 | 0.85 |
| 25 | 32 | 115 | 85 | 14 | 4 | M12 | 16 | 68 | 2 | 33 | 1.02 |
| 32 | 38 | 140 | 100 | 18 | 4 | M16 | 18 | 78 | 2 | 39 | 1.70 |
| 40 | 45 | 150 | 110 | 18 | 4 | M16 | 18 | 88 | 3 | 46 | 1.86 |
| 50 | 57 | 165 | 125 | 18 | 4 | M16 | 20 | 102 | 3 | 59 | 2.46 |
| 65 | 76 | 185 | 145 | 18 | 8 | M16 | 22 | 122 | 3 | 78 | 3.13 |
| 80 | 89 | 200 | 160 | 18 | 8 | M16 | 24 | 138 | 3 | 91 | 3.94 |
| 100 | 108 | 235 | 190 | 22 | 8 | M20 | 26 | 162 | 3 | 110 | 5.79 |
| 125 | 133 | 270 | 220 | 26 | 8 | M24 | 28 | 188 | 3 | 135 | 7.86 |
| 150 | 159 | 300 | 250 | 26 | 8 | M24 | 30 | 218 | 3 | 161 | 10.1 |
| 200 | 219 | 375 | 320 | 30 | 12 | M27 | 36 | 285 | 3 | 222 | 16.9 |
| 250 | 273 | 450 | 385 | 33 | 12 | M30 | 42 | 345 | 3 | 276 | 27.8 |
| 300 | 325 | 515 | 450 | 33 | 16 | M30 | 52 | 410 | 4 | 328 | 42.7 |
| 350 | 377 | 580 | 510 | 36 | 16 | M33 | 58 | 465 | 4 | 381 | 58.1 |
| 400 | 426 | 660 | 585 | 39 | 16 | M36 | 65 | 535 | 4 | 430 | 87.0 |
| 450 | 480 | 685 | 610 | 39 | 20 | M36 | 66 | 560 | 4 | 485 | 79.2 |
| 500 | 530 | 755 | 670 | 42 | 20 | M39 | 72 | 615 | 4 | 535 | 106 |
| 600 | 630 | 890 | 795 | 48 | 20 | M45 | 84 | 735 | 5 | 636 | 169 |

**表 8　PN63 板式平焊钢制管法兰**

| 公称尺寸 DN | 钢管外径 A mm | 系列 1 法兰 | | | | | | | | | |
|---|---|---|---|---|---|---|---|---|---|---|---|
| | | 连接尺寸 | | | | | 法兰厚度 C mm | 密封面 | | 法兰内径 B mm | 参考质量 kg |
| | | 法兰外径 D mm | 螺栓孔中心圆直径 K mm | 螺栓孔径 L mm | 螺栓 | | | | | | |
| | | | | | 数量 n | 螺纹规格 | | d mm | $f_1$ mm | | |
| 10 | 14 | 100 | 70 | 14 | 4 | M12 | 20 | 40 | 2 | 15 | 1.01 |
| 15 | 18 | 105 | 75 | 14 | 4 | M12 | 20 | 45 | 2 | 19 | 1.11 |
| 20 | 25 | 130 | 90 | 18 | 4 | M16 | 22 | 58 | 2 | 26 | 1.86 |
| 25 | 32 | 140 | 100 | 18 | 4 | M16 | 24 | 68 | 2 | 33 | 2.37 |
| 32 | 38 | 155 | 110 | 22 | 4 | M20 | 24 | 78 | 2 | 39 | 2.83 |
| 40 | 45 | 170 | 125 | 22 | 4 | M20 | 26 | 88 | 3 | 46 | 3.60 |

表 8（续）

| 公称尺寸 DN | 钢管外径 A mm | 系列 1 法兰 | | | | | | | | | |
|---|---|---|---|---|---|---|---|---|---|---|---|
| | | 连接尺寸 | | | | | 法兰厚度 C mm | 密封面 | | 法兰内径 B mm | 参考质量 kg |
| | | 法兰外径 D mm | 螺栓孔中心圆直径 K mm | 螺栓孔径 L mm | 螺栓 | | | d mm | $f_1$ mm | | |
| | | | | | 数量 n | 螺纹规格 | | | | | |
| 50 | 57 | 180 | 135 | 22 | 4 | M20 | 26 | 102 | 3 | 59 | 3.93 |
| 65 | 76 | 205 | 160 | 22 | 8 | M20 | 26 | 122 | 3 | 78 | 4.68 |
| 80 | 89 | 215 | 170 | 22 | 8 | M20 | 30 | 138 | 3 | 91 | 5.83 |
| 100 | 108 | 250 | 200 | 26 | 8 | M24 | 32 | 162 | 3 | 110 | 8.25 |
| 125 | 133 | 295 | 240 | 30 | 8 | M27 | 34 | 188 | 3 | 135 | 12.0 |
| 150 | 159 | 345 | 280 | 33 | 8 | M30 | 36 | 218 | 3 | 161 | 17.4 |
| 200 | 219 | 415 | 345 | 36 | 12 | M33 | 48 | 285 | 3 | 222 | 30.2 |
| 250 | 273 | 470 | 400 | 36 | 12 | M33 | 55 | 345 | 3 | 276 | 41.9 |
| 300 | 325 | 530 | 460 | 36 | 16 | M33 | 65 | 410 | 4 | 328 | 58.5 |
| 350 | 377 | 600 | 525 | 39 | 16 | M36 | 72 | 465 | 4 | 381 | 81.1 |
| 400 | 426 | 670 | 585 | 42 | 16 | M39 | 80 | 535 | 4 | 430 | 112 |
| **注**：公称尺寸 DN10～DN40 的法兰使用 PN100 法兰的尺寸。 | | | | | | | | | | | |

**表 9　PN100 板式平焊钢制管法兰**

| 公称尺寸 DN | 钢管外径 A mm | 系列 1 法兰 | | | | | | | | | |
|---|---|---|---|---|---|---|---|---|---|---|---|
| | | 连接尺寸 | | | | | 法兰厚度 C mm | 密封面 | | 法兰内径 B mm | 参考质量 kg |
| | | 法兰外径 D mm | 螺栓孔中心圆直径 K mm | 螺栓孔径 L mm | 螺栓 | | | d mm | $f_1$ mm | | |
| | | | | | 数量 n | 螺纹规格 | | | | | |
| 10 | 14 | 100 | 70 | 14 | 4 | M12 | 20 | 40 | 2 | 15 | 1.01 |
| 15 | 18 | 105 | 75 | 14 | 4 | M12 | 20 | 45 | 2 | 19 | 1.11 |
| 20 | 25 | 130 | 90 | 18 | 4 | M16 | 22 | 58 | 2 | 26 | 1.86 |
| 25 | 32 | 140 | 100 | 18 | 4 | M16 | 24 | 68 | 2 | 33 | 2.36 |
| 32 | 38 | 155 | 110 | 22 | 4 | M20 | 24 | 78 | 2 | 39 | 2.83 |
| 40 | 45 | 170 | 125 | 22 | 4 | M20 | 26 | 88 | 3 | 46 | 3.60 |
| 50 | 57 | 195 | 145 | 26 | 4 | M24 | 28 | 102 | 3 | 59 | 5.00 |
| 65 | 76 | 220 | 170 | 26 | 8 | M24 | 30 | 122 | 3 | 78 | 6.26 |
| 80 | 89 | 230 | 180 | 26 | 8 | M24 | 34 | 138 | 3 | 91 | 7.64 |
| 100 | 108 | 265 | 210 | 30 | 8 | M27 | 36 | 162 | 3 | 110 | 10.5 |
| 125 | 133 | 315 | 250 | 33 | 8 | M30 | 42 | 188 | 3 | 135 | 17.6 |
| 150 | 159 | 355 | 290 | 33 | 12 | M30 | 48 | 218 | 3 | 161 | 24.4 |
| 200 | 219 | 430 | 360 | 36 | 12 | M33 | 60 | 285 | 3 | 222 | 42.5 |
| 250 | 273 | 505 | 430 | 39 | 12 | M36 | 72 | 345 | 3 | 276 | 68.6 |
| 300 | 325 | 585 | 500 | 42 | 16 | M39 | 84 | 410 | 4 | 328 | 104 |
| 350 | 377 | 655 | 560 | 48 | 16 | M45 | 95 | 465 | 4 | 381 | 139 |

## 4 技术要求

法兰的类型与参数按照 JB/T 75 的规定，法兰的技术要求应符合 JB/T 74 的规定。

## 5 标记及标记示例

### 5.1 标记

板式平焊钢制管法兰应按下列规定进行标记：

[公称尺寸]-[公称压力] [法兰类型代号(PL)] [密封面型式代号] [法兰系列] [材料牌号] [标准编号]

### 5.2 标记示例

**示例 1：**

公称尺寸为 DN600、公称压力为 PN16、材料为 20 钢的平面(FF)系列 2 板式平焊钢制管法兰(PL)，其标记为：

法兰 DN600-PN16 PL FF 2 20 JB/T 81

**示例 2：**

公称尺寸为 DN150、公称压力为 PN100、材料为 06Cr19Ni10 钢的突面(RF)系列 1 板式平焊钢制管法兰(PL)，其标记为：

法兰 DN150-PN100 PL RF 1 06Cr19Ni10 JB/T 81

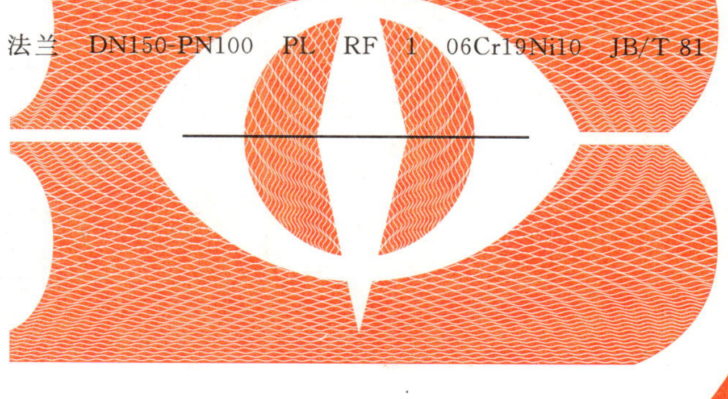

中华人民共和国机械行业标准

JB/T 82.1—94

代替 JB 82—59

# 凸面对焊钢制管法兰

1 主题内容与适用范围

本标准规定了公称压力PN为0.25,0.6,1.0,1.6,2.5,4.0 MPa的凸面对焊钢制管法兰的型式和尺寸。

本标准适用于公称压力PN0.25～4.0 MPa的凸面对焊钢制管法兰。

2 引用标准

JB/T 74 管路法兰 技术条件

3 法兰的型式和尺寸应符合图1及表1～表6的规定。

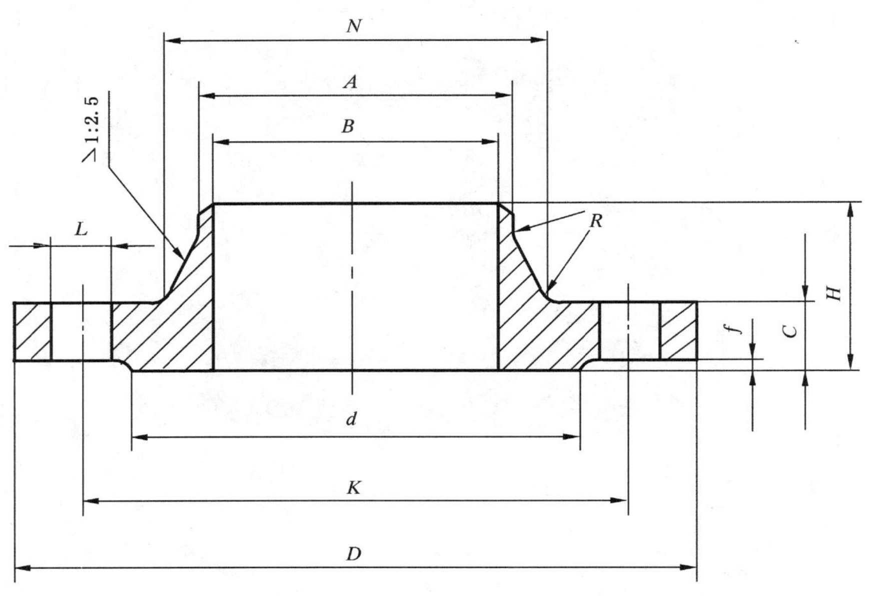


图 1

4 法兰的技术要求按JB/T 74的规定。

5 法兰的公称压力和不同温度下的最大允许工作压力按JB/T 74附录B的规定。

6 标记示例

公称通径300 mm、公称压力1.0 MPa、尺寸为系列2的凸面对焊钢制管法兰：

法兰 300-10 JB/T 82.1—94

公称通径300 mm、公称压力1.0 MPa、尺寸为系列1的凸面对焊钢制管法兰：

法兰 300-10(系列1) JB/T 82.1—94

中华人民共和国机械工业部1994-12-09批准 1995-10-01实施

表 1 PN0.25 MPa 凸面对焊钢制管法兰尺寸

mm

| 公称通径 DN | 法兰焊端外径(管子外径) A | 连接尺寸 | | | | | 密封面尺寸 | | 法兰厚度 C | 法兰高度 H | 法兰内径 B | 颈部直径 $N_{max}$ | 圆角半径 R | 法兰理论质量 kg |
|---|---|---|---|---|---|---|---|---|---|---|---|---|---|---|
| | | 法兰外径 D 系列1/系列2 | 螺栓孔中心圆直径 K | 螺栓孔直径 L 系列1/系列2 | 螺栓、螺柱 数量 n | 螺栓、螺柱 螺纹 Th. 系列1/系列2 | d | f | | | | | | |
| 10 | 14 | 75 | 50 | 12 | 4 | M10 | 32 | 2 | 10 | 25 | 8 | 22 | 4 | 0.28 |
| 15 | 18 | 80 | 55 | 12 | 4 | M10 | 40 | 2 | 10 | 28 | 12 | 28 | 4 | 0.34 |
| 20 | 25 | 90 | 65 | 12 | 4 | M10 | 50 | 2 | 10 | 30 | 18 | 36 | 4 | 0.47 |
| 25 | 32 | 100 | 75 | 12 | 4 | M10 | 60 | 2 | 10 | 30 | 25 | 42 | 4 | 0.62 |
| 32 | 38 | 120 | 90 | 14 | 4 | M12 | 70 | 2 | 10 | 30 | 31 | 50 | 4 | 0.84 |
| 40 | 45 | 130 | 100 | 14 | 4 | M12 | 80 | 3 | 12 | 36 | 38 | 60 | 4 | 1.04 |
| 50 | 57 | 140 | 110 | 14 | 4 | M12 | 90 | 3 | 12 | 36 | 49 | 70 | 4 | 1.27 |
| 65 | 73 | 160 | 130 | 14 | 4 | M12 | 110 | 3 | 12 | 36 | 66 | 88 | 4 | 1.67 |
| 80 | 89 | 190/185 | 150 | 18 | 4 | M16 | 125 | 3 | 14 | 38 | 78 | 102 | 5 | 2.50 |
| 100 | 108 | 210/205 | 170 | 18 | 4 | M16 | 145 | 3 | 14 | 40 | 96 | 122 | 5 | 3.04 |
| 125 | 133 | 240/235 | 200 | 18 | 8 | M16 | 175 | 3 | 14 | 40 | 121 | 148 | 5 | 3.74 |
| 150 | 159 | 265/260 | 225 | 18 | 8 | M16 | 200 | 3 | 14 | 42 | 146 | 172 | 5 | 4.37 |
| (175) | 194 | 290 | 255 | 18 | 8 | M16 | 230 | 3 | 16 | 46 | 177 | 210 | 5 | 5.94 |
| 200 | 219 | 320/315 | 280 | 18 | 8 | M16 | 255 | 3 | 16 | 55 | 202 | 235 | 5 | 7.29 |
| (225) | 245 | 340 | 305 | 18 | 8 | M16 | 280 | 3 | 18 | 55 | 226 | 260 | 6 | 8.65 |
| 250 | 273 | 375/370 | 335 | 18 | 12 | M16 | 310 | 3 | 20 | 55 | 254 | 288 | 6 | 10.73 |
| 300 | 325 | 440/435 | 395 | 23 | 12 | M20 | 362 | 4 | 20 | 58 | 303 | 340 | 6 | 14.10 |
| 350 | 377 | 490/485 | 445 | 23 | 12 | M20 | 412 | 4 | 20 | 58 | 351 | 390 | 6 | 16.88 |
| 400 | 426 | 540/535 | 495 | 23 | 16 | M20 | 462 | 4 | 20 | 60 | 398 | 440 | 6 | 19.87 |
| 450 | 480 | 595/590 | 550 | 23 | 16 | M20 | 518 | 4 | 20 | 60 | 450 | 494 | 6 | 23.20 |
| 500 | 530 | 645/640 | 600 | 23 | 16 | M20 | 568 | 4 | 24 | 62 | 501 | 545 | 6 | 28.82 |
| 600 | 630 | 755 | 705 | 26/25 | 20 | M24/M22 | 670 | 5 | 24 | 74 | 602 | 650 | 8 | 37.76 |
| 700 | 720 | 860 | 810 | 26/25 | 24 | M24/M22 | 775 | 5 | 24 | 74 | 692 | 740 | 10 | 46.53 |
| 800 | 820 | 975 | 920 | 30 | 24 | M27 | 880 | 5 | 24 | 85 | 792 | 844 | 12 | 60.15 |
| 900 | 920 | 1 075 | 1 020 | 30 | 24 | M27 | 980 | 5 | 26 | 88 | 892 | 944 | 12 | 71.94 |
| 1 000 | 1 020 | 1 175 | 1 120 | 30 | 28 | M27 | 1 080 | 5 | 26 | 88 | 992 | 1 044 | 12 | 79.29 |
| 1 200 | 1 220 | 1 375 | 1 320 | 30 | 32 | M27 | 1 280 | 5 | 28 | 90 | 1 192 | 1 244 | 12 | 99.86 |
| 1 400 | 1 420 | 1 575 | 1 520 | 30 | 36 | M27 | 1 480 | 5 | 28 | 90 | 1 392 | 1 445 | 14 | 116.42 |
| 1 600 | 1 620 | 1 790/1 785 | 1 730 | 30 | 40 | M27 | 1 690 | 5 | 28 | 90 | 1 592 | 1 646 | 14 | 141.72 |

表 2　PN0.60 MPa 凸面对焊钢制管法兰尺寸

mm

| 公称通径 DN | 法兰焊端外径(管子外径) A | 连接尺寸 | | | | | 密封面尺寸 | | 法兰厚度 C | 法兰高度 H | 法兰内径 B | 颈部直径 $N_{max}$ | 圆角半径 R | 法兰理论质量 kg |
|---|---|---|---|---|---|---|---|---|---|---|---|---|---|---|
| | | 法兰外径 D 系列1/系列2 | 螺栓孔中心圆直径 K | 螺栓孔直径 L 系列1/系列2 | 螺栓、螺柱 | | d | f | | | | | | |
| | | | | | 数量 n | 螺纹 Th. 系列1/系列2 | | | | | | | | |
| 10 | 14 | 75 | 50 | 12 | 4 | M10 | 32 | 2 | 12 | 25 | 8 | 22 | 4 | 0.35 |
| 15 | 18 | 80 | 55 | 12 | 4 | M10 | 40 | 2 | 12 | 30 | 12 | 28 | 4 | 0.40 |
| 20 | 25 | 90 | 65 | 12 | 4 | M10 | 50 | 2 | 12 | 32 | 18 | 36 | 4 | 0.54 |
| 25 | 32 | 100 | 75 | 12 | 4 | M10 | 60 | 2 | 14 | 32 | 25 | 42 | 4 | 0.78 |
| 32 | 38 | 120 | 90 | 14 | 4 | M12 | 70 | 2 | 14 | 35 | 31 | 50 | 4 | 1.08 |
| 40 | 45 | 130 | 100 | 14 | 4 | M12 | 80 | 3 | 14 | 38 | 38 | 60 | 4 | 1.25 |
| 50 | 57 | 140 | 110 | 14 | 4 | M12 | 90 | 3 | 14 | 38 | 49 | 70 | 4 | 1.42 |
| 65 | 73 | 160 | 130 | 14 | 4 | M12 | 110 | 3 | 14 | 38 | 66 | 88 | 4 | 1.80 |
| 80 | 89 | 190/185 | 150 | 18 | 4 | M16 | 125 | 3 | 16 | 40 | 78 | 102 | 5 | 2.85 |
| 100 | 108 | 210/205 | 170 | 18 | 4 | M16 | 145 | 3 | 16 | 42 | 96 | 122 | 5 | 3.45 |
| 125 | 133 | 240/235 | 200 | 18 | 8 | M16 | 175 | 3 | 18 | 44 | 121 | 148 | 5 | 4.73 |
| 150 | 159 | 265/260 | 225 | 18 | 8 | M16 | 200 | 3 | 18 | 46 | 146 | 172 | 5 | 5.49 |
| (175) | 194 | 290 | 255 | 18 | 8 | M16 | 230 | 3 | 20 | 50 | 177 | 210 | 5 | 7.17 |
| 200 | 219 | 320/315 | 280 | 18 | 8 | M16 | 255 | 3 | 20 | 55 | 202 | 235 | 5 | 8.56 |
| (225) | 245 | 340 | 305 | 18 | 8 | M16 | 280 | 3 | 20 | 55 | 226 | 260 | 6 | 9.30 |
| 250 | 273 | 375/370 | 335 | 18 | 12 | M16 | 310 | 3 | 22 | 60 | 254 | 288 | 6 | 11.80 |
| 300 | 325 | 440/435 | 395 | 23 | 12 | M20 | 362 | 4 | 22 | 60 | 303 | 340 | 6 | 15.27 |
| 350 | 377 | 490/485 | 445 | 23 | 12 | M20 | 412 | 4 | 22 | 60 | 351 | 390 | 6 | 18.23 |
| 400 | 426 | 540/535 | 495 | 23 | 16 | M20 | 462 | 4 | 22 | 62 | 398 | 440 | 6 | 21.40 |
| 450 | 480 | 595/590 | 550 | 23 | 16 | M20 | 518 | 4 | 22 | 62 | 450 | 494 | 6 | 24.95 |
| 500 | 530 | 645/640 | 600 | 23 | 16 | M20 | 568 | 4 | 24 | 62 | 501 | 545 | 6 | 28.82 |
| 600 | 630 | 755 | 705 | 26/25 | 20 | M24/M22 | 670 | 5 | 24 | 74 | 602 | 650 | 8 | 37.76 |
| 700 | 720 | 860 | 810 | 26/25 | 24 | M24/M22 | 775 | 5 | 24 | 74 | 692 | 740 | 10 | 46.53 |
| 800 | 820 | 975 | 920 | 30 | 24 | M27 | 880 | 5 | 24 | 85 | 792 | 844 | 12 | 60.15 |
| 900 | 920 | 1 075 | 1 020 | 30 | 24 | M27 | 980 | 5 | 26 | 88 | 892 | 944 | 12 | 71.94 |
| 1 000 | 1 020 | 1 175 | 1 120 | 30 | 28 | M27 | 1 080 | 5 | 26 | 88 | 992 | 1 044 | 12 | 79.29 |
| 1 200 | 1 220 | 1 405/1 400 | 1 340 | 34 | 32 | M30 | 1 295 | 5 | 28 | 90 | 1 192 | 1 248 | 12 | 113.61 |
| 1 400 | 1 420 | 1 630/1 620 | 1 560 | 34 | 36 | M30 | 1 510 | 5 | 32 | 106 | 1 392 | 1 456 | 14 | 172.47 |

表 3　PN1.0 MPa 凸面对焊钢制管法兰尺寸

mm

| 公称通径 DN | 法兰焊端外径(管子外径) A | 连接尺寸 | | | | | 密封面尺寸 | | 法兰厚度 C | 法兰高度 H | 法兰内径 B | 颈部直径 $N_{max}$ | 圆角半径 R | 法兰理论质量 kg |
|---|---|---|---|---|---|---|---|---|---|---|---|---|---|---|
| | | 法兰外径 D 系列1/系列2 | 螺栓孔中心圆直径 K | 螺栓孔直径 L 系列1/系列2 | 螺栓、螺柱 数量 n | 螺栓、螺柱 螺纹 Th. 系列1/系列2 | d | f | | | | | | |
| 10 | 14 | 90 | 60 | 14 | 4 | M12 | 40 | 2 | 12 | 35 | 8 | 25 | 4 | 0.52 |
| 15 | 18 | 95 | 65 | 14 | 4 | M12 | 45 | 2 | 12 | 35 | 12 | 30 | 4 | 0.59 |
| 20 | 25 | 105 | 75 | 14 | 4 | M12 | 55 | 2 | 14 | 38 | 18 | 38 | 4 | 0.88 |
| 25 | 32 | 115 | 85 | 14 | 4 | M12 | 65 | 2 | 14 | 40 | 25 | 45 | 4 | 1.06 |
| 32 | 38 | 140/135 | 100 | 18 | 4 | M16 | 78 | 2 | 16 | 42 | 31 | 55 | 4 | 1.72 |
| 40 | 45 | 150/145 | 110 | 18 | 4 | M16 | 85 | 3 | 16 | 45 | 38 | 62 | 4 | 1.90 |
| 50 | 57 | 165/160 | 125 | 18 | 4 | M16 | 100 | 3 | 16 | 45 | 49 | 76 | 4 | 2.35 |
| 65 | 73 | 185/180 | 145 | 18 | 4 | M16 | 120 | 3 | 18 | 48 | 66 | 94 | 5 | 3.26 |
| 80 | 89 | 200/195 | 160 | 18 | 4 | M16 | 135 | 3 | 18 | 50 | 78 | 105 | 5 | 3.77 |
| 100 | 108 | 220/215 | 180 | 18 | 8 | M16 | 155 | 3 | 20 | 52 | 96 | 128 | 5 | 4.91 |
| 125 | 133 | 250/245 | 210 | 18 | 8 | M16 | 185 | 3 | 22 | 60 | 121 | 156 | 6 | 6.91 |
| 150 | 159 | 285/280 | 240 | 23 | 8 | M20 | 210 | 3 | 22 | 60 | 146 | 180 | 6 | 8.38 |
| (175) | 194 | 310 | 270 | 23 | 8 | M20 | 240 | 3 | 22 | 60 | 177 | 210 | 6 | 9.39 |
| 200 | 219 | 340/335 | 295 | 23 | 8 | M20 | 265 | 3 | 22 | 62 | 202 | 240 | 6 | 11.27 |
| (225) | 245 | 365 | 325 | 23 | 8 | M20 | 295 | 3 | 22 | 65 | 226 | 268 | 6 | 13.11 |
| 250 | 273 | 395/390 | 350 | 23 | 12 | M20 | 320 | 3 | 24 | 65 | 254 | 290 | 8 | 14.78 |
| 300 | 325 | 445/440 | 400 | 23 | 12 | M20 | 368 | 4 | 26 | 65 | 303 | 345 | 8 | 18.85 |
| 350 | 377 | 505/500 | 460 | 23 | 16 | M20 | 428 | 4 | 26 | 65 | 351 | 400 | 8 | 24.18 |
| 400 | 426 | 565 | 515 | 26/25 | 16 | M24/M22 | 482 | 4 | 26 | 65 | 398 | 445 | 10 | 28.74 |
| 450 | 480 | 615 | 565 | 26/25 | 20 | M24/M22 | 532 | 4 | 26 | 70 | 450 | 500 | 12 | 34.21 |
| 500 | 530 | 670 | 620 | 26/25 | 20 | M24/M22 | 585 | 4 | 28 | 78 | 501 | 550 | 12 | 40.15 |
| 600 | 630 | 780 | 725 | 30 | 20 | M27 | 685 | 5 | 28 | 90 | 602 | 650 | 12 | 50.45 |
| 700 | 720 | 895 | 840 | 30 | 24 | M27 | 800 | 5 | 30 | 90 | 692 | 744 | 14 | 68.71 |
| 800 | 820 | 1 015/1 010 | 950 | 34 | 24 | M30 | 905 | 5 | 32 | 106 | 792 | 850 | 14 | 94.12 |
| 900 | 920 | 1 115/1 110 | 1 050 | 34 | 28 | M30 | 1 005 | 5 | 34 | 108 | 892 | 950 | 14 | 109.74 |
| 1 000 | 1 020 | 1 230/1 220 | 1 160 | 36/34 | 28 | M33/M30 | 1 115 | 5 | 34 | 108 | 992 | 1 050 | 14 | 128.08 |
| 1 200 | 1 220 | 1 455/1 450 | 1 380 | 41 | 32 | M36 | 1 325 | 5 | 38 | 112 | 1 192 | 1 256 | 18 | 182.96 |

表 4 PN1.6 MPa 凸面对焊钢制管法兰尺寸

mm

| 公称通径 DN | 法兰焊端外径（管子外径）A | 连接尺寸 | | | | | 密封面尺寸 | | 法兰厚度 C | 法兰高度 H | 法兰内径 B | 颈部直径 $N_{max}$ | 圆角半径 R | 法兰理论质量 kg |
|---|---|---|---|---|---|---|---|---|---|---|---|---|---|---|
| | | 法兰外径 D 系列1/系列2 | 螺栓孔中心圆直径 K | 螺栓孔直径 L 系列1/系列2 | 螺栓、螺柱 数量 n | 螺栓、螺柱 螺纹 Th. 系列1/系列2 | d | f | | | | | | |
| 10 | 14 | 90 | 60 | 14 | 4 | M12 | 40 | 2 | 14 | 35 | 8 | 26 | 4 | 0.61 |
| 15 | 18 | 95 | 65 | 14 | 4 | M12 | 45 | 2 | 14 | 35 | 12 | 30 | 4 | 0.69 |
| 20 | 25 | 105 | 75 | 14 | 4 | M12 | 55 | 2 | 14 | 38 | 18 | 38 | 4 | 0.88 |
| 25 | 32 | 115 | 85 | 14 | 4 | M12 | 65 | 2 | 14 | 40 | 25 | 45 | 4 | 1.06 |
| 32 | 38 | 140/135 | 100 | 18 | 4 | M16 | 78 | 2 | 16 | 42 | 31 | 55 | 4 | 1.72 |
| 40 | 45 | 150/145 | 110 | 18 | 4 | M16 | 85 | 3 | 16 | 45 | 38 | 64 | 4 | 1.93 |
| 50 | 57 | 165/160 | 125 | 18 | 4 | M16 | 100 | 3 | 16 | 48 | 49 | 76 | 5 | 2.36 |
| 65 | 73 | 185/180 | 145 | 18 | 4 | M16 | 120 | 3 | 18 | 50 | 66 | 94 | 5 | 3.28 |
| 80 | 89 | 200/195 | 160 | 18 | 8 | M16 | 135 | 3 | 20 | 52 | 78 | 110 | 5 | 4.17 |
| 100 | 108 | 220/215 | 180 | 18 | 8 | M16 | 155 | 3 | 20 | 52 | 96 | 130 | 5 | 4.99 |
| 125 | 133 | 250/245 | 210 | 18 | 8 | M16 | 185 | 3 | 22 | 60 | 121 | 156 | 6 | 6.91 |
| 150 | 159 | 285/280 | 240 | 23 | 8 | M20 | 210 | 3 | 22 | 60 | 146 | 180 | 6 | 8.38 |
| (175) | 194 | 310 | 270 | 23 | 8 | M20 | 240 | 3 | 24 | 60 | 177 | 210 | 6 | 10.05 |
| 200 | 219 | 340/335 | 295 | 23 | 12 | M20 | 265 | 3 | 24 | 62 | 202 | 240 | 6 | 11.78 |
| (225) | 245 | 365 | 325 | 23 | 12 | M20 | 295 | 3 | 24 | 68 | 226 | 268 | 6 | 13.85 |
| 250 | 273 | 405 | 355 | 26/25 | 12 | M24/M22 | 320 | 3 | 26 | 68 | 254 | 292 | 8 | 16.92 |
| 300 | 325 | 460 | 410 | 26/25 | 12 | M24/M22 | 375 | 4 | 28 | 70 | 303 | 346 | 8 | 22.29 |
| 350 | 377 | 520 | 470 | 26/25 | 16 | M24/M22 | 435 | 4 | 32 | 78 | 351 | 400 | 8 | 31.90 |
| 400 | 426 | 580 | 525 | 30 | 16 | M27 | 485 | 4 | 36 | 90 | 398 | 450 | 10 | 43.50 |
| 450 | 480 | 640 | 585 | 30 | 20 | M27 | 545 | 4 | 38 | 95 | 450 | 506 | 10 | 53.90 |
| 500 | 530 | 715/705 | 650 | 34 | 20 | M30 | 608 | 4 | 42 | 98 | 501 | 559 | 10 | 71.84 |
| 600 | 630 | 840 | 770 | 36/41 | 20 | M33/M36 | 718 | 5 | 46 | 105 | 602 | 660 | 10 | 101.26 |
| 700 | 720 | 910 | 840 | 36/41 | 24 | M33/M36 | 788 | 5 | 48 | 110 | 692 | 750 | 12 | 108.20 |
| 800 | 820 | 1 025/1 020 | 950 | 41 | 24 | M36 | 898 | 5 | 50 | 115 | 792 | 850 | 12 | 134.77 |
| 900 | 920 | 1 125/1 120 | 1 050 | 41 | 28 | M36 | 998 | 5 | 52 | 122 | 892 | 958 | 12 | 159.97 |
| 1 000 | 1 020 | 1 255 | 1 170 | 42/48 | 28 | M39/M42 | 1 110 | 5 | 54 | 125 | 992 | 1 060 | 12 | 207.33 |
| 1 200 | 1 220 | 1 485 | 1 390 | 48/54 | 32 | M45/M48 | 1 325 | 5 | 56 | 135 | 1 192 | 1 268 | 15 | 286.77 |

表 5　PN2.5 MPa 凸面对焊钢制管法兰尺寸

mm

| 公称通径 DN | 法兰焊端外径（管子外径） A | 连接尺寸 | | | | | 密封面尺寸 | | 法兰厚度 C | 法兰高度 H | 法兰内径 B | 颈部直径 $N_{max}$ | 圆角半径 R | 法兰理论质量 kg |
|---|---|---|---|---|---|---|---|---|---|---|---|---|---|---|
| | | 法兰外径 D 系列1/系列2 | 螺栓孔中心圆直径 K | 螺栓孔直径 L 系列1/系列2 | 螺栓、螺柱 数量 n | 螺栓、螺柱 螺纹 Th. 系列1/系列2 | d | f | | | | | | |
| 10 | 14 | 90 | 60 | 14 | 4 | M12 | 40 | 2 | 16 | 35 | 8 | 26 | 4 | 0.70 |
| 15 | 18 | 95 | 65 | 14 | 4 | M12 | 45 | 2 | 16 | 35 | 12 | 30 | 5 | 0.77 |
| 20 | 25 | 105 | 75 | 14 | 4 | M12 | 55 | 2 | 16 | 36 | 18 | 38 | 5 | 0.97 |
| 25 | 32 | 115 | 85 | 14 | 4 | M12 | 65 | 2 | 16 | 38 | 25 | 45 | 5 | 1.18 |
| 32 | 38 | 140/135 | 100 | 18 | 4 | M16 | 78 | 2 | 18 | 45 | 31 | 56 | 5 | 1.95 |
| 40 | 45 | 150/145 | 110 | 18 | 4 | M16 | 85 | 3 | 18 | 48 | 38 | 64 | 5 | 2.17 |
| 50 | 57 | 165/160 | 125 | 18 | 4 | M16 | 100 | 3 | 20 | 48 | 49 | 76 | 5 | 2.91 |
| 65 | 73 | 185/180 | 145 | 18 | 8 | M16 | 120 | 3 | 22 | 52 | 66 | 96 | 6 | 3.87 |
| 80 | 89 | 200/195 | 160 | 18 | 8 | M16 | 135 | 3 | 22 | 55 | 78 | 110 | 6 | 4.57 |
| 100 | 108 | 230 | 190 | 23 | 8 | M20 | 160 | 3 | 24 | 62 | 96 | 132 | 6 | 6.46 |
| 125 | 133 | 270 | 220 | 26/25 | 8 | M24/M22 | 188 | 3 | 26 | 68 | 121 | 160 | 8 | 9.40 |
| 150 | 159 | 300 | 250 | 26/25 | 8 | M24/M22 | 218 | 3 | 28 | 72 | 146 | 186 | 8 | 12.18 |
| (175) | 194 | 330 | 280 | 26/25 | 12 | M24/M22 | 248 | 3 | 28 | 75 | 177 | 216 | 8 | 13.75 |
| 200 | 219 | 360 | 310 | 26/25 | 12 | M24/M22 | 278 | 3 | 30 | 80 | 202 | 245 | 8 | 17.39 |
| (225) | 245 | 395 | 340 | 30 | 12 | M27 | 302 | 3 | 32 | 80 | 226 | 270 | 8 | 21.45 |
| 250 | 273 | 425 | 370 | 30 | 12 | M27 | 332 | 3 | 32 | 85 | 254 | 300 | 10 | 24.37 |
| 300 | 325 | 485 | 430 | 30 | 16 | M27 | 390 | 4 | 36 | 92 | 303 | 352 | 10 | 33.37 |
| 350 | 377 | 555/550 | 490 | 34 | 16 | M30 | 448 | 4 | 40 | 98 | 351 | 406 | 10 | 47.80 |
| 400 | 426 | 620/610 | 550 | 36/34 | 16 | M33/M30 | 505 | 4 | 44 | 115 | 398 | 464 | 10 | 67.55 |
| 450 | 480 | 670/660 | 600 | 36/34 | 20 | M33/M30 | 555 | 4 | 46 | 115 | 450 | 514 | 12 | 75.46 |
| 500 | 530 | 730 | 660 | 36/41 | 20 | M33/M36 | 610 | 4 | 48 | 120 | 500 | 570 | 12 | 92.55 |
| 600 | 630 | 845/840 | 770 | 41 | 20 | M36 | 718 | 5 | 54 | 130 | 600 | 670 | 12 | 126.00 |
| 700 | 720 | 960/955 | 875 | 42/48 | 24 | M39/M42 | 815 | 5 | 58 | 140 | 690 | 766 | 12 | 169.82 |
| 800 | 820 | 1 085/1 070 | 990 | 48/48 | 24 | M45/M42 | 930 | 5 | 60 | 150 | 790 | 874 | 15 | 220.45 |

表 6　PN4.0 MPa 凸面对焊钢制管法兰尺寸

mm

| 公称通径 DN | 法兰焊端外径（管子外径） A | 连接尺寸 | | | | | 密封面尺寸 | | 法兰厚度 C | 法兰高度 H | 法兰内径 B | 颈部直径 $N_{max}$ | 圆角半径 R | 法兰理论质量 kg |
|---|---|---|---|---|---|---|---|---|---|---|---|---|---|---|
| | | 法兰外径 D 系列1/系列2 | 螺栓孔中心圆直径 K | 螺栓孔直径 L 系列1/系列2 | 螺栓、螺柱 数量 n | 螺栓、螺柱 螺纹 Th. 系列1/系列2 | d | f | | | | | | |
| 10 | 14 | 90 | 60 | 14 | 4 | M12 | 40 | 2 | 16 | 35 | 8 | 26 | 4 | 0.70 |
| 15 | 18 | 95 | 65 | 14 | 4 | M12 | 45 | 2 | 16 | 35 | 12 | 30 | 5 | 0.77 |
| 20 | 25 | 105 | 75 | 14 | 4 | M12 | 55 | 2 | 16 | 36 | 18 | 38 | 5 | 0.97 |
| 25 | 32 | 115 | 85 | 14 | 4 | M12 | 65 | 2 | 16 | 38 | 25 | 45 | 5 | 1.18 |
| 32 | 38 | 140/135 | 100 | 18 | 4 | M16 | 78 | 2 | 18 | 45 | 31 | 56 | 5 | 1.95 |
| 40 | 45 | 150/145 | 110 | 18 | 4 | M16 | 85 | 3 | 18 | 48 | 38 | 64 | 5 | 2.17 |
| 50 | 57 | 165/160 | 125 | 18 | 4 | M16 | 100 | 3 | 20 | 48 | 48 | 76 | 5 | 2.94 |
| 65 | 73 | 185/180 | 145 | 18 | 8 | M16 | 120 | 3 | 22 | 52 | 66 | 96 | 6 | 3.87 |
| 80 | 89 | 200/195 | 160 | 18 | 8 | M16 | 135 | 3 | 24 | 58 | 78 | 112 | 6 | 5.02 |
| 100 | 108 | 235/230 | 190 | 23 | 8 | M20 | 160 | 3 | 26 | 68 | 96 | 138 | 6 | 7.63 |
| 125 | 133 | 270 | 220 | 26/25 | 8 | M24/M22 | 188 | 3 | 28 | 68 | 120 | 160 | 8 | 10.12 |
| 150 | 159 | 300 | 250 | 26/25 | 8 | M24/M22 | 218 | 3 | 30 | 72 | 145 | 186 | 8 | 13.03 |
| (175) | 194 | 350 | 295 | 30 | 12 | M27 | 258 | 3 | 36 | 88 | 177 | 226 | 10 | 20.51 |
| 200 | 219 | 375 | 320 | 30 | 12 | M27 | 282 | 3 | 38 | 88 | 200 | 250 | 10 | 24.11 |
| (225) | 245 | 415 | 355 | 34 | 12 | M30 | 315 | 3 | 40 | 98 | 226 | 280 | 10 | 30.79 |
| 250 | 273 | 450/445 | 385 | 34 | 12 | M30 | 345 | 3 | 42 | 102 | 252 | 310 | 10 | 37.96 |
| 300 | 325 | 515/510 | 450 | 34 | 16 | M30 | 408 | 4 | 46 | 116 | 301 | 368 | 12 | 53.30 |
| 350 | 377 | 580/570 | 510 | 36/34 | 16 | M33/M30 | 465 | 4 | 52. | 120 | 351 | 418 | 12 | 71.79 |
| 400 | 426 | 660/655 | 585 | 41 | 16 | M36 | 535 | 4 | 58 | 142 | 398 | 480 | 12 | 107.72 |
| 450 | 480 | 685/680 | 610 | 41 | 20 | M36 | 560 | 4 | 60 | 146 | 448 | 530 | 14 | 108.50 |
| 500 | 530 | 755 | 670 | 42/48 | 20 | M39/M42 | 612 | 4 | 62 | 156 | 495 | 580 | 15 | 137.30 |

注：① 表1～表6中系列1法兰连接尺寸与国标及德国法兰标准尺寸互换；系列2尺寸与原机标法兰尺寸互换；新产品设计应优先采用系列1尺寸。

② 表1～表6中列出的法兰理论质量是指系列2法兰。

---

**附加说明：**

本标准由机械工业部机械标准化研究所提出并归口。

本标准由机械工业部机械标准化研究所、哈尔滨锅炉厂和河北省石油化工高压管件厂起草。

本标准主要起草人李俊英、吴桢家、张风林。

中华人民共和国机械行业标准

# 凸面钢制管法兰盖

JB/T 86.1—94

代替 JB 86—59

1 主题内容与适用范围

本标准规定了公称压力 $PN$ 为 0.6,1.0,1.6,2.5,4.0MPa 的凸面钢制管法兰盖的型式和尺寸。

本标准适用于公称压力 $PN$0.6～4.0MPa 的凸面钢制管法兰盖。

2 引用标准

JB/T 74　管路法兰　技术条件

3 法兰盖的型式和尺寸应符合图 1 及表 1～表 5 的规定。

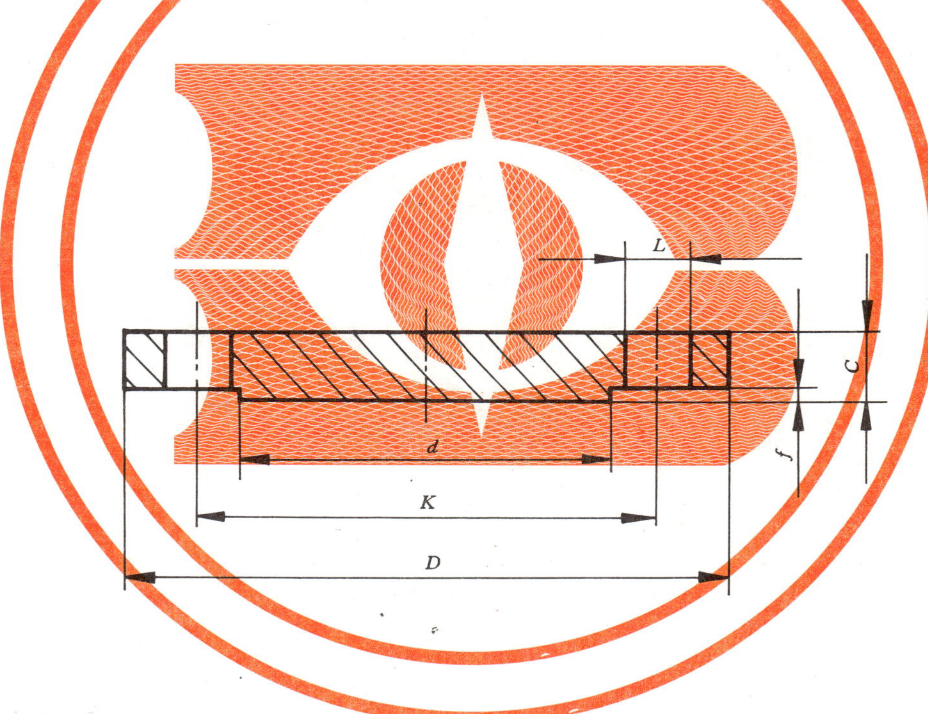


图 1

中华人民共和国机械工业部 1994-12-09 批准　　1995-10-01 实施

表 1　*PN*0.6MPa 凸面钢制管法兰盖尺寸　　mm

| 公称通径 DN | 连接尺寸 | | | | | 密封面尺寸 | | 法兰厚度 C | 法兰理论重量 kg |
|---|---|---|---|---|---|---|---|---|---|
| | 法兰外径 D 系列1/系列2 | 螺栓孔中心圆直径 K | 螺栓孔直径 L 系列1/系列2 | 螺栓、螺柱 数量 n | 螺栓、螺柱 螺纹 Th. 系列1/系列2 | d | f | | |
| 10 | 75 | 50 | 12 | 4 | M10 | 32 | 2 | 12 | 0.30 |
| 15 | 80 | 55 | 12 | 4 | M10 | 40 | 2 | 12 | 0.40 |
| 20 | 90 | 65 | 12 | 4 | M10 | 50 | 2 | 12 | 0.50 |
| 25 | 100 | 75 | 12 | 4 | M10 | 60 | 2 | 12 | 0.60 |
| 32 | 120 | 90 | 14 | 4 | M12 | 70 | 2 | 12 | 0.90 |
| 40 | 130 | 100 | 14 | 4 | M12 | 80 | 3 | 14 | 1.20 |
| 50 | 140 | 110 | 14 | 4 | M12 | 90 | 3 | 14 | 1.40 |
| 65 | 160 | 130 | 14 | 4 | M12 | 110 | 3 | 14 | 1.90 |
| 80 | 190/185 | 150 | 18 | 4 | M16 | 125 | 3 | 14 | 2.70 |
| 100 | 210/205 | 170 | 18 | 4 | M16 | 145 | 3 | 14 | 3.30 |
| 125 | 240/235 | 200 | 18 | 8 | M16 | 175 | 3 | 16 | 5.10 |
| 150 | 265/260 | 225 | 18 | 8 | M16 | 200 | 3 | 16 | 6.20 |
| (175) | 290 | 265 | 18 | 8 | M16 | 230 | 3 | 16 | 8.00 |
| 200 | 320/315 | 280 | 18 | 8 | M16 | 255 | 3 | 16 | 9.20 |
| (225) | 340 | 305 | 18 | 8 | M16 | 280 | 3 | 16 | 11.10 |
| 250 | 375/370 | 335 | 18 | 12 | M16 | 310 | 3 | 16 | 12.80 |
| 300 | 440/435 | 395 | 23 | 12 | M20 | 362 | 4 | 18 | 19.40 |
| 350 | 490/485 | 445 | 23 | 12 | M20 | 412 | 4 | 18 | 24.00 |
| 400 | 540/535 | 495 | 23 | 16 | M20 | 462 | 4 | 20 | 34.00 |
| 450 | 595/590 | 550 | 23 | 16 | M20 | 518 | 4 | 22 | 46.00 |
| 500 | 645/640 | 600 | 23 | 16 | M20 | 568 | 4 | 24 | 58.00 |
| 600 | 755 | 705 | 26/25 | 20 | M24/M22 | 670 | 5 | 28 | 92.00 |
| 700 | 860 | 810 | 26/25 | 24 | M24/M22 | 775 | 5 | 32 | 141.00 |
| 800 | 975 | 920 | 30 | 24 | M27 | 880 | 5 | 36 | 202.00 |
| 900 | 1 075 | 1 020 | 30 | 24 | M27 | 980 | 5 | 40 | 273.00 |
| 1 000 | 1 175 | 1 120 | 30 | 28 | M27 | 1 080 | 5 | 44 | 315.00 |

表 2　*PN*1.0MPa 凸面钢制管法兰盖尺寸　　mm

| 公称通径 DN | 连接尺寸 | | | | | 密封面尺寸 | | 法兰厚度 C | 法兰理论重量 kg |
|---|---|---|---|---|---|---|---|---|---|
| | 法兰外径 D 系列1/系列2 | 螺栓孔中心圆直径 K | 螺栓孔直径 L 系列1/系列2 | 螺栓、螺柱 数量 n | 螺栓、螺柱 螺纹 Th. 系列1/系列2 | d | f | | |
| 10 | 90 | 60 | 14 | 4 | M12 | 40 | 2 | 12 | 0.50 |
| 15 | 95 | 65 | 14 | 4 | M12 | 45 | 2 | 12 | 0.60 |
| 20 | 105 | 75 | 14 | 4 | M12 | 55 | 2 | 12 | 0.70 |
| 25 | 115 | 80 | 14 | 4 | M12 | 65 | 2 | 12 | 0.80 |
| 32 | 140/135 | 100 | 18 | 4 | M16 | 78 | 2 | 12 | 1.10 |
| 40 | 150/145 | 110 | 18 | 4 | M16 | 85 | 3 | 14 | 1.50 |
| 50 | 165/160 | 125 | 18 | 4 | M16 | 100 | 3 | 14 | 2.00 |
| 65 | 185/180 | 145 | 18 | 4 | M16 | 120 | 3 | 14 | 2.50 |
| 80 | 200/195 | 160 | 18 | 4 | M16 | 135 | 3 | 14 | 3.00 |
| 100 | 220/215 | 180 | 18 | 8 | M16 | 155 | 3 | 14 | 3.60 |

续表 2

mm

| 公称通径 DN | 连接尺寸 | | | | | 密封面尺寸 | | 法兰厚度 C | 法兰理论重量 kg |
|---|---|---|---|---|---|---|---|---|---|
| | 法兰外径 D 系列 1/系列 2 | 螺栓孔中心圆直径 K | 螺栓孔直径 L 系列 1/系列 2 | 螺栓、螺柱 数量 n | 螺栓、螺柱 螺纹 Th. 系列 1/系列 2 | d | f | | |
| 125 | 250/245 | 210 | 18 | 8 | M16 | 185 | 3 | 16 | 5.50 |
| 150 | 285/280 | 240 | 23 | 8 | M20 | 210 | 3 | 16 | 7.00 |
| (175) | 310 | 270 | 23 | 8 | M20 | 240 | 3 | 16 | 9.10 |
| 200 | 340/335 | 295 | 23 | 8 | M20 | 265 | 3 | 16 | 10.20 |
| (225) | 365 | 325 | 23 | 8 | M20 | 295 | 3 | 18 | 14.00 |
| 250 | 395/390 | 350 | 23 | 12 | M20 | 320 | 3 | 18 | 15.70 |
| 300 | 445/440 | 400 | 23 | 12 | M20 | 368 | 4 | 20 | 22.00 |
| 350 | 505/500 | 460 | 23 | 16 | M20 | 428 | 4 | 24 | 34.00 |
| 400 | 565 | 515 | 26/25 | 16 | M24/M22 | 482 | 4 | 26 | 47.00 |
| 450 | 615 | 565 | 26/25 | 20 | M24/M22 | 582 | 4 | 28 | 61.00 |
| 500 | 670 | 620 | 26/25 | 20 | M24/M22 | 585 | 4 | 32 | 85.00 |
| 600 | 780 | 725 | 30 | 20 | M27 | 685 | 5 | 36 | 127.00 |
| 700 | 895 | 840 | 30 | 24 | M27 | 800 | 5 | 42 | 199.00 |
| 800 | 1 015/1 010 | 950 | 34 | 24 | M30 | 905 | 5 | 48 | 290.00 |
| 900 | 1 115/1 110 | 1 050 | 34 | 24 | M30 | 1 005 | 5 | 54 | 395.00 |
| 1 000 | 1 230/1 220 | 1 160 | 36/34 | 28 | M33/M30 | 1 115 | 5 | 58 | 525.00 |

表 3 *PN*1.6MPa 凸面钢制管法兰盖尺寸

mm

| 公称通径 DN | 连接尺寸 | | | | | 密封面尺寸 | | 法兰厚度 C | 法兰理论重量 kg |
|---|---|---|---|---|---|---|---|---|---|
| | 法兰外径 D 系列 1/系列 2 | 螺栓孔中心圆直径 K | 螺栓孔直径 L 系列 1/系列 2 | 螺栓、螺柱 数量 n | 螺栓、螺柱 螺纹 Th. 系列 1/系列 2 | d | f | | |
| 10 | 90 | 60 | 14 | 4 | M12 | 40 | 2 | 12 | 0.50 |
| 15 | 95 | 65 | 14 | 4 | M12 | 45 | 2 | 12 | 0.60 |
| 20 | 105 | 75 | 14 | 4 | M12 | 55 | 2 | 12 | 0.70 |
| 25 | 115 | 85 | 14 | 4 | M12 | 65 | 2 | 12 | 0.80 |
| 32 | 140/135 | 100 | 18 | 4 | M16 | 78 | 2 | 12 | 1.20 |
| 40 | 150/145 | 110 | 18 | 4 | M16 | 85 | 3 | 14 | 1.60 |
| 50 | 165/160 | 125 | 18 | 4 | M16 | 100 | 3 | 14 | 2.00 |
| 65 | 185/180 | 145 | 18 | 4 | M16 | 120 | 3 | 14 | 2.50 |
| 80 | 200/195 | 160 | 18 | 8 | M16 | 135 | 3 | 14 | 2.90 |
| 100 | 220/215 | 180 | 18 | 8 | M16 | 155 | 3 | 16 | 4.10 |
| 125 | 250/245 | 210 | 18 | 8 | M16 | 185 | 3 | 16 | 5.50 |
| 150 | 285/280 | 240 | 23 | 8 | M20 | 210 | 3 | 18 | 8.00 |
| (175) | 310 | 270 | 23 | 8 | M20 | 240 | 3 | 18 | 10.20 |
| 200 | 340/335 | 295 | 23 | 12 | M20 | 265 | 3 | 20 | 12.80 |
| (225) | 365 | 325 | 23 | 12 | M20 | 295 | 3 | 22 | 17.50 |
| 250 | 405 | 355 | 26/25 | 12 | M24/M22 | 320 | 3 | 24 | 22.00 |
| 300 | 460 | 410 | 26/25 | 12 | M24/M22 | 375 | 4 | 28 | 34.00 |
| 350 | 520 | 470 | 26/25 | 16 | M24/M22 | 435 | 4 | 32 | 49.00 |
| 400 | 580 | 525 | 30 | 16 | M27 | 485 | 4 | 36 | 70.00 |
| 450 | 640 | 585 | 30 | 20 | M27 | 545 | 4 | 42 | 99.60 |
| 500 | 715/705 | 650 | 34 | 20 | M30 | 608 | 4 | 46 | 133.00 |
| 600 | 840 | 770 | 36/41 | 20 | M33/M36 | 718 | 5 | 54 | 220.00 |

表 4 *PN*2.5MPa 凸面钢制管法兰盖尺寸 mm

| 公称通径 *DN* | 连接尺寸 | | | | | 密封面尺寸 | | 法兰厚度 *C* | 法兰理论重量 kg |
|---|---|---|---|---|---|---|---|---|---|
| | 法兰外径 *D* 系列1/系列2 | 螺栓孔中心圆直径 *K* | 螺栓孔直径 *L* 系列1/系列2 | 螺栓、螺柱 数量 *n* | 螺栓、螺柱 螺纹 Th. 系列1/系列2 | *d* | *f* | | |
| 10 | 90 | 60 | 14 | 4 | M12 | 40 | 2 | 12 | 0.50 |
| 15 | 95 | 65 | 14 | 4 | M12 | 45 | 2 | 12 | 0.60 |
| 20 | 105 | 75 | 14 | 4 | M12 | 55 | 2 | 12 | 0.70 |
| 25 | 115 | 85 | 14 | 4 | M12 | 65 | 2 | 12 | 0.80 |
| 32 | 140/135 | 100 | 18 | 4 | M16 | 78 | 2 | 12 | 1.10 |
| 40 | 150/145 | 110 | 18 | 4 | M16 | 85 | 3 | 14 | 1.50 |
| 50 | 165/160 | 125 | 18 | 4 | M16 | 100 | 3 | 14 | 2.00 |
| 65 | 185/180 | 145 | 18 | 8 | M16 | 120 | 3 | 16 | 2.80 |
| 80 | 200/195 | 160 | 18 | 8 | M16 | 135 | 3 | 18 | 3.80 |
| 100 | 235/230 | 190 | 23 | 8 | M20 | 160 | 3 | 20 | 5.80 |
| 125 | 270 | 220 | 26/25 | 8 | M24/M22 | 188 | 3 | 22 | 8.60 |
| 150 | 300 | 250 | 26/25 | 8 | M24/M22 | 218 | 3 | 24 | 11.90 |
| (175) | 330 | 280 | 26/25 | 12 | M24/M22 | 248 | 3 | 24 | 15.00 |
| 200 | 360 | 310 | 26/25 | 12 | M24/M22 | 278 | 3 | 26 | 18.70 |
| (225) | 395 | 340 | 30 | 12 | M27 | 302 | 3 | 28 | 25.10 |
| 250 | 425 | 370 | 30 | 12 | M27 | 332 | 3 | 30 | 30.00 |
| 300 | 485 | 430 | 30 | 16 | M27 | 390 | 4 | 34 | 45.00 |
| 350 | 555/550 | 490 | 34 | 16 | M30 | 448 | 4 | 38 | 66.00 |
| 400 | 620/610 | 550 | 36/34 | 16 | M33/M30 | 505 | 4 | 42 | 92.00 |

表 5 *PN*4.0MPa 凸面钢制管法兰盖尺寸 mm

| 公称通径 *DN* | 连接尺寸 | | | | | 密封面尺寸 | | 法兰厚度 *C* | 法兰理论重量 kg |
|---|---|---|---|---|---|---|---|---|---|
| | 法兰外径 *D* 系列1/系列2 | 螺栓孔中心圆直径 *K* | 螺栓孔直径 *L* 系列1/系列2 | 螺栓、螺柱 数量 *n* | 螺栓、螺柱 螺纹 Th. 系列1/系列2 | *d* | *f* | | |
| 10 | 90 | 60 | 14 | 4 | M12 | 40 | 2 | 16 | 0.70 |
| 15 | 95 | 65 | 14 | 4 | M12 | 45 | 2 | 16 | 0.80 |
| 20 | 105 | 75 | 14 | 4 | M12 | 55 | 2 | 16 | 0.90 |
| 25 | 115 | 85 | 14 | 4 | M12 | 65 | 2 | 16 | 1.00 |
| 32 | 140/135 | 100 | 18 | 4 | M16 | 78 | 2 | 16 | 1.60 |
| 40 | 150/145 | 110 | 18 | 4 | M16 | 85 | 3 | 16 | 1.80 |
| 50 | 165/160 | 125 | 18 | 4 | M16 | 100 | 3 | 18 | 2.60 |
| 65 | 185/180 | 145 | 18 | 8 | M16 | 120 | 3 | 20 | 3.60 |
| 80 | 200/195 | 160 | 18 | 8 | M16 | 135 | 3 | 22 | 4.70 |
| 100 | 235/230 | 190 | 23 | 8 | M20 | 160 | 3 | 24 | 7.10 |
| 125 | 270 | 220 | 26/25 | 8 | M24/M22 | 188 | 3 | 28 | 10.50 |
| 150 | 300 | 250 | 26/25 | 8 | M24/M22 | 218 | 3 | 30 | 15.00 |
| (175) | 350 | 295 | 30 | 12 | M27 | 258 | 3 | 34 | 23.40 |
| 200 | 375 | 320 | 30 | 12 | M27 | 282 | 3 | 38 | 29.00 |
| (225) | 415 | 355 | 34 | 12 | M30 | 315 | 3 | 40 | 39.00 |
| 250 | 450/445 | 385 | 34 | 12 | M30 | 345 | 3 | 44 | 46.00 |

续表 5

mm

| 公称通径 DN | 连接尺寸 | | | | | 密封面尺寸 | | 法兰厚度 C | 法兰理论重量 kg |
|---|---|---|---|---|---|---|---|---|---|
| | 法兰外径 D 系列 1/系列 2 | 螺栓孔中心圆直径 K | 螺栓孔直径 L 系列 1/系列 2 | 螺栓、螺柱 数量 n | 螺栓、螺柱 螺纹 Th. 系列 1/系列 2 | d | f | | |
| 300 | 515/510 | 450 | 34 | 16 | M30 | 408 | 4 | 50 | 50.00 |
| 350 | 580/570 | 510 | 36/34 | 16 | M33/M30 | 465 | 4 | 56 | 74.00 |
| 400 | 660/655 | 585 | 41 | 16 | M36 | 535 | 4 | 64 | 158.00 |

注：① 表 1～表 5 中系列 1 法兰连接尺寸与国标及德国法兰标准尺寸互换；系列 2 尺寸与原机标法兰尺寸互换；新产品设计应优先采用系列 1 尺寸。

② 表 1～表 5 中列出的法兰理论重量是指系列 2 法兰。

4 法兰盖的技术要求按 JB/T 74 的规定。

5 法兰盖的公称压力和不同温度下的最大允许工作压力按 JB/T 74 附录 B 的规定。

6 标记示例

公称通径 300mm、公称压力 4.0MPa、尺寸为系列 2 的凸面钢制管法兰盖：

法兰盖 300—40 JB/T 86.1—94

公称通径 300mm、公称压力 4.0MPa、尺寸为系列 1 的凸面钢制管法兰盖：

法兰盖 300—40(系列 1) JB/T 86.1—94

**附加说明：**

本标准由机械工业部机械标准化研究所提出并归口。

本标准由机械工业部机械标准化研究所、哈尔滨锅炉厂起草。

本标准主要起草人李俊英、吴桢家。

ICS 23.040.60
J 15
备案号:51447—2015

# 中华人民共和国机械行业标准

JB/T 87—2015
代替 JB/T 87—1994

# 管路法兰用非金属平垫片

## Non-metallic flat gaskets for pipe flanges

2015-10-10 发布　　2016-03-01 实施

中华人民共和国工业和信息化部　发布

# 前　言

本标准按照 GB/T 1.1—2009 给出的规则起草。

本标准代替 JB/T 87—1994《管路法兰用石棉橡胶垫片》，与 JB/T 87—1994 相比主要技术变化如下：

——修改了标准名称，将《管路法兰用石棉橡胶垫片》修改为《管路法兰用非金属平垫片》

——增加了全平面法兰用非金属平垫片的型式和尺寸；

——将突面法兰用垫片的尺寸范围由 DN10～DN1600 扩大到了 DN10～DN4000；增加了 PN10 和 PN16 凹凸面法兰用和榫槽面法兰用垫片的尺寸；

——修改了垫片厚度，微调了部分垫片尺寸；

——修改了部分规格的垫片内径；

——修改了突面管路法兰用垫片的尺寸公差；

——修改了技术要求和标记示例等。

本标准由中国机械工业联合会提出。

本标准由全国管路附件标准化技术委员会（SAC/TC 237）归口。

本标准起草单位：浙江国泰密封材料股份有限公司、中机生产力促进中心、慈溪恒立密封材料有限公司、中国天辰工程有限公司、中国石油工程建设公司华东设计分公司。

本标准主要起草人：吴益民、李俊英、冯峰、孙李超、邱宽横、章佳红、刘建欣、刘洪福。

本标准所代替标准的历次版本发布情况为：

——JB 87—1959、JB/T 87—1994。

# 管路法兰用非金属平垫片

## 1 范围

本标准规定了管路法兰用非金属平垫片(以下简称垫片)的型式与尺寸、要求和标记。

本标准适用于公称压力 PN2.5～PN63 的全平面、突面、凹凸面和榫槽面管路法兰用非金属平垫片。

## 2 规范性引用文件

下列文件对于本文件的应用是必不可少的。凡是注日期的引用文件,仅注日期的版本适用于本文件,凡是不注日期的引用文件,其最新版本(包括所有的修改单)适用于本文件。

GB/T 9129 管法兰用非金属平垫片 技术条件

## 3 型式与尺寸

3.1 全平面管路法兰用垫片的型式应符合图 1 的规定,尺寸应符合表 1 的规定。

3.2 突面管路法兰用垫片的型式应符合图 2 的规定,尺寸应符合表 2 的规定。

3.3 凹凸面管路法兰用垫片的型式应符合图 2 的规定,尺寸应符合表 3 的规定。

3.4 榫槽面管路法兰用垫片的型式应符合图 2 的规定,尺寸应符合表 4 的规定。

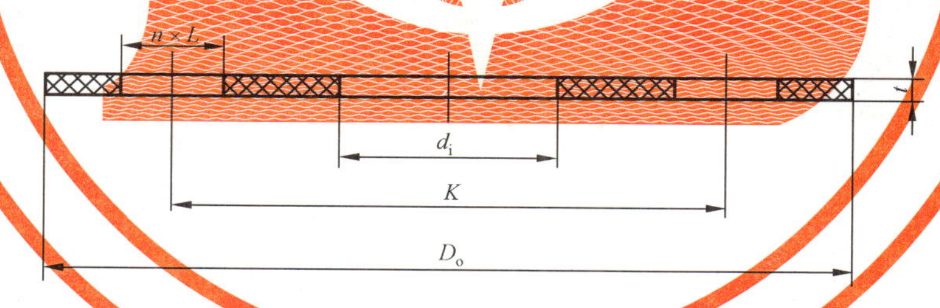


图 1 FF 型垫片结构型式

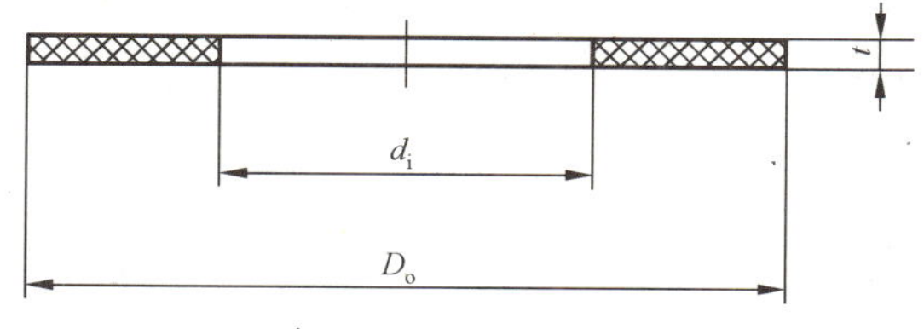


图 2 RF 型、MF 型、TG 型垫片结构型式

**表 1　全平面管路法兰(FF 型)用垫片尺寸**

单位为毫米

<table>
<tr><th rowspan="3">公称尺寸 DN</th><th rowspan="3">垫片内径 $d_1$</th><th colspan="24">公称压力</th><th rowspan="3">垫片厚度 $t$</th></tr>
<tr><th colspan="4">PN2.5</th><th colspan="4">PN6</th><th colspan="4">PN10</th><th colspan="4">PN16</th><th colspan="4">PN25</th><th colspan="4">PN40</th></tr>
<tr><th>垫片外径 $D_o$</th><th>螺栓孔中心圆直径 $K$</th><th>螺栓孔径 $L$</th><th>螺栓孔数 $n$</th><th>垫片外径 $D_o$</th><th>螺栓孔中心圆直径 $K$</th><th>螺栓孔径 $L$</th><th>螺栓孔数 $n$</th><th>垫片外径 $D_o$</th><th>螺栓孔中心圆直径 $K$</th><th>螺栓孔径 $L$</th><th>螺栓孔数 $n$</th><th>垫片外径 $D_o$</th><th>螺栓孔中心圆直径 $K$</th><th>螺栓孔径 $L$</th><th>螺栓孔数 $n$</th><th>垫片外径 $D_o$</th><th>螺栓孔中心圆直径 $K$</th><th>螺栓孔径 $L$</th><th>螺栓孔数 $n$</th><th>垫片外径 $D_o$</th><th>螺栓孔中心圆直径 $K$</th><th>螺栓孔径 $L$</th><th>螺栓孔数 $n$</th></tr>
<tr><td>10</td><td>18</td><td colspan="4" rowspan="13">使用 PN6 的尺寸</td><td>75</td><td>50</td><td>11</td><td>4</td><td colspan="4" rowspan="9">使用 PN40 的尺寸</td><td colspan="4" rowspan="9">使用 PN40 的尺寸</td><td colspan="4" rowspan="12">使用 PN40 的尺寸</td><td>90</td><td>60</td><td>14</td><td>4</td><td rowspan="13">0.8～3.0</td></tr>
<tr><td>15</td><td>22</td><td>80</td><td>55</td><td>11</td><td>4</td><td>95</td><td>65</td><td>14</td><td>4</td></tr>
<tr><td>20</td><td>27</td><td>90</td><td>65</td><td>11</td><td>4</td><td>105</td><td>75</td><td>14</td><td>4</td></tr>
<tr><td>25</td><td>34</td><td>100</td><td>75</td><td>11</td><td>4</td><td>115</td><td>85</td><td>14</td><td>4</td></tr>
<tr><td>32</td><td>43</td><td>120</td><td>90</td><td>14</td><td>4</td><td>140</td><td>100</td><td>18</td><td>4</td></tr>
<tr><td>40</td><td>49</td><td>130</td><td>100</td><td>14</td><td>4</td><td>150</td><td>110</td><td>18</td><td>4</td></tr>
<tr><td>50</td><td>61</td><td>140</td><td>110</td><td>14</td><td>4</td><td>165</td><td>125</td><td>18</td><td>4</td></tr>
<tr><td>65</td><td>77</td><td>160</td><td>130</td><td>14</td><td>4</td><td>185</td><td>145</td><td>18</td><td>8</td></tr>
<tr><td>80</td><td>89</td><td>190</td><td>150</td><td>18</td><td>4</td><td>200</td><td>160</td><td>18</td><td>8</td></tr>
<tr><td>100</td><td>115</td><td>210</td><td>170</td><td>18</td><td>4</td><td colspan="4" rowspan="3">使用 PN16 的尺寸</td><td>220</td><td>180</td><td>18</td><td>8</td><td>235</td><td>190</td><td>22</td><td>8</td></tr>
<tr><td>125</td><td>141</td><td>240</td><td>200</td><td>18</td><td>8</td><td>250</td><td>210</td><td>18</td><td>8</td><td>270</td><td>220</td><td>26</td><td>8</td></tr>
<tr><td>150</td><td>169</td><td>265</td><td>225</td><td>18</td><td>8</td><td>285</td><td>240</td><td>22</td><td>8</td><td>300</td><td>250</td><td>26</td><td>8</td></tr>
<tr><td>200</td><td>220</td><td>320</td><td>280</td><td>18</td><td>8</td><td>340</td><td>295</td><td>22</td><td>8</td><td>340</td><td>295</td><td>22</td><td>12</td><td>360</td><td>310</td><td>26</td><td>12</td><td>375</td><td>320</td><td>30</td><td>12</td></tr>
<tr><td>250</td><td>273</td><td>375</td><td>335</td><td>18</td><td>12</td><td>395</td><td>350</td><td>22</td><td>12</td><td>405</td><td>355</td><td>26</td><td>12</td><td>425</td><td>370</td><td>30</td><td>12</td><td>450</td><td>385</td><td>33</td><td>12</td></tr>
</table>

**表 1（续）**

单位为毫米

| 公称尺寸 DN | 垫片内径 $d_1$ | 公称压力 | | | | | | | | | | | | | | | | | | | | | | | | 垫片厚度 $t$ |
|---|---|---|---|---|---|---|---|---|---|---|---|---|---|---|---|---|---|---|---|---|---|---|---|---|---|---|
| | | PN2.5 | | | | PN6 | | | | PN10 | | | | PN16 | | | | PN25 | | | | PN40 | | | | |
| | | 垫片外径 $D_o$ | 螺栓孔中心圆直径 $K$ | 螺栓孔径 $L$ | 螺栓孔数 $n$ | 垫片外径 $D_o$ | 螺栓孔中心圆直径 $K$ | 螺栓孔径 $L$ | 螺栓孔数 $n$ | 垫片外径 $D_o$ | 螺栓孔中心圆直径 $K$ | 螺栓孔径 $L$ | 螺栓孔数 $n$ | 垫片外径 $D_o$ | 螺栓孔中心圆直径 $K$ | 螺栓孔径 $L$ | 螺栓孔数 $n$ | 垫片外径 $D_o$ | 螺栓孔中心圆直径 $K$ | 螺栓孔径 $L$ | 螺栓孔数 $n$ | 垫片外径 $D_o$ | 螺栓孔中心圆直径 $K$ | 螺栓孔径 $L$ | 螺栓孔数 $n$ | |
| 300 | 324 | 使用 PN6 的尺寸 | | | | 440 | 395 | 22 | 12 | 445 | 400 | 22 | 12 | 460 | 410 | 26 | 12 | 485 | 430 | 30 | 16 | 515 | 450 | 33 | 16 | 0.8～3.0 |
| 350 | 377 | | | | | 490 | 445 | 22 | 12 | 505 | 460 | 22 | 16 | 520 | 470 | 26 | 16 | 555 | 490 | 33 | 16 | 580 | 510 | 36 | 16 | |
| 400 | 426 | | | | | 540 | 495 | 22 | 16 | 565 | 515 | 26 | 16 | 580 | 525 | 30 | 16 | 620 | 550 | 36 | 16 | 660 | 585 | 39 | 16 | |
| 450 | 480 | | | | | 595 | 550 | 22 | 16 | 615 | 565 | 26 | 20 | 640 | 585 | 30 | 20 | 670 | 600 | 36 | 20 | 685 | 610 | 39 | 20 | |
| 500 | 530 | | | | | 645 | 600 | 22 | 20 | 670 | 620 | 26 | 20 | 715 | 650 | 33 | 20 | 730 | 660 | 36 | 20 | 755 | 670 | 42 | 20 | |
| 600 | 630 | | | | | 755 | 705 | 26 | 20 | 780 | 725 | 30 | 20 | 840 | 770 | 36 | 20 | 845 | 770 | 39 | 20 | 890 | 795 | 48 | 20 | |
| 700 | 720 | — | | | | — | | | | 895 | 840 | 30 | 24 | 910 | 840 | 36 | 24 | 960 | 875 | 42 | 24 | — | | | | |
| 800 | 820 | | | | | | | | | 1 015 | 950 | 33 | 24 | 1 025 | 950 | 39 | 24 | 1 085 | 990 | 48 | 24 | | | | | |
| 900 | 920 | | | | | | | | | 1 115 | 1 050 | 33 | 28 | 1 125 | 1 050 | 39 | 28 | 1 185 | 1 090 | 48 | 28 | | | | | |
| 1 000 | 1 020 | | | | | | | | | 1 230 | 1 160 | 36 | 28 | 1 255 | 1 170 | 44 | 28 | 1 320 | 1 210 | 56 | 28 | | | | | |
| 1 200 | 1 220 | | | | | | | | | 1 455 | 1 380 | 39 | 32 | 1 485 | 1 390 | 50 | 32 | 1 530 | 1 420 | 56 | 32 | | | | | |
| 1 400 | 1 420 | | | | | | | | | 1 675 | 1 590 | 42 | 36 | 1 685 | 1 590 | 48 | 36 | 1 755 | 1 640 | 62 | 36 | | | | | |
| 1 600 | 1 620 | | | | | | | | | 1 915 | 1 820 | 48 | 40 | 1 930 | 1 820 | 56 | 40 | 1 975 | 1 860 | 62 | 40 | | | | | |
| 1 800 | 1 820 | | | | | | | | | 2 115 | 2 020 | 48 | 44 | 2 130 | 2 020 | 56 | 44 | 2 195 | 2 070 | 70 | 44 | | | | | |
| 2 000 | 2 020 | | | | | | | | | 2 325 | 2 230 | 48 | 48 | 2 345 | 2 230 | 62 | 48 | 2 425 | 2 300 | 70 | 48 | | | | | |

**表2　突面管路法兰（RF型）用垫片尺寸**

单位为毫米

| 公称尺寸 DN | 垫片内径 $d_i$ | 公称压力 | | | | | | 垫片厚度 $t$ |
|---|---|---|---|---|---|---|---|---|
| | | PN2.5 | PN6 | PN10 | PN16 | PN25 | PN40 | |
| | | 垫片外径 $D_o$ | | | | | | |
| 10 | 18 | 使用PN6的尺寸 | 39 | 使用PN40的尺寸 | 使用PN40的尺寸 | 使用PN40的尺寸 | 46 | 0.8～3.0 |
| 15 | 22 | | 44 | | | | 51 | |
| 20 | 27 | | 54 | | | | 61 | |
| 25 | 34 | | 64 | | | | 71 | |
| 32 | 43 | | 76 | | | | 82 | |
| 40 | 49 | | 86 | | | | 92 | |
| 50 | 61 | | 96 | | | | 107 | |
| 65 | 77 | | 116 | | | | 127 | |
| 80 | 89 | | 132 | | | | 142 | |
| 100 | 115 | | 152 | 162 | 162 | | 168 | |
| 125 | 141 | | 182 | 192 | 192 | | 194 | |
| 150 | 169 | | 207 | 218 | 218 | | 224 | |
| (175)[a] | 194 | | 237 | 247 | 247 | 255 | 265 | |
| 200 | 220 | | 262 | 273 | 273 | 284 | 290 | |
| (225)[a] | 245 | | 287 | 302 | 302 | 310 | 321 | |
| 250 | 273 | | 317 | 328 | 329 | 340 | 352 | |
| 300 | 324 | | 373 | 378 | 384 | 400 | 417 | |
| 350 | 377 | | 423 | 438 | 444 | 457 | 474 | |
| 400 | 426 | | 473 | 489 | 495 | 514 | 546 | |
| 450 | 480 | | 528 | 539 | 555 | 564 | 571 | |
| 500 | 530 | | 578 | 594 | 617 | 624 | 628 | |
| 600 | 630 | | 679 | 695 | 734 | 731 | 747 | |
| 700 | 720 | | 784 | 810 | 804 | 833 | — | |
| 800 | 820 | | 890 | 917 | 911 | 942 | | |
| 920 | 920 | | 990 | 1 017 | 1 011 | 1 042 | | |
| 1 000 | 1 020 | | 1 090 | 1 124 | 1 128 | 1 154 | | |
| 1 200 | 1 220 | 1 290 | 1 307 | 1 341 | 1 342 | 1 364 | | |
| 1 400 | 1 420 | 1 490 | 1 524 | 1 548 | 1 542 | 1 578 | | |
| 1 600 | 1 620 | 1 700 | 1 724 | 1 772 | 1 764 | 1 798 | | |
| 1 800 | 1 820 | 1 900 | 1 931 | 1 972 | 1 964 | 2 000 | | |
| 2 000 | 2 020 | 2 100 | 2 138 | 2 182 | 2 168 | 2 230 | | |
| 2 200 | 2 220 | 2 307 | 2 348 | 2 384 | — | — | | 由用户根据垫片材料和使用条件选择垫片厚度 |
| 2 400 | 2 420 | 2 507 | 2 558 | 2 594 | | | | |
| 2 600 | 2 620 | 2 707 | 2 762 | 2 794 | | | | |
| 2 800 | 2 820 | 2 924 | 2 972 | 3 014 | | | | |
| 3 000 | 3 020 | 3 124 | 3 172 | 3 228 | | | | |
| 3 200 | 3 220 | 3 324 | 3 382 | — | | | | |

**表 2（续）**

单位为毫米

| 公称尺寸 DN | 垫片内径 $d_i$ | 公称压力 | | | | | | 垫片厚度 $t$ |
|---|---|---|---|---|---|---|---|---|
| | | PN2.5 | PN6 | PN10 | PN16 | PN25 | PN40 | |
| | | 垫片外径 $D_o$ | | | | | | |
| 3 400 | 3 420 | 3 524 | 3 592 | — | — | — | — | 由用户根据垫片材料和使用条件选择垫片厚度 |
| 3 600 | 3 620 | 3 734 | 3 804 | — | | | | |
| 3 800 | 3 820 | 3 931 | — | — | | | | |
| 4 000 | 4 020 | 4 131 | — | — | | | | |

[a] 括号内的公称尺寸不推荐使用。

**表 3　凹凸面管路法兰(MF 型)用垫片尺寸**

单位为毫米

| 公称尺寸 DN | 垫片内径 $d_i$ | 公称压力 | | | | | 垫片厚度 $t$ |
|---|---|---|---|---|---|---|---|
| | | PN10 | PN16 | PN25 | PN40 | PN63 | |
| | | 垫片外径 $D_o$ | | | | | |
| 10 | 18 | 34 | 34 | 34 | 34 | 34 | 0.8～3.0 |
| 15 | 22 | 39 | 39 | 39 | 39 | 39 | |
| 20 | 27 | 50 | 50 | 50 | 50 | 50 | |
| 25 | 34 | 57 | 57 | 57 | 57 | 57 | |
| 32 | 43 | 65 | 65 | 65 | 65 | 65 | |
| 40 | 49 | 75 | 75 | 75 | 75 | 75 | |
| 50 | 61 | 87 | 87 | 87 | 87 | 87 | |
| 65 | 77 | 109 | 109 | 109 | 109 | 109 | |
| 80 | 89 | 120 | 120 | 120 | 120 | 120 | |
| 100 | 115 | 149 | 149 | 149 | 149 | 149 | |
| 125 | 141 | 175 | 175 | 175 | 175 | 175 | |
| 150 | 169 | 203 | 203 | 203 | 203 | 203 | |
| (175)[a] | 194 | — | 233 | 233 | 233 | 233 | |
| 200 | 220 | 259 | 259 | 259 | 259 | 259 | |
| (225)[a] | 245 | — | 286 | 286 | 286 | 286 | |
| 250 | 273 | 312 | 312 | 312 | 312 | 312 | |
| 300 | 324 | 363 | 363 | 363 | 363 | 363 | |
| 350 | 377 | 421 | 421 | 421 | 421 | 421 | |
| 400 | 426 | 473 | 473 | 473 | 473 | 473 | |
| 450 | 480 | 523 | 523 | 523 | 523 | 523 | |
| 500 | 530 | 575 | 575 | 575 | 575 | 575 | |
| 600 | 630 | 675 | 675 | 675 | 675 | | |
| 700 | 720 | 777 | 777 | 777 | — | — | 1.5～3.0 |
| 800 | 820 | 882 | 882 | 882 | | | |
| 900 | 920 | 987 | 987 | 987 | | | |
| 1 000 | 1 020 | 1 092 | 1 092 | 1 092 | | | |

[a] 括号内的公称尺寸不推荐使用。

**表 4　榫槽面管路法兰(TG 型)用垫片尺寸**

单位为毫米

<table>
<tr><td rowspan="3">公称尺寸<br>DN</td><td rowspan="3">垫片内径<br>$d_i$</td><td colspan="5">公　称　压　力</td><td rowspan="3">垫片<br>厚度<br>$t$</td></tr>
<tr><td>PN10</td><td>PN16</td><td>PN25</td><td>PN40</td><td>PN63</td></tr>
<tr><td colspan="5">垫片外径 $D_o$</td></tr>
<tr><td>10</td><td>24</td><td>34</td><td>34</td><td>34</td><td>34</td><td>34</td><td rowspan="22">0.8～3.0</td></tr>
<tr><td>15</td><td>29</td><td>39</td><td>39</td><td>39</td><td>39</td><td>39</td></tr>
<tr><td>20</td><td>36</td><td>50</td><td>50</td><td>50</td><td>50</td><td>50</td></tr>
<tr><td>25</td><td>43</td><td>57</td><td>57</td><td>57</td><td>57</td><td>57</td></tr>
<tr><td>32</td><td>51</td><td>65</td><td>65</td><td>65</td><td>65</td><td>65</td></tr>
<tr><td>40</td><td>61</td><td>75</td><td>75</td><td>75</td><td>75</td><td>75</td></tr>
<tr><td>50</td><td>73</td><td>87</td><td>87</td><td>87</td><td>87</td><td>87</td></tr>
<tr><td>65</td><td>95</td><td>109</td><td>109</td><td>109</td><td>109</td><td>109</td></tr>
<tr><td>80</td><td>106</td><td>120</td><td>120</td><td>120</td><td>120</td><td>120</td></tr>
<tr><td>100</td><td>129</td><td>149</td><td>149</td><td>149</td><td>149</td><td>149</td></tr>
<tr><td>125</td><td>155</td><td>175</td><td>175</td><td>175</td><td>175</td><td>175</td></tr>
<tr><td>150</td><td>183</td><td>203</td><td>203</td><td>203</td><td>203</td><td>203</td></tr>
<tr><td>(175)[a]</td><td>213</td><td>233</td><td>233</td><td>233</td><td>233</td><td>233</td></tr>
<tr><td>200</td><td>239</td><td>259</td><td>259</td><td>259</td><td>259</td><td>259</td></tr>
<tr><td>(225)[a]</td><td>266</td><td>233</td><td>233</td><td>233</td><td>233</td><td>233</td></tr>
<tr><td>250</td><td>292</td><td>312</td><td>312</td><td>312</td><td>312</td><td>312</td></tr>
<tr><td>300</td><td>343</td><td>363</td><td>363</td><td>363</td><td>363</td><td>363</td></tr>
<tr><td>350</td><td>395</td><td>421</td><td>421</td><td>421</td><td>421</td><td>421</td></tr>
<tr><td>400</td><td>447</td><td>473</td><td>473</td><td>473</td><td>473</td><td>473</td></tr>
<tr><td>450</td><td>497</td><td>523</td><td>523</td><td>523</td><td>523</td><td rowspan="7">—</td></tr>
<tr><td>500</td><td>549</td><td>575</td><td>575</td><td>575</td><td>575</td></tr>
<tr><td>600</td><td>649</td><td>675</td><td>675</td><td>675</td><td>675</td></tr>
<tr><td>700</td><td>751</td><td>777</td><td>777</td><td>777</td><td rowspan="4">—</td><td rowspan="4">1.5～3.0</td></tr>
<tr><td>800</td><td>856</td><td>882</td><td>882</td><td>882</td></tr>
<tr><td>900</td><td>961</td><td>987</td><td>987</td><td>987</td></tr>
<tr><td>1 000</td><td>1 062</td><td>1 092</td><td>1 092</td><td>1 092</td></tr>
<tr><td colspan="8">[a] 括号内的公称尺寸不推荐使用。</td></tr>
</table>

## 4　要求

4.1　平面和突面管路法兰用垫片的尺寸极限偏差应符合表 5 的规定，凹凸面和榫槽面管路法兰用垫片的尺寸极限偏差应符合表 6 的规定。

4.2　垫片常用材料和其他技术要求应符合 GB/T 9129 的规定。

表 5　平面和突面管路法兰用垫片的尺寸极限偏差

单位为毫米

| 公称尺寸 | ≤DN300 | DN350～DN1500 | ≥DN1600 |
|---|---|---|---|
| 垫片内径 $d_i$ | ±1.5 | ±3.0 | ±5.0 |
| 垫片外径 $D_o$ | 0<br>−1.5 | 0<br>−3.0 | 0<br>−5.0 |
| 垫片厚度 $t$ | 厚度 $t$≤1.5 mm 时，极限偏差为±0.1 mm，1.5 mm<厚度 $t$≤3 mm 时，极限偏差为±0.2 mm；同一垫片的厚度差应不大于 0.2 mm | | |
| 螺栓孔中心圆直径 $K$ | ±1.5 | | ±1.5 |
| 螺栓孔直径 | +0.5<br>0 | | |

表 6　凹凸面和榫槽面管路法兰用垫片的尺寸极限偏差

单位为毫米

| 垫片内径 $d_i$ | 垫片外径 $D_o$ |
|---|---|
| +1.0<br>0 | 0<br>−1.0 |

## 5　标记

### 5.1　标记方式

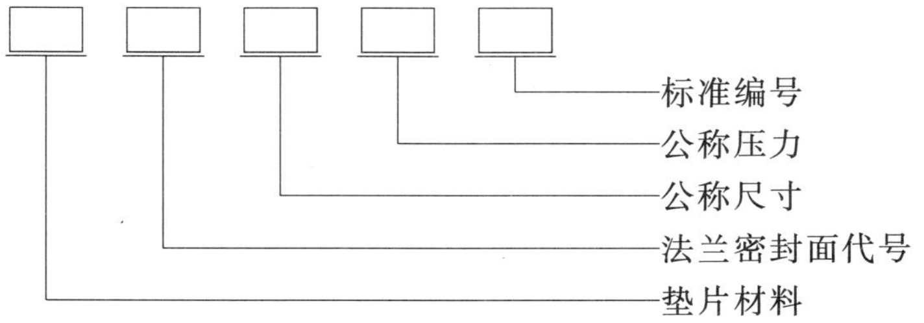


### 5.2　标记示例

示例：

公称尺寸为 DN50，公称压力为 PN10 的全平面管路法兰用聚四氟乙烯平垫片，其标记为：

聚四氟乙烯平垫片　FF　DN50-PN10　JB/T 87—2015

ICS 23.040.60
J 15
备案号：45771—2014

# 中华人民共和国机械行业标准

JB/T 88—2014
代替 JB/T 88—1994

# 管路法兰用金属齿形垫片

## Serrated metal gaskets for pipe flanges

2014-05-06 发布　　2014-10-01 实施

中华人民共和国工业和信息化部　发 布

# 前　言

本标准按照 GB/T 1.1—2009 给出的规则起草。

本标准代替 JB/T 88—1994《管路法兰用金属齿形垫片》，与 JB/T 88—1994 相比主要技术变化如下：

——增加了垫片的分类和型式类别，修改了垫片的结构形状；

——修改了垫片的尺寸；

——增加了垫片应有覆盖层的规定，并对覆盖层材料的技术及工艺要求做了规定；

——增加了垫片制造相关要求的规定；

——增加了检验、标记及标志、包装及贮运。

请注意本文件的某些内容可能涉及专利。本文件的发布机构不承担识别这些专利的责任。

本标准由中国机械工业联合会提出。

本标准由全国管路附件标准化技术委员会(SAC/TC237)归口。

本标准起草单位：慈溪市恒立密封材料有限公司、中机生产力促进中心、温州一宇密封材料有限公司。

本标准主要起草人：邱宽横、李俊英、方德银、冯峰、邹利航。

本标准所代替标准的历次版本发布情况为：

——JB/T 88—1959、JB/T 88—1994。

# 管路法兰用金属齿形垫片

## 1 范围

本标准规定了管路法兰用金属齿形垫片(以下简称齿形垫片)的型式及代号、尺寸、要求、检验、标记及标志、包装及贮运。

本标准适用于JB/T 79、JB/T 81、JB/T 82、JB/T 84和JB/T 86中规定的公称压力PN16～PN200的齿形垫片。

## 2 规范性引用文件

下列文件对于本文件的应用是必不可少的。凡是注日期的引用文件,仅注日期的版本适用于本文件。凡是不注日期的引用文件,其最新版本(包括所有的修改单)适用于本文件。

GB/T 3280 不锈钢冷轧钢板和钢带

GB/T 11253 碳素结构钢冷轧薄钢板及钢带

JB/T 79 整体钢制管法兰

JB/T 81 板式平焊钢制管法兰

JB/T 82 对焊钢制管法兰

JB/T 84 对焊环板式松套钢制管法兰

JB/T 86 钢制管法兰盖

JB/T 7758.2 柔性石墨板 技术条件

QB/T 3625 聚四氟乙烯板材

## 3 型式及代号

### 3.1 型式

3.1.1 齿形垫片分为三种型式:基本型(见图1)、整体带定位环型(见图2)和带活动定位环型(见图3)。

单位为毫米

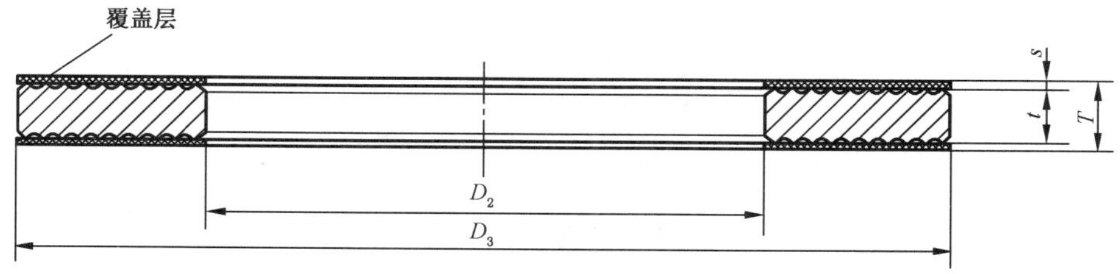


图1 基本型齿形垫片结构

单位为毫米

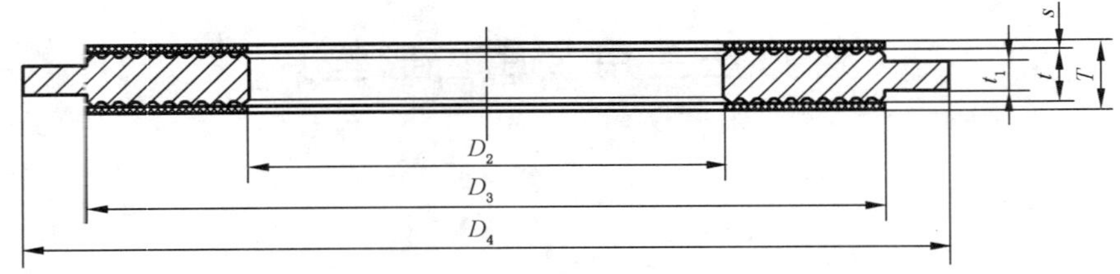


图 2 整体带定位环型齿形垫片结构

单位为毫米

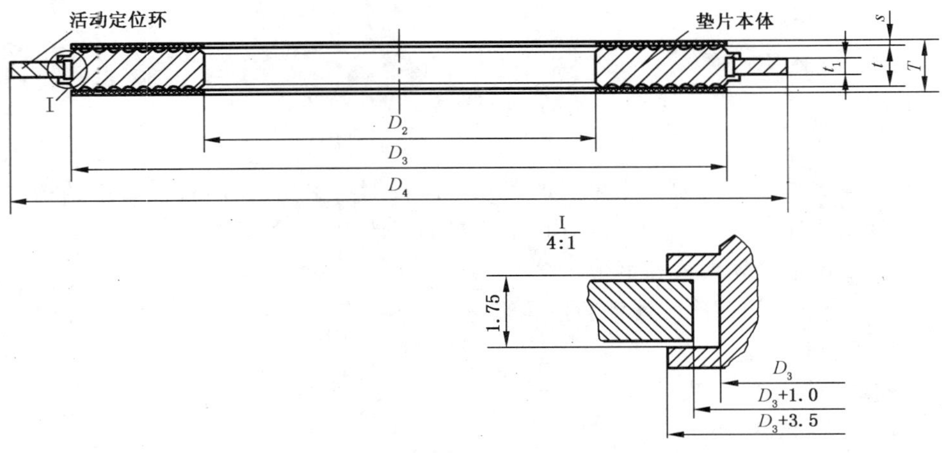


图 3 带活动定位环型齿形垫片结构

3.1.2 齿形垫片的本体结构及相关尺寸如图 4 所示。

单位为毫米

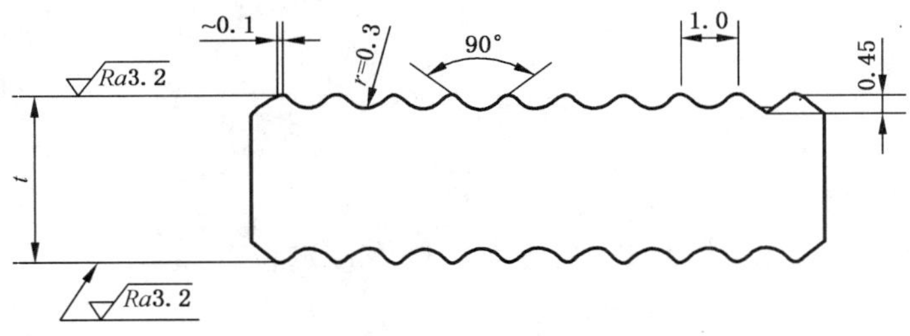


图 4 齿形垫片本体结构及相关尺寸

## 3.2 代号

齿形垫片的代号按表 1 的规定。

表 1 齿形垫片代号

| 型 式 | 代 号 | 适用的法兰密封面型式 |
|---|---|---|
| 基本型 | A | 榫槽面、凹凸面 |
| 整体带定位环型 | B | 全平面、突面 |
| 带活动定位环型 | C | 全平面、突面 |

## 4 尺寸

4.1 全平面及突面法兰用整体带定位环型和带活动定位环型齿形垫片尺寸应符合表 2 的规定。

**表 2 全平面及突面法兰用整体带定位环型和带活动定位环型齿形垫片尺寸** 单位为毫米

| 公称尺寸 DN | 垫片本体内外径 | | | 定位环外径 $D_4$ | | | | | | 垫片本体厚度 $t$ | 整体定位环厚度 $t_1$ | 活动定位环厚度 $t_2$ | 垫片整体厚度 $T$ |
|---|---|---|---|---|---|---|---|---|---|---|---|---|---|
| | 内径 $D_2$ | 外径 $D_3$ | | | | | | | | | | | |
| | | PN16～PN40 | PN63～PN160 | PN16 | PN25 | PN40 | PN63 | PN100 | PN160 | | | | |
| 10 | 22 | 36 | 36 | 46 | 46 | 46 | 56 | 56 | 56 | | | | |
| 15 | 26 | 42 | 42 | 51 | 51 | 51 | 61 | 61 | 61 | | | | |
| 20 | 31 | 47 | 47 | 61 | 61 | 61 | 72 | 72 | 72 | | | | |
| 25 | 36 | 52 | 52 | 71 | 71 | 71 | 82 | 82 | 82 | | | | |
| 32 | 46 | 62 | 62 | 82 | 82 | 82 | 88 | 88 | 88 | | | | |
| 40 | 53 | 69 | 69 | 92 | 92 | 92 | 103 | 103 | 103 | | | | |
| 50 | 65 | 81 | 81 | 107 | 107 | 107 | 113 | 119 | 119 | | | | |
| 65 | 81 | 100 | 100 | 127 | 127 | 127 | 138 | 144 | 144 | | | | |
| 80 | 95 | 115 | 115 | 142 | 142 | 142 | 148 | 154 | 154 | | | | |
| 100 | 118 | 138 | 138 | 162 | 168 | 168 | 174 | 180 | 180 | | | | |
| 125 | 142 | 162 | 162 | 192 | 194 | 194 | 210 | 217 | 217 | 4.0 | 2.0 | 1.5 | 5.0 |
| 150 | 170 | 190 | 190 | 218 | 224 | 224 | 247 | 257 | 257 | | | | |
| (175)[a] | 195 | 215 | 223 | 247 | 255 | 265 | 276 | 286 | 332 | | | | |
| 200 | 220 | 240 | 248 | 273 | 284 | 290 | 309 | 324 | 324 | | | | |
| (225)[a] | 250 | 270 | 280 | 302 | 310 | 321 | 336 | 359 | 396 | | | | |
| 250 | 270 | 290 | 300 | 329 | 340 | 352 | 364 | 391 | 388 | | | | |
| 300 | 320 | 340 | 356 | 384 | 400 | 417 | 424 | 458 | 458 | | | | |
| 350 | 375 | 395 | 415 | 444 | 457 | 474 | 486 | 512 | — | | | | |
| 400 | 426 | 450 | 474 | 495 | 514 | 546 | 543 | — | — | | | | |
| 450 | 480 | 506 | — | 555 | 564 | 571 | — | — | — | | | | |
| 500 | 530 | 560 | — | 617 | 624 | 628 | — | — | — | | | | |
| 600 | 630 | 664 | — | 734 | 731 | 747 | — | — | — | | | | |
| 700 | 730 | 770 | — | 804 | 833 | — | — | — | — | | | | |
| 800 | 830 | 876 | — | 911 | 942 | — | — | — | — | | | | |
| 900 | 930 | 982 | — | 1 011 | 1 042 | — | — | — | — | | | | |
| 1 000 | 1 040 | 1 098 | — | 1 128 | 1 154 | — | — | — | — | 4.0 | 2.0 | 1.5 | 5.0 |
| 1 200 | 1 250 | 1 320 | — | 1 342 | 1 364 | — | — | — | — | | | | |
| 1 400 | 1 440 | 1 522 | — | 1 542 | 1 578 | — | — | — | — | | | | |
| 1 600 | 1 650 | 1 742 | — | 1 764 | 1 798 | — | — | — | — | | | | |
| 1 800 | 1 850 | 1 914 | — | 1 964 | 2 000 | — | — | — | — | | | | |
| 2 000 | 2 050 | 2 120 | — | 2 168 | 2 230 | — | — | — | — | | | | |

[a] 带括号的尺寸不推荐使用。

4.2 公称压力 PN16～PN160 的榫槽面和凹凸面法兰用基本型齿形垫片尺寸应符合表 3 的规定。

表 3 PN16～PN160 榫槽面和凹凸面法兰用基本型齿形垫片尺寸 单位为毫米

| 公称尺寸 DN | 垫片内外径尺寸 | | | 垫片本体厚度 $t$ | 垫片整体厚度 $T$ |
|---|---|---|---|---|---|
| | 内径 $D_2$ | | 外径 $D_3$ | | |
| | 榫槽面 | 凹凸面 | | | |
| 10 | 24 | 18 | 34 | 2.0 | 3.0 |
| 15 | 29 | 22 | 39 | | |
| 20 | 36 | 28 | 50 | | |
| 25 | 43 | 35 | 57 | | |
| 32 | 51 | 43 | 65 | | |
| 40 | 61 | 49 | 75 | | |
| 50 | 73 | 61 | 87 | | |
| 65 | 95 | 77 | 109 | | |
| 80 | 106 | 90 | 120 | | |
| 100 | 129 | 115 | 149 | 3.0 | 4.0 |
| 125 | 155 | 141 | 175 | | |
| 150 | 183 | 169 | 203 | | |
| (175)[a] | 213 | 195 | 233 | | |
| 200 | 239 | 220 | 259 | | |
| (225)[a] | 266 | 234 | 286 | | |
| 250 | 292 | 274 | 312 | | |
| 300 | 343 | 325 | 363 | | |
| 350 | 395 | 368 | 421 | | |
| 400 | 447 | 420 | 473 | | |
| 450 | 497 | 470 | 523 | | |
| 500 | 549 | 520 | 575 | | |
| 600 | 649 | 620 | 675 | | |
| 700 | 751 | 720 | 777 | | |
| 800 | 856 | 820 | 882 | | |
| 900 | 961 | 920 | 987 | | |
| 1 000 | 1 062 | 1 020 | 1 091 | 4.0 | 5.0 |
| 1 200 | 1 262 | 1 220 | 1 291 | | |
| 1 400 | 1 462 | 1 420 | 1 491 | | |
| 1 600 | 1 662 | 1 620 | 1 691 | | |
| 1 800 | 1 862 | 1 820 | 1 891 | | |
| 2 000 | 2 062 | 2 020 | 2 091 | | |

[a] 带括号的尺寸不推荐使用。

4.3 公称压力 PN200 的凹凸面法兰用基本型齿形垫片的尺寸应符合表 4 的规定。

**表 4 PN200 凹凸面法兰用基本型齿形垫片尺寸**

单位为毫米

| 公称尺寸 DN | 垫片内外径尺寸 | | 垫片本体厚度 $t$ | 垫片整体厚度 $T$ |
|---|---|---|---|---|
| | 内径 $D_2$ | 外径 $D_3$ | | |
| 15 | 15 | 27 | 2.0 | 3.0 |
| 20 | 22 | 34 | | |
| 25 | 27 | 41 | | |
| 32 | 34 | 49 | | |
| 40 | 40 | 55 | | |
| 50 | 51 | 69 | | |
| 65 | 72 | 96 | | |
| 80 | 86 | 115 | | |
| 100 | 107 | 137 | 3.0 | 4.0 |
| 125 | 135 | 169 | | |
| 150 | 155 | 189 | | |
| (175)[a] | 179 | 213 | | |
| 200 | 206 | 244 | | |
| (225)[a] | 227 | 267 | | |
| 250 | 268 | 318 | | |

[a] 带括号的尺寸不推荐使用。

## 5 要求

### 5.1 垫片材料

5.1.1 齿形垫片的本体和覆盖层常用材料应按表 5 的规定。经供需双方协商，也可采用表 5 以外的其他材料，但应存订货时注明。

**表 5 齿形垫片常用材料及代号**

| 本体材料 | | | | 覆盖层材料 | | | |
|---|---|---|---|---|---|---|---|
| 钢号 | 标准 | 最高使用温度/℃ | 代号 | 材料名称 | 标准 | 使用温度范围/℃ | 代号 |
| 06Cr19Ni10 | GB/T 3280 | 700 | 304 | 柔性石墨[a] | JB/T 7758.2 | −200～650[b] | FG |
| 022Cr19Ni10 | | 450 | 304L | 聚四氟乙烯[c] | QB/T 3625 | −200～200 | PTFE |
| 06Cr17Ni12Mo2 | | 700 | 316 | | | | |
| 022Cr17Ni12Mo2 | | 450 | 316L | | | | |
| 06Cr18Ni11Ti | | 700 | 321 | | | | |
| 06Cr18Ni11Nb | | 700 | 347 | | | | |
| 06Cr25Ni20 | | 700 | 310 | | | | |

[a] 柔性石墨的氯含量应小于 50 μg/g。

[b] 用于氧化性介质时最高使用温度为 450 ℃。

[c] 聚四氟乙烯板材不得有再生料成分。

5.1.2 经供需双方协商，活动定位环可选择与齿形垫片不同的其他金属材料。当采用碳钢时，材料应符合 GB/T 11253 的规定，并应做适当的表面防锈处理。

### 5.2 垫片制造

5.2.1 齿形垫片表面不应有影响使用性能的凹凸不平、裂纹、划痕和杂质等缺陷。

5.2.2 覆盖层的内外径尺寸应与齿形垫片的本体相同。

5.2.3 齿形垫片的内外径尺寸极限偏差应按表 6 的规定，其他外形尺寸的极限偏差应按表 7 的规定。

**表 6 齿形垫片内外径尺寸极限偏差**

单位为毫米

| 公称尺寸<br>DN | $D_2$ | $D_3$ | $D_4$ |
|---|---|---|---|
| ≤200 | +0.5<br>0 | 0<br>−0.8 | 0<br>−0.8 |
| 250～600 | +0.8<br>0 | 0<br>−1.3 | 0<br>−1.3 |
| 700～1 200 | +1.5<br>0 | 0<br>−2.0 | 0<br>−2.0 |
| 1 300～2 000 | +2.0<br>0 | 0<br>−2.5 | 0<br>−2.5 |

**表 7 齿形垫片其他外形尺寸极限偏差**

单位为毫米

| 垫片锯齿 | | 本体厚度 $t$ | 定位环厚度 | | 垫片整体厚度 $T$ |
|---|---|---|---|---|---|
| 齿锯 | 齿深 | | $t_1$ | $t_2$ | |
| ±0.1 | 0<br>−0.05 | 0<br>−0.25 | 0<br>−0.25 | 0<br>−0.25 | +0.30<br>0 |

5.2.4 齿形垫片的本体宜使用整张板材加工。当规格尺寸较大时可采用焊接结构，但应符合以下规定：

a) 事先征得用户同意；

b) 焊缝应贯穿整个垫片厚度，一个垫片焊接接头不得超过 2 个，焊接后应进行消除热应力处理；

c) 焊接部位的齿形应在焊接后与齿形垫片的其他部分一起加工。

5.2.5 齿形垫片本体部分的平面度误差应不大于垫片外径的 1%，并不大于 5 mm。

5.2.6 覆盖层材料应牢固地粘贴在齿形垫片的本体部位。粘贴所使用的粘结剂[1)]不应对金属材料产生腐蚀。覆盖层的拼接接头不应超过 4 个。

5.2.7 活动定位环可采用拼接。

## 6 检验

### 6.1 检验方法

6.1.1 齿形垫片的外观用目视检验。

6.1.2 齿形垫片的厚度及 $D_2$、$D_3$、$D_4$ 尺寸用分度值不低于 0.10 mm 的量尺测量。

6.1.3 齿形垫片的直径尺寸以相互垂直的任意两个测量值的算术平均值为测量结果；厚度尺寸以等弧三点测量值的算术平均值为测量结果。在测量齿形垫片的本体厚度时，应先仔细将覆盖层材料轻轻刮去后再进行。

---

1) 一般不采用覆盖层带背胶的粘贴方式。选择适当的胶粘剂并使用喷胶的方法是合适的。

6.1.4 齿形垫片的齿距、齿深及齿项宽度可用轮廓测量设备测量，也可先沿垫片的径向方向切出一小块宽度为 1 mm 的试块，再以投影仪测出最终结果。

### 6.2 检验规则

6.2.1 齿形垫片应经生产商检验合格方可交付用户。

6.2.2 检验分为出厂检验和型式检验。出厂检验项目为 5.2.1 和除齿距、齿顶宽度以外的 5.2.3；型式检验项目按 5.2 的规定。当出现以下情形之一时，应进行型式检验：

——产品定型；

——正常生产满一年；

——生产工艺有较大改变；

——质量监督部门或用户提出要求。

## 7 标记及标志

### 7.1 标记

齿形垫片应对以下要素进行标记：

a) 产品名称；

b) 垫片型式(见表 1)；

c) 公称尺寸；

d) 公称压力；

e) 本体、覆盖层和活动定位环材料代号(见表 5)；

f) 标准编号。

示例：

公称尺寸为 DN80、公称压力为 PN63 的带活动定位环型齿形垫片，垫片本体材料代号为 316，覆盖层材料为柔性石墨，活动定位环材料代号为 304 的齿形垫片可标记为：

齿形垫片 C DN80-PN63 316/FG/304 JB/T 88

标记中各要素的含义如下：

C——带活动定位环型齿形垫片；

80——公称尺寸为 DN80；

63——公称压力为 PN63；

316/FG/304——垫片本体材料代号为 316、覆盖层材料为柔性石墨、活动定位环材料代号为 304。

### 7.2 标志

7.2.1 标志应包括以下内容：

a) 生产厂商名称或商标；

b) 标准编号；

c) 垫片类型；

d) 公称尺寸；

e) 公称压力；

f) 垫片本体、覆盖层和活动定位环材料代号[2)](见表 5)。

---

2) 当活动定位环材料为碳钢时，可用 CS 代号。

7.2.2 A型和公称尺寸DN20及以内的B型、C型齿形垫片可采用标签方式标志。其他垫片应在定位环或活动定位环上标以永久性标志。

## 8 包装及贮运

### 8.1 包装

8.1.1 齿形垫片的包装应保证其在贮存和运输过程中不致损坏和遗失。

8.1.2 应在包装箱的适当位置放置产品装箱单，装箱单上至少应注明：

a) 产品名称；
b) 制造商名称或商标；
c) 产品标记；
d) 产品数量；
e) 生产日期。

8.1.3 应随同产品提供产品合格证，合格证上至少应注明：

a) 产品名称；
b) 产品标记；
c) 标准编号；
d) 检验员姓名或代号；
e) 检验日期。

### 8.2 贮运

8.2.1 齿形垫片应贮存在通风干燥的仓库内，避免互相磕碰和与其他物品混放。

8.2.2 齿形垫片在运输过程中应防止淋雨受潮，保证包装箱完整。

ICS 23.100.30
J 15

# 中华人民共和国机械行业标准

JB/T 966—2005

代替 JB/T 966—1977、JB/T 967～969—1967、JB/T 970～975—1977、JB/T 977—1977、JB/T 981—1977、JB/T 984—1977、JB/T 987～994—1977、JB/T 997—1977、JB/T 1002～1003—1977、JB/T 1883～1884—1977、JB/T 2099—1977

# 用于流体传动和一般用途的金属管接头 O形圈平面密封接头

**Metallic tube connections for fluid power and general use—O-ring face seal fittings**

2005-05-18 发布　　　　2005-11-01 实施

中华人民共和国国家发展和改革委员会　发布

# 前　言

本标准是对JB/T 966—1977、JB/T 967～969—1967、JB/T 970～975—1977、JB/T 977—1977、JB/T 981—1977、JB/T 984—1977、JB/T 987～994—1977、JB/T 997—1977、JB/T 1002～1003—1977、JB/T 1883～1884—1977、JB/T 2099—1977的修订。

本标准与上述被修订的标准相比，主要变化如下：

——参考了国际标准ISO 8434-3，将原来分散的用O形圈平面密封的接头标准合并，便于使用者查找。

——标准名称作了改变，参考了国际标准ISO 8434-3的名称，该名称更符合接头型式。

——接头螺纹规格增加，便于与GB/T 9065.3规定的软管接头规格相配套。

——因原配用的O形圈标准已作废，尺寸已完全改变，因此按新国标重新选用O形圈并对密封槽尺寸作了改变。

——柱端作了改变，采用了ISO 6149-2可调向接头柱端，便于装配。

——增减了部分接头型式，具体对照见附录B。

本标准技术要求与ISO 8434-3:1995《用于流体传动和一般用途的金属管接头　O形圈平面密封接头》基本一致。

本标准代替JB/T 966—1977、JB/T 967～969—1967、JB/T 970～975—1977、JB/T 977—1977、JB/T 981—1977、JB/T 984—1977、JB/T 987～994—1977、JB/T 997—1977、JB/T 1002～1003—1977、JB/T 1883～1884—1977、JB/T 2099—1977。

本标准的附录A是规范性附录，附录B、附录C是资料性附录。

本标准由中国机械工业联合会提出。

本标准由全国管路附件标准化技术委员会归口。

本标准起草单位：伊顿（宁波）流体连接件有限公司、机械科学研究院、中机生产力促进中心。

本标准主要起草人：周舜华、李俊英、李维荣。

本标准所代替标准的历次版本发布情况：

——JB/T 966—1967、JB/T 966—1977；

——JB/T 967—1967；

——JB/T 968—1967；

——JB/T 969—1967；

——JB/T 970—1967、JB/T 970—1977；

——JB/T 971—1967、JB/T 971—1977；

——JB/T 972—1967、JB/T 972—1977；

——JB/T 973—1967、JB/T 973—1977；

——JB/T 974—1967、JB/T 974—1977；

——JB/T 975—1967、JB/T 975—1977；

——JB/T 977—1967、JB/T 977—1977；

——JB/T 981—1967、JB/T 981—1977；

——JB/T 984—1967、JB/T 984—1977；

——JB/T 987—1967、JB/T 987—1977；

——JB/T 988—1967、JB/T 988—1977；

——JB/T 989—1967、JB/T 989—1977；
——JB/T 990—1967、JB/T 990—1977；
——JB/T 991—1967、JB/T 991—1977；
——JB/T 992—1967、JB/T 992—1977；
——JB/T 993—1967、JB/T 993—1977；
——JB/T 994—1967、JB/T 994—1977；
——JB/T 997—1967、JB/T 997—1977；
——JB/T 1002—1967、JB/T 1002—1977；
——JB/T 1003—1967、JB/T 1003—1977；
——JB/T 1883—1977；
——JB/T 1884—1977；
——JB/T 995—1967、JB/T 980—1967、JB/T 2099—1977。

# 用于流体传动和一般用途的金属管接头 O形圈平面密封接头

## 1 范围

本标准规定了管子外径为 6 mm～50 mm 钢制 O 形圈平面密封接头的结构型式及基本尺寸、性能和试验要求、标志等。

本标准适用于以液压油(液)为工作介质,工作温度范围为－20℃～＋100℃,压力在 6.5 kPa 的绝对真空压力至表 11 所示的工作压力下的用 O 形圈平面密封接头的连接。

## 2 规范性引用文件

下列文件中的条款通过本标准的引用而成为本标准的条款。凡是注日期的引用文件,其随后所有的修改单(不包括勘误的内容)或修订版均不适用于本标准,然而,鼓励根据本标准达成协议的各方研究是否可使用这些文件的最新版本。凡是不注日期的引用文件,其最新版本适用于本标准。

GB/T 3　普通螺纹收尾、肩距、退刀槽和倒角(GB/T 3—1997,eqv ISO 3508:1976,ISO 4755:1983)

GB/T 196　普通螺纹　基本尺寸(GB/T 196—2003,ISO 724:1993,MOD)

GB/T 197　普通螺纹　公差(GB/T 197—2003,ISO 965-1:1998,MOD)

GB/T 230.1　金属洛氏硬度试验　第 1 部分:试验方法(A、B、C、D、E、F、G、H、K、N、T 标尺)(GB/T 230.1—2004,ISO 6508-1:1999,MOD)

GB/T 699　优质碳素结构钢

GB/T 905—1994　冷拉圆钢、方钢、六角钢尺寸、外形、重量及允许偏差(neq ISO 286-1:1988)

GB/T 1184—1996　形状和位置公差　未注公差值(neq ISO 2768-2:1989)

GB/T 1220　不锈钢棒

GB/T 1804—2000　一般公差　未注公差的线性和角度尺寸的公差(neq ISO 2768-1:1989)

GB/T 3141　工业液体润滑剂　ISO 粘度分类　(GB/T 3141—1994,eqv ISO 3448:1992)

GB/T 3452.1—1992　液压气动用 O 形橡胶密封圈尺寸系列及公差(neq ISO 3601-1:1988)

GB/T 3639　冷拔或冷轧精密无缝钢管(GB/T 3639—2000,neq DIN 2391/1—1994、DIN 2391/2—1994)

GB/T 5231　加工铜及铜合金化学成分和产品形状

GB/T 5568　橡胶、塑料软管及软管组合件　无屈挠液压脉冲试验(GB/T 5568—1994,neq ISO/DIS 6803:1991)

GB/T 6031　硫化橡胶或热塑性橡胶硬度的测定(10～100 IRHD)(GB/T 6031—1998,idt ISO 48:1994)

GB/T 10125　人造气氛腐蚀试验　盐雾试验 (eqv ISO 9217:1990)

GB/T 17446—1998　流体传动系统及元件　术语(idt ISO 5598:1985)

ISO 6149-2　用于流体传动和一般用途的管接头　带 ISO 261 螺纹和 O 形圈密封的油口和螺纹端头　第 2 部分:重型(S 系列)螺纹端头　尺寸、结构、试验方法和技术要求

## 3 术语和定义

GB/T 17446 确立的及下列术语和定义适用于本标准。

3.1

**流体传动 fluid power**

使用受压的流体作为介质来进行能量转换、传递、控制和分配的方式、方法，简称液压与气动。

3.2

**工作压力 working pressure**

装置运行时的压力。

3.3

**接头 connection;fitting**

连接管路与管路或其他元件的防漏件。

3.4

**接头体 fitting body**

接头中起主要连接作用的零件。接头体可能就是接头或是接头中的一部分。

3.5

**安装扭矩 assembly torque**

为获得满意安装而施加的扭矩。

3.6

**可调柱端 adjustable stud end**

在拧紧螺母之前允许接头调整方向完成连接的柱端连接接头。这种型式的柱端一般只用在三通、四通、弯头之类的接头上。

3.7

**固定柱端 non-adjustable stud end**

在拧紧连接前不需要专门调整方向的柱端连接头。仅用在直通接头。

## 4 接头型式与尺寸

### 4.1 接头标记方法

4.1.1 接头标记形式如下所示。

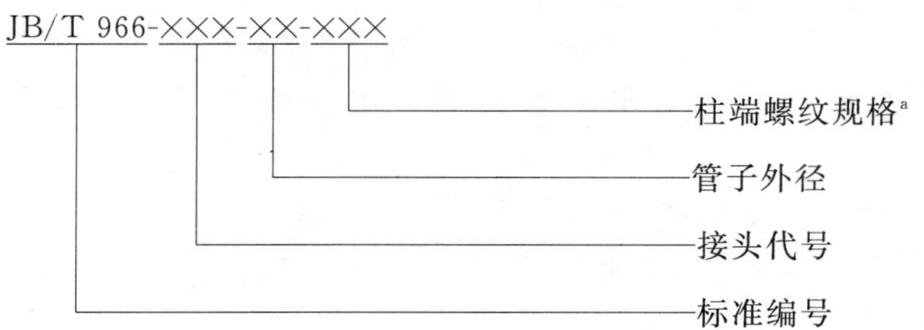


[a] 当没有柱端时不需标注“柱端螺纹规格”。

4.1.2 接头代号应符合表 1 的规定。

4.1.3 接头标记示例：

示例 1：管子外径为 30 mm 的直角接头，标记方法为：JB/T 966-ZJJ-30。

示例 2：管子外径为 8 mm、柱端螺纹为 M14×1.5 的直角可调柱端接头，标记方法为：JB/T 966-JTJ-08-M14。

表 1 接头名称及代号

| 接头名称 | 接头代号 | 图示 | 接头名称 | 接头代号 | 图示 |
|---|---|---|---|---|---|
| 焊接接管 | HJG | 图 3 | 垫圈 | DQG | 图 16 |
| 连接螺母 | JLM | 图 4 | 柱端直通接头 | ZZJ | 图 17 |
| 直通接头 | ZTJ | 图 5 | 45°可调柱端接头 | 4TJ | 图 18 |
| 直角接头 | ZJJ | 图 6 | 直角可调柱端接头 | JTJ | 图 19 |
| 三通接头 | SAJ | 图 7 | 三通分支可调柱端接头 | SFT | 图 20 |
| 四通接头 | SIJ | 图 8 | 三通主支可调柱端接头 | SZT | 图 21 |
| 直通隔板接头 | ZGJ | 图 9 | 直角活动接头 | JHJ | 图 26 |
| 直角隔板接头 | JGJ | 图 10 | 三通分支活动接头 | SFH | 图 27 |
| 45°隔板接头 | 4GJ | 图 11 | 三通主支活动接头 | SZH | 图 28 |
| 三通分支隔板接头 | SFG | 图 12 | 直通焊接接头 | ZWJ | 图 30 |
| 三通主支隔板接头 | SZG | 图 13 | 直角焊接接头 | JWJ | 图 31 |
| 扁螺母 | BLM | 图 15 | | | |

## 4.2 接头型式与连接尺寸

4.2.1 典型连接方式及结构应符合图 1 的规定。

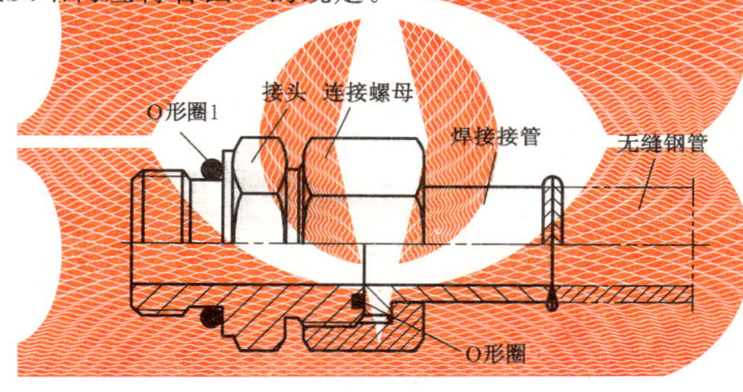


图 1 典型连接方式及结构

4.2.2 O 形圈平面密封连接端结构及尺寸应符合图 2 和表 2 的规定。退刀槽结构一般用于直通接头体，螺纹收尾结构一般用于直角、三通、四通等接头体。

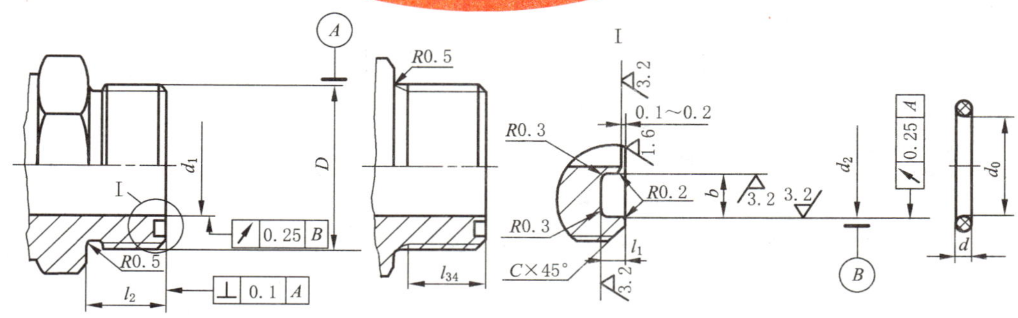


图 2 O 形圈平面密封连接端结构

表 2 O 形圈平面密封连接端尺寸

mm

| 管子外径 | O 形圈平面密封端尺寸 | | | | | | | | | O 形圈尺寸 | |
|---|---|---|---|---|---|---|---|---|---|---|---|
| | $D$ | $b$ ±0.06 | $d_1$ | $d_2$ | | $l_1$ ±0.03 | $l_2$ | $l_{34}$ min | $C$ | $d_0$ | $d$ |
| | | | | 尺寸 | 公差 | | | | | | |
| 6[a] | M12×1.5 | 2.4 | 3 | 8.7 | ±0.08 | 1.35 | 11 | 10 | 1 | 5.3 | 1.8 |
| 6 | M14×1.5 | 2.4 | 5 | 10.9 | | 1.35 | 11 | 10 | 1 | 7.5 | 1.8 |
| 8 | M16×1.5 | 2.4 | 6 | 11.9 | | 1.35 | 11 | 10 | 1 | 8.5 | 1.8 |
| 10 | M18×1.5 | 2.4 | 7 | 13.1 | | 1.35 | 11 | 10 | 1.5 | 9.75 | 1.8 |
| 12 | M22×1.5 | 2.4 | 10.5 | 16.6 | | 1.35 | 12 | 12 | 1.5 | 13.2 | 1.8 |
| 16 | M27×1.5 | 2.4 | 13 | 20.4 | | 1.35 | 13 | 12 | 1.5 | 17 | 1.8 |
| 20 | M30×1.5 | 2.4 | 15.5 | 22.4 | ±0.10 | 1.35 | 14 | 13 | 1.5 | 19 | 1.8 |
| 25 | M36×2 | 2.4 | 20 | 27 | | 1.35 | 16 | 15 | 2 | 23.6 | 1.8 |
| 28 | M39×2 | 2.4 | 22.5 | 29.9 | | 1.35 | 18 | 17 | 2 | 26.5 | 1.8 |
| 30 | M42×2 | 2.4 | 25 | 32.4 | ±0.13 | 1.35 | 20 | 19 | 2 | 29 | 1.8 |
| 35 | M45×2 | 2.4 | 27 | 34.9 | | 1.35 | 20 | 19 | 2 | 31.5 | 1.8 |
| 38 | M52×2 | 2.4 | 32 | 40.9 | | 1.35 | 22 | 21 | 2 | 37.5 | 1.8 |
| 42 | M60×2 | 3.6 | 36 | 47.6 | | 2.02 | 24 | 23 | 2 | 42.5 | 2.65 |
| 50 | M64×2 | 3.6 | 40 | 51.3 | | 2.02 | 27 | 26 | 2 | 46.2 | 2.65 |
| 注：O 形圈尺寸及公差应符合 GB/T 3452.1—1992。 | | | | | | | | | | | |
| [a] 接头标记时用“6A”表示管子外径。 | | | | | | | | | | | |

4.2.3 焊接接管结构及尺寸应符合图 3 和表 3 的规定。

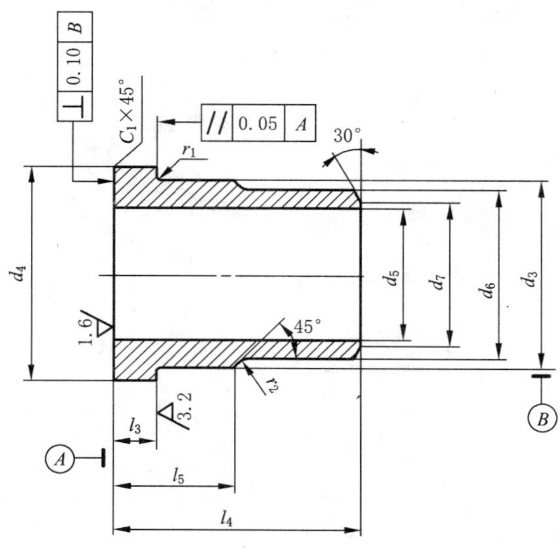


图 3 焊接接管 HJG

表 3 焊接接管尺寸

mm

| 管子外径 | $d_3$ $\begin{smallmatrix}0\\-0.1\end{smallmatrix}$ | $d_4$ $\begin{smallmatrix}0\\-0.15\end{smallmatrix}$ | $d_5$ | $d_6$ $\begin{smallmatrix}0\\-0.1\end{smallmatrix}$ | $d_7$ | $l_3$ | $l_4$ | $l_5$ | $C_1$ | $r_1$ | $r_2$ |
|---|---|---|---|---|---|---|---|---|---|---|---|
| 6[a] | 7 | 10 | 2 | 6 | 4 | 3.5 | 20 | 6 | 0.2 | 0.15 | 0.5 |
| 6 | 9 | 12 | 2 | 6 | 4 | 4 | 22 | 6.5 | 0.2 | 0.15 | 0.5 |
| 8 | 11 | 14 | 3 | 8 | 5 | 4.5 | 24 | 7.5 | 0.2 | 0.15 | 0.5 |
| 10 | 13 | 16 | 4 | 10 | 6 | 5 | 26 | 9 | 0.2 | 0.15 | 0.5 |
| 12 | 17 | 20 | 5 | 12 | 7 | 5 | 28 | 9 | 0.2 | 0.15 | 1 |
| 16 | 22 | 25 | 10 | 16 | 12 | 6 | 32 | 11 | 0.2 | 0.15 | 1 |
| 20 | 23 | 27.5 | 13 | 20 | 15 | 6 | 32 | 11 | 0.2 | 0.15 | 1 |
| 25 | 28 | 33 | 16 | 25 | 18 | 6 | 35 | 11 | 0.2 | 0.25 | 1.5 |
| 28 | 32 | 36.5 | 18 | 28 | 20 | 7 | 38 | 13 | 0.2 | 0.25 | 1.5 |
| 30 | 34 | 39 | 22 | 30 | 24 | 7 | 38 | 13 | 0.3 | 0.25 | 1.5 |
| 35 | 38 | 42.5 | 27 | 35 | 29 | 7 | 40 | 13 | 0.3 | 0.25 | 1.5 |
| 38 | 44.5 | 49 | 28 | 38 | 30 | 7 | 40 | 13 | 0.3 | 0.25 | 1.5 |
| 42 | 53 | 57.5 | 32 | 42 | 35 | 7 | 44 | 14 | 0.3 | 0.25 | 1.5 |
| 50 | 57.5 | 61.5 | 38 | 50 | 41 | 7 | 46 | 14 | 0.3 | 0.25 | 2 |

a 接头标记时用"6A"表示管子外径。

4.2.4 连接螺母结构及尺寸应符合图 4 和表 4 的规定。

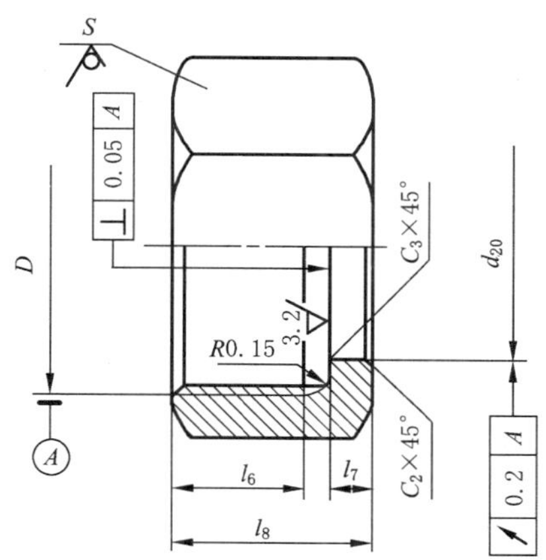


图 4 连接螺母 JLM

表 4 连接螺母尺寸

mm

| 管子外径 | $D$ | $d_{20}$ $^{+0.1}_{0}$ | $l_6$ min | $l_7$ | $l_8$ | $S$ | $C_2$ | $C_3$ |
|---|---|---|---|---|---|---|---|---|
| 6[a] | M12×1.5 | 7.2 | 9.5 | 2.5 | 14.5 | 14 | 0.2 | 0.15 |
| 6 | M14×1.5 | 9.2 | 9.5 | 2.5 | 15 | 17 | 0.2 | 0.15 |
| 8 | M16×1.5 | 11.2 | 9.5 | 3 | 16 | 19 | 0.2 | 0.15 |
| 10 | M18×1.5 | 13.2 | 9.5 | 4 | 17.5 | 22 | 0.2 | 0.15 |
| 12 | M22×1.5 | 17.2 | 11 | 4 | 19 | 27 | 0.2 | 0.15 |
| 16 | M27×1.5 | 22.2 | 12 | 5 | 21 | 32 | 0.2 | 0.15 |
| 20 | M30×1.5 | 23.2 | 13 | 5 | 22 | 36 | 0.2 | 0.15 |
| 25 | M36×2 | 28.3 | 15 | 5 | 24 | 41 | 0.3 | 0.25 |
| 28 | M39×2 | 32.3 | 15 | 6 | 26 | 46 | 0.3 | 0.25 |
| 30 | M42×2 | 34.3 | 17 | 6 | 28 | 50 | 0.3 | 0.25 |
| 35 | M45×2 | 38.3 | 17 | 6 | 28 | 55 | 0.3 | 0.25 |
| 38 | M52×2 | 44.8 | 19 | 6 | 30 | 60 | 0.3 | 0.25 |
| 42 | M60×2 | 53.3 | 22 | 7 | 34 | 70 | 0.5 | 0.25 |
| 50 | M64×2 | 57.8 | 25 | 7 | 37 | 75 | 0.5 | 0.25 |

[a] 接头标记时用“6A”表示管子外径。

4.2.5 O形圈平面密封接头结构应符合图5～图8的规定，尺寸应符合表5的规定。

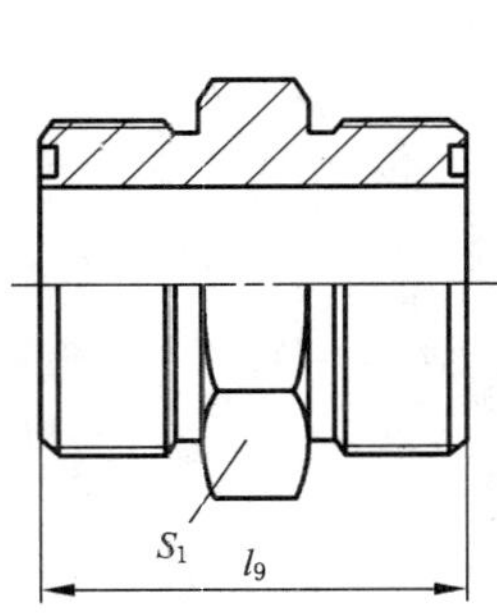


图 5 直通接头 ZTJ

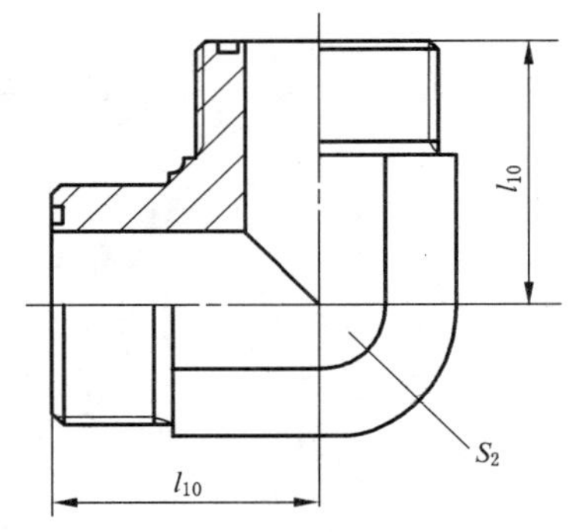


图 6 直角接头 ZJJ

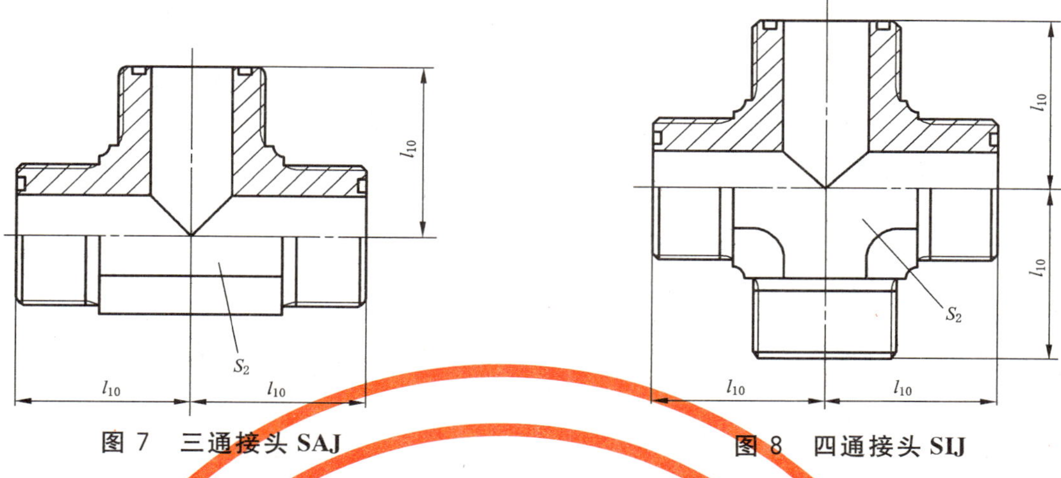


图 7　三通接头 SAJ　　　　图 8　四通接头 SIJ

表 5　O 形圈平面密封接头尺寸

mm

| 管子外径 | 螺　　纹 | $l_9$ | $l_{10}$ | $S_1$ | $S_2$ |
|---|---|---|---|---|---|
| 6[a] | M12×1.5 | 28 | 21.5 | 14 | 12 |
| 6 | M14×1.5 | 28 | 22.5 | 17 | 14 |
| 8 | M16×1.5 | 28 | 24 | 17 | 17 |
| 10 | M18×1.5 | 28 | 26 | 19 | 19 |
| 12 | M22×1.5 | 32 | 29 | 24 | 22 |
| 16 | M27×1.5 | 36 | 32.5 | 30 | 27 |
| 20 | M30×1.5 | 39 | 35.5 | 32 | 30 |
| 25 | M36×2 | 43 | 42 | 38 | 36 |
| 28 | M39×2 | 49 | 47.5 | 41 | 41 |
| 30 | M42×2 | 53 | 49.5 | 46 | 41 |
| 35 | M45×2 | 53 | 52.5 | 46 | 46 |
| 38 | M52×2 | 59 | 57 | 55 | 50 |
| 42 | M60×2 | 65 | 65 | 65 | 60 |
| 50 | M64×2 | 71 | 71 | 65 | 65 |

[a] 接头标记时用“6A”表示管子外径。

4.2.6　O 形圈平面密封隔板接头结构应符合图 9～图 16 的规定，尺寸应符合表 6 的规定。图 14 为隔板接头装配示意图，当隔板与接头间无密封要求时，垫圈可省略。

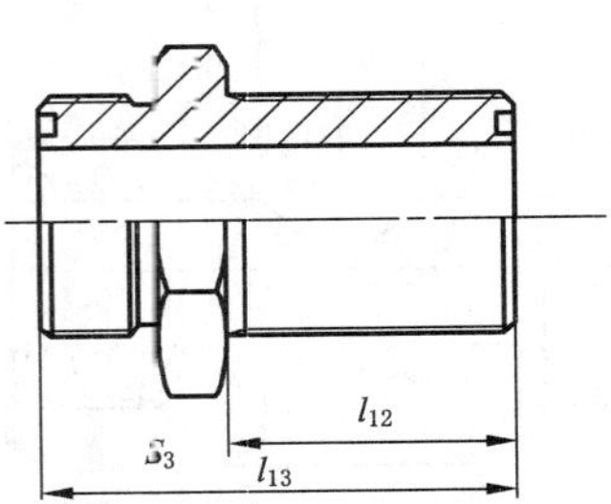


图 9 直通隔板接头 ZGJ

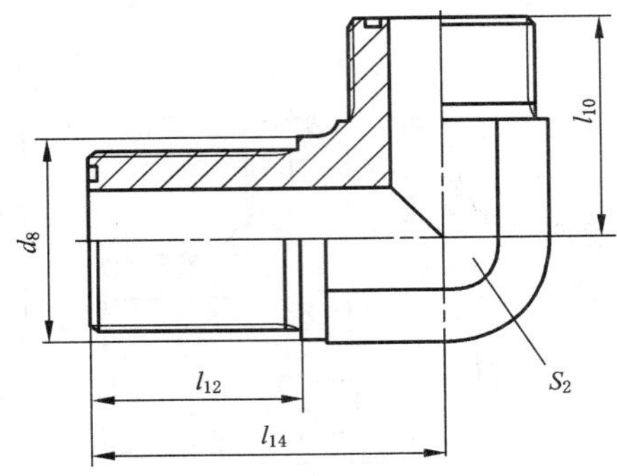


图 10 直角隔板接头 JGJ

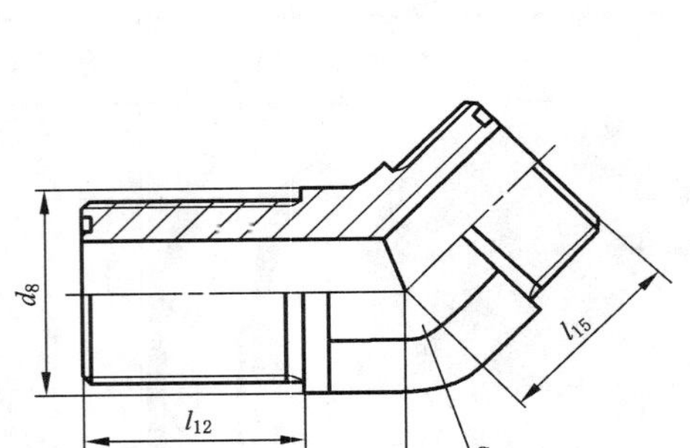


图 11 45°隔板接头 4GJ

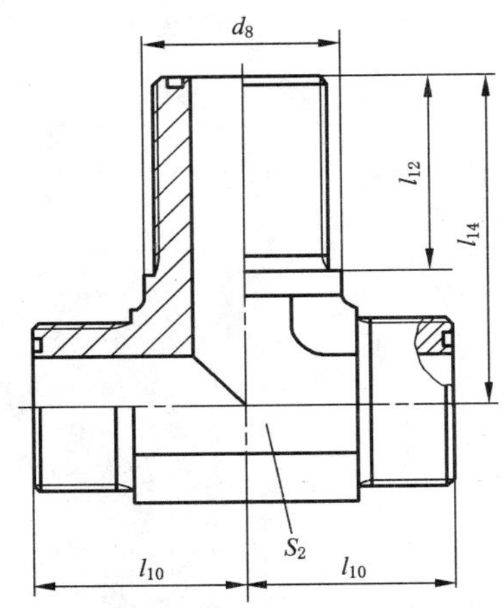


图 12 三通分支隔板接头 SFG

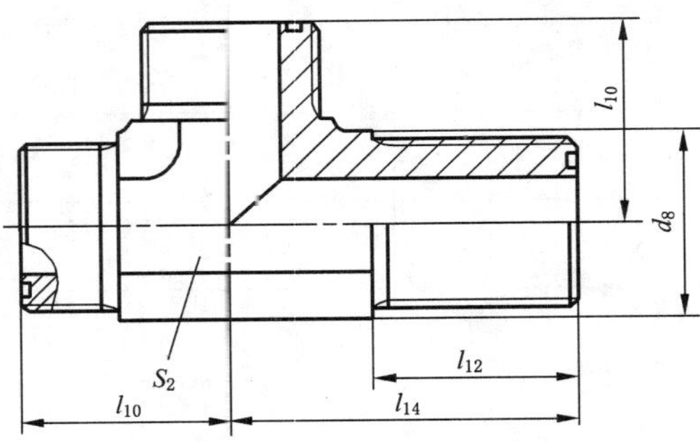


图 13 三通主支隔板接头 SZG

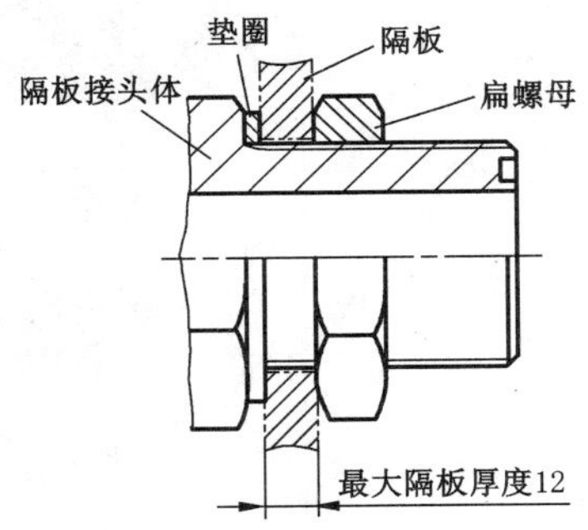


图 14 隔板接头装配示意图

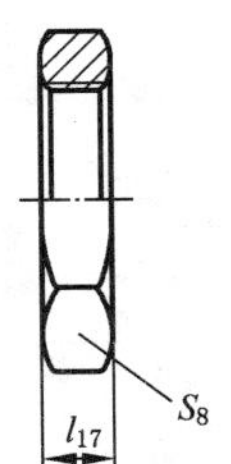


图 15 扁螺母 BLM

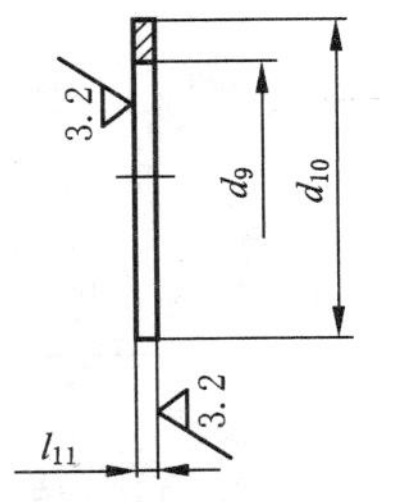


图 16 垫圈 DQG

**表 6　O 形圈平面密封隔板接头尺寸**

mm

| 管子外径 | 螺纹 | $d_8$ | $d_9$ |  | $d_{10}$ |  | $l_{10}$ | $l_{11}$ ±0.1 | $l_{12}$ | $l_{13}$ | $l_{14}$ | $l_{15}$ | $l_{16}$ | $l_{17}$ ±0.35 | $S_2$ | $S_3$ | $S_8$ |
|---|---|---|---|---|---|---|---|---|---|---|---|---|---|---|---|---|---|
|  |  |  | 尺寸 | 公差 | 尺寸 | 公差 |  |  |  |  |  |  |  |  |  |  |  |
| 6[a] | M12×1.5 | 17 | 12.2 | +0.24<br>0 | 15.9 | 0<br>−0.14 | 21.5 | 1.5 | 32.5 | 49.5 | 45.5 | 19 | 43.5 | 6 | 12 | 17 | 17 |
| 6 | M14×1.5 | 19 | 14.2 |  | 17.9 |  | 22.5 | 1.5 | 32.5 | 49.5 | 46.5 | 19.5 | 44 | 6 | 14 | 19 | 19 |
| 8 | M16×1.5 | 22 | 16.2 |  | 19.9 |  | 24 | 1.5 | 32.5 | 51.5 | 48 | 20 | 44.5 | 6 | 17 | 22 | 22 |
| 10 | M18×1.5 | 24 | 18.2 |  | 22.9 |  | 26 | 2 | 33 | 52 | 50 | 21.5 | 45.5 | 6 | 19 | 24 | 24 |
| 12 | M22×1.5 | 27 | 22.2 |  | 26.9 |  | 29 | 2 | 35.5 | 58 | 54 | 24 | 49 | 7 | 22 | 27 | 30 |
| 16 | M27×1.5 | 32 | 27.2 |  | 31.9 | 0<br>−0.28 | 32.5 | 2 | 37 | 61 | 58.5 | 25.5 | 51.5 | 8 | 27 | 32 | 36 |
| 20 | M30×1.5 | 36 | 30.2 | +0.28<br>0 | 35.9 |  | 35.5 | 2 | 38 | 63 | 61.5 | 27 | 53.5 | 8 | 30 | 36 | 41 |
| 25 | M36×2 | 41 | 36.2 |  | 41.9 | 0<br>−0.34 | 42 | 2 | 42 | 71 | 71 | 31.5 | 60.5 | 9 | 36 | 41 | 46 |
| 28 | M39×2 | 46 | 39.2 |  | 45.9 |  | 47.5 | 2 | 44 | 75 | 76 | 36 | 64 | 9 | 41 | 46 | 50 |
| 30 | M42×2 | 50 | 42.2 | +0.34<br>0 | 48.9 |  | 49.5 | 2 | 46 | 81 | 78 | 38 | 66 | 9 | 41 | 50 | 50 |
| 35 | M45×2 | 55 | 45.2 |  | 51.9 |  | 52.5 | 2 | 46 | 81 | 81 | 39 | 67 | 9 | 46 | 55 | 55 |
| 38 | M52×2 | 60 | 52.2 |  | 59.9 |  | 57 | 2 | 49 | 86 | 86 | 42 | 71 | 10 | 50 | 60 | 65 |
| 42 | M60×2 | 70 | 60.2 |  | 67.9 |  | 65 | 2 | 51 | 92 | 94 | 47.5 | 75.5 | 10 | 60 | 70 | 70 |
| 50 | M64×2 | 75 | 64.2 |  | 71.9 |  | 71 | 2 | 54 | 98 | 99.5 | 51.5 | 79.5 | 10 | 65 | 75 | 75 |

[a] 接头标记时用“6A”表示管子外径。

4.2.7 O形圈平面密封柱端接头结构应符合图17～图25的规定，尺寸应符合表7的规定，柱端按ISO 6149-2，可调柱端用螺纹收尾或退刀槽结构均可。

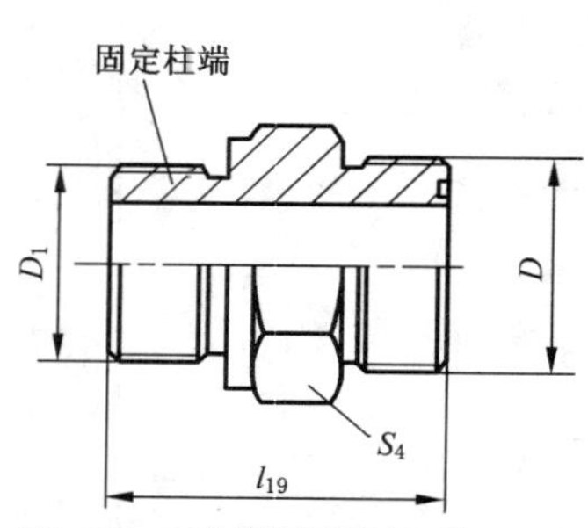


图17 柱端直通接头 ZZJ

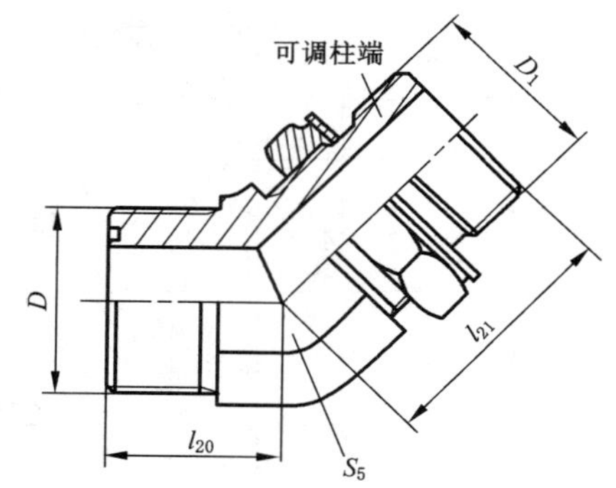


图18 45°可调柱端接头 4TJ

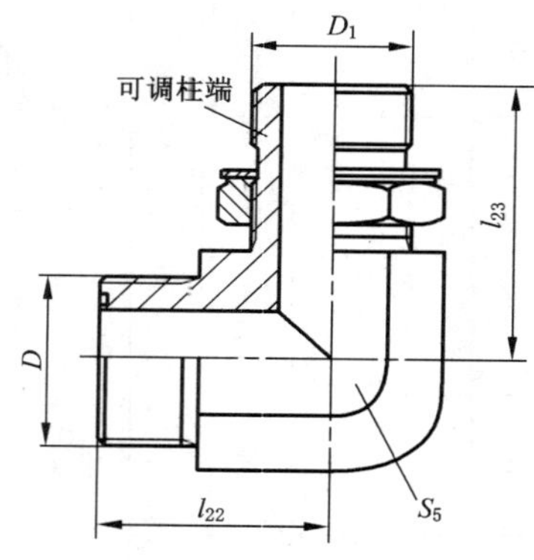


图19 直角可调柱端接头 JTJ

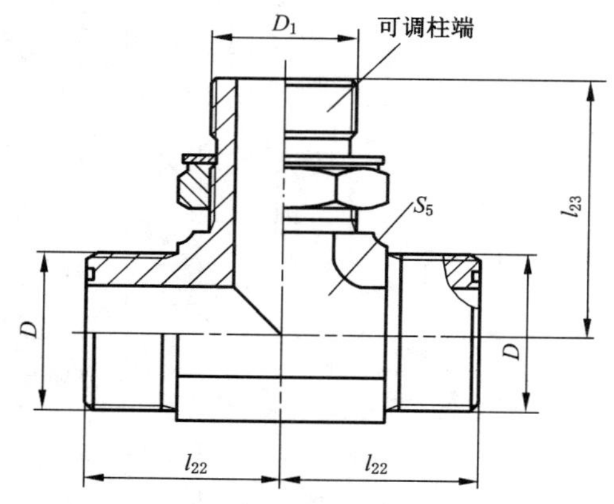


图20 三通分支可调柱端接头 SFT

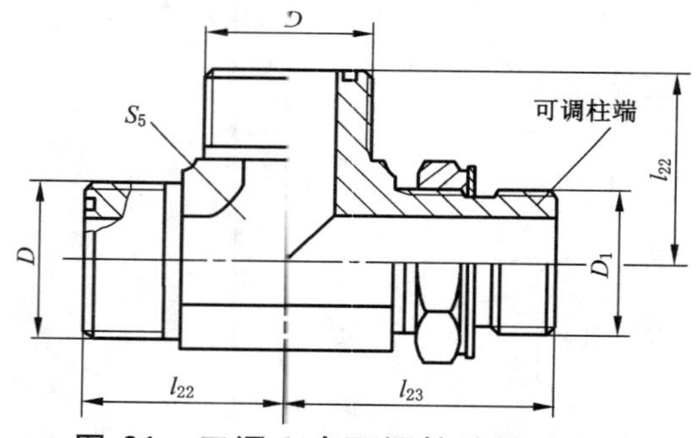


图21 三通三支可调柱端接头 SZT

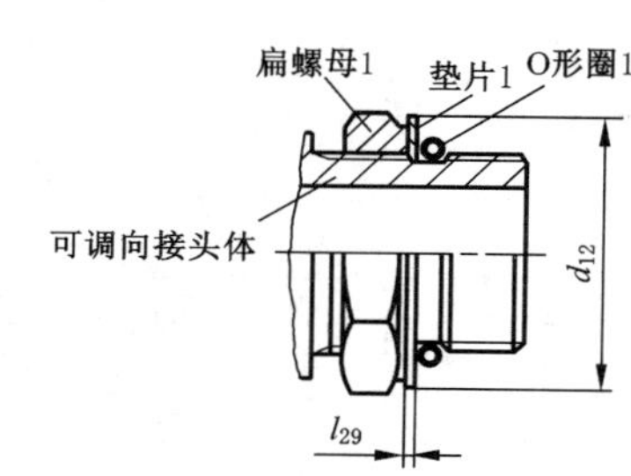


图22 可调柱端装配示意图

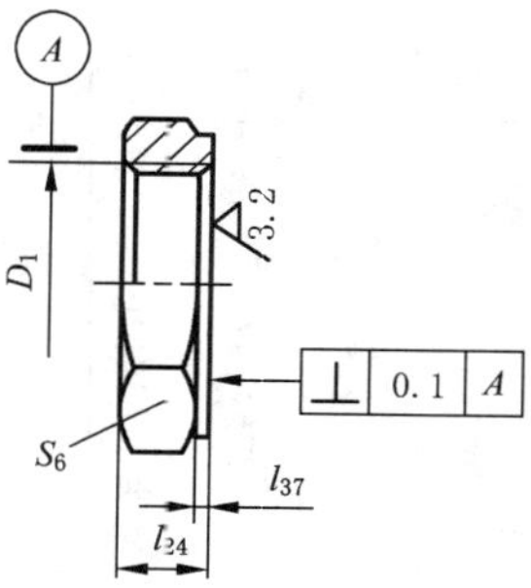

A
$D_1$
3.2
$S_6$
⊥ 0.1 A
$l_{37}$
$l_{24}$

图23 扁螺母1

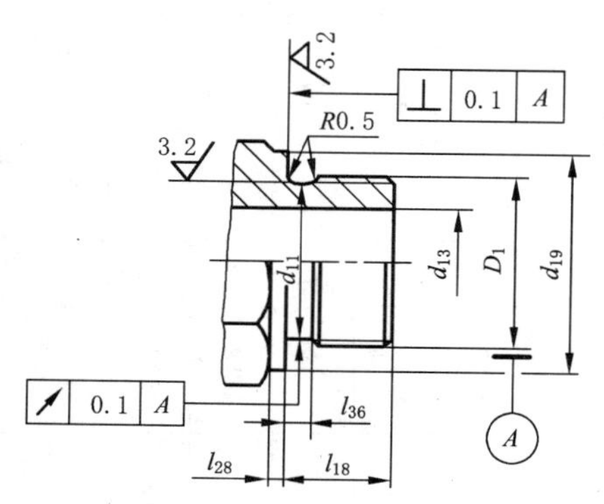


图24 固定柱端

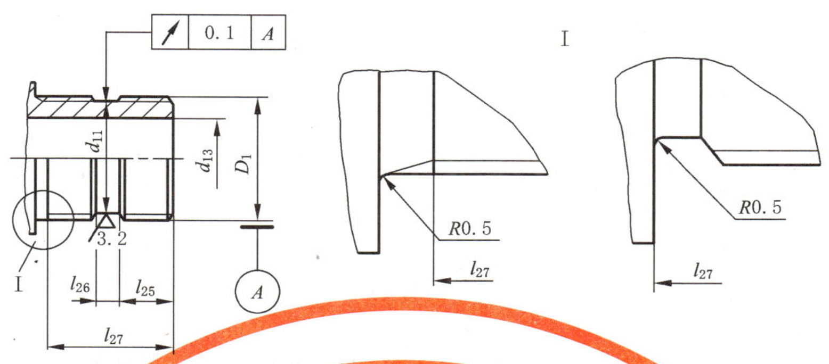


图 25 可调柱端

4.2.8 O形圈平面密封活动接头的结构应符合图26～图29的规定，尺寸应符合表8的规定。活动螺母与接头体的连接方式由制造商确定。

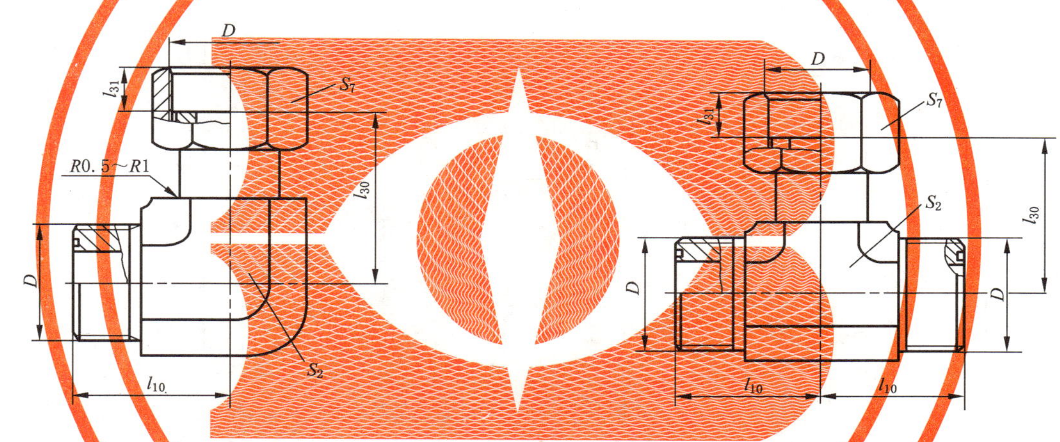


图 26 直角活动接头 JHJ　　　　图 27 三通分支活动接头 SFH

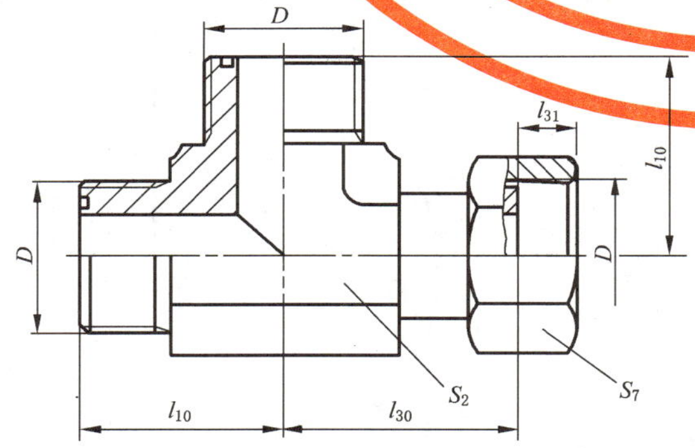


图 28 三通主支活动接头 SZH

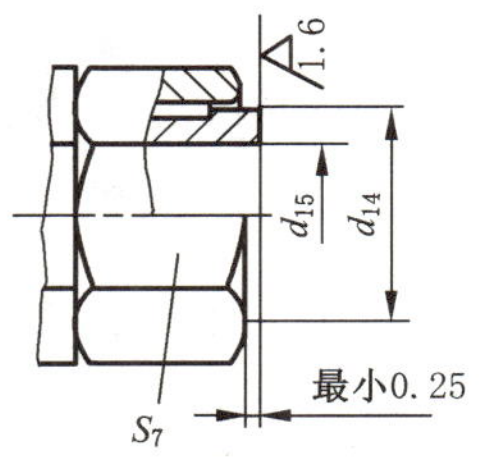


图 29 活动接头端结构

**表 7 O 形圈平面密封柱端接头尺寸**

mm

| 管子外径 | $D$ | $D_1$ | $d_{11}$ 0 −0.1 | $d_{12}$ | $d_{13}$ 尺寸 | $d_{13}$ 公差 | $d_{19}$ ±0.2 | $l_{18}$ | $l_{19}$ | $l_{20}$ | $l_{21}$ | $l_{22}$ | $l_{23}$ | $l_{24}$ | $l_{25}$ ±0.2 | $l_{26}$ ±0.1 | $l_{27\min}$ | $l_{28}$ ±0.1 | $l_{29}$ | $l_{36}$ +0.3 0 | $l_{37}$ ±0.1 | $S_4$ | $S_5$ | $S_6$ | O 形圈 1 内径 | O 形圈 1 线径 |
|---|---|---|---|---|---|---|---|---|---|---|---|---|---|---|---|---|---|---|---|---|---|---|---|---|---|---|
| 6[a] | M12×1.5 | M10×1 | 8.4 | 14.5 | 3 | +0.14 0 | 13.8 | 9.5 | 28 | 19 | 25.5 | 21.5 | 27.5 | 7 | 6.5 | 4 | 18 | 2.5 | 1 | 2 | 1.5 | 14 | 12 | 14 | 8.1 | 1.6 |
| 6 | M14×1.5 | M12×1.5 | 9.7 | 17.5 | 4 | +0.18 0 | 16.8 | 11 | 29.5 | 19.5 | 28.5 | 22.5 | 32 | 8.5 | 7.5 | 4.5 | 21 | 2.5 | 1 | 3 | 2 | 17 | 14 | 17 | 9.3 | 2.2 |
| 8 | M16×1.5 | M14×1.5 | 11.7 | 19.5 | 6 | +0.18 0 | 18.8 | 11 | 29.5 | 20 | 31.5 | 24 | 35.5 | 8.5 | 7.5 | 4.5 | 21 | 2.5 | 1 | 3 | 2 | 19 | 17 | 19 | 11.3 | 2.2 |
| 10 | M18×1.5 | M16×1.5 | 13.7 | 22.5 | 7 | +0.22 0 | 21.8 | 12.5 | 31.5 | 21.5 | 33.5 | 26 | 38 | 9 | 9 | 4.5 | 23 | 2.5 | 1 | 3 | 2 | 22 | 19 | 22 | 13.3 | 2.2 |
| 12 | M22×1.5 | M18×1.5 | 15.7 | 24.5 | 9 | +0.22 0 | 23.8 | 14 | 34.5 | 23 | 38 | 29 | 44 | 10.5 | 10.5 | 4.5 | 26 | 2.5 | 1 | 3 | 2.5 | 24 | 22 | 24 | 15.3 | 2.2 |
| 16 | M27×1.5 | M22×1.5 | 19.7 | 27.5 | 12 | +0.27 0 | 26.8 | 15 | 38 | 24.5 | 41 | 32.5 | 48 | 11 | 11 | 5 | 27.5 | 2.5 | 1.2 | 3 | 2.5 | 30 | 27 | 27 | 19.3 | 2.2 |
| 20 | M30×1.5 | M27×2 | 24 | 32.5 | 15 | +0.27 0 | 31.8 | 18.5 | 43.5 | 26 | 46 | 35.5 | 55 | 13.5 | 13.5 | 6 | 33.5 | 2.5 | 1.2 | 4 | 2.5 | 32 | 30 | 32 | 23.6 | 2.9 |
| 25 | M36×2 | M33×2 | 30 | 41.5 | 20 | +0.33 0 | 40.8 | 18.5 | 47.5 | 30.5 | 48 | 42 | 59 | 13.5 | 13.5 | 6 | 33.5 | 3 | 1.2 | 4 | 3 | 41 | 36 | 41 | 29.6 | 2.9 |
| 28 | M39×2 | M33×2 | 30 | 41.5 | 20 | +0.33 0 | 40.8 | 18.5 | 49.5 | 36 | 49 | 47.5 | 61.5 | 13.5 | 13.5 | 6 | 33.5 | 3 | 1.2 | 4 | 3 | 41 | 41 | 41 | 29.6 | 2.9 |
| 30 | M42×2 | M42×2 | 39 | 50.5 | 26 | +0.33 0 | 49.8 | 19 | 54 | 38 | 49 | 49.5 | 63 | 14 | 14 | 6 | 34.5 | 3 | 1.2 | 4 | 3 | 50 | 41 | 50 | 38.6 | 2.9 |
| 35 | M45×2 | M42×2 | 39 | 50.5 | 26 | +0.33 0 | 49.8 | 19 | 54 | 39 | 51 | 52.5 | 67 | 14 | 14 | 6 | 34.5 | 3 | 1.2 | 4 | 3 | 50 | 46 | 50 | 38.6 | 2.9 |
| 38 | M52×2 | M48×2 | 45 | 55.5 | 32 | +0.39 0 | 54.8 | 21.5 | 58.5 | 42 | 54 | 56 | 71.5 | 15 | 16.5 | 6 | 38 | 3 | 1.2 | 4 | 3 | 55 | 50 | 55 | 44.6 | 2.9 |
| 42 | M60×2 | M60×2 | 57 | 65.5 | 40 | +0.39 0 | 64.8 | 24 | 65 | 47.5 | 63.5 | 65 | 82 | 17 | 19 | 6 | 42.5 | 3 | 1.2 | 4 | 3 | 65 | 60 | 65 | 56.6 | 2.9 |
| 50 | M64×2 | M60×2 | 57 | 65.5 | 40 | +0.39 0 | 64.8 | 24 | 68 | 51.5 | 65 | 71 | 85 | 17 | 19 | 6 | 42.5 | 3 | 1.2 | 4 | 3 | 65 | 65 | 65 | 56.6 | 2.9 |

注 1：O 形圈 1 的尺寸、公差按 ISO 6149-2。

[a] 接头标记时用“6A”表示管子外径。

表 8 O 形圈平面密封活动接头尺寸

mm

| 管子外径 | $D$ | $d_{14}$(参考) | $d_{15}$ | $l_{10}$ | $l_{30}$ | $l_{31}$ | $S_2$ | $S_7$ |
|---|---|---|---|---|---|---|---|---|
| 6[a] | M12×1.5 | 10 | 3 | 21.5 | 23 | 8.5 | 12 | 17 |
| 6 | M14×1.5 | 12 | 4 | 22.5 | 24.5 | 8.5 | 14 | 19 |
| 8 | M16×1.5 | 14 | 6 | 24 | 27.5 | 8.5 | 17 | 22 |
| 10 | M18×1.5 | 16 | 7.5 | 26 | 30.5 | 8.5 | 19 | 24 |
| 12 | M22×1.5 | 20 | 10 | 29 | 34 | 10 | 22 | 27 |
| 16 | M27×1.5 | 25 | 13 | 32.5 | 38.5 | 10 | 27 | 32 |
| 20 | M30×1.5 | 27 | 15 | 35.5 | 41.5 | 11 | 30 | 36 |
| 25 | M36×2 | 33 | 20 | 42 | 47 | 13 | 36 | 41 |
| 28 | M39×2 | 36 | 22.5 | 47.5 | 53 | 13 | 41 | 46 |
| 30 | M42×2 | 39 | 25 | 49.5 | 55 | 15 | 41 | 50 |
| 35 | M45×2 | 42 | 27 | 52.5 | 57.5 | 15 | 46 | 55 |
| 38 | M52×2 | 49 | 32 | 57 | 62 | 17 | 50 | 60 |
| 42 | M60×2 | 57 | 36 | 65 | 71.5 | 20 | 60 | 70 |
| 50 | M64×2 | 61 | 38 | 71 | 78 | 23 | 65 | 75 |

[a] 接头标记时用“6A”表示管子外径。

4.2.9 O 形圈平面密封焊接接头的结构应符合图 30、图 31 的规定，尺寸应符合表 9 的规定。

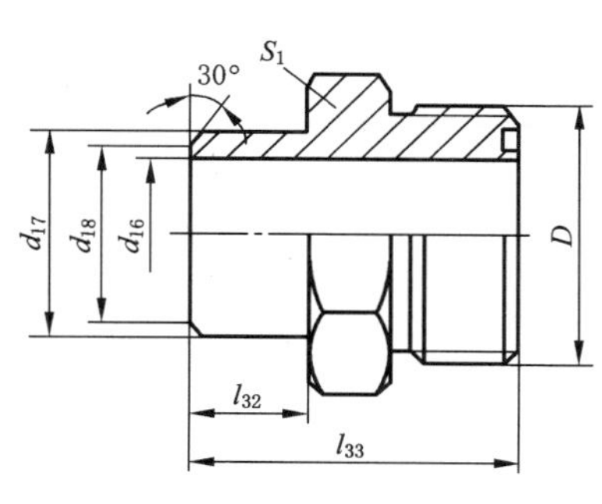


图 30 直通焊接接头 ZWJ

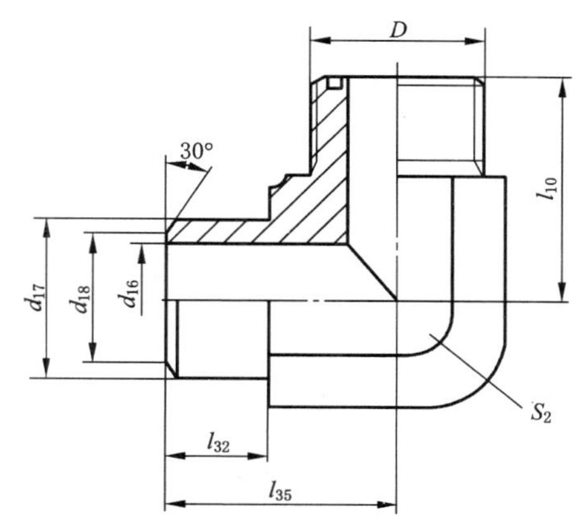


图 31 直角焊接接头 JWJ

表 9　O 形圈平面密封焊接接头尺寸

mm

| 管子外径 | $D$ | $d_{18}$ | $d_{16}$ | $d_{17}$ | $l_{10}$ | $l_{32}$ | $l_{33}$ | $l_{35}$ | $S_1$ | $S_2$ |
|---|---|---|---|---|---|---|---|---|---|---|
| 6[a] | M12×1.5 | 3 | 3 | 6 | 21.5 | 8 | 25 | 16.5 | 14 | 12 |
| 6 | M14×1.5 | 4 | 4 | 6 | 22.5 | 8 | 25 | 17.5 | 17 | 14 |
| 8 | M16×1.5 | 6 | 6 | 8 | 24 | 8 | 25 | 19.5 | 17 | 17 |
| 10 | M18×1.5 | 7 | 7.5 | 10 | 26 | 12 | 29 | 25 | 19 | 19 |
| 12 | M22×1.5 | 9 | 10 | 12 | 29 | 12 | 32.5 | 27 | 24 | 22 |
| 16 | M27×1.5 | 12 | 12 | 16 | 32.5 | 12 | 35 | 29.5 | 30 | 27 |
| 20 | M30×1.5 | 15 | 15 | 20 | 35.5 | 14 | 39 | 33.5 | 32 | 30 |
| 25 | M36×2 | 20 | 20 | 25 | 42 | 16 | 43 | 39 | 38 | 36 |
| 28 | M39×2 | 20 | 22.5 | 28 | 47.5 | 16 | 47 | 43 | 41 | 41 |
| 30 | M42×2 | 26 | 25 | 30 | 49.5 | 16 | 49 | 43 | 46 | 41 |
| 35 | M45×2 | 26 | 27 | 35 | 52.5 | 18 | 51 | 47.5 | 46 | 46 |
| 38 | M52×2 | 32 | 32 | 38 | 57 | 18 | 55 | 50 | 55 | 50 |
| 42 | M60×2 | 40 | 36 | 42 | 65 | 20 | 61 | 58 | 65 | 60 |
| 50 | M64×2 | 40 | 38 | 50 | 71 | 20 | 64 | 61 | 65 | 65 |
| a 接头标记时用“6A”表示管子外径。 | | | | | | | | | | |

## 5　材料要求

### 5.1　接头体

接头体的材料应是碳钢或不锈钢，应能满足第 6 章规定的最低压力/温度要求，当按第 11 章对接头进行性能试验时，接头体材料性能应适合流体输送并保证有效连接。焊接用接管应用易于焊接的材料。

### 5.2　螺母

螺母的材料应与接头体相对应，碳钢接头体配用碳钢螺母，不锈钢接头体配用不锈钢螺母，除非另有规定。表 10 为常用材料推荐表。

表 10　接头常用材料推荐表

| 零件名称 | 推荐材料 | |
|---|---|---|
| | 牌号 | 标准编号 |
| 接头体、螺母 | 35、45 | GB/T 699 |
| | 0Cr18Ni9 | GB/T 1220 |
| 焊接接管、垫片 | 20 | GB/T 699 |
| 垫圈 | 纯铜 | GB/T 5231 |

### 5.3　O 形圈

当按第 6 章和表 11 给出的压力和温度要求使用和测试时，O 形圈应用硬度为(90±5) IRHD (GB/T 6031)的丁腈橡胶(NBR)制成。

## 6　压力/温度要求

6.1　按本标准制造的碳钢或不锈钢 O 形圈平面密封接头，当温度在－20℃～＋100℃，压力在 6.5 kPa 的绝对真空压力至表 11 中所示的工作压力下使用时，应满足无泄漏要求。

6.2 接头应满足第11章中规定的所有性能要求，试验应在室温下进行。

6.3 如果需要在表11和6.1、6.2给出的温度和压力以外使用，应与制造商协商。

表 11 O形圈平面密封接头工作压力

| 管子外径/mm | | 工作压力/MPa | |
|---|---|---|---|
| Ⅰ系列 | Ⅱ系列 | 固定柱端 | 可调柱端 |
| 6 | — | 63 | 40 |
| 8 | — | 63 | 40 |
| 10 | — | 63 | 40 |
| 12 | — | 63 | 40 |
| 16 | — | 40 | 40 |
| 20 | — | 40 | 40 |
| 25 | — | 40 | 31.5 |
| — | 28 | 40 | 31.5 |
| 30 | — | 25 | 25 |
| — | 35 | 25 | 25 |
| 38 | — | 25 | 20 |
| — | 42 | 25 | 16 |
| — | 50 | 16 | 16 |

## 7 钢管要求

接头应与相适应的钢管配合使用，碳钢钢管应符合GB/T 3639，表12给出了管子外径的极限尺寸，这些尺寸包括了椭圆度。工作压力低时，用户和制造商之间可协商使用其他标准的钢管。

表 12 钢管外径尺寸偏差

mm

| 管子外径 | | 外径极限尺寸 | |
|---|---|---|---|
| Ⅰ系列 | Ⅱ系列 | min | max |
| 6 | — | 5.9 | 6.1 |
| 8 | — | 7.9 | 8.1 |
| 10 | — | 9.9 | 10.1 |
| 12 | — | 11.9 | 12.1 |
| 16 | — | 15.9 | 16.1 |
| 20 | — | 19.9 | 20.1 |
| 25 | — | 24.9 | 25.1 |
| — | 28 | 27.9 | 28.1 |
| 30 | — | 29.85 | 30.15 |
| — | 35 | 34.85 | 35.15 |
| 38 | — | 37.85 | 38.15 |
| — | 42 | 41.85 | 42.15 |
| — | 50 | 49.85 | 50.15 |

注：应优先选用Ⅰ系列钢管。

## 8 尺寸公差

### 8.1 六角对边尺寸

8.1.1 六角对边公差按 GB/T 905—1994 的 12 级，最小对角尺寸为 1.092 倍的公称对边尺寸，最小六角面宽度为 0.43 倍公称对边尺寸。除图示或另外规定外，六角倒角应为 15°～30°，倒角直径约为六角对边尺寸的 0.95 倍。

8.1.2 弯接头、三通等模锻件的对边尺寸的公差按表 13 规定。其扳手部位的具体形状可由制造商确定，应避免截面急剧减小，截面变化外应有足够大的圆角。

**表 13 模锻件对边尺寸公差**

mm

| 对边尺寸 $S$ | $S \leqslant 24$ | $S > 24$ |
|---|---|---|
| 公差 | $\begin{smallmatrix}0\\-0.8\end{smallmatrix}$ | $\begin{smallmatrix}0\\-1\end{smallmatrix}$ |

### 8.2 角度公差

弯接头、三通、四通各端轴线间的角度公差为：当管子尺寸小于等于 10 mm 时为±2.5°，大于 10 mm时为±1.5°。

### 8.3 内孔接合点偏差

直通接头的内孔从两端加工时，在接合点的最大偏差不应超过 0.4 mm。

### 8.4 未注公差

零件的未注尺寸公差按 GB/T 1804—2000 的中等级(m)的规定。

零件的未注形状和位置公差按 GB/T 1184—1996 的 K 级规定。

## 9 螺纹

9.1 螺纹基本尺寸应符合 GB/T 196 规定，公差应符合 GB/T 197 的规定，外螺纹为 6 g 级，内螺纹为 6 H级。

9.2 外螺纹侧面表面粗糙度为 $Ra \leqslant 3.2$，内螺纹侧面表面粗糙度为 $Ra \leqslant 6.3$。

9.3 未标注尺寸的螺纹收尾、肩距、退刀槽、倒角按 GB/T 3 的规定。

## 10 制造

### 10.1 制作

由多个零件组成的碳钢接头，应使用熔点不低于 1 000℃的材料将其结合在一起。

### 10.2 工艺

应用最经济有效的工艺生产高质量的接头。接头应没有污染物、毛刺、氧化皮、碎屑及其他任何可能影响零件的功能的缺陷。

除另有规定外，所有机加工表面的表面粗糙度为 $Ra \leqslant 6.3$ μm。

### 10.3 表面处理

除制造商和用户之间另有协议规定外，接头上的螺纹和外表面(焊接用的接管及焊接接头除外)应用合适的镀或涂层进行保护(一般为镀锌处理)，镀或涂层应按 GB/T 10125 的试验方法通过 72 h 的中性盐雾试验要求，盐雾试验期间在任何部位有任何红锈出现即认为不合格。内孔无镀或涂层要求，但不应生锈。

焊接用的接管及焊接接头应涂油或磷化处理以防止腐蚀。

### 10.4 接头保护

接头和螺纹的表面(包括内外表面)应由制造商进行保护，防止产生对接头功能有害的刻痕和擦伤，内孔也应盖住以防止脏物或杂质进入。保护方法由制造商与用户协商。

10.5 倒角

除非另有注明，所有急弯都应倒角，但最大 0.15 mm。

## 11 性能或型式试验

### 11.1 性能要求

接头应符合表 14 所示的试验压力要求。

11.1.1 爆破压力试验

对每一种柱端直通接头(ZZJ)、直角可调柱端接头(JTJ)、直角活动接头(JHJ)的每一档规格，抽 3 个样品进行试验，应符合表 14 规定的最小爆破压力要求。

爆破压力试验应用表 15 所示的最小扭矩值，施加扭矩前在螺纹及密封面应先用符合 GB/T 3141 黏度为 VG32 的液压油进行润滑。爆破试验用的试验块不应有涂层并且硬度应达到 50 HRC～55 HRC(GB/T 230.1)，可调接头体应从手指拧紧位置松开一整圈，以便在最坏可能安装情况下进行试验。爆破试验应在压力升高速度不超过 138 MPa/min 下进行。

表 14 O 形圈平面密封接头试验压力

| 管子外径/mm | 柱端型式 | | | | | |
|---|---|---|---|---|---|---|
| | 固定柱端 | | | 可调柱端 | | |
| | 工作压力/MPa | 试验压力 | | 工作压力/MPa | 试验压力 | |
| | | 爆破压力/MPa | 脉冲压力/MPa | | 爆破压力/MPa | 脉冲压力/MPa |
| 6 | 63 | 252 | 83.8 | 40 | 160 | 53.2 |
| 8 | 63 | 252 | 83.8 | 40 | 160 | 53.2 |
| 10 | 63 | 252 | 83.8 | 40 | 160 | 53.2 |
| 12 | 63 | 252 | 83.8 | 40 | 160 | 53.2 |
| 16 | 40 | 160 | 53.2 | 40 | 160 | 53.2 |
| 20 | 40 | 160 | 53.2 | 40 | 160 | 53.2 |
| 25 | 40 | 160 | 53.2 | 31.5 | 126 | 41.9 |
| 28 | 40 | 160 | 53.2 | 31.5 | 126 | 41.9 |
| 30 | 25 | 100 | 33.2 | 25 | 100 | 33.2 |
| 35 | 25 | 100 | 33.2 | 25 | 100 | 33.2 |
| 38 | 25 | 100 | 33.2 | 20 | 80 | 26.6 |
| 42 | 25 | 100 | 33.2 | 16 | 64 | 21.3 |
| 50 | 16 | 64 | 21.3 | 16 | 64 | 21.3 |

11.1.2 循环耐久性(脉冲)试验

对每一种柱端直通接头(ZZJ)、直角可调柱端接头(JTJ)、直角活动接头(JHJ)的每一档规格，抽 6 个样品进行试验。所有零件应在表 14 给出的各自的脉冲压力下通过 100 万次循环脉冲试验。

试验应用表 15 所示的最小扭矩值，施加扭矩前在螺纹及密封面应先用符合 GB/T 3141 黏度为 VG32 的液压油进行润滑。试验循环频率为 0.5 Hz～1.3 Hz，波形应符合 GB/T 5568，压力升高速度作相应调整。

11.1.3 **真空要求**

对每一种柱端直通接头(ZZJ)、直角活动接头(JHJ)的每一档规格,抽4个样品进行试验。

接头应在6.5 kPa的绝对真空压力下保持5 min无泄漏。

11.1.4 **过扭矩试验**

对每一档螺母(JLM)及直角活动接头(JHJ)的螺母的每一档规格,抽6个样品进行试验,应符合表15规定的过扭矩要求。

螺母应能承受过扭矩试验而无损坏,按表15规定的过扭矩拧紧螺母前,在螺纹及密封面应先用符合GB/T 3141黏度为VG32的液压油进行润滑。扭矩试验用的试验块不应有涂层并且硬度应达到40 HRC~45 HRC。试验期间,应将接头箝制住,扳手应放在螺母的螺纹末端处的六角上。

扭矩试验不合格的判定:

a) 松开后不能用手移动螺母;

b) 不能用手随意旋转螺母;

c) 不能用手将螺母退回到原来的位置;

d) 使螺母产生严重变形或有破裂而不能再使用。

**表15 扭矩要求**

| 平面密封端 | | | | 柱端 | |
|---|---|---|---|---|---|
| 管子外径/mm | 螺纹 | 扭矩(0,+10%)/(N·m) | 过扭矩/(N·m) | 螺纹 | 扭矩(0,+10%)/(N·m) |
| 6 | M12×1.5 | 10 | 20 | M10×1 | 20 |
| 6 | M14×1.5 | 18 | 50 | M12×1.5 | 35 |
| 8 | M16×1.5 | 26 | 55 | M14×1.5 | 45 |
| 10 | M18×1.5 | 36 | 75 | M16×1.5 | 55 |
| 12 | M22×1.5 | 61 | 120 | M18×1.5 | 70 |
| 16 | M27×1.5 | 88 | 150 | M22×1.5 | 100 |
| 20 | M30×1.5 | 110 | 155 | M27×2 | 170 |
| 25 | M36×2 | 156 | 300 | M33×2 | 310 |
| 28 | M39×2 | 180 | 360 | M33×2 | 310 |
| 30 | M42×2 | 216 | 370 | M42×2 | 330 |
| 35 | M45×2 | 228 | 450 | M42×2 | 330 |
| 38 | M52×2 | 271 | 660 | M48×2 | 420 |
| 42 | M60×2 | 350 | 980 | M60×2 | 500 |
| 50 | M64×2 | 420 | 1 050 | M60×2 | 500 |

11.1.5 **试验样品的处理**

用于脉冲试验、爆破试验或过扭矩试验的零件不应再作进一步的试验、使用或返为坯料。

11.2 **试验报告**

应就试验数据提出报告,报告的形式按附录A。

## 12 标志

除制造商和用户之间另有协议规定外,接头体和螺母应永久性的标有制造商名称或商标或代码标志。

## 13 标注说明(引用本标准)

决定遵守本标准时,建议制造商在试验报告、产品样本和销售文件中使用以下说明:

"O形圈平面密封接头的结构和尺寸符合JB/T 966—2005《用于流体传动和一般用途的金属管接头 O形圈平面密封接头》的规定"。

# 附 录 A
## （规范性附录）
## O形圈平面密封接头试验记录表

制造商：____________________ 试验装置：____________________
柱端型号：____________________ 螺纹：____________________
材料最小抗拉强度：____________________ MPa
工作压力(按表14)：____________________ MPa
脉冲压力(1.33×工作压力)：____________________ MPa
脉冲循环速率：____________________ Hz(脉冲循环次数100万次)
爆破压力(4×工作压力)：____________________ MPa
性能试验用的安装扭矩(按表15)：____________________ N·m

**试验结果**

**循环耐久性(脉冲)试验结果(试验的样品数至少为6件)**

| 样品编号 | 失效时已循环次数 | 失效型式 |
|---|---|---|
| 1 | ____________ | ____________ |
| 2 | ____________ | ____________ |
| 3 | ____________ | ____________ |
| 4 | ____________ | ____________ |
| 5 | ____________ | ____________ |
| 6 | ____________ | ____________ |

**爆破试验结果(试验的样品数至少为3件)**

| 样品编号 | 螺母硬度 | 失效时的压力 | 失效型式 |
|---|---|---|---|
| 1 | ________HRB/C | ________ MPa | ____________ |
| 2 | ________HRB/C | ________ MPa | ____________ |
| 3 | ________HRB/C | ________ MPa | ____________ |

**过扭矩试验结果(试验的样品数至少为6件)**

| 样品编号 | 螺母硬度 | 失效时扭矩 | 失效型式 |
|---|---|---|---|
| 1 | ________HRB/C | ________ N·m | ____________ |
| 2 | ________HRB/C | ________ N·m | ____________ |
| 3 | ________HRB/C | ________ N·m | ____________ |
| 4 | ________HRB/C | ________ N·m | ____________ |
| 5 | ________HRB/C | ________ N·m | ____________ |
| 6 | ________HRB/C | ________ N·m | ____________ |

**真空试验结果(试验的样品数至少为4件)**

| 样品编号 | 温度 | 试验压力 | 失效型式 |
|---|---|---|---|
| 1 | ________℃ | ________kPa 绝对值 | ________ |
| 2 | ________℃ | ________kPa 绝对值 | ________ |
| 3 | ________℃ | ________kPa 绝对值 | ________ |
| 4 | ________℃ | ________kPa 绝对值 | ________ |

结论:________

尺寸(列出任何异常):________

报告人:________

日期:________

# 附　录　B
（资料性附录）
# O形圈平面密封接头修订前后对照表

B.1　O形圈平面密封接头修订前后对照见表B.1。

表B.1　O形圈平面密封接头修订前后对照表

| 原标准 | | 对应本标准中条款或图示 |
|---|---|---|
| 标准编号 | 标准名称 | |
| JB/T 966—1977 | 焊接式端直通管接头 | 由图17柱端直通接头ZZJ、图4连接螺母JLM、图3焊接接管HJG组成 |
| JB/T 967—1967 | 直角型附接螺纹管接头 | 由图19直角可调柱端接头JTJ、图4连接螺母JLM、图3焊接接管HJG组成 |
| JB/T 968—1967 | L型附接螺纹管接头 | 由图21三通主支可调柱端接头SZT、图4连接螺母JLM、图3焊接接管HJG组成 |
| JB/T 969—1967 | T型附接螺纹管接头 | 由图20三通分支可调柱端接头SFT、图4连接螺母JLM、图3焊接接管HJG组成 |
| JB/T 970—1977 | 焊接式直通管接头 | 由图30直通焊接接头ZWJ、图4连接螺母JLM、图3焊接接管HJG组成 |
| JB/T 971—1977 | 焊接式直角管接头 | 由图31直角焊接接头JWJ、图4连接螺母JLM、图3焊接接管HJG组成 |
| JB/T 972—1977 | 焊接式三通管接头 | 由图7三通接头SAJ、图4连接螺母JLM、图3焊接接管HJG组成 |
| JB/T 973—1977 | 焊接式四通管接头 | 由图8四通接头SIJ、图4连接螺母JLM、图3焊接接管HJG组成 |
| JB/T 974—1977 | 焊接式隔壁直通管接头 | 由图9直通隔板接头ZGJ、图4连接螺母JLM、图3焊接接管HJG、图15扁螺母BLM、图16垫圈DQG组成 |
| JB/T 975—1977 | 焊接式隔壁直角管接头 | 由图10直角隔板接头JGJ、图4连接螺母JLM、图3焊接接管HJG、图15扁螺母BLM、图16垫圈DQG组成 |
| JB/T 977—1977 | 焊接式分管管接头 | — |
| JB/T 981—1977 | 焊接管接头用螺母 | 图4连接螺母JLM |
| JB/T 984—1977 | 焊接式端直通管接头体 | 图17柱端直通接头ZZJ |
| JB/T 987—1977 | T型附接螺纹管接头体尺寸 | 图20三通分支可调柱端接头SFT |
| JB/T 988—1977 | 焊接式直通管接头体 | 图30直通焊接接头ZWJ |
| JB/T 989—1977 | 焊接式直角管接头体 | 图31直角焊接接头JWJ |
| JB/T 990—1977 | 焊接式三通管接头体 | 图7三通接头SAJ |
| JB/T 991—1977 | 焊接式四通管接头体 | 图8四通接头SIJ |
| JB/T 992—1977 | 焊接式隔壁直通管接头体 | 图9直通隔板接头ZGJ |
| JB/T 993—1977 | 焊接式隔壁直角管接头体 | 图10直角隔板接头JGJ |
| JB/T 994—1977 | 管接头用小六角扁螺母 | 图15扁螺母BLM |

**表 B.1(续)**

| 原标准 | | 对应本标准中条款或图示 |
|---|---|---|
| 标准编号 | 标准名称 | |
| JB/T 997—1977 | 焊接式分管管接头体 | — |
| JB/T 1002—1977 | 密封垫圈 | 图 16 垫圈 DQG |
| JB/T 1003—1977 | 焊接管接头、螺母、螺塞、垫圈技术条件 | 第 5 章～第 13 章 |
| JB/T 1883—1977 | 焊接式端直通长管接头 | — |
| JB/T 1884—1977 | 焊接式端直通长管接头体 | — |
| JB/T 2099—1977 | 焊接式管接头接管 | 图 3 焊接接管 HJG |
| 无 | | 图 5 直角接头 ZTJ |
| 无 | | 图 6 直角接头 ZJJ |
| 无 | | 图 11 的 45°隔板接头 4GJ |
| 无 | | 图 12 三通分支隔板接头 SFG |
| 无 | | 图 13 三通主支隔板接头 SZG |
| 无 | | 图 18 的 45°可调柱端接头 4TJ |
| 无 | | 图 26 直角活动接头 JHJ |
| 无 | | 图 27 三通分支活动接头 SFH |
| 无 | | 图 28 三通主支活动接头 SZH |

# 附　录　C
（资料性附录）
# 柱 端 资 料

## C.1　普通螺纹组合垫密封柱端

该柱端按 DIN 3852 的第 1 部分中的 A 型。结构如图 C.1 所示。

## C.2　普通螺纹胶垫密封柱端

该柱端按 ISO 9974-2，即 E 型。结构如图 C.2 所示。

## C.3　55°非密封管螺纹组合垫密封柱端

该柱端按 DIN 3852 的第 2 部分中的 A 型。结构如图 C.1 所示。

## C.4　55°非密封管螺纹胶垫密封柱端

该柱端按 DIN 3852 的第 11 部分，55°密封管螺纹 E 型。结构如图 C.2 所示。

## C.5　柱端选用

上述柱端一般只适用于柱端直通接头。选用上述柱端时，应由制造商和用户协商确定，且压力要求、扭矩要求等均应改变。

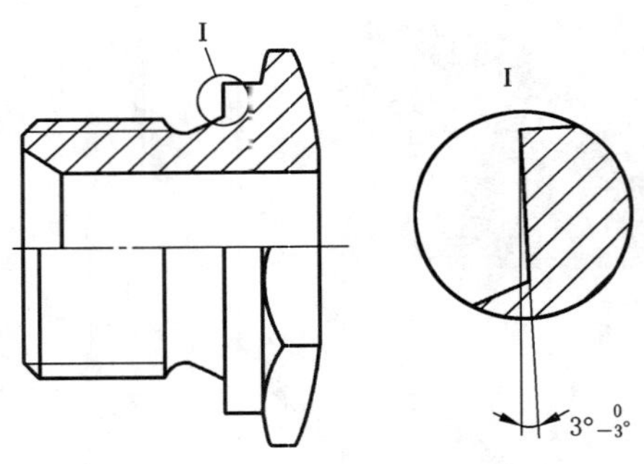


图 C.1　A 型柱端

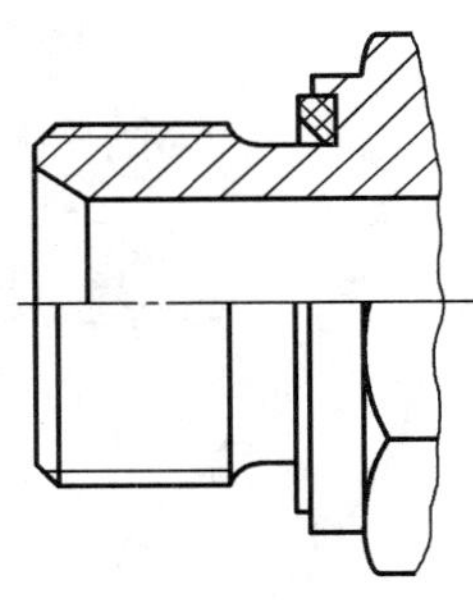

图 C.2　E 型柱端

ICS 23.060.40
J 15
备案号：44167—2014

# 中华人民共和国机械行业标准

JB/T 978—2013
代替 JB/T 978—1977 等

# 焊接连接铰接管接头

**Banjo weld connector**

2013-12-31 发布　　　　2014-07-01 实施

中华人民共和国工业和信息化部　发布

# 前　言

本标准按照 GB/T 1.1—2009 给出的规则起草。

本标准代替 JB/T 978—1977《焊接式铰接管接头》、JB/T 998—1977《焊接式铰接管接头体》和 JB/T 999—1977《管接头用铰接螺栓》，与以上标准相比主要技术变化如下：

——修改了标准中英文名称；

——增加了最大工作压力和工作温度；

——增加了标记、技术要求、性能试验、采购信息及标志等技术内容。

本标准由中国机械工业联合会提出。

本标准由全国管路附件标准化技术委员会(SAC/TC237)归口。

本标准起草单位：嘉兴迈思特管件制造有限公司、中机生产力促进中心、建湖县特佳液压管件有限公司、海盐管件制造有限公司、海盐高博管件有限公司、海盐县海管管件制造有限公司。

本标准主要起草人：冯峰、陶忠明、耿志学、左学俊、阮浩丰、周剑飞、刘向东。

本标准所代替标准的历次版本发布情况为：

——JB/T 978—1967、JB/T 978—1977。

——JB/T 998—1967、JB/T 998—1977。

——JB/T 999—1967、JB/T 999—1977。

# 焊接连接铰接管接头

## 1 范围

本标准规定了焊接连接铰接管接头的型式与尺寸、标记、技术要求、性能试验、采购信息及标志。

木标准适用于管子外径为 10 mm～28 mm、最大工作压力不超过 32 MPa、工作温度为 −40 ℃～100 ℃的液压流体传动和一般用途的管路系统。

## 2 规范性引用文件

下列文件对于本文件的应用是必不可少的。凡是注日期的引用文件，仅注日期的版本适用于本文件。凡是不注日期的引用文件，其最新版木(包括所有的修改单)适用于本文件。

GB/T 3 普通螺纹收尾、肩距、退刀槽和倒角

GB/T 193 普通螺纹 直径与螺距系列

GB/T 197 普通螺纹 公差

GB/T 699 优质碳素结构钢

GB/T 3141 工业液体润滑剂 ISO 粘度分类

GB/T 7307 55°非密封管螺纹

GB/T 7631.2 润滑剂、工业用油和相关产品(L 类)的分类 第 2 部分：H 组(液压系统)

GB/T 19674.2 液压管接头用螺纹油口和柱端—填料密封柱端(A 型和 E 型)

## 3 型式与尺寸

3.1 焊接连接铰接管接头及接头体的型式与尺寸应符合图 1 和表 1 的规定。

3.2 焊接连接铰接管接头用铰接螺栓的型式与尺寸应符合图 2 和表 2 的规定。

**表 1 焊接连接铰接管接头的尺寸**

单位为毫米

| 最大工作压力 | 管子外径 $D_0$ | $d$ | | $d_0$ | $d_1$ | $d_2$ | $d_3$ | $d_4$ | | $L$ | $L_1$ | $L_2$ | $L_3$ | $L_4$ | $H$ | $r$ |
|---|---|---|---|---|---|---|---|---|---|---|---|---|---|---|---|---|
| | | | | | | | | 基本尺寸 | 极限偏差 | | | | | | | |
| 32 MPa | 10 | M10×1 | G1/8 | 6 | 11 | 13 | 22 | 10 | $^{+0.20}_{0}$ | 23 | 7 | 8.5 | 15 | 8 | 13 | 1.5 |
| | 14 | M14×1.5 | G1/4 | 10 | 16 | 19 | 28 | 14 | $^{+0.24}_{0}$ | 29 | 11 | 11 | 20 | 10 | 18 | 2 |
| | 18 | M18×1.5 | G3/8 | 12 | 19 | 25 | 36 | 18 | $^{+0.24}_{0}$ | 34 | 15 | 13 | 25 | 12 | 22 | 2 |
| | 22 | M22×1.5 | G1/2 | 15 | 22 | 30 | 46 | 22 | $^{+0.28}_{0}$ | 43 | 19 | 17 | 30 | 14 | 30 | 2 |
| | 28 | M27×1 | G3/4 | 20 | 28 | 37 | 56 | 27 | | 50 | 22 | 20 | 35 | 15 | 36 | 4 |

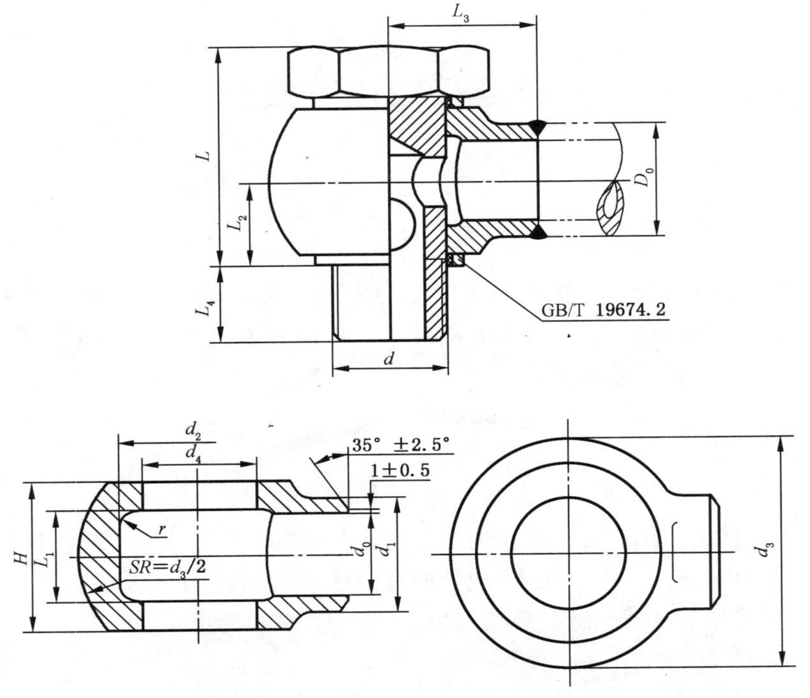


图 1　焊接连接铰接管接头

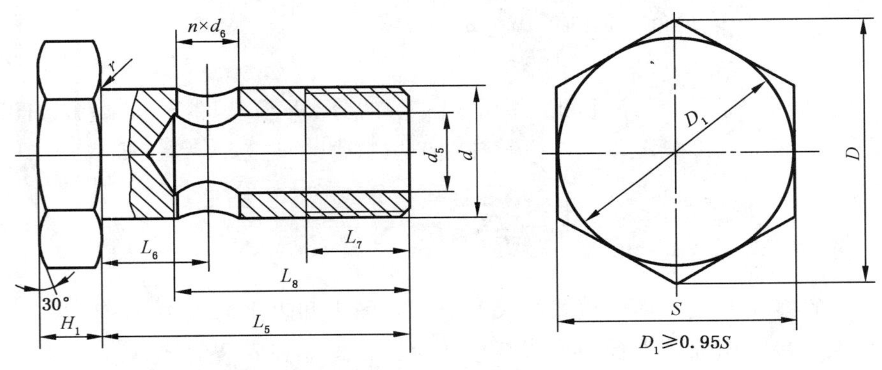


图 2　焊接连接铰接管接头铰接螺栓

表 2　焊接连接铰接管接头铰接螺栓的尺寸

单位为毫米

| 最大工作压力 | 管子外径 $D_0$ | $d$ | | $d_5$ | $d_6$ | $n$ | $H_1$ | $S$ | | $L_5$ | $L_6$ | $L_7$ | $L_8$ | $D$ | $r$ |
|---|---|---|---|---|---|---|---|---|---|---|---|---|---|---|---|
| | | | | | | | | 基本尺寸 | 极限偏差 | | | | | | |
| 32 MPa | 10 | M10×1 | G1/8 | 4 | 4 | 2 | 6 | 17 | 0<br>−0.24 | 25 | 9 | 11 | 19 | 19.6 | 0.5 |
| | 14 | M14×1.5 | G1/4 | 8 | 7 | 2 | 7 | 19 | 0<br>−0.28 | 32 | 11 | 14 | 25 | 21.9 | 0.8 |
| | 18 | M18×1.5 | G3/8 | 11 | 9 | 2 | 8 | 24 | | 38 | 14 | 16 | 30 | 27.9 | 0.8 |
| | 22 | M22×1.5 | G1/2 | 14 | 12 | 2 | 9 | 30 | 0<br>−0.34 | 48 | 17 | 18 | 39 | 34.6 | 1 |
| | 28 | M27×1 | G3/4 | 18 | 14 | 2 | 10 | 36 | | 55 | 21 | 20 | 43 | 41.6 | 1.2 |

## 4　标记

### 4.1　标记方法

除供需双方规定外，焊接连接铰接管接头、接头体及铰接螺栓标记内容如下：

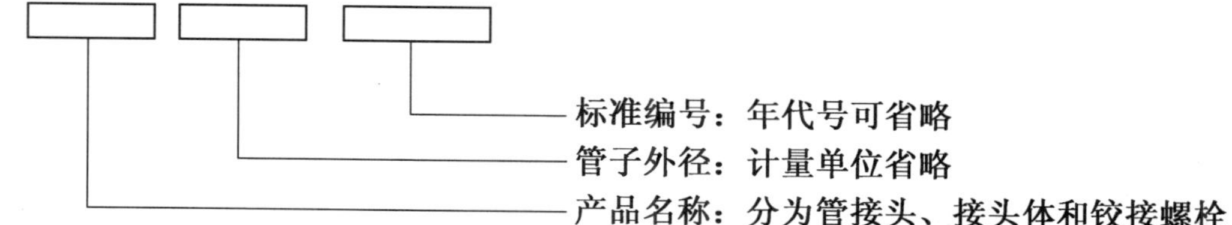


### 4.2 标记示例

管子外径为 28 mm 的焊接连接铰接管接头：

管接头　28　JB/T 978

管子外径为 28 mm 的焊接连接铰接管接头接头体：

接头体　28　JB/T 978

与管子外径为 28 mm 的焊接连接铰接管接头配合使用的铰接螺栓：

铰接螺栓　28　JB/T 978

## 5 技术要求

### 5.1 材料

接头体和铰接螺栓的材料推荐按表 3 选用，如选用其他材料，应由供需双方协商确定。

**表 3　接头体等零件推荐材料**

| 零件名称 | 抗拉强度/MPa | 材料牌号 | 标准编号 |
|---|---|---|---|
| 管接头体 | ≥410 | 20、35 | GB/T 699 |
| 铰接螺栓 | ≥530 | 35、45 | GB/T 699 |

### 5.2 尺寸公差

标准中规定的尺寸是指包括镀层或表面处理层厚度在内的成品尺寸，所有没有标注公差的未注尺寸公差为±0.4 mm，柱端螺纹中径对密封端面的垂直度公差为 0.10 mm；接头体上下平面的平行度公差为 0.05 mm。

### 5.3 螺纹

5.3.1　普通螺纹应符合 GB/T 193 的规定，外螺纹公差带应符合 GB/T 197 的 6 g 规定。螺纹收尾、肩距、退刀槽应符合 GB/T 3 的规定。电镀后，外螺纹用 6 h 级通规验收。

5.3.2　55°非密封管螺纹应符合 GB/T 7307 的规定，外螺纹公差等级为 A 级，端面应倒角。

### 5.4 制造质量

接头体和配件不应有裂纹、气孔、毛刺、锐边等缺陷。不进行机械加工的零件表面允许有不超过其尺寸公差一半的凹陷和压痕。未标注要求的所有机械加工表面的粗糙度 $Ra \leqslant 6.3\ \mu m$。所有未注棱边应倒钝角，倒角尺寸应不大于 0.15 mm。

### 5.5 表面处理

如果供需双方没有其他协议，所有碳钢零件的表面均做氧化处理，需焊接的零件应经其他不影响焊接的防锈处理。

## 6 性能试验

### 6.1 一般要求

当改变加工工艺或原材料变动时，制造商应对管接头做型式试验。型式试验分为气密性试验和耐压试验。

型式试验具有一定的危险性，在进行试验时，必须严格遵守相应的安全防护措施，特别需防范爆裂、细喷（能穿透皮肤）和气体膨胀造成的能量释放。为了降低气体膨胀能量释放的危险性，在进行耐压试验时，加压前应排放尽试验样件中的空气。试验人员需经过适当培训。

### 6.2 试验介质

气密性试验流体介质应采用空气、氮气或氦气。耐压试验流体介质应采用符合 GB/T 7631.2 要求的粘度不大于 GB/T 3141 规定的 VG 32 液压油（如 HM）或水。除非另有规定，所有试验用流体介质温度应在 15 ℃～80 ℃之间。

### 6.3 气密性试验

管接头应通过泄漏试验，将组装好的管接头试验组件浸没在水中，加压至 4.8 MPa。保压 3 min，观察是否有气泡冒出。应在测试报告中明确注明测试流体介质是空气、氮气或氦气。

通过本试验的零件可继续用于耐压试验，但不得投入实际使用。

### 6.4 耐压试验

管接头试验组件应能在 64 MPa 的工作压力下（升压速度每秒不得超过最大工作压力值的 16%）保压 1 min 而不产生渗漏、破裂或拔脱。应在测试报告中明确注明测试流体介质是油或水。

通过本试验的零件不得投入实际使用。

## 7 采购信息

采购方询价和订货时应提供如下信息：

a) 管接头或接头体及配件的名称；
b) 管接头或接头体及配件的材料；
c) 被连接管的材料和规格；
d) 传输的介质；
e) 工作压力；
f) 介质工作温度范围；
g) 环境温度范围。

## 8 标志

除供需双方另有协议外，接头体、铰接螺栓应有永久性的制造商名、商标或代码等标记。

标志的位置不应影响零件的性能和表面保护层，其字迹或符号应清晰；标志的大小和方法由制造商确定。

---

ICS 23.040.60
J 15
备案号:20241—2007

# 中华人民共和国机械行业标准

JB/T 6142.1—2007
代替 JB/T 6142.1—1992

# 锥密封钢丝编织胶管总成

# Wire braiding rubber hose assembly with sealing cone

2007-03-06 发布

2007-09-01 实施

中华人民共和国国家发展和改革委员会　发布

# 前　言

JB/T 6142《锥密封钢丝编织胶管总成》按连接型式分为四个部分：

——第1部分：锥密封钢丝编织胶管总成；

——第2部分：锥密封90°钢丝编织胶管总成；

——第3部分：锥密封双90°钢丝编织胶管总成；

——第4部分：锥密封45°钢丝编织胶管总成。

本部分是JB/T 6142的第1部分。

本部分代替JB/T 6142.1—1992《锥密封钢丝编织胶管总成》。

本部分与JB/T 6142.1—1992相比，技术内容没有变动，仅做了编辑性的修改。

本部分由中国机械工业工业联合会提出。

本部分由机械工业冶金设备标准化技术委员会归口。

本部分起草单位：西安重型机械研究所。

本部分主要起草人：韩建平、张启明。

本部分所代替标准的历次版本发布情况为：

——JB/T 6142.1—1992。

# 锥密封钢丝编织胶管总成

## 1 范围

JB/T 6142 的本部分规定了锥密封钢丝编织胶管总成的分类和技术条件。

本部分适用于油、水为介质的锥密封钢丝编织胶管总成。介质温度:－40 ℃～＋100 ℃。

本部分与 JB/T 6144.1、JB/T 6144.2、JB/T 6144.3、JB/T 6144.4 和 JB/T 6144.5 配套使用。

## 2 规范性引用文件

下列文件中的条款通过 JB/T 6142 的本部分的引用而成为本部分的条款。凡是注日期的引用文件,其随后所有的修改单(不包括勘误的内容)或修订版均不适用于本部分,然而,鼓励根据本部分达成协议的各方研究是否可使用这些文件的最新版本。凡是不注日期的引用文件,其最新版本适用于本部分。

GB/T 3452.1—2005 液压气动用 O 形橡胶密封圈 第 1 部分:尺寸系列及公差(ISO 3601-1:2002,MOD)

JB/T 6144.1 锥密封胶管总成 锥接头

JB/T 6144.2 锥密封胶管总成 55°非密封管螺纹锥接头

JB/T 6144.3 锥密封胶管总成 55°密封管螺纹锥接头

JB/T 6144.4 锥密封胶管总成 60°密封管螺纹锥接头

JB/T 6144.5 锥密封胶管总成 焊接锥接头

JB/T 6145—2007 钢丝、棉线编织胶管总成 技术条件

## 3 产品分类

3.1 锥密封钢丝编织胶管总成的尺寸参数按图 1 和表 1 的规定。

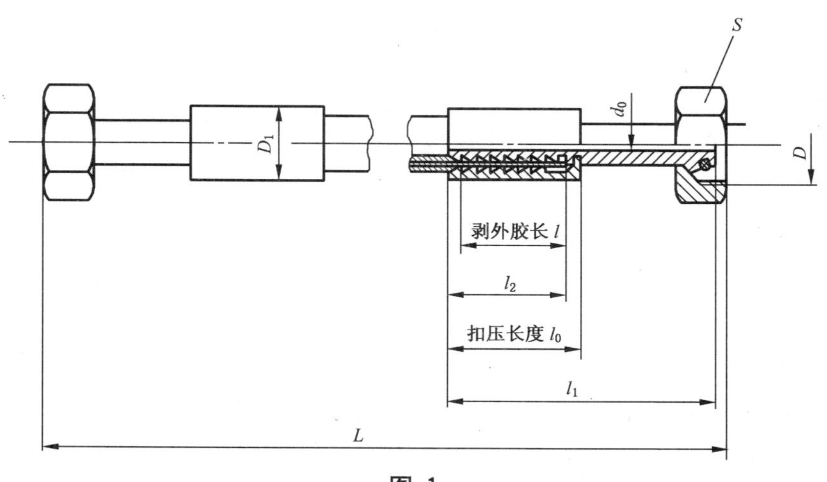


图 1

表 1

mm

| 胶管内径 | 公称通径 DN | 工作压力/MPa | | | 增强层外径 | | | 扣压直径 $D_1$ | | | $d_0$ | $D$ | $S$ | $l_0$ | $l$ | $l_1$ | $l_2$ | GB/T 3452.1 O形橡胶密封圈 $d_1 \times d_2$ | 两端质量/kg | | |
|---|---|---|---|---|---|---|---|---|---|---|---|---|---|---|---|---|---|---|---|---|---|
| | | Ⅰ | Ⅱ | Ⅲ | Ⅰ max | Ⅱ max | Ⅲ max | Ⅰ | Ⅱ | Ⅲ | | | | | | | | | Ⅰ | Ⅱ | Ⅲ |
| 5 | 4 | 21 | 37 | 45 | 10.1 | 11.7 | 13.5 | 15 | 16.7 | 18.5 | 2.5 | M16×1.5 | 21 | 26 | 18 | 53 | 22 | 6.3×1.8 | 0.14 | 0.16 | 0.18 |
| 6.3 | 6 | 20 | 35 | 40 | 11.7 | 13.3 | 15.1 | 17 | 18.7 | 20.5 | 3.5 | M18×1.5 | 24 | 37 | 25 | 65 | 31 | 8.5×1.8 | 0.20 | 0.22 | 0.24 |
| 8 | 8 | 17.5 | 30 | 33 | 13.3 | 14.9 | 16.7 | 19 | 20.7 | 22.5 | 5 | M20×1.5 | 24 | 38 | 25 | 68 | 32 | 10.6×1.8 | 0.28 | 0.30 | 0.32 |
| 10 | 10 | 16 | 28 | 31 | 15.7 | 17.3 | 19.1 | 21 | 22.7 | 24.5 | 7 | M22×1.5 | 27 | 38 | 25 | 69 | 32 | 12.5×1.8 | 0.34 | 0.36 | 0.38 |
| 12.5 | 10 | 14 | 25 | 27 | 19.1 | 20.7 | 22.5 | 25.2 | 28 | 29.5 | 8 | M24×1.5 | 30 | 44 | 30 | 76 | 38 | 13.2×2.65 | 0.46 | 0.50 | 0.56 |
| 16 | 15 | 10.5 | 20 | 22 | 22.2 | 23.8 | 25.6 | 28.2 | 31 | 32.5 | 10 | M30×2 | 36 | 44 | 30 | 82 | 38 | 17.0×2.65 | 0.60 | 0.64 | 0.68 |
| 19 | 20 | 9 | 16 | 18 | 26.2 | 27.8 | 29.6 | 31.2 | 34 | 35.5 | 13 | M33×2 | 41 | 50 | 35 | 88 | 44 | 19.0×2.65 | 0.78 | 0.84 | 0.90 |
| 22 | 20 | 8 | 14 | 16 | 29.4 | 31.0 | 32.8 | 34.2 | 37 | 38.5 | 17 | M36×2 | 46 | 50 | 35 | 92 | 44 | 22.4×2.65 | 1.10 | 1.12 | 1.14 |
| 25 | 25 | 7 | 13 | 15 | 33.0 | 34.8 | 36.6 | 38.2 | 40 | 41.5 | 19 | M42×2 | 50 | 54 | 38 | 100 | 46 | 26.5×3.55 | 1.32 | 1.34 | 1.38 |
| 31.5 | 32 | 4.4 | 11 | 12 | 39.7 | 41.5 | 43.3 | 46.5 | 48 | 49.5 | 24 | M52×2 | 60 | 60 | 44 | 115 | 52 | 34.5×3.55 | 1.64 | 1.66 | 1.68 |
| 38 | 40 | 3.5 | 9 | — | 46.1 | 47.9 | — | 52.5 | 54 | — | 30 | M56×2 | 65 | 64 | 49 | 120 | 56 | 37.5×3.55 | 2.00 | 2.10 | — |
| 51 | 50 | 2.6 | 8 | — | 59.0 | 60.8 | — | 67.0 | 68.5 | — | 40 | M64×2 | 75 | 75 | 59 | 145 | 67 | 47.5×3.55 | 3.90 | 4.00 | — |

注：总成推荐长度 $L$ 及公差见 JB/T 6145—2007 的附录 A。

3.2　产品标记方法

3.3　标记示例

胶管内径为 6.3 mm，总成长度 $L$＝1 000 mm 的锥密封Ⅲ层钢丝编织胶管总成：

胶管总成　6.3Ⅲ-1000　JB/T 6142.1—2007

## 4　技术条件

技术条件按 JB/T 6145 的规定。

ICS 23.040.60
J 15
备案号:20242—2007

# 中华人民共和国机械行业标准

JB/T 6142.2—2007
代替 JB/T 6142.2—1992

# 锥密封 90°钢丝编织胶管总成

## Wire braiding rubber hose assembly with sealing cone 90° angular connecting

2007-03-06 发布　　2007-09-01 实施

中华人民共和国国家发展和改革委员会　发布

# 前　言

JB/T 6142《锥密封钢丝编织胶管总成》按连接型式分为四个部分：

——第1部分：锥密封钢丝编织胶管总成；

——第2部分：锥密封90°钢丝编织胶管总成；

——第3部分：锥密封双90°钢丝编织胶管总成；

——第4部分：锥密封45°钢丝编织胶管总成。

本部分是JB/T 6142的第2部分。

本部分代替JB/T 6142.2—1992《锥密封90°钢丝编织胶管总成》。

本部分与JB/T 6142.2—1992相比，技术内容没有变动，仅做了编辑性的修改。

本部分由中国机械工业联合会提出。

本部分由机械工业冶金设备标准化技术委员会归口。

本部分起草单位：西安重型机械研究所。

本部分主要起草人：韩建平、张启明。

本部分所代替标准的历次版本发布情况为：

——JB/T 6142.2—1992。

# 锥密封 90°钢丝编织胶管总成

## 1 范围

JB/T 6142 的本部分规定了锥密封 90°钢丝编织胶管总成的分类和技术条件。

本部分适用于油、水为介质的锥密封 90°钢丝编织胶管总成。介质温度：−40 ℃～＋100 ℃。

本部分与 JB/T 6144.1、JB/T 6144.2、JB/T 6144.3、JB/T 6144.4 和 JB/T 6144.5 配套使用。

## 2 规范性引用文件

下列文件中的条款通过 JB/T 6142 的本部分的引用而成为本部分的条款。凡是注日期的引用文件，其随后所有的修改单(不包括勘误的内容)或修订版均不适用于本部分，然而，鼓励根据本部分达成协议的各方研究是否可使用这些文件的最新版本。凡是不注日期的引用文件，其最新版本适用于本部分。

GB/T 3452.1—2005 液压气动用 O 形橡胶密封圈 第 1 部分：尺寸系列及公差(ISO 3601-1：2002，MOD)

JB/T 6144.1 锥密封胶管总成 锥接头

JB/T 6144.2 锥密封胶管总成 55°非密封管螺纹锥接头

JB/T 6144.3 锥密封胶管总成 55°密封管螺纹锥接头

JB/T 6144.4 锥密封胶管总成 60°密封管螺纹锥接头

JB/T 6144.5 锥密封胶管总成 焊接锥接头

JB/T 6145—2007 钢丝、棉线编织胶管总成 技术条件

## 3 产品分类

3.1 锥密封 90°钢丝编织胶管总成的尺寸参数按图 1 和表 1 的规定。

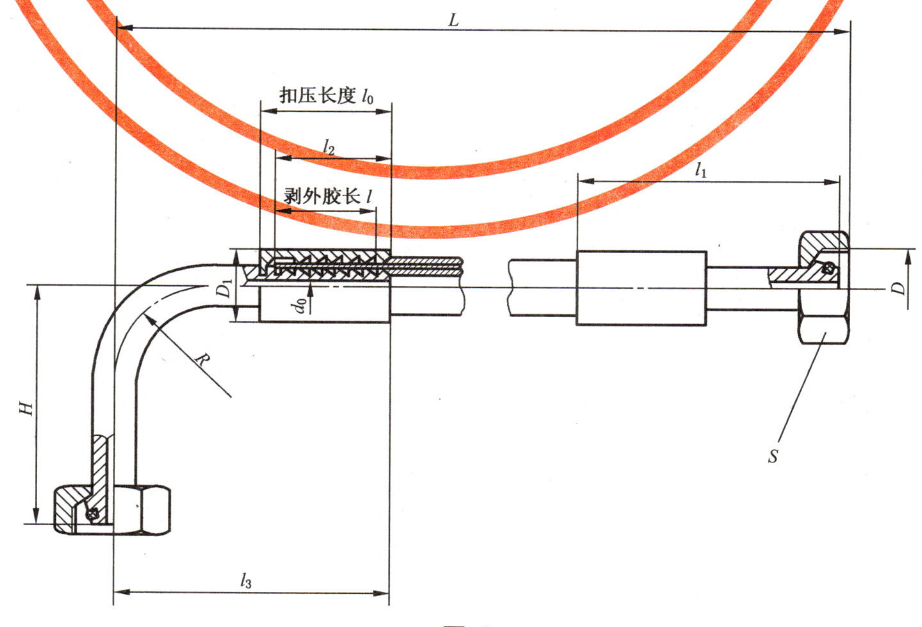


图 1

**表 1**

mm

| 胶管内径 | 公称通径 DN | 工作压力/MPa | | | 增强层外径 | | | 扣压直径 $D_1$ | | | $d_0$ | $D$ | $S$ | $l_0$ | $l$ | $l_1$ | $l_2$ | $l_3$ | $R$ | $H$ | GB/T 3452.1 O形橡胶密封圈 $d_1 \times d_2$ | 两端质量/kg | | |
|---|---|---|---|---|---|---|---|---|---|---|---|---|---|---|---|---|---|---|---|---|---|---|---|---|
| | | | | | Ⅰ | Ⅱ | Ⅲ | | | | | | | | | | | | | | | | | |
| | | Ⅰ | Ⅱ | Ⅲ | max | max | max | Ⅰ | Ⅱ | Ⅲ | | | | | | | | | | | | Ⅰ | Ⅱ | Ⅲ |
| 5 | 4 | 21 | 37 | 45 | 10.1 | 11.7 | 13.5 | 15 | 16.7 | 18.5 | 2.5 | M16×1.5 | 21 | 26 | 18 | 53 | 22 | 55 | 20 | 50 | 6.3×1.8 | 0.16 | 0.18 | 0.20 |
| 6.3 | 6 | 20 | 35 | 40 | 11.7 | 13.3 | 15.1 | 17 | 18.7 | 20.5 | 3.5 | M18×1.5 | 24 | 37 | 25 | 65 | 31 | 70 | 20 | 50 | 8.5×1.8 | 0.18 | 0.20 | 0.22 |
| 8 | 8 | 17.5 | 30 | 33 | 13.3 | 14.9 | 16.7 | 19 | 20.7 | 22.5 | 5 | M20×1.5 | 24 | 38 | 25 | 68 | 32 | 75 | 24 | 55 | 10.6×1.8 | 0.32 | 0.34 | 0.36 |
| 10 | 10 | 16 | 28 | 31 | 15.7 | 17.3 | 19.1 | 21 | 22.7 | 24.5 | 7 | M22×1.5 | 27 | 38 | 25 | 69 | 32 | 80 | 28 | 60 | 12.5×1.8 | 0.44 | 0.45 | 0.46 |
| 12.5 | 10 | 14 | 25 | 27 | 19.1 | 20.7 | 22.5 | 25.2 | 28 | 29.5 | 8 | M24×1.5 | 30 | 44 | 30 | 76 | 38 | 90 | 32 | 65 | 13.2×2.65 | 0.49 | 0.51 | 0.54 |
| 16 | 15 | 10.5 | 20 | 22 | 22.2 | 23.8 | 25.6 | 28.2 | 31 | 32.5 | 10 | M30×2 | 36 | 44 | 30 | 82 | 38 | 105 | 45 | 85 | 17.0×2.65 | 0.60 | 0.62 | 0.64 |
| 19 | 20 | 9 | 16 | 18 | 26.2 | 27.8 | 29.6 | 31.2 | 34 | 35.5 | 13 | M33×2 | 41 | 50 | 35 | 88 | 44 | 115 | 50 | 90 | 19.0×2.65 | 0.85 | 0.88 | 0.90 |
| 22 | 20 | 8 | 14 | 16 | 29.4 | 31.0 | 32.8 | 34.2 | 37 | 38.5 | 17 | M36×2 | 46 | 50 | 35 | 92 | 44 | 125 | 57 | 100 | 22.4×2.65 | 1.30 | 1.33 | 1.35 |
| 25 | 25 | 7 | 13 | 15 | 33.0 | 34.8 | 36.6 | 38.2 | 40 | 41.5 | 19 | M42×2 | 50 | 54 | 38 | 100 | 46 | 145 | 72 | 120 | 26.5×3.55 | 1.75 | 1.78 | 1.82 |
| 31.5 | 32 | 4.4 | 11 | 12 | 39.7 | 41.5 | 43.3 | 46.5 | 48 | 49.5 | 24 | M52×2 | 60 | 60 | 44 | 115 | 52 | 175 | 90 | 145 | 34.5×3.55 | 2.05 | 2.08 | 2.10 |
| 38 | 40 | 3.5 | 9 | — | 46.1 | 47.9 | — | 52.5 | 54 | — | 30 | M56×2 | 65 | 64 | 49 | 120 | 56 | 185 | 95 | 155 | 37.5×3.55 | 3.05 | 3.15 | — |
| 51 | 50 | 2.6 | 8 | — | 59.0 | 60.8 | — | 67.0 | 68.5 | — | 40 | M64×2 | 75 | 75 | 59 | 145 | 67 | 230 | 125 | 200 | 47.5×3.55 | 6.10 | 6.20 | — |

注：总成推荐长度 $L$ 及公差见 JB/T 6145—2007 的附录 A。

3.2 产品标记方法

3.3 标记示例

胶管内径为 6.3 mm,总成长度 $L$=1 000 mm 的锥密封 90°Ⅲ层钢丝编织胶管总成:

胶管总成 6.3Ⅲ-1000 JB/T 6142.2—2007

## 4 技术条件

技术条件按 JB/T 6145 的规定。

ICS 23.040.60
J 15
备案号:20243—2007

# 中华人民共和国机械行业标准

JB/T 6142.3—2007
代替 JB/T 6142.3—1992

# 锥密封双 90°钢丝编织胶管总成

## Wire braiding rubber hose assembly with sealing cone double 90° angular connecting

2007-03-06 发布 2007-09-01 实施

中华人民共和国国家发展和改革委员会 发布

# 前　言

JB/T 6142《锥密封钢丝编织胶管总成》按连接型式分为四个部分：

——第1部分：锥密封钢丝编织胶管总成；

——第2部分：锥密封90°钢丝编织胶管总成；

——第3部分：锥密封双90°钢丝编织胶管总成；

——第4部分：锥密封45°钢丝编织胶管总成。

本部分是JB/T 6142的第3部分。

本部分代替JB/T 6142.3—1992《锥密封双90°钢丝编织胶管总成》。

本部分与JB/T 6142.3—1992相比，技术内容没有变动，仅做了编辑性的修改。

本部分由中国机械工业联合会提出。

本部分由机械工业冶金设备标准化技术委员会归口。

本部分起草单位：西安重型机械研究所。

本部分主要起草人：韩建平、张启明。

本部分所代替标准的历次版本发布情况为：

——JB/T 6142.3—1992。

# 锥密封双 90°钢丝编织胶管总成

## 1 范围

JB/T 6142 的本部分规定了锥密封双 90°钢丝编织胶管总成的分类和技术条件。

本部分适用于油、水为介质的锥密封双 90°钢丝编织胶管总成。介质温度：−40 ℃～+100 ℃。

本部分与 JB/T 6144.1、JB/T 6144.2、JB/T 6144.3、JB/T 6144.4 和 JB/T 6144.5 配套使用。

## 2 规范性引用文件

下列文件中的条款通过 JB/T 6142 的本部分的引用而成为本部分的条款。凡是注日期的引用文件，其随后所有的修改单(不包括勘误的内容)或修订版均不适用于本部分，然而，鼓励根据本部分达成协议的各方研究是否可使用这些文件的最新版本。凡是不注日期的引用文件，其最新版本适用于本部分。

GB/T 3452.1—2005 液压气动用 O 形橡胶密封圈 第 1 部分：尺寸系列及公差(ISO 3601-1：2002,MOD)

JB/T 6144.1 锥密封胶管总成 锥接头

JB/T 6144.2 锥密封胶管总成 55°非密封管螺纹锥接头

JB/T 6144.3 锥密封胶管总成 55°密封管螺纹锥接头

JB/T 6144.4 锥密封胶管总成 60°密封管螺纹锥接头

JB/T 6144.5 锥密封胶管总成 焊接锥接头

JB/T 6145—2007 钢丝、棉线编织胶管总成 技术条件

## 3 产品分类

3.1 锥密封双 90°钢丝编织胶管总成的尺寸参数按表 1 和图 1 的规定。

3.2 产品标记方法

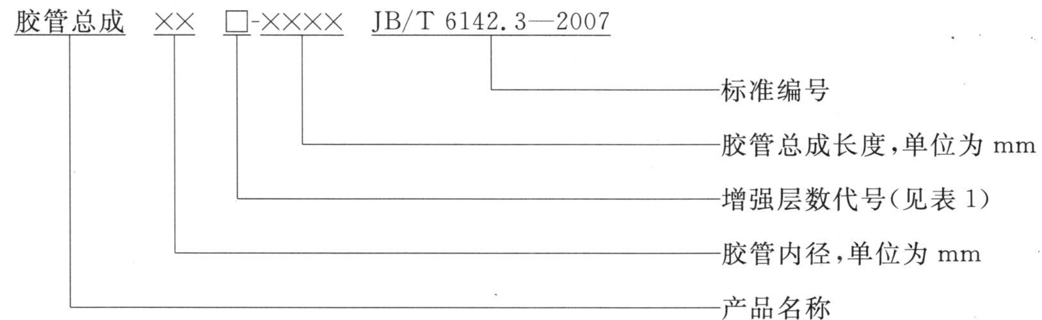


3.3 标记示例

胶管内径为 6.3 mm，总成长度 $L$=1 000 mm 的 A 型锥密封双 90°Ⅲ层钢丝编织胶管总成：

胶管总成 6.3AⅢ-1000 JB/T 6142.3—2007

表 1

mm

| 胶管内径 | 公称通径 DN | 工作压力/MPa | | | 增强层外径 | | | 扣压直径 $D_1$ | | | $d_0$ | $D$ | $S$ | $l_0$ | $l$ | $l_2$ | $l_3$ | $R$ | $H$ | GB/T 3452.1 O形橡胶密封圈 $d_1 \times d_2$ | 两端质量/kg | | |
|---|---|---|---|---|---|---|---|---|---|---|---|---|---|---|---|---|---|---|---|---|---|---|---|
| | | Ⅰ | Ⅱ | Ⅲ | Ⅰ max | Ⅱ max | Ⅲ max | Ⅰ | Ⅱ | Ⅲ | | | | | | | | | | | Ⅰ | Ⅱ | Ⅲ |
| 5 | 4 | 21 | 37 | 45 | 10.1 | 11.7 | 13.5 | 15 | 16.7 | 18.5 | 2.5 | M16×1.5 | 21 | 26 | 18 | 22 | 55 | 20 | 50 | 6.3×1.8 | 0.20 | 0.22 | 0.24 |
| 6.3 | 6 | 20 | 35 | 40 | 11.7 | 13.3 | 15.1 | 17 | 18.7 | 20.5 | 3.5 | M18×1.5 | 24 | 37 | 25 | 31 | 70 | 20 | 50 | 8.5×1.8 | 0.28 | 0.30 | 0.32 |
| 8 | 8 | 17.5 | 30 | 33 | 13.3 | 14.9 | 16.7 | 19 | 20.7 | 22.5 | 5 | M20×1.5 | 24 | 38 | 25 | 32 | 75 | 24 | 55 | 10.6×1.8 | 0.44 | 0.45 | 0.46 |
| 10 | 10 | 16 | 28 | 31 | 15.7 | 17.3 | 19.1 | 21 | 22.7 | 24.5 | 7 | M22×1.5 | 27 | 38 | 25 | 32 | 80 | 28 | 60 | 12.5×1.8 | 0.58 | 0.63 | 0.65 |
| 12.5 | 10 | 14 | 25 | 27 | 19.1 | 20.7 | 22.5 | 25.2 | 28 | 29.5 | 8 | M24×1.5 | 30 | 44 | 30 | 38 | 90 | 32 | 65 | 13.2×2.65 | 0.60 | 0.66 | 0.71 |
| 16 | 15 | 10.5 | 20 | 22 | 22.2 | 23.8 | 25.6 | 28.2 | 31 | 32.5 | 10 | M30×2 | 36 | 44 | 30 | 38 | 105 | 45 | 85 | 17.0×2.65 | 0.74 | 0.75 | 0.82 |
| 19 | 20 | 9 | 16 | 18 | 26.2 | 27.8 | 29.6 | 31.2 | 34 | 35.5 | 13 | M33×2 | 41 | 50 | 35 | 44 | 115 | 50 | 90 | 19.0×2.65 | 1.05 | 1.10 | 1.14 |
| 22 | 20 | 8 | 14 | 16 | 29.4 | 31.0 | 32.8 | 34.2 | 37 | 38.5 | 17 | M36×2 | 46 | 50 | 35 | 44 | 125 | 57 | 100 | 22.4×2.65 | 1.40 | 1.44 | 1.52 |
| 25 | 25 | 7 | 13 | 15 | 33.0 | 34.8 | 36.6 | 38.2 | 40 | 41.5 | 19 | M42×2 | 50 | 54 | 38 | 46 | 145 | 72 | 120 | 26.5×3.55 | 2.40 | 2.45 | 2.62 |
| 31.5 | 32 | 4.4 | 11 | 12 | 39.7 | 41.5 | 43.3 | 46.5 | 48 | 49.5 | 24 | M52×2 | 60 | 60 | 44 | 52 | 175 | 90 | 145 | 34.5×3.55 | 3.00 | 3.14 | 3.25 |
| 38 | 40 | 3.5 | 9 | — | 46.1 | 47.9 | — | 52.5 | 54 | — | 30 | M56×2 | 65 | 64 | 49 | 56 | 185 | 95 | 155 | 37.5×3.55 | 5.80 | 5.86 | — |
| 51 | 50 | 2.6 | 8 | — | 59.0 | 60.8 | — | 67.0 | 68.5 | — | 40 | M64×2 | 75 | 75 | 59 | 67 | 230 | 125 | 200 | 47.5×3.55 | 8.42 | 8.50 | — |

注：总成推荐长度 $L$ 及公差见 JB/T 6145—2007 的附录 A。

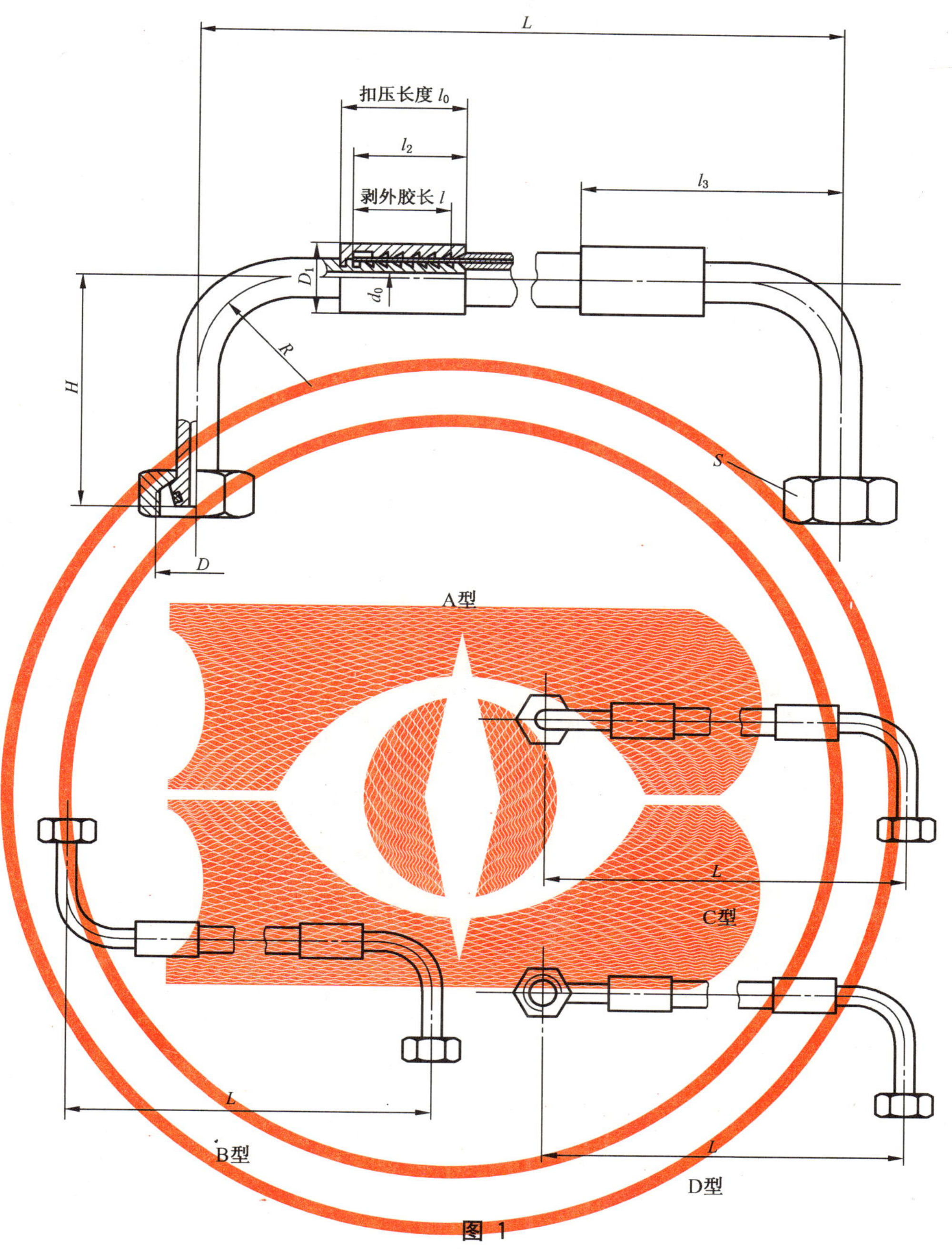


图 1

## 4 技术条件

技术条件按 JB/T 6145 的规定。

ICS 23.040.60
J 15
备案号:20244—2007

# 中华人民共和国机械行业标准

JB/T 6142.4—2007
代替 JB/T 6142.4—1992

# 锥密封45°钢丝编织胶管总成

## Wire braiding rubber hose assembly with sealing cone 45° angular connecting

2007-03-06 发布　　2007-09-01 实施

中华人民共和国国家发展和改革委员会　发布

# 前　言

JB/T 6142《锥密封钢丝编织胶管总成》按连接型式分为四个部分：

——第 1 部分：锥密封钢丝编织胶管总成；

——第 2 部分：锥密封 90°钢丝编织胶管总成；

——第 3 部分：锥密封双 90°钢丝编织胶管总成；

——第 4 部分：锥密封 45°钢丝编织胶管总成。

本部分是 JB/T 6142 的第 4 部分。

本部分代替 JB/T 6142.4—1992《锥密封 45°钢丝编织胶管总成》。

本部分与 JB/T 6142.4—1992 相比，技术内容没有变动，仅做了编辑性的修改。

本部分由中国机械工业联合会提出。

本部分由机械工业冶金设备标准化技术委员会归口。

本部分起草单位：西安重型机械研究所。

本部分主要起草人：韩建平、张启明。

本部分所代替标准的历次版本发布情况为：

——JB/T 6142.4 —1992。

# 锥密封 45°钢丝编织胶管总成

## 1 范围

JB/T 6142 的本部分规定了锥密封 45°钢丝编织胶管总成的分类和技术条件。

本部分适用于油、水为介质的锥密封 45°钢丝编织胶管总成。介质温度：－40 ℃～＋100 ℃。

本部分与 JB/T 6144.1、JB/T 6144.2、JB/T 6144.3、JB/T 6144.4 和 JB/T 6144.5 配套使用。

## 2 规范性引用文件

下列文件中的条款通过 JB/T 6142 的本部分的引用而成为本部分的条款。凡是注日期的引用文件，其随后所有的修改单(不包括勘误的内容)或修订版均不适用于本部分，然而，鼓励根据本部分达成协议的各方研究是否可使用这些文件的最新版本。凡是不注日期的引用文件，其最新版本适用于本部分。

GB/T 3452.1—2005 液压气动用 O 形橡胶密封圈 第 1 部分：尺寸系列及公差(ISO 3601-1：2002，MOD)

JB/T 6144.1 锥密封胶管总成 锥接头

JB/T 6144.2 锥密封胶管总成 55°非密封管螺纹锥接头

JB/T 6144.3 锥密封胶管总成 55°密封管螺纹锥接头

JB/T 6144.4 锥密封胶管总成 60°密封管螺纹锥接头

JB/T 6144.5 锥密封胶管总成 焊接锥接头

JB/T 6145—2007 钢丝、棉线编织胶管总成 技术条件

## 3 产品分类

3.1 锥密封 45°钢丝编织胶管总成的尺寸参数按图 1 和表 1 的规定。

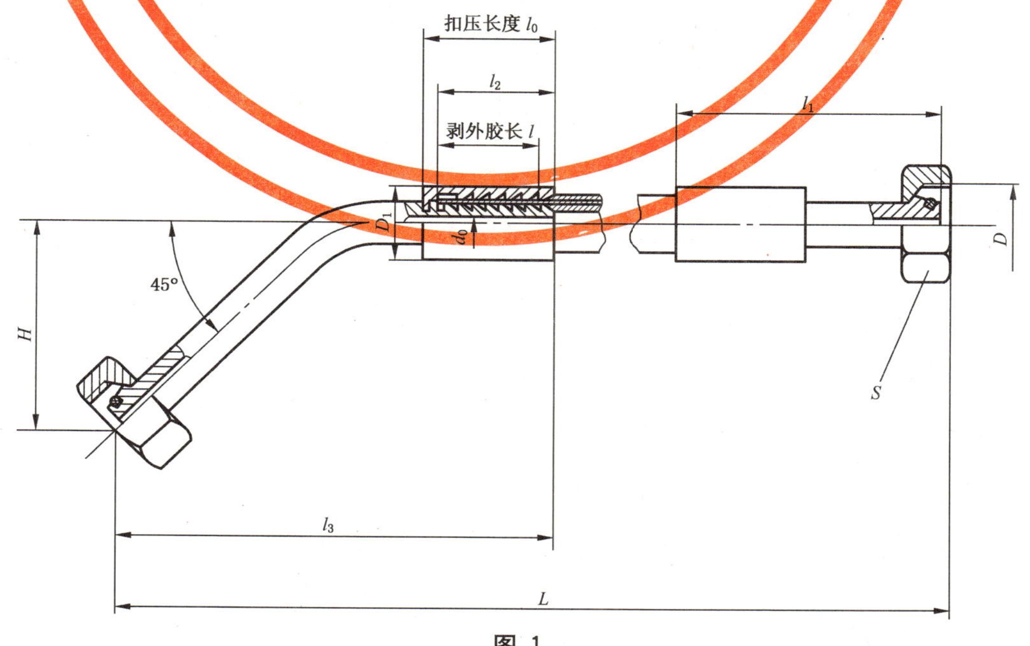


图 1

**表 1**

mm

| 胶管内径 | 公称通径 DN | 工作压力/MPa | | | 增强层外径 | | | 扣压直径 $D_1$ | | | $d_0$ | $D$ | $S$ | $l_0$ | $l$ | $l_1$ | $l_2$ | $l_3$ | $H$ | | GB/T 3452.1 O形橡胶密封圈 $d_1 \times d_2$ | 两端质量/kg | | |
|---|---|---|---|---|---|---|---|---|---|---|---|---|---|---|---|---|---|---|---|---|---|---|---|---|
| | | | | | Ⅰ | Ⅱ | Ⅲ | | | | | | | | | | | | 基本尺寸 | 极限偏差 | | | | |
| | | Ⅰ | Ⅱ | Ⅲ | max | max | max | Ⅰ | Ⅱ | Ⅲ | | | | | | | | | | | | Ⅰ | Ⅱ | Ⅲ |
| 5 | 4 | 21 | 37 | 45 | 10.1 | 11.7 | 13.5 | 15 | 16.7 | 18.5 | 2.5 | M16×1.5 | 21 | 26 | 18 | 53 | 22 | 63 | 15 | ±3 | 6.3×1.8 | 0.14 | 0.16 | 0.18 |
| 6.3 | 6 | 20 | 35 | 40 | 11.7 | 13.3 | 15.1 | 17 | 18.7 | 20.5 | 3.5 | M18×1.5 | 24 | 37 | 25 | 65 | 31 | 74 | 26 | | 8.5×1.8 | 0.16 | 0.18 | 0.20 |
| 8 | 8 | 17.5 | 30 | 33 | 13.3 | 14.9 | 16.7 | 19 | 20.7 | 22.5 | 5 | M20×1.5 | 24 | 38 | 25 | 68 | 32 | 80 | 28 | | 10.6×1.8 | 0.30 | 0.32 | 0.34 |
| 10 | 10 | 16 | 28 | 31 | 15.7 | 17.3 | 19.1 | 21 | 22.7 | 24.5 | 7 | M22×1.5 | 27 | 38 | 25 | 69 | 32 | 83 | 30 | | 12.5×1.8 | 0.42 | 0.43 | 0.45 |
| 12.5 | 10 | 14 | 25 | 27 | 19.1 | 20.7 | 22.5 | 25.2 | 28.0 | 29.5 | 8 | M24×1.5 | 30 | 44 | 30 | 76 | 38 | 93 | 32 | | 13.2×2.65 | 0.47 | 0.49 | 0.51 |
| 16 | 15 | 10.5 | 20 | 22 | 22.2 | 23.8 | 25.6 | 28.2 | 31 | 32.5 | 10 | M30×2 | 36 | 44 | 30 | 82 | 38 | 108 | 40 | | 17.0×2.65 | 0.58 | 0.60 | 0.62 |
| 19 | 20 | 9 | 16 | 18 | 26.2 | 27.8 | 29.6 | 31.2 | 34 | 35.5 | 13 | M33×2 | 41 | 50 | 35 | 88 | 44 | 118 | 42 | | 19.0×2.65 | 0.81 | 0.84 | 0.86 |
| 22 | 20 | 8 | 14 | 16 | 29.4 | 31.0 | 32.8 | 34.2 | 37 | 38.5 | 17 | M36×2 | 46 | 50 | 35 | 92 | 44 | 126 | 46 | | 22.4×2.65 | 1.25 | 1.28 | 1.32 |
| 25 | 25 | 7 | 13 | 15 | 33.0 | 34.8 | 36.6 | 38.2 | 40 | 41.5 | 19 | M42×2 | 50 | 54 | 38 | 100 | 46 | 145 | 54 | | 26.5×3.55 | 1.68 | 1.72 | 1.75 |
| 31.5 | 32 | 4.4 | 11 | 12 | 39.7 | 41.5 | 43.3 | 46.5 | 48 | 49.5 | 24 | M52×2 | 60 | 60 | 44 | 115 | 52 | 175 | 65 | | 34.5×3.55 | 1.92 | 1.94 | 1.96 |
| 38 | 40 | 3.5 | 9 | — | 46.1 | 47.9 | — | 52.5 | 54 | — | 30 | M56×2 | 65 | 64 | 49 | 120 | 56 | 182 | 67 | | 37.5×3.55 | 2.95 | 3.00 | — |
| 51 | 50 | 2.6 | 8 | — | 59.0 | 60.8 | — | 67.0 | 68.5 | — | 40 | M64×2 | 75 | 75 | 59 | 145 | 67 | 218 | 80 | | 47.5×3.55 | 5.85 | 5.92 | — |

注：总成推荐长度 $L$ 及公差见 JB/T 6145—2007 的附录 A。

3.2 产品标记方法

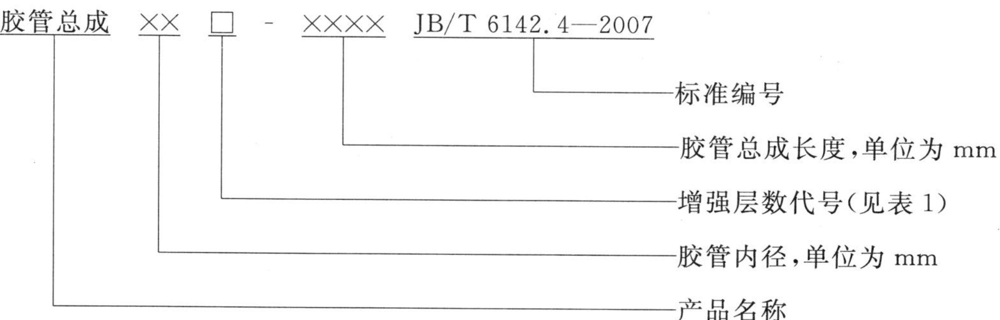


3.3 标记示例

胶管内径为 6.3 mm，总成长度 $L$=1 000 mm 的锥密封 45°Ⅲ层钢丝编织胶管总成：

胶管总成 6.3Ⅲ -1000 JB/T 6142.4—2007

## 4 技术条件

技术条件按 JB/T 6145 的规定。

ICS 23.040.60
J 15
备案号:20245—2007

# 中华人民共和国机械行业标准

JB/T 6143.1—2007
代替 JB/T 6143.1—1992

# 锥密封棉线编织胶管总成

## Textile braiding rubber hose assembly with sealing cone

2007-03-06 发布 2007-09-01 实施

中华人民共和国国家发展和改革委员会 发布

# 前　言

JB/T 6143《锥密封棉线编织胶管总成》按连接型式分为四个部分：

——第1部分：锥密封棉线编织胶管总成；

——第2部分：锥密封90°棉线编织胶管总成；

——第3部分：锥密封双90°棉线编织胶管总成；

——第4部分：锥密封45°棉线编织胶管总成。

本部分是JB/T 6143的第1部分。

本部分代替JB/T 6143.1—1992《锥密封棉线编织胶管总成》。

本部分与JB/T 6143.1—1992相比，技术内容没有变动，仅做了编辑性的修改。

本部分由中国机械工业联合会提出。

本部分由机械工业冶金设备标准化技术委员会归口。

本部分起草单位：西安重型机械研究所。

本部分主要起草人：韩建平、张启明。

本部分所代替标准的历次版本发布情况为：

——JB/T 6143.1—1992。

# 锥密封棉线编织胶管总成

## 1 范围

JB/T 6143 的本部分规定了锥密封棉线编织胶管总成的分类和技术条件。

本部分适用于油、水为介质的锥密封棉线编织胶管总成。介质温度：－40 ℃～＋100 ℃。

本部分与 JB/T 6144.1、JB/T 6144.2、JB/T 6144.3、JB/T 6144.4 和 JB/T 6144.5 配套使用。

## 2 规范性引用文件

下列文件中的条款通过 JB/T 6143 的本部分的引用而成为本部分的条款。凡是注日期的引用文件，其随后所有的修改单(不包括勘误的内容)或修订版均不适用于本部分，然而，鼓励根据本部分达成协议的各方研究是否可使用这些文件的最新版本。凡是不注日期的引用文件，其最新版本适用于本部分。

GB/T 3452.1—2005 液压气动用 O 形橡胶密封圈 第 1 部分：尺寸系列及公差(ISO 3601-1：2002，MOD)

JB/T 6144.1 锥密封胶管总成 锥接头

JB/T 6144.2 锥密封胶管总成 55°非密封管螺纹锥接头

JB/T 6144.3 锥密封胶管总成 55°密封管螺纹锥接头

JB/T 6144.4 锥密封胶管总成 60°密封管螺纹锥接头

JB/T 6144.5 锥密封胶管总成 焊接锥接头

JB/T 6145—2007 钢丝、棉线编织胶管总成 技术条件

## 3 产品分类

3.1 锥密封棉线编织胶管总成的尺寸参数按图 1 和表 1 的规定。

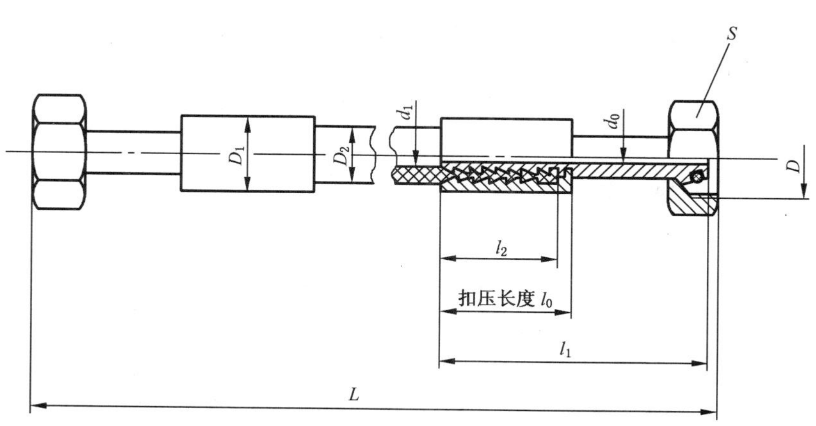


图 1

**表 1**

mm

| 公称通径 DN | 胶管内径 $d_1$ | 胶管外径 $D_2$ | 工作压力/MPa | 扣压直径 $D_1$ | $d_0$ | $D$ | $S$ | $l_0$ | $l_1$ | $l_2$ | GB/T 3452.1 O形橡胶密封圈 $d_1 \times d_2$ | 两端质量/kg |
|---|---|---|---|---|---|---|---|---|---|---|---|---|
| 4 | 5±0.3 | 13 | 2 | 18.5 | 2.5 | M16×1.5 | 21 | 26 | 53 | 22 | 6.3×1.8 | 0.18 |
| 6 | 6±0.3 | 15 | 2 | 20 | 3.5 | M18×1.5 | 24 | 37 | 65 | 31 | 8.5×1.8 | 0.24 |
| 8 | 8±0.5 | 16 | 2 | 21 | 5 | M20×1.5 | 24 | 38 | 68 | 32 | 10.6×1.8 | 0.28 |
| 10 | 10±0.8 | 19 | 1.5 | 24.5 | 7 | M22×1.5 | 27 | 38 | 69 | 32 | 12.5×1.8 | 0.36 |
| 10 | 13±0.8 | 22 | 1.5 | 27 | 8 | M24×1.5 | 30 | 44 | 76 | 38 | 13.2×2.65 | 0.46 |
| 15 | 16±0.8 | 26 | 1 | 31 | 10 | M30×2 | 36 | 44 | 82 | 38 | 17.0×2.65 | 0.66 |
| 20 | 19±0.8 | 30 | 1 | 35.5 | 13 | M33×2 | 41 | 50 | 88 | 44 | 19.0×2.65 | 0.84 |
| 20 | 22±0.8 | 33 | 1 | 38.5 | 17 | M36×2 | 46 | 50 | 92 | 44 | 22.4×2.65 | 1.10 |
| 25 | 25±0.8 | 36 | 1 | 42.5 | 19 | M42×2 | 50 | 54 | 100 | 46 | 26.5×3.55 | 1.38 |
| 32 | 32±1.2 | 43 | 1 | 49 | 24 | M52×2 | 60 | 60 | 115 | 52 | 34.5×3.55 | 1.74 |
| 40 | 38±1.2 | 49 | 1 | 55.5 | 30 | M56×2 | 65 | 64 | 120 | 56 | 37.5×3.55 | 2.10 |
| 50 | 51±1.2 | 63 | 1 | 70.5 | 40 | M64×2 | 75 | 75 | 145 | 67 | 47.5×3.55 | 3.72 |
| 注：总成推荐长度 $L$ 及公差见 JB/T 6145—2007 的附录 A。 | | | | | | | | | | | | |

3.2 产品标记方法

3.3 标记示例

胶管内径为 6 mm，总成长度 $L$=1 000 mm 的锥密封棉线编织胶管总成：

胶管总成 6-1000 JB/T 6143.1—2007

## 4 技术条件

技术条件按 JB/T 6145 的规定。

ICS 23.040.60
J 15
备案号:20246—2007

# 中华人民共和国机械行业标准

JB/T 6143.2—2007
代替 JB/T 6143.2—1992

# 锥密封90°棉线编织胶管总成

## Textile braiding rubber hose assembly with sealing cone 90° angular connecting

2007-03-06 发布　　2007-09-01 实施

中华人民共和国国家发展和改革委员会　发布

# 前　言

JB/T 6143《锥密封棉线编织胶管总成》按连接型式分为四个部分：

——第1部分：锥密封棉线编织胶管总成；

——第2部分：锥密封90°棉线编织胶管总成；

——第3部分：锥密封双90°棉线编织胶管总成；

——第4部分：锥密封45°棉线编织胶管总成。

本部分是JB/T 6143的第2部分。

本部分代替JB/T 6143.2—1992《锥密封90°棉线编织胶管总成》。

本部分与JB/T 6143.2—1992相比，技术内容没有变动，仅做了编辑性的修改。

本部分由中国机械工业联合会提出。

本部分由机械工业冶金设备标准化技术委员会归口。

本部分起草单位：西安重型机械研究所。

本部分主要起草人：韩建平、张启明。

本部分所代替标准的历次版本发布情况为：

——JB/T 6143.2—1992。

# 锥密封 90°棉线编织胶管总成

## 1 范围

JB/T 6143 的本部分规定了锥密封 90°棉线编织胶管总成的分类和技术条件。

本部分适用于油、水为介质的锥密封 90°棉线编织胶管总成。介质温度：−40 ℃～＋100 ℃。

本部分与 JB/T 6144.1、JB/T 6144.2、JB/T 6144.3、JB/T 6144.4 和 JB/T 6144.5 配套使用。

## 2 规范性引用文件

下列文件中的条款通过 JB/T 6143 的本部分的引用而成为本部分的条款。凡是注日期的引用文件，其随后所有的修改单(不包括勘误的内容)或修订版均不适用于本部分，然而，鼓励根据本部分达成协议的各方研究是否可使用这些文件的最新版本。凡是不注日期的引用文件，其最新版本适用于本部分。

GB/T 3452.1—2005 液压气动用 O 形橡胶密封圈 第 1 部分：尺寸系列及公差(ISO 3601-1：2002,MOD)

JB/T 6144.1 锥密封胶管总成 锥接头

JB/T 6144.2 锥密封胶管总成 55°非密封管螺纹锥接头

JB/T 6144.3 锥密封胶管总成 55°密封管螺纹锥接头

JB/T 6144.4 锥密封胶管总成 60°密封管螺纹锥接头

JB/T 6144.5 锥密封胶管总成 焊接锥接头

JB/T 6145—2007 钢丝、棉线编织胶管总成 技术条件

## 3 产品分类

3.1 锥密封 90°棉线编织胶管总成的尺寸参数按图 1 和表 1 的规定。

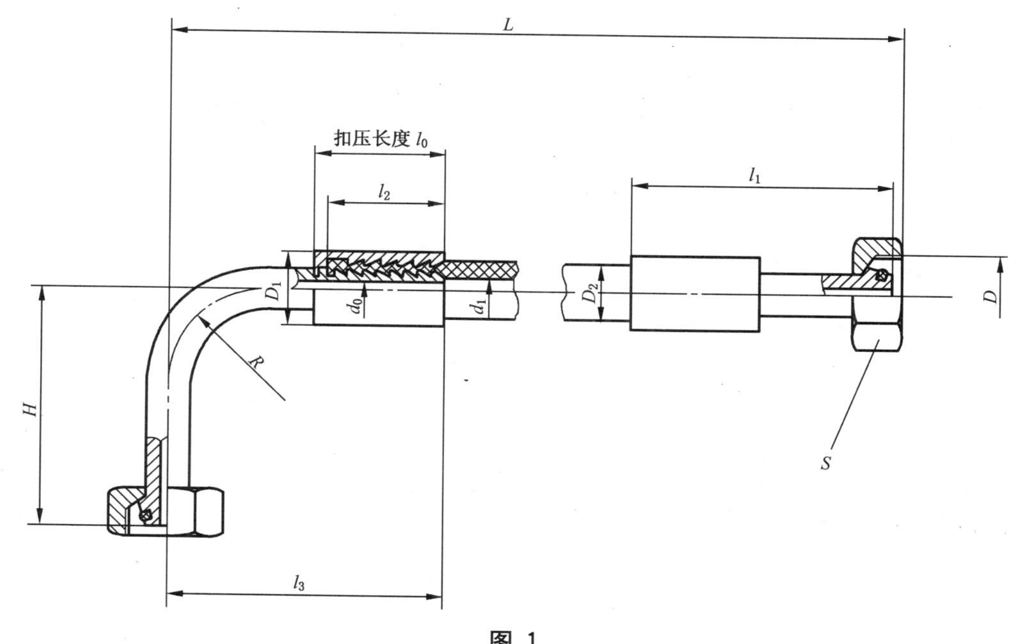


图 1

表 1

mm

| 公称通径 DN | 胶管内径 $d_1$ | 胶管外径 $D_2$ | 工作压力/MPa | 扣压直径 $D_1$ | $d_0$ | $D$ | $S$ | $l_0$ | $l_1$ | $l_2$ | $l_3$ | $R$ | $H$ | GB/T 3452.1 O形橡胶密封圈 $d_1 \times d_2$ | 两端质量/kg |
|---|---|---|---|---|---|---|---|---|---|---|---|---|---|---|---|
| 4 | 5±0.3 | 13 | 2 | 18.5 | 2.5 | M16×1.5 | 21 | 26 | 53 | 22 | 55 | 20 | 50 | 6.3×1.8 | 0.18 |
| 6 | 6±0.3 | 15 | 2 | 20 | 3.5 | M18×1.5 | 24 | 37 | 65 | 31 | 70 | 20 | 50 | 8.5×1.8 | 0.25 |
| 8 | 8±0.5 | 16 | 2 | 21 | 5 | M20×1.5 | 24 | 38 | 68 | 32 | 75 | 24 | 55 | 10.6×1.8 | 0.33 |
| 10 | 10±0.8 | 19 | 1.5 | 24.5 | 7 | M22×1.5 | 27 | 38 | 69 | 32 | 80 | 28 | 60 | 12.5×1.8 | 0.46 |
| 10 | 13±0.8 | 22 | 1.5 | 27 | 8 | M24×1.5 | 30 | 44 | 76 | 38 | 90 | 32 | 65 | 13.2×2.65 | 0.51 |
| 15 | 16±0.8 | 26 | 1 | 31 | 10 | M30×2 | 36 | 44 | 82 | 38 | 105 | 45 | 85 | 17.0×2.65 | 0.66 |
| 20 | 19±0.8 | 30 | 1 | 35.5 | 13 | M33×2 | 41 | 50 | 88 | 44 | 115 | 50 | 90 | 19.0×2.65 | 1.22 |
| 20 | 22±0.8 | 33 | 1 | 38.5 | 17 | M36×2 | 46 | 50 | 92 | 44 | 125 | 57 | 100 | 22.4×2.65 | 1.80 |
| 25 | 25±0.8 | 36 | 1 | 42.5 | 19 | M42×2 | 50 | 54 | 100 | 46 | 145 | 72 | 120 | 26.5×3.55 | 1.87 |
| 32 | 32±1.2 | 43 | 1 | 49 | 24 | M52×2 | 60 | 60 | 115 | 52 | 175 | 90 | 145 | 34.5×3.55 | 3.05 |
| 40 | 38±1.2 | 49 | 1 | 55.5 | 30 | M56×2 | 65 | 64 | 120 | 56 | 185 | 95 | 155 | 37.5×3.55 | 3.95 |
| 50 | 51±1.2 | 63 | 1 | 70.5 | 40 | M64×2 | 75 | 75 | 145 | 67 | 230 | 125 | 200 | 47.5×3.55 | 6.20 |
| 注：总成推荐长度 $L$ 及公差见 JB/T 6145—2007 的附录 A。 | | | | | | | | | | | | | | | |

3.2 产品标记方法

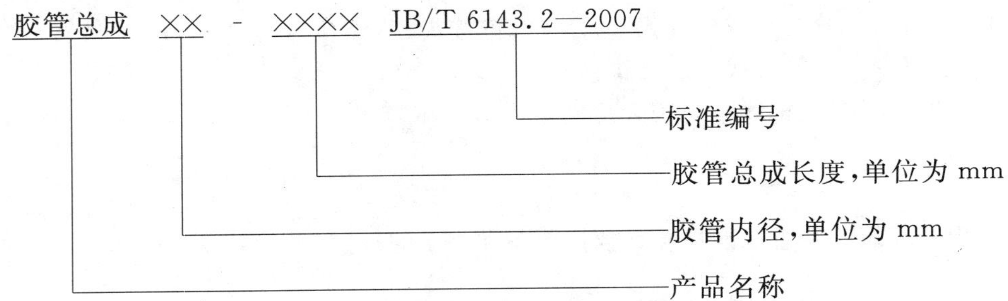


3.3 标记示例

胶管内径为 6 mm，总成长度 $L$=1 000 mm 的锥密封 90°棉线编织胶管总成：

胶管总成 6-1000 JB/T 6143.2—2007

## 4 技术条件

技术条件按 JB/T 6145 的规定。

ICS 23.040.60
J 15
备案号:20247—2007

# 中华人民共和国机械行业标准

JB/T 6143.3—2007
代替 JB/T 6143.3—1992

# 锥密封双90°棉线编织胶管总成

## Textile braiding rubber hose assembly with sealing cone double 90° angular connecting

2007-03-06 发布

2007-09-01 实施

中华人民共和国国家发展和改革委员会　发布

# 前　言

JB/T 6143《锥密封棉线编织胶管总成》按连接型式分为四个部分：

——第 1 部分：锥密封棉线编织胶管总成；

——第 2 部分：锥密封 90°棉线编织胶管总成；

——第 3 部分：锥密封双 90°棉线编织胶管总成；

——第 4 部分：锥密封 45°棉线编织胶管总成。

本部分是 JB/T 6143 的第 3 部分。

本部分代替 JB/T 6143.3—1992《锥密封双 90°棉线编织胶管总成》。

本部分与 JB/T 6143.3—1992 相比，技术内容没有变动，仅做了编辑性的修改。

本部分由中国机械工业联合会提出。

本部分由机械工业冶金设备标准化技术委员会归口。

本部分起草单位：西安重型机械研究所。

本部分主要起草人：韩建平、张启明。

本部分所代替标准的历次版本发布情况为：

——JB/T 6143.3—1992。

# 锥密封双 90°棉线编织胶管总成

## 1 范围

JB/T 6143 的本部分规定了锥密封双 90°棉线编织胶管总成的分类和技术条件。

本部分适用于油、水为介质的锥密封双 90°棉线编织胶管总成。介质温度：−40 ℃～+100 ℃。

本部分与 JB/T 6144.1、JB/T 6144.2、JB/T 6144.3、JB/T 6144.4 和 JB/T 6144.5 配套使用。

## 2 规范性引用文件

下列文件中的条款通过 JB/T 6143 的本部分的引用而成为本部分的条款。凡是注日期的引用文件，其随后所有的修改单(不包括勘误的内容)或修订版均不适用于本部分，然而，鼓励根据本部分达成协议的各方研究是否可使用这些文件的最新版本。凡是不注日期的引用文件，其最新版本适用于本部分。

GB/T 3452.1—2005　液压气动用 O 形橡胶密封圈　第 1 部分：尺寸系列及公差(ISO 3601-1：2002，MOD)

JB/T 6144.1　锥密封胶管总成　锥接头

JB/T 6144.2　锥密封胶管总成　55°非密封管螺纹锥接头

JB/T 6144.3　锥密封胶管总成　55°密封管螺纹锥接头

JB/T 6144.4　锥密封胶管总成　60°密封管螺纹锥接头

JB/T 6144.5　锥密封胶管总成　焊接锥接头

JB/T 6145—2007　钢丝、棉线编织胶管总成　技术条件

## 3 产品分类

3.1　锥密封双 90°棉线编织胶管总成的尺寸参数按图 1 和表 1 的规定。

3.2　产品标记方法

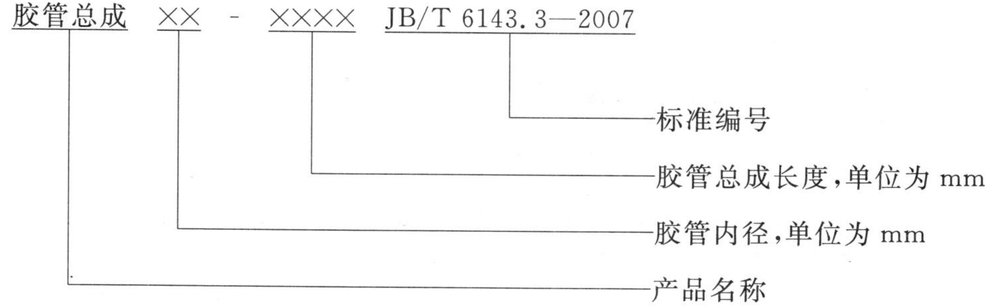


3.3　标记示例

胶管内径为 6 mm，总成长度 $L$=1 000 mm 的 A 型锥密封双 90°棉线编织胶管总成：

胶管总成　6A-1000　JB/T 6143.3—2007

## 4 技术条件

技术条件按 JB/T 6145 的规定。

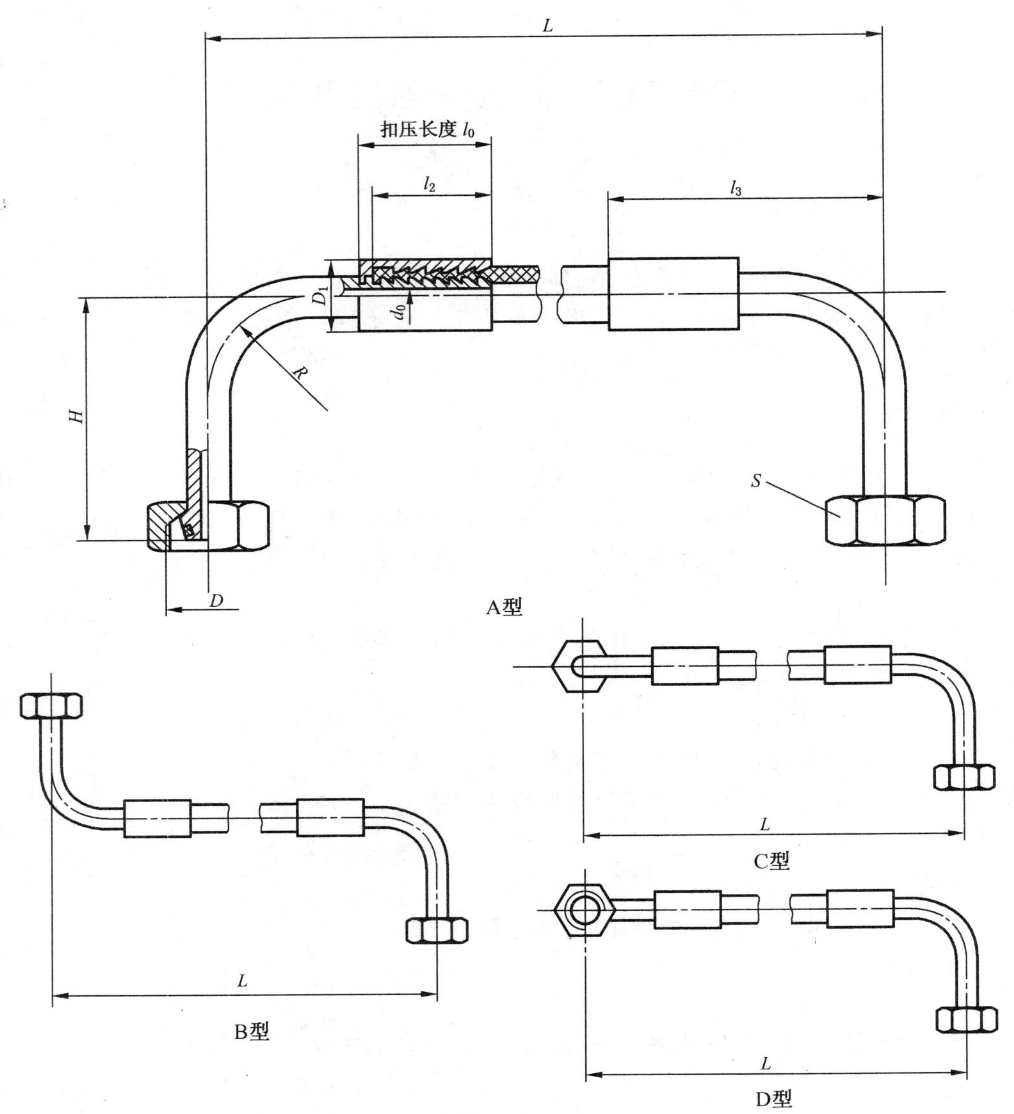


图 1

表 1

mm

| 公称通径 DN | 胶管内径 $d_1$ | 胶管外径 $D_2$ | 工作压力/MPa | 扣压直径 $D_1$ | $d_0$ | $D$ | $S$ | $l_0$ | $l_2$ | $l_3$ | $R$ | $H$ | GB/T 3452.1 O形橡胶密封圈 $d_1 \times d_2$ | 两端质量/kg |
|---|---|---|---|---|---|---|---|---|---|---|---|---|---|---|
| 4 | 5±0.3 | 13 | 2 | 18.5 | 2.5 | M16×1.5 | 21 | 26 | 22 | 55 | 20 | 50 | 6.3×1.8 | 0.20 |
| 6 | 6±0.3 | 15 | 2 | 20 | 3.5 | M18×1.5 | 24 | 37 | 31 | 70 | 20 | 50 | 8.5×1.8 | 0.28 |
| 8 | 8±0.5 | 16 | 2 | 21 | 5 | M20×1.5 | 24 | 38 | 32 | 75 | 24 | 55 | 10.6×1.8 | 0.44 |
| 10 | 10±0.8 | 19 | 1.5 | 24.5 | 7 | M22×1.5 | 27 | 38 | 32 | 80 | 28 | 60 | 12.5×1.8 | 0.58 |
| 10 | 13±0.8 | 22 | 1.5 | 27 | 8 | M24×1.5 | 30 | 44 | 38 | 90 | 32 | 65 | 13.2×2.65 | 0.60 |
| 15 | 16±0.8 | 26 | 1 | 31 | 10 | M30×2 | 36 | 44 | 38 | 105 | 45 | 85 | 17.0×2.65 | 0.74 |
| 20 | 19±0.8 | 30 | 1 | 35.5 | 13 | M33×2 | 41 | 50 | 44 | 115 | 50 | 90 | 19.0×2.65 | 1.05 |
| 20 | 22±0.8 | 33 | 1 | 38.5 | 17 | M36×2 | 46 | 50 | 44 | 125 | 57 | 100 | 22.4×2.65 | 1.40 |
| 25 | 25±0.8 | 36 | 1 | 42.5 | 19 | M42×2 | 50 | 54 | 46 | 145 | 72 | 120 | 26.5×3.55 | 2.40 |
| 32 | 32±1.2 | 43 | 1 | 49 | 24 | M52×2 | 60 | 60 | 52 | 175 | 90 | 145 | 34.5×3.55 | 3.00 |
| 40 | 38±1.2 | 49 | 1 | 55.5 | 30 | M56×2 | 65 | 64 | 56 | 185 | 95 | 155 | 37.5×3.55 | 5.80 |
| 50 | 51±1.2 | 63 | 1 | 70.5 | 40 | M64×2 | 75 | 75 | 67 | 230 | 125 | 200 | 47.5×3.55 | 8.42 |
| 注：总成推荐长度 $L$ 及公差见 JB/T 6145—2007 的附录 A。 | | | | | | | | | | | | | | |

ICS 23.040.60
J 15
备案号:20248—2007

# 中华人民共和国机械行业标准

JB/T 6143.4—2007
代替 JB/T 6143.4—1992

# 锥密封45°棉线编织胶管总成

## Textile braiding rubber hose assembly with sealing cone 45° angular connecting

2007-03-06 发布 2007-09-01 实施

中华人民共和国国家发展和改革委员会 发布

# 前　言

JB/T 6143《锥密封棉线编织胶管总成》按连接型式分为四个部分：

——第1部分：锥密封棉线编织胶管总成；

——第2部分：锥密封90°棉线编织胶管总成；

——第3部分：锥密封双90°棉线编织胶管总成；

——第4部分：锥密封45°棉线编织胶管总成。

本部分是JB/T 6143的第4部分。

本部分代替JB/T 6143.4—1992《锥密封45°棉线编织胶管总成》。

本部分与JB/T 6143.4—1992相比，技术内容没有变动，仅做了编辑性的修改。

本部分由中国机械工业联合会提出。

本部分由机械工业冶金设备标准化技术委员会归口。

本部分起草单位：西安重型机械研究所。

本部分主要起草人：韩建平、张启明。

本部分所代替标准的历次版本发布情况为：

——JB/T 6143.4—1992。

# 锥密封 45°棉线编织胶管总成

## 1 范围

JB/T 6143 的本部分规定了锥密封 45°棉线编织胶管总成的分类和技术条件。

本部分适用于油、水为介质的锥密封 45°棉线编织胶管总成。介质温度：−40 ℃～+100 ℃。

本部分与 JB/T 6144.1、JB/T 6144.2、JB/T 6144.3、JB/T 6144.4 和 JB/T 6144.5 配套使用。

## 2 规范性引用文件

下列文件中的条款通过 JB/T 6143 的本部分的引用而成为本部分的条款。凡是注日期的引用文件，其随后所有的修改单（不包括勘误的内容）或修订版均不适用于本部分，然而，鼓励根据本部分达成协议的各方研究是否可使用这些文件的最新版本。凡是不注日期的引用文件，其最新版本适用于本部分。

GB/T 3452.1—2005　液压气动用 O 形橡胶密封圈　第 1 部分：尺寸系列及公差（ISO 3601-1：2002，MOD）

JB/T 6144.1　锥密封胶管总成　锥接头

JB/T 6144.2　锥密封胶管总成　55°非密封管螺纹锥接头

JB/T 6144.3　锥密封胶管总成　55°密封管螺纹锥接头

JB/T 6144.4　锥密封胶管总成　60°密封管螺纹锥接头

JB/T 6144.5　锥密封胶管总成　焊接锥接头

JB/T 6145—2007　钢丝、棉线编织胶管总成　技术条件

## 3 产品分类

3.1 锥密封 45°棉线编织胶管总成的尺寸参数按图 1 和表 1 的规定。

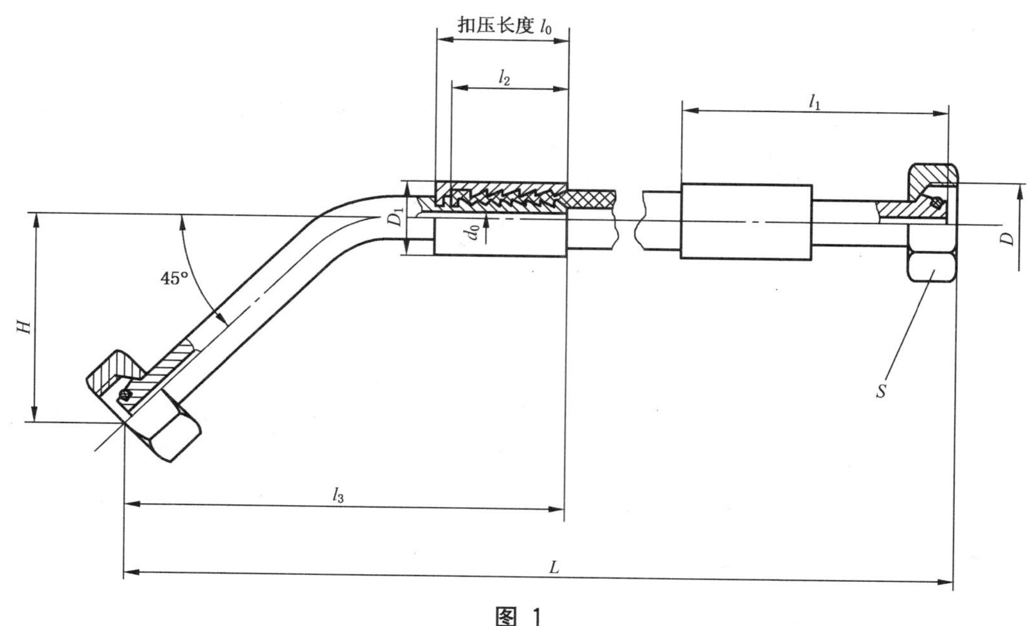


图 1

**表 1**

mm

| 公称通径 DN | 胶管内径 $d_1$ | 胶管外径 $D_2$ | 工作压力/MPa | 扣压直径 $D_1$ | $d_0$ | $D$ | $S$ | $l_0$ | $l_1$ | $l_2$ | $l_3$ | $H$ 基本尺寸 | $H$ 极限偏差 | GB/T 3452.1 O形橡胶密封圈 $d_1 \times d_2$ | 两端质量/kg |
|---|---|---|---|---|---|---|---|---|---|---|---|---|---|---|---|
| 4 | 5±0.3 | 13 | 2 | 18.5 | 2.5 | M16×1.5 | 21 | 26 | 53 | 22 | 63 | 15 | ±3 | 6.3×1.8 | 0.14 |
| 6 | 6±0.3 | 15 | 2 | 20 | 3.5 | M18×1.5 | 24 | 37 | 65 | 31 | 74 | 26 | | 8.5×1.8 | 0.16 |
| 8 | 8±0.5 | 16 | 2 | 21 | 5 | M20×1.5 | 24 | 38 | 68 | 32 | 80 | 28 | | 10.6×1.8 | 0.32 |
| 10 | 10±0.8 | 19 | 1.5 | 24.5 | 7 | M22×1.5 | 27 | 38 | 69 | 32 | 83 | 30 | | 12.5×1.8 | 0.42 |
| 10 | 13±0.8 | 22 | 1.5 | 27 | 8 | M24×1.5 | 30 | 44 | 76 | 38 | 93 | 32 | | 13.2×2.65 | 0.45 |
| 15 | 16±0.8 | 26 | 1 | 31 | 10 | M30×2 | 36 | 44 | 82 | 38 | 108 | 40 | | 17.0×2.65 | 0.60 |
| 20 | 19±0.8 | 30 | 1 | 35.5 | 13 | M33×2 | 41 | 50 | 88 | 44 | 118 | 42 | | 19.0×2.65 | 0.80 |
| 20 | 22±0.8 | 33 | 1 | 38.5 | 17 | M36×2 | 46 | 50 | 92 | 44 | 126 | 46 | | 22.4×2.65 | 1.30 |
| 25 | 25±0.8 | 36 | 1 | 42.5 | 19 | M42×2 | 50 | 54 | 100 | 46 | 145 | 54 | | 26.5×3.55 | 1.70 |
| 32 | 32±1.2 | 43 | 1 | 49 | 24 | M52×2 | 60 | 60 | 115 | 52 | 175 | 65 | | 34.5×3.55 | 1.90 |
| 40 | 38±1.2 | 49 | 1 | 55.5 | 30 | M56×2 | 65 | 64 | 120 | 56 | 182 | 67 | | 37.5×3.55 | 2.95 |
| 50 | 51±1.2 | 63 | 1 | 70.5 | 40 | M64×2 | 75 | 75 | 145 | 67 | 218 | 80 | | 47.5×3.55 | 5.86 |

注：总成推荐长度 $L$ 及公差见 JB/T 6145—2007 的附录 A。

3.2 产品标记方法

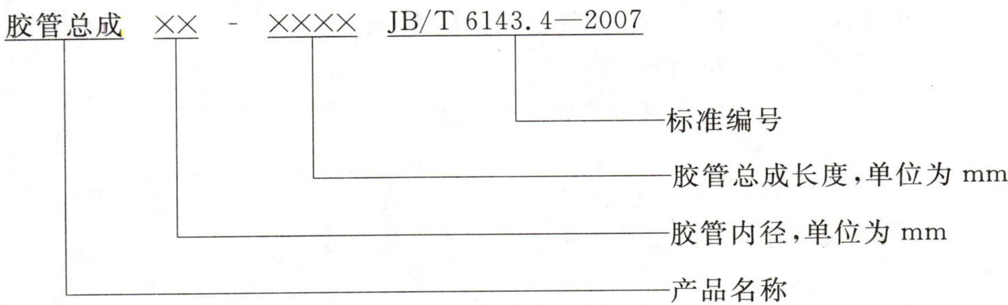


3.3 标记示例

胶管内径为 6 mm，总成长度 $L$=1 000 mm 的锥密封 45°棉线编织胶管总成：

胶管总成 6-1000 JB/T 6143.4—2007

## 4 技术条件

技术条件按 JB/T 6145 的规定。

ICS 23.040.60
J 15
备案号:20249—2007

# 中华人民共和国机械行业标准

JB/T 6144.1—2007
代替 JB/T 6144.1—1992

# 锥密封胶管总成　锥接头

## Rubber hose assembly with sealing cone—Cone coupling

2007-03-06 发布　　2007-09-01 实施

中华人民共和国国家发展和改革委员会　发布

# 前　言

JB/T 6144《锥密封胶管总成》按连接型式分为五个部分：

——第1部分：锥密封胶管总成　锥接头；

——第2部分：锥密封胶管总成　55°非密封管螺纹锥接头；

——第3部分：锥密封胶管总成　55°密封管螺纹锥接头；

——第4部分：锥密封胶管总成　60°密封管螺纹锥接头；

——第5部分：锥密封胶管总成　焊接锥接头。

本部分是JB/T 6144的第1部分。

本部分代替JB/T 6144.1—1992《锥密封胶管总成　锥接头》。

本部分与JB/T 6144.1—1992相比，技术内容没有变动，仅做了编辑性的修改。

本部分由中国机械工业联合会提出。

本部分由机械工业冶金设备标准化技术委员会归口。

本部分起草单位：西安重型机械研究所。

本部分主要起草人：韩建平、张启明。

本部分所代替标准的历次版本发布情况为：

——JB/T 6144.1—1992。

# 锥密封胶管总成　锥接头

## 1　范围

JB/T 6144 的本部分规定了锥密封胶管总成锥接头的分类和技术条件。

本部分适用于油、水为介质的锥密封胶管总成锥接头。

本部分与 JB/T 6142.1～6142.4 和 JB/T 6143.1～6143.4 配套使用。

## 2　规范性引用文件

下列文件中的条款通过 JB/T 6144 的本部分的引用而成为本部分的条款。凡是注日期的引用文件，其随后所有的修改单(不包括勘误的内容)或修订版均不适用于本部分，然而，鼓励根据本部分达成协议的各方研究是否可使用这些文件的最新版本。凡是不注日期的引用文件，其最新版本适用于本部分。

JB/T 982　组合密封垫圈

JB/T 6142.1　锥密封钢丝编织胶管总成

JB/T 6142.2　锥密封 90°钢丝编织胶管总成

JB/T 6142.3　锥密封双 90°钢丝编织胶管总成

JB/T 6142.4　锥密封 45°钢丝编织胶管总成

JB/T 6143.1　锥密封棉线编织胶管总成

JB/T 6143.2　锥密封 90°棉线编织胶管总成

JB/T 6143.3　锥密封双 90°棉线编织胶管总成

JB/T 6143.4　锥密封 45°棉线编织胶管总成

JB/T 6145　钢丝、棉线编织胶管总成　技术条件

## 3　产品分类

3.1　锥密封胶管总成锥接头的尺寸参数按图 1 和表 1 的规定。

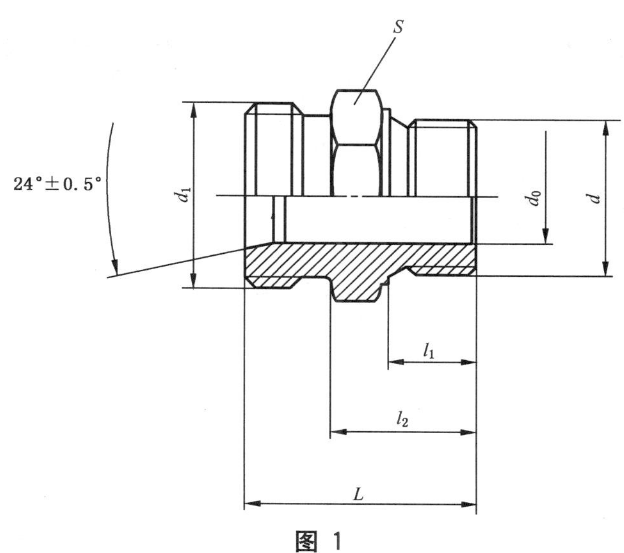


图 1

表 1

mm

| 公称通径 DN | $d$ | $d_1$ | $d_0$ | $S$ | $l_1$ | $l_2$ | $L$ | 推荐采用组合密封垫圈 (JB/T 982) | 质量/kg |
|---|---|---|---|---|---|---|---|---|---|
| 4 | M10×1 | M16×1.5 | 2.5 | 18 | 12 | 20 | 32 | 10 | 0.03 |
| 6 | M10×1 | M18×1.5 | 3.5 | 18 | 12 | 20 | 32 | 10 | 0.04 |
| 8 | M10×1 | M20×1.5 | 5 | 21 | 12 | 20 | 32 | 10 | 0.06 |
| 10 | M14×1.5 | M22×1.5 | 7 | 24 | 14 | 22 | 34 | 14 | 0.08 |
| 10 | M18×1.5 | M24×1.5 | 8 | 27 | 14 | 24 | 38 | 18 | 0.10 |
| 15 | M22×1.5 | M30×2 | 10 | 30 | 16 | 28 | 44 | 22 | 0.14 |
| 20 | M27×2 | M33×2 | 13 | 36 | 18 | 32 | 50 | 27 | 0.32 |
| 20 | M27×2 | M36×2 | 17 | 41 | 18 | 34 | 52 | 27 | 0.56 |
| 25 | M33×2 | M42×2 | 19 | 46 | 20 | 38 | 58 | 33 | 0.71 |
| 32 | M42×2 | M52×2 | 24 | 55 | 22 | 42 | 64 | 42 | 0.78 |
| 40 | M48×2 | M56×2 | 30 | 60 | 24 | 46 | 68 | 48 | 0.96 |
| 50 | M60×2 | M64×2 | 40 | 75 | 26 | 52 | 76 | 60 | 1.14 |

3.2 产品标记方法

3.3 标记示例

公称通径为 DN=6 mm，连接螺纹 $d_1$=M18×1.5 的锥密封胶管总成锥接头：

锥接头 6-M18×1.5 JB/T 6144.1—2007

## 4 技术条件

技术条件按 JB/T 6145 的规定。

ICS 23.040.60
J 15
备案号:20250—2007

# 中华人民共和国机械行业标准

JB/T 6144.2—2007
代替 JB/T 6144.2—1992

# 锥密封胶管总成 55°非密封管螺纹锥接头

**Rubber hose assembly with sealing cone —Cone coupling with G-type pipe threads**

2007-03-06 发布 2007-09-01 实施

中华人民共和国国家发展和改革委员会 发布

# 前　言

JB/T 6144《锥密封胶管总成》按连接型式分为五个部分：

——第1部分：锥密封胶管总成　锥接头；

——第2部分：锥密封胶管总成　55°非密封管螺纹锥接头；

——第3部分：锥密封胶管总成　55°密封管螺纹锥接头；

——第4部分：锥密封胶管总成　60°密封管螺纹锥接头；

——第5部分：锥密封胶管总成　焊接锥接头。

本部分是JB/T 6144的第2部分。

本部分代替JB/T 6144.2—1992《锥密封胶管总成　圆柱管螺纹锥接头》。

本部分与JB/T 6144.2—1992相比，技术内容没有变动，仅做了编辑性的修改。

本部分由中国机械工业联合会提出。

本部分由机械工业冶金设备标准化技术委员会归口。

本部分起草单位：西安重型机械研究所。

本部分主要起草人：韩建平、张启明。

本部分所代替标准的历次版本发布情况为：

——JB/T 6144.2—1992。

# 锥密封胶管总成　55°非密封管螺纹锥接头

## 1　范围

JB/T 6144 的本部分规定了锥密封胶管总成 55°非密封管螺纹锥接头的分类和技术条件。

本部分适用于油、水为介质的锥密封胶管总成 55°非密封管螺纹锥接头。

本部分与 JB/T 6142.1～6142.4 和 JB/T 6143.1～6143.4 配套使用。

## 2　规范性引用文件

下列文件中的条款通过 JB/T 6144 的本部分的引用而成为本部分的条款。凡是注日期的引用文件，其随后所有的修改单(不包括勘误的内容)或修订版均不适用于本部分，然而，鼓励根据本部分达成协议的各方研究是否可使用这些文件的最新版本。凡是不注日期的引用文件，其最新版本适用于本部分。

JB/T 982　组合密封垫圈

JB/T 6142.1　锥密封钢丝编织胶管总成

JB/T 6142.2　锥密封 90°钢丝编织胶管总成

JB/T 6142.3　锥密封双 90°钢丝编织胶管总成

JB/T 6142.4　锥密封 45°钢丝编织胶管总成

JB/T 6143.1　锥密封棉线胶管总成

JB/T 6143.2　锥密封 90°棉线编织胶管总成

JB/T 6143.3　锥密封双 90°棉线编织胶管总成

JB/T 6143.4　锥密封 45°棉线编织胶管总成

JB/T 6145　钢丝、棉线编织胶管总成　技术条件

## 3　产品分类

3.1　锥密封胶管总成 55°非密封管螺纹锥接头的尺寸参数按图 1 和表 1 的规定。

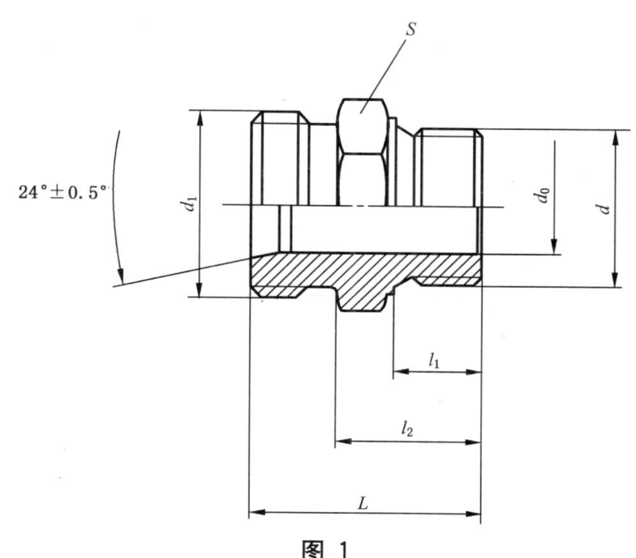


图 1

表 1

mm

| 公称通径 DN | $d$ | $d_1$ | $d_0$ | $S$ | $l_1$ | $l_2$ | $L$ | 推荐采用组合密封垫圈 (JB/T 982) | 质量/kg |
|---|---|---|---|---|---|---|---|---|---|
| 4 | G1/8A | M16×1.5 | 2.5 | 18 | 12 | 20 | 32 | 10 | 0.03 |
| 6 | G1/8A | M18×1.5 | 3.5 | 18 | 12 | 20 | 32 | 10 | 0.04 |
| 8 | G1/8A | M20×1.5 | 5 | 21 | 12 | 20 | 32 | 10 | 0.06 |
| 10 | G1/4A | M22×1.5 | 7 | 24 | 14 | 22 | 34 | 14 | 0.08 |
| 10 | G3/8A | M24×1.5 | 8 | 27 | 14 | 24 | 38 | 18 | 0.10 |
| 15 | G1/2A | M30×2 | 10 | 30 | 16 | 28 | 44 | 22 | 0.14 |
| 20 | G3/4A | M33×2 | 13 | 36 | 18 | 32 | 50 | 27 | 0.32 |
| 20 | G3/4A | M36×2 | 17 | 41 | 18 | 34 | 52 | 27 | 0.56 |
| 25 | G1A | M42×2 | 19 | 46 | 20 | 38 | 58 | 33 | 0.71 |
| 32 | G1¼A | M52×2 | 24 | 55 | 22 | 42 | 64 | 42 | 0.78 |
| 40 | G1½A | M56×2 | 30 | 60 | 24 | 46 | 68 | 48 | 0.96 |
| 50 | G2A | M64×2 | 40 | 75 | 26 | 52 | 76 | 60 | 1.14 |

3.2 产品标记方法

3.3 标记示例

公称通径为 DN=6 mm，连接螺纹 $d_1$=M18×1.5 的锥密封胶管总成 55°非密封管螺纹锥接头：

锥接头 6-M18×1.5 JB/T 6144.2—2007

## 4 技术条件

技术条件按 JB/T 6145 的规定。

ICS 23.040.60
J 15
备案号:20251—2007

# 中华人民共和国机械行业标准

JB/T 6144.3—2007
代替 JB/T 6144.3—1992

# 锥密封胶管总成 55°密封管螺纹锥接头

## Rubber hose assembly with sealing cone —Cone coupling with R-type pipe threads

2007-03-06 发布　　2007-09-01 实施

中华人民共和国国家发展和改革委员会　发布

# 前　言

JB/T 6144《锥密封胶管总成》按连接型式分为五个部分：

——第1部分：锥密封胶管总成　锥接头；

——第2部分：锥密封胶管总成　55°非密封管螺纹锥接头；

——第3部分：锥密封胶管总成　55°密封管螺纹锥接头；

——第4部分：锥密封胶管总成　60°密封管螺纹锥接头；

——第5部分：锥密封胶管总成　焊接锥接头。

本部分是JB/T 6144的第3部分。

本部分代替JB/T 6144.3—1992《锥密封胶管总成　锥管螺纹锥接头》。

本部分与JB/T 6144.3—1992相比，技术内容没有变动，仅做了编辑性的修改。

本部分由中国机械工业工业联合会提出。

本部分由机械工业冶金设备标准化技术委员会归口。

本部分起草单位：西安重型机械研究所。

本部分主要起草人：韩建平、张启明。

本部分所代替标准的历次版本发布情况为：

——JB/T 6144.3—1992。

# 锥密封胶管总成　55°密封管螺纹锥接头

## 1　范围

JB/T 6144 的本部分规定了锥密封胶管总成 55°密封管螺纹锥接头的分类和技术条件。

本部分适用于油、水为介质的锥密封胶管总成 55°密封管螺纹锥接头。

本部分与 JB/T 6142.1～6142.4 和 JB/T 6143.1～6143.4 配套使用。

## 2　规范性引用文件

下列文件中的条款通过 JB/T 6144 的本部分的引用而成为本部分的条款。凡是注日期的引用文件，其随后所有的修改单(不包括勘误的内容)或修订版均不适用于本部分，然而，鼓励根据本部分达成协议的各方研究是否可使用这些文件的最新版本。凡是不注日期的引用文件，其最新版本适用于本部分。

JB/T 6142.1　锥密封钢丝编织胶管总成

JB/T 6142.2　锥密封 90°钢丝编织胶管总成

JB/T 6142.3　锥密封双 90°钢丝编织胶管总成

JB/T 6142.4　锥密封 45°钢丝编织胶管总成

JB/T 6143.1　锥密封棉线胶管总成

JB/T 6143.2　锥密封 90°棉线编织胶管总成

JB/T 6143.3　锥密封双 90°棉线编织胶管总成

JB/T 6143.4　锥密封 45°棉线编织胶管总成

JB/T 6145　钢丝、棉线编织胶管总成　技术条件

## 3　产品分类

3.1　锥密封胶管总成 55°密封管螺纹锥接头的尺寸参数按图 1 和表 1 的规定。

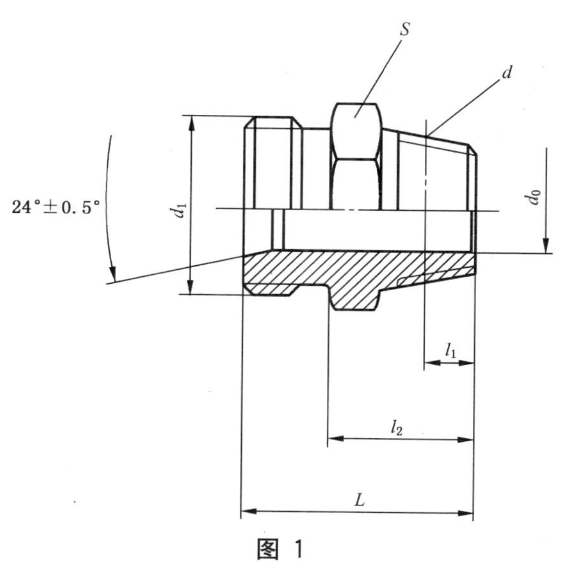


图 1

表 1

mm

| 公称通径 DN | $d$ | | $d_1$ | $d_0$ | $S$ | $l_1$ | $l_2$ | $L$ | 质量/kg |
|---|---|---|---|---|---|---|---|---|---|
| 4 | $R_1$1/8 | $R_2$1/8 | M16×1.5 | 2.5 | 18 | 4 | 17 | 29 | 0.03 |
| 6 | $R_1$1/8 | $R_2$1/8 | M18×1.5 | 3.5 | 18 | 4 | 17 | 29 | 0.04 |
| 8 | $R_1$1/8 | $R_2$1/8 | M20×1.5 | 5 | 21 | 4 | 18 | 30 | 0.06 |
| 10 | $R_1$1/4 | $R_2$1/4 | M22×1.5 | 7 | 24 | 6 | 22 | 34 | 0.08 |
| 10 | $R_1$3/8 | $R_2$3/8 | M24×1.5 | 8 | 27 | 6.4 | 24 | 38 | 0.10 |
| 15 | $R_1$1/2 | $R_2$1/2 | M30×2 | 10 | 30 | 8.2 | 27 | 43 | 0.14 |
| 20 | $R_1$3/4 | $R_2$3/4 | M33×2 | 13 | 36 | 9.5 | 28 | 46 | 0.32 |
| 20 | $R_1$3/4 | $R_2$3/4 | M36×2 | 17 | 41 | 9.5 | 38 | 56 | 0.56 |
| 25 | $R_1$1 | $R_2$1 | M42×2 | 19 | 46 | 10.4 | 39 | 59 | 0.71 |
| 32 | $R_1$1¼ | $R_2$1¼ | M52×2 | 24 | 55 | 12.7 | 44 | 66 | 0.78 |
| 40 | $R_1$1½ | $R_2$1½ | M56×2 | 30 | 60 | 12.7 | 46 | 68 | 0.96 |
| 50 | $R_1$2 | $R_2$2 | M64×2 | 40 | 75 | 15.9 | 53 | 77 | 1.14 |

3.2 产品标记方法

3.3 标记示例

公称通径为 DN=6 mm，连接螺纹 $d_1$=M18×1.5 的锥密封胶管总成 55°密封管螺纹锥接头：

锥接头 6-M18×1.5 JB/T 6144.3—2007

## 4 技术条件

技术条件按 JB/T 6145 的规定。

ICS 23.040.60
J 15
备案号：20252—2007

# 中华人民共和国机械行业标准

JB/T 6144.4—2007
代替 JB/T 6144.4—1992

# 锥密封胶管总成 60°密封管螺纹锥接头

## Rubber hose assembly with sealing cone —Cone coupling with NPT-type pipe threads

2007-03-06 发布 2007-09-01 实施

中华人民共和国国家发展和改革委员会 发布

# 前　言

JB/T 6144《锥密封胶管总成》按连接型式分为五个部分：

——第 1 部分：锥密封胶管总成　锥接头；

——第 2 部分：锥密封胶管总成　55°非密封管螺纹锥接头；

——第 3 部分：锥密封胶管总成　55°密封管螺纹锥接头；

——第 4 部分：锥密封胶管总成　60°密封管螺纹锥接头；

——第 5 部分：锥密封胶管总成　焊接锥接头。

本部分是 JB/T 6144 的第 4 部分。

本部分代替 JB/T 6144.4—1992《锥密封胶管总成　锥螺纹锥接头》。

本部分与 JB/T 6144.4—1992 相比，技术内容没有变动，仅做了编辑性的修改。

本部分由中国机械工业工业联合会提出。

本部分由机械工业冶金设备标准化技术委员会归口。

本部分起草单位：西安重型机械研究所。

本部分主要起草人：韩建平、张启明。

本部分所代替标准的历次版本发布情况为：

——JB/T 6144.4—1992。

# 锥密封胶管总成　60°密封管螺纹锥接头

## 1　范围

JB/T 6144 的本部分规定了锥密封胶管总成 60°密封管螺纹锥接头的分类和技术条件。

本部分适用于油、水为介质的锥密封胶管总成 60°密封管螺纹锥接头。

本部分与 JB/T 6142.1～6142.4 和 JB/T 6143.1～6143.4 配套使用。

## 2　规范性引用文件

下列文件中的条款通过 JB/T 6144 的本部分的引用而成为本部分的条款。凡是注日期的引用文件，其随后所有的修改单(不包括勘误的内容)或修订版均不适用于本部分，然而，鼓励根据本部分达成协议的各方研究是否可使用这些文件的最新版本。凡是不注日期的引用文件，其最新版本适用于本部分。

JB/T 6142.1　锥密封钢丝编织胶管总成
JB/T 6142.2　锥密封 90°钢丝编织胶管总成
JB/T 6142.3　锥密封双 90°钢丝编织胶管总成
JB/T 6142.4　锥密封 45°钢丝编织胶管总成
JB/T 6143.1　锥密封棉线胶管总成
JB/T 6143.2　锥密封 90°棉线编织胶管总成
JB/T 6143.3　锥密封双 90°棉线编织胶管总成
JB/T 6143.4　锥密封 45°棉线编织胶管总成
JB/T 6145　钢丝、棉线编织胶管总成　技术条件

## 3　产品分类

3.1　锥密封胶管总成 60°密封管螺纹锥接头的尺寸参数按图 1 和表 1 的规定。

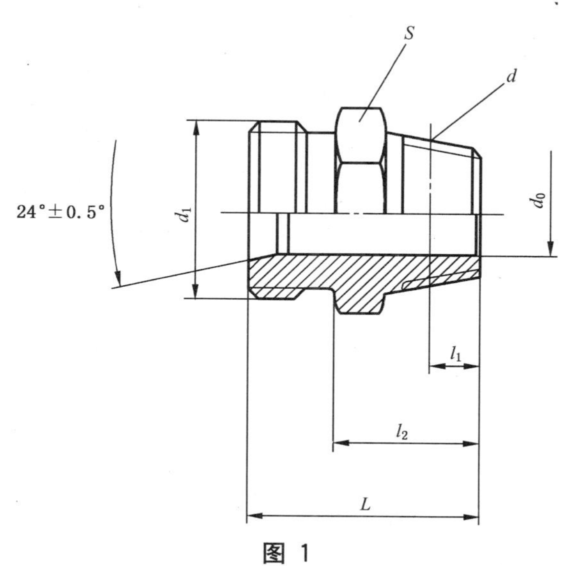


图 1

**表 1**

mm

| 公称通径 DN | $d$ | $d_1$ | $d_0$ | $S$ | $l_1$ | $l_2$ | $L$ | 质量/kg |
|---|---|---|---|---|---|---|---|---|
| 4 | NPT1/8 | M16×1.5 | 2.5 | 18 | 4.572 | 17 | 29 | 0.03 |
| 6 | NPT1/8 | M18×1.5 | 3.5 | 18 | 4.572 | 17 | 29 | 0.04 |
| 8 | NPT1/8 | M20×1.5 | 5 | 21 | 4.572 | 18 | 30 | 0.06 |
| 10 | NPT1/4 | M22×1.5 | 7 | 24 | 5.080 | 22 | 34 | 0.08 |
| 10 | NPT3/8 | M24×1.5 | 8 | 27 | 6.096 | 24 | 38 | 0.10 |
| 15 | NPT1/2 | M30×2 | 10 | 30 | 8.128 | 27 | 43 | 0.14 |
| 20 | NPT3/4 | M33×2 | 13 | 36 | 8.611 | 28 | 46 | 0.32 |
| 20 | NPT3/4 | M36×2 | 17 | 41 | 8.611 | 38 | 56 | 0.56 |
| 25 | NPT1 | M42×2 | 19 | 46 | 10.160 | 39 | 59 | 0.71 |
| 32 | NPT1¼ | M52×2 | 24 | 55 | 10.668 | 44 | 66 | 0.78 |
| 40 | NPT1½ | M56×2 | 30 | 60 | 10.668 | 46 | 68 | 0.96 |
| 50 | NPT2 | M64×2 | 40 | 75 | 11.074 | 53 | 73 | 1.14 |

3.2 产品标记方法

3.3 标记示例

公称通径为 DN=6 mm，连接螺纹 $d_1$=M18×1.5 的锥密封胶管总成 60°密封管螺纹锥接头：

锥接头 6-M18×1.5 JB/T 6144.4—2007

## 4 技术条件

技术条件按 JB/T 6145 的规定。

ICS 23.040.60
J 15
备案号:20253—2007

# 中华人民共和国机械行业标准

JB/T 6144.5—2007
代替 JB/T 6144.5—1992

# 锥密封胶管总成　焊接锥接头

## Rubber hose assembly with sealing cone —Welding cone coupling

2007-03-06 发布　　2007-09-01 实施

中华人民共和国国家发展和改革委员会　发布

# 前　言

JB/T 6144《锥密封胶管总成》按连接型式分为五个部分：

——第 1 部分：锥密封胶管总成　锥接头；

——第 2 部分：锥密封胶管总成　55°非密封管螺纹锥接头；

——第 3 部分：锥密封胶管总成　55°密封管螺纹锥接头；

——第 4 部分：锥密封胶管总成　60°密封管螺纹锥接头；

——第 5 部分：锥密封胶管总成　焊接锥接头。

本部分是 JB/T 6144 的第 5 部分。

本部分代替 JB/T 6144.5—1992《锥密封胶管总成　焊接锥接头》。

本部分与 JB/T 6144.5—1992 相比，技术内容没有变动，仅做了编辑性的修改。

本部分由中国机械工业工业联合会提出。

本部分由机械工业冶金设备标准化技术委员会归口。

本部分起草单位：西安重型机械研究所。

本部分主要起草人：韩建平、张启明。

本部分所代替标准的历次版本发布情况为：

——JB/T 6144.5—1992。

# 锥密封胶管总成　焊接锥接头

## 1　范围

JB/T 6144 的本部分规定了锥密封胶管总成焊接锥接头的分类和技术条件。

本部分适用于油、水为介质的锥密封胶管总成焊接锥接头。

本部分与 JB/T 6142.1～6142.4 和 JB/T 6143.1～6143.4 配套使用。

## 2　规范性引用文件

下列文件中的条款通过 JB/T 6144 的本部分的引用而成为本部分的条款。凡是注日期的引用文件，其随后所有的修改单(不包括勘误的内容)或修订版均不适用于本部分，然而，鼓励根据本部分达成协议的各方研究是否可使用这些文件的最新版本。凡是不注日期的引用文件，其最新版本适用于本部分。

JB/T 6142.1　锥密封钢丝编织胶管总成

JB/T 6142.2　锥密封 90°钢丝编织胶管总成

JB/T 6142.3　锥密封双 90°钢丝编织胶管总成

JB/T 6142.4　锥密封 45°钢丝编织胶管总成

JB/T 6143.1　锥密封棉线胶管总成

JB/T 6143.2　锥密封 90°棉线编织胶管总成

JB/T 6143.3　锥密封双 90°棉线编织胶管总成

JB/T 6143.4　锥密封 45°棉线编织胶管总成

JB/T 6145　钢丝、棉线编织胶管总成　技术条件

## 3　产品分类

3.1　锥密封胶管总成焊接锥接头的尺寸参数按图 1 和表 1 的规定。

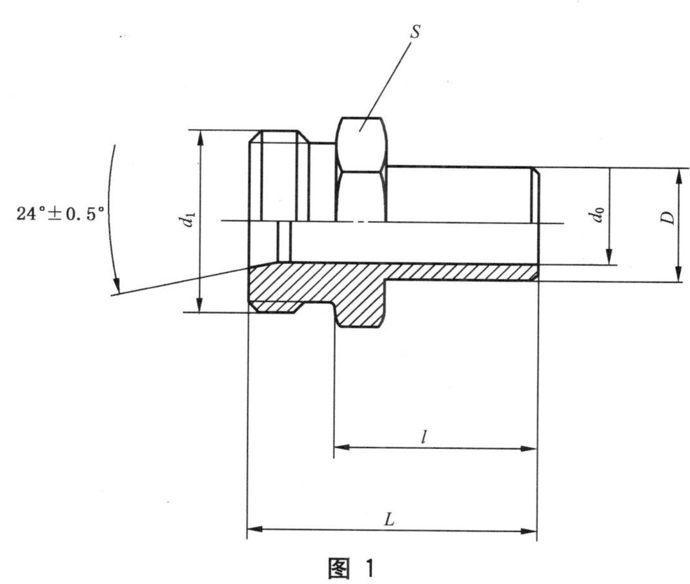


图 1

表 1

mm

| 公称通径 DN | $d_1$ | $d_0$ | $D$ | $S$ | $l$ | $L$ | 质量/kg |
|---|---|---|---|---|---|---|---|
| 4 | M16×1.5 | 2.5 | 7 | 18 | 28 | 40 | 0.03 |
| 6 | M18×1.5 | 3.5 | 8 | 18 | 28 | 40 | 0.04 |
| 8 | M20×1.5 | 5 | 10 | 21 | 30 | 42 | 0.05 |
| 10 | M22×1.5 | 7 | 12 | 24 | 33 | 45 | 0.06 |
| 10 | M24×1.5 | 8 | 14 | 27 | 36 | 49 | 0.07 |
| 15 | M30×2 | 10 | 16 | 30 | 42 | 58 | 0.10 |
| 20 | M33×2 | 13 | 20 | 36 | 48 | 65 | 0.22 |
| 20 | M36×2 | 17 | 25 | 41 | 52 | 70 | 0.45 |
| 25 | M42×2 | 19 | 30 | 46 | 54 | 74 | 0.60 |
| 32 | M52×2 | 24 | 36 | 55 | 56 | 78 | 0.78 |
| 40 | M56×2 | 30 | 42 | 60 | 58 | 80 | 0.92 |
| 50 | M64×2 | 40 | 53 | 75 | 64 | 88 | 1.25 |

3.2 产品标记方法

3.3 标记示例

公称通径为 DN=6 mm，连接螺纹 $d_1$=M18×1.5 的锥密封胶管总成焊接锥接头：

锥接头 6-M18×1.5 JB/T 6144.5—2007

## 4 技术条件

技术条件按 JB/T 6145 的规定。

ICS 21.060.60
J 15
备案号：20268—2007

# 中华人民共和国机械行业标准

JB/T 6385—2007
代替 JB/T 6385—1992

# 锥密封焊接式压力表管接头

## Welding cone couplings pressure-gauge couplings

2007-03-06 发布　　2007-09-01 实施

中华人民共和国国家发展和改革委员会　发布

# 前　言

本标准代替 JB/T 6385—1992《锥密封焊接式压力表管接头》。

本标准与 JB/T 6385—1992 相比，其技术内容没有变化，仅做了编辑性的修改。

本标准由中国机械工业联合会提出。

本标准由机械工业冶金设备标准化技术委员会归口。

本标准起草单位：西安重型机械研究所。

本标准主要起草人：刘勇。

本标准所代替标准的历次版本发布情况为：

——JB/T 6385—1992。

# 锥密封焊接式压力表管接头

## 1 范围

本标准规定了锥密封焊接式压力表管接头的型式与尺寸和技术条件。

本标准适用于以油、气为介质管路系统中锥密封焊接式压力表管接头。公称压力 PN≤31.5 MPa，工作温度−25 ℃～+80 ℃。

## 2 规范性引用文件

下列文件中的条款，通过本标准的引用而成为本标准的条款。凡是注日期的引用文件，其随后所有的修改单(不包括勘误的内容)或修订版均不适用于本标准，然而，鼓励根据本标准达成协议的各方研究是否可使用这些文件的最新版本。凡是不注日期的引用文件，其最新版本适用于本标准。

GB/T 3452.1—2005 液压气动用O形橡胶密封圈 第1部分:尺寸系列及公差(ISO 3601-1:2002,MOD)

JB/T 6386 锥密封焊接式管接头 技术条件

## 3 型式和主要尺寸

3.1 锥密封焊接式压力表管接头的型式、尺寸按图1和表1的规定。

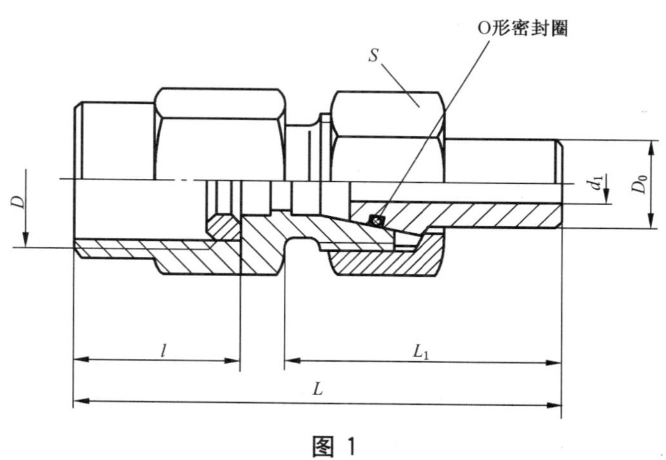


图 1

表 1

mm

<table>
<tr><th>管子外径 $D_0$</th><th>$D$</th><th>$d_1$</th><th>$l$</th><th>$L_1$</th><th>$L$</th><th>$S$</th><th>O形密封圈 GB/T 3452.1</th><th>质量/kg</th></tr>
<tr><td rowspan="3">8</td><td>M10×1</td><td rowspan="3">4</td><td>12</td><td rowspan="3">40</td><td>62</td><td rowspan="3">21</td><td rowspan="3">7.50×1.8G</td><td>0.10</td></tr>
<tr><td>M14×1.5</td><td>20</td><td>70</td><td>0.12</td></tr>
<tr><td rowspan="2">M20×1.5</td><td rowspan="2">26</td><td>80</td><td>0.14</td></tr>
<tr><td>12</td><td>7</td><td>42</td><td>82</td><td>24</td><td>11.2×2.65G</td><td>0.18</td></tr>
</table>

3.2 标记方法

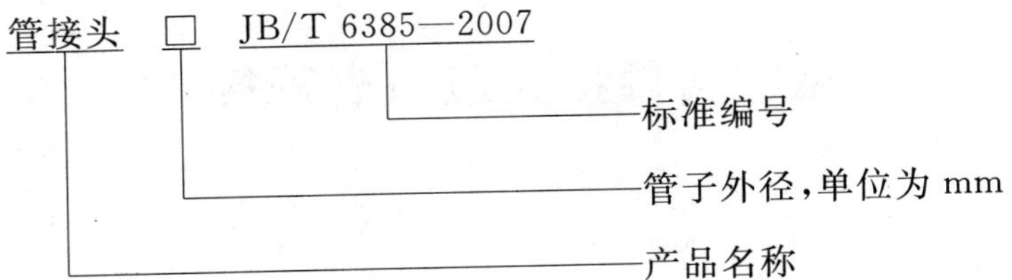


3.3 标记示例

管子外径 $D_0$ 为 12 mm,压力表螺纹为 M20×1.5 的锥密封焊接式压力表管接头:

管接头 12-M20×1.5 JB/T 6385—2007

## 4 技术条件

锥密封焊接式压力表管接头技术条件按 JB/T 6386 的规定。

ICS 21.060.00
J 15
备案号:20281—2007

# 中华人民共和国机械行业标准

JB/T 7339—2007
代替 JB/T 7339—1995

# 挠性管接头

## Flexible connector

2007-03-06 发布　　2007-09-01 实施

中华人民共和国国家发展和改革委员会　发布

# 前　言

本标准代替 JB/T 7339—1995《挠性管接头》。

本标准与 JB/T 7339—1995 相比，其技术内容没有变化，仅做了编辑性的修改。

本标准由中国机械工业联合会提出。

本标准由机械工业冶金设备标准化技术委员会归口。

本标准起草单位：西安重型机械研究所。

本标准主要起草人：毕鹏。

本标准所代替标准的历次版本发布情况为：

——JB/T 7339—1995。

# 挠 性 管 接 头

## 1 范围

本标准规定了挠性管接头的型式与尺寸、技术要求、耐压试验、检验规则、标志、包装、运输和贮存。

本标准适用于水、矿物油、空气等为介质的管路系统，公称压力为 1 MPa 和 1.6 MPa，公称通径 20 mm～300 mm，环境温度－25 ℃～＋80 ℃的挠性管接头。

## 2 规范性引用文件

下列文件中的条款通过本标准的引用而成为本标准的条款。凡是注日期的引用文件，其随后所有的修改单(不包括勘误的内容)或修订版均不适用于本标准，然而，鼓励根据本标准达成协议的各方研究是否可使用这些文件的最新版本。凡是不注日期的引用文件，其最新版本适用于本标准。

GB/T 196 普通螺纹 基本尺寸(GB/T 196—2003，ISO 724:1993，MOD)

GB/T 197 普通螺纹 公差(GB/T 197—2003，ISO 965-1:1998，MOD)

GB/T 3141 工业液体润滑剂 ISO 粘度分类(GB/T 3141—1994，eqv ISO 3448:1992)

GB/T 3452.1 液压气动用 O 型橡胶密封圈 第 1 部分：尺寸系列及公差(GB/T 3452.1—2005，ISO 3601-1:2002，MOD)

GB/T 7306.1 55°密封管螺纹 第 1 部分：圆柱内螺纹与圆锥外螺纹(GB/T 7306.1—2000，eqv ISO 7-1:1994)

GB/T 7306.2 55°密封管螺纹 第 2 部分：圆锥内螺纹与圆锥外螺纹(GB/T 7306.2—2000，eqv ISO 7-1:1994)

GB/T 9115.1 平面、突面对焊钢制管法兰

GB/T 12716 60°密封管螺纹(GB/T 12716—2002，eqv ASME B1.20.1:1992)

JB/T 982 组合密封垫圈

## 3 产品分类

### 3.1 产品品种、型式

挠性管接头的连接型式分法兰连接和螺纹联接两种。

3.1.1 法兰连接的挠性管接头，通径 20 mm～100 mm，公称压力为 1.6 MPa；通径 125 mm～300 mm，公称压力为 1 MPa。

3.1.2 螺纹联接的挠性管接头，通径为 20 mm～50 mm，公称压力为 1.6 MPa。

3.1.3 螺纹联接的挠性管接头分普通螺纹、55°密封管螺纹和 60°密封管螺纹三种螺纹联接型式，分别以“M”、“R”和“NPT”表示螺纹类别代号。

3.1.3.1 55°密封管螺纹和 60°密封管螺纹连接的挠性接头端部型式分为三种：

A 型——两端均为外螺纹；B 型——两端均为内螺纹；C 型——一端外螺纹，另一端为内螺纹。

3.1.3.2 普通螺纹联接分为两种密封型式：

D 型——组合密封垫圈密封；H 型——O 形密封圈密封。

## 3.2 产品标记

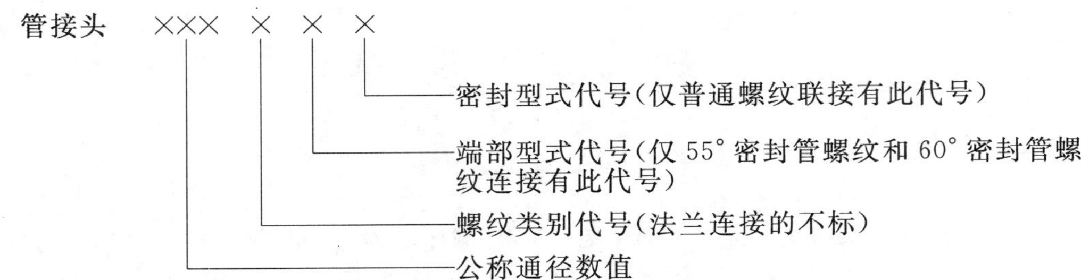


标记示例

示例1:通径DN=65 mm,公称压力PN=1.6 MPa,法兰连接的挠性管接头:

管接头 65 JB/T 7339—2007

示例2:通径DN=200 mm,公称压力PN=1 MPa,法兰连接的挠性管接头:

管接头 200 JB/T 7339—2007

示例3:通径DN=25 mm,公称压力PN=1.6 MPa,55°密封管螺纹连接,两端均为于圆锥内螺纹配合的外螺纹的挠性管接头:

管接头 $25R_2A$ JB/T 7339—2007

示例4:通径DN=32 mm,公称压力PN=1.6 MPa,60°密封管螺纹连接,一端外螺纹,另一端内螺纹的挠性管接头:

管接头 32NPTC JB/T 7339—2007

示例5:通径DN=40 mm,公称压力PN=1.6 MPa,普通螺纹连接,组合密封垫圈密封的挠性管接头:

管接头 40MD JB/T 7339—2007

## 3.3 结构尺寸

3.3.1 法兰连接挠性管接头的结构尺寸见图1、表1。

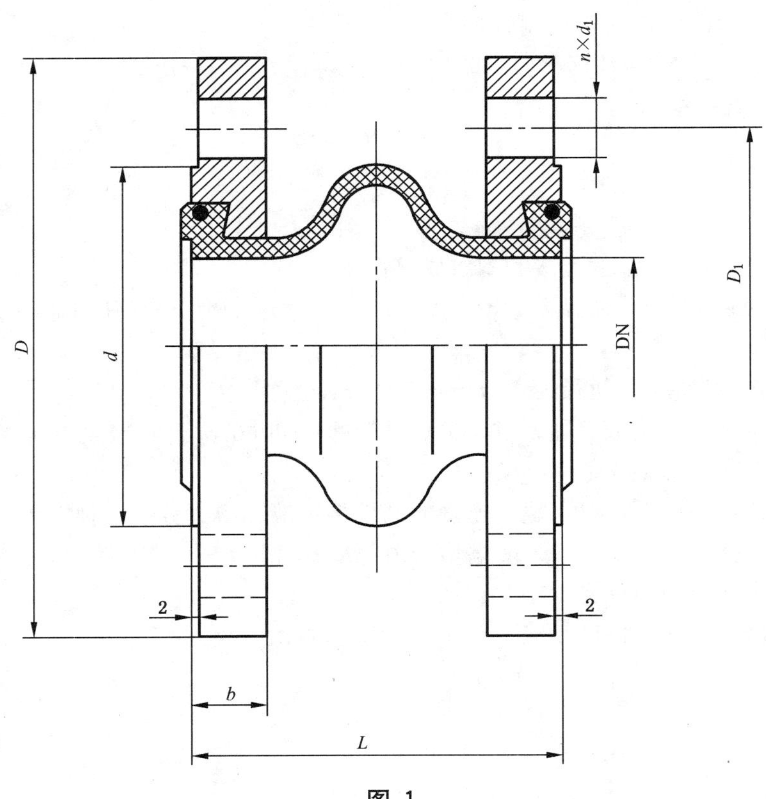


图1

表 1

mm

| 公称通径 DN | 公称压力/MPa | $D$ | $D_1$ | $d$ | $L$ | $b$ | $n$ | $d_1$ | 位移量≤ 轴向位移 $\Delta x$ 伸长 | 位移量≤ 轴向位移 $\Delta x$ 压缩 | 位移量≤ 径向位移 $\Delta y$ | 角向位移 $\Delta\alpha$ | 质量/kg |
|---|---|---|---|---|---|---|---|---|---|---|---|---|---|
| 20 | 1.6 | 105 | 75 | 56 | 65 | 16 | 14 | 14 | 10 | 10 | 10 | 7.5° | 1.67 |
| 25 | | 115 | 85 | 65 | 65 | 16 | | | | | | | 2.03 |
| 32 | | 140 | 100 | 76 | 70 | 18 | | 18 | | | | | 2.98 |
| 40 | | 150 | 110 | 84 | 96 | 18 | | | 15 | 15 | 15 | 10° | 3.75 |
| 50 | | 165 | 125 | 99 | 100 | 20 | | | | | | | 4.90 |
| 65 | | 185 | 145 | 118 | 100 | 20 | | | | | | | 5.74 |
| 80 | | 200 | 160 | 132 | 130 | 20 | 8 | | | | | | 7.50 |
| 100 | | 220 | 180 | 156 | 130 | 22 | | | | | | | 8.90 |
| 125 | 1.0 | 250 | 210 | 184 | 160 | 22 | | | 16 | 20 | 18 | 15° | 12.17 |
| 150 | | 285 | 240 | 211 | 160 | 24 | 12 | 22 | | | | | 14.96 |
| 200 | | 340 | 295 | 266 | 180 | 24 | | | 18 | 22 | 20 | | 21.52 |
| 250 | | 395 | 350 | 319 | 210 | 26 | | | 20 | 25 | 22 | | 30.08 |
| 300 | | 445 | 400 | 370 | 210 | 26 | | | | | | | 34.66 |

3.3.2 55°螺纹密封的管螺纹联接挠性管接头的结构尺寸见图 2、图 3、图 4 和表 2、表 3、表 4。

3.3.3 60°螺纹密封的管螺纹联接挠性管接头和结构尺寸图见图 5、图 6、图 7 和表 5、表 6、表 7。

3.3.4 普通螺纹联接挠性管接头的结构尺寸见图 8、图 9、和表 8、表 9。

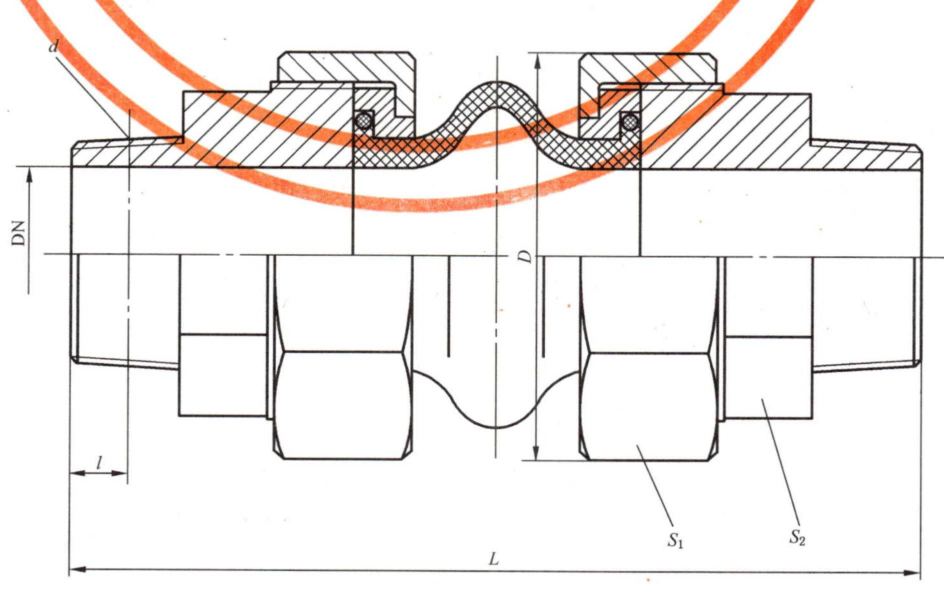


图 2

表 2

mm

| 公称通径 DN | 公称压力/MPa | d | | L | D | l | 扳手尺寸 | | 位移量≤ | | | 质量/kg |
|---|---|---|---|---|---|---|---|---|---|---|---|---|
| | | | | | | | $S_1$ | $S_2$ | 轴向位移 $\Delta x$ | 径向位移 $\Delta y$ | 角向位移 $\Delta \alpha$ | |
| 20 | 1.6 | $R_1$3/4 | $R_2$3/4 | 158 | 60 | 9.5 | 30 | 55 | ±10 | 10 | 7.5° | 1.21 |
| 25 | | $R_1$1 | $R_2$1 | 166 | 66 | 10.4 | 41 | 60 | ±10 | 10 | 7.5° | 1.55 |
| 32 | | $R_1$1¼ | $R_2$1¼ | 181 | 84 | 12.7 | 46 | 70 | ±10 | 10 | 7.5° | 2.54 |
| 40 | | $R_1$1½ | $R_2$1½ | 217 | 100 | 12.7 | 55 | 90 | ±15 | 15 | 10° | 3.97 |
| 50 | | $R_1$2 | $R_2$2 | 235 | 116 | 15.9 | 65 | 100 | ±15 | 15 | 10° | 5.66 |

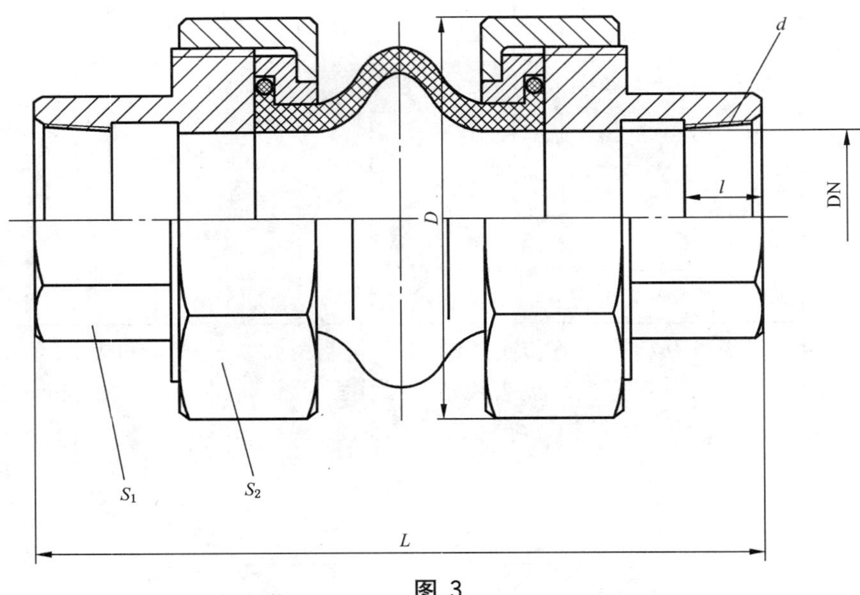


图 3

表 3

mm

| 公称通径 DN | 公称压力/MPa | d | | L | D | l | 扳手尺寸 | | 位移量≤ | | | 质量/kg |
|---|---|---|---|---|---|---|---|---|---|---|---|---|
| | | | | | | | $S_1$ | $S_2$ | 轴向位移 $\Delta x$ | 径向位移 $\Delta y$ | 角向位移 $\Delta \alpha$ | |
| 20 | 1.6 | Rc3/4 | Rp3/4 | 126 | 60 | 13 | 34 | 55 | ±10 | 10 | 7.5° | 1.05 |
| 25 | | Rc1 | Rp1 | 130 | 66 | 14.5 | 41 | 60 | ±10 | 10 | 7.5° | 1.25 |
| 32 | | Rc1¼ | Rp1¼ | 147 | 84 | 17 | 50 | 70 | ±10 | 10 | 7.5° | 2.18 |
| 40 | | Rc1½ | Rp1½ | 185 | 100 | 19 | 55 | 90 | ±15 | 15 | 10° | 3.49 |
| 50 | | Rc2 | Rp2 | 201 | 116 | 19 | 70 | 100 | ±15 | 15 | 10° | 4.86 |

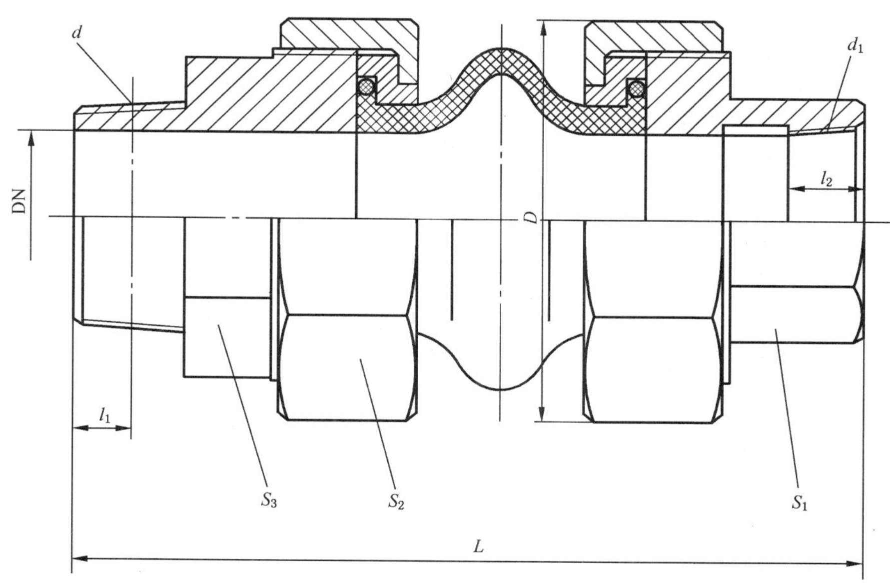


图 4

表 4

mm

| 公称通径 DN | 公称压力/MPa | d | | d1 | | L | D | l1 | l2 | 扳手尺寸 | | | 位移量≤ | | | 质量/kg |
|---|---|---|---|---|---|---|---|---|---|---|---|---|---|---|---|---|
| | | | | | | | | | | $S_1$ | $S_2$ | $S_3$ | 轴向位移 Δx | 径向位移 Δy | 角向位移 Δα | |
| 20 | 1.6 | $R_1$ 3/4 | $R_2$ 3/4 | Rc3/4 | Rp3/4 | 142 | 60 | 9.5 | 13 | 34 | 55 | 30 | ±10 | 10 | 7.5° | 1.13 |
| 25 | | $R_1$ 1 | $R_2$ 1 | Rc1 | Rp1 | 148 | 66 | 10.4 | 14.5 | 41 | 60 | 41 | ±10 | 10 | 7.5° | 1.40 |
| 32 | | $R_1$ 1¼ | $R_2$ 1¼ | Rc1¼ | Rp1¼ | 164 | 84 | 12.7 | 17 | 50 | 70 | 46 | ±10 | 10 | 7.5° | 2.36 |
| 40 | | $R_1$ 1½ | $R_2$ 1½ | Rc1½ | Rp1½ | 201 | 100 | 12.7 | 19 | 55 | 90 | 55 | ±15 | 15 | 10° | 3.73 |
| 50 | | $R_1$ 2 | $R_2$ 2 | Rc2 | Rp2 | 218 | 116 | 15.9 | 19 | 70 | 100 | 65 | ±15 | 15 | 10° | 5.26 |

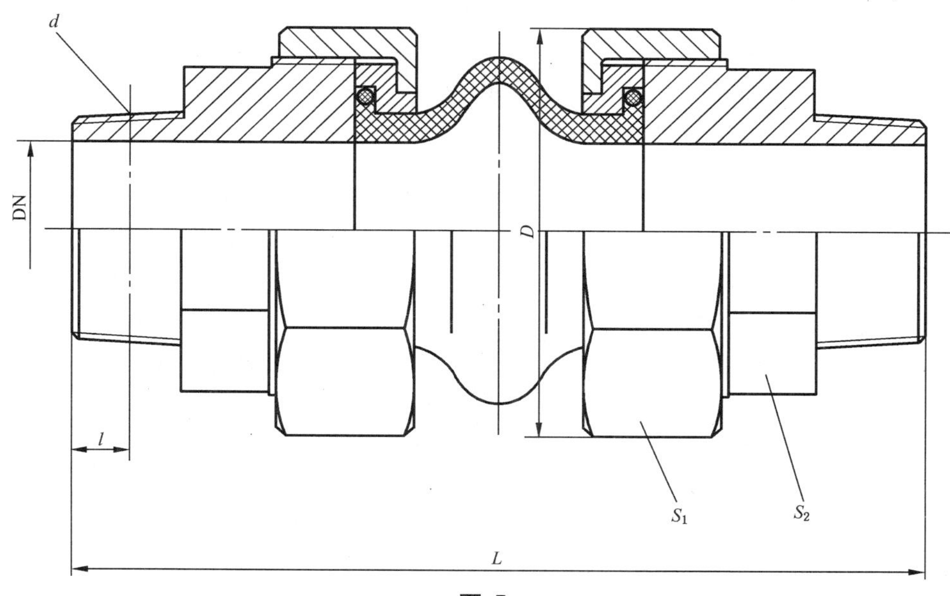


图 5

表 5

mm

| 公称通径 DN | 公称压力/MPa | *d* | *L* | *D* | *l* | 扳手尺寸 | | 位移量≤ | | | 质量/kg |
|---|---|---|---|---|---|---|---|---|---|---|---|
| | | | | | | $S_1$ | $S_2$ | 轴向位移 $\Delta x$ | 径向位移 $\Delta y$ | 角向位移 $\Delta\alpha$ | |
| 20 | 1.6 | NPT3/4 | 158 | 60 | 8.611 | 30 | 55 | ±10 | 10 | 7.5° | 1.21 |
| 25 | | NPT1 | 166 | 66 | 10.160 | 41 | 60 | ±10 | 10 | 7.5° | 1.55 |
| 32 | | NPT1¼ | 181 | 84 | 10.668 | 46 | 70 | ±10 | 10 | 7.5° | 2.54 |
| 40 | | NPT1½ | 217 | 100 | 10.668 | 55 | 90 | ±15 | 15 | 10° | 3.97 |
| 50 | | NPT2 | 235 | 116 | 11.074 | 65 | 100 | ±15 | 15 | 10° | 5.66 |

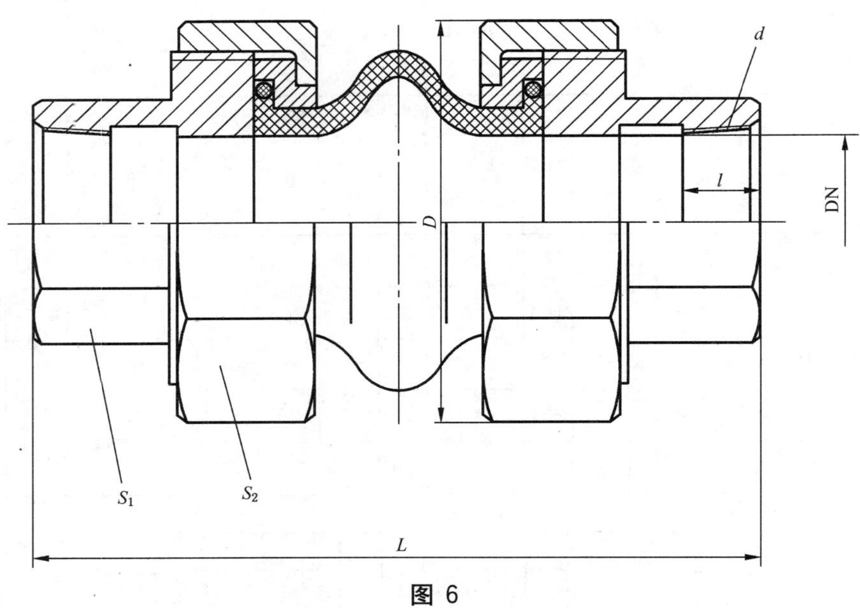


图 6

表 6

mm

| 公称通径 DN | 公称压力/MPa | *d* | *L* | *D* | *l* | 扳手尺寸 | | 位移量≤ | | | 质量/kg |
|---|---|---|---|---|---|---|---|---|---|---|---|
| | | | | | | $S_1$ | $S_2$ | 轴向位移 $\Delta x$ | 径向位移 $\Delta y$ | 角向位移 $\Delta\alpha$ | |
| 20 | 1.6 | NPT3/4 | 126 | 60 | 13.5 | 34 | 55 | ±10 | 10 | 7.5° | 1.03 |
| 25 | | NPT1 | 130 | 66 | 14.0 | 41 | 60 | ±10 | 10 | 7.5° | 1.25 |
| 32 | | NPT1¼ | 147 | 84 | 17.5 | 50 | 70 | ±10 | 10 | 7.5° | 2.16 |
| 40 | | NPT1½ | 185 | 100 | 18.0 | 55 | 90 | ±15 | 15 | 10° | 3.49 |
| 50 | | NPT2 | 201 | 116 | 18.5 | 70 | 100 | ±15 | 15 | 10° | 4.80 |

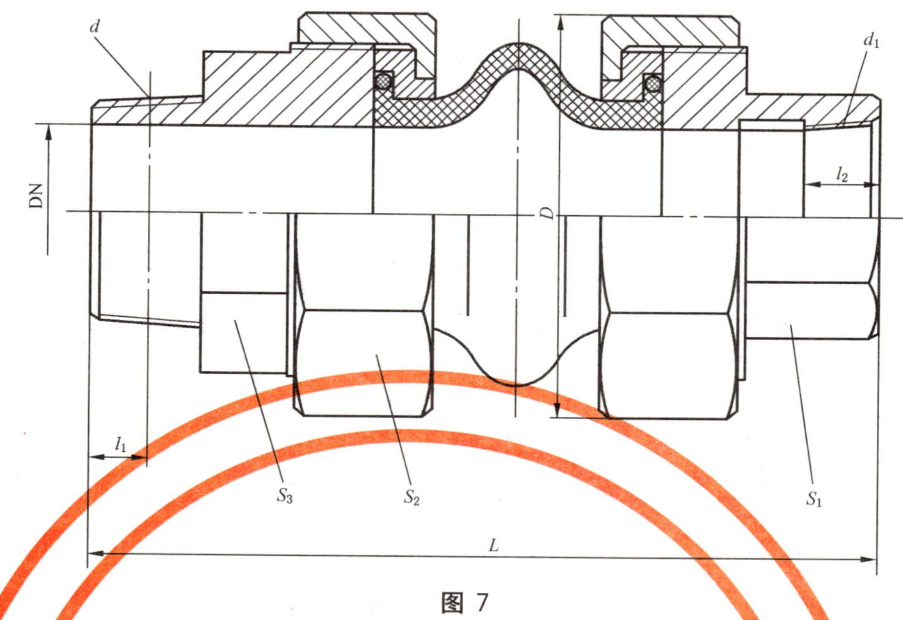


图 7

表 7

mm

| 公称通径 DN | 公称压力/MPa | $d$ | $d_1$ | $L$ | $D$ | $l_1$ | $l_2$ | 扳手尺寸 | | | 位移量≤ | | | 质量/kg |
|---|---|---|---|---|---|---|---|---|---|---|---|---|---|---|
| | | | | | | | | $S_1$ | $S_2$ | $S_3$ | 轴向位移 $\Delta x$ | 径向位移 $\Delta y$ | 角向位移 $\Delta\alpha$ | |
| 20 | 1.6 | NPT3/4 | NPT3/4 | 142 | 60 | 8.611 | 13.5 | 34 | 55 | 30 | ±10 | 10 | 7.5° | 1.12 |
| 25 | | NPT1 | NPT1 | 148 | 66 | 10.160 | 14.0 | 41 | 60 | 41 | ±10 | 10 | 7.5° | 1.40 |
| 32 | | NPT1¼ | NPT1¼ | 164 | 84 | 10.668 | 17.5 | 50 | 70 | 46 | ±10 | 10 | 7.5° | 2.35 |
| 40 | | NPT1½ | NPT1½ | 201 | 100 | 10.668 | 18.0 | 55 | 90 | 55 | ±15 | 15 | 10° | 3.73 |
| 50 | | NPT2 | NPT2 | 218 | 116 | 11.074 | 18.5 | 70 | 100 | 65 | ±15 | 15 | 10° | 5.26 |

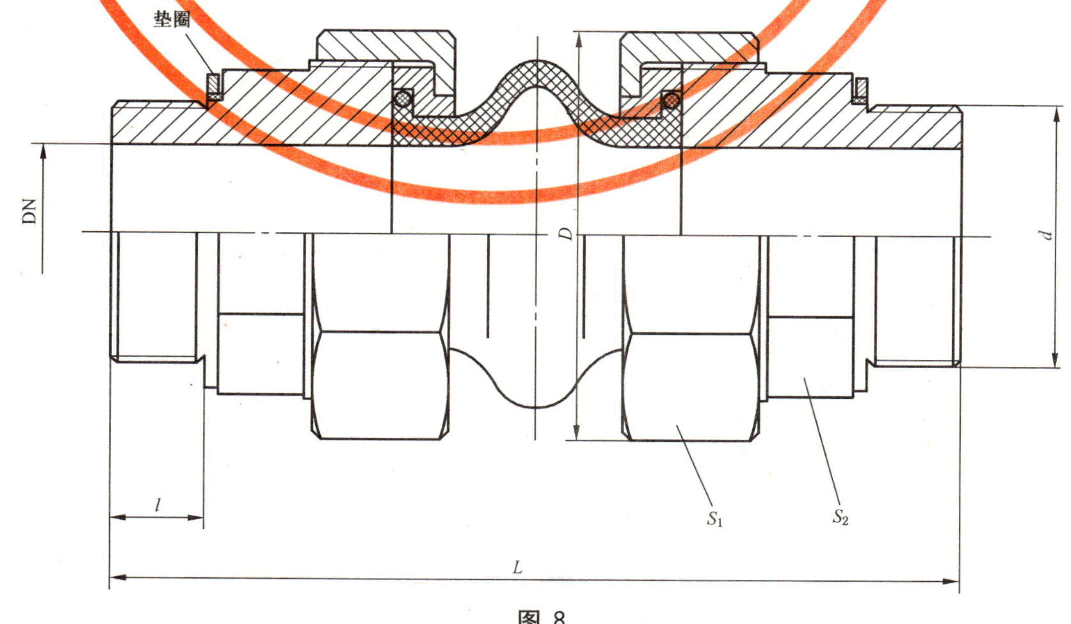


图 8

表 8

mm

| 公称通径 DN | 公称压力/MPa | d | L | D | l | 扳手尺寸 | | 位移量≤ | | | 质量/kg |
|---|---|---|---|---|---|---|---|---|---|---|---|
| | | | | | | $S_1$ | $S_2$ | 轴向位移 $\Delta x$ | 径向位移 $\Delta y$ | 角向位移 $\Delta\alpha$ | |
| 20 | 1.6 | M27×2 | 156 | 60 | 16 | 36 | 55 | ±10 | 10 | 7.5° | 1.27 |
| 25 | | M33×2 | 162 | 66 | 16 | 46 | 60 | ±10 | 10 | 7.5° | 1.67 |
| 32 | | M42×2 | 179 | 84 | 18 | 55 | 70 | ±10 | 10 | 7.5° | 2.89 |
| 40 | | M48×2 | 213 | 100 | 20 | 60 | 90 | ±15 | 15 | 10° | 4.19 |
| 50 | | M60×2 | 239 | 116 | 24 | 70 | 100 | ±15 | 15 | 10° | 6.12 |
| 注：密封用组合垫圈(JB/T 982)随接头供货。 | | | | | | | | | | | |

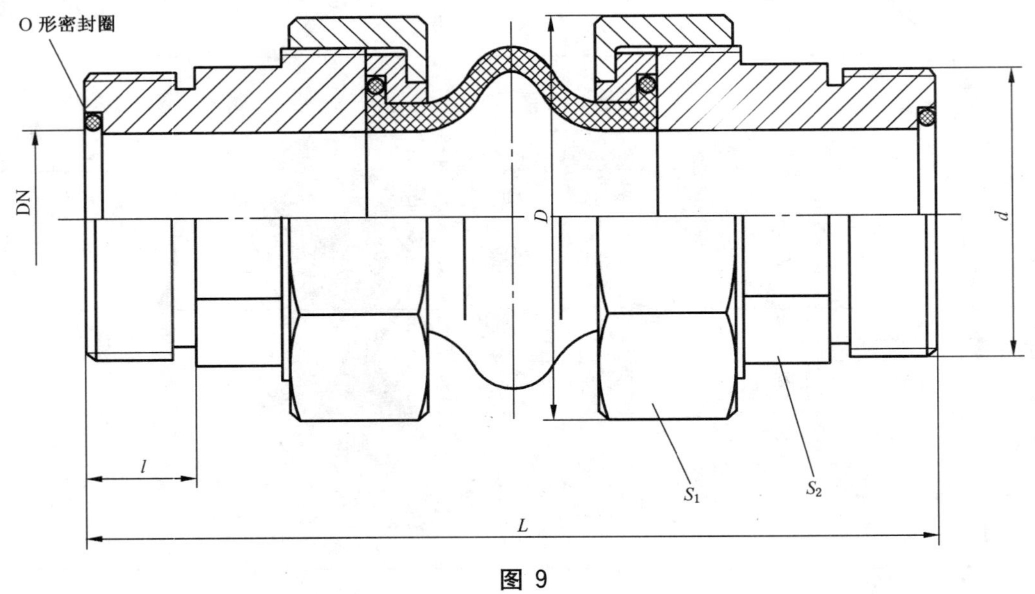


图 9

表 9

mm

| 公称通径 DN | 公称压力/MPa | d | L | D | O 形圈规格 | l | 扳手尺寸 | | 位移量≤ | | | 质量/kg |
|---|---|---|---|---|---|---|---|---|---|---|---|---|
| | | | | | | | $S_1$ | $S_2$ | 轴向位移 $\Delta x$ | 径向位移 $\Delta y$ | 角向位移 $\Delta\alpha$ | |
| 20 | 1.6 | M27×2 | 156 | 60 | 22.4×2.55 | 18 | 41 | 55 | ±10 | 10 | 7.5° | 1.53 |
| 25 | | M33×2 | 162 | 66 | 28×3.55 | 22 | 46 | 60 | ±10 | 10 | 7.5° | 1.89 |
| 32 | | M42×2 | 179 | 84 | 32.5×3.55 | 22 | 55 | 70 | ±10 | 10 | 7.5° | 3.18 |
| 40 | | M48×2 | 213 | 100 | 37.5×3.55 | 26 | 60 | 90 | ±15 | 15 | 10° | 4.95 |
| 50 | | M60×2 | 239 | 116 | 47.5×3.55 | 28 | 70 | 100 | ±15 | 15 | 10° | 6.70 |
| 注：O 形密封圈(GB/T 3452.1)随接头供货。 | | | | | | | | | | | | |

## 4 技术要求

4.1 挠性管接头应按照本标准的技术要求，并按经规定程序批准的工作图样和技术文件进行生产。